Grundkurs Theoretische Mechanik

Von Dr. rer. nat. Manfred Heil
Akad. Oberrat, Universität Marburg

und Dr. rer. nat. Franz Kitzka
Akad. Oberrat, Universität Marburg

Mit 49 Figuren, 45 Beispielen und
24 Aufgaben mit ausführlichen Lösungen

B. G. Teubner Stuttgart 1984

Dr. rer. nat. Manfred Heil

Geboren 1929 in Zitzschen. Von 1949 bis 1956 Studium der Physik an der Universität Leipzig und der Technischen Universität Berlin. Von 1956 bis 1962 Wiss. Mitarbeiter am Institut für Theoretische Physik der Freien Universität Berlin und 1960 Promotion. Von 1962 bis 1964 Research Physicist am Ford-Philco Scientific Laboratory in Bluebell, Pa, USA. Seit 1964 Akademischer Rat mit Lehraufgaben in Theoretischer Physik an der Universität Marburg.

Dr. rer. nat. Franz Kitzka

Geboren 1936 in Breslau. Von 1955 bis 1962 Studium der Physik an der Humbold-Universität und der Freien Universität Berlin. 1964 Wissenschaftlicher Mitarbeiter am Institut für Theoretische Physik der Universität Marburg und 1968 Promotion. Seit 1970 Akademischer Rat mit Lehraufgaben in Theoretischer Physik an der Universität Marburg.

CIP-Kurztitelaufnahme der Deutschen Bibliothek

Heil, Manfred:
Grundkurs theoretische Mechanik / von Manfred
Heil u. Franz Kitzka. – Stuttgart : Teubner, 1984.
(Teubner-Studienbücher : Physik)
ISBN 978-3-519-03062-1 ISBN 978-3-322-96697-1 (eBook)
DOI 10.1007/978-3-322-96697-1

NE: Kitzka, Franz:

Satz: Elsner & Behrens GmbH, Oftersheim

Umschlaggestaltung: W. Koch, Sindelfingen

Vorwort

Dieses Buch beschäftigt sich mit der klassischen nichtrelativistischen Punktmechanik einschließlich des starren Körpers, jedoch nicht mit der Statik. Es wendet sich an Studenten der Physik und benachbarter technischer Gebiete, die nach einer meist zweisemestrigen Einführungsvorlesung in Experimentalphysik in einem mehrsemestrigen Grundkurs in Theoretischer Physik das Zusammenspiel zwischen physikalischen Ideen und ihrer mathematischen Darstellung kennenlernen sollen. Die klassische Mechanik, mit der ein solcher Kurs üblicherweise beginnt, ist dafür ein geeigneter Gegenstand, weil sie noch in einer Weise erfaßbar ist, die man als anschaulich bezeichnen kann. Auch werden in der Mechanik Begriffe wie Bezugssystem, Inertialsystem, Kraft, Masse usw. eingeführt, deren Kenntnis in anderen Gebieten der Physik vorausgesetzt wird und deren kritische Analyse zu neuen Erkenntnissen geführt hat. Da nur ein mathematischer Grundkurs in Analysis und linearer Algebra vorausgesetzt werden soll, haben wir uns bemüht, eine möglichst einfache mathematische Darstellung der Mechanik zu bringen. Wir verzichten daher auf die Anwendung der Variationsrechnung, obwohl sie zu den wichtigen mathematischen Techniken der theoretischen Physik gehört. Stattdessen benutzen wir nur die elementare Analysis, wobei das wesentlichste Hilfsmittel die Kettenregel für Funktionen mehrerer Variablen ist.

Mit Rücksicht auf den vorgegebenen Umfang des Buches mußten wir eine Stoffauswahl treffen. Da wir der Meinung sind, daß ein Anfängerkurs die historische Entwicklung der Theoretischen Physik berücksichtigen sollte, beginnen wir in Abschn. 1 mit einer ausführlichen Darlegung der Newton-Mechanik. Die anschließend im Abschn. 2 entwickelte Lagrange-Mechanik nimmt eine zentrale Stellung ein. Einerseits führt sie zu technischen Anwendungen, andererseits ist sie Ausgangspunkt für die Entwicklung der im Abschn. 3 behandelten Hamilton-Mechanik, deren Struktur zum Erraten der heutigen Quantenmechanik führte. Als eine spezielle Anwendung der Dynamik von Massenpunktsystemen betrachten wir in Abschn. 4 das Modell des starren Körpers, das nicht nur für viele technische und andere makroskopische Probleme der Mechanik eine erste, oft ausreichende Näherung darstellt, sondern auch in der Molekül- und Kernphysik verwendet wird.

Die mit * gekennzeichneten Abschnitte können für eine erste Beschäftigung mit der theoretischen Mechanik übergangen werden, da sie i. allg. über den Rahmen einer einsemestrigen Einführungsvorlesung hinausgehen. So wird z. B. in Abschn. 2.7 die Theorie der nichtholonomen Nebenbedingungen dargestellt, die bei technischen Anwendungen auftreten können. Zu ihrer Analyse ist die Theorie der Differentialformen ein nützliches Hilfsmittel, die wir, soweit sie in diesem Buch gebraucht wird, in einer elementaren Version im Anhang entwickeln.

Naturgemäß bereitet es dem Anfänger Schwierigkeiten, den in der Vorlesung vermittelten Stoff anzuwenden. Die Bearbeitung von Übungsaufgaben ist daher ein wesentlicher Bestandteil der Ausbildung. Wir haben deshalb in einem Aufgabenteil zusätzlich zu den im Text eingearbeiteten Beispielen an weiteren Problemstellungen die Anwendung der in diesem Buch entwickelten Methoden demonstriert. Der Student soll damit in die

Lage versetzt werden, eigene andere Lösungswege zu überprüfen bzw. zu lernen, wie man an eine gestellte Aufgabe herangeht.

Zu bemerken ist noch, daß alle aufgestellten Gleichungen bei Verwendung der SI-Einheiten direkt, d. h. ohne zusätzliche maßsystembedingte Zahlenfaktoren als Zahlenwertgleichungen benutzt werden können.

Herrn Prof. Dr. W. Maaß und Herrn Prof. Dr. J. Petzold danken wir für Hinweise und Verbesserungen. Zu besonderem Dank sind wir Herrn Prof. Dr. G. Grawert verpflichtet, der den größten Teil des Manuskripts kritisch gelesen und zu einigen Verbesserungen beigetragen hat. Auch Frau von den Bergen, die das maschinenschriftliche Manuskript schrieb, möchten wir unseren Dank aussprechen. Schließlich danken wir auch Herrn Prof. Dr. W. Walcher, der die Anregung zu diesem Buch gab und mehrere Vorschläge zur Verbesserung des Manuskripts machte.

Marburg, im Herbst 1983 M. Heil, F. Kitzka

Inhalt

Bezeichnungen und Abkürzungen

$\mathbf{a}, \boldsymbol{\alpha}, \mathbf{A}$	Vektoren
A, B, Θ, Ω	Matrizen, Tensoren
I	Einstensor
0	Nulltensor
$a \equiv \lvert\mathbf{a}\rvert$	Betrag des Vektors $\mathbf{a}$
$\mathbf{a} \cdot \mathbf{b}, \mathbf{a} \cdot A$	Skalarprodukt zwischen Vektoren bzw. zwischen Vektor und Tensor
$\mathbf{a} \times \mathbf{b}$	Vektorprodukt
$\mathbf{ab}$	dyadisches Produkt
$\mathbf{r}$	Ortsvektor
$\mathbf{e}_1, \mathbf{e}_2, \mathbf{e}_3$ / $\mathbf{e}_x, \mathbf{e}_y, \mathbf{e}_z$	Einheitsvektoren in Richtung von kartesischen Koordinatenachsen (kartesische Einheitsbasis)
$\mathbf{e}_q$	Einheitsvektor in Richtung der q-Koordinatenlinie
x_1, x_2, x_3 / x, y, z	kartesische Koordinaten eines Punktes bzw. Komponenten von $\mathbf{r}$ bez. $\mathbf{e}_1, \mathbf{e}_2, \mathbf{e}_3$
ρ, φ, z	Zylinderkoordinaten
r, ϑ, φ	Kugelkoordinaten
$P(q_1, q_2, q_3)$	Punkt P hat die Koordinaten q_1, q_2, q_3
$[O; \mathbf{e}_1, \mathbf{e}_2, \mathbf{e}_3]$	kartesisches Koordinatensystem mit Ursprung O
(a_1, a_2, a_3) / (a_x, a_y, a_z)	Komponenten des Vektors $\mathbf{a}$ bez. einer k a r t e s i s c h e n Basis
δ_{ij}	$= \begin{cases} 1 & \text{für } i = j \\ 0 & \text{für } i \neq j \end{cases}$
ϵ_{ijk}	$= \begin{cases} 1 & i, j, k \text{ zyklisch zu } 1, 2, 3 \\ -1 & \text{falls } i, j, k \text{ antizyklisch zu } 1, 2, 3 \\ 0 & \text{sonst} \end{cases}$
t	Zeit
$\dot{f}, \dot{\mathbf{a}}$	totale Ableitung der Funktionen $f(t)$ bzw. $\mathbf{a}(t)$ nach der Zeit
$\dfrac{\partial f(\mathbf{r}_1, \ldots, \mathbf{r}_n)}{\partial \mathbf{r}_\nu}$	Gradient der Funktion $f(\mathbf{r}_1, \ldots, \mathbf{r}_n)$ nach der Variable $\mathbf{r}_\nu$
$:=, =:$	definitionsgemäß gleich
$\equiv$	identisch gleich (in allen Variablen)
$\mathbb{R}$	Menge der reellen Zahlen
$\mathbb{E}^m$	m-dimensionaler euklidischer Raum

$\mathbb{M}_1 \times \mathbb{M}_2$	direktes Produkt der Mengen $\mathbb{M}_1$ und $\mathbb{M}_2$
KS	Koordinatensystem(e)
BS	Bezugssystem(e)
MP	Massenpunkt(e)
KdB	Konstante(n) der Bewegung
NB, NBn	Nebenbedingung(en)
DG, DGn	Differentialgleichung(en)
Gl., Gln.	Gleichung(en)

Einleitung

Die Physik erforscht die Grundprinzipien des Verhaltens der Materie in Raum und Zeit und den Aufbau (die Struktur) der Materie. Ein solcher Satz setzt beim Leser eine gewisse elementare Vorstellung über Raum, Zeit und Materie voraus; in der Tat besitzt jeder Mensch durch seine Sinnesempfindungen Elementarerfahrungen über diese Dinge. Solche subjektiven Vorstellungen sind jedoch zum Aufbau einer Naturwissenschaft keine geeignete Basis. Trotzdem müssen wir uns damit abfinden, daß am Beginn des Betreibens von Physik nichts anderes vorhanden ist als eine endliche Menge von Erfahrungen mit der als wirklich angesehenen Natur. Jedoch besteht der Bereich der Erfahrungen nicht nur aus subjektiven Empfindungen und einfachen qualitativen Beobachtungen, etwa, daß ein geworfener Stein wieder zur Erde fällt, sondern wir müssen auch quantitative Messungen mit zum Teil sehr komplizierten Apparaten zum Erfahrungsbereich hinzurechnen. Jede Meßapparatur zusammen mit der Vorschrift, wie sie zu bedienen ist, um Zahlenwerte an ihr abzulesen, spiegelt eine Eigenschaft der Materie wider. Solche Meßwerte können dann z. B. Auskunft darüber geben, an welcher Stelle und zu welcher Zeit der Stein die Erdoberfläche wieder erreicht hat, ob die Wurfbahn von Wurf zu Wurf gänzlich verschieden ausfällt oder ob immer wiederkehrende Regelmäßigkeiten an ihr feststellbar sind.

Meßvorgänge sind überhaupt nur möglich, weil es uns erfahrungsgemäß gelingt, Teile der Natur voneinander und vom übrigen Naturgeschehen so gut abzugrenzen, daß nur noch eine hinreichend genau kontrollierbare und reproduzierbare Wechselwirkung zwischen ihnen und mit ihrer Umgebung besteht. Bei geeigneter Konstruktion eines dieser sog. *physikalischen Systeme* kann man dieses als Meßgerät, ein anderes als Meßobjekt benutzen; die Wechselwirkung zwischen ihnen bewirkt den Meßvorgang. Im allgemeinen ändert sich dabei der Zustand des Meßgerätes, erkennbar vielleicht an einem Zeigerausschlag, aber auch der Zustand des Meßobjekts. Dann ist es jedoch nicht mehr erlaubt, die gemessene Eigenschaft allein dem Meßobjekt zuzuordnen, sondern sie kommt der Einheit aus Meßobjekt und Meßapparatur zu. Dieser Fall tritt grundsätzlich in der Mikrophysik auf. In der makroskopischen Physik, zu welcher die in diesem Buch behandelten Phänomene gehören, kann man die Meßmethoden jedoch im Prinzip so einrichten, daß die Änderung des Zustandes des Meßobjekts beim Meßvorgang vernachlässigbar klein ist. Ein Beispiel: Macht man den Innenwiderstand eines Voltmeters, mit dem die Spannung einer Batterie gemessen werden soll, groß gegen den Innenwiderstand der Batterie, so wird eine Änderung des Zustands des Meßobjekts infolge Strombelastung durch das Meßgerät weitgehend vermieden. In diesem Sinne kann man in der Makrophysik davon sprechen, daß man eine bestimmte *physikalische Größe* an einem Meßobjekt gemessen hat.

Ersichtlich sind die gewonnenen Meßergebnisse nicht die Natur selbst, und auch die physikalische Größe ist ein abstrahierter Begriff. Offenbar findet durch einen ausgewählten Meßvorgang eine Zuordnung einer bestimmten Struktur der realen Welt zu einer Zahl oder einer Menge von Zahlen statt. Das Ziel des Physikers ist es nun, durch eine angemessene Verarbeitung solcher Meßwerte Beziehungen zwischen verschiedenen physikalischen Größen aufzustellen. Das adäquate Mittel zur Verarbeitung von Zahlen ist die Mathematik, und so sind auch die erstrebten Beziehungen zwischen physikalischen Größen nur innerhalb einer mathematischen Theorie formulierbar. Es ist die Kunst des Physikers, zu einem gegebenen Bereich von Erfahrungen mit der Natur eine geeignete mathematische Theorie zu finden, die das Aufstellen von solchen Beziehungen derart ermöglicht, daß diese sich als brauchbare Abbilder von realen Vorgängen erweisen, also als Naturgesetze. Man sagt dann, der Physiker habe eine *physikalische Theorie* für einen bestimmten Wirklichkeitsbereich aufgestellt.

Das Bestreben des Physikers ist es, mit möglichst wenigen grundlegenden Gesetzen einen möglichst großen Wirklichkeitsbereich beschreiben zu können. Dazu ist es notwendig, zunächst nur wohlabgegrenzte Ausschnitte aus dem unübersichtlichen komplizierten Naturgeschehen zu betrachten. Erst nachdem man erkannt hatte, daß man die Experimente auf eine bestimmte Fragestellung anlegen und das für diese Fragestellung Unwesentliche erkennen und als Störung möglichst eliminieren mußte, war es möglich, Naturgesetze zu entdecken, die für eine große Anzahl von Naturvorgängen gemeinsame Grundlage waren. Eine Windbö als Störfaktor bei der Wurfbahnbestimmung zu erkennen, ist keine so große Tat; jedoch die Idee zu haben, die Luftreibung als Störfaktor anzusehen und so zu einem einzigen Wurfgesetz für alle Körper zu kommen, ist eine große Leistung des abstrahierenden Denkens gewesen. Der Pionier dieser Auffassung von experimentierender Wissenschaft war Galileo Galilei.

Den „unnatürlichen" Situationen, in die der Experimentalphysiker die Natur mit seinen oft unter großen Schwierigkeiten gezielt angelegten Experimenten bringt, entsprechen auf Seiten der Theorie Idealisierungen bei der Begriffsbildung und beim Aufstellen der mathematischen Beziehungen, die Abbilder der realen Zusammenhänge der beobachteten Eigenschaften der Natur sein sollen. Die einzusetzenden mathematischen Theorien sind meist nur dann genügend einfach zu handhaben, wenn man die physikalischen Objekte stark idealisiert abbildet. Für einen realen Körper ist ein solches Denkmodell z. B. der sog. Massenpunkt. Natürlich wird der Gültigkeitsbereich einer physikalischen Theorie, zumindest hinsichtlich der Genauigkeit ihrer Aussagen, durch die Art der verwendeten Denkmodelle beeinflußt.

Nun noch einige Worte darüber, was die theoretische Physik n u r tut, wozu sie n u r imstande ist. Eine mathematische Theorie ist, wenn sie keine logischen Widersprüche produziert, richtig. Die in ihr verwendeten Begriffe sind präzise definiert. In diesem Sinne ist auch jede physikalische Theorie, die keine mathematischen Widersprüche beinhaltet, als mathematisch richtig zu bezeichnen. Eine ganz andere Frage ist jedoch, ob sie b r a u c h b a r ist, d. h. ob sie r e a l e s N a t u r g e s c h e h e n abbildet. Darüber aber kann n u r die Praxis, der Ausgang von Experimenten entscheiden. Hat man eine für einen gewissen Erfahrungsbereich brauchbare Theorie gefunden, so kann man durch mathematische Ableitungen Hypothesen aufstellen, die Abbilder von solchen gedachten Vorgängen sein sollen, über die man noch keine Erfahrungen hat. Die Brauchbarkeit von Hypothesen ist ebenfalls nur durch Experimente festzustellen. Durch Hinzunahme von brauchbaren Hypothesen kann man eine physikalische Theorie erweitern, bis man an Grenzen des Wirklichkeitsbereichs stößt, für den diese Theorie noch brauchbar ist, und jede Theorie hat solche Gültigkeitsgrenzen, obwohl sie mathematisch richtig bleibt, d. h. keine mathematischen Widersprüche produziert. Beispiele für das Erreichen von Gültigkeitsgrenzen sind:

Die eingeführten Bildbegriffe sind nicht mehr geeignet, z. B. der Modellbegriff des starren Körpers, wenn es auf elastische Eigenschaften ankommt;

die Bildbeziehungen zwischen physikalischen Größen sind nicht mehr geeignet, z. B. das Newtonsche Grundgesetz bei Geschwindigkeiten vergleichbar mit der Lichtgeschwindigkeit;

die Meßvorschriften sind ungeeignet, weil sie widersprüchlich zum betrachteten Wirklichkeitsbereich sind, z. B. die kritiklose Übertragung von Meßvorschriften aus der Makrophysik in die Mikrophysik.

Die Gültigkeitsgrenzen einer Theorie werden in der Regel erst nach Aufstellen einer umfassenderen Theorie endgültig klar. Häufig ist die Gültigkeitsgrenze fließend abhängig von der geforderten Genauigkeit quantitativer Ergebnisse der Theorie. Es soll auch darauf hingewiesen werden, daß theoretische Physiker sehr häufig die Methode benutzen, durch idealisierende Modellannahmen die Gültigkeitsgrenzen vorhandener Theorien absichtlich einzuschränken, um mathematischen Schwierigkeiten bei auszuführenden Rechnungen zu entgehen. Die Kunst besteht darin, bei aller Idealisierung die wichtigsten Eigenschaften des betrachteten Objekts noch im Modell abzubilden, mindestens näherungsweise bis zu einer bestimmten Genauigkeit.

Der mathematische Teil einer physikalischen Theorie besteht aus einer m a t h e m a t i s c h e n T h e o r i e und A b b i l d u n g s v o r s c h r i f t e n, die den Objekten aus dem Erfahrungsbereich und ihren Beziehungen zueinander mathematische Objekte und mathematische Beziehungen zwischen ihnen in der gewählten mathematischen Theorie zuordnen. Dabei kann die verwendete mathematische Theorie n i c h t aus dem Wirklichkeitsbereich d e d u z i e r t werden; allenfalls wird ihre Auswahl durch experimentelle Erfahrungen motiviert. Sie muß mindestens die mathematische Logik und die Mengenlehre enthalten, da dies die Grundlagen des mathematischen Beweisens und Schließens und aller anderen gebräuchlichen mathematischen Theorien sind. Die Abbildungsvorschriften drücken aus, wie die Mathematik auf die physikalischen Erscheinungen angewendet wird. Sie führen die physikalischen Begriffe und Beziehungen in Form von möglichst wenigen Grundgesetzen (*Axiomen*)[1]) in die mathematische Theorie ein, aus denen dann das ganze Gebäude der physikalischen Theorie mathematisch deduziert wird. Die Axiome selbst sind jedoch bloße Setzungen, motiviert durch Erfahrungen mit Experimenten und anderen Theorien und Vortheorien, aber n i c h t aus diesem Erfahrungsschatz mathematisch h e r l e i t b a r. Der Vorteil dieser axiomatischen Methode besteht darin, daß man Basis und Aufbau einer Theorie klar und übersichtlich vor Augen hat.

Eine wichtige Eigenschaft dieses Abbildungsvorganges ist, daß er im allgemeinen nicht bijektiv ist: Die mathematischen Bilder und Bildbeziehungen sind eben nicht die Natur selbst, sondern nur ein von Menschengeist erdachtes ungenaues Abbild eines Teilbereichs der Natur. Das liegt schon daran, daß die physikalischen Begriffe im Gegensatz zu den

[1]) Wir benutzen das Wort Grundgesetz gleichbedeutend mit Axiom.

mathematischen prinzipiell nicht ganz scharf definierbar sind. Betrachten wir z. B. die Angabe eines Ortes im physikalischen Raum: In eine Koinzidenzmessung geht stets die endliche Ausdehnung der koinzidierenden Objekte ein (Marken, Zeiger, Interferenzstreifen), und prinzipiell ist es physikalisch sinnlos, den Ort genauer zu definieren als die kleinste Reichweite von Wechselwirkungen, die zur Ortsmessung benutzt werden können. Trotzdem verwendet man als Bild im allgemeinen einen durch reelle Zahlen absolut scharf definierten mathematischen Ortsbegriff, nämlich denjenigen, der z. B. durch die bijektive mathematische Abbildung der reellen Zahlen auf die Punkte einer Geraden des euklidischen Raumes induziert wird. Der mathematische Ortsbegriff ist eben nur eine praktische und brauchbare Idealisierung. Wir können aus ihm nicht herleiten, daß auch der physikalische Raum ein Kontinuum ist.

Das eben Gesagte kann man zu einer wichtigen Schlußfolgerung verallgemeinern: Wie es nicht möglich ist, aus der Erfahrung mit der Natur eine mathematische Theorie zu deduzieren, so ist es umgekehrt auch nicht möglich, aus einer mathematischen Theorie innerhalb einer physikalischen Theorie etwas über die wirkliche Struktur des abgebildeten Teils der Natur mathematisch zu beweisen; denn die mathematische Theorie ist nur ein von Menschengeist gesetzter Apparat von Zeichen und Rechenregeln, von dem nur geringe Teile durch die axiomatisch gesetzten Abbildungsvorschriften als Bilder eines begrenzten Teils des Wirklichkeitsbereichs durch Experimente identifiziert sind. Die theoretische Physik ist nur ein mathematisches Bilderbuch der Natur, genauer gesagt, bisher eine Sammlung von mehreren solcher Bilderbücher. Die Gesamtheit der Natur ist zu kompliziert, um sie als Ganzes abzubilden, die erstrebte die ganze Welt beschreibende einheitliche Theorie bleibt Wunschtraum, der ohnehin, in unserer Betrachtungsweise, nur Wahrheit werden könnte, falls der Kosmos endlich ist.

Da ein Physikstudent das Studium der theoretischen Physik begründeterweise gewöhnlich mit der theoretischen Mechanik beginnt, glaubten die Verfasser, dem Leser diesen kurzen Überblick über die Methodik der theoretischen Physik als Einführung schuldig zu sein. Wer mehr über diese Probleme lernen möchte, kann z. B. die ersten drei Kapitel des im Literaturverzeichnis zitierten Buches von G. Ludwig [1] lesen.

1 Newton-Mechanik

1.1 Raum, Zeit, Bezugssysteme

In der Mechanik wird die Bewegung von Körpern untersucht. Bereits in den Worten „Körper“ und „Bewegung“ treten uns wieder die Begriffe „Raum“ und „Zeit“ als für unsere Beobachtungen in der makroskopischen Umwelt vorauszusetzende Grundvorstellungen entgegen. Das räumliche Nebeneinander von Körpern und das zeitliche Nacheinander von Beobachtungen von Körpern zählen wir zum festen Bestandteil unserer vorwissenschaftlichen Erfahrung. Dazu gehört auch die Beobachtung, daß Bewegung ein r e l a t i v e s Phänomen ist: Ein Wagen 2, der auf einem Wagen 1 rollt, der seinerseits auf der Erdoberfläche rollt, kann sich so bewegen, daß er bez. der Erdoberfläche ruht. Zur Beschreibung einer Bewegung benötigen wir also stets einen Bezugskörper, allgemeiner, eine *Bezugsbasis* aus Körpern, deren Nennung die Charakterisierung einer Bewegung erst möglich macht. Natürlich sehen wir die Bewegung als einen unabhängig von unserer Beobachtung geschehenden und damit von einer Bezugsbasis unabhängigen Vorgang an. Eine Bezugsbasis benötigen wir nur zur B e s c h r e i b u n g von Vorgängen. Das gilt auch für zeitlich hinreichend kurze Ausschnitte aus Vorgängen, die in einem abgrenzbaren Teil des Raumes während dieser Zeitspanne geschehen; wir nennen sie *Ereignisse.*

Der Physiker E. Mach hat gefordert, nur solche Begriffe in der Physik zu verwenden, die einer direkten oder indirekten Messung prinzipiell zugänglich sind. Dieses sog. Machsche Programm hat zur Folge, daß auch der physikalische Raum- und Zeitbegriff nicht mit subjektiv gefärbten Empfindungen von Raum und Zeit oder mit philosophischen Rahmenbegriffen von Raum und Zeit als von jeglichem physikalischen Geschehen unabhängig zu Denkendes verwechselt werden darf. Vielmehr muß auch die Struktur von Raum und Zeit durch M e s s u n g e n von *räumlichen* und *zeitlichen Abständen* von Ereignissen erschlossen werden, d. h. Raum und Zeit sind als Objekte der Physik zu betrachten. Eigentlich müßte also eine Raum-Zeit-Theorie der Gesamtheit aller anderen physikalischen Theorien vorangestellt werden. Eine solche Theorie wäre aber nie endgültig fertig, denn bei der Anwendung neuer physikalischer Theorien kann man auch immer wieder eine Erweiterung unserer Erfahrung über die physikalischen Begriffe von Raum und Zeit erwarten. Auch hat man zu beachten, daß die Meßapparaturen für räumliche und zeitliche Abstände von Ereignissen, kurz *Maßstäbe* bzw. *Uhren* genannt, selbst Objekte der Physik sind und physikalischen Gesetzen aus i. allg. mehreren physikalischen Theorien gehorchen. Konsequenterweise sind also die verschiedenen Methoden der Längen- und Zeitmessungen erst in den jeweiligen physikalischen Theorien mitzuentwickeln, so daß für eine vorweggenommene Raum-Zeit-Theorie nur allgemeine Strukturfragen mit einer nicht-metrischen mathematischen Theorie als mathematischem Abbild übrig bleiben. Meist begnügt man sich jedoch mit einer für die aufzustellende physikalische Theorie gerade hinreichend umfangreichen Vortheorie von Raum und Zeit, in der das einfache Hantieren mit Maßstäben und Uhren als vorwissenschaftliche Erfahrung vorausgesetzt wird (siehe z. B. [2]).

Da das vorliegende Buch hauptsächlich eine anwendungsorientierte Darstellung der theoretischen Mechanik bieten soll, nicht aber eine präzise Grundlegung der Theorie, werden wir nicht einmal eine solche einfache Vortheorie von Raum und Zeit entwerfen, sondern nur die mathematischen Strukturen nennen, die als Abbilder der physikalischen Raum-Zeit-Struktur Verwendung finden sollen (siehe jedoch [1]).

Eine mit Maßstäben und Uhren versehene starre[1]) Bezugsbasis nennen wir *Bezugssystem* (BS). Die Erfahrung, daß man zur Konstruktion einer allgemeinen Bezugsbasis vier Körper benötigt, die nicht in einer Ebene liegen, legt nahe, als mathematisches Bild des physikalischen Raumes einen drei dimensionalen Raum zu benutzen. Als Metrik für diesen Raum wählen wir die euklidische. Dazu werden wir durch Messung der Winkelsummen in Dreiecken geleitet, deren Seiten aus kürzesten Verbindungen zwischen je zwei Stellen im physikalischen Raum gebildet werden. Das Ergebnis ist stets 180°, was für die euklidische Metrik charakteristisch ist. Auch für Raumteile mit astronomischen Ausmaßen erweist sich die euklidische Geometrie außerordentlich gut als mathematisches Bild geeignet; nur in der Nähe großer Himmelskörper sind kleine Effekte gemessen worden, die nicht mehr durch Theorien erklärbar sind, die eine überall euklidische Metrik verwenden. Ein Beispiel dafür ist die Ablenkung eines Lichtstrahls im Gravitationsfeld der Sonne. Es sei nochmals darauf hingewiesen, daß aus den mathematischen Eigenschaften des als Bild verwendeten euklidischen Raumes, wie Kontinuität, Homogenität, Isotropie und Unendlichkeit nicht auf entsprechende Eigenschaften des physikalischen Raumes geschlossen werden darf. Die Benutzung der euklidischen Geometrie zur Beschreibung des physikalischen Raumes und des räumlichen Abstands von Ereignissen ist eine bloße Setzung, deren ihr anhaftende Idealisierungen nur Unwissenheiten über den wirklichen physikalischen Raum verdecken oder gewollte Vereinfachungen darstellen.

Die Einführung eines physikalischen Zeitbegriffs beruht auf der Erfahrung, daß wir sich wiederholende Vorgänge erkennen können. Auffällig ist, daß es unter ihnen Vorgänge gibt, für die, obwohl sie offenbar völlig unabhängig voneinander ablaufen, die Anzahl der Wiederholungen relativ zueinander in einem ziemlich konstant bleibenden Verhältnis stehen; z. B. führt die Kondensatorspannung eines entdämpften elektrischen Schwingkreises zwischen zwei Kulminationen der Sonne stets recht genau die gleiche Zahl von Nulldurchgängen aus. Zu dieser Klasse von Vorgängen gehören auch die entdämpften Schwingungen vieler aus elastischem Material bestehender Gebilde, wie z. B. Spiral- und Schraubenfedern, Stimmgabeln, eingespannte Drähte usw., aber auch die an der Emission und Absorption von elektromagnetischer Strahlung erkennbaren Schwingungen von Atomen und Molekülen. Die durch Numerierung der Wiederholungen eines typischen wiederkehrenden Ereignisses (z. B. Nulldurchgang) innerhalb eines Vorgangs dieser Klasse erzeugte Ordnungsrelation für die Ereignisse soll uns als Zeitskala und der Vorgang als Uhr dienen. Der zeitliche Abstand zweier solcher Ereignisse soll die absolut genommene Differenz dieser Zahlen sein. Damit liegt es nahe, als mathematisches Bild für diesen physikalischen Zeitbegriff einen ein dimensionalen euklidischen Raum,

---

[1]) Wir wollen nur starre Bezugsbasen verwenden, d. h. solche, deren Referenzkörper (mit genügender Genauigkeit) zeitlich konstante Abstände voneinander haben.

also die reelle Zahlengerade zu benutzen. Auch hierbei bedeutet die Kontinuität, Homogenität und Unendlichkeit des mathematischen Bildes keine entsprechende Aussage über den Wirklichkeitsbereich des physikalischen Zeitbegriffs.

Die Uhr ist also in der Lage, den zeitlichen Abstand zweier beliebiger Ereignisse, die am Ort der Uhr stattfinden, zu messen. Um den zeitlichen Abstand zweier Ereignisse an zwei verschiedenen Orten zu definieren, stellt man am anderen Ort eine gleichartige und mit der gleichen Zeiteinheit geeichte Uhr auf und synchronisiert die Uhren, indem man sie durch ein geeignetes Verfahren beide z. B. auf Null stellt. Das kann beispielsweise durch ein elektromagnetisches Signal mit Laufzeitkorrektur oder – im Gedankenexperiment – durch eine parallel zur Verbindungsgeraden der Uhren verlaufende Stange geschehen, die senkrecht zur Verbindungsgeraden bewegt wird und dabei beide Uhren berührt[1]). Auf diese Weise ist der Begriff der Gleichzeitigkeit eingeführt. Die mathematischen eindimensionalen euklidischen Zeiträume der verschiedenen Uhren können jetzt alle miteinander identifiziert werden.

Genau betrachtet haben wir zunächst für ein einziges Bezugssystem, nehmen wir an, in einem irgendwo auf der Erdoberfläche fixierten, ein mathematisches Bild von Raum und Zeit eingeführt. Bezugssysteme sind selbst physikalische Objekte, die deshalb den Naturgesetzen gehorchen. Es ist daher nicht selbstverständlich, daß beliebig denkbare BS auch in der Natur realisierbar sind und mit Maßstäben und Uhren in der oben beschriebenen Weise ausgestattet werden können. Betrachten wir z. B. gleichartig konstruierte Maßstäbe aus verschiedenen Materialien, die im erdfixierten BS gleiche räumliche Abstände für zwei Ereignisse anzeigen. Bringen wir sie in ein bez. des erdfixierten BS schnell rotierendes BS, z. B. in eine Zentrifuge, so zeigen Maßstäbe verschiedener Elastizität nicht mehr den gleichen Abstand an, auch wenn man den Vergleich am selben Ort durchführt[2]). Die Größe des Effekts ist auch abhängig von der Orientierung der Maßstäbe gegen die Drehachse der Zentrifuge. Die Definition einer Abstandsmessung ist in diesem BS also nur materialabhängig zu formulieren, was wenig sinnvoll ist. Auch Uhren, die zwar aus nahezu unelastischem Material gebaut sein mögen, aber auf verschiedenartigen Vorgängen basieren, können in einem solchen schnell rotierenden BS verschieden in ihrem Lauf beeinflußt werden, auch wenn sie im erdfixierten BS gleich laufen. Abhängig vom Material bzw. von den benutzten Vorgängen tritt offenbar eine durch die Eigenschaften des benutzten BS hervorgerufene mehr oder weniger starke Störung der Meßfunktion von Maßstäben bzw. Uhren ein, die bis zur Zerstörung gehen kann. Analoge Störungen können auch bei bez. des erdfixierten BS ruckartigen Bewegungen von Maßstäben bzw. Uhren auftreten. Aber auch bez. des erdfixierten BS ruhende Maßstäbe, die aus zu dehnbarem Material bestehen, sind unbrauchbar, da sie infolge der Gravitationsanziehung durch die Erde merklich deformiert werden.

---

[1]) Warum man nicht auch den in der Praxis alltäglich vorgenommenen Transport von Uhren bedenkenlos benutzen kann, um die Zeitdefinition an einem anderen Ort zu übertragen, wird im folgenden klar werden.

[2]) Von der Beeinflussung von Maßstäben und Uhren durch Änderung der Temperatur und durch elektromagnetische Felder werde hier und im folgenden abgesehen.

Nach dem eben Gesagten liegt die Vermutung nahe, daß in der Natur gewisse BS dadurch ausgezeichnet sind, daß in ihnen die Definition eines räumlichen Abstands material- und richtungsunabhängig und die Definition eines zeitlichen Abstands unabhängig vom ausgewählten Vorgang möglich ist. Ein frei zur Erde fallender Kasten und ein um die Erde antriebslos fliegender Satellit, welche keine oder wenig Eigenrotation bez. des erdfixierten BS haben, erweisen sich in sehr guter Näherung als solche idealen BS, allerdings nur lokal begrenzt auf die nähere Umgebung des Kastens bzw. des Satelliten. Noch besser geeignet ist ein weit von Himmelskörpern antriebslos fliegendes Raumschiff, das bez. des Fixsternhimmels keine Eigenrotation hat. Charakteristisch für diese BS ist, daß Körper in ihnen frei schweben können. Solche idealen BS nennen wir *lokale Inertialsysteme*. (Sie sind zu unterscheiden von den mathematisch idealisiert als unendlich ausgedehnt definierten „Inertialsystemen" [s. Abschn. 1.3.5.2].)

Der Grund für die räumlich nur begrenzte Realisierbarkeit der lokalen Inertialsysteme ist, daß es außer der durch Rotation bez. des Fixsternhimmels hervorgerufenen Beeinflussung von Maßstäben und Uhren noch das Phänomen der Gravitation gibt, die langreichweitig und nicht abschirmbar und daher überall auf Maßstäbe und Uhren wirksam ist. Da Gravitationsfelder stets inhomogen sind, kann man ihre Wirkung nicht global, sondern nur lokal, wie im Beispiel des frei fallenden Kastens, aufheben. Man könnte meinen, daß man durch Verwendung von „nichtmassiven" Normalen für die Definition von räumlichen und zeitlichen Abständen, wie man sie heutzutage in Form der nur auf elektromagnetischen Effekten im atomaren Bereich beruhenden Längen- und Zeitnormalen benutzt, der Einwirkung der Gravitation entgeht. Dem steht jedoch der experimentelle Befund entgegen, daß auch der Gang einer Atomuhr durch das Gravitationsfeld der Erde beeinflußt wird, allerdings nur in sehr geringem Maße.

Zwar ist die räumliche Begrenztheit der lokalen Inertialsysteme ein sehr relativer Begriff – je größer die Entfernung zu Himmelskörpern ist, desto weiter sind sie mit vorgegebener Genauigkeit zu erstrecken – aber zur Beschreibung z. B. von Vorgängen auf der Erde sind sie ungeeignet, weil die Bewegungsgesetze eine sehr komplizierte Form hätten. Obwohl wir wissen, daß erdfixierte BS keine lokalen Inertialsysteme sind, beweist die Erfahrung mit unseren auf atomaren Vorgängen beruhenden Längen- und Zeitnormalen, daß der Bau von sehr genauen Maßstäben und Uhren auch auf der Erde möglich ist. Ohnehin kann man ideale Maßstäbe und Uhren, wie sie der Theorie zugrundegelegt werden, nur näherungsweise realisieren, nämlich durch die unbeeinflußbarsten Maßstäbe und Uhren, die man gerade bauen kann. Dazu gehört eben auch die der verlangten Genauigkeit angepaßte Approximation des zur Einführung von räumlichem und zeitlichem Abstand verwendeten BS an ein ideales BS.

Wir setzen nun voraus, daß die verwendeten Maßstäbe und Uhren genügend stabil und möglichst wenig beeinflußbar sind, so daß sie in vielen anderen BS gleichartig und störungsfrei funktionierend nachgebaut werden können. Zur Übertragung der Raum-Zeit-Struktur ist dann nur noch eine Uhrensynchronisation zwischem dem erdfixierten BS und diesen anderen BS durchzuführen. Ein Versuch, dies zu erreichen, ist der Transport einer Uhr A aus dem erdfixierten BS in ein anderes BS zu einer dort ruhenden Uhr B und die dort durchgeführte Synchronisation. Wenn dies ein brauchbares Verfahren sein soll, müßte die Uhr A, zurückgekehrt in das erdfixierte BS, mit einer dort verbliebenen und synchronisierten „Zwillingsuhr" A′ immer noch synchron laufen. Ein solcher Versuch ist mit Atomuhren, die sich als hinreichend stabil bei Transporten und auch als genügend genau gehend erweisen, durchgeführt worden, und zwar durch Transport der Uhr in einem Flugzeug um die Erde. Das Ergebnis ist, daß die Uhr A nach der Reise nicht mehr synchron mit der Uhr A′ ist[1]). Allerdings ist der Effekt sehr klein. Eine Uhrensynchronisation zwischen zwei BS durch Uhrentransport ist also im Prinzip nicht sinnvoll durchführbar. Es zeigt sich, daß auch Verfahren ohne Uhrentransport, z. B. Synchronisation von Uhren verschiedener BS, die am gleichen Ort aneinander vorbeigleiten, oder Synchronisation durch Austausch von elektromagnetischen Signalen niemals zum Resultat haben, daß schließlich alle Uhren des einen BS mit allen Uhren des anderen BS synchron laufen, auch wenn sie jeweils innerhalb ein und desselben BS synchronisiert sind. Die Unmöglichkeit, einen vom Ort unabhängigen Gleichzeitigkeitsbegriff zwischen verschiedenen BS einzuführen, ist offenbar ein Teil des Wirklichkeitsbereichs des physikalischen Zeitbegriffs. Die Folge ist, daß wir die eindimensionalen mathematischen Bildräume der physikalischen Zeit in verschiedenen BS nicht miteinander identifizieren können: Es gibt keine *universelle* Zeit.

Auch der räumliche Abstand zweier bez. eines BS gleichzeitigen Ereignisse erweist sich, von diesem und von einem anderen BS aus beobachtet, nicht als übereinstimmend. Wiederum ist aber der Effekt in der alltäglichen Praxis vernachlässigbar klein.

Wegen der Kleinheit der geschilderten Effekte setzen wir uns aber nun über die genauen experimentellen Erkenntnisse beim Hantieren mit Maßstäben und Uhren hinweg und stellen für die in diesem Buch zu entwickelnde theoretische Mechanik folgende Axiome an die Spitze:

Axiom 1 *Es gibt eine für alle Bezugssysteme universelle Zeit.*

Axiom 2 *Der räumliche Abstand zweier gleichzeitig stattfindender Ereignisse ist bez. jedes Bezugssystems der gleiche.*

Die oben beschriebenen Abweichungen von diesen Axiomen werden zutreffend von einer verbesserten Raum-Zeit-Theorie, der *Speziellen Relativitätstheorie* von Albert Einstein beschrieben. Sie gab Anlaß zur Aufstellung einer *relativistischen* Mechanik, die eine zu der hier zu entwickelnden *nicht-relativistischen* Mechanik umfangreichere Theorie darstellt und deshalb auch etwas über die Gültigkeitsgrenzen der nicht-relativistischen Mechanik aussagt: Es zeigt sich, daß die Axiome 1 und 2 je nach verlangter Genauigkeit der theoretischen Ergebnisse merkliche Einschränkungen darstellen, wenn z. B. BS betrachtet werden, die sich relativ zueinander annähernd so schnell bewegen, wie sich Licht im leeren Raum ausbreitet. Der Wirklichkeitsbereich der Bewegungsvorgänge, für den sich solche Gültigkeitsgrenzen nicht bemerkbar machen, ist jedoch sehr groß, so daß die nicht-relativistische Mechanik breite Anwendung findet.

Würde man alle den einzelnen BS zugeordneten euklidischen Bildräume miteinander identifizieren, so wäre dadurch ein BS als „absoluter Raum" ausgezeichnet, wie ihn Newton seiner Mechanik zugrunde gelegt hat. Wir werden jedoch in Abschn. 1.3.5.2

---

[1]) Dabei ist die oben erwähnte Beeinflussung des Ganges der Atomuhr durch Gravitationsfelder bereits herauskorrigiert.

sehen, daß eine solche Auszeichnung eines BS vor allen anderen experimentell nicht möglich ist. Trotzdem wollen wir im folgenden in Vereinfachung der Redeweise von d e m euklidischen Raum sprechen, in dem dann verschiedene BS durch zeitlich bewegte KS repräsentiert werden.

1.2 Kinematik

1.2.1 Bahnkurven, Geschwindigkeit, Beschleunigung, Koordinaten

Zunächst betrachten wir wieder ein beliebiges, aber fest gewähltes Bezugssystem. Ein Ereignis wird im mathematischen Bild beschrieben durch einen Punkt P im dreidimensionalen euklidischen Bildraum des physikalischen Raumes und einen Punkt t im eindimensionalen euklidischen Bildraum der physikalischen Zeit. P und t sind Bilder der Raum- bzw. Zeitstelle, an denen das Ereignis stattfand. Zeichnet man eine Stelle im Bezugssystem aus, der ein Punkt O im mathematischen Bildraum entspreche, kann man die Menge der Punkte P des euklidischen Punktraumes bijektiv auf die Menge der Ortsvektoren $\overrightarrow{OP} = \mathbf{r}$ abbilden. Dann wird jedes Ereignis durch das Paar **r**, t beschrieben; umgekehrt soll jedes Paar **r**, t *Ereignis* heißen.

Einen Körper, dessen Ausdehnung sehr klein gegenüber den Abständen zu anderen Körpern ist, die bei einem Bewegungsablauf eine Rolle spielen, nennen wir *Punktteilchen.* Beispielsweise ist die Erde als Mitglied des Planetensystems in guter Näherung als Punktteilchen zu betrachten, wenn man von Erscheinungen absieht, die mit der Nichtstarrheit und der Eigenrotation der Erde zusammenhängen. Befindet sich ein solcher „wenig ausgedehnter" Körper zu einer Zeit an einer Raumstelle, so soll dies idealisiert durch die Angabe des entsprechenden Raumpunktes **r** und des entsprechenden Zeitpunktes t beschrieben werden, also durch das Ereignis **r**, t.

Die Bewegung eines Punktteilchens werde aufgefaßt als eine Kette von solchen Ereignissen. Unter der nicht selbstverständlichen Voraussetzung, daß es möglich ist, die Identität eines Punktteilchens zu fixieren, d. h. es von anderen unterscheiden zu können, stellen wir folgendes Axiom auf:

Axiom 3 *Die Bewegung eines Punktteilchens wird beschrieben durch eine über einem Zeitintervall definierte (eindeutige) stetige Funktion* $\mathbf{r}(t)$.

$\mathbf{r}(t)$ stellt eine Raumkurve in Parameterdarstellung mit der Zeit t als Parameter dar; sie heißt *Bahn* oder *Bahnkurve* des Punktteilchens. Das Axiom 3 bedeutet, daß im mathematischen Bild die Bewegung als k o n t i n u i e r l i c h e Kette von Ereignissen idealisiert wird, obwohl gewiß nur endlich viele dieser Ereignisse in der Form $\mathbf{r}(t_\nu) = \mathbf{r}_\nu$, $\nu = 1, 2, \ldots, N$ experimentell überprüfbar sind. Ferner enthält Axiom 3 die Forderung, daß ein Punktteilchen sich zur selben Zeit nicht an verschiedenen Orten befinden kann.

Die Kinematik als Teilgebiet der Mechanik untersucht die Bewegung von Körpern, ohne zu fragen, warum gerade diese Bewegung stattfindet. Wir beschränken uns hier auf die Kinematik eines Punktteilchens. Um zu diskutieren, wie im einzelnen ein Punktteilchen die Bahnkurve $\mathbf{r}(t)$ zeitlich durchläuft, ist es zweckmäßig, die Vektoren

$$\mathbf{v}(t) := \dot{\mathbf{r}}(t) \equiv \frac{d\mathbf{r}}{dt} \quad (\textit{Geschwindigkeit}) \tag{1.1}$$

und $$\mathbf{a}(t) := \ddot{\mathbf{r}}(t) \equiv \frac{d^2\mathbf{r}}{dt^2} \quad (\textit{Beschleunigung}) \tag{1.2}$$

einzuführen. Um dies tun zu können, setzen wir folgendes

Axiom 4 *Die Bahn* $\mathbf{r}(t)$ *eines Punktteilchens ist zweimal stückweise differenzierbar.*

Die Geschwindigkeit eines Punktteilchens ist ein idealisiertes Bild einer meßbaren physikalischen Größe, nämlich des Differenzenquotienten

$$\frac{\mathbf{r}(t+\Delta t) - \mathbf{r}(t)}{\Delta t}$$

für hinreichend kleine Δt. Der Grenzprozeß $\Delta t \to 0$ ist zwar mathematisch, jedoch nicht physikalisch realisierbar. Analoges gilt für die Beschleunigung.

Neben der Berechnung von Geschwindigkeit und Beschleunigung ist eine typische Aufgabe der Kinematik, umgekehrt aus der Geschwindigkeit die Bahnkurve zu bestimmen. Ist die Geschwindigkeit in Abhängigkeit von der Zeit durch

$$\dot{\mathbf{r}}(t) = \mathbf{u}(t) \tag{1.3}$$

gegeben, so folgt sofort

$$\mathbf{r}(t) = \int \mathbf{u}(t)\,dt + \mathbf{C}, \tag{1.4}$$

wobei $\mathbf{C}$ ein noch aus einer Anfangsbedingung, z. B. $\mathbf{r}(0) = \mathbf{r}_0$ zu bestimmender konstanter Vektor ist. Liegt jedoch die Geschwindigkeit als Feld (z. B. als Strömungsfeld eines Flusses)

$$\dot{\mathbf{r}}(t) = \mathbf{u}(\mathbf{r}, t) \tag{1.5}$$

vor[1]), so stellt dieses kinematische Problem eine vektorielle gewöhnliche Differentialgleichung für $\mathbf{r}(t)$ dar, die i. allg. nicht so einfach zu lösen ist. Die Lösung solcher vektoriell geschriebener Probleme wird oft dadurch erleichtert, daß man die Punkte des dreidimensionalen Raumes durch drei geeignet gewählte Koordinaten beschreibt. In einem euklidischen Raum sind die kartesischen Koordinaten x_1, x_2, x_3 ausgezeichnet, die jedem Punkt bez. dreier paarweise senkrecht aufeinander stehender Koordinatenachsen umkehrbar eindeutig zugeordnet sind. Wird der Ursprung des *kartesischen Koordinatensystems* (KS) mit dem für die Definition des Ortsvektors $\mathbf{r}$ ausgezeichneten Punkt identifiziert, so ist

$$\mathbf{r} = x_1\mathbf{e}_1 + x_2\mathbf{e}_2 + x_3\mathbf{e}_3, \tag{1.6}$$

---

[1]) siehe z. B. Aufgabe 1.2.

wobei e_1, e_2, e_3 Einheitsvektoren in Richtung der Koordinatenachsen sind. Man unterscheidet rechts- und linkshändige kartesische KS. Das Problem (1.5) geht bez. eines solchen kartesischen KS über in

$$\begin{aligned} \dot{x}_1 &= u_1(x_1, x_2, x_3, t), \\ \dot{x}_2 &= u_2(x_1, x_2, x_3, t), \\ \dot{x}_3 &= u_3(x_1, x_2, x_3, t), \end{aligned} \tag{1.7}$$

wobei u_1, u_2, u_3 die Komponenten des vorgegebenen Geschwindigkeitsfeldes $\mathbf{u}$ bez. des gewählten kartesischen KS sind. (1.7) ist ein i. allg. gekoppeltes System von gewöhnlichen Differentialgleichungen 1. Ordnung mit der Gesamtordnung 3. Die Lösung erhält man in der Form

$$\mathbf{r}(t) = (x_1(t), x_2(t), x_3(t)). \tag{1.8}$$

Synonym werden wir für kartesische Koordinaten auch die Bezeichnung x, y, z anstatt x_1, x_2, x_3 und e_x, e_y, e_z anstatt e_1, e_2, e_3 verwenden.

Auch andere, nicht-kartesische Koordinaten, u, v, w oder q_1, q_2, q_3 genannt, können zur Beschreibung der Punkte des dreidimensionalen euklidischen Raumes dienen und können je nach Art des zu lösenden Problems besondere Vorteile bieten, wenn man sie geeignet auswählt. Man definiert sie bez. eines zunächst eingeführten kartesischen KS durch eine für die verlangte Anwendung genügend oft stetig partiell differenzierbare Abbildung

$$\mathbf{r}(u, v, w) = (x(u, v, w), y(u, v, w), z(u, v, w)) \tag{1.9}$$

bzw. durch die zugehörigen Umkehrformeln

$$u = u(x, y, z), \qquad v = v(x, y, z), \qquad w = w(x, y, z). \tag{1.10}$$

Man verlangt, daß die Funktionaldeterminante

$$\frac{\partial(x, y, z)}{\partial(u, v, w)} \neq 0 \tag{1.11}$$

ist außer evtl. auf isolierten Hyperflächen. Mit Hilfe der diesen Koordinaten angepaßten Einheitsvektoren

$$\mathbf{e}_u := \frac{\frac{\partial \mathbf{r}}{\partial u}}{\left|\frac{\partial \mathbf{r}}{\partial u}\right|}, \qquad \mathbf{e}_v := \frac{\frac{\partial \mathbf{r}}{\partial v}}{\left|\frac{\partial \mathbf{r}}{\partial v}\right|}, \qquad \mathbf{e}_w := \frac{\frac{\partial \mathbf{r}}{\partial w}}{\left|\frac{\partial \mathbf{r}}{\partial w}\right|}, \tag{1.12}$$

die wegen (1.11) linear unabhängig sind, läßt sich ebenfalls jeder euklidische Vektor $\mathbf{A}$ linearkombinieren:

$$\mathbf{A} = A_u \mathbf{e}_u + A_v \mathbf{e}_v + A_w \mathbf{e}_w. \tag{1.13}$$

Im Gegensatz zu den $\mathbf{e}_x, \mathbf{e}_y, \mathbf{e}_z$ sind jedoch $\mathbf{e}_u, \mathbf{e}_v, \mathbf{e}_w$ nicht konstant, sondern von u, v, w abhängig.

Die am häufigsten benutzten nicht-kartesischen Koordinaten sind die *Zylinderkoordinaten* ρ, φ, z und die *Kugelkoordinaten* r, ϑ, φ mit den Definitionen[1])

$$\begin{aligned} x &= \rho \cos\varphi \\ y &= \rho \sin\varphi \qquad (0 \leqslant \rho < \infty, 0 \leqslant \varphi < 2\pi, -\infty < z < \infty) \\ z &= z \end{aligned} \tag{1.14}$$

bzw.

$$\begin{aligned} x &= r \sin\vartheta \cos\varphi \\ y &= r \sin\vartheta \sin\varphi \qquad (0 \leqslant r < \infty, 0 \leqslant \vartheta \leqslant \pi, 0 \leqslant \varphi < 2\pi). \\ z &= r \cos\vartheta \end{aligned} \tag{1.15}$$

Mit $\quad \mathbf{r} = \rho \mathbf{e}_\rho + z\mathbf{e}_z \quad$ bzw. $\quad \mathbf{r} = r\mathbf{e}_r \qquad (1.16)$

wird

$$\begin{aligned} \mathbf{v} &= \dot\rho \mathbf{e}_\rho + \rho \dot{\mathbf{e}}_\rho + \dot z \mathbf{e}_z & \text{bzw.}\quad \mathbf{v} &= \dot r \mathbf{e}_r + r\dot{\mathbf{e}}_r \\ &= \dot\rho \mathbf{e}_\rho + \rho\dot\varphi \mathbf{e}_\varphi + \dot z \mathbf{e}_z & &= \dot r \mathbf{e}_r + r\dot\vartheta \mathbf{e}_\vartheta + r\dot\varphi \sin\vartheta \mathbf{e}_\varphi, \end{aligned} \tag{1.17}$$

also

$$v = {}_+\sqrt{\dot\rho^2 + \rho^2\dot\varphi^2 + \dot z^2} \quad \text{bzw.} \quad v = {}_+\sqrt{\dot r^2 + r^2\dot\vartheta^2 + r^2\dot\varphi^2 \sin^2\vartheta}\,. \tag{1.18}$$

Wie man die Beschleunigung am geschicktesten in nicht-kartesische Koordinaten umrechnet, wird in Abschn. 1.3.7 behandelt.

Ein der jeweiligen Bahnkurve auf besonders natürliche Weise angepaßtes lokales orthogonales KS ist gegeben durch die Einheitsvektoren *Tangentialvektor* **t**, *Hauptnormalenvektor* **h** und *Binormalenvektor* **b**. Wählt man für die Bahnkurve die sog. *natürliche Parameterdarstellung* $\mathbf{r}^*(s(t)) \equiv \mathbf{r}(t)$, wobei

$$s(t) := \int_{t_0}^{t} \left|\frac{d\mathbf{r}}{dt'}\right| dt' = \int_{t_0}^{t} v\,dt' \tag{1.19}$$

mit beliebiger fester Zeit t_0 die Bogenlänge auf der Bahnkurve ist, so sind **t**, **h**, **b** wie folgt definiert:

$$\mathbf{t} := \frac{d\mathbf{r}^*}{ds}, \qquad \mathbf{h} := \frac{1}{k}\frac{d\mathbf{t}}{ds}, \qquad \mathbf{b} := \mathbf{t} \times \mathbf{h}, \tag{1.20}$$

wobei $k(s) := \left|\frac{d\mathbf{t}}{ds}\right|$ die *Krümmung* der Bahnkurve heißt. Sie ist Null genau dann, wenn die Bahn eine Gerade ist. Aus (1.19) folgt

$$\dot s = v \tag{1.21}$$

und damit

$$\mathbf{v} = \dot{\mathbf{r}} = \frac{d\mathbf{r}^*}{ds}\dot s = v\mathbf{t}, \tag{1.22}$$

$$\mathbf{a} = \ddot{\mathbf{r}} = \dot v\mathbf{t} + v\dot{\mathbf{t}} = \dot v\mathbf{t} + v^2\frac{d\mathbf{t}}{ds} = \dot v\mathbf{t} + v^2 k\mathbf{h}. \tag{1.23}$$

---

[1]) siehe z. B. [32].

Die Beschleunigung hat also keine Komponente in Richtung der Binormalen. $\dot{v}\mathbf{t}$ heißt *Tangentialbeschleunigung* oder *Bahnbeschleunigung*, $v^2 k\mathbf{h}$ heißt *Normalbeschleunigung* oder *Zentripetalbeschleunigung*. Da die Vektoren **t**, **h**, **b** in bestimmter Weise an der Bahnkurve mitgeführt werden, heißen sie auch *begleitendes Dreibein*[1]). Dieser Name bedeutet jedoch nicht, daß wir mit (1.22) die Bewegung bez. eines mit dem Punktteilchen mitbewegten BS beschrieben haben, denn in einem solchen BS wäre ja die Geschwindigkeit Null. Auch muß betont werden, daß die Konstruktion des begleitenden Dreibeins bereits die Kenntnis der Bahnkurve $\mathbf{r}(t)$, also z. B. das Lösen von (1.5) voraussetzt.

1.2.2 Koordinatentransformationen, Bezugssystemtransformationen

Da die Wahl eines kartesischen Koordinatensystems eine rein mathematische Angelegenheit ist, kann sie für den physikalischen Aussagegehalt der Beschreibung einer Bewegung bez. ein und desselben BS keine Rolle spielen. Speziell kommt es bei fest gewähltem Ursprung nicht auf die räumliche Orientierung des Koordinatendreibeins an. Aus der Vektor- und Tensorrechnung ist bekannt, daß gerade die Skalare, Vektoren und allgemein die Tensoren im euklidischen Raum mathematische Objekte sind, die von den konkreten zueinander gedreht liegenden kartesischen KS, die zu ihrer Komponentendarstellung benutzt werden, unabhängig sind. Deshalb ist die Vektor- und Tensorrechnung die geeignete Sprache zur Formulierung physikalischer Größen und Gesetze, denn sie garantiert die Unabhängigkeit der physikalischen Aussagen gegenüber KS-Drehungen. Dies gilt auch für zueinander translatiert liegende KS, solange nur freie Skalare, Vektoren und Tensoren benutzt werden, wie z. B. Differenzen von Ortsvektoren oder **v** und **a** für ein Punktteilchen. An einen Punkt gebundene Größen werden allerdings bei Verschiebungen des Ursprungs O mit **c** in O′ abgeändert; z. B. geht der Ortsvektor $\overrightarrow{OP} = \mathbf{r}$ über in $\overrightarrow{O'P} = \mathbf{r}' = \mathbf{r} - \mathbf{c}$. Daher muß zur Angabe eines Ortsvektors ein Punkt O im BS ausgezeichnet werden. Die Freiheit bei der Wahl von KS in ein und demselben BS werden wir ausnutzen, um konkrete Anwendungsbeispiele in einer für ihre Lösung möglichst geeigneten Form zu schreiben.

Läßt man ohne Beschränkung der Allgemeinheit nur rechts-händige KS zu und unter diesen nur solche mit gleicher Einheit auf ihren Achsen, so hängen je zwei von ihnen durch eine KS-Transformation zusammen, die sich aus einer Drehung um eine Achse durch den Ursprung und einer Translation aufbauen läßt. Die Koordinaten x_1, x_2, x_3 und x'_1, x'_2, x'_3 ein und desselben Punktes P bez. der Koordinatensysteme $[O; \mathbf{e}_1, \mathbf{e}_2, \mathbf{e}_3]$ bzw. $[O'; \mathbf{e}'_1, \mathbf{e}'_2, \mathbf{e}'_3]$ gehen durch

$$x'_i = \sum_{k=1}^{3} d_{ik} x_k - c_i, \qquad i = 1, 2, 3 \tag{1.24}$$

ineinander über, wobei d_{ik} die Komponenten einer Drehmatrix und c_i die Komponenten des Translationsvektors **c** sind. Die KS-Transformationen bilden eine Gruppe, die Grup-

[1]) siehe z. B. [32].

pe der sog. *eigentlichen Bewegungen*. Zusammenfassend können wir feststellen: Ein und demselben BS ist eine Klasse von unendlich vielen physikalisch äquivalenten kartesischen KS zugeordnet, die auseinander durch Translationen und Drehungen hervorgehen.

Nun soll ein und dieselbe Bahn eines Punktteilchens von verschiedenen BS aus betrachtet werden. Da BS Objekte der Physik sind, ist zu erwarten, daß KS-unabhängig formulierte physikalische Größen und Gesetze bei Wechsel des BS i. allg. ihre Form ändern. Das Bestreben ist, ein BS zu finden, in dem ein gegebenes physikalisches Problem eine möglichst einfache Form hat. Den Übergang von einem BS zu einem anderen BS nennen wir *BS-Transformation*. Als mathematische Formulierung einer BS-Transformation betrachten wir die Auswirkung einer solchen Transformation auf die Beschreibung ein und desselben beliebigen Ereignisses, dargestellt in dem einen BS durch $\mathbf{r}$, t, in dem anderen BS durch $\mathbf{r}'$, t'. Sei in jedem der BS ein KS $[O; \mathbf{e}_1, \mathbf{e}_2, \mathbf{e}_3]$ bzw. $[O'; \mathbf{e}'_1, \mathbf{e}'_2, \mathbf{e}'_3]$ aus der oben definierten zugelassenen Menge eingeführt, so daß

$$\mathbf{r} = \sum_{i=1}^{3} x_i \mathbf{e}_i, \qquad \mathbf{r}' = \sum_{i=1}^{3} x'_i \mathbf{e}'_i$$

ist, so hat man zunächst die allgemeine Abbildung

$$\begin{aligned} x'_i &= f_i(x_1, x_2, x_3, t), \qquad i = 1, 2, 3 \\ t' &= f_0(x_1, x_2, x_3, t) \end{aligned} \tag{1.25}$$

zu betrachten. Die Axiome 1 und 2 aus Abschn. 1.1 schränken jedoch (1.25) ein. Axiom 1 besagt, daß

$$t' = t - t_0, \qquad t_0 = \text{const.} \tag{1.26a}$$

Die durch t_0 beschriebene Zeittranslation, die nur der willkürlichen Wahl der Nullstellung der Uhren in jedem BS entspricht, wird oft fortgelassen. Axiom 2 fordert, daß BS-Transformationen den räumlichen Abstand zweier gleichzeitig stattfindender Ereignisse invariant lassen. Aus der analytischen Geometrie ist bekannt, daß solche Transformationen die Form

$$x'_i = \sum_{k=1}^{3} d_{ik}(t) x_k - c_i(t), \qquad i = 1, 2, 3 \tag{1.26b}$$

haben, wobei $d_{ik}(t)$ für jedes t die Komponenten einer Drehmatrix D(t) und $c_i(t)$ für jedes t die Komponenten eines Vektors $\mathbf{c}(t)$ sind. Die Formeln (1.26a, b) beschreiben die allgemeine BS-Transformation. Mit ihrer Hilfe kann für jede Bewegung eines Punktteilchens die Bahn $\mathbf{r}(t)$ bez. eines BS in die Bahn $\mathbf{r}'(t)$ bez. eines anderen BS transformiert werden.

Sind speziell $d_{ik}(t)$ und $c_i(t)$ konstant, so stellt (1.26b) noch einmal die allgemeine KS-Transformation (1.24) in ein und demselben BS dar. Da diese der schon erkannten Freiheit der Wahl von KS in den beiden BS entspricht, können solche zeitunabhängigen Anteile in einer BS-Transformation fortgelassen werden, ohne den physikalischen Aussagegehalt zu ändern.

Ein wichtiger Spezialfall (siehe Abschn. 1.3.5.2) einer BS-Transformation liegt vor, wenn sich die beiden betrachteten BS rein translatorisch mit k o n s t a n t e r Geschwindigkeit **u** gegeneinander bewegen. Es ist also $d_{ik}(t) = \delta_{ik}$ und $\dot{c}_i(t) \overset{!}{=} u_i$ für i = 1, 2, 3, woraus folgt

$$c_i(t) = u_i t + c_{i0}, \qquad i = 1, 2, 3,$$

wobei die Konstanten c_{i0} einer KS-Translation entsprechen. Setzen wir $c_{i0} = 0$, so bedeutet das, daß die beiden BS gerade für t = 0 übereinstimmen. Mit $t_0 = 0$ lautet die BS-Transformation also

$$\begin{aligned} x'_i &= x_i - u_i t, \qquad i = 1, 2, 3 \\ t' &= t \end{aligned} \tag{1.27}$$

oder in Vektorform

$$\mathbf{r}' = \mathbf{r} - \mathbf{u}t. \tag{1.28}$$

Sie heißt *spezielle Galilei-Transformation*. Für die Geschwindigkeiten in beiden BS folgt

$$\mathbf{v} = \mathbf{v}' + \mathbf{u}. \tag{1.29}$$

Diese Formel ist nicht etwa eine mathematische Folgerung aus der Vektorrechnung, sondern eine Folge der physikalischen Inhalt tragenden Axiome 1 und 2, welche Aussagen über v e r s c h i e d e n e BS darstellen. In der relativistischen Mechanik ist (1.29) nicht mehr gültig. – Für die Beschleunigungen bei Galilei-Transformationen folgt schließlich

$$\mathbf{a}' = \mathbf{a}. \tag{1.30}$$

1.3 Die Dynamik von Massenpunkten

1.3.1 Die Newtonschen Grundgesetze

Die Dynamik als das wichtigste Teilgebiet der Mechanik beschäftigt sich mit der Berechnung der Bewegung von Körpern. Die Grunderkenntnis ist, daß die Umgebung des betrachteten Körpers dessen Bewegung beeinflußt, daß diese Beeinflussung aber auch von Eigenschaften des Körpers abhängt. Für beide Aspekte müssen mathematische, also quantitative Formulierungen gefunden werden. Dabei ist zu beachten, daß die Theoretische Mechanik keine Theorie der Umgebung liefert, sondern es dem Anwender der Mechanik überläßt, die für die Bewegung eines Körpers jeweils relevanten Eigenschaften der Umgebung im Rahmen einer mathematischen Begriffsbildung zu formulieren. Als Erfahrungstatsache wird benutzt, daß es möglich ist, begrenzte Raumgebiete wenigstens für gewisse Zeitintervalle in reproduzierbarer Weise so zu präparieren, daß man in ausreichender Näherung von der Herstellung „derselben" Umgebung sprechen kann. Speziell ist es möglich, Körper in begrenzten Raum-Zeit-Gebieten vom Einfluß der Umgebung näherungsweise zu befreien.

In den Abschnitten 1 bis 3 wird die Dynamik für Punktteilchen entwickelt, in Abschnitt 1 jedoch zunächst nur ohne Einschränkung der Bewegungsmöglichkeiten der Punktteilchen durch Nebenbedingungen. Die Grundlagen der Dynamik gehen auf Galileo Galilei und Isaac Newton zurück. Galilei entdeckte, daß ein von Einflüssen der Umgebung weitgehend befreites Punktteilchen in einem lokalen Inertialsystem (s. Abschn. 1.1) konstante Geschwindigkeit hat und einer Änderung dieses Bewegungszustandes einen „Trägheitswiderstand" entgegensetzt. Newton erkannte, daß die Beschleunigung $\mathbf{a}$, nicht aber die Geschwindigkeit $\mathbf{v}$ diejenige kinematische Größe ist, die dem Einfluß der Umgebung proportional ist. Also nicht die Geschwindigkeit, sondern die Beschleunigung ändert sich unstetig, wenn sich der Einfluß der Umgebung sprunghaft ändert. So geht z. B. die gleichförmige Kreisbewegung eines geladenen Teilchens in einem homogenen Magnetfeld nach Abschalten des Magnetfeldes in eine geradlinig gleichförmige Bewegung mit demjenigen Geschwindigkeitsvektor über, den das Teilchen zum Zeitpunkt des Abschaltens hat. Wir formulieren die ersten beiden Newtonschen Axiome folgendermaßen:

Axiom I *Die Umgebung jedes Punktteilchens ist so präparierbar und es existiert ein lokales Inertialsystem derart, daß sich das Punktteilchen in diesem BS bez. der dort definierten räumlichen und zeitlichen Abstände geradlinig gleichförmig bewegt oder in Ruhe ist.*

Axiom II *Für jedes Punktteilchen gibt es einen in jedem BS gleichen positiven Skalar* m *und es existiert eine vom BS und von charakteristischen Eigenschaften* α *des Punktteilchens abhängige vektorwertige Funktion*

$$\mathbf{F}(\alpha, \mathbf{r}, \dot{\mathbf{r}}, t), \tag{1.31}$$

so daß für alle möglichen Bahnen $\mathbf{r}(t)$ *des Punktteilchens gilt*

$$m\ddot{\mathbf{r}}(t) = \mathbf{F}(\alpha, \mathbf{r}(t), \dot{\mathbf{r}}(t), t). \tag{1.32}$$

Ist das BS ein gemäß Axiom I für das Punktteilchen existierendes lokales Inertialsystem, so ist $\mathbf{F}$ *nicht abhängig von* m.

Der Skalar m heißt *Masse*. Wir werden deshalb im folgenden für ein Punktteilchen auch den Begriff *Massenpunkt* (MP) verwenden. Die Funktion $\mathbf{F}$ heißt *Kraft* oder *Kraftgesetz*. Entfällt in (1.31) die Abhängigkeit von $\dot{\mathbf{r}}$, so spricht man von einem *Kraftfeld*. Der Begriff des Kraftgesetzes ist die gesuchte quantitative Formulierung für den Einfluß der Umgebung auf den Massenpunkt. Gibt man es vor, so liefert Axiom II in Gestalt der vektoriellen DG 2. Ordnung (1.32) eine Bestimmungsgleichung zur Berechnung der Bahn $\mathbf{r}(t)$. Man nennt daher (1.32) die *Newtonsche Bewegungsgleichung*[1]).

---

[1]) Man kann (siehe z. B. [2]) als Kraft auch ein Funktional

$$\mathbf{F}[\alpha, t] := \int_{t_0}^{t} \mathbf{f}(\alpha, \mathbf{r}(\hat{t}), \dot{\mathbf{r}}(\hat{t}), \hat{t}, t)\, d\hat{t} \tag{1.33}$$

Axiom I besagt, daß ein lokales Inertialsystem existiert, in dem es möglich ist, lokal den Zustand der Kräftefreiheit für den betrachteten MP herzustellen. Die Erfahrung zeigt, daß dies für alle Arten von Einflüssen der Umgebung durch Abschirmung oder hinreichend großen Abstand von anderen Körpern stets auch für große Raumbereiche zu erreichen ist, es sei denn, die Gravitation übt einen maßgeblichen Einfluß aus.

Aus der Mathematik ist bekannt, daß für ein System von gewöhnlichen DGn die Angabe von sog. *Anfangsbedingungen* $\mathbf{r}_0 := \mathbf{r}(t_0)$, $\mathbf{v}_0 := \dot{\mathbf{r}}(t_0)$ zu einer festen Zeit t_0 geeignet ist, um aus einer allgemeinen Lösung von DGn eindeutig eine spezielle Lösung $\mathbf{r}(t; \mathbf{r}_0, \mathbf{v}_0, t_0)$ zu erhalten, die eine konkrete Bahnkurve beschreibt[1]). Wir wollen verabreden, daß nur solche Kraftgesetze zugelassen werden, für die für gegebene Anfangsbedingungen genau eine Lösung $\mathbf{r}(t; \mathbf{r}_0, \mathbf{v}_0, t_0)$ existiert, die hinsichtlich der Variablen t gemäß den Axiomen 3 und 4 stetig und zweimal stückweise differenzierbar und hinsichtlich $\mathbf{r}_0, \mathbf{v}_0, t_0$ stetig ist. Letztere Forderung ist nötig, weil bei der physikalischen Festlegung von Anfangsbedingungen stets Meßungenauigkeiten auftreten. Zugelassene Kraftgesetze $\mathbf{F}(\mathbf{r}, \dot{\mathbf{r}}, t)$ sind z. B. solche, die in t stückweise stetig und hinsichtlich $\mathbf{r}$ und $\dot{\mathbf{r}}$ stückweise stetig und stetig partiell differenzierbar sind, wobei aber Punkte oder Kurven im Orts- bzw. Geschwindigkeitsraum ausgenommen sein können.

Für die lokalen Kraftgesetze (1.31) ist oft diskutiert worden, ob (1.32) die Definition von Masse oder (und) Kraft sei. Wäre (1.32) nur eine Definitionsgleichung, z. B. für die Kraft, so wäre $\mathbf{F}$ lediglich eine Abkürzung für $m\ddot{\mathbf{r}}$ und müßte aus einer explizit bekannten Bahn $\mathbf{r}(t)$ berechenbar sein. Das ist natürlich mathematisch nur längs der Bahn $\mathbf{r}(t)$ möglich. Für die Kraft (1.31) längs einer speziellen Bahn $\mathbf{r}(t)$, also für $\mathbf{F}(\alpha, \mathbf{r}(t), \dot{\mathbf{r}}(t), t) \equiv \mathbf{F}(t)$ ist (1.32) Definitionsgleichung und wird in der messenden Physik zur Darstellung der auf einen Massenpunkt zur Zeit t wirkenden Kraft durch seine Beschleunigung auch so benutzt. Speziell ist die Maßeinheit der Kraft durch (1.32) definiert.

Aber Gleichung (1.32) enthält mehr: Sie ist nach Vorgabe der mathematischen Gestalt von (1.31) ein mathematisches Programm zur Bahnberechnung und damit das Grundgesetz der Newtonschen Dynamik als Theorie, deren Ergebnisse sich in der Realität der Experimente mit Massenpunkten zu bewähren haben. Wäre (1.32) nur eine Definitionsgleichung, so gäbe es diese Theorie nicht. Axiom II führt zwar Masse und Kraft als mathematische Begriffe ein, ohne sie jedoch schon vollständig festzulegen. Dies geschieht erst durch Vorgabe der mathematischen Form des Kraftgesetzes. (1.32) ist also die

---

mit reellem konstantem t_0 definieren, so daß die Newtonsche Bewegungsgleichung

$$m\ddot{\mathbf{r}}(t) = \mathbf{F}[\alpha, t]$$

eine vektorielle Integro-Differentialgleichung wird. (1.33) ist ein Beispiel für eine nichtlokale Kraft, denn sie hängt zur Zeit t nicht nur von Ort und Geschwindigkeit zu dieser Zeit ab, sondern auch von der „Vorgeschichte" der Bahn zu Zeiten $\hat{t} < t$. Man nennt diesen Sachverhalt *Retardierung*.

[1]) Neben den *Anfangswertproblemen* kommen in der Praxis, z. B. bei der Festlegung einer Kometenbahn durch Beobachtungsdaten, auch sog. *Randwertprobleme* vor, bei denen mehrere Orte zu verschiedenen Zeiten vorgegeben werden.

Struktur eines noch recht allgemein formulierten Naturgesetzes, dessen Konkretisierung erst durch die Vorgabe des der jeweiligen Situation angepaßten Kraftgesetzes erfolgt.

Für die im Symbol α zusammengefaßten Eigenschaften des Punktteilchens kommen zeitlich konstante isotrope Charakteristika in Frage, z. B. die elektrische Ladung, nicht aber richtungsauszeichnende, wie z. B. Dipolmomente oder ein Eigendrehimpuls (Spin), wie er in der Quantenmechanik benutzt wird. Eine durch die linke Seite von (1.32) und durch den letzten Satz von Axiom II in der Dynamik besonders ausgezeichnete Eigenschaft der Punktteilchen ist ihre Masse m. Ist in einem lokalen Inertialsystem ein Kraftgesetz vorgegeben, das von allen Eigenschaften α von Punktteilchen unabhängig ist, so sind die Massen aller Punktteilchen bis auf einen gemeinsamen multiplikativen Faktor durch Axiom II im Prinzip bestimmt, denn wegen der Unabhängigkeit von **F** von der Masse des betrachteten Teilchens im lokalen Inertialsystem gilt dann für die Beschleunigungen $\mathbf{a}_1$ und $\mathbf{a}_2$, die irgend zwei Massenpunkte 1 und 2 unabhängig voneinander durch **F** erfahren,

$$\frac{|\mathbf{a}_1|}{|\mathbf{a}_2|} = \frac{m_2}{m_1}\,{}^{1)}.$$

Definiert man die Masse eines bestimmten Punktteilchens als Masseneinheit, so ist der freie Faktor der Massenskala festgelegt. Ein geeignetes Kraftgesetz ist z. B. eine Federkraft, der man – wenigstens im Gedankenexperiment – die Massenpunkte aussetzt.

Wegen der Allgemeinheit von (1.32) ist es notwendig, weitere Axiome für die Benutzung der Begriffe Masse und Kraftgesetz aufzustellen. Experimente mit gleichen und verschiedenen Umgebungseinflüssen und mit Vereinigungen von Massenpunkten zu neuen Punktteilchen erweisen die Berechtigung zur Aufstellung folgender Axiome:

Axiom III *Vereinigt man* N *Massenpunkte der Massen* $m_1, \ldots, m_N$ *zu einem neuen Punktteilchen, so hat dieses die Masse*

$$m = \sum_{\nu=1}^{N} m_\nu .$$

Axiom IV *Sind* $\mathbf{F}_1, \ldots, \mathbf{F}_N$ *die Kraftgesetze bez. eines BS, mit denen* N *Umgebungen auf einen Massenpunkt einwirken, so ist*

$$\mathbf{F} = \sum_{\nu=1}^{N} \mathbf{F}_\nu$$

das Kraftgesetz bez. dieses BS für den Fall, daß der Massenpunkt von allen diesen Umgebungen gleichzeitig beeinflußt wird.

---

[1]) Da m umgekehrt proportional zur Beschleunigung ist, kann man m als Maß für die oben erwähnte T r ä g h e i t eines MP ansehen.

Auch diese Axiome haben ihre Gültigkeitsgrenzen; z. B. ist Axiom III merklich verletzt, wenn die Massenpunkte quantenmechanische Teilchen sind, z. B. Nukleonen, die sich zu einem Atomkern verbinden, wobei ein sog. Massendefekt auftritt. Axiom IV, das sog. Parallelogramm-Gesetz der Kräfte, gilt nicht mehr exakt, wenn ein hinzutretender Umgebungseinfluß schon vorhandene Kräfte abändert; dieses Phänomen tritt ebenfalls bei Kernkräften auf. Insbesondere sei erwähnt, daß Axiom IV nicht aus den anderen bisher aufgestellten Axiomen hergeleitet werden kann.

Im folgenden soll die auf den Axiomen I bis IV aufbauende Newtonsche Mechanik diskutiert werden, allerdings nur für den einfachen Fall (1.31) der lokalen Kraftgesetze. Auch diese werden gelegentlich durch Axiome oder Voraussetzungen weiter eingeschränkt werden, um noch Aussagen hinreichend allgemeiner Natur zu ermöglichen. Unser Ziel ist, Begriffe und Techniken für die Lösung des Anfangsproblems zur Bestimmung der Bahnen von Massenpunkten zu entwickeln. Hauptgedanke dabei ist, daß j e g l i c h e Information dynamischer Art über die Massenpunkte in den Newtonschen Bewegungsgleichungen für diese Massenpunkte enthalten ist.

1.3.2 Dynamik eines Massenpunktes

1.3.2.1 Ein Beispiel Vorgegeben sei bez. eines BS ein lokales Kraftgesetz $\mathbf{F}(\mathbf{r}, \dot{\mathbf{r}}, t)$. Analog zum Problem (1.5), (1.7) der Kinematik kann man die Newtonsche Bewegungsgleichung

$$m\ddot{\mathbf{r}} = \mathbf{F}(\mathbf{r}, \dot{\mathbf{r}}, t) \tag{1.34}$$

nach Einführung eines kartesischen KS $[0; x_1, x_2, x_3]$ in ein i. allg. gekoppeltes System von gewöhnlichen DGn 2. Ordnung der Gesamtordnung 6 umformen und erhält

$$m\ddot{x}_i = F_i(x_1, x_2, x_3, \dot{x}_1, \dot{x}_2, \dot{x}_3, t), \qquad i = 1, 2, 3. \tag{1.35}$$

Welches kartesische KS für die Lösung von (1.35) besonders geeignet ist und ob überhaupt die Verwendung von kartesischen Koordinaten günstig ist, hängt von der konkreten Gestalt von $\mathbf{F}(\mathbf{r}, \dot{\mathbf{r}}, t)$ ab. Das geschickte Ausnutzen der Freiheit bei der Wahl von KS und Koordinatenarten kann deshalb am besten beim Durcharbeiten der Anwendungsbeispiele geübt werden, während eine allgemeine Umformung von (1.34) in generalisierte Koordinaten den Abschluß der Newton-Mechanik bilden wird (s. Abschn. 1.3.7).

Um zu demonstrieren, daß man manchmal auch ohne Einführung von Koordinaten und Benutzung von (1.35), sondern nur im Rahmen der Vektorrechnung die volle Information über eine Bewegung erhalten kann, soll ein Beispiel durchgerechnet werden. Es handelt sich dabei nicht etwa um ein so triviales Beispiel wie Aufgabe 1.1, wo ein ungekoppeltes DG-System direkt in Vektorform aufintegriert werden kann; vielmehr ist das zugehörige System (1.35) auch bei geschickter Wahl des KS noch gekoppelt (siehe Aufgabe 1.3). Es soll die Bewegung eines elektrisch geladenen Massenpunktes mit der Masse m und der Ladung Q in einem räumlich und zeitlich konstanten magnetischen Feld mit der Induktion $\mathbf{B}(\mathbf{r}, t) \equiv \mathbf{B}_0$ berechnet werden, wobei das Teilchen zur Zeit $t = 0$ eine Geschwindigkeit $v_{0\perp}$ senkrecht zu $\mathbf{B}_0$ habe.

Im erdfixierten BS gilt in guter Näherung für eine Ladung in einem Magnetfeld das Kraftgesetz[1])

$$\mathbf{F}(\mathbf{r}, \dot{\mathbf{r}}, t) = Q\dot{\mathbf{r}} \times \mathbf{B}(\mathbf{r}, t), \tag{1.36a}$$

und daher lautet die Bewegungsgleichung im vorliegenden Fall

$$m\ddot{\mathbf{r}} = Q\dot{\mathbf{r}} \times \mathbf{B}_0. \tag{1.36b}$$

An dieser Gleichung fällt auf, daß sie, da $\dot{\mathbf{r}}$, $\ddot{\mathbf{r}}$ und $\mathbf{B}_0$ freie Vektoren sind, invariant gegenüber Verschiebung des Ursprungs ist, der ja zur Angabe von $\mathbf{r}$ im BS festgelegt werden muß. Diese Invarianz nutzen wir aus, indem wir zunächst den Ursprung beliebig lassen und ihn erst später in geschickter Weise wählen. Daher bleibt auch die Beschreibung $\mathbf{r}(0)$ des Ortes des Massenpunktes zur Zeit $t = 0$ noch offen, wo seine Geschwindigkeit

$$\dot{\mathbf{r}}(0) = \mathbf{v}_{0\perp} = v_0\mathbf{e}, \qquad v_0 > 0 \tag{1.37}$$

mit $|\mathbf{e}| = 1$ beobachtet wurde. Sei $\mathbf{B}_0 = B_0\mathbf{n}$ mit $|\mathbf{n}| = 1$ und $B_0 > 0$ und $\mathbf{n} \cdot \mathbf{e} = 0$ nach Voraussetzung. Anstatt nun (1.35) zu bilden und zu lösen, multiplizieren wir (1.36b) skalar mit $\dot{\mathbf{r}}$ und erhalten

$$\ddot{\mathbf{r}} \cdot \dot{\mathbf{r}} - \frac{1}{2}\frac{d}{dt}|\dot{\mathbf{r}}|^2 = 0, \tag{1.38}$$

woraus folgt

$$|\dot{\mathbf{r}}| = v = \text{const} = v_0.$$

Die Bewegung geschieht also mit konstanter Bahngeschwindigkeit. Integriert man (1.36b) nach t, so erhält man mit $\omega := QB_0/m$

$$\dot{\mathbf{r}} = \omega\mathbf{r} \times \mathbf{n} + \mathbf{c}, \tag{1.39}$$

wobei $\mathbf{c}$ ein aus den Anfangsbedingungen bestimmbarer konstanter Vektor ist. Es ist nämlich zur Zeit $t = 0$

$$\mathbf{c} = \dot{\mathbf{r}}(0) - \omega\mathbf{r}(0) \times \mathbf{n} = v_0\mathbf{e} - \omega\mathbf{r}(0) \times \mathbf{n}.$$

Nun hilft uns die noch freie Wählbarkeit des Ursprungs: wir legen ihn auf diejenige Gerade durch den Bahnpunkt zur Zeit $t = 0$, die senkrecht auf der durch $\mathbf{e}$ und $\mathbf{n}$ aufgespannten Ebene steht, und zwar im Abstand $v_0/|\omega|$ von dieser Ebene (siehe Fig. 1.1 für den Fall $Q > 0$), so daß

$$\mathbf{r}(0) = \frac{v_0}{\omega}\mathbf{f} \tag{1.40}$$

ist mit $|\mathbf{f}| = 1$, wobei $\mathbf{e}, \mathbf{f}, \mathbf{n}$ ein orthogonales Rechtsdreibein bilden mögen.

---

[1]) Die bei der beschleunigten Bewegung der Ladung auftretende Strahlungsdämpfung ist fortgelassen.

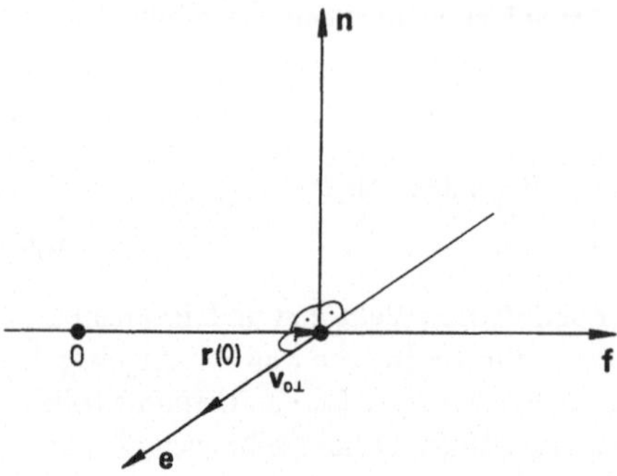

Fig. 1.1

Bei dieser Wahl des Ursprungs ist $\mathbf{c} = \mathbf{0}$. Multipliziert man (1.39) skalar mit $\mathbf{r}$, so folgt

$$\dot{\mathbf{r}} \cdot \mathbf{r} = \frac{1}{2} \frac{d}{dt} |\mathbf{r}|^2 = 0 \tag{1.41}$$

und daraus

$$|\mathbf{r}| = \text{const} = |\mathbf{r}(0)| = \frac{v_0}{|\omega|}.$$

Die gesuchte Bahn liegt also auf einer Kugelfläche mit Radius $v_0/|\omega|$ um den gewählten Ursprung. Multipliziert man (1.39) skalar mit $\mathbf{n}$, so ergibt sich

$$\dot{\mathbf{r}} \cdot \mathbf{n} = \frac{d}{dt}(\mathbf{r} \cdot \mathbf{n}) = 0, \tag{1.42}$$

d. h. die Bahn liegt auch in einer Ebene $\mathbf{r} \cdot \mathbf{n} = \text{const}$. Mit (1.40) folgt $\mathbf{r} \cdot \mathbf{n} = 0$. Somit ist die gesuchte Bahn eine gleichförmig mit der Geschwindigkeit v_0 durchlaufene Kreisbahn mit dem Radius $v_0/|\omega|$ in der Ebene senkrecht zu $\mathbf{B}_0$ durch den Ursprung und hat damit die Form

$$\mathbf{r}(t) = \frac{v_0}{\omega}(\mathbf{f} \cos \omega t + \mathbf{e} \sin \omega t). \tag{1.43}$$

Durch Einsetzen prüft man nach, daß in der Tat (1.43) Lösung von (1.36b) ist und die Anfangsbedingungen (1.40) und (1.37) erfüllt. Nach dem Existenz- und Eindeutigkeitssatz für DG-Systeme ist daher (1.43) die gesuchte Bahn.

Bei diesem Verfahren zur Diskussion der Bahn spielen die Gleichungen (1.38), (1.41), (1.42) eine zentrale Rolle, die besagen, daß $|\dot{\mathbf{r}}|^2$, $|\mathbf{r}|^2$, $\mathbf{r} \cdot \mathbf{n}$ zeitliche Konstanten der Bewegung sind. So entsteht die Frage, ob vielleicht auch in allgemeineren Fällen bestimmte Größen stets Konstanten der Bewegung sind, die man dann offenbar zur mindestens teilweisen Diskussion der Bewegung und damit zu Vereinfachungen beim Lösen des Bewegungsproblems benutzen kann.

1.3.2.2 Arbeit, kinetische Energie Wiederholen wir den Beginn der Rechnung des Beispiels aus Abschn. 1.3.2.1 an der allgemeinen Bewegungsgleichung (1.34), so erhalten wir

$$m\ddot{\mathbf{r}} \cdot \dot{\mathbf{r}} = \frac{m}{2} \frac{d}{dt} |\dot{\mathbf{r}}|^2 = \frac{d}{dt}\left(\frac{m}{2} v^2\right) = \mathbf{F} \cdot \dot{\mathbf{r}} = \mathbf{F} \cdot \mathbf{v} \tag{1.44}$$

und nach Integration über die Zeit zwischen den Zeiten t_1 und t_2

$$\frac{m}{2} [\mathbf{v}(t_2)]^2 - \frac{m}{2} [\mathbf{v}(t_1)]^2 = \int_{t_1}^{t_2} \mathbf{F}(\mathbf{r}(t), \mathbf{v}(t), t) \cdot \mathbf{v}(t) dt. \tag{1.45}$$

Ist $\mathbf{F}$ so beschaffen, daß $\mathbf{F} \cdot \mathbf{v} = 0$, d. h. $\mathbf{F} \perp \mathbf{v}$ längs einer Bahn $\mathbf{r}(t)$ ist, wie im Beispiel aus Abschn. 1.3.2.1, so ist $mv^2/2$ eine zeitliche Konstante für diese Bahn; andernfalls gibt die rechte Seite von (1.45) die Änderung dieser für den Massenpunkt charakteristischen Größe beim Durchlaufen der Bahn $\mathbf{r}(t)$ zwischen den Zeiten t_1 und t_2 an. Dabei muß $\mathbf{r}(t)$ eine Lösung der Bewegungsgleichung (1.34) sein!

$$T := \frac{m}{2} v^2 \tag{1.46}$$

heißt *kinetische Energie* des Massenpunktes im gewählten BS,

$$A_{12} := \int_{t_1}^{t_2} \mathbf{F}(\mathbf{r}(t), \mathbf{v}(t), t) \cdot \mathbf{v}(t) dt \tag{1.47}$$

heißt die am Massenpunkt durch die Kraft $\mathbf{F}$ verrichtete *Arbeit* längs $\mathbf{r}(t)$ zwischen den Zeiten t_1 und t_2. (1.45) lautet nun, wenn $\mathbf{r}(t)$ Lösung von (1.34) ist,

$$T(t_2) - T(t_1) = A_{12}. \tag{1.48}$$

Ist $A_{12} > 0$ (<0), so nimmt die kinetische Energie zu (ab), wenn $t_2 > t_1$ ist.

Die Definition (1.47) wird auch für den Fall verwendet, daß $\mathbf{r}(t)$ keine Lösung von (1.34) ist, sondern irgendeine Raumkurve $\tilde{\mathbf{r}}(\xi(t)) \equiv \mathbf{r}(t)$, längs der der Massenpunkt mit der Geschwindigkeit $\mathbf{v}(t) = \dot{\mathbf{r}} = \dot{\xi} d\tilde{\mathbf{r}}/d\xi$ während der Zeit von t_1 bis t_2 geführt wird. Die Wahl der stetigen und stückweise stetig differenzierbaren Funktion $\xi(t)$ bestimmt die Art der Führung. Ist dann $A_{12} > 0$, so spricht man davon, daß das System „Massenpunkt" die Arbeit A_{12} abgibt, bei $A_{12} < 0$ muß sie dem System zugeführt werden, um den Massenpunkt die Kurve $\mathbf{r}(t)$ entlang zu führen.

1.3.2.3 Konservative Kraftfelder, potentielle Energie, Energie Im vorigen Abschnitt sahen wir, daß die kinetische Energie T i. allg. nur für spezielle Bahnen konstant ist. Um T zu einer Konstanten für alle für ein Kraftgesetz möglichen Bahnen zu ergänzen, müssen wir offenbar die Klasse der zugelassenen Kraftgesetze weiter einschränken. Wir betrachten nun nur Gesetze, die im benutzten BS die Form

$$\mathbf{F} = \mathbf{F}(\mathbf{r}) \tag{1.49}$$

haben, also zeitunabhängige Kraftfelder sind. Dann kann (1.47) als Kurvenintegral

$$A_{12} = \int_{t_1}^{t_2} \mathbf{F}(\mathbf{r}(t)) \cdot \frac{d\mathbf{r}}{dt} dt \equiv \int_{C_{12}} \mathbf{F}(\mathbf{r}) \cdot d\mathbf{r} \tag{1.50}$$

über den Weg $C_{12} : \mathbf{r}(t), t \in [t_1, t_2]$ geschrieben werden. Natürlich ist A_{12} nicht längs jedes Weges C_{12} gleich Null, was T zu einer Konstanten der Bewegung machen würde, es gibt jedoch Kraftfelder, für die A_{12} längs jedes g e s c h l o s s e n e n Weges Null ist. Wir definieren: Ein Kraftfeld $\mathbf{F}(\mathbf{r})$ heißt *konservativ*, wenn

$$\oint \mathbf{F}(\mathbf{r}) \cdot d\mathbf{r} = 0 \tag{1.51}$$

für j e d e n geschlossenen Weg ist. In der Vektoranalysis wird bewiesen, daß äquivalent dazu die Existenz eines e i n d e u t i g e n Skalarfeldes $V(\mathbf{r})$ mit

$$\mathbf{F}(\mathbf{r}) = -\operatorname{grad} V(\mathbf{r}) \tag{1.52}$$

ist. $V(\mathbf{r})$ heißt *Potentialfeld* oder *potentielle Energie* des Massenpunktes an der Stelle $\mathbf{r}$. Durch Umkehrung von (1.52) wird $V(\mathbf{r})$ aus $\mathbf{F}(\mathbf{r})$ durch

$$V(\mathbf{r}) = -\int_{\mathbf{r}_0}^{\mathbf{r}} \mathbf{F}(\mathbf{r}') \cdot d\mathbf{r}' + V(\mathbf{r}_0) \tag{1.53}$$

bestimmt, allerdings nur bis auf eine additive Konstante $V(\mathbf{r}_0)$ an einem willkürlichen Punkt $\mathbf{r}_0$. Die Festlegung von $V(\mathbf{r}_0)$ nennt man *Eichung* der potentiellen Energie. Das Kurvenintegral in (1.53) ist übrigens wegen (1.51) unabhängig von der Form des Weges zwischen $\mathbf{r}_0$ und $\mathbf{r}$. Das Minuszeichen in (1.52) ist Konvention und bedeutet, daß die potentielle Energie zunimmt, wenn der Massenpunkt entgegen der Richtung der Kraft verschoben wird.

Für konservative Kraftfelder ist nun wegen (1.52)

$$A_{12} = -\int_{C_{12}} \operatorname{grad} V(\mathbf{r}) \cdot d\mathbf{r} = -\int_{\mathbf{r}(t_1)}^{\mathbf{r}(t_2)} dV = -V(\mathbf{r}(t_2)) + V(\mathbf{r}(t_1)), \tag{1.54}$$

und eingesetzt in (1.48) folgt:

$$T(t_2) + V(\mathbf{r}(t_2)) = T(t_1) + V(\mathbf{r}(t_1))$$

für beliebige Zeiten t_1 und t_2 und jede Lösung $\mathbf{r}(t)$ von (1.34), d. h. es ist

$$E(t) := T(t) + V(\mathbf{r}(t)) = \text{const}\,. \tag{1.55}$$

$E(t)$ heißt *Energie* des MP zur Zeit t und ist für jede Lösung $\mathbf{r}(t)$ der Bewegungsgleichung eines MP in einem konservativen Kraftfeld eine zeitliche Konstante. (1.55) nennt man *Energieerhaltungssatz* in dem verwendeten BS. Wie Erhaltungssätze, z. B. (1.55), zur Vereinfachung der Lösung des Bewegungsproblems benutzt werden können, wird in Abschn. 1.3.4 behandelt.

Die Beziehung (1.51) ist als Kriterium für die Konservativität eines Kraftfeldes $\mathbf{F}(\mathbf{r})$ unpraktikabel, weil man ihre Gültigkeit für j e d e n geschlossenen Weg nachweisen müßte. Dagegen folgt die N i c h t - Konservativität bereits aus der Ungültigkeit von (1.51) für e i n e n geschlossenen Weg. Eine Methode zur Bestätigung der Konservativität ist die

Konstruktion eines eindeutigen Skalarfeldes V(r) mit der Eigenschaft (1.52), z. B. durch Auswertung von (1.53). Ein lokales Kriterium für die Existenz einer eindeutigen Potentialfunktion, das allerdings nur für flächenartig einfach zusammenhängende Gebiete hinreichend ist, stellt die Bedingung

$$\operatorname{rot} \mathbf{F}(\mathbf{r}) \equiv \mathbf{0} \tag{1.56}$$

dar. Danach sind z. B. $\mathbf{F}(\mathbf{r}) = \text{const}$ und $\mathbf{F}(\mathbf{r}) = f(r)\mathbf{r}$ mit stetig differenzierbarer Funktion f konservativ.

Auch, wenn eine eindeutige zeitabhängige Funktion $V(\mathbf{r}, t)$ existiert, so daß (1.52) für ein zeitabhängiges Kraftfeld $\mathbf{F}(\mathbf{r}, t)$ gilt, soll $V(\mathbf{r}, t)$ *Potentialfeld* oder *potentielle Energie* und $E(t) := T(t) + V(\mathbf{r}(t), t)$ *Energie* heißen. Zwar gelten dann nicht mehr die Gln. (1.51), (1.53), (1.54) und damit auch kein Energieerhaltungssatz, wohl aber noch Kriterium (1.56), wenn man es identisch in Raum und Zeit liest.

Befindet sich ein MP unter dem Einfluß von N aus Potentialfeldern herleitbaren Kraftfeldern $\mathbf{F}_\nu(\mathbf{r}, t) = -\operatorname{grad} V_\nu(\mathbf{r}, t)$, $\nu = 1, \ldots, N$, so ist auch das nach Axiom IV zu bildende resultierende Kraftfeld

$$\mathbf{F}(\mathbf{r}, t) = \sum_{\nu=1}^{N} \mathbf{F}_\nu(\mathbf{r}, t) = -\sum_{\nu=1}^{N} \operatorname{grad} V_\nu(\mathbf{r}, t) = -\operatorname{grad} \sum_{\nu=1}^{N} V_\nu(\mathbf{r}, t)$$

aus einem Potentialfeld herleitbar, denn es ist

$$\mathbf{F}(\mathbf{r}, t) = -\operatorname{grad} V(\mathbf{r}, t)$$

mit

$$V(\mathbf{r}, t) := \sum_{\nu=1}^{N} V_\nu(\mathbf{r}, t). \tag{1.57}$$

Für die potentielle Energie eines MP gilt also das Superpositionsprinzip.

1.3.2.4 Zentralkraftfelder, Drehimpuls, Drehmoment Eine wichtige Klasse von Kraftgesetzen sind diejenigen, für die die Richtung **F** zu einem Punkt $\mathbf{r}_0$ hin- oder von ihm wegweist. Man nennt sie *Zentralkraftgesetze*. Wählen wir $\mathbf{r}_0 = \mathbf{0}$, also das Kraftzentrum als Ursprung, so können wir schreiben

$$\mathbf{F}(\mathbf{r}, \dot{\mathbf{r}}, t) = f(\mathbf{r}, \dot{\mathbf{r}}, t)\frac{\mathbf{r}}{r}. \tag{1.58}$$

Auch für diese Klasse von Kräften ist ein Erhaltungssatz charakteristisch: Multiplizieren wir die Bewegungsgleichung (1.34) vektoriell mit **r**, so erhalten wir

$$m\mathbf{r} \times \ddot{\mathbf{r}} = \frac{d}{dt}(m\mathbf{r} \times \dot{\mathbf{r}}) = \mathbf{r} \times \mathbf{F}.$$

Wir definieren

$$\mathbf{L} := m\mathbf{r} \times \dot{\mathbf{r}} \tag{1.59}$$

und

$$\mathbf{D} := \mathbf{r} \times \mathbf{F}, \tag{1.60}$$

so daß ganz allgemein

$$\dot{\mathbf{L}} = \mathbf{D} \tag{1.61}$$

ist. $\mathbf{L}$ heißt *Drehimpuls* des Massenpunktes bez. des Ursprungs, $\mathbf{D}$ heißt *Drehmoment* bez. des Ursprungs. (Auch in bezug auf einen im BS ruhenden Punkt $\mathbf{c}$ erhält man analog $\dot{\mathbf{L}}_c = \mathbf{D}_c$ mit $\mathbf{L}_c := m(\mathbf{r} - \mathbf{c}) \times \dot{\mathbf{r}}$ und $\mathbf{D}_c := (\mathbf{r} - \mathbf{c}) \times \mathbf{F}$.) Im Fall der Zentralkraftgesetze (1.58) ist $\mathbf{D} = \mathbf{0}$ und daher

$$\mathbf{L}(t) = \text{const} =: \mathbf{L}_0. \tag{1.62}$$

Für Zentralkraftgesetze ist also der Drehimpuls für jede Lösung $\mathbf{r}(t)$ der Bewegungsgleichung eines MP eine zeitliche Konstante. Man nennt (1.62) *Drehimpulserhaltungssatz.*

Die Gleichung (1.62) kann auch geometrisch veranschaulicht werden. Dazu multiplizieren wir (1.59) skalar mit $\mathbf{r}$ und erhalten mit (1.62)

$$\mathbf{r}(t) \cdot \mathbf{L}_0 = 0. \tag{1.63}$$

Das bedeutet, daß alle möglichen Bahnen $\mathbf{r}(t)$ in derjenigen Ebene durch den Ursprung liegen, die auf $\mathbf{L}_0$ senkrecht steht. Damit ist für $\mathbf{L}_0 \neq \mathbf{0}$ die Konstanz der Richtung von $\mathbf{L}_0$ veranschaulicht. Der Betrag von $\mathbf{L}_0$ steht mit der je Zeiteinheit vom Ortsvektor $\mathbf{r}(t)$ überstrichenen Fläche in Beziehung. Um das zu sehen, benutzen wir, daß der Flächeninhalt A einer ebenen Fläche durch das Kurvenintegral

$$A = \frac{1}{2} \left| \oint \mathbf{r} \times d\mathbf{r} \right|$$

über ihre Randkurve zu berechnen ist. B e w e i s : Nach dem Satz von Stokes ist

$$\oint d\mathbf{r} \times \mathbf{r} = \int (d\mathbf{f} \times \nabla) \times \mathbf{r} = \int \nabla\mathbf{r} \cdot d\mathbf{f} - \int \nabla \cdot \mathbf{r} d\mathbf{f} = -2 \int d\mathbf{f} = -2\,\mathbf{n}A,$$

wobei $\mathbf{n}$ der Normaleneinheitsvektor der ebenen Fläche ist. Angewendet auf die Sektorfläche, die von den Strahlen $\mathbf{r}(t_0)$, $\mathbf{r}(t)$ und dem Bahnstück zwischen den Endpunkten von $\mathbf{r}(t_0)$ und $\mathbf{r}(t)$ berandet wird, ergibt sich, da längs der Strahlen der Integrand verschwindet,

$$A = \frac{1}{2} \left| \int_{\mathbf{r}(t_0)}^{\mathbf{r}(t)} \mathbf{r} \times d\mathbf{r} \right| = \frac{1}{2} \left| \int_{t_0}^{t} \mathbf{r} \times \frac{d\mathbf{r}}{dt'} dt' \right| = \frac{1}{2m} \left| \int_{t_0}^{t} \mathbf{L}_0 dt' \right| = \frac{1}{2m} |\mathbf{L}_0| (t - t_0)$$

für $t \geqslant t_0$, also

$$\frac{dA}{dt} = \frac{1}{2m} |\mathbf{L}_0| = \text{const}\,. \tag{1.64}$$

Dieser sog. *Flächensatz* besagt, daß bei Vorliegen eines Zentralkraftgesetzes der Strahl des Ortsvektors $\mathbf{r}(t)$, der Lösung der Bewegungsgleichung ist, in gleichen Zeitabständen gleiche Flächeninhalte überstreicht.

Fehlt in (1.58) die Abhängigkeit von $\dot{\mathbf{r}}$ und t, so spricht man von *Zentralkraftfeldern*

$$\mathbf{F}(\mathbf{r}) = f(\mathbf{r})\frac{\mathbf{r}}{r} = f(r, \vartheta, \varphi)\mathbf{e}_r. \tag{1.65}$$

Sie sind i. allg. n i c h t konservativ. Wir wollen die besonders wichtige Unterklasse aller konservativen Zentralkraftfelder aufsuchen: Es muß ein Potentialfeld $V(\mathbf{r})$ existieren, dessen negativer Gradient (1.65) keine Komponente in Richtung von $\mathbf{e}_\vartheta$ und $\mathbf{e}_\varphi$ hat. N o t w e n d i g dafür ist

$$\frac{\partial V}{\partial \vartheta} \equiv \frac{\partial V}{\partial \varphi} \equiv 0,$$

also $V = V(r)$. Daraus folgt

$$\mathbf{F}(\mathbf{r}) = f(r)\mathbf{e}_r. \tag{1.66}$$

Diese Form ist aber wegen (1.56) auch h i n r e i c h e n d für Konservativität. (In manchen Büchern werden nur diese Felder als Zentralkraftfelder bezeichnet!) Die wichtigsten Beispiele für konservative Zentralkraftfelder sind

$$\mathbf{F}(\mathbf{r}) = \frac{QQ'}{4\pi\epsilon_0 r^2}\mathbf{e}_r \quad \text{mit} \quad V(\mathbf{r}) = \frac{QQ'}{4\pi\epsilon_0}\frac{1}{r} \tag{1.67}$$

und

$$\mathbf{F}(\mathbf{r}) = -k\mathbf{r} \quad \text{mit} \quad V(\mathbf{r}) = \frac{k}{2}r^2; \tag{1.68}$$

das erste ist, z. B. in einem erdfixierten BS, die sog. Coulomb-Kraft auf eine Punktladung der Stärke Q im Feld einer Punktladung der Stärke Q' im Ursprung, das zweite ist mit $k > 0$ die rücktreibende Kraft des sog. isotropen harmonischen Oszillators.

Die Lösung des Bewegungsproblems mit (1.68) ist sehr einfach: In kartesischen Koordinaten lauten die Bewegungsgleichungen (1.35)

$$m\ddot{x}_i + kx_i = 0, \qquad i = 1, 2, 3. \tag{1.69}$$

Dies sind Schwingungsgleichungen, von denen

$$\mathbf{r}(t) = \mathbf{a}\cos\omega t + \mathbf{b}\sin\omega t \quad \text{mit } \omega := \sqrt{\frac{k}{m}} \tag{1.70}$$

eine schon vektoriell zusammengefaßte allgemeine Lösung ist. Die konstanten Vektoren $\mathbf{a}$ und $\mathbf{b}$ werden aus Anfangsbedingungen, z. B. $\mathbf{r}(0) = \mathbf{r}_0$, $\dot{\mathbf{r}}(0) = \mathbf{v}_0$ bestimmt. (1.70) beschreibt i. allg. eine Ellipse mit dem Mittelpunkt im Ursprung, die zu einem Kreis oder einem Geradenstück durch den Ursprung ausarten kann.

Bilden wir das System (1.35) für die übrigen konservativen Zentralkraftfelder (1.66), so erhalten wir

$$m\ddot{x}_i - \tilde{f}\left(\sqrt{\sum_{k=1}^{3} x_k^2}\right)x_i = 0, \qquad i = 1, 2, 3.$$

Dieses DG-System ist kompliziert, da es nicht-linear und gekoppelt ist. Zu vermuten ist allerdings, daß für diese zentralsymmetrischen Kraftfelder Bewegungsgleichungen in nicht-kartesischen Koordinaten, z. B. Kugelkoordinaten, einfachere Struktur haben könnten. Die Aufstellung solcher Bewegungsgleichungen erfolgt erst in Abschn. 1.3.7. Aber auch Energie- und Drehimpulserhaltungssatz führen zur Diskussion der möglichen Bewegungen, ja sogar zur Lösung bis auf Integrale, was in Abschn. 1.3.4 gezeigt wird. Schließlich wird das Bewegungsproblem für (1.67), das strukturell mit dem historisch bedeutsamen Kepler-Problem für die Planetenbahnen übereinstimmt, im Abschn. 1.3.6 explizit gelöst.

1.3.3 Dynamik mehrerer Massenpunkte

1.3.3.1 Bewegungsgleichungen, Wechselwirkungskräfte, Massenmittelpunkt Nun soll ein System von n Massenpunkten mit den Massen $m_1, \ldots, m_n$ betrachtet werden. Gesucht sind ihre Bahnen $\mathbf{r}_1(t), \ldots, \mathbf{r}_n(t)$, wenn für den ν-ten MP bez. eines BS das Kraftgesetz $\mathbf{F}_\nu^*(\mathbf{r}_\nu, \dot{\mathbf{r}}_\nu, t)$ vorgegeben ist. Nach Axiom II aus Abschn. 1.3.1 lauten dann die Bewegungsgleichungen zur Bestimmung der $\mathbf{r}_\nu(t)$

$$m_\nu \ddot{\mathbf{r}}_\nu = \mathbf{F}_\nu^*(\mathbf{r}_\nu, \dot{\mathbf{r}}_\nu, t), \qquad \nu = 1, \ldots, n. \tag{1.71}$$

Dies ist ein System von 3n DGn 2. Ordnung mit der Gesamtordnung 6n. Zur Bestimmung einer speziellen Lösung sind also 6n Anfangsbedingungen nötig, z. B. $\mathbf{r}_\nu(t_0) = \mathbf{r}_{\nu 0}$ und $\dot{\mathbf{r}}_\nu(t_0) = \mathbf{v}_{\nu 0}$ für einen Zeitpunkt t_0. $\mathbf{F}_\nu^*$ ist von der Umgebung des ν-ten MP abhängig. Ein besonders hervorgehobener Teil dieser Umgebung sind die anderen MP des Systems an den Orten $\mathbf{r}_1, \ldots, \mathbf{r}_{\nu-1}, \mathbf{r}_{\nu+1}, \ldots, \mathbf{r}_n$ mit den Geschwindigkeiten $\dot{\mathbf{r}}_1, \ldots, \dot{\mathbf{r}}_{\nu-1}, \dot{\mathbf{r}}_{\nu+1}, \ldots, \dot{\mathbf{r}}_n$ zur Zeit t. Mit diesen Größen ändert sich also die Umgebung des ν-ten MP, so daß $\mathbf{F}_\nu^*$ auch von ihnen abhängt: $\mathbf{F}_\nu^* \equiv \mathbf{F}_\nu(\mathbf{r}_1, \ldots, \mathbf{r}_n, \dot{\mathbf{r}}_1, \ldots, \dot{\mathbf{r}}_n, t)$. Das DG-System (1.71) ist somit gekoppelt:

$$m_\nu \ddot{\mathbf{r}}_\nu = \mathbf{F}_\nu(\mathbf{r}_1, \ldots, \mathbf{r}_n, \dot{\mathbf{r}}_1, \ldots, \dot{\mathbf{r}}_n, t), \qquad \nu = 1, \ldots, n. \tag{1.72}$$

Die Kraftgesetze $\mathbf{F}_\nu$ eines n-Teilchensystems sind dreidimensionale vektorwertige Funktionen im (6n + 1)-dimensionalen Raum der Variablen $\mathbf{r}_1, \ldots, \mathbf{r}_n, \dot{\mathbf{r}}_1, \ldots, \dot{\mathbf{r}}_n, t$.

Axiom V *Es ist möglich, in jedem BS für den ν-ten MP eines MP-Systems mit $\nu = 1, \ldots, n$ ein Kraftgesetz der Form $\mathbf{F}_\nu^{(i)}(\mathbf{r}_1, \ldots, \mathbf{r}_n, \dot{\mathbf{r}}_1, \ldots, \dot{\mathbf{r}}_n, t)$ für die Einwirkung nur der anderen MP und ein Kraftgesetz der Form $\mathbf{F}_\nu^{(a)}(\mathbf{r}_\nu, \dot{\mathbf{r}}_\nu, t)$ für die Einwirkung der restlichen Umgebung anzugeben. (Falls $n = 1$, ist $\mathbf{F}_1^{(i)} = \mathbf{0}$ zu setzen.)*

Die $\mathbf{F}_\nu^{(i)}$ heißen *innere Kräfte* oder *Wechselwirkungskräfte* des Systems, die $\mathbf{F}_\nu^{(a)}$ heißen *äußere Kräfte*. Wegen Axiom IV aus Abschn. 1.3.1 ist dann

$$\mathbf{F}_\nu = \mathbf{F}_\nu^{(i)} + \mathbf{F}_\nu^{(a)}, \qquad \nu = 1, \ldots, n. \tag{1.73}$$

Ein MP-System, für das $\mathbf{F}_\nu^{(a)} \equiv \mathbf{0}$ für $\nu = 1, \ldots, n$ gilt, heißt *abgeschlossen* bez. des benutzten BS. Für ein solches MP-System verschwindet auch die *äußere Gesamtkraft*[1])

$$\mathbf{F}^{(a)} := \sum_{\nu=1}^{n} \mathbf{F}_\nu^{(a)}. \tag{1.74}$$

In den meisten Anwendungsfällen ist es möglich, die inneren Kräfte zumindest in guter Näherung in der Form

$$\mathbf{F}_\nu^{(i)} = \sum_{\substack{\mu=1 \\ (\mu \neq \nu)}}^{n} \mathbf{F}_{\nu\mu}^{(i)}(\mathbf{r}_\nu, \mathbf{r}_\mu, \dot{\mathbf{r}}_\nu, \dot{\mathbf{r}}_\mu, t) \tag{1.75a}$$

mit $$\mathbf{F}_{\nu\mu}^{(i)} = -\mathbf{F}_{\mu\nu}^{(i)} \tag{1.75b}$$

darzustellen. $\mathbf{F}_{\nu\mu}^{(i)}$ heißt *Zweiteilchenkraft* vom μ-ten auf den ν-ten MP, denn sie ist von den Orten und Geschwindigkeiten nur dieser beiden Teilchen abhängig. (1.75b) ist das schon von Newton formulierte Gesetz der Gleichheit von Aktion und Reaktion speziell für Zweiteilchenkräfte.

Wie sich in den nächsten Abschnitten erweisen wird, gibt es in einem MP-System einen besonders ausgezeichneten Ort, den sog. *Massenmittelpunkt* oder *Schwerpunkt*. Er ist definiert durch den an denselben Ursprung wie die Ortsvektoren $\mathbf{r}_\nu$ gebundenen Vektor

$$\mathbf{R} := \frac{1}{M} \sum_{\nu=1}^{n} m_\nu \mathbf{r}_\nu, \tag{1.76}$$

wobei $$M := \sum_{\nu=1}^{n} m_\nu \tag{1.77}$$

(Gesamt-)Masse des Systems heißt.

1.3.3.2 Arbeit, kinetische Energie, Impuls, Drehimpuls Multipliziert man die Bewegungsgleichungen

$$m_\nu \ddot{\mathbf{r}}_\nu = \mathbf{F}_\nu^{(i)} + \mathbf{F}_\nu^{(a)}, \qquad \nu = 1, \ldots, n \tag{1.78}$$

skalar mit $\mathbf{v}_\nu = \dot{\mathbf{r}}_\nu$ und addiert die Ergebnisse, so erhält man

$$\sum_{\nu=1}^{n} m_\nu \ddot{\mathbf{r}}_\nu \cdot \dot{\mathbf{r}}_\nu = \frac{d}{dt} \sum_{\nu=1}^{n} \frac{m_\nu}{2} \mathbf{v}_\nu^2 = \sum_{\nu=1}^{n} \mathbf{F}_\nu^{(i)} \cdot \mathbf{v}_\nu + \sum_{\nu=1}^{n} \mathbf{F}_\nu^{(a)} \cdot \mathbf{v}_\nu. \tag{1.79}$$

[1]) Gl. (1.74) hat nichts mit dem Axiom IV aus Abschn. 1.3.1 zu tun, da hier Kraftgesetze für v e r s c h i e d e n e MP addiert werden. Solche Summen von Vektoren, die zu verschiedenen MP gehören, sind durch komponentenweise Addition definiert und zur Abkürzung wieder als dreidimensionale Vektoren geschrieben, da für sie formal die Vektorrechenregeln gelten. Sie dürfen nicht mit Vektoren eines 3n-dimensionalen Produktraums für die Kraftgesetze der n Teilchen verwechselt werden.

$m_\nu v_\nu^2/2$ ist die kinetische Energie des ν-ten MP, daher heißt

$$T := \sum_{\nu=1}^{n} \frac{m_\nu}{2} v_\nu^2 \tag{1.80}$$

kinetische Energie des Systems.

$$A_{12}^{(i)} := \int_{t_1}^{t_2} \sum_{\nu=1}^{n} \mathbf{F}_\nu^{(i)}(\mathbf{r}_1(t), \ldots, \mathbf{r}_n(t), \mathbf{v}_1(t), \ldots, \mathbf{v}_n(t), t) \cdot \mathbf{v}_\nu(t)\,dt, \tag{1.81}$$

$$A_{12}^{(a)} := \int_{t_1}^{t_2} \sum_{\nu=1}^{n} \mathbf{F}_\nu^{(a)}(\mathbf{r}_\nu(t), \mathbf{v}_\nu(t), t) \cdot \mathbf{v}_\nu(t)\,dt \tag{1.82}$$

sind die durch die inneren bzw. äußeren Kräfte am System verrichteten Arbeiten, wenn sich die MP längs irgendwelcher Wege $\mathbf{r}_\nu(t)$ für $t \in [t_1, t_2]$ mit den Geschwindigkeiten $\mathbf{v}_\nu(t)$ bewegen oder geführt werden. Sind jedoch die $\mathbf{r}_\nu(t)$ Lösungen von (1.78), so erhält man mit diesen Definitionen nach Integration von (1.79) über die Zeit von t_1 bis t_2

$$T(t_2) - T(t_1) = A_{12}^{(i)} + A_{12}^{(a)} =: A_{12} \tag{1.83}$$

als die am System verrichtete gesamte Arbeit. Für ein abgeschlossenes System ist $A_{12}^{(a)} = 0$. Analog zur kinetischen Energie verallgemeinern wir auch den Begriff Drehimpuls auf Systeme:

$$\mathbf{L} := \sum_{\nu=1}^{n} m_\nu \mathbf{r}_\nu \times \dot{\mathbf{r}}_\nu \tag{1.84}$$

heißt *(Gesamt-)Drehimpuls* des Systems bez. des Ursprungs. Im nächsten Abschnitt wird sich als nützlich erweisen, auch den *Impuls* des ν-ten MP

$$\mathbf{p}_\nu := m_\nu \dot{\mathbf{r}}_\nu = m_\nu \mathbf{v}_\nu \tag{1.85}$$

und den *(Gesamt-)Impuls* des Systems

$$\mathbf{P} := \sum_{\nu=1}^{n} m_\nu \dot{\mathbf{r}}_\nu = \sum_{\nu=1}^{n} \mathbf{p}_\nu \tag{1.86}$$

einzuführen.

Man kann **P**, **L** und T auch mit Hilfe von **R** formulieren und dabei die besondere Bedeutung des Massenmittelpunktes sehen. Wir zerlegen $\mathbf{r}_\nu$ in

$$\mathbf{r}_\nu = \mathbf{R} + \mathbf{r}_\nu^*, \tag{1.87}$$

so daß also die $\mathbf{r}_\nu^*$ die im Massenmittelpunkt gebundenen Ortsvektoren der MP sind. Aus (1.87) folgt wegen (1.76), (1.77)

$$\sum_{\nu=1}^{n} m_\nu \mathbf{r}_\nu^* = \sum_{\nu=1}^{n} m_\nu \mathbf{r}_\nu - \mathbf{R} \sum_{\nu=1}^{n} m_\nu = \mathbf{0}. \tag{1.88}$$

Setzen wir nun (1.87) in (1.86) ein und beachten (1.88) und (1.77), so erhalten wir

$$\mathbf{P} = \mathbf{M}\dot{\mathbf{R}}. \tag{1.89}$$

Analog folgen aus (1.84) und (1.80)

$$\mathbf{L} = \mathbf{M}\mathbf{R} \times \dot{\mathbf{R}} + \sum_{\nu=1}^{n} m_\nu \mathbf{r}_\nu^* \times \dot{\mathbf{r}}_\nu^* \tag{1.90}$$

bzw. $$T = \frac{M}{2}\dot{\mathbf{R}}^2 + \sum_{\nu=1}^{n} \frac{m_\nu}{2}\dot{\mathbf{r}}_\nu^{*2} = T_{\text{trans}} + T^{(i)}; \tag{1.91}$$

$$T_{\text{trans}} := \frac{M}{2}\dot{\mathbf{R}}^2 = \frac{1}{2M}\mathbf{P}^2 \tag{1.92}$$

heißt *Translationsenergie* oder *äußere kinetische Energie* des Systems,

$$T^{(i)} := \sum_{\nu=1}^{n} \frac{m_\nu}{2}\dot{\mathbf{r}}_\nu^{*2} \tag{1.93}$$

heißt *innere kinetische Energie*. **L** und T bestehen also aus je zwei Summanden, die man folgendermaßen interpretieren kann: Denkt man sich die Gesamtmasse im Massenmittelpunkt wie in einem Punktteilchen konzentriert, so sind die ersten Summanden der Drehimpuls bez. des Ursprungs bzw. die kinetische Energie des fiktiven Teilchens. Da $\dot{\mathbf{r}}_\nu^*$ die Geschwindigkeit des ν-ten MP in einem BS Σ^* ist, in dem der Massenmittelpunkt r u h t und das nicht im ursprünglichen BS rotiert (d. h. $\omega = \mathbf{0}$, siehe Abschn. 1.3.5.1), sind die zweiten Summanden der Drehimpuls des Systems bez. des Massenmittelpunkts bzw. die kinetische Energie des Systems im BS Σ^*. (1.89) hat keinen zweiten Summanden, denn die bei ruhend gedachtem Massenmittelpunkt verbleibenden Impulse $m_\nu\dot{\mathbf{r}}_\nu^*$ der MP kompensieren sich gerade bei der gewählten Definition des Massenmittelpunkts wegen (1.88) zu Null.

Es sei erwähnt, daß der Drehimpuls i. allg. bez. verschiedener im BS ruhender Bezugspunkte unterschiedlich ist, denn bez. **c** mit $\dot{\mathbf{c}} = \mathbf{0}$ ist wegen (1.86) und (1.89)

$$\mathbf{L}_c := \sum_{\nu=1}^{n} m_\nu(\mathbf{r}_\nu - \mathbf{c}) \times \dot{\mathbf{r}}_\nu = \mathbf{L} - \mathbf{c} \times \mathbf{P} = \mathbf{L} - M\mathbf{c} \times \dot{\mathbf{R}}. \tag{1.94}$$

Nur für im BS ruhenden oder sich in Richtung des Ortsvektors **c** bewegenden Massenmittelpunkt ist $\mathbf{L}_c = \mathbf{L}$.

1.3.3.3 Zweiteilchen-Wechselwirkungskräfte, Impulssatz Addition der Bewegungsgleichungen (1.78) ergibt

$$\sum_{\nu=1}^{n} m_\nu \ddot{\mathbf{r}}_\nu = \sum_{\nu=1}^{n} \mathbf{F}_\nu^{(i)} + \sum_{\nu=1}^{n} \mathbf{F}_\nu^{(a)},$$

woraus mit (1.74) und (1.76), (1.77)

$$M\ddot{\mathbf{R}} = \mathbf{F}^{(a)} + \sum_{\nu=1}^{n} \mathbf{F}_\nu^{(i)} \tag{1.95}$$

folgt. Ist

$$\sum_{\nu=1}^{n} \mathbf{F}_\nu^{(i)} = \mathbf{0}, \tag{1.96}$$

was z. B. für Zweiteilchen-Wechselwirkungskräfte wegen (1.75b) der Fall ist, bleibt

$$M\ddot{\mathbf{R}} = \mathbf{F}^{(a)} \tag{1.97}$$

oder mit (1.89)

$$\dot{\mathbf{P}} = \mathbf{F}^{(a)}. \tag{1.98}$$

Gleichung (1.97) besagt, daß sich der Massenmittelpunkt wie ein Punktteilchen mit der Gesamtmasse M am Ort **R** verhält, auf das das Kraftgesetz $\mathbf{F}^{(a)}$ wirkt (Siehe jedoch die Fußnote im Zusammenhang mit (1.74)!). Auf dieser Interpretation von (1.97) beruht die ausgezeichnete Bedeutung des Massenmittelpunkts und die näherungsweise Ersetzung von Körpern durch das Modell „Massenpunkt", wenn von anderen Aspekten der Bewegung außer dem translatorischen abgesehen werden soll.
Für a b g e s c h l o s s e n e Systeme ist $\mathbf{F}^{(a)} = \mathbf{0}$, womit aus (1.98) der *Impulserhaltungssatz*

$$\mathbf{P}(t) = \text{const} =: \mathbf{P}_0 \tag{1.99}$$

und aus (1.97) durch zweimalige Zeitintegration

$$\mathbf{R}(t) = \frac{\mathbf{P}_0}{M} t + \mathbf{R}(0) \tag{1.100}$$

folgt: Ohne Einwirkung äußerer Kräfte bewegt sich der Massenmittelpunkt geradlinig gleichförmig oder ist in Ruhe; ein abgeschlossenes System kann sich nicht selbst translatorisch beschleunigen. Dieses zu einem einzelnen kräftefreien Massenpunkt analoge Verhalten ist experimentell so gut bestätigt, daß wir auch ohne genaue Kenntnis über die Natur der Wechselwirkungskräfte für sie stets (1.96) fordern:

Axiom VI *Die vektorielle Summe der inneren Kräfte eines Systems aus n MP ist zu allen Zeiten Null:*

$$\sum_{\nu=1}^{n} \mathbf{F}_\nu^{(i)} = \mathbf{0}.$$

Dieses Axiom ist für ein System aus zwei MP identisch mit dem Gesetz der Gleichheit von Aktion und Reaktion. (1.98) gilt nun universell.

1.3.3.4 Zentrale Zweiteilchen-Wechselwirkungskräfte, Drehimpulssatz Vektorielle Multiplikation der Bewegungsgleichungen (1.78) mit $\mathbf{r}_\nu$ und nachfolgende Addition ergibt

$$\sum_{\nu=1}^{n} m_\nu \mathbf{r}_\nu \times \ddot{\mathbf{r}}_\nu = \frac{d}{dt} \sum_{\nu=1}^{n} m_\nu \mathbf{r}_\nu \times \dot{\mathbf{r}}_\nu = \sum_{\nu=1}^{n} \mathbf{r}_\nu \times \mathbf{F}_\nu^{(i)} + \sum_{\nu=1}^{n} \mathbf{r}_\nu \times \mathbf{F}_\nu^{(a)},$$

woraus mit (1.84) und den Definitionen

$$\mathbf{D}_\nu^{(i)} := \mathbf{r}_\nu \times \mathbf{F}_\nu^{(i)}, \qquad \nu = 1, \ldots, n \tag{1.101}$$

und

$$\mathbf{D}^{(a)} := \sum_{\nu=1}^{n} \mathbf{r}_\nu \times \mathbf{F}_\nu^{(a)} \tag{1.102}$$

für die *inneren Drehmomente* bez. des Ursprungs bzw. das *äußere Gesamtdrehmoment* bez. des Ursprungs folgt:

$$\dot{\mathbf{L}} = \mathbf{D}^{(a)} + \sum_{\nu=1}^{n} \mathbf{D}_\nu^{(i)}. \tag{1.103}$$

Falls z. B. nur sog. *zentrale Zweiteilchen-Wechselwirkungskräfte*

$$\mathbf{F}_{\nu\mu}^{(i)} = f_{\nu\mu}(\mathbf{r}_\nu, \mathbf{r}_\mu, \dot{\mathbf{r}}_\nu, \dot{\mathbf{r}}_\mu, t) \frac{\mathbf{r}_\nu - \mathbf{r}_\mu}{|\mathbf{r}_\nu - \mathbf{r}_\mu|}, \qquad \nu, \mu = 1, \ldots, n \tag{1.104}$$

($f_{\nu\mu} = f_{\mu\nu}$ wegen (1.75b)) vorhanden sind, d. h. Kräfte die nur in der Verbindungslinie zwischen je zwei MP wirken, ist wegen (1.75)

$$\sum_\nu \mathbf{D}_\nu^{(i)} = \sum_{\substack{\nu,\mu \\ (\mu \neq \nu)}} \mathbf{r}_\nu \times \mathbf{F}_{\nu\mu}^{(i)} = \frac{1}{2} \sum_{\substack{\nu,\mu \\ (\mu \neq \nu)}} (\mathbf{r}_\nu \times \mathbf{F}_{\nu\mu}^{(i)} + \mathbf{r}_\mu \times \mathbf{F}_{\mu\nu}^{(i)})$$

$$= \frac{1}{2} \sum_{\substack{\nu,\mu \\ (\mu \neq \nu)}} (\mathbf{r}_\nu \times \mathbf{F}_{\nu\mu}^{(i)} - \mathbf{r}_\mu \times \mathbf{F}_{\nu\mu}^{(i)}) = \frac{1}{2} \sum_{\substack{\nu,\mu \\ (\mu \neq \nu)}} (\mathbf{r}_\nu - \mathbf{r}_\mu) \times \mathbf{F}_{\nu\mu}^{(i)} = \mathbf{0},$$

da wegen (1.104) alle Summanden der letzten Summe einzeln verschwinden. Also bleibt von (1.103)

$$\dot{\mathbf{L}} = \mathbf{D}^{(a)} \tag{1.105}$$

übrig, was bedeutet, daß eine Änderung des Gesamtdrehimpulses nur von einem ä u ß e - r e n Drehmoment hervorgerufen werden kann.
Für a b g e s c h l o s s e n e Systeme gilt $\mathbf{F}_\nu^{(a)} = \mathbf{0}$ und daher $\mathbf{D}^{(a)} = \mathbf{0}$, so daß aus (1.105) der *Drehimpulserhaltungssatz*

$$\mathbf{L}(t) = \text{const} =: \mathbf{L}_0 \tag{1.106}$$

folgt: In einem abgeschlossenen System ist der Drehimpuls $\mathbf{L}$ zeitlich konstant. Dieses Ergebnis ist experimentell immer wieder bestätigt worden, so daß wir auch ohne genaue Kenntnis darüber, ob zentrale Wechselwirkungskräfte vorliegen, fordern:

Axiom VII *Die vektorielle Summe der inneren Drehmomente eines Systems aus n MP ist zu allen Zeiten Null:*

$$\sum_{\nu=1}^{n} \mathbf{r}_\nu \times \mathbf{F}_\nu^{(i)} = \mathbf{0}.$$

Für ein System aus zwei MP folgt aus diesem Axiom zusammen mit Axiom VI, daß die inneren Kräfte in Richtung der Verbindungsgeraden der MP wirken.

An dieser Stelle wollen wir besonders darauf hinweisen, daß mit der eben entwickelten Theorie der MP-Systeme als MP nur Punktteilchen in dem in Abschn. 1.3.1 eingeschränkten Sinn behandelt werden können. So ist z. B. das aus der klassischen Physik stammende Modellsystem aus einem elektrischen Punktdipol mit Dipolmoment $\mathbf{m}$ und einer Punktladung der Stärke Q als a b g e s c h l o s s e n e s System nicht behandelbar, weil einem der Punktteilchen eine anisotrope Eigenschaft, nämlich $\mathbf{m}$, zugeordnet ist, was zur Folge hat, daß Axiom VII nicht erfüllt ist. Jedoch ist das Problem der Bewegung einer Punktladung im Feld eines bei $\mathbf{r} = \mathbf{0}$ f e s t g e h a l t e n e n Punktdipols zulässig; das (äußere) Kraftgesetz dafür lautet

$$\mathbf{F}(\mathbf{r}) = \frac{Q}{4\pi\epsilon_0} \frac{3(\mathbf{m} \cdot \mathbf{r})\mathbf{r} - r^2\mathbf{m}}{r^5} .$$

Hier ist $\mathbf{m}$ nicht mehr Eigenschaft des betrachteten MP. $\mathbf{F}(\mathbf{r})$ ist kein Zentralkraftfeld; es wirkt bez. des Ursprungs auf den MP ein (äußeres) Drehmoment

$$\mathbf{D} = \mathbf{r} \times \mathbf{F} = \frac{Q}{4\pi\epsilon_0} \frac{\mathbf{m} \times \mathbf{r}}{r^3} .$$

Die Beziehung (1.105) gilt auch bez. eines beliebigen im BS ruhenden Punktes $\mathbf{c}$, aber auch bez. des Massenmittelpunktes $\mathbf{R}$, wie folgende Rechnung zeigt: Nach vektorieller Multiplikation von (1.78) mit $\mathbf{r}_\nu - \mathbf{R}$ und nachfolgender Addition ist wegen (1.88), Axiom VI und Axiom VII

$$\sum_\nu m_\nu(\mathbf{r}_\nu - \mathbf{R}) \times \ddot{\mathbf{r}}_\nu = \frac{d}{dt} \sum_\nu m_\nu(\mathbf{r}_\nu - \mathbf{R}) \times (\dot{\mathbf{r}}_\nu - \dot{\mathbf{R}}) = \sum_\nu (\mathbf{r}_\nu - \mathbf{R}) \times \mathbf{F}_\nu^{(a)}.$$

Mit $$\mathbf{L}_R := \sum_{\nu=1}^{n} m_\nu(\mathbf{r}_\nu - \mathbf{R}) \times (\dot{\mathbf{r}}_\nu - \dot{\mathbf{R}}) = \sum_{\nu=1}^{n} m_\nu \mathbf{r}_\nu^* \times \dot{\mathbf{r}}_\nu^* \tag{1.107}$$

und $$\mathbf{D}_R^{(a)} := \sum_{\nu=1}^{n} (\mathbf{r}_\nu - \mathbf{R}) \times \mathbf{F}_\nu^{(a)} = \sum_{\nu=1}^{n} \mathbf{r}_\nu^* \times \mathbf{F}_\nu^{(a)} \tag{1.108}$$

folgt $$\dot{\mathbf{L}}_R = \mathbf{D}_R^{(a)}. \tag{1.109}$$

Dieses Ergebnis erhält man auch durch Differentiation von (1.90) und Vergleich mit (1.105). Fehlt ein äußeres Drehmoment bez. $\mathbf{R}$, was z. B. bei einer räumlich konstanten, für alle MP gleichgerichteten äußeren Kraft $\mathbf{F}_\nu^{(a)} = m_\nu \mathbf{a}(t)$ oder bei einer nur „am Schwerpunkt angreifenden“ Kraft der Fall ist, so gilt bez. $\mathbf{R}$ der Drehimpulserhaltungssatz

$$\mathbf{L}_R(t) = \text{const} . \tag{1.110}$$

Speziell für ein a b g e s c h l o s s e n e s System gilt (1.110) und daher wegen (1.106) und (1.90) auch

$$M\mathbf{R}(t) \times \dot{\mathbf{R}}(t) = \mathbf{R}(t) \times \mathbf{P}(t) = \text{const}\,, \tag{1.111}$$

d. h. die beiden Anteile von $\mathbf{L}$ aus (1.90) sind dann jeder für sich konstant.

1.3.3.5 Konservative Zweiteilchen-Wechselwirkungskräfte, Energiesatz Soll die kinetische Energie (1.80) eines MP-Systems analog zu (1.55) durch eine Funktion g zu einer Funktion

$$E(\mathbf{r}_1, \ldots, \mathbf{r}_n, \dot{\mathbf{r}}_1, \ldots, \dot{\mathbf{r}}_n, t) := \sum_{\nu=1}^{n} \frac{m_\nu}{2} \dot{\mathbf{r}}_\nu^2 + g(\mathbf{r}_1, \ldots, \mathbf{r}_n, \dot{\mathbf{r}}_1, \ldots, \dot{\mathbf{r}}_n, t)$$

ergänzt werden, deren totale Zeitableitung nach Einsetzen beliebiger Lösungen $\mathbf{r}_\nu(t)$ der Bewegungsgleichungen (1.72) identisch Null ist, so muß die Bedingung

$$\frac{dE}{dt} = \sum_{\nu=1}^{n} \dot{\mathbf{r}}_\nu \cdot \left(\mathbf{F}_\nu + \frac{\partial g}{\partial \mathbf{r}_\nu}\right) + \sum_{\nu=1}^{n} \frac{\mathbf{F}_\nu}{m_\nu} \cdot \frac{\partial g}{\partial \dot{\mathbf{r}}_\nu} + \frac{\partial g}{\partial t} \stackrel{!}{=} 0 \tag{1.112}$$

für alle t längs jeder Bahn, die Lösung von (1.72) ist, erfüllt sein. Eine Klasse von Kraftgesetzen $\mathbf{F}_\nu$, für die (1.112) gilt, ist diejenige, für die sich die $\mathbf{F}_\nu$ aus g durch

$$\mathbf{F}_\nu = -\frac{\partial g}{\partial \mathbf{r}_\nu} \quad \text{mit} \quad \frac{\partial g}{\partial \dot{\mathbf{r}}_\nu} = \mathbf{0} \quad \text{und} \quad \frac{\partial g}{\partial t} = 0$$

herleiten lassen. Diese Kraftgesetze sind zeitunabhängige Felder $\mathbf{F}_\nu(\mathbf{r}_1, \ldots, \mathbf{r}_n)$ im 3n-dimensionalen Raum der Lagekoordinaten der n MP; man nennt ihn *Konfigurationsraum*. (1.112) wird aber auch durch andere Kraftgesetze erfüllt, z. B. durch

$$\mathbf{F}_\nu = -\frac{\partial g}{\partial \mathbf{r}_\nu} \quad \text{mit}\; g := \sum_{\mu=1}^{n} (\mathbf{a}_\mu \cdot \mathbf{r}_\mu)(\mathbf{b}_\mu \cdot \dot{\mathbf{r}}_\mu),$$

wobei $\mathbf{a}_\mu$, $\mathbf{b}_\mu$ konstante Vektoren mit $\mathbf{a}_\mu \cdot \mathbf{b}_\mu = 0$ sind. Auch das Kraftgesetz (1.36a) erfüllt (1.112) mit $g \equiv 0$, was bedeutet, daß bereits die kinetische Energie selbst Konstante der Bewegung ist (siehe Beispiel aus Abschn. 1.3.2.1).

Zunächst betrachten wir den Fall, daß nur für die i n n e r e n Kräfte eine e i n d e u t i g e Funktion $V^{(i)}(\mathbf{r}_1, \ldots, \mathbf{r}_n)$ existiert mit

$$\mathbf{F}_\nu^{(i)}(\mathbf{r}_1, \ldots, \mathbf{r}_n) = -\frac{\partial V^{(i)}}{\partial \mathbf{r}_\nu}, \qquad \nu = 1, \ldots, n. \tag{1.113}$$

Damit ist äquivalent, daß

$$\oint \sum_{\nu=1}^{n} \mathbf{F}_\nu^{(i)} \cdot d\mathbf{r}_\nu = 0 \tag{1.114}$$

für j e d e n geschlossenen Weg im 3n-dimensionalen Konfigurationsraum, in dem $\mathbf{F}_\nu^{(i)}(\mathbf{r}_1, \ldots, \mathbf{r}_n)$ Kraftfelder sind. Solche Kraftfelder heißen *konservativ*, $V^{(i)}$ heißt *innere potentielle Energie.* Als Umkehrung von (1.113) folgt

$$V^{(i)}(\mathbf{r}_1, \ldots, \mathbf{r}_n) = - \int_{\mathbf{r}_{10}, \ldots, \mathbf{r}_{n0}}^{\mathbf{r}_1, \ldots, \mathbf{r}_n} \sum_{\nu=1}^{n} \mathbf{F}_\nu^{(i)}(\mathbf{r}_1', \ldots, \mathbf{r}_n') \cdot d\mathbf{r}_\nu' + V^{(i)}(\mathbf{r}_{10}, \ldots, \mathbf{r}_{n0}), \tag{1.115}$$

wobei das Kurvenintegral über einen beliebigen Weg im Konfigurationsraum der n MP zu erstrecken ist. Wird speziell der Weg $\{\mathbf{r}_{10}, \ldots, \mathbf{r}_{n0}\} \to \{\mathbf{r}_1, \mathbf{r}_{20}, \ldots, \mathbf{r}_{n0}\} \to \ldots \to \{\mathbf{r}_1, \ldots, \mathbf{r}_{n-1}, \mathbf{r}_{n0}\} \to \{\mathbf{r}_1, \ldots, \mathbf{r}_n\}$ gewählt, so zerfällt das Kurvenintegral in eine Summe über Kurvenintegrale über dreidimensionale Teilräume:

$$\begin{aligned} &V^{(i)}(\mathbf{r}_1, \ldots, \mathbf{r}_n) \\ &= - \sum_{\nu=1}^{n} \int_{\mathbf{r}_{\nu 0}}^{\mathbf{r}_\nu} \mathbf{F}_\nu^{(i)}(\mathbf{r}_1, \ldots, \mathbf{r}_{\nu-1}, \mathbf{r}_\nu', \mathbf{r}_{\nu+1,0}, \ldots, \mathbf{r}_{n0}) \cdot d\mathbf{r}_\nu' + V^{(i)}(\mathbf{r}_{10}, \ldots, \mathbf{r}_{n0}). \end{aligned} \tag{1.116}$$

Für zwei MP ergibt das

$$\begin{aligned} &V^{(i)}(\mathbf{r}_1, \mathbf{r}_2) \\ &= - \int_{\mathbf{r}_{10}}^{\mathbf{r}_1} \mathbf{F}_1^{(i)}(\mathbf{r}_1', \mathbf{r}_{20}) \cdot d\mathbf{r}_1' - \int_{\mathbf{r}_{20}}^{\mathbf{r}_2} \mathbf{F}_2^{(i)}(\mathbf{r}_1, \mathbf{r}_2') \cdot d\mathbf{r}_2' + V^{(i)}(\mathbf{r}_{10}, \mathbf{r}_{20}). \end{aligned} \tag{1.116a}$$

Eine l o k a l e notwendige und für einfach zusammenhängende Gebiete im Konfigurationsraum auch hinreichende Bedingung für die Existenz einer eindeutigen Potentialfunktion $V^{(i)}$ für die Kraftfelder $\mathbf{F}_\nu^{(i)}(\mathbf{r}_1, \ldots, \mathbf{r}_n)$ ist

$$\frac{\partial \mathbf{F}_\nu^{(i)}}{\partial \mathbf{r}_\mu} - \frac{\partial \mathbf{F}_\mu^{(i)}}{\partial \mathbf{r}_\nu} \equiv 0 \quad \text{für } \nu, \mu = 1, \ldots, n, \tag{1.117}$$

oder mit $\mathbf{r} = (x_1, x_2, x_3)$, $\mathbf{F} = (f_1, f_2, f_3)$ in kartesischen Komponenten geschrieben,

$$\frac{\partial f_j^{(\nu)}}{\partial x_k^{(\mu)}} - \frac{\partial f_k^{(\mu)}}{\partial x_j^{(\nu)}} = 0 \quad \text{für } \nu, \mu = 1, \ldots, n; j, k = 1, 2, 3. \tag{1.117a}$$

Dieser antisymmetrische Tensor 2. Stufe im 3n-dimensionalen Konfigurationsraum ist für n = 1 äquivalent zur Rotation eines Vektorfeldes im dreidimensionalen Raum, ist also offenbar ihre Verallgemeinerung.

Für konservative innere Kräfte ist nun die von ihnen verrichtete Arbeit (1.81) wegen (1.113)

$$\begin{aligned} A_{12}^{(i)} &= - \int_{t_1}^{t_2} \sum_{\nu=1}^{n} \frac{\partial V^{(i)}}{\partial \mathbf{r}_\nu} \cdot \frac{d\mathbf{r}_\nu}{dt} dt = - \int_{\mathbf{r}_1(t_1), \ldots, \mathbf{r}_n(t_1)}^{\mathbf{r}_1(t_2), \ldots, \mathbf{r}_n(t_2)} dV^{(i)} \\ &= - V^{(i)}(\mathbf{r}_1(t_2), \ldots, \mathbf{r}_n(t_2)) + V^{(i)}(\mathbf{r}_1(t_1), \ldots, \mathbf{r}_n(t_1)), \end{aligned} \tag{1.118}$$

womit nach Einsetzen in (1.83) mit (1.91) und der Definition

$$E^{(i)}(t) := T^{(i)}(t) + V^{(i)}(\mathbf{r}_1(t), \ldots, \mathbf{r}_n(t)) \tag{1.119}$$

folgt $\quad [E^{(i)}(t_2) - E^{(i)}(t_1)] + [T_{\text{trans}}(t_2) - T_{\text{trans}}(t_1)] = A_{12}^{(a)}. \qquad (1.120)$

$E^{(i)}(t)$ heißt *innere Energie* des Systems zur Zeit t. Die von den äußeren Kräften am System verrichtete Arbeit wird zur Änderung der inneren Energie und der Translationsenergie verwendet. Ist das System a b g e s c h l o s s e n , so ist $A_{12}^{(a)} = 0$ und wegen (1.99), (1.92) gilt ein *Energieerhaltungssatz* in der Form

$$E^{(i)}(t) = \text{const}, \qquad T_{\text{trans}}(t) = \text{const} \tag{1.121}$$

längs jeder „Bahn" $\{\mathbf{r}_1(t), \ldots, \mathbf{r}_n(t)\}$ im Konfigurationsraum, wobei $\mathbf{r}_\nu(t)$ Lösungen der Bewegungsgleichungen sind.

Sind die inneren Kräfte speziell konservative Z w e i t e i l c h e n - Wechselwirkungskräfte $\mathbf{F}_{\nu\mu}^{(i)}(\mathbf{r}_\nu, \mathbf{r}_\mu)$ mit

$$\mathbf{F}_{\nu\mu}^{(i)}(\mathbf{r}_\nu, \mathbf{r}_\mu) = -\frac{\partial V_{\nu\mu}^{(i)}}{\partial \mathbf{r}_\nu}, \qquad \nu \neq \mu, \tag{1.122}$$

so sind die *Zweiteilchen-Potentiale* $V_{\nu\mu}^{(i)} = V_{\nu\mu}^{(i)}(\mathbf{r}_\nu, \mathbf{r}_\mu)$, damit die innere potentielle Energie $V^{(i)}$ existiert, der Integrabilitätsbedingung (1.117) zu unterwerfen, die wegen (1.75a) und (1.122) die Form

$$\frac{\partial^2}{\partial \mathbf{r}_\nu \partial \mathbf{r}_\mu}(V_{\nu\mu}^{(i)} - V_{\mu\nu}^{(i)}) \overset{!}{\equiv} 0 \quad \text{für } \nu, \mu = 1, \ldots, n \tag{1.123}$$

annimmt. Daraus folgt, daß notwendigerweise

$$V_{\nu\mu}^{(i)} - V_{\mu\nu}^{(i)} \overset{!}{=} h_{\nu\mu}(\mathbf{r}_\mu) - h_{\mu\nu}(\mathbf{r}_\nu) \tag{1.124}$$

ist, wobei die $h_{\nu\mu}$ gewisse, bis auf additive Konstanten wohlbestimmte zweimal partiell differenzierbare Funktionen sind. Für neue Zweiteilchen-Potentiale

$$\tilde{V}_{\nu\mu}^{(i)}(\mathbf{r}_\nu, \mathbf{r}_\mu) := V_{\nu\mu}^{(i)}(\mathbf{r}_\nu, \mathbf{r}_\mu) - h_{\nu\mu}(\mathbf{r}_\mu)$$

$$\tilde{V}_{\mu\nu}^{(i)}(\mathbf{r}_\nu, \mathbf{r}_\mu) := V_{\mu\nu}^{(i)}(\mathbf{r}_\nu, \mathbf{r}_\mu) - h_{\mu\nu}(\mathbf{r}_\nu)$$

ist $$\frac{\partial \tilde{V}_{\nu\mu}^{(i)}}{\partial \mathbf{r}_\nu} = \frac{\partial V_{\nu\mu}^{(i)}}{\partial \mathbf{r}_\nu};$$

sie liefern daher dieselbe $\mathbf{F}_{\nu\mu}^{(i)}$, sind aber wegen (1.124) symmetrisch in den Indizes. Wir können also die Zweiteilchen-Potentiale $V_{\nu\mu}^{(i)}$ ohne Beschränkung der Allgemeinheit symmetrisch in den Indizes wählen, was wir im folgenden tun wollen:

$$V_{\nu\mu}^{(i)} = V_{\mu\nu}^{(i)} \quad \text{für } \nu, \mu = 1, \ldots, n. \tag{1.125}$$

Unter dieser Voraussetzung kann man die innere potentielle Energie durch die Zweiteilchen-Potentiale darstellen, und zwar als

$$V^{(i)}(\mathbf{r}_1, \ldots, \mathbf{r}_n) = \frac{1}{2} \sum_{\substack{\mu, \nu = 1 \\ (\mu \neq \nu)}}^{n} V_{\nu\mu}^{(i)}(\mathbf{r}_\nu, \mathbf{r}_\mu) = \sum_{\substack{\mu, \nu = 1 \\ (\nu < \mu)}}^{n} V_{\nu\mu}^{(i)}(\mathbf{r}_\nu, \mathbf{r}_\mu), \tag{1.126}$$

denn mit (1.113) und (1.122) folgt daraus (1.75a). Weil Gl. (1.126) eine Erweiterung des Superpositionsprinzips (1.57) für potentielle Energien darstellt, kann man die $V_{\nu\mu}^{(i)}$ für $\nu < \mu$ nun als potentielle *Wechselwirkungsenergien* auffassen.

Um die Einschränkung zu sehen, die (1.75b) für die $V_{\nu\mu}^{(i)}$ bedeutet, führen wir anstatt

$\mathbf{r}_\nu, \mathbf{r}_\mu$ neue Variablen

$$\boldsymbol{\rho}_{\nu\mu} := \mathbf{r}_\nu - \mathbf{r}_\mu, \quad \mathbf{R}_{\nu\mu} := \mathbf{r}_\nu + \mathbf{r}_\mu; \qquad \nu, \mu = 1, \dots, n; \nu < \mu \tag{1.127}$$

ein. Dann ist

$$V_{\nu\mu}^{(i)}(\mathbf{r}_\nu, \mathbf{r}_\mu) \equiv \hat{V}_{\nu\mu}^{(i)}(\boldsymbol{\rho}_{\nu\mu}, \mathbf{R}_{\nu\mu})$$

und $$\mathbf{F}_{\nu\mu}^{(i)} = -\frac{\partial V_{\nu\mu}^{(i)}}{\partial \mathbf{r}_\nu} = -\frac{\partial \hat{V}_{\nu\mu}^{(i)}}{\partial \boldsymbol{\rho}_{\nu\mu}} - \frac{\partial \hat{V}_{\nu\mu}}{\partial \mathbf{R}_{\nu\mu}}, \qquad \mathbf{F}_{\mu\nu}^{(i)} = -\frac{\partial V_{\mu\nu}^{(i)}}{\partial \mathbf{r}_\mu} = \frac{\partial \hat{V}_{\mu\nu}^{(i)}}{\partial \boldsymbol{\rho}_{\nu\mu}} - \frac{\partial \hat{V}_{\mu\nu}^{(i)}}{\partial \mathbf{R}_{\nu\mu}},$$

woraus mit (1.75b) und (1.125) folgt

$$\frac{\partial(\hat{V}_{\nu\mu}^{(i)} + \hat{V}_{\mu\nu}^{(i)})}{\partial \mathbf{R}_{\nu\mu}} = 2\frac{\partial \hat{V}_{\nu\mu}^{(i)}}{\partial \mathbf{R}_{\nu\mu}} = \frac{\partial(\hat{V}_{\mu\nu}^{(i)} - \hat{V}_{\nu\mu}^{(i)})}{\partial \boldsymbol{\rho}_{\nu\mu}} = \mathbf{0},$$

d. h. $\hat{V}_{\nu\mu}^{(i)}$ ist von $\mathbf{R}_{\nu\mu}$ unabhängig. Folglich ist

$$V_{\nu\mu}^{(i)}(\mathbf{r}_\nu, \mathbf{r}_\mu) = V_{\nu\mu}^{(i)}(\mathbf{r}_\nu - \mathbf{r}_\mu), \qquad \nu, \mu = 1, \dots, n. \tag{1.128}$$

Sind die Zweiteilchen-Kräfte z e n t r a l , also von der Form (siehe (1.104))

$$\mathbf{F}_{\nu\mu}^{(i)}(\mathbf{r}_\nu, \mathbf{r}_\mu) = f_{\nu\mu}(\mathbf{r}_\nu, \mathbf{r}_\mu)\frac{\mathbf{r}_\nu - \mathbf{r}_\mu}{|\mathbf{r}_\nu - \mathbf{r}_\mu|}, \quad \nu, \mu = 1, \dots, n,$$

so muß wegen (1.75b) $f_{\nu\mu} = f_{\mu\nu}$ sein. Die Zweiteilchen-Potentiale $V_{\nu\mu}^{(i)}$ sind wegen (1.128) nur von $\boldsymbol{\rho}_{\nu\mu} = \mathbf{r}_\nu - \mathbf{r}_\mu$ abhängig, so daß gelten muß

$$\mathbf{F}_{\nu\mu}^{(i)} = -\frac{\partial V_{\nu\mu}^{(i)}}{\partial \mathbf{r}_\nu} = -\frac{\partial \hat{V}_{\nu\mu}^{(i)}}{\partial \boldsymbol{\rho}_{\nu\mu}} \stackrel{!}{=} f_{\nu\mu}\frac{\boldsymbol{\rho}_{\nu\mu}}{|\boldsymbol{\rho}_{\nu\mu}|},$$

woraus $\hat{V}_{\nu\mu}^{(i)} = \hat{V}_{\nu\mu}^{(i)}(|\boldsymbol{\rho}_{\nu\mu}|)$ folgt, da eine Abhängigkeit von der Richtung von $\boldsymbol{\rho}_{\nu\mu}$ kein Kraftfeld in Richtung von $\boldsymbol{\rho}_{\nu\mu}$ liefert (siehe analoge Argumentation vor (1.66)). Somit ist für k o n s e r v a t i v e zentrale Zweiteilchen-Kräfte notwendigerweise

$$V_{\nu\mu}^{(i)}(\mathbf{r}_\nu, \mathbf{r}_\mu) = V_{\nu\mu}^{(i)}(|\mathbf{r}_\nu - \mathbf{r}_\mu|) \tag{1.129}$$

und daher

$$\mathbf{F}_{\nu\mu}^{(i)}(\mathbf{r}_\nu, \mathbf{r}_\mu) = f_{\nu\mu}(|\mathbf{r}_\nu - \mathbf{r}_\mu|)\frac{\mathbf{r}_\nu - \mathbf{r}_\mu}{|\mathbf{r}_\nu - \mathbf{r}_\mu|}. \tag{1.130}$$

Zum Abschluß soll der Fall betrachtet werden, daß auch die ä u ß e r e n Kräfte konservativ sind, daß also eindeutige Potentialfunktionen $V_\nu^{(a)}(\mathbf{r}_\nu)$ existieren mit

$$\mathbf{F}_\nu^{(a)}(\mathbf{r}_\nu) = -\frac{\partial V_\nu^{(a)}}{\partial \mathbf{r}_\nu}, \qquad \nu = 1, \dots, n. \tag{1.131}$$

$$V^{(a)}(\mathbf{r}_1, \dots, \mathbf{r}_n) := \sum_{\nu=1}^{n} V_\nu^{(a)}(\mathbf{r}_\nu) \tag{1.132}$$

heißt *äußere potentielle Energie* des Systems. Nun kann die von den äußeren Kräften verrichtete Arbeit (1.82) geschrieben werden als

$$A_{12}^{(a)} = -\int_{t_1}^{t_2} \sum_{\nu=1}^{n} \frac{\partial V_\nu^{(a)}}{\partial \mathbf{r}_\nu} \cdot \frac{d\mathbf{r}_\nu}{dt} dt = -\sum_{\nu=1}^{n} \int_{t_1}^{t_2} dV_\nu^{(a)}$$
$$= -\sum_{\nu=1}^{n} [V_\nu^{(a)}(\mathbf{r}(t_2)) - V_\nu^{(a)}(t_1))] = -V^{(a)}(\mathbf{r}(t_2)) + V^{(a)}(\mathbf{r}(t_1)). \tag{1.133}$$

Wir definieren

$$E^{(a)}(t) := T_{trans}(t) + V^{(a)}(\mathbf{r}_1(t), \ldots, \mathbf{r}_n(t)), \tag{1.134}$$

$$V := V^{(i)} + V^{(a)}, \tag{1.135}$$

$$E(t) := E^{(i)}(t) + E^{(a)}(t) = T + V. \tag{1.136}$$

$E^{(a)}(t)$ heißt *äußere Energie*, V heißt (gesamte) *potentielle Energie* des Systems, E(t) heißt *(Gesamt-)Energie* des Systems. Damit folgt nach Einsetzen von (1.133) in (1.120) für ein System mit nur konservativen inneren und äußeren Kräften der *Energieerhaltungssatz*

$$E = E^{(i)} + E^{(a)} = T + V = \text{const} \tag{1.137}$$

längs jeder „Bahn" $\{\mathbf{r}_1(t), \ldots, \mathbf{r}_n(t)\}$ im Konfigurationsraum, wobei $\mathbf{r}_\nu(t)$ Lösungen der Bewegungsgleichungen sind.

Auch wenn eindeutige z e i t a b h ä n g i g e Funktionen $V^{(i)}(\mathbf{r}_1, \ldots, \mathbf{r}_n, t)$ bzw. $V_\nu^{(a)}(\mathbf{r}_\nu, t)$ existieren, so daß (1.113) bzw. (1.131) für zeitabhängige Kraftfelder $\mathbf{F}_\nu^{(i)}(\mathbf{r}_1, \ldots, \mathbf{r}_n, t)$ bzw. $\mathbf{F}_\nu^{(a)}(\mathbf{r}_\nu, t)$ gelten, soll $V^{(i)}(\mathbf{r}_1, \ldots, \mathbf{r}_n, t)$ *innere potentielle Energie* und

$$V^{(a)}(\mathbf{r}_1, \ldots, \mathbf{r}_n, t) := \sum_{\nu=1}^{n} V_\nu^{(a)}(\mathbf{r}_\nu, t)$$

äußere potentielle Energie heißen. Entsprechend zu (1.119), (1.134), (1.135) und (1.136) benutzen wir auch in diesem Fall die Begriffe *innere Energie, äußere Energie, potentielle Energie* und *(Gesamt-)Energie*. Die Gln. (1.114) bis (1.116a), (1.118), (1.120), (1.133) sowie der Erhaltungssatz für $E^{(i)}$ bei abgeschlossenen Systemen und der Erhaltungssatz für E gelten dann nicht mehr, jedoch bleibt die Integrabilitätsbedingung (1.117) (gelesen auch identisch in t) und folglich alles über Zweiteilchen-Potentiale Gesagte gültig.

1.3.4 Konstanten der Bewegung

1.3.4.1 Definition und Beispiele Wie schon im Beispiel von Abschn. 1.3.2.1 zu sehen war und in Abschn. 1.3.4.3 allgemeiner ausgeführt wird, können Erhaltungssätze für die Lösung eines Bewegungsproblems eine besonders hilfreiche Rolle spielen. Sie besagen, daß gewisse Größen, die von den Orten und Geschwindigkeiten der MP eines Systems längs deren Bahnen abhängen, zeitlich konstant sind.

Wir definieren etwas allgemeiner, daß eine Funktion $G(\mathbf{r}_1, \ldots, \mathbf{r}_n, \dot{\mathbf{r}}_1, \ldots, \dot{\mathbf{r}}_n, t)$ *Konstante der Bewegung* (KdB) heißt, wenn

$$\frac{d}{dt} G(\mathbf{r}_1, \ldots, \mathbf{r}_n, \dot{\mathbf{r}}_1, \ldots, \dot{\mathbf{r}}_n, t) \equiv 0 \tag{1.138}$$

ist für alle „Bahnen" $\{\mathbf{r}_1(t), \ldots, \mathbf{r}_n(t)\}$ im Konfigurationsraum, die Lösungen der Bewegungsgleichungen

$$m_\nu \ddot{\mathbf{r}}_\nu = \mathbf{F}_\nu(\mathbf{r}_1, \ldots, \mathbf{r}_n, \dot{\mathbf{r}}_1, \ldots, \dot{\mathbf{r}}_n, t), \qquad \nu = 1, \ldots, n \tag{1.139}$$

sind. Anders ausgedrückt: Der Wert von G ist längs jeder „Bahn" zeitlich konstant, und die Konstante ist durch die Anfangswerte $\mathbf{r}_{\nu 0} := \mathbf{r}_\nu(t_0)$, $\mathbf{v}_{\nu 0} := \dot{\mathbf{r}}_\nu(t_0)$, $\nu = 1, \ldots, n$ zu einer festen Zeit t_0 bestimmbar:

$$G(\mathbf{r}_1, \ldots, \mathbf{r}_n, \dot{\mathbf{r}}_1, \ldots, \dot{\mathbf{r}}_n, t) = \text{const} =: G_0 = G(\mathbf{r}_{10}, \ldots, \mathbf{r}_{n0}, \mathbf{v}_{10}, \ldots, \mathbf{v}_{n0}, t_0). \tag{1.140}$$

G = const heißt *Erhaltungssatz.* Wenn G nicht explizit von t abhängt, nennt man die Konstante der Bewegung auch *Erhaltungsgröße*. (In manchen Büchern wird dieser Unterschied nicht gemacht.)

s Konstanten der Bewegung $G_k(\mathbf{r}_1, \ldots, \mathbf{r}_n, \dot{\mathbf{r}}_1, \ldots, \dot{\mathbf{r}}_n, t)$, $k = 1, \ldots, s$ heißen voneinander *abhängig* im 6n-dimensionalen Produktraum $\mathbb{R}^{6n}$ der $\{\mathbf{r}_1, \ldots, \mathbf{r}_n, \dot{\mathbf{r}}_1, \ldots, \dot{\mathbf{r}}_n\}$, wenn es zu jeder beschränkten abgeschlossenen Teilmenge $B \subset \mathbb{R}^{6n}$ eine im $\mathbb{R}^s$ überall stetige und in keinem Teilgebiet des $\mathbb{R}^s$ identisch verschwindende Funktion F von s Variablen gibt, so daß $F(G_1, \ldots, G_s) = 0$ für jedes eingesetzte $\{\mathbf{r}_1, \ldots, \mathbf{r}_n, \dot{\mathbf{r}}_1, \ldots, \dot{\mathbf{r}}_n\} \in B$ ist. Für $s \leqslant 6n$ und stetig partiell differenzierbare G_k ist ein Kriterium für Unabhängigkeit, daß für den Rang der (6n, s)-Funktionalmatrix im $\mathbb{R}^{6n}$ mit der Bezeichnung $\zeta_1, \ldots, \zeta_{6n}$ für die kartesischen Komponenten von $\{\mathbf{r}_1, \ldots, \mathbf{r}_n, \dot{\mathbf{r}}_1, \ldots, \dot{\mathbf{r}}_n\}$ gilt

$$\operatorname{Rg}\left(\frac{\partial G_k}{\partial \zeta_i}\right)_{\substack{k = 1, \ldots, s \\ i = 1, \ldots, 6n}} = s, \tag{1.141}$$

d. h. nicht alle s-reihigen Unterdeterminanten dürfen im $\mathbb{R}^{6n}$ identisch verschwinden. $s > 6n$ Konstanten der Bewegung sind stets voneinander abhängig. Sind $G_1, \ldots, G_s$ KdB, so ist auch jede vollständig differenzierbare Funktion $f(G_1, \ldots, G_s)$ eine (allerdings von $G_1, \ldots, G_s$ abhängige) KdB, denn wegen (1.138) ist

$$\frac{df}{dt} = \sum_{k=1}^{s} \frac{\partial f}{\partial G_k} \frac{dG_k}{dt} \equiv 0.$$

Wieviele voneinander unabhängige KdB für ein System aus n MP existieren, kann man sich folgendermaßen klarmachen: Eine allgemeine Lösung $\mathbf{r}_\nu(t)$, $\nu = 1, \ldots, n$ von (1.139) enthält genau 6n willkürlich wählbare Konstanten $C_1, \ldots, C_{6n}$; sie können z. B. mit den 6n Anfangsbedingungen $\mathbf{r}_\nu(t_0)$, $\dot{\mathbf{r}}_\nu(t_0)$ identifiziert werden. Bildet man auch $\dot{\mathbf{r}}_\nu(t)$, so hat man 6n Gleichungen

$$\begin{aligned} \mathbf{r}_\nu &= \mathbf{r}_\nu(t, C_1, \ldots, C_{6n}), \\ \dot{\mathbf{r}}_\nu &= \dot{\mathbf{r}}_\nu(t, C_1, \ldots, C_{6n}) \end{aligned} \qquad (\nu = 1, \ldots, n)$$

und man kann beweisen, daß man sie nach den

$$C_k = C_k(\mathbf{r}_1, \ldots, \mathbf{r}_n, \dot{\mathbf{r}}_1, \ldots, \dot{\mathbf{r}}_n, t), \qquad k = 1, \ldots, 6n$$

auflösen kann, falls die $\mathbf{F}_\nu$ stetig partiell differenzierbar sind. Dies sind 6n i. allg. voneinander unabhängige KdB. Allerdings ist dieses Auflösen i. allg. nur lokal möglich. Jede weitere KdB $\tilde{f}(\mathbf{r}_1, \ldots, \mathbf{r}_n, \dot{\mathbf{r}}_1, \ldots, \dot{\mathbf{r}}_n, t)$ des Systems ist von den $C_1, \ldots, C_{6n}$ abhängig, denn nach Einsetzen von $\mathbf{r}_\nu$ und $\dot{\mathbf{r}}_\nu$ ist $\tilde{f} \equiv f(C_1, \ldots, C_{6n}, t)$, und aus

$$\frac{d\tilde{f}}{dt} = \sum_{k=1}^{6n} \frac{\partial f}{\partial C_k} \frac{dC_k}{dt} + \frac{\partial f}{\partial f} \overset{!}{\equiv} 0$$

folgt $\frac{\partial \tilde{f}}{\partial t} \equiv 0$; $f = f(C_1, \ldots, C_{6n})$ ist aber abhängig von $C_1, \ldots, C_{6n}$.

Von Nutzen für die Lösung von Bewegungsproblemen kann die eben gewonnene Art von KdB natürlich nicht sein, denn ihre Konstruktion setzt ja bereits die Kenntnis einer allgemeinen Lösung voraus. Deshalb sucht man nach KdB, die bereits aus den Eigenschaften der Kräfte $\mathbf{F}_\nu$ durch bloße direkte und möglichst im ganzen Konfigurationsraum gültige Umformungen der Bewegungsgleichungen folgen. Solche KdB sind uns schon für gewisse Klassen von Kraftgesetzen in Form der Erhaltungssätze der Abschn. 1.3.2 und 1.3.3 bekannt. Fassen wir sie zunächst für abgeschlossene Systeme mit konservativen inneren Kräften zusammen (siehe (1.137), (1.99), (1.106), (1.100)):

$$\sum_{\nu=1}^{n} \frac{m_\nu}{2} \dot{\mathbf{r}}_\nu^2 + V^{(i)}(\mathbf{r}_1, \ldots, \mathbf{r}_n) = E_0 = \text{const} \quad \text{(Energieerhaltung)} \tag{1.142}$$

$$\sum_{\nu=1}^{n} m_\nu \dot{\mathbf{r}}_\nu = \mathbf{P}_0 = \text{const} \quad \text{(Impulserhaltung)} \tag{1.143}$$

$$\sum_{\nu=1}^{n} m_\nu \mathbf{r}_\nu \times \dot{\mathbf{r}}_\nu = \mathbf{L}_0 = \text{const} \quad \text{(Drehimpulserhaltung)} \tag{1.144}$$

$$\sum_{\nu=1}^{n} m_\nu (\mathbf{r}_\nu - t\dot{\mathbf{r}}_\nu) = M\mathbf{R}(0) = \text{const} \quad \text{(Trägheitsgesetz für die Bewegung des Massenmittelpunkts)} \tag{1.145}$$

Für $n > 1$ sind dies 10 voneinander unabhängige KdB, da die vektoriellen Erhaltungssätze je drei KdB darstellen.

Ist das System nicht abgeschlossen (*offen*), so gehen wegen (1.97), (1.98), (1.105), (1.120) je nach Eigenschaft der äußeren Kräfte einige oder alle der oben genannten klassischen Erhaltungssätze verloren. Schaltet man z. B. ein bez. des BS räumlich und zeitlich konstantes, auf alle MP gleich wirkendes Kraftfeld in Richtung $\mathbf{e}$ ein, also $\mathbf{F}_\nu^{(a)} = C\mathbf{e}$, so ist die Impulskomponente $\mathbf{P} \cdot \mathbf{e}$ in Richtung $\mathbf{e}$ keine KdB mehr, die Komponenten von $\mathbf{P}$ senkrecht zu $\mathbf{e}$ bleiben jedoch KdB. Die Drehimpulskomponente $\mathbf{L} \cdot \mathbf{e}$ bleibt KdB, die Komponenten senkrecht dazu nicht. Dieses Beispiel zeigt auch, wie wichtig eine geschickte Wahl des kartesischen KS innerhalb des BS für die explizite Angabe der KdB ist. In unserem Beispiel setzt man zweckmäßig den Einheitsvektor $\mathbf{e}$ gleich einem der Basisvektoren, üblicherweise $\mathbf{e} = \mathbf{e}_3$.

Die Abgeschlossenheit eines Systems ist für den theoretischen Physiker oft eine Frage der Zweckmäßigkeit: Er grenzt z. B. im Gesamtsystem ein Teilsystem ab, setzt die Einwirkung des Restsystems auf dieses Teilsystem als zeitabhängige äußere Kräfte an und versucht, das Teilsystem durch Vernachlässigung dieser Kräfte näherungsweise als abgeschlossen zu behandeln. Ist diese Näherung nicht ausreichend, wird das Teilsystem in nächster Näherung mit dem maßgebenden Teil der äußeren Kräfte als offenes System betrachtet.

Strenggenommen gibt es in der Realität nur offene Systeme, da stets Wechselwirkungskräfte mit dem Rest der Welt existieren. Da es auch nicht-mechanische Wechselwirkungen, z. B. durch elektromagnetische Strahlung, Wärmeleitung u. a. gibt, verallgemeinert man die Begriffe „abgeschlossen" und „offen" unter Einschluß aller Wechselwirkungen. Dann stellt sich auch die Frage der Gültigkeit der Erhaltungssätze für Energie, Impuls und Drehimpuls neu: Sie werden bei Berücksichtigung a l l e r Wechselwirkungen in Übereinstimmung mit vielfältiger experimenteller Erfahrung als u n i v e r s e l l gültig in Inertialsystemen (s. Abschn. 1.3.5.1) angenommen, wobei beachtet werden muß, daß z. B. auch elektromagnetische Strahlung Energie, Impuls und Drehimpuls mitführt, Masse und Energie ineinander umgewandet werden können und manchen Punktteilchen ein Eigendrehimpuls (Spin) zugeordnet werden muß. Ein Beispiel ist die Bewegung mit Reibung, bei der mechanische Energie in Wärme umgewandet wird.

1.3.4.2 Erhaltungssätze und Invarianzen Hilfreich beim Aufstellen der für ein gegebenes konservatives Kraftgesetz gültigen Erhaltungssätze ist deren Beziehung zu Invarianzen der potentiellen Energie gegenüber Transformationen des KS im dreidimensionalen Ortsraum. So ist der Gesamtimpuls $\mathbf{P}$ eine KdB genau dann, wenn die gesamte potentielle Energie $V(\mathbf{r}_1, \ldots, \mathbf{r}_n)$ invariant gegenüber beliebigen Translationen des KS im dreidimensionalen Ortsraum ist. B e w e i s : Nach einer Translation des KS um $\mathbf{c}$ werden die Ortsvektoren $\mathbf{r}_1, \ldots, \mathbf{r}_n$ der beliebig, aber fest gewählten Lagen der MP übergeführt in

$$\mathbf{r}'_\nu(\mathbf{c}) = \mathbf{r}_\nu - \mathbf{c}, \qquad \nu = 1, \ldots, n.$$

Wegen $d\mathbf{r}'_\nu = -d\mathbf{c}$ sowie (1.139) und (1.86) ist das totale Differential von V

$$dV = \sum_{\nu=1}^{n} \left(\frac{\partial V}{\partial \mathbf{r}'_\nu}\right)_{\mathbf{r}'_\nu = \mathbf{r}_\nu} \cdot d\mathbf{r}'_\nu = -d\mathbf{c} \cdot \sum_{\nu=1}^{n} \frac{\partial V}{\partial \mathbf{r}_\nu} = d\mathbf{c} \cdot \sum_{\nu=1}^{n} \mathbf{F}_\nu = d\mathbf{c} \cdot \dot{\mathbf{P}}.$$

Daraus folgt, da $\mathbf{c}$ jede b e l i e b i g e Translation repräsentiert, daß $\mathbf{P} = \text{const}$ ist genau dann, wenn $dV = 0$ ist, d. h. wenn V invariant gegenüber beliebigen Translationen ist:

$$V(\mathbf{r}_1 - \mathbf{c}, \ldots, \mathbf{r}_n - \mathbf{c}) \equiv V(\mathbf{r}_1, \ldots, \mathbf{r}_n).$$

Der Gesamtdrehimpuls $\mathbf{L}$ ist eine KdB genau dann, wenn die gesamte potentielle Energie $V(\mathbf{r}_1, \ldots, \mathbf{r}_n)$ invariant gegenüber beliebigen Drehungen des KS im dreidimensionalen Ortsraum um Achsen durch den Ursprung ist. B e w e i s : Die Drehung D des KS um den Winkel φ um eine Drehachse in Richtung $\mathbf{e}$, $|\mathbf{e}| = 1$, führt die Komponenten der beliebig, aber fest gewählten Ortsvektoren $\mathbf{r}_1, \ldots, \mathbf{r}_n$ der MP über in

$$(\mathbf{r}_\nu)'(\varphi) = D(\mathbf{r}_\nu) = \mathbf{r}_\nu \cos\varphi + \mathbf{e}(\mathbf{e} \cdot \mathbf{r}_\nu)(1 - \cos\varphi) - (\mathbf{e} \times \mathbf{r}_\nu) \sin\varphi, \quad \nu = 1, \ldots, n,$$

wobei $(\mathbf{r}_\nu)'$ eine abkürzende vektorielle Schreibweise für die Komponenten von $\mathbf{r}_\nu$ im gedrehten KS ist. (Der einfachste Beweis für diese Beziehung geschieht in einem s p e z i e l l e n KS: $\mathbf{e} \equiv \mathbf{e}_3$ gesetzt ergibt die bekannte Koordinatentransformation bei Drehung um die 3-Achse.) Wegen

$$d(\mathbf{r}_\nu)' = \left(\frac{d(\mathbf{r}_\nu)'}{d\varphi}\right)_{\varphi=0} d\varphi = -(\mathbf{e} \times \mathbf{r}_\nu)\, d\varphi$$

sowie (1.139) und (1.84) ist

$$dV = \sum_{\nu=1}^{n} \left(\frac{\partial V}{\partial (\mathbf{r}_\nu)'}\right)_{(\mathbf{r}_\nu)' = \mathbf{r}_\nu} \cdot d(\mathbf{r}_\nu)' = d\varphi \sum_{\nu=1}^{n} (\mathbf{e} \times \mathbf{r}_\nu) \cdot \mathbf{F}_\nu$$

$$= d\varphi \mathbf{e} \cdot \sum_{\nu=1}^{n} \mathbf{r}_\nu \times m_\nu \ddot{\mathbf{r}}_\nu = d\varphi \mathbf{e} \cdot \dot{\mathbf{L}}.$$

Daraus folgt, da φ und e jede b e l i e b i g e Drehung repräsentieren, daß $\mathbf{L} = \text{const}$ ist genau dann, wenn

$$V(D(\mathbf{r}_1), \ldots, D(\mathbf{r}_n)) \equiv V(\mathbf{r}_1, \ldots, \mathbf{r}_n).$$

Schränkt man c bzw. e auf e i n e Richtung ein, so gelten die Aussagen für die K o m - p o n e n t e n von **P** bzw. **L** in dieser einen Richtung. Es sei darauf hingewiesen, daß aufgrund einer Symmetrie von K r a f t feldern, die nicht konservativ sind, k e i n e Aussage über die zeitliche Konstanz von **P** bzw. **L** oder deren Komponenten gemacht werden kann; z. B. ist das Feld $\mathbf{F}(\mathbf{r}) = \mathbf{e} \times \mathbf{r}$ drehinvariant um die konstante Richtung e, aber für die zugehörige Drehimpulskomponente ist

$$(\mathbf{e} \cdot \mathbf{L})^{\cdot} = \mathbf{e} \cdot \dot{\mathbf{L}} = \mathbf{e} \cdot (\mathbf{r} \times \mathbf{F}) = |\mathbf{e} \times \mathbf{r}|^2 \not\equiv 0.$$

Auf den Zusammenhang zwischen Erhaltungssätzen und Invarianzen der potentiellen Energie bei Symmetrietransformationen werden wir in Abschn. 2.6 von einem allgemeineren Standpunkt zurückkommen.

1.3.4.3 Anwendung von Erhaltungssätzen 1. Die Wichtigkeit der Erhaltungssätze beruht darauf, daß sie in der Form (1.140) mathematisch gesprochen sog. *erste* (oder *intermediäre*) *Integrale* von (1.139) sind. Fügt man ein solches Integral zum DG-System (1.139) der Gesamtordnung 6n hinzu, so ist das so entstandene System äquivalent zu einem DG-System der Gesamtordnung $6n - 1$. Jeder unabhängige skalare Erhaltungssatz reduziert also die Ordnung des noch zu lösenden Systems von Bewegungsgleichungen um 1. Um das klar zu sehen, führen wir im Konfigurationsraum ein kartesisches KS ein, numerieren die 3n Komponenten von $\mathbf{r}_1, \ldots, \mathbf{r}_n$ in irgendeiner Reihenfolge als $\xi_1, \ldots, \xi_{3n}$ durch und schreiben (1.139) mit der Substitution $\dot{\xi}_i =: u_i$, $i = 1, \ldots, 3n$ um in

$$m_i \dot{u}_i = F_i(\xi_1, \ldots, \xi_{3n}, u_1, \ldots, u_{3n}, t) \quad (1.146)$$

$$\dot{\xi}_i = u_i \qquad (i = 1, \ldots, 3n), \quad (1.147)$$

wobei die F_i die Komponenten der Kräfte $\mathbf{F}_1, \ldots, \mathbf{F}_n$ in der oben gewählten Reihenfolge sind. Löst man (1.140) nach einer der Variablen u_i auf, z. B.

$$u_{3n} = \widetilde{G}(\xi_1, \ldots, \xi_{3n}, u_1, \ldots, u_{3n-1}, t), \quad (1.148)$$

so kann man in (1.146) die DG für $i = 3n$ fortlassen, da u_{3n} durch (1.148) aus den anderen Variablen bestimmbar ist. Setzt man (1.148) in die restlichen DGn (1.146) ein, so entsteht das DG-System

$$\begin{aligned} m_i \dot{u}_i &= \widetilde{F}_i(\xi_1, \ldots, \xi_{3n}, u_1, \ldots, u_{3n-1}, t) \\ \dot{\xi}_i &= u_i \qquad (i = 1, \ldots, 3n-1), \\ \dot{\xi}_{3n} &= \widetilde{G}(\xi_1, \ldots, \xi_{3n}, u_1, \ldots, u_{3n-1}, t), \end{aligned} \quad (1.149)$$

in dem die Variable u_{3n} vollständig eliminiert ist. Es ist ein DG-System der Gesamtordnung $6n - 1$. Die Konstante G_0 geht in das System ein und ist eine der 6n willkürlichen Konstanten der allgemeinen Lösung von (1.139). In welcher Weise man im konkreten Fall diese Auflösung und Elimination durchführt, ob man überhaupt kartesische Koordinaten wählt, kommt ganz auf das vorgelegte Problem an.

Ein Weg zur Lösung des Bewegungsproblems für ein System von n MP wäre also, möglichst viele unabhängige KdB zu suchen. Leider ist es trotz großer Bemühungen nicht gelungen, für ein beliebiges abgeschlossenes n-Teilchenproblem mehr als die 10 klassischen Erhaltungssätze (1.142) bis (1.145) zu finden. Die Folge davon ist, daß man die Lösung des abgeschlossenen konservativen Zweiteilchenproblems (Gesamtordnung 12) noch in Form von Integralen darstellen kann, nicht aber die des allgemeinen Dreiteilchenproblems (Gesamtordnung 18)[1]). – Die Anwendung von Erhaltungssätzen zur Lösung von Bewegungsproblemen soll durch das folgende Beispiel demonstriert werden.

Beispiel 1 Ein MP im konservativen Zentralkraftfeld Ein MP der Masse m bewege sich in dem gemäß Abschn. 1.3.2.4 konservativen Kraftfeld

$$\mathbf{F}(\mathbf{r}) = f(r)\,\frac{\mathbf{r}}{r}\,. \tag{1.150}$$

Nach (1.62) gilt der Drehimpulserhaltungssatz

$$\mathbf{L}(t) = m\mathbf{r} \times \dot{\mathbf{r}} = \mathbf{L} = \text{const.} \tag{1.151}$$

$$V(r) = -\int\limits_{r_0}^{r} f(r')\,dr' \tag{1.152}$$

ist ein Potentialfeld für (1.150) (r_0 ist noch beliebig), so daß der Energieerhaltungssatz lautet

$$E(t) = \frac{m}{2}\dot{\mathbf{r}}^2 + V(r) = E = \text{const}\,. \tag{1.153}$$

Da das Kraftfeld kugelsymmetrisch ist, liegt es nahe, Kugelkoordinaten r, ϑ, φ einzuführen. Wegen der Konstanz von $\mathbf{L}$ legen wir die Polarachse $\mathbf{e}_3$ in Richtung von $\mathbf{L}$; dann ist die Ebene $\vartheta \equiv \pi/2$, auf der $\mathbf{L}$ senkrecht steht, die nach Abschn. 1.3.2.4 existierende raumfeste Ebene, in der die Bewegung stattfindet. Gesucht sind also $r(t)$ und $\varphi(t)$ bzw. $r = r(\varphi)$ in dieser Ebene. Falls $\mathbf{L} = \mathbf{0}$ ist, ordnen wir irgendeiner Ebene, die den Ursprung und einen Bahnpunkt enthält, den Winkel $\vartheta \equiv \pi/2$ zu.

Eine allgemeine Lösung des vorliegenden Problems muß genau sechs unabhängige Konstanten enthalten. $\mathbf{L}$ und E stellen vier KdB dar: zwei davon legen die Richtung von $\mathbf{L}$ im Raum, d. h. die Ebene der Bewegung fest, die anderen beiden sind $L = |\mathbf{L}|$ und E. Wir benötigen also nur noch ein DG-System der Gesamtordnung 2 für $r(t), \varphi(t)$, um die

[1]) Für das Dreiplanetensystem ist bewiesen worden (siehe [3]), daß es außer den bekannten 10 klassischen Konstanten der Bewegung keine weiteren von diesen unabhängige gibt, die sich durch algebraische Funktionen $G(x_i, \dot{x}_i, t) = \text{const}$ von kartesischen Variablen darstellen lassen.

zwei restlichen Konstanten zu erhalten. Als solche DGn können wir (1.153) und

$$|\mathbf{L}(t)| = L = \text{const} \tag{1.154}$$

mit der Einschränkung $\vartheta \equiv \pi/2$ verwenden, d. h. diese beiden Erhaltungssätze ersetzen *vollständig* die Bewegungsgleichungen in der Bahnebene.

Zur Darstellung von (1.153) und (1.154) in Kugelkoordinaten entnehmen wir aus (1.16) und (1.17) für $\vartheta \equiv \pi/2$

$$\dot{\mathbf{r}}^2 = \dot{r}^2 + r^2\dot{\varphi}^2$$

und, da $\dot{\varphi} \geqslant 0$ im gewählten Rechts-KS ist,

$$|\mathbf{r} \times \dot{\mathbf{r}}| = r^2\dot{\varphi}|\mathbf{e}_r \times \mathbf{e}_\varphi| = r^2\dot{\varphi}$$

und erhalten damit

$$\frac{m}{2}(\dot{r}^2 + r^2\dot{\varphi}^2) + V(r) = E, \tag{1.155}$$

$$mr^2\dot{\varphi} = L, \tag{1.156}$$

also $$\frac{d\varphi}{dt} \equiv \dot{\varphi} = \frac{L}{mr^2}. \tag{1.157}$$

Nach Substitution von (1.157) in (1.155) folgt

$$\frac{m}{2}\dot{r}^2 + V(r) + \frac{L^2}{2mr^2} = E \tag{1.158}$$

und daraus

$$\frac{dr}{dt} \equiv \dot{r} = \sqrt{\frac{2}{m}\left(E - V(r) - \frac{L^2}{2mr^2}\right)}. \tag{1.159}$$

Durch Trennung der Variablen und Integration erhält man

$$t(r) = \int \left[\frac{2}{m}\left(E - V(r) - \frac{L^2}{2mr^2}\right)\right]^{-1/2} dr + t_0 \tag{1.160}$$

und daraus $r = r(t)$ als Umkehrfunktion. Aus (1.157) folgt schließlich

$$\varphi(t) = \frac{L}{m}\int [r(t)]^{-2}dt + \varphi_0. \tag{1.161}$$

Damit ist das Einkörper-Zentralkraftproblem allein mit Hilfe von Erhaltungssätzen gelöst.

Ist man nur an der geometrischen Bahnform $r = r(\varphi)$ interessiert, so dividiert man (1.159) durch (1.157) und erhält

$$\frac{dr}{d\varphi} = \frac{mr^2}{L}\sqrt{\frac{2}{m}\left(E - V(r) - \frac{L^2}{2mr^2}\right)}, \tag{1.162}$$

woraus $\varphi(r) = \frac{L}{m} \int \frac{1}{r^2} \left[\frac{2}{m} \left(E - V(r) - \frac{L^2}{2mr^2} \right) \right]^{-1/2} dr + \varphi_0$ (1.163)

und durch Umkehrung $r = r(\varphi)$ folgt.

2. Eine zweite Anwendung der Erhaltungssätze befaßt sich mit der teilweisen Diskussion der Bewegung, falls eine analytische Darstellung der Lösung der Bewegungsgleichungen nicht möglich oder für die verlangte Information ein zu mühsamer Weg ist, oder wenn aus Unkenntnis über die Wechselwirkungskräfte keine Bewegungsgleichungen aufgestellt werden können. Dazu zwei Beispiele:

Beispiel 2 Ein MP im konservativen Zentralkraftfeld Ohne die Integrale (1.160), (1.161) bzw. (1.155), (1.157) zu berechnen, kann man einiges über die Bewegung aus den Erhaltungssätzen (1.155, 157) entnehmen. Aus (1.157) folgt für $L \neq 0$ für alle Zeiten $\dot{\varphi} > 0$, also ist $\varphi(t)$ monoton wachsend. $L = 0$, d. h. $\varphi \equiv$ const ist der Grenzfall der Bewegung auf einer Geraden durch den Ursprung. Da V(r) differenzierbar, also stetig sein muß, ist $\frac{dr}{d\varphi}$ wegen (1.162) für $L \neq 0$ stetig, so daß die Bahnen keine „Ecken" besitzen. Bahnpunkte extremaler Entfernung vom Kraftzentrum (*Umkehrpunkte*) sind, falls sie existieren, durch $\dot{r} = 0$ bestimmt und haben die Eigenschaft, daß die Bahn spiegelsymmetrisch zu den Radiusstrahlen zu den Umkehrpunkten ist, denn (1.159) und damit der Integrand von (1.163) ändert dort nur sein Vorzeichen, was dann auch für $\varphi(r)$ gilt, wenn man den Umkehrpunkt durch $(r_0, \varphi_0 = 0)$ beschreibt.

Zur Diskussion der r-Abhängigkeit der möglichen Bahnen führen wir die sog. *effektive potentielle Energie*

$$V_{eff}(r, L) := V(r) + \frac{L^2}{2mr^2} \tag{1.164}$$

ein, mit der der Energieerhaltungssatz (1.158) die Form

$$\frac{m}{2} \dot{r}^2 + V_{eff}(r, L) = E \tag{1.165}$$

annimmt, was auch Ursache der Namensgebung für (1.164) ist, denn V_{eff} wirkt wie die potentielle Energie für eine eindimensionale Bewegung in der Variablen r mit der kinetischen Energie $m\dot{r}^2/2$.

$L^2/(2mr^2)$ heißt *Zentrifugalenergie*, weil sie als potentielle Energie eines formalen Zusatzkraftfeldes gedeutet werden kann, daß mit der in Abschn. 1.3.5.1 allgemein einzuführenden Zentrifugalkraft übereinstimmt.

Aus (1.165) folgt die notwendige Bedingung

$$V_{eff}(r, L) \overset{!}{\leqslant} E, \tag{1.166}$$

die eine Einschränkung der möglichen Abstände r des MP vom Kraftzentrum in Abhängigkeit von E und L bedeutet; für festes L und E läßt (1.166) nämlich nur solche Bahnen zu, deren r in einem Bereich liegen, in dem die Kurve $V_{eff}(r, L)$ unterhalb der

Geraden $V_{eff} \equiv E$ verläuft. Schnittpunkte von $V_{eff}(r, L)$ mit $V_{eff} \equiv E$, in denen $\frac{d}{dr} V_{eff} \neq 0$ ist, markieren wegen (1.159) Umkehrpunkte, weil dann an diesen Stellen aus (1.165) auch $\ddot{r} \neq 0$ folgt.

Es gibt Bahnen, die auf diese Weise auf endliche Abstände vom Kraftzentrum beschränkt sind, sog. *gebundene Lösungen*, und Bahnen, die ins Unendliche verlaufen, sog. *Streulösungen.* (Der letztere Name rührt daher, daß diese Bahnen bei der Streuung von Punktteilchen am Kraftzentrum auftreten.) Abstände r_0 mit $V_{eff}(r_0, L) = E$ u n d $\left[\frac{d}{dr} V_{eff}\right]_{r_0} = 0$ gehören zu konzentrischen Kreisbahnen mit Radius r_0, denn wegen (1.159) ist dann $\dot{r} = 0$, aber auch

$$\ddot{r} = \frac{d\dot{r}}{dr}\,\dot{r} = -\frac{1}{m}\left[\frac{dV_{eff}}{dr}\right]_{r_0} = 0,$$

und auch alle höheren Zeitableitungen von r(t) verschwinden, so daß $r(t) \equiv r_0$ ist.

Hier sollen einige charakteristische Beispiele aus der Klasse von Potentialfeldern $V(r) = C|r^\alpha|$ mit $\alpha \neq 0$ reell und C reell diskutiert werden. Die zugehörigen Kraftgesetze sind anziehend für $C\alpha > 0$ und abstoßend für $C\alpha < 0$. Die Fig. 1.2 zeigt außer im Fall $\alpha = -2$ nur je eine Kurve für ein festes $L \neq 0$, da für $\alpha \neq -2$ die Diskussion in Abhängigkeit von L außer gelegentlich für $L = 0$ nicht zu qualitativ Neuem führt. Es gibt jedoch Potentialfelder, für die die Diskussion der L-Abhängigkeit von (1.166) wichtig ist (siehe z. B. Aufgabe 1.5).

a) $V(r) = Cr^{-1}$, $C > 0$ (Fig. 1.2a): Abstoßende Kraft; nur Streulösungen mit $E > 0$ möglich, $r_1 > 0$ ist kleinster Abstand vom Kraftzentrum. Analoges Verhalten liegt vor für $\alpha < 0, C > 0$.

b) $V(r) = Cr^2$, $C > 0$ (Fig. 1.2b): Anziehende Kraft; nur gebundene Lösungen mit $E \geqslant E_0(L) > 0$ möglich, Bahnen verlaufen zwischen zwei Kreisen mit den Radien r_1 und r_2; für $E = E_0(L)$ konzentrische Kreisbahn mit Radius R. Analoges Verhalten liegt vor für $\alpha > 0, C > 0$.

c) $V(r) = Cr^2$, $C < 0$ (Fig. 1.2c): Abstoßende Kraft; nur Streulösungen mit beliebigem E möglich. Analoges Verhalten liegt vor für $\alpha > 0, C < 0$.

d) $V(r) = Cr^{-1}$, $C < 0$ (Fig. 1.2d): Anziehende Kraft; für $E > 0$ Streulösungen, für $E_0(L) \leqslant E < 0$ gebundene Lösungen zwischen zwei Kreisen mit Radien r_1 und r_2; für $E = E_0(L)$ konzentrische Kreisbahn mit Radius R.

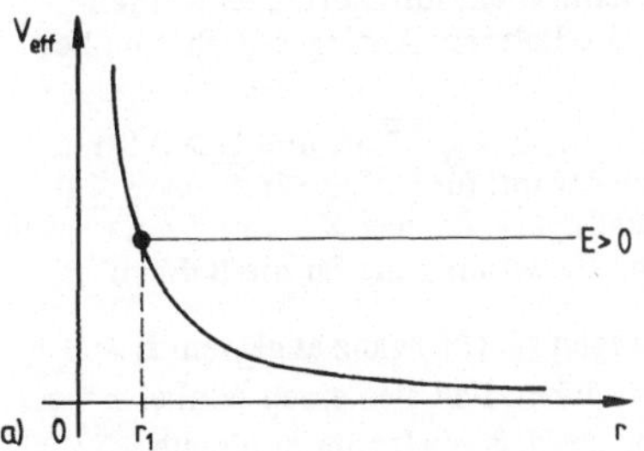

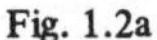
Fig. 1.2a

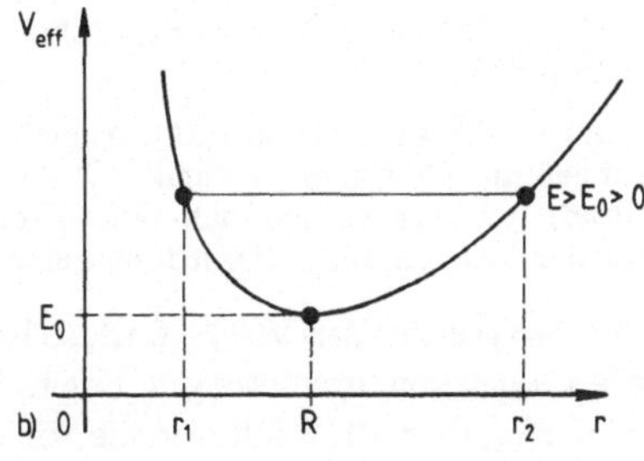

Fig. 1.2b

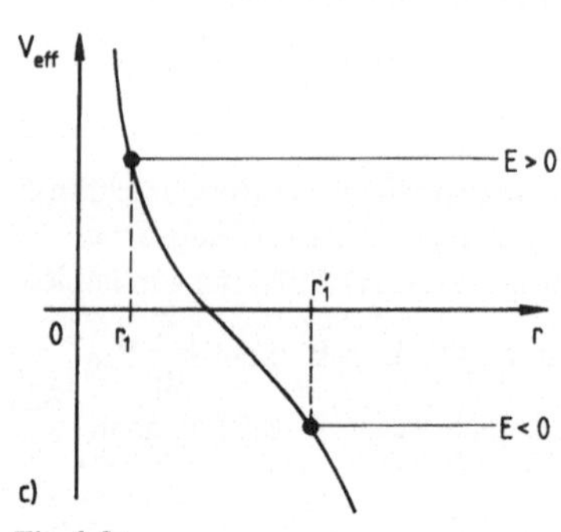

Fig. 1.2c

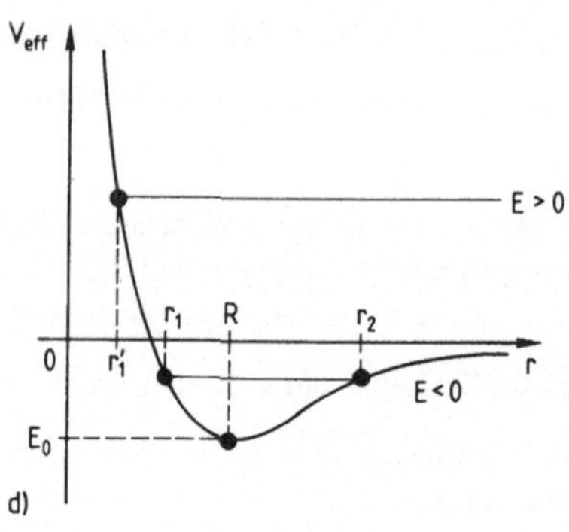

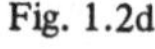

Fig. 1.2d

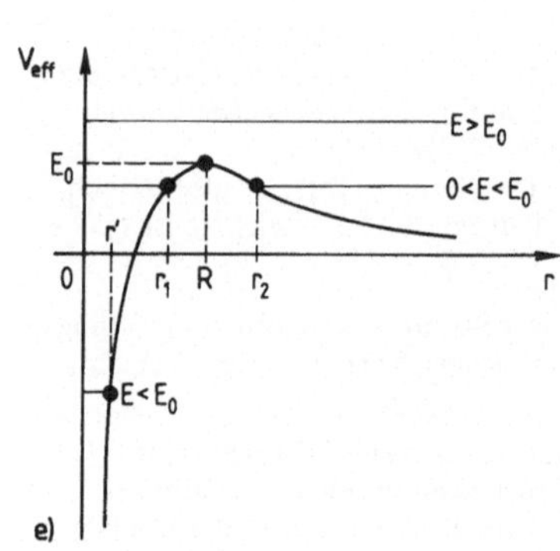

Fig. 1.2e

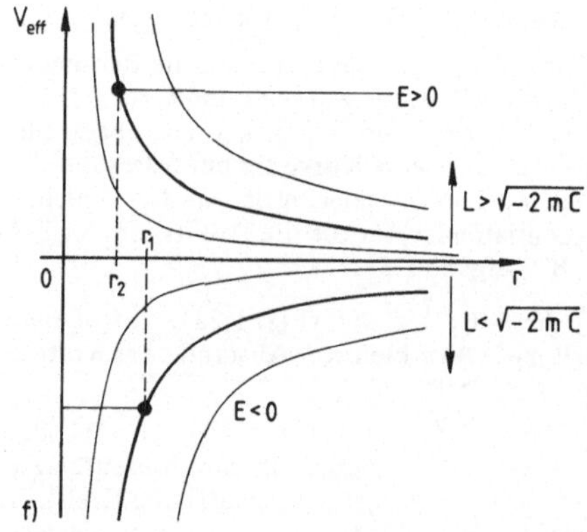

Fig. 1.2f

e) $V(r) = Cr^{-3}$, $C < 0$ (Fig. 1.2e): Anziehende Kraft; für $0 < E < E_0(L)$ Streulösungen mit kleinstem Abstand $r_2 > 0$ vom Kraftzentrum; für $E < E_0(L)$ gebundene Lösungen innerhalb eines Kreises mit Radius r_1 bzw. r'_1, die das K r a f t z e n t r u m erreichen können. Die Potentialschwelle zwischen r_1 und r_2 kann nicht durchdrungen werden. Für $E > E_0(L)$ keine räumliche Einschränkung für die Bahnen. Analoges Verhalten liegt vor für $\alpha < -2$, $C < 0$.

f) $V(r) = Cr^{-2}$, $C < 0$ (Fig. 1.2f): Anziehende Kraft; für $L > \sqrt{-2mC}$ und $E > 0$ Streulösungen mit kleinstem Abstand $r_2 > 0$ vom Kraftzentrum; für $L < \sqrt{-2mC}$ für $E < 0$ gebundene Lösungen innerhalb eines Kreises mit Radius r_1, die das K r a f t z e n t r u m erreichen können, für $E > 0$ jedoch keine räumliche Einschränkung für die Bahnen.

Ist V(r) so geeicht, daß $V(\infty) = 0$ ist, so bedeutet wegen (1.166) ganz allgemein $E > 0$ das Vorliegen von Streulösungen. Es gibt in einem solchen Fall also einen Winkel $\varphi = \varphi_\infty$, für den $r(\varphi_\infty) = \infty$ ist. Wählt man die Winkelzählung so, daß $\varphi = 0$ zum minimalen Abstand $r = r_{min}$ des MP vom Kraftzentrum gehört, so ist nach (1.163)

$$\varphi_\infty = \frac{L}{m} \int_{r_{min}}^{\infty} \frac{1}{r^2} \left[\frac{2}{m} \left(E - V(r) - \frac{L^2}{2mr^2} \right) \right]^{-1/2} dr. \qquad (1.167)$$

Als r_{min} ist die größte Nullstelle des Integranden zu nehmen. Wegen der Spiegelsymmetrie der Bahn zum Radiusstrahl durch den Punkt $(r_{min}, 0)$ ist auch $r(-\varphi_\infty) = \infty$, d. h. der MP nähert sich aus der asymptotischen Richtung $\varphi = \varphi_\infty$ aus dem Unendlichen dem Kraftzentrum und fliegt, nachdem es während einer endlichen Zeit eine Bahn in der Nähe des Kraftzentrums durchlaufen hat, in Richtung $\varphi = -\varphi_\infty$ wieder ins Unendliche zurück (oder umgekehrt). Die Gesamtänderung des Polarwinkels ist $2\varphi_\infty$; sie wird größer als 2π, wenn der MP das Kraftzentrum ein- oder mehrere Male umrundet. Die Gesamtablenkung der Flugrichtung des MP, der sog. *Streuwinkel* θ, ergibt sich als

$$\theta = |\pi - 2(\varphi_\infty - n\pi)| = |(2n + 1)\pi - 2\varphi_\infty|, \qquad (1.168)$$

wobei die nicht-negative ganze Zahl n so zu wählen ist, daß $\theta \in [0, \pi]$ ist. Die Zahl n ist dann die Anzahl der Schnittpunkte der Bahn mit sich selbst, d. h. die Zahl ihrer vollen Umläufe um das Kraftzentrum.

Beispiel 3 Stoß zweier MP ohne äußere Kräfte Die Wechselwirkung zweier MP mit den Massen m_1, m_2 habe nur endliche Reichweite a. Nähern sich die MP auf einen Abstand kleiner als a, so sagen wir, daß ein *Stoß* stattfindet. Über die Wechselwirkungskräfte soll bekannt sein, daß sie konservativ sind (*elastischer Stoß*), daß Axiom VI aus Abschn. 1.3.3.3 erfüllt ist und daß die Teilchenzahl bei dem Stoß nicht geändert wird. Bezeichne $\mathbf{p}_1, \mathbf{p}_2$ die Impulse vor dem Stoß und $\mathbf{p}'_1, \mathbf{p}'_2$ die Impulse nach dem Stoß, so gelten, falls Teilchen 2 vor dem Stoß bez. des benutzten BS ruht ($\mathbf{p}_2 = \mathbf{0}$), Impuls- und Energieerhaltungssatz in der Form

$$\mathbf{P} = \mathbf{p}_1 = \mathbf{p}'_1 + \mathbf{p}'_2 = \text{const}, \qquad (1.169)$$

$$E = \frac{p_1^2}{2m_1} = \frac{p_1'^2}{2m_1} + \frac{p_2'^2}{2m_2} = \text{const}\,. \qquad (1.170)$$

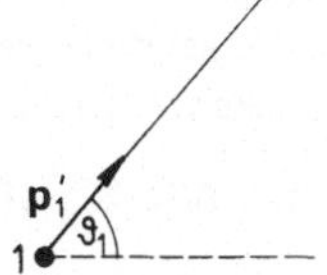

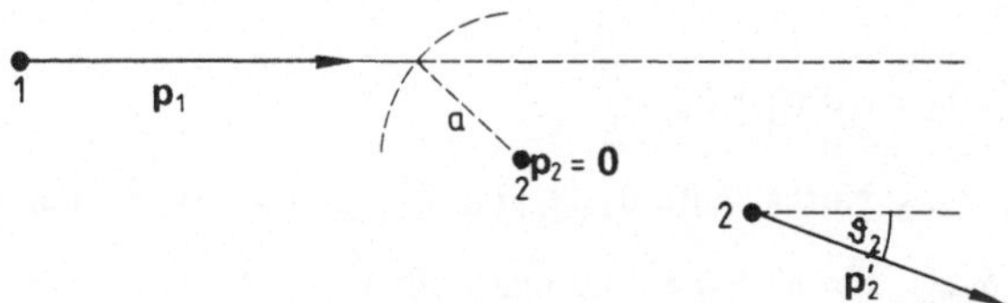

Fig. 1.3

In diesem BS definieren $\mathbf{p}_1$ und der Ort von Teilchen 2 vor dem Stoß (außer bei einem *zentralen* Stoß, für den $\mathbf{p}_1$ in der Verbindungsgeraden der Teilchen liegt) eine *Einfallsebene.* ϑ_1, ϑ_2 seien die Winkel zwischen $\mathbf{p}_1'$ bzw. $\mathbf{p}_2'$ und der durch $\mathbf{p}_1$ gegebenen Einfallsrichtung (siehe Fig. 1.3). Ob $\mathbf{p}_1'$ und $\mathbf{p}_2'$ in der Einfallsebene liegen, wird zu diskutieren sein.

In diesem Beispiel sollen die Erhaltungssätze dazu benutzt werden, aus der Kenntnis einiger Größen der Bewegung außerhalb des Wechselwirkungsgebiets andere unbekannte solche Größen zu bestimmen. Sei z. B. $m_1, m_2, p_1, \vartheta_1$ bekannt, so kann man p_1', p_2', ϑ_2 ausrechnen. Dazu löst man (1.169) nach $\mathbf{p}_2'$ auf, quadriert und erhält

$$p_2'^2 = (\mathbf{p}_1 - \mathbf{p}_1')^2 = p_1^2 + p_1'^2 - 2p_1p_1' \cos\vartheta_1. \qquad (1.171)$$

Setzt man dies in (1.170) ein, so entsteht eine quadratische Gleichung für p_1' mit den Lösungen

$$p_1' = \frac{p_1}{1 + \frac{m_2}{m_1}} \left(\cos\vartheta_1 \pm \sqrt{\left(\frac{m_2}{m_1}\right)^2 - \sin^2\vartheta_1} \right).$$

p_2' folgt dann aus (1.171) und ϑ_2 aus der mit $\mathbf{p}_1/p_1$ skalar multiplizierten Gl. (1.169):

$$p_1 = p_1' \cos\vartheta_1 + p_2' \cos\vartheta_2.$$

Man kann auch die Rolle der bekannten und unbekannten Größen teilweise austauschen.

Einen besseren Überblick über den Zusammenhang der beteiligten Größen vermittelt eine geometrische Betrachtung über die Lösungen von (1.169), (1.170). Die quadratische Gleichung für $\mathbf{p}_1'$ kann nämlich auch in der Form

$$\left(\mathbf{p}_1' - \frac{m_1}{M}\mathbf{p}_1\right)^2 = \left(\frac{m_2}{M}p_1\right)^2 \qquad (1.172a)$$

mit $M := m_1 + m_2$ geschrieben werden. Das ist die Gleichung einer Kugelfläche mit Radius $m_2 p_1/M$, deren Mittelpunkt um $m_1\mathbf{p}_1/M$ aus dem Anfangspunkt des Vektors $\mathbf{p}_1'$ verschoben ist, d. h. der Kugelmittelpunkt teilt $\mathbf{p}_1$ im Verhältnis m_2/m_1. Die Kugelfläche ist der geometrische Ort der Endpunkte der erlaubten $\mathbf{p}_1'$ bei vorgegebenem $\mathbf{p}_1$. Je nach Massenverhältnis m_2/m_1 ergibt sich einer der in der Fig. 1.4 dargestellten Fälle:

a) $m_1 < m_2$: Alle $\vartheta_1 \in [0, \pi]$ sind erlaubt. Zu jedem ϑ_1 gibt es genau eine Lösung für $\mathbf{p}_1', \mathbf{p}_2', \vartheta_2$; es ist $\vartheta_1 + \vartheta_2 > \frac{\pi}{2}$.

b) $m_1 = m_2$: Nur $\vartheta_1 \in \left[0, \frac{\pi}{2}\right]$ sind erlaubt. Zu jedem ϑ_1 gibt es genau eine Lösung für $\mathbf{p}_1', \mathbf{p}_2', \vartheta_2$; es ist $\vartheta_1 + \vartheta_2 = \frac{\pi}{2}$.

c) $m_1 > m_2$: Nur $\vartheta_1 \in [0, \vartheta_{1\max}]$ mit $\vartheta_{1\max} := \arcsin \frac{m_2}{m_1}$ sind erlaubt. Zu jedem $\vartheta_1 < \vartheta_{1\max}$ gibt es z w e i Lösungen für $\mathbf{p}_1', \mathbf{p}_2', \vartheta_2$; es ist $\vartheta_1 + \vartheta_2 < \frac{\pi}{2}$.

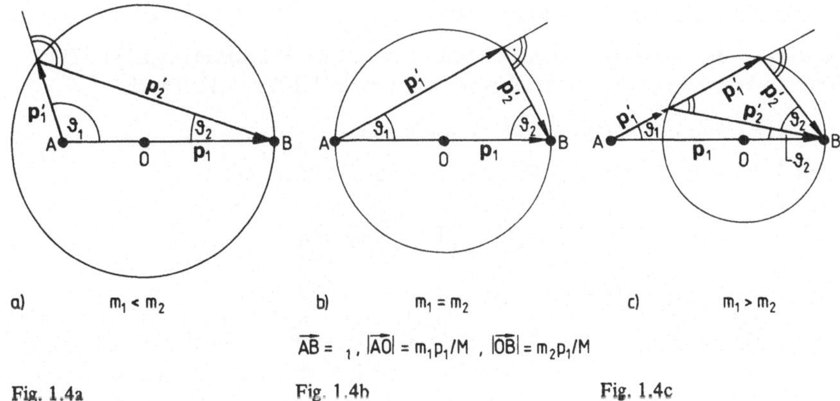

Fig. 1.4a Fig. 1.4b Fig. 1.4c

Wird ein Teil W der Gesamtenergie E zur inneren Anregung der Teilchen benutzt oder in Wärme umgewandelt (*inelastischer Stoß*), so lautet statt (1.170) die Energiebilanz

$$E = \frac{p_1^2}{2m_1} = \frac{p_1'^2}{2m_1} + \frac{p_2'^2}{2m_2} + W,$$

während (1.169) gültig bleibt. Anstatt (1.172a) erhält man dann

$$\left(\mathbf{p}_1' - \frac{m_1}{M}\mathbf{p}_1\right)^2 = \left(\frac{m_2}{M}p_1\sqrt{1-\left(1+\frac{m_1}{m_2}\right)\frac{W}{E}}\right)^2, \tag{1.172b}$$

d. h. der Radius der Kugel nimmt bei unveränderter Lage ihres Mittelpunkts um den Wurzelfaktor ab, so daß die Spitze von $\mathbf{p}_1$ nicht mehr auf der Kugelfläche liegt. Da die Wurzel nicht imaginär werden darf, ist notwendig

$$W \overset{!}{\leqslant} \frac{1}{1+\dfrac{m_1}{m_2}} E.$$

Gilt das Gleichheitszeichen, so ist W maximal (*total inelastischer Stoß*) und der Radius der Kugel ist Null, also

$$\mathbf{p}_1' = \frac{m_1}{M}\mathbf{p}_1, \qquad \mathbf{p}_2' = \frac{m_2}{M}\mathbf{p}_1$$

oder $\mathbf{v}_1' = \mathbf{v}_2' = \dfrac{m_1}{M}\mathbf{v}_1,$

d. h. die Teilchen bleiben nach dem Stoß zusammen.

Erfüllen die Wechselwirkungskräfte auch Axiom VII aus Abschn. 1.3.3.4, so gilt der Drehimpulserhaltungssatz

$$\mathbf{L} = m_1\mathbf{r}_1 \times \dot{\mathbf{r}}_1 + m_2\mathbf{r}_2 \times \dot{\mathbf{r}}_2 = \text{const}\,,$$

wobei $\mathbf{r}_1, \mathbf{r}_2$ die Ortsvektoren von Teilchen 1 bzw. 2 sind. Führt man gemäß (1.87) Ortsvektoren bez. des Massenmittelpunkts ein, so ist nach (1.107), (1.110) auch

$$\mathbf{L}_R = m_1\mathbf{r}_1^* \times \dot{\mathbf{r}}_1^* + m_2\mathbf{r}_2^* \times \dot{\mathbf{r}}_2^* = \text{const} =: \mathbf{L}_{R0}$$

eine Erhaltungsgröße. Wegen (1.88) ist $m_1\mathbf{r}_1^* = -m_2\mathbf{r}_2^*$ und daher

$$\mathbf{L}_{R0} = m_1\left(1 + \frac{m_1}{m_2}\right)\mathbf{r}_1^* \times \dot{\mathbf{r}}_1^* = m_2\left(1 + \frac{m_2}{m_1}\right)\mathbf{r}_2^* \times \dot{\mathbf{r}}_2^*,$$

woraus $\mathbf{r}_1^*(t) \cdot \mathbf{L}_{R0} = \mathbf{r}_2^*(t) \cdot \mathbf{L}_{R0} = 0$

folgt. Das besagt für $\mathbf{L}_{R0} \neq \mathbf{0}$, d. h. für nichtzentralen Stoß, daß die Bahnen beider Teilchen für alle Zeiten in derselben Ebene durch den Schwerpunkt mit $\mathbf{L}_{R0}$ als Stellungsvektor liegen, also in der Einfallsebene. Folglich fällt die wegen (1.169) durch $\mathbf{p}_1', \mathbf{p}_2'$ aufgespannte *Ausfallsebene* (*Streuebene*) mit der Einfallsebene zusammen. Die Gln. (1.172a, b) sind daher mit der Ebene $\mathbf{L}_{R0} \cdot \mathbf{p}_1' = 0$ zu schneiden, also als K r e i s gleichungen zu lesen.

Übrigens kann man das Experiment des elastischen Stoßes zweier MP ohne äußere Kräfte als indirekte Methode zur Massenbestimmung benutzen. Aus dem Impulserhaltungssatz

$$m_1\mathbf{v}_1(t_1) + m_2\mathbf{v}_2(t_1) = m_1\mathbf{v}_1(t_2) + m_2\mathbf{v}_2(t_2)$$

folgt nämlich

$$\frac{m_1}{m_1} = \frac{|\mathbf{v}_2(t_2) - \mathbf{v}_2(t_1)|}{|\mathbf{v}_1(t_2) - \mathbf{v}_1(t_1)|}\,.$$

1.3.5 Die Dynamik von Massenpunkten bei Bezugssystem-Transformationen

1.3.5.1 Allgemeine Bezugssystem-Transformationen, Scheinkräfte, Inertialsysteme Bisher haben wir zur Aufstellung der Bewegungsgleichungen und für die daraus gezogenen Folgerungen ein beliebiges, aber fest gewähltes BS benutzt. Ein sog. lokales Inertialsystem war nur bei der Einführung des räumlichen und zeitlichen Abstands von Ereignissen (siehe Abschn. 1.1) und durch Axiom I in Abschn. 1.3.1 ausgezeichnet worden. Nun soll untersucht werden, wie sich BS-Transformationen auf die Beschreibung der Dynamik auswirken. Aus Abschnitt 1.2.2 ist bekannt, daß bei Außerachtlassen von Zeittranslationen die allgemeine BS-Transformation $(\mathbf{r}, t) \to (\mathbf{r}', t')$ die Form (1.26)

$$x'_i = \sum_{k=1}^{3} d_{ik}(t)x_k - c_i(t), \qquad i = 1, 2, 3 \tag{1.173}$$

$$t' = t \tag{1.174}$$

hat, wobei $d_{ik}(t)$ die Elemente einer Drehmatrix D(t) und $c_i(t)$ die Komponenten eines Translationsvektors $\mathbf{c}(t)$ bez. einer Basis im BS der ungestrichenen Größen $(\mathbf{r}, t)$ sind. Zeitunabhängige Bestandteile der Transformation (1.173), seien es Drehungen oder Translationen, gehören zu KS-Transformationen und sollen stets fortgelassen werden.

Zur Transformation der Newtonschen Bewegungsgleichungen (1.72) in ein beliebiges anderes BS benötigen wir das Verhalten von $\mathbf{v}_\nu := \dot{\mathbf{r}}_\nu$ und $\mathbf{a}_\nu := \ddot{\mathbf{r}}_\nu$ ($\nu = 1, \ldots, n$) bei Transformationen der Form (1.173), bestehend aus einer zeitabhängigen Drehung und einer zeitabhängigen Translation. Jedes der beiden an der Transformation beteiligten BS, bezeichnet durch Σ und Σ', sei repräsentiert durch ein im jeweiligen BS ruhendes KS, nämlich durch $[O; \mathbf{e}_1, \mathbf{e}_2, \mathbf{e}_3]$, bezeichnet durch K, bzw. $[O'; \mathbf{e}_1', \mathbf{e}_2', \mathbf{e}_3']$, bezeichnet durch K′ (siehe Fig. 1.5).

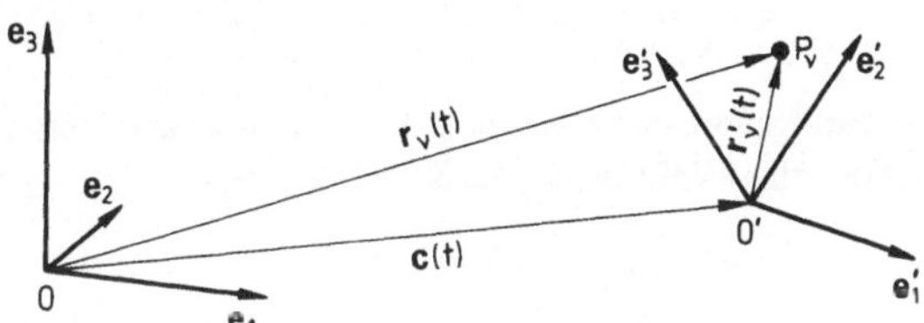

Fig. 1.5

Die Ortsvektoren zum Punkt P_ν des ν-ten MP seien $\mathbf{r}_\nu$ bez. O und $\mathbf{r}_\nu'$ bez. O′; die Komponentendarstellung von $\mathbf{r}_\nu$ in K sei

$$\mathbf{r}_\nu = \sum_{k=1}^{3} x_k^{(\nu)} \mathbf{e}_k, \tag{1.175}$$

diejenige von $\mathbf{r}_\nu'$ in K′ sei

$$\mathbf{r}_\nu' = \sum_{i=1}^{3} x_i'^{(\nu)} \mathbf{e}_i'. \tag{1.176}$$

Mit $\mathbf{c}(t)$ als Translationsvektor ist

$$\mathbf{r}_\nu(t) = \mathbf{r}_\nu'(t) + \mathbf{c}(t). \tag{1.177}$$

Die Basisvektoren $\mathbf{e}_k'$ sind durch

$$\mathbf{e}_i'(t) = \sum_{k=1}^{3} d_{ik}(t)\mathbf{e}_k, \qquad i = 1, 2, 3 \tag{1.178}$$

bez. Σ zeitabhängig. Um eine „Bewegungsgleichung" für sie aufzustellen, schreiben wir ihre Zeitableitung als Linearkombination

$$\dot{\mathbf{e}}_i' = \sum_{k=1}^{3} \Omega_{ik}' \mathbf{e}_k' \tag{1.179}$$

mit
$$\Omega_{ik}' = \dot{\mathbf{e}}_i' \cdot \mathbf{e}_k' = \sum_{m=1}^{3} \dot{d}_{im} d_{km}. \tag{1.180}$$

Differenziert man $\mathbf{e}_i' \cdot \mathbf{e}_k' = \delta_{ik}$ nach der Zeit, so folgt

$$\dot{\mathbf{e}}_i' \cdot \mathbf{e}_k' + \mathbf{e}_i' \cdot \dot{\mathbf{e}}_k' = \Omega_{ik}' + \Omega_{ki}' = 0,$$

d. h. Ω_{ik}' sind die Elemente einer antisymmetrischen Matrix Ω', die man daher durch drei unabhängige Elemente ω_j' in der Form

$$\Omega' = (\Omega_{ik}') = \left(\sum_{j=1}^{3} \epsilon_{ikj}\omega_j'\right) = \begin{pmatrix} 0 & \omega_3' & -\omega_2' \\ -\omega_3' & 0 & \omega_1' \\ \omega_2' & -\omega_1' & 0 \end{pmatrix} \tag{1.181}$$

ausdrücken kann. Dies eingesetzt in (1.179) ergibt

$$\dot{e}_i' = \sum_{k,j=1}^{3} \epsilon_{ikj}\omega_j' e_k' = \sum_{k,j,m=1}^{3} e_k' \epsilon_{kjm}\omega_j'\delta_{im}. \tag{1.182}$$

Da die Komponenten von e_i' in K' gleich δ_{im} sind, verhalten sich die ω_j' wie die Komponenten eines Vektors ω bez. K', so daß folgt

$$\dot{e}_i' = \omega \times e_i', \qquad i = 1, 2, 3. \tag{1.183}$$

Das ist eine DG für die Basisvektoren e_i'. Die Zuordnung zwischen Ω' und ω ist übrigens umkehrbar eindeutig: Man kann auch ω durch die Ω_{ik}' und daher mit (1.180) durch die $d_{ik}(t)$ darstellen als

$$\begin{aligned} \omega &= \sum_{j=1}^{3} \omega_j' e_j' = \frac{1}{2}\sum_{ijk} \epsilon_{jik}\Omega_{ik}' e_j' \\ &= \frac{1}{2}\sum_{ijkm} \epsilon_{jik}\dot{d}_{im} d_{km} e_j' = \frac{1}{2}\sum_{im\ell r} \epsilon_{rm\ell}\dot{d}_{im} d_{ir} e_\ell = \sum_{\ell=1}^{3} \omega_\ell e_\ell. \end{aligned} \tag{1.184}$$

Mit (1.183) können wir nun das Transformationsverhalten der Zeitableitung einer beliebigen freien oder bez. O' gebundenen Vektorfunktion

$$A(t) = \sum_{k=1}^{3} A_k e_k = \sum_{i=1}^{3} A_i' e_i' \tag{1.185}$$

ermitteln. Durch Differenzieren nach der Zeit erhält man

$$\sum_k \frac{dA_k}{dt} e_k = \sum_i \frac{dA_i'}{dt} e_i' + \sum_i A_i' \dot{e}_i' = \sum_i \frac{dA_i'}{dt} e_i' + \sum_i A_i' \omega \times e_i'.$$

$\frac{dA_k}{dt}$ sind die Komponenten der Zeitableitung von A(t) bez. Σ, daher ist

$$\frac{dA}{dt} := \sum_{k=1}^{3} \frac{dA_k}{dt} e_k = \dot{A} \tag{1.186}$$

als Zeitableitung von A(t) in Σ zu interpretieren. $\frac{dA_i'}{dt}$ sind die Komponenten der Zeitableitung von A(t) bez. Σ', daher ist

$$\left(\frac{dA}{dt}\right)' := \sum_{i=1}^{3} \frac{dA_i'}{dt} e_i' \tag{1.187}$$

als Zeitableitung von $\mathbf{A}(t)$ in Σ' zu interpretieren. Das Ergebnis ist also

$$\frac{d\mathbf{A}}{dt} = \left(\frac{d\mathbf{A}}{dt}\right)' + \omega \times \mathbf{A}. \tag{1.188}$$

Eine besondere Stellung nehmen der Vektor ω und seine Vielfachen ein, denn es ist

$$\dot{\omega} = \frac{d\omega}{dt} = \left(\frac{d\omega}{dt}\right)' = \sum_{i=1}^{3} \dot{\omega}_i' \mathbf{e}_i'. \tag{1.189}$$

Das bedeutet, daß ω zu keinem Zeitpunkt an der Rotation von Σ' in Σ teilnimmt, d. h. ω liegt in der *momentanen Drehachse*[1]) dieser Rotation. Aus (1.183) folgt, daß ω ein axialer Vektor ist, also in einem Rechts-KS zusammen mit dem Drehsinn der Rotation eine Rechtsschraube bildet. Ferner folgt aus (1.183) $|\omega| = |\dot{\mathbf{e}}_i'|/\sin\alpha$ (siehe Fig. 1.6), so daß $|\omega|$ der Betrag der Winkelgeschwindigkeit von K′ bez. K um die momentane Drehachse ist, denn $\sin\alpha$ ist der Abstand von P zur Drehachse. ω heißt deshalb (*momentane*) *Winkelgeschwindigkeit.*

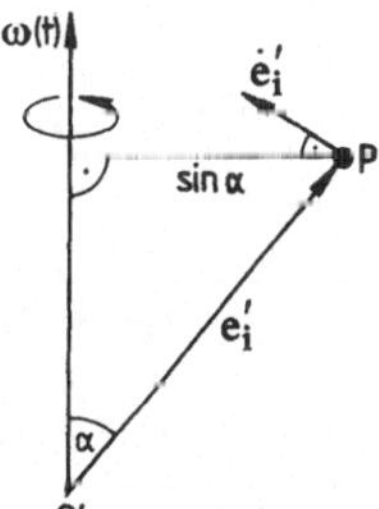

Fig. 1.6

Um die Newtonschen Bewegungsgleichungen nach Σ' zu transformieren, wenden wir (1.188) auf $\mathbf{r}_\nu'$ an und erhalten

$$\frac{d\mathbf{r}_\nu'}{dt} = \left(\frac{d\mathbf{r}_\nu'}{dt}\right)' + \omega \times \mathbf{r}_\nu' \tag{1.190}$$

oder mit (1.177)

$$\mathbf{v}_\nu = \dot{\mathbf{r}}_\nu = \frac{d\mathbf{r}_\nu}{dt} = \left(\frac{d\mathbf{r}_\nu'}{dt}\right)' + \omega \times \mathbf{r}_\nu' + \dot{\mathbf{c}}$$

oder $$\mathbf{v}_\nu = \mathbf{v}_\nu' + \omega \times \mathbf{r}_\nu' + \dot{\mathbf{c}}. \tag{1.191}$$

$\dot{\mathbf{c}}$ ist die Translationsgeschwindigkeit im BS Σ.

$$\mathbf{v}_\nu' := \left(\frac{d\mathbf{r}_\nu'}{dt}\right)' = \sum_{i=1}^{3} \dot{x}_i'^{(\nu)} \mathbf{e}_i' \tag{1.192}$$

[1]) Die m o m e n t a n e Drehachse ist i. allg. nicht identisch mit der zur Drehmatrix D(t) gehörenden Drehachse.

ist die Geschwindigkeit des ν-ten MP im BS Σ'. Anwendung von (1.188) auf $\mathbf{v}'_\nu$ ergibt

$$\frac{d\mathbf{v}'_\nu}{dt} = \left(\frac{d\mathbf{v}'_\nu}{dt}\right)' + \omega \times \mathbf{v}'_\nu,$$

woraus mit (1.192) und (1.190) folgt

$$\mathbf{a}_\nu = \ddot{\mathbf{r}}_\nu = \frac{d\mathbf{v}_\nu}{dt} = \left(\frac{d\mathbf{v}'_\nu}{dt}\right)' + 2\omega \times \mathbf{v}'_\nu + \omega \times (\omega \times \mathbf{r}'_\nu) + \dot{\omega} \times \mathbf{r}'_\nu + \ddot{\mathbf{c}}$$

oder $$\mathbf{a}_\nu = \mathbf{a}'_\nu + 2\omega \times \mathbf{v}'_\nu + \omega \times (\omega \times \mathbf{r}'_\nu) + \dot{\omega} \times \mathbf{r}'_\nu + \ddot{\mathbf{c}}. \tag{1.193}$$

$\ddot{\mathbf{c}}$ ist die Translationsbeschleunigung im BS Σ.

$$\mathbf{a}'_\nu := \left(\frac{d\mathbf{v}'_\nu}{dt}\right)' = \sum_{i=1}^{3} \ddot{x}'^{(\nu)}_i \mathbf{e}'_i \tag{1.194}$$

ist die Beschleunigung des ν-ten MP im BS Σ'. Mit den Definitionen

$$\mathbf{F}'_{S\nu}(\mathbf{r}'_\nu, \mathbf{v}'_\nu, t) := -2m_\nu\omega \times \mathbf{v}'_\nu - m_\nu\omega \times (\omega \times \mathbf{r}'_\nu) - m_\nu\dot{\omega} \times \mathbf{r}'_\nu - m_\nu\ddot{\mathbf{c}} \tag{1.195}$$

und $$\mathbf{F}'_\nu(\mathbf{r}'_1, \ldots, \mathbf{r}'_n, \mathbf{v}'_1, \ldots, \mathbf{v}'_n, t) := \mathbf{F}_\nu(\mathbf{r}_1, \ldots, \mathbf{r}_n, \mathbf{v}_1, \ldots, \mathbf{v}_n, t) + \mathbf{F}'_{S\nu}(\mathbf{r}'_\nu, \mathbf{v}'_\nu, t), \tag{1.196}$$

wobei in $\mathbf{F}_\nu(\mathbf{r}_1, \ldots, \mathbf{r}_n, \mathbf{v}_1, \ldots, \mathbf{v}_n, t)$ statt der Variablen $\mathbf{r}_\nu$ und $\mathbf{v}_\nu$ durch Substitution mittels (1.177) bzw. (1.191) die Variablen $\mathbf{r}'_\nu$ und $\mathbf{v}'_\nu$ einzuführen sind, folgen aus (1.193) wegen $m_\nu\mathbf{a}_\nu = \mathbf{F}_\nu$ die Bewegungsgleichungen im BS Σ':

$$m_\nu\mathbf{a}'_\nu = \mathbf{F}'_\nu(\mathbf{r}'_1, \ldots, \mathbf{r}'_n, \mathbf{v}'_1, \ldots, \mathbf{v}'_n, t), \qquad \nu = 1, \ldots, n. \tag{1.197a}$$

In Komponenten bez. des KS $[O'; \mathbf{e}'_1, \mathbf{e}'_2, \mathbf{e}'_3]$ haben diese Gleichungen die Form

$$m_\nu\mathbf{e}'_k \cdot \mathbf{a}'_\nu = \mathbf{e}'_k \cdot \mathbf{F}'_\nu, \qquad k = 1, 2, 3;\ \nu = 1, \ldots, n.$$

Benutzt man (1.194), (1.176) und (1.192), so erhält man nach Ausrechnen der in $\mathbf{e}'_k \cdot \mathbf{F}'_{S\nu}$ auftretenden Kreuzproduktkomponenten das DG-System

$$\begin{aligned} m_\nu\ddot{x}'^{(\nu)}_k = {} & \mathbf{e}'_k \cdot \mathbf{F}_\nu(\mathbf{r}_1, \ldots, \mathbf{r}_n, \mathbf{v}_1, \ldots, \mathbf{v}_n, t) - 2m_\nu \sum_{i,j=1}^{3} \epsilon_{kji}\omega'_j\dot{x}'^{(\nu)}_i \\ & -m_\nu\omega'_k \sum_{i=1}^{3} \omega'_i x'^{(\nu)}_i + m_\nu|\omega|^2 x'^{(\nu)}_k - m_\nu \sum_{i,j=1}^{3} \epsilon_{kji}\dot{\omega}'_j x'^{(\nu)}_i \\ & -m_\nu\mathbf{e}'_k \cdot \ddot{\mathbf{c}}, \qquad k = 1, 2, 3;\ \nu = 1, \ldots, n \end{aligned} \tag{1.197b}$$

für die Funktionen $x'^{(\nu)}_k(t)$, wobei wieder in $\mathbf{F}_\nu$ die $\mathbf{r}'_\nu$ und $\mathbf{v}'_\nu$ eingeführt werden müssen. Die Zeitableitungen in $\ddot{\mathbf{c}}(t)$ sind bez. des BS Σ zu bilden. Ist für $\mathbf{c}(t)$ die Komponentenzerlegung im KS $[O'; \mathbf{e}'_1, \mathbf{e}'_2, \mathbf{e}'_3]$ gegeben, so kann man mit

$$\mathbf{c} = \sum_{i=1}^{3} c'_i\mathbf{e}'_i, \qquad \left(\frac{d\mathbf{c}}{dt}\right)' = \sum_{i=1}^{3} \dot{c}'_i\mathbf{e}'_i, \qquad \left(\frac{d}{dt}\left(\frac{d\mathbf{c}}{dt}\right)'\right)' = \sum_{i=1}^{3} \ddot{c}'_i\mathbf{e}'_i$$

statt (1.197b) auch schreiben

$$m_\nu \ddot{x}'^{(\nu)}_k = e'_k \cdot F_\nu(r_1, \ldots, r_n, v_1, \ldots, v_n, t) - 2m_\nu \sum_{i,j=1}^{3} \epsilon_{kji}\omega'_j(\dot{x}'^{(\nu)}_i + \dot{c}'_i)$$

$$-m_\nu \omega'_k \sum_{i=1}^{3} \omega'_i(x'^{(\nu)}_i + c'_i) + m_\nu |\omega|^2 (x'^{(\nu)}_i + c'_k) \qquad (1.197c)$$

$$-m_\nu \sum_{i,j=1}^{3} \epsilon_{kji}\dot{\omega}'_j(x'^{(\nu)}_i + c'_i) - m_\nu \ddot{c}'_k, \qquad k = 1, 2, 3;\ \nu = 1, \ldots, n.$$

Aus (1.197a) liest man ab, daß (1.196) die in das BS Σ' transformierten Kraftgesetze sind. Bei beliebigen BS-Transformationen treten also additive Zusatzkräfte $F'_{S\nu}(r'_\nu, v'_\nu, t)$, die sog. *Scheinkräfte* auf. Sie sind den Massen m_ν proportional. Der Name rührt daher, daß diese Kräfte durch Übergang zu einem geeigneten BS stets g l o b a l wegtransformiert werden können. Sind alle Kräfte von der Struktur (1.195) wegtransformiert, bleiben die sog. *eingeprägten Kräfte* übrig. Dies sind diejenigen Kräfte, die von anderen Körpern auf den ν-ten MP ausgeübt werden und nicht, wie die Scheinkräfte, nur Folge der Benutzung eines bestimmten BS sind. Solche BS, in denen die Bewegungsgleichungen keine Scheinkräfte enthalten, heißen *Inertialsysteme.* Wir definieren sie, im Gegensatz zu den lokalen Inertialsystemen, mathematisch idealisiert als räumlich und zeitlich u n e n d - l i c h ausgedehnt. In Abschn. 1.3.6.1 werden wir BS kennenlernen, die in guter Näherung Realisierungen von Inertialsystemen darstellen. Es gibt unter den in der Natur vorkommenden eingeprägten Kräften nur eine, die massenproportional ist, nämlich die Gravitationskraft (siehe Abschn. 1.3.6.1). Man kann also sagen, daß ein Inertialsystem dadurch ausgezeichnet ist, daß in ihm die Newtonschen Bewegungsgleichungen außer der Gravitation keine massenproportionalen Kräfte enthalten.

Hat man in einem Inertialsystem ein Kraftgesetz aufgestellt, so ist nach (1.196) klar, wie das Kraftgesetz und damit die Newtonschen Bewegungsgleichungen in einem beliebigen anderen durch $\omega(t)$ und $c(t)$ gegenüber diesem Inertialsystem charakterisierten BS aussehen: Es treten genau die Scheinkräfte (1.195) hinzu. Damit ist jetzt die in Axiom II erwähnte BS-Abhängigkeit der Kraftgesetze vollständig beschrieben. Die Scheinkräfte sind von der experimentellen Beobachtung im verwendeten BS her gesehen ebenso reale Kräfte wie die eingeprägten Kräfte und von diesen (von der Gravitationskraft abgesehen) nur durch ihre Massenproportionalität zu unterscheiden. Zwei dieser Scheinkräfte haben besondere Namen erhalten, nämlich die *Coriolis-Kraft* $-2m_\nu\omega \times v'_\nu$, die nur auf bez. des verwendeten BS Σ' b e w e g t e MP wirkt, und die *Zentrifugalkraft* $-m_\nu\omega \times (\omega \times r'_\nu)$. Sie treten in der Natur verbreitet auf; z. B. bewirkt die Coriolis-Kraft die für Hoch- und Tiefdruckgebiete charakteristische Ablenkung der Luftströmung aus der Richtung des Druckgradienten (auf der Nordhalbkugel nach rechts, auf der Südhalbkugel nach links). Wegen $-m_\nu\omega \times (\omega \times r'_\nu) = m\omega^2 r'_{\nu\perp}$ mit $r'_{\nu\perp}$ als Abstandsvektor von der Drehachse zum MP bei P_ν ist die Zentrifugalkraft proportional zum Abstand von der Drehachse und von dieser weg gerichtet. Eine ihrer Wirkungen im erdfixierten BS ist die Abhängigkeit der Fallbeschleunigung an der Erdoberfläche von der geographischen Breite.

Die Scheinkräfte haben die Form von ä u ß e r e n Kräften, was zur Folge hat, daß der Begriff der Abgeschlossenheit eines MP-Systems i. allg. BS-abhängig ist. Dabei werden auch die Größen, die in Σ' analog zu Größen definiert sind, die in Σ Konstanten der

Bewegung sind, in Σ' i. allg. keine solchen sein. Beispielsweise ergeben sich mit (1.177) und (1.191) für Gesamtimpuls und Gesamtdrehimpuls in Σ' und Σ die Zusammenhänge

$$\mathbf{P}' := \sum_{\nu=1}^{n} m_\nu \mathbf{v}'_\nu = \mathbf{P} - \boldsymbol{\omega} \times M\mathbf{R}' - M\dot{\mathbf{c}}, \tag{1.198}$$

$$\begin{aligned}\mathbf{L}' &:= \sum_{\nu=1}^{n} m_\nu \mathbf{r}'_\nu \times \mathbf{v}'_\nu = \mathbf{L}_c - \sum_{\nu=1}^{n} m_\nu \mathbf{r}'_\nu \times (\boldsymbol{\omega} \times \mathbf{r}'_\nu) \\ &= \mathbf{L} - \mathbf{c} \times \mathbf{P} + \dot{\mathbf{c}} \times M\mathbf{R}' - \sum_{\nu=1}^{n} m_\nu \mathbf{r}'_\nu \times (\boldsymbol{\omega} \times \mathbf{r}'_\nu),\end{aligned} \tag{1.199}$$

wobei $$\mathbf{R}' := \frac{1}{M} \sum_{\nu=1}^{n} m_\nu \mathbf{r}'_\nu = \mathbf{R} - \mathbf{c} \tag{1.200}$$

der bez. O' definierte Ortsvektor des Schwerpunkts ist. Die Zeitableitungen in Σ' sind

$$\left(\frac{d\mathbf{P}'}{dt}\right)' = \frac{d\mathbf{P}}{dt} + \sum_{\nu=1}^{n} \mathbf{F}'_{S\nu}, \tag{1.201}$$

$$\left(\frac{d\mathbf{L}'}{dt}\right)' = \frac{d\mathbf{L}}{dt} - \mathbf{c} \times \frac{d\mathbf{P}}{dt} + \sum_{\nu=1}^{n} \mathbf{r}'_\nu \times \mathbf{F}'_{S\nu}, \tag{1.202}$$

woraus, wie zu erwarten war, folgt, daß das Vorhandensein der Scheinkräfte bzw. der Drehmomente der Scheinkräfte verhindert, daß $\mathbf{P}'$ bzw. $\mathbf{L}'$ Konstanten der Bewegung in Σ' sind, wenn $\mathbf{P}$ bzw. $\mathbf{L}$ in Σ diese Eigenschaft haben. Wegen (1.188) sind in Σ zeitlich konstante Vektoren bez. Σ' nicht mehr zeitlich konstant, jedoch behalten skalare Größen auch in Σ' diese Eigenschaft; so sind z. B., falls $\mathbf{A}$ in Σ Konstante der Bewegung ist, $\mathbf{A}^2$ und $\mathbf{A} \cdot \mathbf{e}_i$ bez. Σ' Konstanten der Bewegung, aber i. allg. nicht $\mathbf{A}' \cdot \mathbf{e}_i$, $\mathbf{A}' \cdot \mathbf{e}'_i$, $\mathbf{A}'^2$ mit analog in Σ' definiertem $\mathbf{A}'$.

Für die kinetische Energie in Σ' erhält man

$$\begin{aligned}T' &:= \sum_{\nu=1}^{n} \frac{m_\nu}{2} \mathbf{v}'^2_\nu = T - \boldsymbol{\omega} \cdot \mathbf{L}' - \dot{\mathbf{c}} \cdot \mathbf{P} + \frac{M}{2} \dot{\mathbf{c}}^2 - \sum_{\nu=1}^{n} \frac{m_\nu}{2} (\boldsymbol{\omega} \times \mathbf{r}'_\nu)^2 \\ &= T - \boldsymbol{\omega} \cdot \mathbf{L}_c - \dot{\mathbf{c}} \cdot \mathbf{P} + \frac{M}{2} \dot{\mathbf{c}}^2 + \sum_{\nu=1}^{n} \frac{m_\nu}{2} (\boldsymbol{\omega} \times \mathbf{r}'_\nu)^2 .\end{aligned} \tag{1.203}$$

Da die Scheinkräfte zwar ein sog. verallgemeinertes Potential (siehe Gl. (1.306)) besitzen, nicht aber eine potentielle Energie der Form $V'_S = V'_S(\mathbf{r}'_1, \ldots, \mathbf{r}'_n, t)$, ist in Σ' eine Gesamtenergie entsprechend (1.136) nicht definierbar. Wenn aber V potentielle Energie in Σ ist, so ist wegen (1.203) natürlich

$$E = T + V = T' + V - \sum_{\nu=1}^{n} \frac{m_\nu}{2} (\boldsymbol{\omega} \times \mathbf{r}'_\nu)^2 + \boldsymbol{\omega} \cdot \mathbf{L}_c + \dot{\mathbf{c}} \cdot \mathbf{P} - \frac{M}{2} \dot{\mathbf{c}}^2$$

eine Erhaltungsgröße in Σ', wenn dies in Σ der Fall ist.

Zusammenfassend kann gesagt werden, daß die Inertialsysteme in der Menge aller BS ausgezeichnet sind, weil in ihnen keine Scheinkräfte auftreten und deshalb die Kraftgesetze und die evtl. vorhandenen Konstanten der Bewegung eine besonders einfache Form haben. Trotzdem ist es manchmal angebracht, die Bewegungsgleichungen in einem Nicht-Inertialsystem zu lösen (siehe z. B. Aufgabe 1.9).

1.3.5.2 Galilei-Transformation, Relativitätsprinzip Nun soll untersucht werden, wieviele Inertialsysteme es gibt und, falls es mehrere gibt, wie sie sich voneinander unterscheiden. Die Scheinkräfte (1.195) werden Null genau dann, wenn $\boldsymbol{\omega}(t) \equiv \mathbf{0}$ und $\dot{\mathbf{c}}(t) = \mathbf{u} = \text{const}$ ist, d. h. wenn die BS-Transformation keine zeitabhängige Drehung enthält und die Translation geradlinig und gleichförmig ist. Diese BS-Transformationen sind die sog. *Galilei-Transformationen*

$$x'_i = \sum_{k=1}^{3} d_{ik} x_k - u_i t - x_{0i}, \qquad i = 1, 2, 3, \tag{1.204a}$$

$$t' = t - t_0, \tag{1.204b}$$

wobei d_{ik}, u_i und x_{0i} zeitlich konstant sind. Sieht man von KS-Transformationen und Translationen der Zeitskala ab, so entstehen daraus die schon in (1.27), (1.28) eingeführten *speziellen Galilei-Transformationen*

$$\begin{aligned} x'_i &= x_i - u_i t, \qquad i = 1, 2, 3, \\ t' &= t, \end{aligned} \tag{1.205}$$

in Vektorform für ein System von n MP also

$$\mathbf{r}'_\nu(t) = \mathbf{r}_\nu(t) - \mathbf{u}t, \qquad \mathbf{u} = \text{const}, \nu = 1, \ldots, n. \tag{1.206}$$

Genau diese BS-Transformationen sind folglich dadurch ausgezeichnet, daß sie alle Inertialsysteme miteinander verbinden. Sie bilden übrigens eine Gruppe, die mit den Gruppen der KS-Drehungen, der KS-Translationen und der Zeittranslationen zur sog. (*vollen*) *Galilei-Gruppe* zusammengesetzt wird. Es gibt somit unendlich viele Inertialsysteme, die alle durch (1.205) auseinander hervorgehen.

Aus (1.206) folgt für $\nu = 1, \ldots, n$ mit (1.191), (1.193)

$$\mathbf{v}'_\nu = \dot{\mathbf{r}}'_\nu = \dot{\mathbf{r}}_\nu - \mathbf{u} = \mathbf{v}_\nu - \mathbf{u}, \tag{1.207}$$

$$\mathbf{a}'_\nu = \ddot{\mathbf{r}}'_\nu = \ddot{\mathbf{r}}_\nu = \mathbf{a}_\nu. \tag{1.208}$$

Daher lauten die in einem beliebigen BS vorgegebenen Bewegungsgleichungen (1.72) in einem daraus durch (1.206) hervorgehenden BS

$$\begin{aligned} m_\nu \ddot{\mathbf{r}}'_\nu &= \mathbf{F}_\nu(\mathbf{r}_1, \ldots, \mathbf{r}_n, \dot{\mathbf{r}}_1, \ldots, \dot{\mathbf{r}}_n, t) \equiv \mathbf{F}_\nu(\mathbf{r}'_1 + \mathbf{u}t, \ldots, \mathbf{r}'_n + \mathbf{u}t, \dot{\mathbf{r}}'_1 + \mathbf{u}, \ldots, \dot{\mathbf{r}}'_n + \mathbf{u}, t) \\ &=: \mathbf{F}'_\nu(\mathbf{r}'_1, \ldots, \mathbf{r}'_n, \dot{\mathbf{r}}'_1, \ldots, \dot{\mathbf{r}}'_n, t), \qquad \nu = 1, \ldots, n, \end{aligned} \tag{1.209}$$

d. h. Kraftgesetze werden bei speziellen Galilei-Transformationen n u r in den V a r i a b l e n transformiert, n i c h t aber in der f u n k t i o n a l e n Gestalt abgeändert;

insbesondere treten keine Zusatzkräfte auf. Umgekehrt läßt sich die Forderung

$$m_\nu \mathbf{a}'_\nu = \mathbf{F}'_\nu(\mathbf{r}'_1, \ldots, \mathbf{r}'_n, \mathbf{v}'_1, \ldots, \mathbf{v}'_n, t') \stackrel{!}{\equiv} \mathbf{F}_\nu(\mathbf{r}_1, \ldots, \mathbf{r}_n, \mathbf{v}_1, \ldots, \mathbf{v}_n, t) = m_\nu \mathbf{a}_\nu, \tag{1.210}$$

die wir *Forminvarianz der Kraftgesetze* bei BS-Transformationen nennen wollen, nur mit Galilei-Transformationen erfüllen, da gemäß (1.193) nur für sie $\mathbf{a}'_\nu = \mathbf{a}_\nu$ ist.

Die weitere Untersuchung zeigt, daß weder die Einteilung in innere und äußere Kräfte (Axiom V), noch die Abgeschlossenheit eines Systems von MP, noch das Vorliegen von Zweiteilchenkräften von Galilei-Transformationen beeinflußt wird. Wegen (1.210), aufgeschrieben für $\mathbf{F}_\nu^{(i)\prime}$, hat auch Axiom VI weiterhin die Form

$$\sum_{\nu=1}^{n} \mathbf{F}_\nu^{(i)\prime} = \mathbf{0}. \tag{1.211}$$

Die Drehmomente (1.101) und (1.102) transformieren sich mit (1.206) und (1.210) wie folgt:

$$\mathbf{D}_\nu^{(i)\prime} = \mathbf{r}'_\nu \times \mathbf{F}_\nu^{(i)\prime} = \mathbf{r}_\nu \times \mathbf{F}_\nu^{(i)} - \mathbf{u}t \times \mathbf{F}_\nu^{(i)} = \mathbf{D}_\nu^{(i)} - \mathbf{u}t \times \mathbf{F}_\nu^{(i)}, \tag{1.212}$$

$$\mathbf{D}^{(a)\prime} = \sum_{\nu=1}^{n} \mathbf{r}'_\nu \times \mathbf{F}_\nu^{(a)\prime} = \sum_{\nu=1}^{n} \mathbf{r}_\nu \times \mathbf{F}_\nu^{(a)} - \mathbf{u}t \times \sum_{\nu=1}^{n} \mathbf{F}_\nu^{(a)} = \mathbf{D}^{(a)} - \mathbf{u}t \times \mathbf{F}^{(a)}. \tag{1.213}$$

Aus (1.212) folgt mit Axiom VI, daß auch Axiom VII seine Form

$$\sum_{\nu=1}^{n} \mathbf{D}_\nu^{(i)\prime} = \mathbf{0} \tag{1.214}$$

beibehält. Durch analoge Rechnung erhält man

$$\mathbf{R}' = \mathbf{R} - \mathbf{u}t, \tag{1.215}$$

$$\mathbf{P}' = \mathbf{P} - M\mathbf{u}, \tag{1.216}$$

$$\mathbf{L}' = \mathbf{L} - \mathbf{u} \times (t\mathbf{P} - M\mathbf{R}), \tag{1.217}$$

$$T' = T - \mathbf{u} \cdot \mathbf{P} + \frac{M}{2} u^2, \tag{1.218}$$

$$A'_{12} = A_{12} - \mathbf{u} \cdot (\mathbf{P}(t_2) - \mathbf{P}(t_1)). \tag{1.219}$$

Wie T bzw. A_{12} transformieren sich T_{trans} bzw. $A_{12}^{(a)}$. Dagegen verhalten sich die „inneren“ Größen $\mathbf{r}_\nu^*$, $\mathbf{L}_R$, $T^{(i)}$, $A_{12}^{(i)}$ invariant bei Galilei-Transformationen.

Die Eigenschaft eines Kraftfeldes, konservativ zu sein, geht jedoch i. allg. bei Galilei-Transformationen verloren, da sie das Feld zeitabhängig machen können. Existiert jedoch ein eindeutiges Potentialfeld $V(\mathbf{r}_1, \ldots, \mathbf{r}_n, t)$ in einem BS, so gibt es ein solches auch in jedem anderen durch spezielle Galilei-Transformation daraus hervorgehenden BS:

$$V'(\mathbf{r}'_1, \ldots, \mathbf{r}'_n, t) \equiv V(\mathbf{r}'_1 + \mathbf{u}t, \ldots, \mathbf{r}'_n + \mathbf{u}t, t) \tag{1.220}$$

leistet das Verlangte, denn wegen (1.210) ist

$$\begin{aligned}
-\frac{\partial}{\partial \mathbf{r}'_\nu} V'(\mathbf{r}'_1, \ldots, \mathbf{r}'_n, t) &= -\frac{\partial}{\partial \mathbf{r}'_\nu} V(\mathbf{r}'_1 + \mathbf{u}t, \ldots, \mathbf{r}'_n + \mathbf{u}t, t) \\
&= \left[-\frac{\partial}{\partial \mathbf{r}_\nu} V(\mathbf{r}_1, \ldots, \mathbf{r}_n, t)\right]_{\mathbf{r}_\mu = \mathbf{r}'_\mu + \mathbf{u}t} = \mathbf{F}_\nu(\mathbf{r}'_1 + \mathbf{u}t, \ldots, \mathbf{r}'_n + \mathbf{u}t, t) \\
&= \mathbf{F}'_\nu(\mathbf{r}'_1, \ldots, \mathbf{r}'_n, t).
\end{aligned}$$

Dasselbe gilt für $V^{(i)}$ und $V_\nu^{(a)}$, so daß E', $E^{(i)\prime}$ und $E^{(a)\prime}$ analog zu (1.136), (1.119) und (1.134) definierbar sind. Man erhält

$$E' = E - \mathbf{u} \cdot \mathbf{P} + \frac{M}{2} \mathbf{u}^2, \tag{1.221}$$

$$E^{(a)\prime} = E^{(a)} - \mathbf{u} \cdot \mathbf{P} + \frac{M}{2} \mathbf{u}^2, \tag{1.222}$$

$$E^{(i)\prime} = E^{(i)}. \tag{1.223}$$

Die in 1.3.2 und 1.3.3 aufgestellten Beziehungen zwischen dynamischen Größen bleiben natürlich (mit einem Strich versehen) in ihrer Form sämtlich erhalten, denn dort wurde niemals Bezug auf ein spezielles BS genommen. Schließlich behalten auch die für abgeschlossene Systeme bestehenden Erhaltungssätze für $\mathbf{P}$, $\mathbf{L}$, $\mathbf{L}_R$, $E^{(i)}$, T_{trans}, E und $M\mathbf{R} - t\mathbf{P}$ bei speziellen Galilei-Transformationen ihre Gültigkeit, was man z. B. durch zeitliche Ableitung von (1.216), (1.217), (1.218), (1.221), (1.223) bestätigt.

Es bleibt noch die Frage zu untersuchen, ob eines der Inertialsysteme vor den anderen ausgezeichnet werden kann. Die Forminvarianz (1.210) der Kraftgesetze schließt diese Möglichkeit nicht immer aus. Liegt z. B. in einem Inertialsystem ein zeit u n a b h ä n g i g e s Kraftfeld vor, so kann es nach Galilei-Transformation zeit a b h ä n g i g werden; das primär gewählte Inertialsystem ist dann vor allen anderen hervorgehoben. Erst, wenn *Invarianz* der Bewegungsgleichungen gegenüber Galilei-Transformationen vorliegt, also wenn

$$m_\nu \ddot{\mathbf{r}}_\nu' = \mathbf{F}_\nu'(\mathbf{r}_1', \ldots, \mathbf{r}_n', \dot{\mathbf{r}}_1', \ldots, \dot{\mathbf{r}}_n', t') \stackrel{!}{\equiv} \mathbf{F}_\nu(\mathbf{r}_1', \ldots, \mathbf{r}_n', \dot{\mathbf{r}}_1', \ldots, \dot{\mathbf{r}}_n', t') \tag{1.224}$$

gilt, wie es z. B. für identisch verschwindende Kraft stets der Fall ist, ist eine Auszeichnung eines bestimmten Inertialsystems im Rahmen der Mechanik nicht mehr möglich, denn genau dann sind die Bewegungsgleichungen in a l l e n Inertialsystemen identisch. Untersuchen wir, unter welchen Bedingungen an das Kraftgesetz Invarianz gegenüber s p e z i e l l e n Galilei-Transformationen vorliegt. Für die ä u ß e r e n Kräfte muß gelten

$$\mathbf{F}_\nu^{(a)\prime}(\mathbf{r}_\nu', \dot{\mathbf{r}}_\nu', t) \equiv \mathbf{F}_\nu^{(a)}(\mathbf{r}_\nu' + \mathbf{u}t, \dot{\mathbf{r}}_\nu' + \mathbf{u}, t) \stackrel{!}{\equiv} \mathbf{F}_\nu^{(a)}(\mathbf{r}_\nu'(\mathbf{r}_\nu', \dot{\mathbf{r}}_\nu', t) \tag{1.225}$$

für $\nu = 1, \ldots, n$ und beliebige $\mathbf{u}$ und t. Das ist nur erfüllbar, wenn $\mathbf{F}_\nu^{(a)}$ weder von $\mathbf{r}_\nu$ noch von $\dot{\mathbf{r}}_\nu$ abhängt, also wenn $\mathbf{F}_\nu^{(a)} \stackrel{!}{=} \mathbf{f}_\nu(t)$ ist. – Für die i n n e r e n Kräfte muß gelten

$$\begin{aligned} \mathbf{F}_\nu^{(i)\prime}(\mathbf{r}_1', \ldots, \mathbf{r}_n', \dot{\mathbf{r}}_1', \ldots, \dot{\mathbf{r}}_n', t) &\equiv \mathbf{F}_\nu^{(i)}(\mathbf{r}_1' + \mathbf{u}t, \ldots, \mathbf{r}_n' + \mathbf{u}t, \dot{\mathbf{r}}_1' + \mathbf{u}, \ldots, \dot{\mathbf{r}}_n' + \mathbf{u}, t) \\ &\stackrel{!}{\equiv} \mathbf{F}_\nu^{(i)}(\mathbf{r}_1', \ldots, \mathbf{r}_n', \dot{\mathbf{r}}_1', \ldots, \dot{\mathbf{r}}_n', t) \end{aligned} \tag{1.226}$$

für $\nu = 1, \ldots, n$ und beliebige $\mathbf{u}$ und t. Führt man die neuen n unabhängigen Variablen $\mathbf{R}$ und $\mathbf{r}_\nu^* := \mathbf{r}_\nu - \mathbf{R}$, $\nu = 1, \ldots, n-1$ ein (siehe (1.87)), so lautet diese Bedingung wegen $\mathbf{r}_\nu^{*\prime} = \mathbf{r}_\nu^*$

$$\hat{\mathbf{F}}_\nu^{(i)}(\mathbf{R}', \mathbf{r}_1^{*\prime}, \ldots, \mathbf{r}_{n-1}^{*\prime}, \dot{\mathbf{R}}', \dot{\mathbf{r}}_1^{*\prime}, \ldots, \dot{\mathbf{r}}_{n-1}^{*\prime}, t) \stackrel{!}{\equiv} \hat{\mathbf{F}}_\nu^{(i)}(\mathbf{R}' + \mathbf{u}t, \mathbf{r}_1^{*\prime}, \ldots, \mathbf{r}_{n-1}^{*\prime}, \dot{\mathbf{R}}' + \mathbf{u}, \dot{\mathbf{r}}_1^{*\prime}, \ldots, \dot{\mathbf{r}}_{n-1}^{*\prime}, t)$$

für beliebige $\mathbf{u}$ und t. Sie ist nur erfüllbar, wenn $\hat{\mathbf{F}}_\nu^{(i)}$ weder von $\mathbf{R}$ noch von $\dot{\mathbf{R}}$ abhängt.

Wegen

$$\mathbf{r}_\nu^* = \frac{1}{M} \sum_{\mu=1}^{n} m_\mu(\mathbf{r}_\nu - \mathbf{r}_\mu)$$

ist also eine notwendige Bedingung für Invarianz gegen spezielle Galilei-Transformationen der inneren Kräfte, daß sie nur von Differenzen von Koordinaten bzw. Geschwindigkeiten der MP und von der Zeit abhängen. Diese Bedingung ist offensichtlich auch hinreichend.

Fordert man Invarianz gegenüber den Transformationen der vollen Galilei-Gruppe, insbesondere also gegenüber (1.204b), so ist die dafür notwendige und hinreichende Bedingung dahingehend zu verschärfen, daß die äußeren Kräfte auch zeitunabhängig, also total konstant sind, $\mathbf{F}_\nu^{(a)} = \mathbf{C}_\nu$, und daß die inneren Kräfte zeitunabhängig und nur von Orts- und Geschwindigkeits differenzen abhängig sind.

Die experimentelle Erfahrung hat nun aber immer wieder erwiesen, daß Inertialsysteme durch Messungen an in der Natur realisierbaren Vorgängen aus dem Bereich der Mechanik nicht unterscheidbar sind, auch nicht, wenn in den verschiedenen Inertialsystemen verschiedene Nullstellungen der Uhren verwendet werden. Zusammen mit der schon bekannten Unabhängigkeit des mechanischen Geschehens von KS-Transformationen bedeutet das, daß die in der Natur vorkommenden eingeprägten Kräfte neben den Axiomen VI und VII (siehe Abschn. 1.3.3.3 bzw. 1.3.3.4) einer weiteren Einschränkung unterliegen, nämlich der Invarianz bei Galilei-Transformationen (1.204). Würde man dies allgemeingültig axiomatisch fordern, wären nach dem oben Gesagten im mathematischen Sinn alle nicht konstanten äußeren Kräfte unzulässig. Um jedoch nicht die Flexibilität der Newtonschen Mechanik zu verlieren, die z. B. die Möglichkeit der Benutzung auch offener Modellsysteme zur näherungsweisen Erfassung komplizierter Umgebungen eröffnet (s. Schluß von Abschn. 1.3.4.1), führt man diese Invarianzforderung nur als eine im Idealfall „genügend" abgeschlossener Systeme gültige Regel ein unter der Bezeichnung *Galileisches Relativitätsprinzip: Die bei gegebenem Kraftgesetz in einem Inertialsystem aufgestellten Bewegungsgleichungen eines MP-Systems müssen* invariant *gegenüber Galilei-Transformationen sein.*

Für die inneren Kräfte postulieren wir jedoch das der Galilei-Invarianz entsprechende

Axiom VIII *Innere Kräfte sind nicht explizit von der Zeit und nur von Orts- und Geschwindigkeits* differenzen *abhängig:*

$$\mathbf{F}_\nu^{(i)} = \mathbf{F}_\nu^{(i)}(\mathbf{r}_1 - \mathbf{r}_2, \mathbf{r}_1 - \mathbf{r}_3, \ldots.., \mathbf{v}_1 - \mathbf{v}_2, \mathbf{v}_1 - \mathbf{v}_3, \ldots..).$$

Der Name „Relativitätsprinzip" rührt daher, daß dieses Prinzip die Unmöglichkeit der Feststellung von „absoluter" Ruhe und „absoluter" Geschwindigkeit aussagt, da alle Inertialsysteme mechanisch äquivalent sind. Dagegen ist „absolute" Beschleunigung am Auftreten von Scheinkräften feststellbar, nämlich als Beschleunigung jedes einzelnen Nicht-Inertialsystems gegenüber den Inertialsystemen. Aber nur die Gesamtheit aller Inertialsysteme ist durch das Fehlen von Scheinkräften gegenüber den Nicht-Inertialsystemen ausgezeichnet.

Beispiel Das Zweiteilchen-Problem Um die Auswirkung des Axioms VIII zu demonstrieren, betrachten wir als Beispiel das allgemeine bez. eines Inertialsystems abgeschlossene Zweiteilchenproblem. In einem Inertialsystem lauten dann die Bewegungsgleichungen (1.78) zunächst

$$m_\nu \ddot{\mathbf{r}}_\nu = \mathbf{F}_\nu^{(i)}(\mathbf{r}_1, \mathbf{r}_2, \dot{\mathbf{r}}_1, \dot{\mathbf{r}}_2, t), \qquad \nu = 1, 2.$$

Wegen Axiom VI muß sein

$$\mathbf{F}_1^{(i)} \doteq -\mathbf{F}_2^{(i)} =: \mathbf{F}^{(i)}, \tag{1.227}$$

und aus Axiom VII folgt

$$\mathbf{r}_1 \times \mathbf{F}_1^{(i)} + \mathbf{r}_2 \times \mathbf{F}_2^{(i)} = (\mathbf{r}_1 - \mathbf{r}_2) \times \mathbf{F}^{(i)} = \mathbf{0}. \tag{1.228}$$

Axiom VIII schränkt die möglichen Kraftgesetze auf $\mathbf{F}^{(i)} = \mathbf{F}^{(i)}(\mathbf{r}_1 - \mathbf{r}_2, \dot{\mathbf{r}}_1 - \dot{\mathbf{r}}_2)$ ein, so daß sie unter Berücksichtigung von (1.228) und mit Benutzung des *Relativvektors*

$$\mathbf{r} := \mathbf{r}_1 - \mathbf{r}_2 \tag{1.229}$$

schließlich die Form

$$\mathbf{F}^{(i)} = f(\mathbf{r}, \dot{\mathbf{r}})\mathbf{r} \tag{1.230}$$

haben. Die damit folgenden Bewegungsgleichungen

$$m_1 \ddot{\mathbf{r}}_1 = f(\mathbf{r}, \dot{\mathbf{r}})\mathbf{r}, \tag{1.231a}$$

$$m_2 \ddot{\mathbf{r}}_2 = -f(\mathbf{r}, \dot{\mathbf{r}})\mathbf{r} \tag{1.231b}$$

können durch Addition von (1.231a) und (1.231b) bzw. Subtraktion dieser, jedoch vorher durch die Massen dividierten Gleichungen teilweise entkoppelt werden. Mit Gesamtmasse M und Schwerpunktsvektor **R** sowie der sog. *reduzierten Masse*

$$\mu := \frac{m_1 m_2}{m_1 + m_2} \tag{1.232}$$

entstehen nämlich die DGn

$$M\ddot{\mathbf{R}} = \mathbf{0}, \tag{1.233a}$$

$$\mu\ddot{\mathbf{r}} = f(\mathbf{r}, \dot{\mathbf{r}})\mathbf{r}. \tag{1.233b}$$

Gleichung (1.233a) ist die schon aus Abschn. 1.3.3.3 bekannte Aussage, daß sich der Schwerpunkt eines abgeschlossenen MP-Systems geradlinig gleichförmig bewegt oder ruht. (1.233b) ist die Gleichung für die Relativbewegung der beiden MP. Aus ihrer Lösung $\mathbf{r}(t)$ können mit der Umkehrtransformation

$$\mathbf{r}_1 = \mathbf{R} + \frac{m_2}{M}\mathbf{r}, \qquad \mathbf{r}_2 = \mathbf{R} - \frac{m_1}{M}\mathbf{r} \tag{1.234}$$

die Bahnkurven $\mathbf{r}_1(t)$, $\mathbf{r}_2(t)$ berechnet werden. Jedes abgeschlossene Zweiteilchenproblem ist somit auf ein zentrales Einteilchenproblem (1.233b) zurückführbar, was ohne Axiom VIII i. allg. nicht möglich ist.

Mit μ und $\mathbf{r}$ kann man eine *relative kinetische Energie* und einen *relativen Drehimpuls* definieren:

$$T^{rel} := \frac{\mu}{2}\dot{\mathbf{r}}^2, \qquad T = \frac{M}{2}\dot{\mathbf{R}}^2 + T^{rel}, \tag{1.235}$$

$$\mathbf{L}^{rel} := \mu\mathbf{r} \times \dot{\mathbf{r}} = \mathbf{r} \times \mathbf{p}, \qquad \mathbf{L} = M\mathbf{R} \times \dot{\mathbf{R}} + \mathbf{L}^{rel}, \tag{1.236}$$

wobei $$\mathbf{p} := \mu\dot{\mathbf{r}} = \frac{m_2\mathbf{p}_1 - m_1\mathbf{p}_2}{M} \tag{1.237}$$

der *Relativimpuls* ist. Aus (1.233b) folgt analog zur Herleitung von (1.62), daß neben $\mathbf{L}$ auch $\mathbf{L}^{rel}$ für sich allein Konstante der Bewegung ist (siehe auch (1.90), (1.107), (1.110)):

$$\mathbf{L}^{rel}(t) = \text{const} =: \mathbf{L}_0^{rel}. \tag{1.238}$$

Folglich ist $\mathbf{r}(t) \cdot \mathbf{L}_0^{rel} = 0$. Bezüglich des Schwerpunkts sind die Ortsvektoren der Teilchen wegen (1.234) $\mathbf{r}_1^* = m_2\mathbf{r}/M$ bzw. $\mathbf{r}_2^* = -m_1\mathbf{r}/M$, also gilt auch $\mathbf{r}_1^*(t) \cdot \mathbf{L}_0^{rel} = 0$ und $\mathbf{r}_2^*(t) \cdot \mathbf{L}_0^{rel} = 0$, d. h. die Bahnen beider Teilchen liegen in e i n u n d d e r s e l b e n Ebene durch den Schwerpunkt mit dem zeitlich konstanten Stellungsvektor $\mathbf{L}_0^{rel}$.

1.3.6 Das Newtonsche Zentralkraftfeld

1.3.6.1 Das Newtonsche Gravitationsgesetz Ausgangspunkt und erster Test für die Mechanik Newtons war die Beschreibung der Dynamik unseres Planetensystems. In der Absicht, die schon bekannten Keplerschen Gesetze zu beweisen, postulierte Newton ein allgemeines, dem Actio-Reactio-Prinzip (1.75b) genügendes Anziehungsgesetz zwischen je zwei massiven Körpern, gemäß dem der Betrag der Kraft auf jeden der beiden Körper umgekehrt proportional zum Quadrat ihres gegenseitigen Abstands und die Richtung der Kraft längs der Verbindungslinie der beiden Körper ist. Das Besondere an diesem Gesetz ist, daß die Kraft auf einen Körper proportional zu dessen M a s s e sein soll. Kein anderes bisher bekanntes Kraftgesetz für eingeprägte Kräfte hat diese Eigenschaft. Das Phänomen der Anziehung von massiven Körpern heißt *Gravitation*.

Betrachtet man die Planeten und die Sonne idealisiert als Punktteilchen und wendet das Newtonsche Gravitationsgesetz auf dieses System von n MP an, so kann man die Aussage Newtons folgendermaßen formulieren: Es gibt ein BS, in dem die Bewegungsgleichungen dieser MP die Form

$$m_\nu\ddot{\mathbf{r}}_\nu = \mathbf{F}_\nu^{(i)}(\mathbf{r}_1, \ldots, \mathbf{r}_n) = \sum_{\substack{\mu=1 \\ (\mu \neq \nu)}}^{n} \mathbf{F}_{\nu\mu}^{(i)}(\mathbf{r}_\nu, \mathbf{r}_\mu), \qquad \nu = 1, \ldots, n,$$

$$\mathbf{F}_{\nu\mu}^{(i)} := -m_\nu\beta_\mu \frac{\mathbf{r}_\nu - \mathbf{r}_\mu}{|\mathbf{r}_\nu - \mathbf{r}_\mu|^3}, \qquad \beta_\mu > 0 \text{ konstant}$$

haben. Die Kräfte sind also zentrale Zweiteilchenkräfte (s. Abschn. 1.3.3.4). Wegen $\mathbf{F}_{\nu\mu}^{(i)} \stackrel{!}{=} -\mathbf{F}_{\mu\nu}^{(i)}$ ist

$$\frac{\beta_\nu}{m_\nu} = \frac{\beta_\mu}{m_\mu} = \gamma = \text{const},$$

so daß folgt

$$m_\nu \ddot{\mathbf{r}}_\nu = -\gamma m_\nu \sum_{\substack{\mu=1 \\ (\mu \neq \nu)}}^{n} m_\mu \frac{\mathbf{r}_\nu - \mathbf{r}_\mu}{|\mathbf{r}_\nu - \mathbf{r}_\mu|^3}, \qquad \nu = 1, \ldots, n. \tag{1.239}$$

Die positive universelle Konstante γ heißt *Gravitationskonstante.* Die Gravitationskräfte sind konservativ, denn

$$V_{\nu\mu}^{(i)}(\mathbf{r}_\nu, \mathbf{r}_\mu) := -\frac{\gamma m_\nu m_\mu}{|\mathbf{r}_\nu - \mathbf{r}_\mu|}, \qquad \nu, \mu = 1, \ldots, n; \mu \neq \nu \tag{1.240}$$

sind Potentialfunktionen der Zweiteilchenkräfte $\mathbf{F}_{\nu\mu}^{(i)}$ gemäß (1.122) und (1.129).

Da äußere Kräfte fehlen, ist das durch (1.239) beschriebene System bez. des benutzten BS abgeschlossen. Daher bewegt sich der Schwerpunkt in diesem BS mit konstanter Geschwindigkeit. Das spezielle BS, in dem der Schwerpunkt ruht, nennen wir *Newtonsches BS.* Wegen des Fehlens von Scheinkräften ist es ein Inertialsystem. Die Bewegungsgleichungen (1.239) erfüllen das Galileische Relativitätsprinzip und haben sich mit so großer Genauigkeit bewährt, daß wir mit Recht das Newtonsche BS und alle BS, die bez. diesem geradlinig gleichförmig bewegt sind, für einen großen räumlichen und zeitlichen Bereich als Realisierungen von Inertialsystemen ansehen können. Eine Korrektur in Form einer äußeren Kraft als Scheinkraft, die den beschleunigten Bewegungen der Sonne bez. des Zentrums des Milchstraßensystems entspricht (z. B. dem Umlauf um dieses Zentrum in 200 Mill. Jahren), ist so gering, daß sie sich bei der heutigen Meßgenauigkeit astronomischer Beobachtungen erst nach Jahren bemerkbar macht. Die zur galaktischen Bewegung der Sonne gehörige Zentrifugalbeschleunigung beträgt etwa 0,1 ‰ der am Rand unseres Planetensystems auftretenden Gravitationsbeschleunigung durch die Sonne. Etwa mit dieser Genauigkeit hat also das Newtonsche BS die Eigenschaft, daß es bez. der Fixsterne nicht rotiert. Ein dieses BS repräsentierendes KS kann z. B. so gewählt werden, daß eine Koordinatenachse mit der Richtung des zeitlich konstanten Drehimpulsvektors des Planetensystems und eine Koordinatenebene mit der dazu senkrechten zeitlich konstanten Ebene durch den Schwerpunkt des Planetensystems, der sog. *invariablen Ebene*, zusammenfällt.

Für das n-Teilchenproblem (1.239) ist für $n > 2$ keine geschlossene Lösung angebbar, so daß man auf Näherungsmethoden angewiesen ist, die davon ausgehen, daß der Hauptbeitrag der Gravitation durch das zunächst als abgeschlossen betrachtete lösbare Zweiteilchenproblem Sonne-Planet (oder Komet) gegeben ist, während die Gravitationskräfte der anderen Himmelskörper nachträglich als äußere Störungen betrachtet werden, von denen man die maßgebendsten berücksichtigt (s. Aufgabe 1.6). Die Gleichung für die Relativbewegung des Zweiteilchenproblems aus Sonne (Masse m_S) und Planet (oder Komet) (Masse m) hat mit der reduzierten Masse

$$\mu = \frac{m m_S}{m + m_S} \tag{1.241}$$

und r als Relativvektor von der Sonne zum Planeten nach (1.233b) die Form

$$\mu\ddot{\mathbf{r}} = -\gamma m m_S \frac{\mathbf{r}}{r^3} \tag{1.242a}$$

oder $$\ddot{\mathbf{r}} = -\gamma(m + m_S)\frac{\mathbf{r}}{r^3} = -\gamma M \frac{\mathbf{r}}{r^3}\,. \tag{1.242b}$$

Wegen $m_S \gg m$ ist je nach Genauigkeitsanspruch die Näherung $\mu \approx m$ erlaubt, was bedeutet, daß der Mittelpunkt der Sonne näherungsweise als Massenmittelpunkt des Systems angesehen wird, welcher ja im Newtonschen BS ruht. Man kann diese Näherung auch so beschreiben, daß das abgeschlossene Zweiteilchenproblem nun als (offenes) Einteilchenproblem mit der Gravitationskraft der Sonne als äußerer Kraft behandelt wird, und zwar in dem BS, in dem die Sonne ruht, das also nur näherungsweise ein Inertialsystem ist. Der Fehler in der Lage des Massenmittelpunkts beträgt selbst für das System Sonne-Jupiter nur $1^0/oo$.

1.3.6.2 Kepler-Problem, Rutherford-Streuung Die durch (1.242a) gestellte Aufgabe nennt man *Kepler-Problem.* Wir wollen gleich eine etwas verallgemeinerte Bewegungsgleichung betrachten, nämlich

$$\mu\ddot{\mathbf{r}} = -\mu\alpha\frac{\mathbf{r}}{r^3} = \mathbf{F}(\mathbf{r}), \qquad \alpha \text{ reell konstant.} \tag{1.243}$$

Die zugehörige, im Unendlichen auf Null geeichte potentielle Energie ist

$$V(r) = -\frac{\mu\alpha}{r}\,. \tag{1.244}$$

$\alpha > 0$ bedeutet anziehende Kraft, $\alpha < 0$ abstoßende Kraft. In kartesischen Koordinaten lautet (1.243)

$$\ddot{x}_i = -\alpha\frac{x_i}{(\sqrt{x_1^2 + x_2^2 + x_3^2})^3}\,, \qquad i = 1, 2, 3.$$

Auch nach Reduzierung dieses gekoppelten DG-Systems mit Hilfe von Energie- und Drehimpulserhaltungssatz in kartesischen Koordinaten verbleibt man mit nicht einfach zu lösenden DGn. Da wir noch immer keine Methode angegeben haben, Bewegungsgleichungen direkt in hier sicherlich besser geeigneten nicht-kartesischen Koordinaten aufzustellen (siehe aber Abschn. 1.3.7.2), greifen wir auf die aus Erhaltungssätzen gefolgerten allgemeinen Formeln (1.160) und (1.163) für konservative Zentralkraftfelder zurück. Die Auswertung von (1.160) wird jedoch unterlassen, da die Bildung der Umkehrfunktion r(t) aus t(r) nicht explizit möglich ist. Wir begnügen uns deshalb mit der Berechnung der Polarkoordinaten-Darstellung $r = r(\varphi)$ der geometrischen Bahnform aus (1.163), worin m hier durch μ zu ersetzen ist und L und E durch die Relativgrößen $L := |\mathbf{L}^{rel}| = \mu|\mathbf{r} \times \dot{\mathbf{r}}|$ und $E := T^{rel} + V(r) = \mu\dot{r}^2/2 - \mu\alpha/r$ (siehe (1.236), (1.235)).

Es ist, wie durch Rückdifferenzieren bestätigt werden kann,

$$\varphi(r) = \frac{L}{\mu} \int \frac{1}{r^2}\left[\frac{2}{\mu}\left(E + \frac{\mu\alpha}{r} - \frac{L^2}{2\mu r^2}\right)\right]^{-1/2} dr + \varphi_0$$

$$= \frac{L}{\mu} \int \frac{dr}{r\sqrt{2\frac{E}{\mu}r^2 + 2\alpha r - \left(\frac{L}{\mu}\right)^2}} + \varphi_0$$

$$= -\arccos \frac{\alpha r - \left(\frac{L}{\mu}\right)^2}{r\sqrt{\alpha^2 + 2\frac{E}{\mu}\left(\frac{L}{\mu}\right)^2}} + \varphi_0 .$$

Mit den Abkürzungen

$$p := \frac{1}{|\alpha|}\left(\frac{L}{\mu}\right)^2, \qquad \epsilon := +\sqrt{1 + \frac{2}{\alpha^2}\frac{E}{\mu}\left(\frac{L}{\mu}\right)^2} \tag{1.245}$$

und mit der willkürlichen Wahl von $\varphi_0 = \pi$ folgt bei $L \neq 0$ als Umkehrfunktion

$$r(\varphi) = \frac{p}{\frac{\alpha}{|\alpha|} + \epsilon \cos\varphi} . \tag{1.246}$$

Das ist die Polarkoordinaten-Darstellung von Kegelschnitten, deren einer Brennpunkt im Ursprung liegt. Für $L \neq 0$ kann der Ursprung nicht erreicht werden. Bei der oben getroffenen Wahl von φ_0 ist der Strahl $\varphi = 0$ (x-Achse) zum Bahnpunkt kleinsten Abstands vom Ursprung (*Perihel*) gerichtet. ϵ heißt *numerische Exzentrizität*. Die Konstanten p und ϵ legen den Kegelschnitt bis auf Bewegungen im Raum genau so fest, wie die aus Anfangswerten berechenbaren Konstanten L und E, für die gilt

$$\frac{L}{\mu} = \sqrt{|\alpha| p}\,, \qquad \frac{E}{\mu} = \frac{|\alpha|}{2p}(\epsilon^2 - 1). \tag{1.247}$$

Daraus folgt, daß stets

$$E \geqslant E_0 := -\frac{\mu|\alpha|}{2p} \tag{1.248}$$

ist. Geometrisch betrachtet liegen bei $L \neq 0$ vor für

$\epsilon = 0$, d. h. $E = E_0$:	Kreise,
$0 < \epsilon < 1$, d. h. $E_0 < E < 0$:	Ellipsen,
$\epsilon = 1$, d. h. $E = 0$:	Parabeln,
$\epsilon > 1$, d. h. $E > 0$:	Hyperbeläste.

Für $L = 0$ sind die Lösungen $\varphi(r) \equiv \varphi_0$, also Geraden durch den Ursprung. Welche Bahnen bzw. Bahnstücke im gegebenen Kraftfeld wirklich vorkommen können, zeigt die folgende Fallunterscheidung:

a) $\alpha > 0$ (anziehendes Kraftfeld): Aus (1.246) wird

$$r(\varphi) = \frac{p}{1 + \epsilon \cos \varphi}, \tag{1.249}$$

woraus $\cos \varphi \overset{!}{>} -\epsilon^{-1}$ folgt. Das ist erfüllbar für $\epsilon \leqslant 1$ für alle Winkel φ, für $\epsilon > 1$ nur für $|\varphi| < \varphi'_\infty$ mit $\varphi'_\infty := \arccos(-\epsilon^{-1}) > \pi/2$, wobei $r(\varphi'_\infty) = \infty$ ist. Es kommen also Kreise, Ellipsen, Parabeln und Hyperbeläste vor. Für die Hyperbeln sind $\varphi = \pm \varphi'_\infty$ Asymptotenrichtungen (siehe dazu auch Beispiel 1d) aus Abschn. 1.3.4.3 und Fig. 1.7). Die geometrische Bedeutung von p ergibt sich aus $p = r(\pi/2)$. Da für einen Abstand r_0 vom Ursprung mit zugehöriger Bahngeschwindigkeit v_0

$$E = \frac{\mu}{2} v_0^2 - \frac{\mu\alpha}{r_0} \tag{1.250}$$

ist, liegt eine Ellipsen-, Parabel- bzw. Hyperbelbahn vor, wenn v_0 kleiner, gleich bzw. größer als $\sqrt{2\alpha/r_0}$ ist. Mit $E = E_0$ und (1.248) folgt aus (1.250) für eine Kreisbahn $v_0 = \sqrt{\alpha/r_0}$. Für die im Fall $L = 0$ existierenden geraden Bahnen durch den Ursprung entnimmt man aus (1.250), daß sie für $E \geqslant 0$ ins Unendliche reichen, für $E < 0$ aber einen Umkehrpunkt bei $r_0 = -\mu\alpha/E = r_{max}$ haben.

b) $\alpha < 0$ (abstoßendes Kraftfeld): Aus (1.246) wird

$$r(\varphi) = \frac{p}{\epsilon \cos \varphi - 1}, \tag{1.251}$$

woraus $\cos \varphi \overset{!}{>} \epsilon^{-1}$ folgt. Das ist nur erfüllbar für $\epsilon > 1$ und Winkel $|\varphi| < \varphi_\infty$ mit $\varphi_\infty := \arccos \epsilon^{-1} = \pi - \varphi'_\infty < \pi/2$, wobei $r(\varphi_\infty) = \infty$ ist. Es kommen also nur Hyperbelbahnen mit $\varphi = \pm \varphi_\infty$ als Asymptotenrichtungen vor (siehe dazu auch Beispiel 1a) aus Abschn. 1.3.4.3 und Fig. 1.7). Für die im Fall $L = 0$ existierenden geraden Bahnen folgt aus (1.250), daß immer $E > 0$ sein muß; die Bahnen laufen also aus dem Unendlichen auf den Ursprung zu, haben aber einen Umkehrpunkt bei $r_0 = -\mu\alpha/E = r_{min}$.

Es sei darauf hingewiesen, daß sich diese Diskussion der Bahnen $\mathbf{r}(t)$ und die Fig. 1.7 auf das Relativproblem (1.243) beziehen. Geht man mit (1.234) zu den Bahnkurven $\mathbf{r}_1(t)$ und $\mathbf{r}_2(t)$ des Zweiteilchenproblems über, so erhält man für jede von ihnen vom ruhend gedachten Massenmittelpunkt betrachtet eine entsprechende Kegelschnittbahn mit dem Massenmittelpunkt als gemeinsamem Brennpunkt. Nur für den Fall $m_S \gg m$ gibt Fig. 1.7 direkt die möglichen Bahnen des Teilchens mit der Masse $\mu \approx m$ um die im Ursprung ruhende Masse m_S wieder.

Man kann nachträglich das Ergebnis (1.246) mit Hilfe von $x = r \cos \varphi$, $y = r \sin \varphi$ auch in kartesische Koordinaten umformen und erhält so für $\epsilon \neq 1$ mit den Abkürzungen

$$a := \frac{p}{|1 - \epsilon^2|}, \qquad b := \frac{p}{\sqrt{|1 - \epsilon^2|}} \tag{1.252}$$

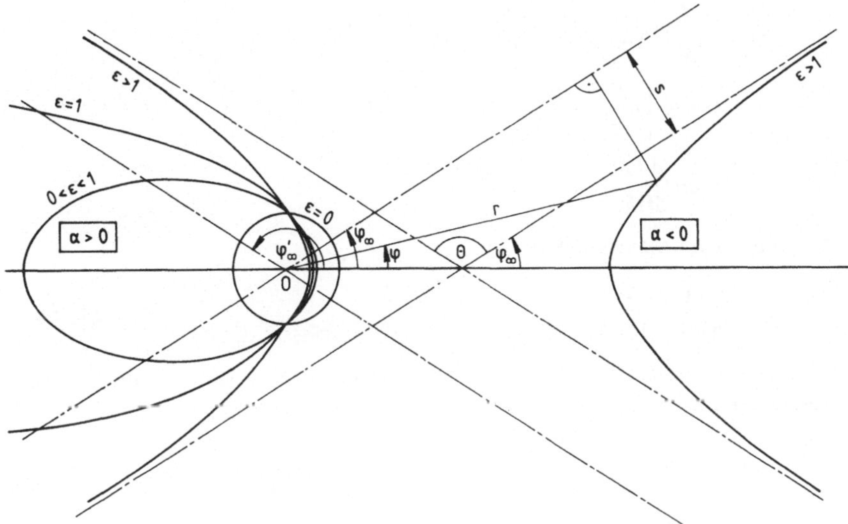

Fig. 1.7

für Ellipse (oberes Vorzeichen) und Hyperbel (unteres Vorzeichen) nach einer Translation $\xi = x \pm \epsilon a$ die „Mittelpunktsdarstellungen"

$$\frac{\xi^2}{a^2} \pm \frac{y^2}{b^2} = 1.$$

Für die Hyperbel gilt dabei die Einschränkung $\xi \operatorname{sgn} \alpha < 0$. Bei der Ellipse liegt der Ursprung jetzt in ihrem Mittelpunkt, und a und b sind ihre große bzw. kleine Halbachse; bei der Hyperbel ist der Ursprung der Schnittpunkt ihrer Asymptoten $y = \pm b\xi/a$. Mit den Umkehrformeln von (1.252)

$$p = \frac{b^2}{a}, \qquad \epsilon = \frac{\sqrt{a^2 \mp b^2}}{a} \tag{1.253}$$

erhält man aus (1.247)

$$\frac{E}{\mu} = \mp \frac{|\alpha|}{2a}, \tag{1.254}$$

d. h. Bahnen gleicher Energie haben gleiches a, während Bahnen gleichen Drehimpulses wegen (1.247) gleiches p haben.

Schließlich sei ein Lösungsweg für das Problem (1.243) angegeben, der nur den Drehimpulserhaltungssatz, aber nicht den Energieerhaltungssatz benutzt. Wir multiplizieren die Bewegungsgleichung (1.243) vektoriell mit dem Drehimpulsvektor $\mathbf{L} = \mu \mathbf{r} \times \dot{\mathbf{r}}$ und erhalten wegen $\dot{\mathbf{L}} = \mathbf{0}$

$$\ddot{\mathbf{r}} \times \mathbf{L} = \frac{d}{dt}(\dot{\mathbf{r}} \times \mathbf{L}) = -\alpha \frac{\mathbf{r} \times \mathbf{L}}{r^3} = -\mu\alpha \frac{\mathbf{r} \times (\mathbf{r} \times \dot{\mathbf{r}})}{r^3}$$

$$= -\mu\alpha \left[\mathbf{r} \frac{\mathbf{r} \cdot \dot{\mathbf{r}}}{r^3} - \frac{\dot{\mathbf{r}}}{r} \right] = -\mu\alpha \left[\mathbf{r} \frac{\dot{r}}{r^2} - \frac{\dot{\mathbf{r}}}{r} \right]$$

$$= \mu\alpha \frac{d}{dt}\left(\frac{\mathbf{r}}{r}\right).$$

Daher ist der sog. *Lenzsche Vektor*

$$\mathbf{C} := \frac{\dot{\mathbf{r}} \times \mathbf{L}}{\mu|\alpha|} - \frac{\alpha}{|\alpha|} \frac{\mathbf{r}}{r} \tag{1.255}$$

eine vektorielle Konstante der Bewegung. Bezeichnet man mit φ den von $\mathbf{r}$ und $\mathbf{C}$ eingeschlossenen Winkel, so ist

$$\mathbf{r} \cdot \mathbf{C} = rC \cos\varphi = \frac{\mathbf{r} \cdot (\dot{\mathbf{r}} \times \mathbf{L})}{\mu|\alpha|} - \frac{\alpha}{|\alpha|} \mathbf{r} \cdot \frac{\mathbf{r}}{r} = \frac{L^2}{|\alpha|\mu^2} - \frac{\alpha}{|\alpha|} r.$$

Daraus folgt mit (1.245)

$$r(\varphi) = \frac{p}{\frac{\alpha}{|\alpha|} + C \cos\varphi},$$

woraus durch Vergleich mit (1.246) zu entnehmen ist, daß der Betrag des Lenzschen Vektors $C = \epsilon$ ist. Da $\varphi = 0$ zum minimalen Abstand vom Ursprung gehört, ist $\mathbf{C}$ vom Ursprung zum Perihel gerichtet.

Die Existenz eines solchen zeitlich konstanten Vektors ist eine besondere Eigenschaft des $1/r$-Potentialfeldes. Da aus (1.255) die Beziehung $\mathbf{C} \cdot \mathbf{L} = 0$ folgt und $|\mathbf{C}| = \epsilon$ ist und damit eine Funktion von E und L, liegt bei bekanntem $\mathbf{L}$ und E die Länge von $\mathbf{C}$ fest, und auch die Richtung von $\mathbf{C}$ ist bis auf eine Drehung in der Bahnebene um $\mathbf{L}$ bekannt. Daher liefert der Lenzsche Vektor zu den 10 klassischen Konstanten der Bewegung nur einen zusätzlichen Erhaltungssatz, nämlich die zeitliche Konstanz der Perihelrichtung im BS, in dem die Bewegungsgleichung (1.243) gilt.

Eine erste Anwendung der Ergebnisse für das allgemeine Bewegungsproblem (1.243) ist der Beweis des *3. Keplerschen Gesetzes.* Für finite geschlossene Bahnen im Zentralkraftfeld, hier also für $\epsilon < 1$, kann man aus dem Flächensatz (1.64) die Umlaufzeit T_0 des MP berechnen:

$$T_0 = \frac{2\mu}{L} A_0, \tag{1.256}$$

wobei A_0 der von der Umlaufbahn eingeschlossene Flächeninhalt ist. Für eine Ellipse ist $A_0 = \pi ab$. Da nach (1.252) $b = a\sqrt{1-\epsilon^2}$ ist, folgt mit (1.245) und (1.254) aus (1.256)

$$T_0 = \frac{2\pi}{\sqrt{\alpha}} a^{3/2} = \frac{\pi\alpha\mu^{3/2}}{\sqrt{2}} \frac{1}{|E|^{3/2}}. \tag{1.257}$$

Die Umlaufzeit ist also eindeutig mit der Energie verknüpft. In der am Schluß von Abschn. 1.3.6.1 erwähnten Näherung $\alpha \approx \gamma m_S$ ist (1.257) das 3. Keplersche Gesetz $T_0^2/a^3 = 4\pi^2/(\gamma m_S) =: k$ mit einer für das ganze Sonnensystem universellen Konstante k. (Das 2. Keplersche Gesetz ist identisch mit dem Flächensatz (1.64).)

Das Gravitationsgesetz für zwei Punktteilchen

$$\mathbf{F}_{12}(\mathbf{r}_1, \mathbf{r}_2) = -\gamma m_1 m_2 \frac{\mathbf{r}_1 - \mathbf{r}_2}{|\mathbf{r}_1 - \mathbf{r}_2|^3} \tag{1.258}$$

ist auch auf Probekörper an Orten $\mathbf{r}_1$ in unmittelbarer Nähe der Erde mit ziemlicher Genauigkeit anwendbar, wenn $\mathbf{r}_2$ in den Erdmittelpunkt gelegt wird, obwohl zunächst wegen Nichtgültigkeit der Beziehung $|\mathbf{r}_1 - \mathbf{r}_2| \gg R$ mit R als Erdradius die Verwendung der Punktteilchenformel (1.258) nicht begründbar erscheint. Man kann jedoch beweisen, daß das Kraftgesetz der Gravitationswirkung eines Körpers mit kontinuierlicher kugelsymmetrischer Massenverteilung außerhalb des Körpers exakt übereinstimmt mit dem Kraftgesetz, das entstände, wenn man statt des Körpers in seinem Mittelpunkt ein Punktteilchen anordnen würde, dessen Masse gleich der Gesamtmasse des Körpers ist. (Zum Beweis dieser Aussage, die eigentlich nicht Teil der Newton-Mechanik, sondern einer Gravitationstheorie ist, s. Aufgabe 1.7). Die Erde ist in oft ausreichender Näherung als ein solcher Körper mit kugelsymmetrischer Massendichte zu betrachten. Mit guter Genauigkeit ist ferner das BS, in welchem der Erdmittelpunkt im Ursprung ruht, das jedoch nicht bez. des Newtonschen BS rotiert, als Inertialsystem anzusehen, was lediglich bedeutet, daß die Scheinkräfte auf der Erdumlaufbahn gegenüber den Gravitationskräften der Erde vernachlässigbar klein sind. (Die zur Bewegung des Erdmittelpunkts um die Sonne gehörende Zentrifugalbeschleunigung beträgt z. B. nur etwa 3% der Gravitationsbeschleunigung an einem geostationären Satelliten). Für einen Probekörper, dessen Masse $m_1 = m$ sehr klein gegen die Erdmasse $m_2 = m_E$ ist, gilt für die reduzierte Masse $\mu \approx m$, und der Schwerpunkt des Systems Probekörper-Erde fällt mit dem Erdmittelpunkt, also dem Ursprung des BS zusammen: $\mathbf{r}_2 \approx \mathbf{0}$, $\mathbf{r} \approx \mathbf{r}_1$. So entsteht aus (1.258) als Bewegungsgleichung

$$m\ddot{\mathbf{r}} = -\gamma m m_E \frac{\mathbf{r}}{r^3}, \tag{1.259}$$

also mit $\alpha = -\gamma m_E$ wieder das Problem (1.243). Durch genaue Ausmessung von Satellitenbahnen kann man wiederum Rückschlüsse auf die Abweichungen der Massenverteilung der Erde von der exakten Kugelsymmetrie ziehen.

Führt man den Betrag der Gravitationsbeschleunigung der Erde an der Erdoberfläche

$$g := \frac{\gamma m_E}{R^2} \tag{1.260}$$

ein, so folgt

$$m\ddot{\mathbf{r}} = -mgR^2 \frac{\mathbf{r}}{r^3}.$$

Für Bewegungen des Probekörpers mit $r \approx R$ wird daraus

$$m\ddot{\mathbf{r}} = -mg\frac{\mathbf{r}}{r}.$$

Oft ist es zweckmäßig, unter Hinzufügen der Scheinkräfte (1.195)

$$\mathbf{F}'_S(\mathbf{r}', \mathbf{v}') = -2m\boldsymbol{\omega} \times \mathbf{v}' - m\boldsymbol{\omega} \times (\boldsymbol{\omega} \times \mathbf{r}') - m\ddot{\mathbf{c}},$$

wobei $\boldsymbol{\omega}$ die konstante Winkelgeschwindigkeit der Erde um ihre Achse und $\mathbf{c}(t)$ ein Vektor vom Erdmittelpunkt zur Erdoberfläche ist, ein mit der Erdoberfläche fest verbundenes Nicht-Inertialsystem einzuführen, in dem der Endpunkt des Vektors $\mathbf{c}$ ruht. Man erhält so als Bewegungsgleichung (siehe (1.197a))

$$m\mathbf{a}' = -mg\frac{\mathbf{r}' + \mathbf{c}}{|\mathbf{r}' + \mathbf{c}|} + \mathbf{F}'_S(\mathbf{r}', \mathbf{v}').$$

Ist die Bahn des Probekörpers an der Erdoberfläche überdies auf einen Bereich beschränkt, dessen Ausmaße klein gegen den Erdradius sind, ist es in guter Näherung erlaubt, das Zentralkraftgesetz durch ein homogenes Kraftgesetz in Richtung $\mathbf{e}'_3$ der Vertikalen zu ersetzen („ebene Erde"):

$$m\mathbf{a}' = -mg\mathbf{e}'_3 + \mathbf{F}'_S(\mathbf{r}', \mathbf{v}'). \tag{1.261}$$

Mit $\mathbf{c} = R\mathbf{e}'_3$ erhält man aus (1.197c) die Komponentendarstellung dieser Gleichung (s. Aufgabe 1.9). Sie ist der Ausgangspunkt für die Behandlung des bekannten Foucault-Pendels, dessen Schwingungsebene sich im Nicht-Inertialsystem wegen der Erdrotation dreht.

Ist die Bewegung des Probekörpers für die Dauer von höchstens einigen Minuten zu beschreiben, so sind die Scheinkräfte in (1.261) zu vernachlässigen, und es entsteht die bekannte, an der Erdoberfläche lokal gültige Bewegungsgleichung

$$m\mathbf{a}' = -mg\mathbf{e}'_3, \tag{1.262}$$

mit der der freie Fall und der schiefe Wurf (ohne Luftreibung) behandelt werden können. Daß sich die Masse des Probekörpers aus dieser Gleichung (wie auch aus den allgemeinen Gln. (1.239) eines gravitierenden Systems) herauskürzt, daß also der reibungsfreie Fall eines Körpers im Schwerefeld u n a b h ä n g i g von der Masse des Körpers ist, war Gegenstand genauester Messungen die jedoch sämtlich bestätigten, daß die Gravitationskraft exakt proportional zur Masse des Probekörpers ist. Diese Tatsache, verbunden mit der daraus folgenden Möglichkeit, die Gravitationskraft auf den Probekörper wie eine Scheinkraft durch eine geeignete BS-Transformation wenigstens lokal wegzutransformieren (frei fallender Kasten), war einer der Ausgangspunkte für Einsteins Gravitationstheorie, der *Allgemeinen Relativitätstheorie*.

Die Bewegungsgleichung (1.243) hat jedoch nicht nur Bedeutung für Gravitationsprobleme, sondern auch für das Aufeinanderschießen von elektrisch geladenen Punktteilchen mit den Ladungen Q_1 und Q_2, die sog. *Rutherford-Streuung*. Bei diesen Streuexperimenten ist die Gravitationswechselwirkung gegenüber der elektrostatischen Wechselwirkung vernachlässigbar klein. Setzt man $\alpha = -Q_1Q_2/(4\pi\epsilon_0\mu)$, wobei ϵ_0 ein Maßsystemfaktor ist, so ist das Kraftgesetz (1.243) identisch mit dem in diesen Experimenten wirkenden Coulomb-Gesetz

$$\mathbf{F}(\mathbf{r}) = \frac{Q_1Q_2}{4\pi\epsilon_0}\frac{\mathbf{r}}{r^3}.$$

Streuexperimente werden so angelegt, daß die Teilchen in sehr großem („unendlich" großem) Relativabstand mit einer Relativgeschwindigkeit v_∞ starten. Daher ist, falls die potentielle Energie durch $V(\infty) = 0$ geeicht ist, $E > 0$ und folglich sind die Bahnen $r(\varphi)$ der Rutherford-Streuung Hyperbeln. Gemessen wird die relative Winkelablenkung der Teilchen, der sog. *Streuwinkel* θ. Er ergibt sich aus dem Schnittwinkel $2\varphi_\infty$ der Asymptoten (siehe Fig. 1.7) zu

$$\theta = |\pi - 2\varphi_\infty| = |\pi - 2\varphi'_\infty| = \left|\pi - 2 \arccos \frac{1}{\epsilon}\right|. \tag{1.263}$$

Führt man statt E und L neben v_∞ den Abstand des Ursprungs von den Asymptoten, den sog. *Stoßparameter* s als neue Konstante ein, so erhält man sowohl für $\alpha > 0$ als auch für $\alpha < 0$ (siehe Fig. 1.7) mit (1.246) und der L'Hospitalschen Regel

$$s = \lim_{\varphi \to \varphi_\infty} [r(\varphi) \sin(\varphi_\infty - \varphi)] = \frac{p}{\epsilon} \lim_{\varphi \to \varphi_\infty} \frac{\cos(\varphi_\infty - \varphi)}{\sin \varphi}$$

$$= \frac{p}{\epsilon \sin \varphi_\infty} = \frac{p}{\sqrt{\epsilon^2 - 1}} = b$$

und daraus mit (1.247)

$$s = \frac{L}{\sqrt{2\mu E}}. \tag{1.264}$$

(Diese Beziehung gilt auch für allgemeine Zentralfeldpotentiale V(r) [s. Aufgabe 1.10]). Wegen $E = \mu v_\infty^2/2$ folgt aus (1.264) $L = \mu v_\infty s$ und damit aus (1.263) und (1.245)

$$\frac{\theta}{2} = \left|\frac{\pi}{2} - \arccos \frac{1}{\epsilon}\right| = \arcsin \frac{1}{\sqrt{1 + \frac{v_\infty^4 s^2}{\alpha^2}}} = \arctan \frac{|\alpha|}{v_\infty^2 s},$$

also $$\cot \frac{\theta}{2} = \frac{v_\infty^2}{|\alpha|} s = \frac{8\pi\epsilon_0 E}{|Q_1 Q_2|} s. \tag{1.265}$$

In der experimentellen Praxis der Streuung von Mikroteilchen ist der Stoßparameter des einzelnen Teilchens nicht meßbar. Man experimentiert stattdessen mit einem Strahl von Teilchen, über dessen Querschnitt viele Teilchen gleichverteilt über ein großes Intervall von s-Werten vorkommen. Gemessen wird dann eine Verteilungsfunktion $f(\theta)$, der sog. *differentielle Wirkungsquerschnitt*, wobei

$$d\sigma := f(\theta) d\Omega = 2\pi f(\theta) \sin \theta \, d\theta$$

angibt, welcher Bruchteil der Anzahl der durch die Flächeneinheit des Strahlquerschnitts einfliegenden Teilchen in das im Winkel θ gegen die Einfallsrichtung gelegene Raumwinkelelement $d\Omega$ gestreut werden. Falls der Zusammenhang $\theta = \theta(s)$ eindeutig umkehrbar in $s = s(\theta)$ ist, gilt

$$\frac{d\sigma}{d\Omega} = f(\theta) = \frac{s(\theta)}{\sin \theta} \left|\frac{ds}{d\theta}\right|. \tag{1.266}$$

(Für die Herleitung dieser Formel müssen wir auf die Literatur verweisen, z. B. [4], [5]). Im Fall der Rutherford-Streuung ergibt sich mit (1.265)

$$f(\theta) = \left(\frac{Q_1 Q_2}{8\pi\epsilon_0 \mu v_\infty^2}\right)^2 \frac{1}{\sin^4 \dfrac{\theta}{2}}.$$

Ferner sei darauf hingewiesen, daß θ der Änderungswinkel des Relativvektors $\mathbf{r} = \mathbf{r}_1 - \mathbf{r}_2$ ist, also der Streuwinkel in dem BS, in dem der Schwerpunkt ruht (*Schwerpunktsystem*). Die Transformation in den Streuwinkel $\theta_1^{(L)}$ des Teilchens mit der Masse m_1 und dem Ortsvektor $\mathbf{r}_1$ im BS, in dem das Teilchen mit der Masse m_2 und dem Ortsvektor $\mathbf{r}_2$ anfangs ruht (*Laborsystem*), hat die Form (siehe [4], [5])

$$\tan \theta_1^{(L)} = \frac{\sin \theta}{\cos \theta + \dfrac{m_1}{m_2}}.$$

Also nur für $m_2 \gg m_1$ ist $\theta_1^{(L)} \approx \theta$, weil dann Teilchen 2 im Laborsystem nur einen vernachlässigbar kleinen Rückstoß erhält.

1.3.7 Die Newtonschen Bewegungsgleichungen in generalisierten Koordinaten

1.3.7.1 Generalisierte Koordinaten Wenn für ein Bewegungsproblem keine Konstante der Bewegung auf einfache Weise gefunden werden kann, ist man darauf angewiesen, das unreduzierte System der Bewegungsgleichungen zu lösen. Ein oft sehr wirksames Mittel, um eine Vereinfachung, z. B. eine wenigstens teilweise Entkoppelung des DG-Systems zu erreichen, ist dann die Ersetzung der kartesischen durch nicht-kartesische Koordinaten q_k. Aber auch Probleme, für die Konstanten der Bewegung zur Lösung herangezogen werden können, vereinfachen sich oft bei Einführung geeignet gewählter nicht-kartesischer Koordinaten, wie es am Beispiel der Zentralkraftfelder, zuletzt beim Kepler-Problem, deutlich wurde. Unentbehrlich werden allgemeine Koordinaten bei der Behandlung konkreter Probleme mit Nebenbedingungen (siehe Abschn. 2.4 und 2.5).

Seien bez. eines beliebigen BS durch $\mathbf{r}_\nu$ für $\nu = 1, \ldots, n$ die Orte von n MP im dreidimensionalen enklidischen Raum $\mathbb{E}^3$ bezeichnet. Ihnen entspricht ein Punkt $\mathbf{r} = \{\mathbf{r}_1, \ldots, \mathbf{r}_n\}$ im 3n-dimensionalen euklidischen Konfigurationsraum $\mathbb{E}^{3n} = \mathbb{E}^3 \times \mathbb{E}^3 \times \ldots \times \mathbb{E}^3$. Das Skalarprodukt zwischen Vektoren $\mathbf{A}, \mathbf{B} \in \mathbb{E}^3$ werde als $\langle \mathbf{A}, \mathbf{B} \rangle$ geschrieben. Nach Einführung einer kartesischen Einheitsbasis $\{\mathbf{e}_1, \ldots, \mathbf{e}_{3n}\}$ können wir jeden Punkt $\mathbf{r} \in \mathbb{E}^{3n}$ durch ein willkürlich durchnumeriertes geordnetes Tupel der Koordinaten $(x_1, \ldots, x_{3n})$ beschreiben, nämlich

$$\mathbf{r} = \sum_{i=1}^{3n} x_i \mathbf{e}_i. \tag{1.267}$$

Diese Koordinatentupel sind Elemente eines Raumes $\mathbb{R}^{3n}$ der geordneten 3n-Tupel von reellen Zahlen. Im euklidischen Raum spielen die kartesischen Koordinaten eine ausgezeichnete Rolle. Wir betrachten nun Abbildungen

$$x_i = x_i(q_1, \ldots, q_{3n}), \qquad i = 1, \ldots, 3n \tag{1.268}$$

von Teilmengen $\tilde{G}$ eines anderen Raumes $\tilde{\mathbb{R}}^{3n}$ von geordneten 3n-Tupeln $(q_1, \ldots, q_{3n})$ von reellen Zahlen in den Raum $\mathbb{R}^{3n}$. Unser Ziel ist, den Punkt $\mathbf{r} \in \mathbb{E}^{3n}$ und später auch die Bewegungsgleichungen anstatt in kartesischen Koordinaten x_i in den allgemeinen Koordinaten q_k zu formulieren. Damit dieses Konzept physikalisch sinnvoll ist, muß die Abbildung von $\tilde{G}$ auf eine genügend große Teilmenge $G \subset \mathbb{R}^{3n}$ eindeutig umkehrbar (bijektiv) sein. Dazu müssen an die Abbildungsfunktionen (1.268) gewisse Forderungen gestellt werden: Die $x_i(q_1, \ldots, q_{3n})$ seien für den gewünschten physikalischen Verwendungszweck genügend oft partiell differenzierbar, jedoch mindestens einmal stetig partiell differenzierbar, und für die Funktionaldeterminante (Jacobi-Determinante) gelte

$$\frac{\partial(x_1, \ldots, x_{3n})}{\partial(q_1, \ldots, q_{3n})} := \det\left(\frac{\partial x_i}{\partial q_k}\right) \neq 0. \tag{1.269}$$

Ist (1.269) in einem Punkt $(q_1^{(0)}, \ldots, q_{3n}^{(0)}) \in \tilde{G}$ erfüllt und (1.268) in einer Umgebung dieses Punktes stetig partiell differenzierbar, so gibt es eine Umgebung $\tilde{U}(q_1^{(0)}, \ldots, q_{3n}^{(0)}) \subset \tilde{G}$, die umkehrbar eindeutig auf eine Umgebung $U(x_1^{(0)}, \ldots, x_{3n}^{(0)}) \subset G$ des Punktes mit den Koordinaten $x_i^{(0)} = x_i(q_1^{(0)}, \ldots, q_{3n}^{(0)})$ abgebildet wird. Durch diese Voraussetzungen ist also die l o k a l e Umkehrbarkeit der Abbildung sichergestellt. (Diese Aussage ist nicht umkehrbar; auch wenn die Jacobi-Determinante in $(q_1^{(0)}, \ldots, q_{3n}^{(0)})$ verschwindet, kann lokale Umkehrbarkeit vorliegen.) Globale eindeutige Umkehrbarkeit ist i. allg. nicht zu erreichen. Wenn jedoch $\tilde{G}$ eine offene zusammenhängende Menge und $\tilde{B}$ eine ganz in $\tilde{G}$ liegende beschränkte abgeschlossene zusammenhängende Menge ist und wenn stetige Differenzierbarkeit von (1.268) auf $\tilde{G}$ besteht und (1.269) auf $\tilde{B}$ gilt, so läßt sich $\tilde{B}$ so in endlich viele abgeschlossene Teilmengen zerlegen, daß die auf jede einzelne dieser Teilmengen eingeschränkte Abbildung (1.268) eindeutig umkehrbar ist. Auch diese Aussage ist nur hinreichend.

Wir wollen für unsere Zwecke die obengenannten Forderungen an (1.268) in ganz $\tilde{G}$ außer evtl. auf isolierten Hyperflächen, d. h. isolierten Mannigfaltigkeiten der Dimension $< 3n$ als erfüllt annehmen und sie in dieser Form im folgenden *Standardvoraussetzungen* nennen. Wenn für (1.268) die Standardvoraussetzungen gelten, sollen die q_k *generalisierte Koordinaten* im $\mathbb{E}^{3n}$ heißen. Auch kartesische Koordinaten sind demnach spezielle generalisierte Koordinaten, und alle kartesischen KS-Transformationen gehören zu den durch (1.268) definierten Abbildungen. Der Definitionsbereich $\tilde{G}$ ist so zu wählen, daß die Bildmenge G genügend groß ist; i. allg. wird $G = \mathbb{R}^{3n}$ verlangt. Wählt man $\tilde{G}$ zu groß, so kann Mehrfachüberdeckung der Bildmenge G auftreten, so daß sogar die Injektivität der Abbildung verlorengeht. Bereits in (1.14) und (1.15) genannte Beispiele für generalisierte Koordinaten im $\mathbb{E}^3$ sind die *Zylinderkoordinaten* ρ, φ, z und die *Kugelkoordinaten* r, ϑ, φ. Ihre Jacobi-Determinanten sind

$$\frac{\partial(x, y, z)}{\partial(\rho, \varphi, z)} = \rho \quad \text{bzw.} \quad \frac{\partial(x, y, z)}{\partial(r, \vartheta, \varphi)} = r^2 \sin \vartheta.$$

In beiden Fällen existiert auf der z-Achse keine eindeutige Umkehrabbildung; in der Tat verschwinden dort die Jacobi-Determinanten. Auf $\tilde{G} = \{0 < \rho < \infty, 0 \leqslant \varphi < 2\pi, -\infty < z < \infty\}$ bzw. $\tilde{G} = \{0 < r < \infty, 0 < \vartheta < \pi, 0 \leqslant \varphi < 2\pi\}$ sind (1.14) bzw. (1.15) global bijektiv und haben als Bildmenge $G = \mathbb{R}^3 - \{\text{z-Achse}\}$.

Im folgenden wollen wir in Verallgemeinerung von (1.268) bei sonst ungeänderten Voraussetzungen auch zeitabhängige Abbildungen

$$x_i = x_i(q_1, \ldots, q_{3n}, t), \qquad i = 1, \ldots, 3n \tag{1.270}$$

oder, vektoriell geschrieben,

$$\mathbf{r}_\nu = \mathbf{r}_\nu(q_1, \ldots, q_{3n}, t), \qquad \nu = 1, \ldots, n \tag{1.271}$$

zulassen. Da die Zeit t nicht transformiert wird, spielt sie in (1.270) die Rolle eines Parameters. Zu den Abbildungen (1.270) gehören auch die BS-Transformationen (1.173). Ersetzt man nach einer BS-Transformation die kartesischen Koordinaten x_i' bez. des neuen BS mittels $x_i' = x_i'(q_1, \ldots, q_{3n})$ durch generalisierte Koordinaten q_k bez. des neuen BS (man sollte sie besser mit q_k' bezeichnen), so ist die Hintereinanderausführung dieser Abbildungen ebenfalls ein Beispiel für (1.270). Auf diese Weise können z. B. nicht-inertiale generalisierte Koordinaten eingeführt werden. Besonders bei Problemen mit zeitabhängigen Nebenbedingungen ist es oft zweckmäßig, nur einen Teil der generalisierten Koordinaten auf ein Inertialsystem, einen anderen auf ein Nicht-Inertialsystem zu beziehen (siehe Abschn. 2.4).

Die generalisierten Koordinaten definieren durch Konstanthalten der q_k bis auf jeweils eine dieser Koordinaten in jedem Punkt $\mathbf{r}$ des Konfigurationsraums 3n *Koordinatenlinien.* Sie sind i. allg. gekrümmt; z. B. stellt für Zylinderkoordinaten im $\mathbb{E}^3$ $\rho = \text{const}$, $z = \text{const}$ einen Kreis dar. Die an die Koordinatenlinien in ein und demselben Punkt gelegten Tangentialvektoren

$$\mathbf{u}_k := \frac{\partial \mathbf{r}}{\partial q_k} = \sum_{j=1}^{3n} \frac{\partial x_j}{\partial q_k} \mathbf{e}_j = \left(\frac{\partial x_1}{\partial q_k}, \ldots, \frac{\partial x_{3n}}{\partial q_k}\right), \qquad k = 1, \ldots, 3n \tag{1.272}$$

sind wegen (1.269) linear unabhängig und bilden daher eine Basis im Konfigurationsraum; wir nennen sie *generalisierte Basis*. Die generalisierten Basisvektoren sind i. allg. nicht konstant wie z. B. die kartesischen, d. h. die generalisierte Basis ist i. allg. nur eine lokale Basis. Beispiele für auf die Länge 1 normierte generalisierte Basisvektoren im $\mathbb{E}^3$ sind die durch (1.12) definierten $\mathbf{e}_\rho, \mathbf{e}_\varphi, \mathbf{e}_\vartheta, \mathbf{e}_r$ für Zylinder- bzw. Kugelkoordinaten.

Hält man umgekehrt jeweils nur eine der generalisierten Koordinaten konstant, so definieren $q_i = C_i = \text{const}$, $i = 1, \ldots, 3n$ durch jeden Punkt $\mathbf{r}$ des Konfigurationsraums 3n *Koordinatenflächen*. Es sind Mannigfaltigkeiten der Dimension 3n-1, die i. allg. gekrümmt sind; z. B. stellt für Zylinderkoordinaten im $\mathbb{E}^3$ $\rho = \text{const}$ eine Zylinderfläche dar. Die in ein und demselben Punkt auf diesen Hyperflächen errichteten Normalvektoren

$$\mathbf{w}_i := \frac{\partial q_i}{\partial \mathbf{r}} = \sum_{j=1}^{3n} \frac{\partial q_i}{\partial x_j} \mathbf{e}_j = \left(\frac{\partial q_i}{\partial x_1}, \ldots, \frac{\partial q_i}{\partial x_{3n}}\right), \qquad i = 1, \ldots, 3n \tag{1.273}$$

sind ebenfalls linear unabhängig, denn für das Skalarprodukt $\langle \mathbf{w}_i, \mathbf{u}_k \rangle$ im Konfigurationsraum gilt nach der Kettenregel

$$\langle \mathbf{w}_i, \mathbf{u}_k \rangle = \sum_{j=1}^{3n} \frac{\partial q_i}{\partial x_j} \frac{\partial x_j}{\partial q_k} = \delta_{ik} \tag{1.274}$$

oder, vektoriell geschrieben

$$\langle \mathbf{w}_i, \mathbf{u}_k \rangle = \sum_{\nu=1}^{n} \frac{\partial q_i}{\partial \mathbf{r}_\nu} \cdot \frac{\partial \mathbf{r}_\nu}{\partial q_k} = \delta_{ik}, \tag{1.275}$$

d. h. $\mathbf{w}_i$ steht auf der Koordinatenfläche $q_i = C_i$ senkrecht. Also auch die $\mathbf{w}_i$ bilden eine Basis im Konfigurationsraum, die sog. *reziproke generalisierte Basis*. Sie ist ebenfalls i. allg. nur lokal.

Wir können nun einen beliebigen Vektor $\mathbf{A}$ im Konfigurationsraum sowohl nach den $\mathbf{e}_j$ als auch nach den $\mathbf{u}_i$ und $\mathbf{w}_k$ entwickeln:

$$\mathbf{A} = \sum_{j=1}^{3n} \hat{A}_j \mathbf{e}_j = \sum_{i=1}^{3n} A^i \mathbf{u}_i = \sum_{k=1}^{3n} A_k \mathbf{w}_k. \tag{1.276}$$

Die Koeffizienten A^i heißen *kontravariante* Komponenten, die A_k heißen *kovariante* Komponenten[1]). Wegen (1.274) ist

$$A^i = \langle \mathbf{A}, \mathbf{w}_i \rangle = \sum_{j=1}^{3n} \hat{A}_j \frac{\partial q_i}{\partial x_j}, \tag{1.277}$$

$$A_k = \langle \mathbf{A}, \mathbf{u}_k \rangle = \sum_{j=1}^{3n} \hat{A}_j \frac{\partial x_j}{\partial q_k}. \tag{1.278}$$

Speziell kann man $\mathbf{u}_i$ nach der reziproken generalisierten Basis entwickeln und erhält

$$\mathbf{u}_i = \sum_{k=1}^{3n} g_{ik} \mathbf{w}_k \tag{1.279}$$

mit

$$g_{ik} := \langle \mathbf{u}_i, \mathbf{u}_k \rangle = \left\langle \frac{\partial \mathbf{r}}{\partial q_i}, \frac{\partial \mathbf{r}}{\partial q_k} \right\rangle = \sum_{j=1}^{3n} \frac{\partial x_j}{\partial q_i} \frac{\partial x_j}{\partial q_k} = \sum_{\nu=1}^{n} \frac{\partial \mathbf{r}_\nu}{\partial q_i} \cdot \frac{\partial \mathbf{r}_\nu}{\partial q_k}. \tag{1.280}$$

Falls die $\mathbf{u}_i$ paarweise orthogonal sind, ist $g_{ik} = g_{ii}\delta_{ik}$ und man spricht von *orthogonalen* generalisierten Koordinaten (z. B. Zylinder- und Kugelkoordinaten im $\mathbb{E}^3$). In diesem Fall ist wegen (1.279)

$$\mathbf{u}_i = g_{ii} \sum_{k=1}^{3n} \delta_{ik} \mathbf{w}_k = g_{ii} \mathbf{w}_i,$$

d. h. die generalisierte und die reziproke generalisierte Basis stimmen bis evtl. auf die Längen der Basisvektoren überein. Da man das Wegelement ds im Konfigurationsraum

---

[1]) Die kontravarianten Komponenten werden allgemein mit hochgestelltem Index geschrieben. Um die Regel anwenden zu können, daß über obere und untere gleichlautende Indizes summiert wird, schreibt man $\mathbf{w}^k$ statt $\mathbf{w}_k$. Damit zwei gleichlautende freie Indizes auf beiden Seiten einer Gleichung dieselbe Stellung haben, muß man dann auch q^k statt q_k und x^k statt x_k schreiben. Wir wollen jedoch die bisherige Bezeichnung beibehalten.

schreiben kann als

$$ds = \sqrt[+]{\langle dr, dr\rangle} = \sqrt[+]{\sum_{i,k}\left\langle\frac{\partial r}{\partial q_i}, \frac{\partial r}{\partial q_k}\right\rangle dq_i dq_k} = \sqrt[+]{\sum_{i,k=1}^{3n} g_{ik}\, dq_i dq_k}\,, \tag{1.281}$$

bezeichnet man die Matrix g_{ik} als *Metrik-Tensor*. Genau für die kartesischen Koordinaten erhält man wegen $g_{ik} = \delta_{ik}$ die bekannte Formel

$$ds = \sqrt[+]{\sum_{i=1}^{3n} (dx_i)^2}\,.$$

Schließlich können wir feststellen, wie sich z. B. die kovarianten Komponenten eines Vektors **A** transformieren, wenn statt der q_k neue generalisierte Koordinaten q'_k durch eine allgemeine, die Standardvoraussetzungen erfüllende Abbildung

$$q_k = q_k(q'_1, \ldots, q'_{3n}, t), \qquad k = 1, \ldots, 3n, \tag{1.282}$$

eine sog. *Punkttransformation*, eingeführt werden. Dann gibt es auch eine eindeutig umkehrbare Abbildung der q'_i auf die kartesischen Koordinaten, deren Umkehrung $q'_i = q_i(x_1, \ldots, x_{3n}, t)$, eingesetzt in (1.282), die mittelbare Funktion

$$q_k = q_k(x_1, \ldots, x_{3n}, t) = q_k(q'_1(x_1, \ldots, x_{3n}, t), \ldots, q'_{3n}(x_1, \ldots, x_{3n}, t), t),$$
$$k = 1, \ldots, n \tag{1.283}$$

liefert. Seien w'_i die den q'_i zugeordneten reziproken generalisierten Basisvektoren. Dann folgt mit Hilfe der Kettenregel

$$w_k = \frac{\partial q_k}{\partial r} = \sum_{i=1}^{3n} \frac{\partial q_k}{\partial q'_i}\frac{\partial q'_i}{\partial r} = \sum_{i=1}^{3n} \frac{\partial q_k}{\partial q'_i} w'_i,$$

was nach Einsetzen in die Forderung

$$A = \sum_i A'_i w'_i \stackrel{!}{=} \sum_k A_k w_k = \sum_k A_k \sum_i \frac{\partial q_k}{\partial q'_i} w'_i = \sum_i \left(\sum_k A_k \frac{\partial q_k}{\partial q'_i}\right) w'_i$$

ergibt $$A'_i = \sum_{k=1}^{3n} \frac{\partial q_k}{\partial q'_i} A_k \quad \text{bzw.} \quad A_k = \sum_{i=1}^{3n} \frac{\partial q'_i}{\partial q_k} A'_i. \tag{1.284}$$

Das sind die Verallgemeinerungen der bekannten Transformationsformeln der kartesischen Komponenten $\hat{A}_i$ bei kartesischen KS-Transformationen (1.24).

1.3.7.2 Transformation der Bewegungsgleichungen Eine Methode der Einführung generalisierter Koordinaten in die Bewegungsgleichungen (1.72) ist die Transformation der zugehörigen kartesischen Komponentengleichungen durch Einsetzen von (1.270) und der mit Hilfe der Kettenregel aus (1.270) entstehenden Ausdrücke

$$\dot{x}_i = \sum_{k=1}^{3n} \frac{\partial x_i}{\partial q_k} \dot{q}_k + \frac{\partial x_i}{\partial t}, \qquad i = 1, \ldots, 3n,$$

$$\ddot{x}_i = \sum_{k=1}^{3n} \frac{\partial x_i}{\partial q_k} \ddot{q}_k + \sum_{k,j=1}^{3n} \frac{\partial^2 x_i}{\partial q_j \partial q_k} \dot{q}_j \dot{q}_k + 2 \sum_{k=1}^{3n} \frac{\partial^2 x_i}{\partial q_k \partial t} \dot{q}_k + \frac{\partial^2 x_i}{\partial t^2}.$$

Das Resultat sind die kartesischen Komponenten der vektoriellen Bewegungsgleichungen (1.72), geschrieben in generalisierten Koordinaten. Dieses Ergebnis ist noch unbefriedigend, denn weil bei Fehlen von Konstanten der Bewegung der einzige Anhaltspunkt für die geschickte Wahl der generalisierten Koordinaten die spezielle Form des Kraftgesetzes, z. B. eine evtl. vorhandene räumliche Symmetrie ist, wird es i. allg. erwünscht sein, gleichzeitig mit generalisierten Koordinaten auch eine generalisierte Komponenten-Darstellung der Kraftfunktion einzuführen, die besonders einfach, also dem Kraftgesetz angepaßt ist. Als Basisvektoren für eine solche Komponentenzerlegung bieten sich die den generalisierten Koordinaten q_k durch (1.272) bzw. (1.273) in natürlicher Weise zugeordneten Vektoren $\mathbf{u}_k$ bzw. $\mathbf{w}_k$ an.

Bereits mit Hinblick auf die Aufstellung der Bewegungsgleichungen bei Vorhandensein von Nebenbedingungen (siehe Abschn. 2.5.2) benutzen wir für die generalisierte Komponenten-Darstellung die reziproke Basis $\mathbf{w}_i$. Das entspricht der lokalen Zerlegung des Kraftgesetzes nach den Normalenrichtungen der Koordinatenflächen $q_i = C_i$. Wir bilden also nach (1.278) die kovarianten Komponenten der aus (1.72) zusammengefaßten vektoriellen Bewegungsgleichung $\mathbf{f} = \mathbf{F}$ im Konfigurationsraum, wobei $\mathbf{f} := \{m\ddot{\mathbf{r}}_1, \ldots, m\ddot{\mathbf{r}}_n\} \in \mathbb{E}^{3n}$ und $\mathbf{F} := \{\mathbf{F}_1, \ldots, \mathbf{F}_n\} \in \mathbb{E}^{3n}$ ist:

$$\langle \mathbf{f}, \mathbf{u}_k \rangle = \langle \mathbf{F}, \mathbf{u}_k \rangle, \qquad k = 1, \ldots, 3n$$

oder mit (1.272)

$$\sum_{\nu=1}^{n} m_\nu \ddot{\mathbf{r}}_\nu \cdot \frac{\partial \mathbf{r}_\nu}{\partial q_k} = \sum_{\nu=1}^{n} \mathbf{F}_\nu \cdot \frac{\partial \mathbf{r}_\nu}{\partial q_k}, \qquad k = 1, \ldots, 3n. \tag{1.285}$$

Das sind eigentlich schon die generalisierten Bewegungsgleichungen, aber die linke Seite bedarf noch einer Umformung, damit sie eine zur praktischen Aufstellung der Gleichungen günstige Form erhält. Aus (1.271) folgt

$$\dot{\mathbf{r}}_\nu = \sum_{i=1}^{3n} \frac{\partial \mathbf{r}_\nu}{\partial q_i} \dot{q}_i + \frac{\partial \mathbf{r}_\nu}{\partial t} \tag{1.286}$$

und daraus

$$\frac{\partial \dot{\mathbf{r}}_\nu}{\partial q_k} = \sum_{i=1}^{3n} \frac{\partial^2 \mathbf{r}_\nu}{\partial q_k \partial q_i} \dot{q}_i + \frac{\partial^2 \mathbf{r}_\nu}{\partial q_k \partial t} \tag{1.287}$$

und $$\frac{\partial \dot{\mathbf{r}}_\nu}{\partial \dot{q}_k} = \frac{\partial \mathbf{r}_\nu}{\partial q_k}. \tag{1.288}$$

Es ist $$m_\nu \ddot{\mathbf{r}}_\nu \cdot \frac{\partial \mathbf{r}_\nu}{\partial q_k} = \frac{d}{dt}\left(m_\nu \dot{\mathbf{r}}_\nu \cdot \frac{\partial \mathbf{r}_\nu}{\partial q_k}\right) - m_\nu \dot{\mathbf{r}}_\nu \cdot \frac{d}{dt}\frac{\partial \mathbf{r}_\nu}{\partial q_k}$$
$$= \frac{d}{dt}\left(m_\nu \dot{\mathbf{r}}_\nu \cdot \frac{\partial \mathbf{r}_\nu}{\partial q_k}\right) - m_\nu \dot{\mathbf{r}}_\nu \cdot \left(\sum_{i=1}^{3n} \frac{\partial^2 \mathbf{r}_\nu}{\partial q_i \partial q_k}\dot{q}_i + \frac{\partial^2 \mathbf{r}_\nu}{\partial t \partial q_k}\right),$$

woraus mit (1.288) und (1.287) folgt

$$\begin{aligned} m_\nu \ddot{\mathbf{r}}_\nu \cdot \frac{\partial \mathbf{r}_\nu}{\partial q_k} &= \frac{d}{dt}\left(m_\nu \dot{\mathbf{r}}_\nu \cdot \frac{\partial \dot{\mathbf{r}}_\nu}{\partial \dot{q}_k}\right) - m_\nu \dot{\mathbf{r}}_\nu \cdot \frac{\partial \dot{\mathbf{r}}_\nu}{\partial q_k} \\ &= \frac{d}{dt}\frac{\partial}{\partial \dot{q}_k}\left(\frac{m_\nu}{2}\dot{\mathbf{r}}_\nu^2\right) - \frac{\partial}{\partial q_k}\left(\frac{m_\nu}{2}\dot{\mathbf{r}}_\nu^2\right). \end{aligned} \tag{1.289}$$

Nun ist aber $T = \sum_{\nu=1}^{n} m_\nu \dot{\mathbf{r}}_\nu^2/2$ die kinetische Energie der n MP im verwendeten BS. Da wegen (1.286) und (1.271) $\dot{\mathbf{r}}_\nu = \dot{\mathbf{r}}_\nu(q_1, \ldots, q_{3n}, \dot{q}_1, \ldots, \dot{q}_{3n}, t)$ ist, schreiben wir nach Einführung der generalisierten Koordinaten

$$\widetilde{T}(q_1, \ldots, q_{3n}, \dot{q}_1, \ldots, \dot{q}_{3n}, t) := \sum_{\nu=1}^{n} \frac{m_\nu}{2}\left[\frac{d}{dt}\mathbf{r}_\nu(q_1, \ldots, q_{3n}, t)\right]^2, \tag{1.290}$$

so daß wir statt (1.285) erhalten

$$\frac{d}{dt}\frac{\partial \widetilde{T}}{\partial \dot{q}_k} - \frac{\partial \widetilde{T}}{\partial q_k} = \sum_{\nu=1}^{n} \mathbf{F}_\nu \cdot \frac{\partial \mathbf{r}_\nu}{\partial q_k} =: \widetilde{F}_k, \quad k = 1, \ldots, 3n. \tag{1.291}$$

Die $\widetilde{F}_k = \widetilde{F}_k(q_1, \ldots, q_{3n}, \dot{q}_1, \ldots, \dot{q}_{3n}, t)$ heißen *generalisierte Kraftkomponenten*[1]).

Wegen (1.286) ist

$$\dot{\mathbf{r}}_\nu^2 = \sum_{i=1}^{3n}\sum_{k=1}^{3n} \frac{\partial \mathbf{r}_\nu}{\partial q_i}\cdot\frac{\partial \mathbf{r}_\nu}{\partial q_k}\dot{q}_i\dot{q}_k + 2\sum_{i=1}^{3n}\frac{\partial \mathbf{r}_\nu}{\partial q_i}\cdot\frac{\partial \mathbf{r}_\nu}{\partial t}\dot{q}_i + \frac{\partial \mathbf{r}_\nu}{\partial t}\cdot\frac{\partial \mathbf{r}_\nu}{\partial t}.$$

Damit können wir $\widetilde{T}$ explizit ausschreiben:

$$\begin{aligned} \widetilde{T} = \frac{1}{2}\sum_{i,k=1}^{3n} a_{ik}(q_1, \ldots, q_{3n}, t)\dot{q}_i\dot{q}_k + \sum_{i=1}^{3n} a_i(q_1, \ldots, q_{3n}, t)\dot{q}_i \\ + a(q_1, \ldots, q_{3n}, t) \end{aligned} \tag{1.292}$$

mit $$a_{ik} := \sum_{\nu=1}^{n} m_\nu \frac{\partial \mathbf{r}_\nu}{\partial q_i}\cdot\frac{\partial \mathbf{r}_\nu}{\partial q_k} = a_{ki},$$

---

[1]) $\widetilde{F}_k$ hat nur dann die Dimension einer Kraft, wenn q_k die Dimension Länge hat. Ist q_k z. B. eine Winkelkoordinate, so hat $\widetilde{F}_k$ die Dimension eines Drehmoments.

$$a_i := \sum_{\nu=1}^{n} m_\nu \frac{\partial \mathbf{r}_\nu}{\partial q_i} \cdot \frac{\partial \mathbf{r}_\nu}{\partial t},$$

$$a := \frac{1}{2} \sum_{\nu=1}^{n} m_\nu \frac{\partial \mathbf{r}_\nu}{\partial t} \cdot \frac{\partial \mathbf{r}_\nu}{\partial t}.$$

$\widetilde{T}$ ist also eine explizit zeitunabhängige quadratische Form in den $\dot{q}_k$, falls die Abbildung (1.271) nicht explizit zeitabhängig ist.

Das DG-System (1.291) ist die allgemeinste Form der Komponentenzerlegung der Newtonschen Bewegungsgleichungen eines Systems von n MP. Die linken Seiten sind, wie man nach Ausführung der Zeitdifferentiation sieht, von 2. Ordnung in den Zeitableitungen von q_k. Die Lösungsfunktionen $q_k(t)$, $k = 1, \ldots, 3n$ bilden nach Einsetzen der Anfangsbedingungen eine Parameterdarstellung der „Bahn" $\mathbf{r}(t) = \{\mathbf{r}_1(t), \ldots, \mathbf{r}_n(t)\} \in \mathbb{E}^{3n}$ in generalisierten Koordinaten. Die Gleichungen (1.291) sind die Bewegungsgleichungen des MP-Systems in demjenigen BS, in dem T und die Kraftgesetze $\mathbf{F}_\nu$ formuliert sind, unabhängig davon, ob (1.271) eine BS-Transformation impliziert.

Sind speziell die $\mathbf{F}_\nu$ gemäß

$$\mathbf{F}_\nu = -\frac{\partial V}{\partial \mathbf{r}_\nu}, \qquad \nu = 1, \ldots, n$$

aus einer Potentialfunktion $V(\mathbf{r}_1, \ldots, \mathbf{r}_n, t)$ herleitbar, so ist mit

$$\widetilde{V}(q_1, \ldots, q_{3n}, t) := V(\mathbf{r}_1(q_1, \ldots, q_{3n}, t), \ldots, \mathbf{r}_n(q_1, \ldots, q_{3n}, t), t) \tag{1.293}$$

$$\widetilde{F}_k = -\sum_{\nu=1}^{n} \frac{\partial V}{\partial \mathbf{r}_\nu} \cdot \frac{\partial \mathbf{r}_\nu}{\partial q_k} = -\frac{\partial \widetilde{V}}{\partial q_k}, \qquad k = 1, \ldots, 3n, \tag{1.294}$$

so daß wegen

$$\frac{\partial \widetilde{V}}{\partial \dot{q}_k} = 0, \qquad k = 1, \ldots, 3n$$

die Bewegungsgleichungen (1.291) auch in der Form

$$\frac{d}{dt} \frac{\partial \widetilde{L}}{\partial \dot{q}_k} - \frac{\partial \widetilde{L}}{\partial q_k} = 0, \qquad k = 1, \ldots, 3n \tag{1.295}$$

mit $\quad \widetilde{L} := \widetilde{T} - \widetilde{V} = \widetilde{L}(q_1, \ldots, q_{3n}, \dot{q}_1, \ldots, \dot{q}_{3n}, t) \qquad (1.296)$

geschrieben werden können. $\widetilde{L}$ heißt *Lagrange-Funktion* (genauer: *Standard-Lagrange-Funktion,* siehe Abschn. 2.5.3).

Die Gleichungen (1.291) und (1.295) sind für beliebige generalisierte Koordinaten hergeleitet; insbesondere sind sie also gegenüber Punkttransformationen (1.282) *forminvariant,* d. h. in ihrer Gestalt unveränderlich. Das bedeutet, daß das mathematische Schema (1.291) bzw. (1.295) zur Aufstellung der konkreten Bewegungsgleichungen für alle Arten von generalisierten Koordinaten und in allen BS dasselbe ist. (Natürlich sind die e x p l i z i t ausgeschriebenen DGn für verschiedene Sätze $\{q_k\}$ bzw. $\{q'_k\}$

von gewählten generalisierten Koordinaten i. allg. verschieden, d. h. die Bewegungsgleichungen sind bei Punkttransformationen i. allg. nicht invariant im Sinne von (1.224).) Da die Seiten der Gleichungen (1.291) und (1.295) kovariante Komponenten von Vektoren sind und somit den Transformationsformeln (1.284) gehorchen, gilt also

$$\frac{d}{dt}\frac{\partial \tilde{T}}{\partial \dot{q}_k} - \frac{\partial \tilde{T}}{\partial q_k} = \sum_{i=1}^{3n} \left(\frac{d}{dt}\frac{\partial \tilde{T}'}{\partial \dot{q}'_k} - \frac{\partial \tilde{T}'}{\partial q'_k} \right) \frac{\partial q'_i}{\partial q_k}, \tag{1.297}$$

wobei $\tilde{T}'$ die in den q'_k geschriebene kinetische Energie ist. Die Forminvarianz dieses Differentialausdrucks bei Punkttransformationen gilt aber nicht nur für die speziellen Funktionen $\tilde{T}$ und $\tilde{L}$, sondern für j e d e stetig partiell differenzierbare Funktion $\tilde{G}(q_1, \ldots, q_{3n}, \dot{q}_1, \ldots, \dot{q}_{3n}, t)$. B e w e i s : Aus $q'_i = q'_i(q_1, \ldots, q_{3n}, t)$ folgt

$$\dot{q}'_i = \sum_{j=1}^{3n} \frac{\partial q'_i}{\partial q_j} \dot{q}_j + \frac{\partial q'_i}{\partial t}$$

und daraus

$$\frac{\partial \dot{q}'_i}{\partial q_k} = \sum_{j=1}^{3n} \frac{\partial^2 q'_i}{\partial q_k \partial q_j} \dot{q}_j + \frac{\partial^2 q'_i}{\partial q_k \partial t} = \frac{d}{dt}\frac{\partial q'_i}{\partial q_k} \tag{1.298}$$

und $$\frac{\partial \dot{q}'_i}{\partial \dot{q}_k} = \frac{\partial q'_i}{\partial q_k}. \tag{1.299}$$

Es ist mit $\tilde{G}' := \tilde{G}(q_1(q'_1, \ldots, q'_{3n}, t), \ldots, \dot{q}_{3n}(q'_1, \ldots, \dot{q}'_{3n}, t), t)$

$$\frac{\partial \tilde{G}}{\partial q_k} = \sum_{i=1}^{3n} \frac{\partial \tilde{G}'}{\partial q'_i}\frac{\partial q'_i}{\partial q_k} + \sum_{i=1}^{3n} \frac{\partial \tilde{G}'}{\partial \dot{q}'_i}\frac{\partial \dot{q}'_i}{\partial q_k},$$

$$\frac{d}{dt}\frac{\partial \tilde{G}}{\partial \dot{q}_k} = \frac{d}{dt}\sum_{i=1}^{3n} \frac{\partial \tilde{G}'}{\partial \dot{q}'_i}\frac{\partial \dot{q}'_i}{\partial \dot{q}_k} = \frac{d}{dt}\sum_{i=1}^{3n} \frac{\partial \tilde{G}'}{\partial \dot{q}'_i}\frac{\partial q'_i}{\partial q_k}$$

$$= \sum_{i=1}^{3n} \left(\frac{d}{dt}\frac{\partial \tilde{G}'}{\partial \dot{q}'_i} \right) \frac{\partial q'_i}{\partial q_k} + \sum_{i=1}^{3n} \frac{\partial \tilde{G}'}{\partial \dot{q}'_i} \left(\frac{d}{dt}\frac{\partial q'_i}{\partial q_k} \right).$$

Damit folgt wegen (1.298) schließlich

$$\frac{d}{dt}\frac{\partial \tilde{G}}{\partial \dot{q}_k} - \frac{\partial \tilde{G}}{\partial q_k} = \sum_{i=1}^{3n} \left(\frac{d}{dt}\frac{\partial \tilde{G}'}{\partial \dot{q}'_i} - \frac{\partial \tilde{G}'}{\partial q'_i} \right) \frac{\partial q'_i}{\partial q_k}. \tag{1.300}$$

Mit diesem Ergebnis können wir den Gültigkeitsbereich der Bewegungsgleichungen in der Form (1.295) erweitern: Auch wenn die $\mathbf{F}_\nu$ gemäß

$$\mathbf{F}_\nu = -\left(\frac{\partial U}{\partial \mathbf{r}_\nu} - \frac{d}{dt}\frac{\partial U}{\partial \dot{\mathbf{r}}_\nu} \right), \qquad \nu = 1, \ldots, n \tag{1.301}$$

aus einem sog. *verallgemeinerten Potential* $U(\mathbf{r}_1, \ldots, \mathbf{r}_n, \dot{\mathbf{r}}_1, \ldots, \dot{\mathbf{r}}_n, t)$ herleitbar sind[1]), ist mit

$$\widetilde{U}(q_1, \ldots, q_{3n}, \dot{q}_1, \ldots, \dot{q}_{3n}, t) := U(\mathbf{r}_1(q_1, \ldots, q_{3n}, t), \ldots, \dot{\mathbf{r}}_n(q_1, \ldots, \dot{q}_{3n}, t), t) \tag{1.302}$$

wegen (1.300) (setze $q_i' = x_i$)

$$\begin{aligned}\widetilde{F}_k &= -\sum_{\nu=1}^{n} \left(\frac{\partial U}{\partial \mathbf{r}_\nu} - \frac{d}{dt}\frac{\partial U}{\partial \dot{\mathbf{r}}_\nu}\right) \cdot \frac{\partial \mathbf{r}_\nu}{\partial q_k} = \sum_{i=1}^{3n} \left(\frac{d}{dt}\frac{\partial U}{\partial \dot{x}_i} - \frac{\partial U}{\partial x_i}\right)\frac{\partial x_i}{\partial q_k} \\ &= \frac{d}{dt}\frac{\partial \widetilde{U}}{\partial \dot{q}_k} - \frac{\partial \widetilde{U}}{\partial q_k}\end{aligned} \tag{1.303}$$

und daher nach Einsetzen in (1.291)

$$\frac{d}{dt}\frac{\partial \widetilde{L}}{\partial \dot{q}_k} - \frac{\partial \widetilde{L}}{\partial q_k} = 0, \qquad k = 1, \ldots, 3n \tag{1.304}$$

mit $\quad \widetilde{L} := \widetilde{T} - \widetilde{U} = \widetilde{L}(q_1, \ldots, q_{3n}, \dot{q}_1, \ldots, \dot{q}_{3n}, t).$ (1.305)

Ein Beispiel für ein verallgemeinertes Potential ist

$$U_S'(\mathbf{r}_1', \ldots, \mathbf{r}_n', \mathbf{v}_1', \ldots, \mathbf{v}_n', t) := \sum_{\mu=1}^{n} \left[-m_\mu \mathbf{v}_\mu' \cdot (\omega \times \mathbf{r}_\mu') - \frac{m_\mu}{2}(\omega \times \mathbf{r}_\mu')^2 + m_\mu \ddot{\mathbf{c}} \cdot \mathbf{r}_\mu'\right], \tag{1.306}$$

aus dem man gemäß

$$\mathbf{F}_{S\nu}' = -\left[\frac{\partial U_S'}{\partial \mathbf{r}_\nu'} - \left(\frac{d}{dt}\frac{\partial U_S'}{\partial \mathbf{v}_\nu'}\right)'\right]$$

die Scheinkräfte (1.198) herleiten kann, die sich in ihrer allgemeinsten Form nicht als $\mathbf{F}_{S\nu}' = -\dfrac{\partial V_S}{\partial \mathbf{r}_\nu'}$ aus einer Potentialfunktion $V_S(\mathbf{r}_1', \ldots, \mathbf{r}_n', \mathbf{v}_1', \ldots, \mathbf{v}_n', t)$ gewinnen lassen.

Damit ist nach dem in Abschn. 1.3.5.1 Gesagten klar, daß die Newtonschen Bewegungsgleichungen in jedem BS die Form (1.304) haben, wenn sich die e i n g e p r ä g t e n Kräfte aus einem Potential bzw. verallgemeinerten Potential herleiten lassen.

Ein weiteres wichtiges Beispiel für ein verallgemeinertes Potential ist

$$U = -Q\mathbf{A}(\mathbf{r}, t) \cdot \dot{\mathbf{r}} + Q\Phi(\mathbf{r}, t), \tag{1.307}$$

aus dem sich (s. Aufgabe 1.11) mit

$$\mathbf{E} = -\operatorname{grad}\Phi - \frac{\partial \mathbf{A}}{\partial t}, \qquad \mathbf{B} = \operatorname{rot}\mathbf{A}$$

---

[1]) Die $U(\mathbf{r}_1, \ldots, \mathbf{r}_n, \dot{\mathbf{r}}_1, \ldots, \dot{\mathbf{r}}_n, t)$ dürfen höchstens linear in den $\dot{\mathbf{r}}_\nu$ sein, sonst würde $\mathbf{F}_\nu$ von den Beschleunigungen $\ddot{\mathbf{r}}_\nu$ abhängen. Die allgemeinste Form des verallgemeinerten Potentials ist also

$$U = \sum_{\nu=1}^{n} \mathbf{C}_\nu(\mathbf{r}_1, \ldots, \mathbf{r}_n, t) \cdot \dot{\mathbf{r}}_\nu + U_0(\mathbf{r}_1, \ldots, \mathbf{r}_n, t).$$

gemäß (1.301) die *Lorentz-Kraft*

$$\mathbf{F} = Q(\mathbf{E} + \dot{\mathbf{r}} \times \mathbf{B})$$

herleiten läßt, die ein Teilchen mit der elektrischen Ladung Q erfährt, das sich in einem durch $\mathbf{E}(\mathbf{r}, t)$ und $\mathbf{B}(\mathbf{r}, t)$ beschriebenen elektromagnetischen Feld bewegt. (Abstrahlung und Eigenmagnetfeld sind dabei nicht berücksichtigt.)

Es sei darauf hingewiesen, daß wir als Nebenprodukt der Herleitung von (1.291) eine einfache Methode erhalten haben, um die Komponenten a_{q_k} des Beschleunigungsvektors $\mathbf{a}$ bez. der in (1.12) eingeführten Einheitsvektoren $\mathbf{e}_u$, $\mathbf{e}_v$, $\mathbf{e}_w$ für den Fall zu berechnen, daß $u = q_1$, $v = q_2$, $w = q_3$ orthogonale Koordinaten sind. Dann ist nämlich

$$\begin{aligned} a_{q_k} &= \mathbf{a} \cdot \mathbf{e}_{q_k} = \mathbf{a} \cdot \frac{\partial \mathbf{r}}{\partial q_k} \left| \frac{\partial \mathbf{r}}{\partial q_k} \right|^{-1} = \ddot{\mathbf{r}} \cdot \frac{\partial \mathbf{r}}{\partial q_k} \left| \frac{\partial \mathbf{r}}{\partial q_k} \right|^{-1} \\ &= \frac{1}{2} \left| \frac{\partial \mathbf{r}}{\partial q_k} \right|^{-1} \left(\frac{d}{dt} \frac{\partial \dot{\mathbf{r}}^2}{\partial \dot{q}_k} - \frac{\partial \dot{\mathbf{r}}^2}{\partial q_k} \right), \end{aligned} \tag{1.308}$$

wobei sich die letzte Gleichheit aus (1.289) ergibt. – Für Zylinderkoordinaten (1.14) und Kugelkoordinaten (1.15) folgt aus (1.18) mit (1.308)

$$\mathbf{a} = (\ddot{\rho} - \rho\dot{\varphi}^2)\mathbf{e}_\rho + (2\dot{\rho}\dot{\varphi} + \rho\ddot{\varphi})\mathbf{e}_\varphi + \ddot{z}\mathbf{e}_z \tag{1.309}$$

bzw.

$$\begin{aligned} \mathbf{a} = &(\ddot{r} - r\dot{\vartheta}^2 - r\dot{\varphi}^2 \sin^2\vartheta)\mathbf{e}_r + (2\dot{r}\dot{\vartheta} + r\ddot{\vartheta} - r\dot{\varphi}^2 \sin\vartheta \cos\vartheta)\mathbf{e}_\vartheta \\ &+ (2\dot{r}\dot{\varphi} \sin\vartheta + 2r\dot{\vartheta}\dot{\varphi} \cos\vartheta + r\ddot{\varphi} \sin\vartheta)\mathbf{e}_\varphi. \end{aligned} \tag{1.310}$$

Für nicht-orthogonale Koordinaten q_k gilt

$$a_{q_k} = \frac{1}{2} \left| \frac{\partial \mathbf{r}}{\partial q_k} \right| \sum_{i=1}^{3} g^{ik} \left(\frac{d}{dt} \frac{\partial \dot{\mathbf{r}}^2}{\partial \dot{q}_i} - \frac{\partial \dot{\mathbf{r}}^2}{\partial q_i} \right), \tag{1.311}$$

wobei g^{ik} die zu g_{ik} inverse Matrix ist.

Abschließend soll ein Beispiel die Benutzung der Bewegungsgleichungen in generalisierten Koordinaten illustrieren (als weiteres Beispiel s. Aufgabe 1.12).

Beispiel Kepler-Problem In Abschn. 1.3.6.2 erkannten wir, daß die Lösung des Kepler-Problems (1.243) in kartesischen Koordinaten sehr kompliziert ist. Wegen der Zentralsymmetrie des Kraftfeldes liegt es nahe, als generalisierte Koordinaten Kugelkoordinaten r, ϑ, φ bez. des Kraftzentrums durch (1.15) einzuführen. Die Lage der Polarachse lassen wir noch beliebig, da zunächst keine Richtung im Raum physikalisch ausgezeichnet ist. Weil das Kraftfeld ein Potential $V(\mathbf{r}) = -\mu\alpha/r = \tilde{V}$ besitzt, können wir (1.295) zur Aufstellung der Bewegungsgleichungen benutzen. Mit (1.18) ergibt sich die relative kinetische Energie (1.235) in Kugelkoordinaten als

$$\tilde{T} = \frac{\mu}{2}(\dot{r}^2 + r^2\dot{\vartheta}^2 + r^2\dot{\varphi}^2 \sin^2\vartheta). \tag{1.312}$$

Somit lautet die Lagrange-Funktion

$$\tilde{L} = \tilde{T} - \tilde{V} = \frac{\mu}{2}(\dot{r}^2 + r^2\dot{\vartheta}^2 + r^2\dot{\varphi}^2 \sin^2\vartheta) + \frac{\mu\alpha}{r}, \tag{1.313}$$

und die Bewegungsgleichungen (1.295) haben die Form

$$\frac{d}{dt}\frac{\partial\tilde{L}}{\partial\dot{r}} - \frac{\partial\tilde{L}}{\partial r} = \mu(\ddot{r} - r\dot{\vartheta}^2 - r\dot{\varphi}^2 \sin^2\vartheta) + \frac{\mu\alpha}{r^2} = 0, \tag{1.314a}$$

$$\frac{d}{dt}\frac{\partial\tilde{L}}{\partial\dot{\vartheta}} - \frac{\partial\tilde{L}}{\partial\vartheta} = \mu(2\dot{r}\dot{\vartheta} + r\ddot{\vartheta} - r\dot{\varphi}^2 \sin\vartheta\cos\vartheta) = 0, \tag{1.314b}$$

$$\frac{d}{dt}\frac{\partial\tilde{L}}{\partial\dot{\varphi}} - \frac{\partial\tilde{L}}{\partial\varphi} = \frac{d}{dt}(\mu r^2\dot{\varphi}\sin^2\vartheta) = 0. \tag{1.314c}$$

Da $\tilde{L}$ nicht von φ abhängt, ist es klug, in der letzten Gleichung die Zeitdifferentiation nicht auszuführen, denn so folgt sofort, daß

$$\mu r^2\dot{\varphi}\sin^2\vartheta = C_1 = \text{const} \tag{1.315}$$

eine Konstante der Bewegung ist.

Außer der Lösung $\vartheta(t) \equiv 0$, die auf keine allgemeine Lösung führt, da sie wegen (1.315) nur $C_1 = 0$ zuläßt, kann man der DG (1.314b) leicht noch eine andere ihrer Lösungen ansehen, nämlich $\vartheta(t) \equiv \pi/2$. Wenn wir die z-Achse des KS nun so legen, daß sie senkrecht auf der von den Vektoren $\mathbf{r}_0 := \mathbf{r}(0)$, $\mathbf{v}_0 := \dot{\mathbf{r}}(0)$ der Anfangsbedingungen aufgespannten Ebene steht, so beschreibt $\vartheta(t) \equiv \pi/2$ diese Ebene und erfüllt somit die Anfangsbedingungen. Aus (1.314a) und (1.315) entsteht nach Einsetzen von $\vartheta(t) \equiv \pi/2$

$$\mu\left(\ddot{r} - r\dot{\varphi}^2 + \frac{\alpha}{r^2}\right) = 0, \tag{1.316}$$

$$\mu r^2\dot{\varphi} = C_1 = \text{const.} \tag{1.317}$$

Gelingt es, Lösungen $r(t)$, $\varphi(t)$ von (1.316), (1.317) zu finden, die die Anfangsbedingungen erfüllen, so ist nach dem Eindeutigkeitssatz für Systeme gewöhnlicher DGn $\vartheta(t) \equiv \pi/2$ Lösung des Problems.

Setzt man $\dot{\varphi}$ aus (1.317) in (1.316) ein, so erhält man

$$\mu\ddot{r} - \frac{C_1^2}{\mu r^3} + \frac{\mu\alpha}{r^2} = 0.$$

Nach Multiplikation mit $\dot{r}$ kann man diese DG in die Form

$$\frac{d}{dt}\left(\frac{\mu}{2}\dot{r}^2 + \frac{C_1^2}{2\mu r^2} - \frac{\mu\alpha}{r}\right) = 0$$

bringen, woraus folgt

$$\frac{\mu}{2}\dot{r}^2 + \frac{C_1^2}{2\mu r^2} - \frac{\mu\alpha}{r} = C_2 = \text{const.} \tag{1.318}$$

Vergleicht man (1.317) mit (1.156) und (1.318) mit (1.158), so erkennt man in (1.317) den Erhaltungssatz für den Betrag des Relativdrehimpulses und in (1.318) den Erhaltungssatz für die Relativenergie: $C_1 = L$, $C_2 = E$. Die weitere Rechnung mit den Resultaten (1.163) und (1.246) ist in den betreffenden Abschnitten bereits ausgeführt worden.

2 Lagrange-Mechanik

2.1 Vorbemerkungen und Beispiele

Innere und äußere Kräfte, die auf die n Teilchen eines Massenpunktsystems wirken, schränken die Bewegung des Systems im Raum nicht ein: Alle Massenpunkte können im Prinzip jeden Punkt des dreidimensionalen Raumes mit beliebiger Geschwindigkeit erreichen, allein abhängig von der Vorgabe der 6n voneinander unabhängigen Anfangswerte $\mathbf{r}_{10}, \ldots, \mathbf{r}_{n0}, \mathbf{v}_{10}, \ldots, \mathbf{v}_{n0}$, denn diese Größen bestimmen eindeutig die Lösung der Newtonschen Bewegungsgleichungen im 3n-dimensionalen Konfigurationsraum.
Die Erfahrung zeigt aber, daß Bewegungen von Massenpunkten nicht immer räumlich unbeschränkt verlaufen. Zum Beispiel kann ein MP gezwungen werden, sich während eines bestimmten Zeitintervalls auf einem vorgegebenen starren Körper zu bewegen. Dies kann idealisiert als eine Einschränkung der Bewegung auf eine stückweise glatte Fläche oder, wenn der starre Körper fadenförmig ist, auf eine stückweise glatte Kurve beschrieben werden. Eine mathematische Gleichung, die eine solche Einschränkung der Bewegung ausdrückt, nennt man *Nebenbedingung* (NB). Da diese Bewegungsbeschränkung eine Einwirkung der Umgebung auf den MP darstellt, wird man im Sinne der Newtonschen Mechanik versuchen, dafür eine Kraft verantwortlich zu machen, die gemäß Axiom IV zu den Kraftgesetzen $\mathbf{F}_\nu$ addiert werden muß. Allerdings ist diese sog. *Zwangskraft* im Gegensatz zu den bisher eingeführten inneren und äußeren Kräften zunächst nicht explizit als Funktion von Ort und Geschwindigkeit des MP bekannt. Das Konzept der Zwangskraft wird vielmehr mathematisch so zu gestalten sein, daß diese wie die Bahnkurve eine zu suchende Unbekannte in den erweiterten Newtonschen Bewegungsgleichungen ist. Diese Erweiterung der Newtonschen Bewegungsgleichungen muß in Übereinstimmung mit dem Experiment gefunden werden.

Der Sinn der Einführung von Zwangskräften besteht darin, die Bewegungsbeschränkungen durch zusätzliche Kräfte zu ersetzen, die gerade dafür sorgen, daß die NBn von den dann noch realisierbaren Bahnkurven eingehalten werden. Dazu ist zu bemerken, daß auch die Anfangsbedingungen im Einklang mit den Bewegungsbeschränkungen gestellt werden müssen (nur solche Probleme sind „sachgemäß" gestellt). Mathematisch bedeutet das, daß die 6n Anfangsgrößen $\mathbf{r}_{\nu 0}, \mathbf{v}_{\nu 0}$ ($\nu = 1, \ldots, n$) nicht mehr unabhängig voneinander frei wählbar sind. So wird nicht mehr jeder Punkt des Konfigurationsraumes von Bahnkurven erreichbar sein, sondern nur der Teil, den die Bewegungsbeschränkungen zu erreichen erlauben.

Im folgenden sollen nur Bewegungsbeschränkungen untersucht werden, die sich in Gleichungsform als Funktion von Ort, Geschwindigkeit und Zeit formulieren lassen, jedoch nicht z. B. in Form von Ungleichungen. Zwei Beispiele sollen dazu dienen, die erweiterte Form der Newtonschen Bewegungsgleichungen zu „erraten".

Beispiel 1 Auf einen MP der Masse m wirke in einem BS die Schwerkraft $\mathbf{F} = m\mathbf{g}$. Als Nebenbedingung sei vorgeschrieben, daß der MP auf einer Kugeloberfläche (Kugelradius R) bleiben soll, die im BS ruht. Man kann sich das auch so vorstellen, daß der MP an einen starren masselosen Faden gebunden ist, der die Länge R besitzt (Fadenpendel). Befinden sich Beobachter und Kugelmittelpunkt im Ursprung O des BS, so liegt idealisiert die NB

$$\Phi(\mathbf{r}) := \mathbf{r}^2 - R^2 = 0 \tag{2.1}$$

vor. Für $t \geqslant 0$ gilt also für die gesuchte Bahnkurve $\mathbf{r}(t)$

$$\Phi(\mathbf{r}(t)) \equiv \mathbf{r}^2(t) - R^2 \equiv 0. \tag{2.2}$$

Da $\mathbf{r}(t)$ mindestens zweimal stückweise stetig differenzierbar ist, gilt auch

$$\frac{d}{dt}\Phi(\mathbf{r}(t)) \equiv 2\mathbf{r}(t) \cdot \dot{\mathbf{r}}(t) \equiv 0 \tag{2.3}$$

und
$$\frac{d^2}{dt^2}\Phi(\mathbf{r}(t)) \equiv 2\dot{\mathbf{r}}^2(t) + 2\mathbf{r}(t) \cdot \ddot{\mathbf{r}}(t) \equiv 0. \tag{2.4}$$

Insbesondere ergibt sich aus (2.3), daß die Anfangsbedingungen $\mathbf{r}(t = 0) =: \mathbf{r}_0$, $\dot{\mathbf{r}}(t = 0) =: \mathbf{v}_0$ die Gleichungen

$$\mathbf{r}_0^2 - R^2 = 0, \tag{2.5}$$

$$\mathbf{r}_0 \cdot \mathbf{v}_0 = 0 \tag{2.6}$$

erfüllen müssen. Das sind zwei unabhängige Beziehungen zwischen den zunächst 6 freien Anfangswerten $\mathbf{r}_0, \mathbf{v}_0$. Die Bahnkurve $\mathbf{r}(t)$ hängt also nur von 4 der 6 Anfangswerte ab. Die beiden Bedingungen (2.5), (2.6) drücken aus, daß zur Zeit $t = 0$ der MP auf der Kugeloberfläche (2.1) liegt und im Punkt $\mathbf{r}_0$ eine Anfangsgeschwindigkeit hat, die senkrecht zu $\mathbf{r}_0$, d. h. tangential zur Kugeloberfläche gerichtet ist.
Da die Lösung

$$\mathbf{r}(t) = \frac{1}{2}\mathbf{g}t^2 + \mathbf{v}_0 t + \mathbf{r}_0 \tag{2.7}$$

der Newtonschen Bewegungsgleichung

$$m\ddot{\mathbf{r}} = m\mathbf{g} \tag{2.8}$$

für $t > 0$ im Widerspruch zu (2.2) ist, muß (2.8) auf der rechten Seite so abgeändert werden, daß die Lösung der neuen, noch zu findenden Bewegungsgleichung für $t > 0$ mit der NB (2.1) verträglich ist. Dazu schreiben wir für die neue Bewegungsgleichung vorläufig

$$m\ddot{\mathbf{r}} = m\mathbf{g} + \mathbf{Z} \tag{2.9}$$

und interpretieren $\mathbf{Z}$ als eine Zwangskraft, die bewirken soll, daß die Lösung von (2.9) für die Anfangsbedingungen (2.5), (2.6) auch für $t > 0$ mit der NB (2.1) verträglich ist.

Die Wechselwirkung einer realen Masse m mit einer realen Kugeloberfläche wird zunächst durch die Starrheit und Unbeweglichkeit der Kugelfläche idealisiert, was in (2.1) zum Ausdruck gebracht ist. Da nur das Experiment letztlich entscheiden kann, ob eine mathematische Beziehung einen physikalischen Sachverhalt richtig (wenigstens hinreichend genau) beschreibt, müssen die experimentellen Bedingungen bekannt sein, um für $\mathbf{Z}$ einen analytischen Ausdruck finden zu können. Folgende experimentelle Bedingungen sollen vorliegen:

(1) Der Einfluß des Luftwiderstandes $\mathbf{F}_L$ sei vernachlässigbar. Das setzt $|\mathbf{F}_L| \ll mg$ voraus, weshalb $\mathbf{F}_L$ in (2.9) bereits weggelassen wurde.

(2) Der Mittelpunkt der Kugel bzw. der Aufhängepunkt des Fadens soll im BS ruhen.

(3) Für das Fadenpendel gelte: $m_{\text{Faden}} \ll m$, d. h. es handele sich nur um die Bewegung der Masse m, die relativ zum Faden als punktförmig angesehen werden darf, und nicht auch um die eines ausgedehnten Körpers (Faden).

(4) Gleitreibung zwischen der Kugelfläche und dem MP soll vernachlässigbar sein.

Neben der Starrheit der Kugel bzw. des Fadens ist die Bedingung 2 bereits in der NB (2.1) enthalten. 1 und 3 sind schon in der ursprünglichen Newton-Gleichung (2.8) berücksichtigt. Die Bedingung 4 besagt, daß in jedem Punkt von (2.1) die Tangentialkomponente von $\mathbf{Z}$ vernachlässigbar gegenüber der Normalkomponente von $\mathbf{Z}$ sein soll, d. h. $|\mathbf{Z}_t| \ll |\mathbf{Z}_n|$. Die sog. *Coulomb-Reibung* der Form $\mathbf{Z}_t = -a(v)|\mathbf{Z}_n|\mathbf{v}/v$ wird also nicht berücksichtigt (siehe jedoch Abschn. 2.3.1). Im folgenden nehmen wir an, daß die die Bewegung des MP einschränkende Fläche F ideale Oberflächeneigenschaften hat, so daß wir unter der Bezeichnung „Zwangskraft $\mathbf{Z}$" nur denjenigen Anteil verstehen wollen, für den

$$\mathbf{Z} \sim \mathbf{n}_F(\mathbf{r}) \tag{2.10}$$

gilt, wobei $\mathbf{n}_F(\mathbf{r})$ der Normalenvektor der Fläche F im Punkt $\mathbf{r}$ ist. Die Richtung von $\mathbf{Z}$ ist damit lokal bis auf das Vorzeichen festgelegt.

Es bedeutet prinzipiell keine Einschränkung, wenn wir die NB (Fläche) in impliziter Form

$$\Phi(\mathbf{r}) = 0 \tag{2.11}$$

vorgeben. Diese Form ist einer vektoriellen Form der Bewegungsgleichungen im dreidimensionalen euklidischen Raum am besten angepaßt. Mit (2.11) kann (2.10) in Form der Vektorgleichung

$$\mathbf{Z}(\mathbf{r}, \dot{\mathbf{r}}, t) = \lambda(\mathbf{r}, \dot{\mathbf{r}}, t) \operatorname{grad} \Phi(\mathbf{r}) \tag{2.12}$$

geschrieben werden. Für unser Beispiel (2.1) bedeutet das

$$\mathbf{Z}(\mathbf{r}, \dot{\mathbf{r}}, t) = 2\lambda(\mathbf{r}, \dot{\mathbf{r}}, t)\mathbf{r}. \tag{2.13}$$

$\lambda(\mathbf{r}, \dot{\mathbf{r}}, t)$ ist eine noch unbekannte Funktion, die für das richtige Vorzeichen und den richtigen Betrag von $\mathbf{Z}$ sorgen muß, so daß die Lösung $\mathbf{r}(t)$ der neuen Bewegungsgleichung

$$m\ddot{\mathbf{r}} = \mathbf{F}(\mathbf{r}, \dot{\mathbf{r}}, t) + \lambda(\mathbf{r}, \dot{\mathbf{r}}, t) \operatorname{grad} \Phi(\mathbf{r}) \tag{2.14}$$

mit der Flächengleichung (2.11) verträglich ist. $\lambda(\mathbf{r}, \dot{\mathbf{r}}, t)$ heißt *Lagrangescher Multiplikator*[1]).

Für unser Beispiel (2.1), (2.9) erhält man mit (2.13)

$$m\ddot{\mathbf{r}} = m\mathbf{g} + 2\lambda(\mathbf{r}, \dot{\mathbf{r}}, t)\mathbf{r}, \qquad \mathbf{r}^2 - R^2 = 0. \tag{2.15}$$

Differenziert man die NB zweimal nach t, so folgt

$$\dot{\mathbf{r}}^2 + \mathbf{r} \cdot \ddot{\mathbf{r}} = \dot{\mathbf{r}}^2 + \mathbf{r} \cdot \left(\mathbf{g} + \frac{2\lambda}{m}\mathbf{r}\right) = 0, \tag{2.16}$$

und daraus erhält man

$$2\lambda(\mathbf{r}, \dot{\mathbf{r}}, t) = -\frac{m}{R^2}(\dot{\mathbf{r}}^2 + \mathbf{r} \cdot \mathbf{g}). \tag{2.17}$$

Setzt man λ wieder in (2.15) ein, so entsteht die λ-freie Bewegungsgleichung

$$\ddot{\mathbf{r}} = \mathbf{g} - \frac{1}{R^2}(\dot{\mathbf{r}}^2 + \mathbf{r} \cdot \mathbf{g})\mathbf{r}. \tag{2.18}$$

Das sind zunächst drei gekoppelte nichtlineare DGn der Gesamtordnung 6 für x(t), y(t), z(t). Mit Hilfe der NB $\mathbf{r}^2 - R^2 = 0$ kann man das System (2.18) auf ein gekoppeltes System der Gesamtordnung 4 für zwei der drei Funktionen x(t), y(t), z(t) reduzieren.

Für eine weitere Reduktion des DG-Systems kann man wie in Abschnitt 1.3.4.3 versuchen, Konstanten der Bewegung zu finden. Wegen der Voraussetzungen über die Form von **Z** und wegen der expliziten Zeitunabhängigkeit von (2.1) ist zu erwarten, daß auch für das System (2.15) der Energiesatz gilt. Zum Beweis multiplizieren wir die erste Gleichung (2.15) skalar mit $\dot{\mathbf{r}}$ und erhalten

$$m\ddot{\mathbf{r}} \cdot \dot{\mathbf{r}} = \frac{d}{dt}\left(\frac{m}{2}\dot{\mathbf{r}}^2\right) = m\mathbf{g} \cdot \dot{\mathbf{r}} + 2\lambda\mathbf{r} \cdot \dot{\mathbf{r}}$$

oder, da wegen der NB (2.1) $\dot{\mathbf{r}} \cdot \mathbf{r} = 0$ gilt,

$$\frac{d}{dt}\left(\frac{m}{2}\dot{\mathbf{r}}^2 - m\mathbf{g} \cdot \mathbf{r}\right) = 0,$$

d. h. $$\frac{m}{2}\dot{\mathbf{r}}^2 - m\mathbf{g} \cdot \mathbf{r} = \frac{m}{2}v_0^2 - m\mathbf{g} \cdot \mathbf{r}_0 =: E = \text{const}.$$

In (2.17) kann man also $\dot{\mathbf{r}}^2$ durch $\mathbf{r}$ eliminieren:

$$2\lambda(\mathbf{r}) = -\frac{m}{R^2}\left(\frac{2E}{m} + 3\mathbf{g} \cdot \mathbf{r}\right).$$

---

[1]) $\lambda(\mathbf{r}, \dot{\mathbf{r}}, t)$ ist, wie die Eliminationsverfahren in Abschn. 2.3 zeigen, i. allg. eine Funktion von $\mathbf{r}, \dot{\mathbf{r}}, t$. Dieses λ darf nicht mit dem im sog. Hamiltonschen Variationsprinzip benutzten Lagrange-Multiplikator $\lambda(t)$ verwechselt werden. In diesem Variationsprinzip bedeutet $\lambda(t)$ eine n u r von t abhängige Funktion, deren Variation deshalb verschwindet.

Eingesetzt in (2.15) folgt

$$m\ddot{\mathbf{r}} = m\mathbf{g} + \mathbf{Z} \tag{2.19}$$

mit $$\mathbf{Z} = -\frac{m}{R^2}\left(\frac{2E}{m} + 3\mathbf{g}\cdot\mathbf{r}\right)\mathbf{r} = -m\frac{v_0^2}{R}\frac{\mathbf{r}}{R} - m\frac{\mathbf{g}\cdot(3\mathbf{r}-2\mathbf{r}_0)}{R}\frac{\mathbf{r}}{R}. \tag{2.20}$$

Der erste Summand ist die sog. *Zentripetalkraft.* Die Zwangskraft **Z** hängt also nur noch von $\mathbf{r}$, $\mathbf{r}_0$ und v_0 ab. Bei festen Anfangswerten ist sie im vorliegenden Fall daher eine reine Ortsfunktion $\mathbf{Z}(\mathbf{r})$. – Eine weitere Konstante der Bewegung ist wegen

$$m\mathbf{r}\times\ddot{\mathbf{r}} = \frac{d}{dt}(\mathbf{r}\times m\dot{\mathbf{r}}) = m\mathbf{r}\times\mathbf{g}$$

die Komponente des Drehimpulses **L** in Richtung **g**, z. B. L_3, falls $\mathbf{e}_3 \parallel \mathbf{g}$ gewählt wird. Mit den beiden Konstanten der Bewegung E und L_3 kann die Gesamtordnung noch einmal um 2 erniedrigt werden, so daß letztlich für unser Beispiel der Bewegung eines MP auf einer Kugelfläche im homogenen Schwerefeld ein gekoppeltes nichtlineares DG-System der Gesamtordnung 2 zu lösen ist, das allerdings relativ zur ursprünglichen Newtonschen Bewegungsgleichung (2.8) recht kompliziert ist. Eine erhebliche Vereinfachung werden wir in Abschnitt 2.5.1 nach Einführung geeigneter generalisierter Koordinaten erreichen. Die hier vorgenommene Elimination von λ ist nur e i n e Möglichkeit zur Lösung des Systems (2.1), (2.15); andere Möglichkeiten werden in Abschn. 2.3 behandelt.

Wichtig an diesem Beispiel ist nicht so sehr die spezielle Form von (2.20) oder (2.13), sondern die Folgerung aus Bedingung 4, die zu (2.10) und damit zu (2.12) führte. Für eine Interpretation der NB (2.1) als Fadenpendel kann man Bedingung 4 nicht benutzen. Man müßte dann so argumentieren: Während der Bewegung übt der Faden eine Kraft auf den MP aus, die proportional zu **r** ist: $\mathbf{Z} = \mu\mathbf{r}$. Mit diesem Ansatz und der NB würde man wieder (2.13) erhalten. **r** durch grad $\Phi(\mathbf{r})$ zu ersetzen ist aber nicht zwingend.

Der Vergleich der Lösungen von (2.19), (2.20) mit dem Experiment ergibt unter den gemachten Voraussetzungen gute Übereinstimmung, so daß man ein gewisses Vertrauen in die Gleichungen

$$m\ddot{\mathbf{r}} = \mathbf{F} + \lambda(\mathbf{r}, \dot{\mathbf{r}}, t)\,\mathrm{grad}\,\Phi(\mathbf{r}), \qquad \Phi(\mathbf{r}) = 0 \tag{2.21}$$

haben kann, die die Newtonsche Bewegungsgleichung (1.34) bei Vorliegen einer NB ersetzen sollen. Selbstverständlich müssen viele verschiedene Funktionen **F** und $\Phi(\mathbf{r})$ experimentell überprüft werden.

Beispiel 2 Ein MP der Masse m bewege sich in einem Kraftfeld $\mathbf{F}(\mathbf{r}, t)$ reibungsfrei längs eines idealisierten starren „unendlich" dünnen Drahtes. Man denke z. B. an die Bewegung einer Perle auf einem Draht. Mathematisch bedeutet diese NB eine Raumkurve, längs der sich der MP bewegen soll. Wir wollen wieder eine kartesische Erweiterung der Newtonschen Bewegungsgleichung im $\mathbb{E}^3$ für die neue Aufgabenstellung suchen. Um methodisch Anschluß an das vorangehende Beispiel zu haben, sei angenommen, daß die Raumkurve dargestellt sei als Schnitt zweier implizit kartesisch gegebener Flächen. Lokal ist das immer möglich. Wir behandeln als einfaches Beispiel die NBn

$$\Phi_1 := \mathbf{r}^2 - R^2 = 0, \tag{2.22}$$

$$\Phi_2 := (\mathbf{r} - \mathbf{a})^2 - R^2 = 0, \qquad |\mathbf{a}| < 2R, \tag{2.23}$$

d. h. zwei Kugeloberflächen mit gleichen Radien, deren Mittelpunkte bei $\mathbf{r} = \mathbf{0}$ und $\mathbf{r} = \mathbf{a}$ liegen. Aus beiden NBn folgt

$$\mathbf{a} \cdot \mathbf{r} = \frac{\mathbf{a}^2}{2}, \quad \text{also} \quad \frac{\mathbf{a}}{|\mathbf{a}|} \cdot \mathbf{r} = \frac{|\mathbf{a}|}{2}. \tag{2.24}$$

Das ist die Gleichung einer Ebene, die den Abstand $|\mathbf{a}|/2$ vom Ursprung hat und auf der $\mathbf{a}$ senkrecht steht. Zusammen mit $\mathbf{r}^2 - R^2 = 0$ entsteht als Schnittkurve ein Kreis $\mathbf{r}_C(\xi)$ in dieser Ebene, auf den die Bewegung des MP eingeschränkt ist. Sein Radius ist $r_C = \sqrt{R^2 - a^2/4}$. Für $a = 2R$ ist $r_C = 0$, d. h. der Kreis als Schnittkurve entartet zu einem Punkt (die Kugelflächen berühren sich). Für $a > 2R$ schneiden sich die Kugeln nicht, und die beiden NBn (2.22), (2.23) sind kinematisch nicht verträglich, weil die Anfangsbedingungen $\mathbf{r}_0$, $\mathbf{v}_0$ nicht gleichzeitig (2.22) und (2.23) erfüllen können. Für ein sachgemäß gestelltes Problem muß also $a < 2R$ gelten.

Um die Form der Zwangskraft $\mathbf{Z}$ zu finden, beachten wir, analog zu Beispiel 1, daß tangential zur Raumkurve von diesem starren glatten Gebilde keine Kraft auf den MP ausgeübt werden soll. Das bedeutet

$$\mathbf{Z} \cdot \dot{\mathbf{r}}_C = 0, \qquad \dot{\mathbf{r}}_C = \dot{\xi} d\mathbf{r}_C/d\xi, \qquad \xi = \xi(t), \tag{2.25}$$

wobei $\dot{\mathbf{r}}_C$ Tangentialvektor für einen beliebigen Punkt von $\mathbf{r}_C$ ist. Da $\mathbf{r}_C(\xi)$ als Schnittkurve beiden Flächen $\Phi_1 = 0$, $\Phi_2 = 0$ angehört, gilt $\Phi_1(\mathbf{r}_C(\xi)) = 0$, $\Phi_2(\mathbf{r}_C(\xi)) = 0$ und nach Differentiation nach ξ

$$\frac{d\mathbf{r}_C}{d\xi} \cdot \operatorname{grad} \Phi_1 = 0, \qquad \frac{d\mathbf{r}_C}{d\xi} \cdot \operatorname{grad} \Phi_2 = 0.$$

Somit bilden, solange grad Φ_1 und grad Φ_2 linear unabhängig sind, die Vektoren $d\mathbf{r}_C/d\xi$, grad Φ_1, grad Φ_2 eine Basis, nach der man $\mathbf{Z}$ unter Berücksichtigung von (2.25) in der Form

$$\mathbf{Z} = \lambda_1 \operatorname{grad} \Phi_1(\mathbf{r}) + \lambda_2 \operatorname{grad} \Phi_2(\mathbf{r}) \tag{2.26}$$

entwickeln kann. In unserem Beispiel ist also

$$\mathbf{Z} = 2\lambda_1 \mathbf{r} + 2\lambda_2(\mathbf{r} - \mathbf{a}).$$

Zusammen mit $\Phi_1(\mathbf{r}) = 0$, $\Phi_2(\mathbf{r}) = 0$ stellt

$$m\ddot{\mathbf{r}} = \mathbf{F} + \lambda_1 \operatorname{grad} \Phi_1(\mathbf{r}) + \lambda_2 \operatorname{grad} \Phi_2(\mathbf{r}) \tag{2.27}$$

die kartesische Erweiterung der Newtonschen Bewegungsgleichung (1.34) für einen MP dar, der gezwungen wird, sich längs einer vorgegebenen Raumkurve zu bewegen, die durch $\Phi_1(\mathbf{r}) = 0$, $\Phi_2(\mathbf{r}) = 0$ definiert ist.

Auch jetzt kann man wieder zu λ-freien Bewegungsgleichungen übergehen. Allgemeine Verfahren der Elimination der λ_α werden in Abschn. 2.3 und 2.5 entwickelt. Um (2.27) experimentell zu prüfen, muß man aus den drei gekoppelten DGn für x, y, z zusammen mit den zwei NBn die fünf Funktionen $\mathbf{r}(t)$, $\lambda_1(\mathbf{r}, \dot{\mathbf{r}}, t)$, $\lambda_2(\mathbf{r}, \dot{\mathbf{r}}, t)$ berechnen. Dieses Verfahren scheint reichlich kompliziert zu sein, denn mit $\Phi_1 = 0$, $\Phi_2 = 0$ kennt man doch schon die geometrische Gestalt der Bahnkurve (in unserem Beispiel ein Kreis), zu deren Darstellung ein e i n z i g e r Parameter ξ ausreicht. Deshalb entsteht die Frage, ob man nicht sofort eine einzige Bewegungsgleichung für $\xi(t)$ aufstellen kann. In Abschn. 2.5.1 wird diese Frage positiv beantwortet.

2.2 Die Lagrange-Gleichungen 1. Art in kartesischer Darstellung für holonome Nebenbedingungen

2.2.1 Arten der Nebenbedingungen, Lagrange-Gleichungen 1. Art für einen Massenpunkt

Bevor die allgemeinsten physikalisch relevanten Bewegungsgleichungen bei Vorliegen von NBn aufgestellt werden können, ist es notwendig, die möglichen Formen der zulässigen NBn zu untersuchen und mathematische Voraussetzungen für sie zu formulieren. Eine erste mögliche Verallgemeinerung der bisher betrachteten NBn der Form $\Phi(\mathbf{r}) = 0$ ist die Einführung der Zeit:

$$\Phi(\mathbf{r}, t) = 0. \tag{2.28}$$

Zwei Beispiele dafür sind

$$(\mathbf{r} - \xi(t))^2 - R^2 = 0 \tag{2.29}$$

und

$$\mathbf{r}^2 - R^2(t) = 0. \tag{2.30}$$

Die Zeitabhängigkeit in (2.29) und (2.30) ist unterschiedlich zu interpretieren: Bei (2.29) handelt es sich um eine starre Kugeloberfläche mit Radius R, deren Mittelpunkt sich bez. eines BS längs der gegebenen Bahnkurve $\xi(t)$ bewegt. Für den Spezialfall $\xi(t) = \mathbf{v}_0 t + \xi_0$ bewegt sich der Kugelmittelpunkt mit konstanter Geschwindigkeit $\mathbf{v}_0$ längs einer durch $\mathbf{v}_0$ und ξ_0 definierten Geraden. (2.30) dagegen beschreibt keine starre Fläche. Hier handelt es sich um eine Kugelfläche, deren Mittelpunkt im BS ruht, deren Radius sich aber in vorgegebener Weise $R(t)$ in diesem BS zeitlich ändert. Soll ein MP diese NB erfüllen, so liegt eine Erweiterung des ursprünglich in Abschn. 2.1 angenommenen physikalischen Sachverhalts der Bewegung eines MP auf der Oberfläche eines starren Körpers vor. Nur das Experiment kann entscheiden, ob Gleichungen der Form (2.21) bzw. (2.27) auch für zeitlich sich deformierende Flächen anwendbar sind.

Zur Abgrenzung der beiden möglichen Fälle soll die Struktur der Zeitabhängigkeit von $\Phi(\mathbf{r}, t)$ für eine relativ zum Bezugssystem Σ beliebig bewegte starre Fläche untersucht werden. Diese Bewegung kann durch den Transformationszusammenhang zwischen einem KS $[O', \mathbf{e}_1', \mathbf{e}_2', \mathbf{e}_3']$ in einem starr mit der Fläche verbundenen BS Σ' und einem KS $[O; \mathbf{e}_1, \mathbf{e}_2, \mathbf{e}_3]$ in Σ dargestellt werden, der durch die Gleichungen (1.26b) wiedergegeben wird. Ist $\Phi'(x_1', x_2', x_3') = 0$ die Gleichung der starren Fläche bez. des BS Σ', dann lautet die Gleichung dieser Fläche in Σ

$$\Phi(x_1, x_2, x_3, t) := \Phi'(x_1'(x_1, x_2, x_3, t), x_2'(x_1, x_2, x_3, t), x_3'(x_1, x_2, x_3, t)) = 0.$$

Die Zeitabhängigkeit einer relativ zu Σ b e w e g t e n s t a r r e n Fläche muß sich also in der Form

$$\Phi(x_1, x_2, x_3, t) = \Phi'(x_1', x_2', x_3') = 0 \tag{2.31}$$

darstellen lassen, wenn man für x_i' (1.26b) einsetzt. Die NB (2.29) ist offensichtlich ein Beispiel dafür. Liegt eine solche Struktur nicht vor, wie z. B. bei (2.30), so handelt es sich um eine n i c h t s t a r r e Fläche, die sich i. allg. noch relativ zu Σ bewegen kann. Zu beachten ist, daß bei der Beschreibung einer bewegten starren Kurve mittels

$$\Phi_1(\mathbf{r}, t) = 0, \qquad \Phi_2(\mathbf{r}, t) = 0$$

in beiden Gleichungen d i e s e l b e Transformation (1.26b) verwendet werden muß, damit die Kurve starr ist.

NBn der Form

$$\Phi_\alpha(\mathbf{r}) = 0, \qquad \alpha = 1, \ldots, s < 3 \tag{2.32a}$$

heißen *holonom-skleronom*, NBn der Form

$$\Phi_\alpha(\mathbf{r}, t) = 0, \qquad \alpha = 1, \ldots, s < 3 \tag{2.32b}$$

heißen *holonom-rheonom*. Einen wichtigen Unterschied zwischen holonom-skleronomen und holonom-rheonomen NBn sieht man folgendermaßen: Da die Bahnkurve $\mathbf{r}(t)$ die NBn (2.32b) erfüllen muß, gilt

$$\Phi_\alpha(\mathbf{r}(t), t) = 0 \tag{2.33}$$

und daher auch

$$\frac{d\Phi_\alpha}{dt} = \dot{\mathbf{r}} \cdot \operatorname{grad} \Phi_\alpha + \frac{\partial \Phi_\alpha}{\partial t} = 0, \qquad \alpha = 1, \ldots, s < 3 \tag{2.34}$$

für $\mathbf{r} = \mathbf{r}(t)$ identisch in t. Liegen jedoch NBn der Form (2.32a) vor, so ist $\frac{\partial \Phi_\alpha}{\partial t} = 0$, und aus (2.34) folgt, daß im BS Σ die Geschwindigkeit $\dot{\mathbf{r}}$ des MP immer orthogonal zu den Normalenrichtungen grad Φ_α ist. Bei holonom-rheonomen NBn, also bei $\frac{\partial \Phi_\alpha}{\partial t} \neq 0$, ist das nicht mehr der Fall.

Geschwindigkeitsabhängige NBn der Form

$$f_\beta(\mathbf{r}, \dot{\mathbf{r}}, t) = 0, \qquad \beta = 1, \ldots, s < 3, \tag{2.35}$$

die sich nicht in der Form (2.34) durch Funktionen $\Phi_\alpha(\mathbf{r}, t)$ darstellen lassen, heißen *nichtholonom*. Sie können also nicht als Flächen dargestellt werden, da sie sich nicht auf (2.33) zurückführen lassen. Bewegungsgleichungen mit solchen NBn werden in Abschn. 2.7 behandelt.

Nach den Beispielen aus Abschn. 2.1 mit holonom- s k l e r o n o m e n NBn entsteht nun die Frage, welche Form die erweiterten Bewegungsgleichungen für holonom-r h e o n o m e NBn haben. Dazu betrachten wir unser obiges Beispiel einer im BS Σ' s t a r r e n Fläche $\Phi'(\mathbf{r}') = 0$. Für einen Beobachter in Σ' tritt eine Zwangskraft $\mathbf{Z}' = \lambda'(\mathbf{r}', \dot{\mathbf{r}}', t) \operatorname{grad}' \Phi'(\mathbf{r}')$ auf, die unter den Voraussetzungen in Abschn. 2.1 lokal proportional zu der Normalenrichtung von $\Phi' = 0$ in Σ' ist. In Σ' liegt somit die erweiterte Bewegungsgleichung

$$m\ddot{\mathbf{r}}' = \mathbf{F}'(\mathbf{r}', \dot{\mathbf{r}}', t) + \lambda'(\mathbf{r}', \dot{\mathbf{r}}', t)\, \text{grad}'\, \Phi'(\mathbf{r}') \tag{2.36}$$

vor. Transformiert man diese Gleichung mittels (1.26b) in das BS Σ, in dem die NB die beobachtete Form $\Phi(\mathbf{r}, t) = \Phi'(\mathbf{r}') = 0$ hat, so erhält man

$$m\ddot{\mathbf{r}} = \mathbf{F}(\mathbf{r}, \dot{\mathbf{r}}, t) + \lambda(\mathbf{r}, \dot{\mathbf{r}}, t)\, \text{grad}\, \Phi(\mathbf{r}, t), \tag{2.37}$$

wobei λ durch $\lambda(\mathbf{r}, \dot{\mathbf{r}}, t) := \lambda'(\mathbf{r}'(\mathbf{r}, t), \dot{\mathbf{r}}'(\mathbf{r}, \dot{\mathbf{r}}, t), t)$ bestimmt ist. Es liegt nahe, (2.37) auch für solche zeitabhängigen NBn $\Phi(\mathbf{r}, t) = 0$ als physikalisch richtig anzusehen, für die (2.31) nicht gilt, die also zeitlich sich d e f o r m i e r e n d e Flächen darstellen.

s NBn $\Phi_\alpha(\mathbf{r}, t) = 0$, $\alpha = 1, \ldots, s$ sollen voneinander *unabhängig* heißen, wenn die Funktionen $\Phi_\alpha(\mathbf{r}, t)$ im gemeinsamen Definitionsbereich voneinander unabhängig sind (siehe auch Abschn. 1.3.4.1). Für $s \leq 3$ und stetig partiell differenzierbare Φ_α ist ein hinreichendes Kriterium für Unabhängigkeit, daß für den Rang der (3, s)-Funktionalmatrix gilt

$$\text{Rg}\left(\frac{\partial \Phi_\alpha}{\partial x_i}\right)_{\substack{\alpha = 1, \ldots, s \\ i = 1, 2, 3}} = s, \tag{2.38}$$

d. h. nicht alle s-reihigen Unterdeterminanten dürfen identisch verschwinden[1]). Zweimal stetig differenzierbare NBn, die (2.38) erfüllen und physikalisch widerspruchsfrei sind, sollen *sachgerechte* NBn heißen. Physikalisch widerspruchsfrei soll bedeuten, daß das durch die NBn beschriebene mathematische Bild die experimentellen Gegebenheiten e i n d e u t i g wiedergeben muß.

Die in Abschn. 2.1 physikalisch motivierten Gleichungen (2.21) und (2.27) und die eben aufgestellte Gleichung (2.37) fassen wir nun zu folgendem Ergebnis zusammen: Liegen s u n a b h ä n g i g e NBn der Form

$$\Phi_\alpha(\mathbf{r}, t) = 0, \qquad \alpha = 1, \ldots, s < 3 \tag{2.39}$$

vor, so lautet die zugehörige Bewegungsgleichung für einen MP der Masse m

$$m\ddot{\mathbf{r}} = \mathbf{F}(\mathbf{r}, \dot{\mathbf{r}}, t) + \sum_{\alpha=1}^{s} \lambda_\alpha(\mathbf{r}, \dot{\mathbf{r}}, t)\, \text{grad}\, \Phi_\alpha(\mathbf{r}, t). \tag{2.40}$$

Sie heißt *Lagrange-Gleichung 1. Art* in vektorieller Darstellung. Aus dem bisher Gesagten folgt, daß wir das Axiom II aus Abschn. 1.3.1 durch folgenden Z u s a t z ergänzen müssen:

Axiom II' *Für Probleme mit* s *voneinander unabhängigen holonomen Nebenbedingungen der Form*

$$\Phi_\alpha(\mathbf{r}, t) = 0, \qquad \alpha = 1, \ldots, s < 3$$

---

[1]) Für eine (m, n)-Matrix A gilt: $\text{Rg}A = s$ genau dann, wenn $\text{Rg}(AA^T) = s$. Daher kann man für $m = s$ das Kriterium $\text{Rg}A = s$ durch das Kriterium $\det(AA^T) \neq 0$ ersetzen.

tritt zum Kraftgesetz $\mathbf{F}(\mathbf{r}, \dot{\mathbf{r}}, t)$ *in (1.32) additiv die Zwangskraft*

$$\mathbf{Z}(\mathbf{r}, \dot{\mathbf{r}}, t) = \sum_{\alpha=1}^{s} \lambda_\alpha(\mathbf{r}, \dot{\mathbf{r}}, t) \operatorname{grad} \Phi_\alpha(\mathbf{r}, t) \tag{2.41}$$

hinzu, so daß die Bewegungsgleichung in dem verwendeten BS lautet

$$m\ddot{\mathbf{r}} = \mathbf{F}(\mathbf{r}, \dot{\mathbf{r}}, t) + \mathbf{Z}(\mathbf{r}, \dot{\mathbf{r}}, t). \tag{2.42}$$

Auch in einem l o k a l e n I n e r t i a l s y s t e m *kann* **Z** *im Gegensatz zu* **F** *von der Masse* m *abhängen.*

Wegen ihrer besonderen, durch die Geometrie der Umgebung bestimmten Natur sollen Zwangskräfte nicht zu den eingeprägten Kräften gezählt werden, obwohl sie keine Scheinkräfte sind.

2.2.2 Lagrange-Gleichung 1. Art für n Massenpunkte, Freiheitsgrade

Die in den Newtonschen Bewegungsgleichungen für n MP auftretenden Kraftgesetze $\mathbf{F}_\nu, \nu = 1, \ldots, n$, sollen hier wie in Abschn. 1 die Axiome IV, V, VI und VII erfüllen. Es seien s holonome NBn $\Phi_\alpha(\mathbf{r}_1, \ldots, \mathbf{r}_n, t) = 0, \alpha = 1, \ldots, s$ gegeben. Sind sie stetig partiell differenzierbar, so lautet für $s \leqslant 3n$ NBn das zu (2.38) analoge hinreichende und für s a c h g e r e c h t e NBn auch notwendige Kriterium für Unabhängigkeit jetzt

$$\operatorname{Rg} \left(\frac{\partial \Phi_\alpha}{\partial x_i} \right)_{\substack{\alpha = 1, \ldots, s \\ i = 1, \ldots, 3n}} = s. \tag{2.43}$$

Wenn die Lösungen der Newtonschen Bewegungsgleichungen (1.72) durch $s < 3n$ u n a b h ä n g i g e holonome NBn

$$\Phi_\alpha(\mathbf{r}_1, \ldots, \mathbf{r}_n, t) = 0, \qquad \alpha = 1, \ldots, s < 3n \tag{2.44}$$

eingeschränkt werden, so machen wir dafür, analog zur Vorgehensweise bei e i n e m MP, Zwangskräfte $\mathbf{Z}_\nu, \nu = 1, \ldots, n$ verantwortlich und ersetzen (1.72) durch

$$m_\nu \ddot{\mathbf{r}}_\nu = \mathbf{F}_\nu(\mathbf{r}_1, \ldots, \mathbf{r}_n, \dot{\mathbf{r}}_1, \ldots, \dot{\mathbf{r}}_n, t) + \mathbf{Z}_\nu(\mathbf{r}_1, \ldots, \mathbf{r}_n, \dot{\mathbf{r}}_1, \ldots, \dot{\mathbf{r}}_n, t), \qquad \nu = 1, \ldots, n. \tag{2.45}$$

Bei einem System von n MP können die s NBn (2.44) noch aufgeteilt werden in $s^{(a)}$ *äußere Nebenbedingungen* der Form

$$\Phi_{\alpha\nu}^{(a)}(\mathbf{r}_\nu, t) = 0, \qquad \nu = 1, \ldots, n; \alpha = 1, \ldots, s_\nu^{(a)} \leqslant 3; \sum_{\nu=1}^{n} s_\nu^{(a)} = s^{(a)}, \tag{2.46}$$

die also nur von den Koordinaten jeweils e i n e s MP abhängen, und $s^{(i)}$ *innere Nebenbedingungen*

$$\Phi_\beta^{(i)}(\mathbf{r}_1, \ldots, \mathbf{r}_n, t) = 0, \qquad \beta = 1, \ldots, s^{(i)} \tag{2.47}$$

z w i s c h e n den MP des Systems.

Ein wichtiger Spezialfall von (2.47) liegt vor, wenn sich innere NBn in der Form

$$\Phi_{\nu\mu}^{(i)} := |\mathbf{r}_\nu - \mathbf{r}_\mu| - a_{\nu\mu} = 0, \qquad \nu, \mu = 1, \ldots, n; \nu < \mu; a_{\nu\mu} = \text{const} \tag{2.48}$$

darstellen lassen. Hierzu ein Beispiel: Zwei MP, die einen konstanten Abstand $a > 0$ voneinander haben (Hantel), sollen sich so auf der (inneren) Oberfläche eines Kreiszylinders mit Radius R bewegen, daß die MP (d. h. die Hantel) immer mit der Oberfläche des Kreiszylinders in Berührung bleiben. Ist die z-Achse eines KS Symmetrieachse des Kreiszylinders, so bestehen folgende NBn:

$$\Phi_{12}^{(i)} := |\mathbf{r}_1 - \mathbf{r}_2| - a = 0, \tag{2.49}$$

$$\Phi_1^{(a)} := \rho_1^2 - R^2 = 0, \qquad \Phi_2^{(a)} := \rho_2^2 - R^2 = 0 \tag{2.50}$$

mit $\rho_\nu := \mathbf{r}_\nu - z_\nu \mathbf{e}_z$. In Analogie zu (2.40) liegt es nahe zu vermuten, daß für die Bewegung der Hantel die Ausdrücke

$$\begin{aligned} \mathbf{Z}_1 &= \lambda_1^{(a)} \frac{\partial \Phi_1^{(a)}}{\partial \mathbf{r}_1} + \lambda_{12}^{(i)} \frac{\partial \Phi_{12}^{(i)}}{\partial \mathbf{r}_1}, \\ \mathbf{Z}_2 &= \lambda_2^{(a)} \frac{\partial \Phi_2^{(a)}}{\partial \mathbf{r}_2} + \lambda_{12}^{(i)} \frac{\partial \Phi_{12}^{(i)}}{\partial \mathbf{r}_2} \end{aligned} \tag{2.51}$$

die physikalisch richtigen Zwangskräfte sind, die neben Kräften $\mathbf{F}_\nu^{(a)}$ auf die beiden MP wirken, so daß

$$\begin{aligned} m_1 \ddot{\mathbf{r}}_1 &= \mathbf{F}_1^{(a)} + \lambda_1^{(a)} \frac{\partial \Phi_1^{(a)}}{\partial \mathbf{r}_1} + \lambda_{12}^{(i)} \frac{\partial \Phi_{12}^{(i)}}{\partial \mathbf{r}_1}, \\ m_2 \ddot{\mathbf{r}}_2 &= \mathbf{F}_2^{(a)} + \lambda_2^{(a)} \frac{\partial \Phi_2^{(a)}}{\partial \mathbf{r}_2} + \lambda_{12}^{(i)} \frac{\partial \Phi_{12}^{(i)}}{\partial \mathbf{r}_2} \end{aligned} \tag{2.52}$$

die zugehörigen Lagrange-Gleichungen 1. Art sind.
Wir wollen allgemein

$$\mathbf{Z}_\nu^{(a)} := \sum_{\alpha=1}^{s_\nu^{(a)}} \lambda_{\alpha\nu}^{(a)}(\mathbf{r}_1, \ldots, \mathbf{r}_n, \dot{\mathbf{r}}_1, \ldots, \dot{\mathbf{r}}_n, t) \frac{\partial}{\partial \mathbf{r}_\nu} \Phi_{\alpha\nu}^{(a)}(\mathbf{r}_\nu, t) \tag{2.53}$$

äußere Zwangskräfte und

$$\mathbf{Z}_\nu^{(i)} := \sum_{\beta=1}^{s^{(i)}} \lambda_\beta^{(i)}(\mathbf{r}_1, \ldots, \mathbf{r}_n, \dot{\mathbf{r}}_1, \ldots, \dot{\mathbf{r}}_n, t) \frac{\partial}{\partial \mathbf{r}_\nu} \Phi_\beta^{(i)}(\mathbf{r}_1, \ldots, \mathbf{r}_n, t) \tag{2.54}$$

innere Zwangskräfte nennen. Für innere NBn der speziellen Form (2.48) und damit auch für das Beispiel (2.49) besteht $\mathbf{Z}_\nu^{(i)}$ nur aus Summanden

$$\mathbf{Z}_{\nu\mu}^{(i)} = \lambda_{\nu\mu}^{(i)} \frac{\mathbf{r}_\nu - \mathbf{r}_\mu}{|\mathbf{r}_\nu - \mathbf{r}_\mu|}, \qquad \lambda_{\nu\mu}^{(i)} = \lambda_{\mu\nu}^{(i)}, \qquad \nu = 1, \ldots, n, \tag{2.55}$$

so daß diese inneren Zwangskräfte die Axiome VI und VII erfüllen:

$$\sum_{\nu=1}^{n} \mathbf{Z}_\nu^{(i)} = \mathbf{0}, \tag{2.56}$$

$$\sum_{\nu=1}^{n} \mathbf{r}_\nu \times \mathbf{Z}_\nu^{(i)} = \mathbf{0}. \tag{2.57}$$

Wir wollen annehmen, daß dies auch für allgemeine innere NBn (2.47) gilt. Von nun an sollen innere und äußere NBn nicht mehr unterschieden werden. Als die durch die Erfahrung bestätigten zugehörigen Lagrange-Gleichungen 1. Art schreiben wir also

$$m_\nu \ddot{\mathbf{r}}_\nu = \mathbf{F}_\nu + \sum_{\alpha=1}^{s} \lambda_\alpha(\mathbf{r}_1, \ldots, \mathbf{r}_n, \dot{\mathbf{r}}_1, \ldots, \dot{\mathbf{r}}_n, t) \frac{\partial}{\partial \mathbf{r}_\nu} \Phi_\alpha(\mathbf{r}_1, \ldots, \mathbf{r}_n, t), \qquad \nu = 1, \ldots, n, \tag{2.58a}$$

$$\Phi_\alpha(\mathbf{r}_1, \ldots, \mathbf{r}_n, t) = 0, \qquad \alpha = 1, \ldots, s < 3n. \tag{2.58b}$$

(2.58a), (2.58b) sind 3n DGn 2. Ordnung und s NBn zur Berechnung von 3n + s Funktionen $\mathbf{r}_1, \ldots, \mathbf{r}_n, \lambda_1, \ldots, \lambda_s$.

Die NBn (2.58b) schränken die Anfangswerte, von denen die „Bahn" im 3n-dimensionalen Konfigurationsraum abhängt, d. h. die Lösungen $\mathbf{r}_1(t), \ldots, \mathbf{r}_n(t)$ von (2.58), ein, denn wegen (2.58b) gilt

$$\Phi_\alpha(\mathbf{r}_1(t), \ldots, \mathbf{r}_n(t), t) \equiv 0, \qquad \alpha = 1, \ldots, s. \tag{2.59}$$

Für sachgerechte NBn können wir uns, evtl. nach geeigneter Umbenennung der Indizes, das System (2.58b) zumindest lokal in der Form

$$x_{3n-s+\alpha} := h_\alpha(x_1, \ldots, x_{3n-s}, t), \qquad \alpha = 1, \ldots, s \tag{2.60}$$

aufgelöst denken. Daraus folgt

$$v_{3n-s+\alpha}(t) := \frac{dx_{3n-s+\alpha}}{dt} = \sum_{i=1}^{3n-s} \frac{\partial h_\alpha}{\partial x_i} \dot{x}_i + \frac{\partial h_\alpha}{\partial t} =: k_\alpha(x_1, \ldots, x_{3n-s}, \dot{x}_1, \ldots, \dot{x}_{3n-s}, t). \tag{2.61}$$

(2.60) bedeutet, daß wir die Bahnkurve in einen (3n − s)-dimensionalen Unterraum des 3n-dimensionalen Konfigurationsraumes einbetten können. Für t = 0 erhält man

$$\begin{aligned} x_{3n-s+\alpha}(0) &= h_\alpha(x_{10}, \ldots, x_{3n-s,0}, 0), \qquad \alpha = 1, \ldots, s, \\ v_{3n-s+\alpha}(0) &= k_\alpha(x_{10}, \ldots, x_{3n-s,0}, v_{10}, \ldots, v_{3n-s,0}, 0), \qquad \alpha = 1, \ldots, s. \end{aligned} \tag{2.62}$$

Von den 6n Anfangswerten $\mathbf{r}_{10}, \ldots, \mathbf{r}_{n0}, \mathbf{v}_{10}, \ldots, \mathbf{v}_{n0}$ sind also nur 3n − s Anfangsorte und die zugehörigen 3n − s Anfangsgeschwindigkeiten frei vorgebbar. Der (3n − s)-dimensionale Konfigurationsraum, in dem die Bewegung dargestellt werden kann, ist i. allg. kein euklidischer, sondern ein Riemannscher Raum. Die geometrische Struktur eines Riemannschen Raumes wird durch seine Metrikkoeffizienten charakterisiert. In einem solchen Raum kann man kartesische Basen nur l o k a l einführen.

Es ist üblich, für ein System von n MP, das s unabhängigen h o l o n o m e n NBn unterliegt, die Zahl

$$f := 3n - s \tag{2.63}$$

einzuführen und Zahl der *Freiheitsgrade* dieses Systems zu nennen. f ist die kleinste Dimension eines Konfigurationsraumes, in dem man die allgemeine Lösung der Lagrange-Gleichung 1. Art für n MP und $s < 3n$ unabhängigen holonomen NBn darstellen kann.

2.2.3 Lagrange-Gleichungen 1. Art und Konstanten der Bewegung

Die Lösung der Lagrange-Gleichungen 1. Art ist i. allg. wesentlich schwieriger als die Lösung der Newtonschen Gleichungen. Wir sahen das bereits an dem einfachen Beispiel 1 in Abschn. 2.1. Wie in der Newtonschen Mechanik wird auch in der Lagrange-Mechanik die Einführung generalisierter Koordinaten ein wesentliches Hilfsmittel für die Lösung von Bewegungsgleichungen mit NBn werden. Das wird uns in Abschn. 2.4 und 2.5 beschäftigen. Hier soll untersucht werden, welche Einschränkungen NBn für die Existenz von Konstanten der Bewegung bringen, die uns aus der Newtonschen Mechanik bekannt sind.

Fragen wir zunächst nach dem Einfluß von NBn auf die Gültigkeit des Energiesatzes der Newtonschen Mechanik. Dazu multiplizieren wir (2.58a) skalar mit $\dot{\mathbf{r}}_\nu$ und summieren über ν. Es entsteht dann

$$\frac{d}{dt}\left(\sum_{\nu=1}^{n} \frac{m_\nu}{2}\dot{\mathbf{r}}^2\right) = \sum_{\nu=1}^{n} \mathbf{F}_\nu \cdot \dot{\mathbf{r}}_\nu + \sum_{\alpha=1}^{s} \sum_{\nu=1}^{n} \lambda_\alpha \frac{\partial \Phi_\alpha}{\partial \mathbf{r}_\nu} \cdot \dot{\mathbf{r}}_\nu .$$

Wir wollen voraussetzen, daß die Newtonschen Kräfte $\mathbf{F}_\nu$ aus einem zeitunabhängigen Potential $V(\mathbf{r}_1, \ldots, \mathbf{r}_n)$ herleitbar sind. Dann gilt

$$-\frac{dV}{dt} = \sum_{\nu=1}^{n} \mathbf{F}_\nu \cdot \dot{\mathbf{r}}_\nu ,$$

und wir können schreiben

$$\frac{d}{dt}(T+V) = \sum_{\alpha=1}^{s} \lambda_\alpha \sum_{\nu=1}^{n} \frac{\partial \Phi_\alpha}{\partial \mathbf{r}_\nu} \cdot \dot{\mathbf{r}}_\nu . \tag{2.64}$$

Wegen (2.58b) ist

$$\frac{d\Phi_\alpha}{dt} = \sum_{\nu=1}^{n} \frac{\partial \Phi_\alpha}{\partial \mathbf{r}_\nu} \cdot \dot{\mathbf{r}}_\nu + \frac{\partial \Phi_\alpha}{\partial t} = 0, \qquad \alpha = 1, \ldots, s,$$

und damit folgt für (2.64)

$$\frac{d}{dt}(T+V) = -\sum_{\alpha=1}^{s} \lambda_\alpha \frac{\partial \Phi_\alpha}{\partial t} . \tag{2.65}$$

Sind also a l l e NBn (2.58b) s k l e r o n o m , d. h. gilt $\frac{\partial \Phi_\alpha}{\partial t} = 0$ für $\alpha = 1, \ldots, s$, dann gilt für konservative Kräfte der Erhaltungssatz für die Gesamtenergie wie in der Newtonschen Mechanik. Ist mindestens eine NBn (2.58b) r h e o n o m , so ist T + V in d i e s e m BS k e i n e Erhaltungsgröße. Hierzu ein

Beispiel Zwischen zwei MP mit den Massen m_1, m_2 möge eine Federkraft mit einer Federkonstante $k > 0$ wirken. In einem Inertialsystem I sind dann die Newtonschen Gleichungen durch

$$\begin{aligned} m_1\ddot{\mathbf{r}}_1 &= -k(\mathbf{r}_1 - \mathbf{r}_2), \\ m_2\ddot{\mathbf{r}}_2 &= -k(\mathbf{r}_2 - \mathbf{r}_1) \end{aligned} \tag{2.66}$$

gegeben. Es gilt der Energieerhaltungssatz

$$T + V = \frac{m_1}{2}\mathbf{v}_1^2 + \frac{m_2}{2}\mathbf{v}_2^2 + \frac{k}{2}(\mathbf{r}_1 - \mathbf{r}_2)^2 =: E = \text{const}\,. \tag{2.67}$$

Ein Beobachter, der von einem Inertialsystem I′, das sich mit konstanter Geschwindigkeit $\mathbf{u}$ bez. I bewegt, diese beiden MP beobachtet, findet in I′ die Newtonschen Gleichungen

$$\begin{aligned} m_1\ddot{\mathbf{r}}_1' &= -k(\mathbf{r}_1' - \mathbf{r}_2'), \\ m_2\ddot{\mathbf{r}}_2' &= -k(\mathbf{r}_2' - \mathbf{r}_1') \end{aligned} \tag{2.68}$$

und stellt fest, daß in seinem BS mit

$$T' := \frac{m_1}{2}\mathbf{v}_1'^2 + \frac{m_2}{2}\mathbf{v}_2'^2, \qquad V' := \frac{k}{2}(\mathbf{r}_1' - \mathbf{r}_2')^2$$

der Energieerhaltungssatz

$$T' + V' = \frac{m_1}{2}\mathbf{v}_1'^2 + \frac{m_2}{2}\mathbf{v}_2'^2 + \frac{k}{2}(\mathbf{r}_1' - \mathbf{r}_2')^2 =: E' = \text{const} \tag{2.69}$$

gilt, denn für ein System o h n e NBn folgt aus (1.221) und (1.216)

$$E' = E - \frac{1}{2}(m_1 + m_2)\mathbf{u}^2 - \mathbf{u}\cdot(m_1\mathbf{v}_1' + m_2\mathbf{v}_2'),$$

und der Gesamtimpuls $\mathbf{P}' := m_1\mathbf{v}_1' + m_2\mathbf{v}_2'$ ist wegen (2.68) konstant.
Nun sollen beide MP gezwungen werden, sich auf einer Kugel $\mathbf{r}^2 - R^2 = 0$ zu bewegen. Dann gilt im BS I

$$\begin{aligned} \Phi_1(\mathbf{r}_1) &:= \mathbf{r}_1^2 - R^2 = 0, \\ \Phi_2(\mathbf{r}_2) &:= \mathbf{r}_2^2 - R^2 = 0. \end{aligned} \tag{2.70}$$

Die um die Zwangskräfte $\mathbf{Z}_1 = \lambda_1 \dfrac{\partial\Phi_1}{\partial\mathbf{r}_1}, \mathbf{Z}_2 = \lambda_2 \dfrac{\partial\Phi_2}{\partial\mathbf{r}_2}$ erweiterten Newtonschen Gleichungen (2.66) im BS I lauten dann

$$\begin{aligned} m_1\ddot{\mathbf{r}}_1 &= -k(\mathbf{r}_1 - \mathbf{r}_2) + 2\lambda_1\mathbf{r}_1, \\ m_2\ddot{\mathbf{r}}_2 &= -k(\mathbf{r}_2 - \mathbf{r}_1) + 2\lambda_2\mathbf{r}_2. \end{aligned} \tag{2.71}$$

Der Beobachter im BS I′ stellt fest, daß die beiden MP den r h e o n o m e n NBn

$$\begin{aligned} \Phi'_1(\mathbf{r}'_1, t) &:= (\mathbf{r}'_1 + \mathbf{u}t)^2 - R^2 = 0, \\ \Phi'_2(\mathbf{r}'_2, t) &:= (\mathbf{r}'_2 + \mathbf{u}t)^2 - R^2 = 0 \end{aligned} \tag{2.72}$$

unterliegen, d. h. er findet die Zwangskräfte

$$\mathbf{Z}'_1 = \lambda'_1 \frac{\partial \Phi'_1}{\partial \mathbf{r}'_1} = 2\lambda'_1(\mathbf{r}'_1 + \mathbf{u}t),$$

$$\mathbf{Z}'_2 = \lambda'_2 \frac{\partial \Phi'_2}{\partial \mathbf{r}'_2} = 2\lambda'_2(\mathbf{r}'_2 + \mathbf{u}t).$$

Seine um diese Zwangskräfte erweiterten Newtonschen Gleichungen (2.68) sind also

$$\begin{aligned} m_1\ddot{\mathbf{r}}'_1 &= -k(\mathbf{r}'_1 - \mathbf{r}'_2) + 2\lambda'_1(\mathbf{r}'_1 + \mathbf{u}t), \\ m_2\ddot{\mathbf{r}}'_2 &= -k(\mathbf{r}'_2 - \mathbf{r}'_1) + 2\lambda'_2(\mathbf{r}'_2 + \mathbf{u}t). \end{aligned} \tag{2.73}$$

Der Beobachter im BS I stellt auch jetzt fest, daß der Energieerhaltungssatz (2.67) gilt, in Übereinstimmung mit (2.65). Dagegen findet der Beobachter im BS I′, obwohl es ebenfalls ein I n e r t i a l s y s t e m ist,

$$\frac{d}{dt}(T' + V') = -2\lambda'_1\mathbf{u} \cdot (\mathbf{r}'_1 + \mathbf{u}t) - 2\lambda'_2\mathbf{u} \cdot (\mathbf{r}'_2 + \mathbf{u}t) \neq 0,$$

wiederum in Übereinstimmung mit (2.65)

Dieses Ergebnis scheint auf den ersten Blick physikalisch unbefriedigend zu sein, wenn man an die Bedeutung der Newtonschen Gesamtenergie E = T + V denkt und weiß, daß auch I′ ein Inertialsystem ist. Es liegt aber physikalisch kein Widerspruch vor, wir müssen nur die mathematischen Idealisierungen, die in (2.72) und damit auch in (2.70) enthalten sind, physikalisch richtig interpretieren. Wenn man die NBn (2.70) physikalisch realisieren will, z. B. mit einer starren Kugel mit Radius R und Masse m_3, so muß man Vorrichtungen, d. h. z u s ä t z l i c h e Kräfte anbringen, so daß sich während der Bewegung der beiden MP auf der Kugeloberfläche die Kugel im BS I nicht bewegt. Diese Zusatzkräfte treten in (2.71) explizit nicht auf, aber die Zwangskräfte $\mathbf{Z}_1$, $\mathbf{Z}_2$ in (2.71) sind ä u ß e r e Zwangskräfte, d. h. das Zweiteilchensystem ist physikalisch nicht abgeschlossen. Das äußert sich auch darin, daß das Gleichungssystem (2.70), (2.71) nicht Galilei-invariant ist.

Man kann unser Beispiel mathematisch modifizieren, um den physikalischen Sachverhalt besser beschreiben zu können. Dazu muß man die NBn (2.70) so abändern, daß sie auch die Bewegung der starren Kugel berücksichtigen. Das bedeutet, daß man noch eine Bewegungsgleichung für die starre Kugel benötigt, auf die zwar keine Kraft $\mathbf{F}_3$, wohl aber eine Zwangskraft $\mathbf{Z}_3$ wirkt. Ersetzt man (2.70) durch

$$\begin{aligned} \Phi_1 &:= (\mathbf{r}_1 - \mathbf{r}_3)^2 - R^2 = 0, \\ \Phi_2 &:= (\mathbf{r}_2 - \mathbf{r}_3)^2 - R^2 = 0 \end{aligned} \tag{2.74}$$

und (2.71) durch

$$\begin{aligned} m_1\ddot{\mathbf{r}}_1 &= -k(\mathbf{r}_1 - \mathbf{r}_2) + 2\lambda_1(\mathbf{r}_1 - \mathbf{r}_3), \\ m_2\ddot{\mathbf{r}}_2 &= -k(\mathbf{r}_2 - \mathbf{r}_1) + 2\lambda_2(\mathbf{r}_2 - \mathbf{r}_3), \\ m_3\ddot{\mathbf{r}}_3 &= -2\lambda_1(\mathbf{r}_1 - \mathbf{r}_3) - 2\lambda_2(\mathbf{r}_2 - \mathbf{r}_3), \end{aligned} \tag{2.75}$$

wobei m_3 die Masse der Kugel und $\mathbf{r}_3$ der Ortsvektor des Kugelmittelpunktes ist, so erhält man ein abgeschlossenes System, das Galilei-invariant ist, so daß in allen, aus I hervorgehenden Inertialsystemen I′ der Energieerhaltungssatz wie in I gilt. Man vermutet nun, daß für Anfangsbedingungen $\mathbf{r}_3(0) = \mathbf{0}$, $\dot{\mathbf{r}}_3(0) = \mathbf{0}$ und $m_1 \ll m_3$, $m_2 \ll m_3$ für gewisse Zeiten $t \leqslant T$ die Lösung von (2.75) sich nur wenig von der Lösung von (2.71) unterscheidet, so daß man nur die Lösung des einfachen Systems (2.71) zu suchen braucht. Man kann sich das System (2.70), (2.71) aus (2.74), (2.75) aber auch so entstanden denken, daß in (2.75) die DG für $\mathbf{r}_3$ durch

$$m_3\ddot{\mathbf{r}}_3 = \mathbf{F}_3(\mathbf{r}_3, \dot{\mathbf{r}}_3, t) - 2\lambda_1(\mathbf{r}_1 - \mathbf{r}_3) - 2\lambda_2(\mathbf{r}_2 - \mathbf{r}_3)$$

ersetzt wird, wobei die Kraft $\mathbf{F}_3$ so beschaffen sein soll, daß sie für $t > 0$ $\mathbf{r}_3(t) \equiv \mathbf{0}$ e r z w i n g t.

Betrachtet man (2.71) und damit auch (2.73) als brauchbare Bewegungsgleichungen für die beiden MP, so ist in I′ zwar $E' := T' + V'$ keine Konstante der Bewegung, dafür aber die Größe

$$J^{*\prime} := T' + V' + \frac{1}{2}(m_1 + m_2)u^2 + \mathbf{u} \cdot (m_1\mathbf{v}_1' + m_2\mathbf{v}_2').$$

$J^{*\prime}$ kann man auch in der Form

$$J^{*\prime} = T' + V' + \frac{d}{dt} F(\mathbf{r}_1', \mathbf{r}_2', t)$$

schreiben, wobei die Funktion F durch

$$F(\mathbf{r}_1', \mathbf{r}_2', t) := \frac{1}{2}(m_1 + m_2)u^2 t + \mathbf{u} \cdot (m_1\mathbf{r}_1' + m_2\mathbf{r}_2')$$

gegeben ist. Auf die Bedeutung dieser Darstellung gehen wir in Abschnitt 2.6 ein.

Die von den Zwangskräften während der Bewegung des Systems von t_1 bis t_2 verrichtete Arbeit definieren wir als

$$\begin{aligned} A_{12} &:= \int_{t_1}^{t_2} \sum_{\nu=1}^{n} \mathbf{Z}_\nu \cdot \dot{\mathbf{r}}_\nu dt = \int_{t_1}^{t_2} \sum_{\alpha=1}^{s} \lambda_\alpha \sum_{\nu=1}^{n} \frac{\partial \Phi_\alpha}{\partial \mathbf{r}_\nu} \cdot \dot{\mathbf{r}}_\nu dt \\ &= -\int_{t_1}^{t_2} \sum_{\alpha=1}^{s} \lambda_\alpha \frac{\partial \Phi_\alpha}{\partial t} dt. \end{aligned} \tag{2.76}$$

Zwangskräfte, die durch s k l e r o n o m e NBn entstehen, verrichten also am System der MP k e i n e Arbeit. Äußere skleronome NBn (2.46) „zerstören" aber die anderen aus der Newtonschen Mechanik bekannten klassischen Konstanten der Bewegung, zumindest einzelne Komponenten dieser vektoriellen Größen. Man erkennt das auch an unserem Beispiel (2.70), (2.71), wo neben der Gesamtenergie E zwar noch der Gesamtdrehimpuls $\mathbf{L}$ erhalten bleibt, nicht aber der Gesamtimpuls. In dem modifizierten Modell mit den Bewegungs-Gleichungen (2.75) dagegen treten nur innere Zwangskräfte auf, die die Bedingungen (2.56), (2.57) erfüllen, so daß Gesamtdrehimpuls und Gesamtimpuls Konstanten der Bewegung sind.

Wenn es gelingt, die Zwangskräfte $\mathbf{Z}_\nu$ als reine Ortsfunktionen $\mathbf{Z}_\nu(\mathbf{r}_1, \ldots, \mathbf{r}_n)$ darzustellen, so kann man ihre Beträge mit denen der Newtonschen Kräfte $\mathbf{F}_\nu(\mathbf{r}_1, \ldots, \mathbf{r}_n)$ vergleichen, ohne erst die Lagrange-Gleichungen 1. Art lösen zu müssen. Das kann manchmal wichtig sein, wenn man die Größe der Zwangskräfte abschätzen möchte. Dazu ist es aber erforderlich, die Multiplikatoren λ_α explizit als Funktionen von $\mathbf{r}_1, \ldots, \mathbf{r}_n, \dot{\mathbf{r}}_1, \ldots, \dot{\mathbf{r}}_n$, t zu berechnen und die Geschwindigkeiten $\dot{\mathbf{r}}_1, \ldots, \dot{\mathbf{r}}_n$ aus den λ_α zu eliminieren. Letzteres kann manchmal mit Hilfe von Erhaltungssätzen geschehen, wie uns das Beispiel 1 in Abschn. 2.1 zeigte.

2.3 Elimination der Multiplikatoren aus den Lagrange-Gleichungen 1. Art

2.3.1 Substitutionsverfahren

Wir haben gesehen, daß man für $s > 0$ nur einen f-dimensionalen Konfigurationsraum zur Darstellung der „Bahn" des Systems der n MP braucht. Um die f kartesischen DGn 2. Ordnung in diesem f-dimensionalen Raum zu gewinnen, gehen wir in zwei Schritten vor: Zunächst bestimmen wir aus (2.58a) zusammen mit (2.58b) die Multiplikatoren λ_α als Funktionen von $\mathbf{r}_1, \ldots, \mathbf{r}_n, \dot{\mathbf{r}}_1, \ldots, \dot{\mathbf{r}}_n$, t, setzen die so gewonnenen Ausdrücke in (2.58a) ein und erhalten 3n DGn 2. Ordnung für $\mathbf{r}_1, \ldots, \mathbf{r}_n$. Mit Hilfe der s NBn (2.58b) eliminieren wir dann s der 3n Koordinaten $x_1, \ldots, x_{3n}$, so daß nur noch $f = 3n - s$ DGn 2. Ordnung für die restlichen $3n - s$ Koordinaten übrigbleiben.

Im einzelnen verlaufen die Rechenschritte folgendermaßen: Aus den zweimal total nach t abgeleiteten NBn (2.58b) folgt mit der Abkürzung

$$f_\alpha^h := \frac{d\Phi_\alpha}{dt} = \sum_{\nu=1}^{n} \frac{\partial \Phi_\alpha}{\partial \mathbf{r}_\nu} \cdot \dot{\mathbf{r}}_\nu + \frac{\partial \Phi_\alpha}{\partial t}, \qquad \alpha = 1, \ldots, s$$

und der Eigenschaft

$$\frac{\partial f_\alpha^h}{\partial \dot{\mathbf{r}}_\nu} = \frac{\partial \Phi_\alpha}{\partial \mathbf{r}_\nu}, \qquad \alpha = 1, \ldots, s, \tag{2.77}$$

daß

$$\sum_{\nu=1}^{n} \frac{\partial \Phi_\alpha}{\partial \mathbf{r}_\nu} \cdot \ddot{\mathbf{r}}_\nu = - \sum_{\nu=1}^{n} \frac{\partial f_\alpha^h}{\partial \mathbf{r}_\nu} \cdot \dot{\mathbf{r}}_\nu - \frac{\partial f_\alpha^h}{\partial t} \tag{2.78}$$

gilt. Multipliziert man

$$\ddot{\mathbf{r}} = \frac{\mathbf{F}_\nu}{m_\nu} + \sum_{\beta=1}^{s} \frac{\lambda_\beta}{m_\nu} \frac{\partial \Phi_\beta}{\partial \mathbf{r}_\nu}$$

skalar mit $\dfrac{\partial \Phi_\alpha}{\partial \mathbf{r}_\nu}$ und summiert über ν, so entsteht

$$\sum_{\nu=1}^{n} \ddot{\mathbf{r}}_\nu \cdot \frac{\partial \Phi_\alpha}{\partial \mathbf{r}_\nu} = \sum_{\nu=1}^{n} \frac{\mathbf{F}_\nu}{m_\nu} \cdot \frac{\partial \Phi_\alpha}{\partial \mathbf{r}_\nu} + \sum_{\nu=1}^{n} \sum_{\beta=1}^{s} \frac{\lambda_\beta}{m_\nu} \frac{\partial \Phi_\beta}{\partial \mathbf{r}_\nu} \cdot \frac{\partial \Phi_\alpha}{\partial \mathbf{r}_\nu}.$$

Setzt man hier (2.78) ein, erhält man

$$\sum_{\beta=1}^{s} \lambda_\beta \sum_{\nu=1}^{n} \frac{\partial \Phi_\beta}{\partial \mathbf{r}_\nu} \cdot \frac{\partial \Phi_\alpha}{\partial (m_\nu \mathbf{r}_\nu)} = -\sum_{\nu=1}^{n} \mathbf{F}_\nu \cdot \frac{\partial \Phi_\alpha}{\partial (m_\nu \mathbf{r}_\nu)} - \sum_{\nu=1}^{n} \frac{\partial f_\alpha^h}{\partial \mathbf{r}_\nu} \cdot \dot{\mathbf{r}}_\nu - \frac{\partial f_\alpha^h}{\partial t}, \quad (2.79)$$

$$\alpha = 1, \ldots, s.$$

Aus diesen s linearen inhomogenen Gleichungen können die Multiplikatoren $\lambda_\beta, \beta = 1, \ldots, s$ als Funktionen von $\mathbf{r}_1, \ldots, \mathbf{r}_n, \dot{\mathbf{r}}_1, \ldots, \dot{\mathbf{r}}_n$, t berechnet werden, da für die s-reihige Koeffizientendeterminante für sachgerechte NBn (2.58b) gilt[1])

$$\det\left(\sum_{\nu=1}^{n} \frac{\partial \Phi_\beta}{\partial \mathbf{r}_\nu} \cdot \frac{\partial \Phi_\alpha}{\partial \mathbf{r}_\nu} \frac{1}{m_\nu}\right) \not\equiv 0.$$

Setzt man die so gewonnenen λ_β in (2.58a) ein, dann erhält man n Vektor-DGn 2. Ordnung für $\mathbf{r}_1, \ldots, \mathbf{r}_n$:

$$\begin{aligned} m_\nu \ddot{\mathbf{r}}_\nu = \varphi_\nu(\mathbf{r}_1, \ldots, \mathbf{r}_n, \dot{\mathbf{r}}_1, \ldots, \dot{\mathbf{r}}_n, t) &:= \mathbf{F}_\nu(\mathbf{r}_1, \ldots, \mathbf{r}_n, \dot{\mathbf{r}}_1, \ldots, \dot{\mathbf{r}}_n, t) \\ &+ \sum_{\beta=1}^{s} \lambda_\beta(\mathbf{r}_1, \ldots, \mathbf{r}_n, \dot{\mathbf{r}}_1, \ldots, \dot{\mathbf{r}}_n, t) \frac{\partial \Phi_\beta}{\partial \mathbf{r}_\nu}, \quad \nu = 1, \ldots, n. \end{aligned} \quad (2.80)$$

Für den Fall n = 1, s = 1 kann man das Resultat explizit hinschreiben:

$$\lambda(\mathbf{r}, \dot{\mathbf{r}}, t) = -\frac{1}{\left(\frac{\partial \Phi}{\partial \mathbf{r}}\right)^2} \left[\mathbf{F} \cdot \frac{\partial \Phi}{\partial \mathbf{r}} + m \frac{\partial \dot{\Phi}}{\partial \mathbf{r}} \cdot \dot{\mathbf{r}} + m \frac{\partial \dot{\Phi}}{\partial t}\right]. \quad (2.81)$$

Damit entsteht

$$m\ddot{\mathbf{r}} = \mathbf{F} - \frac{\frac{\partial \Phi}{\partial \mathbf{r}}}{\left(\frac{\partial \Phi}{\partial \mathbf{r}}\right)^2} \left[\mathbf{F} \cdot \frac{\partial \Phi}{\partial \mathbf{r}} + m \frac{\partial \dot{\Phi}}{\partial \mathbf{r}} \cdot \dot{\mathbf{r}} + m \frac{\partial \dot{\Phi}}{\partial t}\right]. \quad (2.82)$$

Mit Hilfe der NBn (2.58b) kann man nun s Koordinaten eliminieren, indem man (2.60), (2.61) in (2.80) einsetzt. Dann erhalten wir 3n − s DGn 2. Ordnung für die 3n − s Koordinaten $x_1, \ldots, x_{3n-s}$. Wendet man (2.81), (2.82) auf das Beispiel 1 in Abschn. 2.1, d. h. auf (2.15), an, so erhält man wieder das Ergebnis (2.17), (2.18).

Das Substitutionsverfahren ist auch noch anwendbar, wenn in (2.58a) Coulombsche Reibungskräfte der Form

$$\mathbf{F}_\nu^C = -\mu_\nu(|\mathbf{r}_\nu|)\left|\mathbf{Z}_\nu^{(a)}\right| \frac{\dot{\mathbf{r}}_\nu}{|\dot{\mathbf{r}}_\nu|}, \quad \nu = 1, \ldots, n$$

---

[1]) Das folgt wegen der Fußnote in Abschn. 2.2.1 aus

$$\mathrm{Rg}\left(\frac{1}{\sqrt{m_\nu}} \frac{\partial \Phi_\alpha}{\partial \mathbf{r}_\nu}\right) = \mathrm{Rg}\left(\frac{\partial \Phi_\alpha}{\partial \mathbf{r}_\nu}\right) = s.$$

berücksichtigt werden sollen, wobei $\mathbf{Z}_\nu^{(a)}$ durch (2.53) definiert ist. Falls

$$\frac{\partial \Phi_{\alpha\nu}^{(a)}}{\partial t} = 0, \qquad \alpha = 1, \ldots, s_\nu^{(a)}; \nu = 1, \ldots, n$$

und $\qquad \Phi_\beta^{(i)} \equiv 0, \qquad \beta = 1, \ldots, s^{(i)}$

ist, so hat $\mathbf{F}_\nu^C$ keinen Einfluß auf die Berechnung der λ_α aus (2.79). Sind diese Voraussetzungen für die $\Phi_{\alpha\nu}^{(a)}, \Phi_\beta^{(i)}$ nicht erfüllt, so ist das Substitutionsverfahren zur Berechnung der $\lambda_{\alpha\nu}^{(a)}, \lambda_\beta^{(i)}$ zwar anwendbar, zur eindeutigen Festlegung ihrer Vorzeichen sind jedoch zusätzliche Annahmen notwendig, da dann (2.79) i. allg. keine linearen Gleichungen für $\lambda_{\alpha\nu}^{(a)}, \lambda_\beta^{(i)}$ liefert (s. Aufgabe 2.2).

2.3.2 Projektionsverfahren (Prinzip der virtuellen Verrückungen)

Für holonome NBn kann man ein anschauliches Eliminationsverfahren angeben, das nicht erst die λ_α explizit berechnet, sondern diese Größen direkt eliminiert. Wir wollen dieses Verfahren nur für die beiden einfachen Beispiele n = 1, s = 1 und n = 1, s = 2 durchführen. Die Verallgemeinerung für beliebige n und s ist ohne Schwierigkeiten möglich, in der Anwendung aber umständlich.

Wir gehen also aus von

$$m\ddot{\mathbf{r}} = \mathbf{F} + \sum_{\alpha=1}^{2} \lambda_\alpha \frac{\partial \Phi_\alpha(\mathbf{r}, t)}{\partial \mathbf{r}}. \tag{2.83}$$

Sei zunächst nur die NB $\Phi(\mathbf{r}, t) = 0$ gegeben. Wir wählen einen beliebigen Tangentialvektor $\xi(\mathbf{r}, t)$ an die Fläche $\Phi(\mathbf{r}, t) = 0$ im Punkt $\mathbf{r}$. Dann gilt dort

$$\xi(\mathbf{r}, t) \cdot \frac{\partial \Phi(\mathbf{r}, t)}{\partial \mathbf{r}} = 0. \tag{2.84}$$

Damit folgt aus (2.83)

$$(m\ddot{\mathbf{r}} - \mathbf{F}) \cdot \xi = (m\ddot{x}_1 - F_1)\xi_1 + (m\ddot{x}_2 - F_2)\xi_2 + (m\ddot{x}_3 - F_3)\xi_3 = 0. \tag{2.85}$$

Eliminiert man mit (2.84) eine Komponente von ξ aus (2.85) und beachtet, daß die beiden anderen Komponenten von ξ beliebig sind, so entsteht ein zu (2.84), (2.85) äquivalentes System von zwei DGn 2. Ordnung. Mit Hilfe von $\Phi = 0, \dot{\Phi} = 0, \ddot{\Phi} = 0$ kann man noch eine Koordinate vollständig eliminieren und erhält zwei DGn 2. Ordnung für zwei der Koordinaten x_ν. Sei z. B. $\frac{\partial \Phi}{\partial x_3} \neq 0$, dann folgt aus (2.84)

$$\xi_3 = -\left(\frac{\partial \Phi}{\partial x_3}\right)^{-1} \left(\frac{\partial \Phi}{\partial x_1}\xi_1 + \frac{\partial \Phi}{\partial x_2}\xi_2\right).$$

Setzt man diesen Ausdruck in (2.85) ein, so entsteht

$$\left[m\ddot{x}_1 - F_1 - \frac{m\ddot{x}_3 - F_3}{\frac{\partial \Phi}{\partial x_3}} \frac{\partial \Phi}{\partial x_1}\right]\xi_1 + \left[m\ddot{x}_2 - F_2 - \frac{m\ddot{x}_3 - F_3}{\frac{\partial \Phi}{\partial x_3}} \frac{\partial \Phi}{\partial x_2}\right]\xi_2 = 0.$$

Da ξ_1, ξ_2 beliebig sind, folgt

$$m\ddot{x}_1 = F_1 + \frac{\dfrac{\partial\Phi}{\partial x_1}}{\dfrac{\partial\Phi}{\partial x_3}}(m\ddot{x}_3 - F_3), \qquad m\ddot{x}_2 = F_2 + \frac{\dfrac{\partial\Phi}{\partial x_2}}{\dfrac{\partial\Phi}{\partial x_3}}(m\ddot{x}_3 - F_3). \tag{2.86}$$

Denkt man sich $\Phi(\mathbf{r}, t) = 0$ nach x_3 aufgelöst, $x_3 = g(x_1, x_2, t)$, so kann man hiermit $x_3, \dot{x}_3, \ddot{x}_3$ aus (2.86) eliminieren und erhält zwei DGn 2. Ordnung für x_1, x_2.

Liegen z w e i sachgerechte NBn

$$\Phi_1(\mathbf{r}, t) = 0, \qquad \Phi_2(\mathbf{r}, t) = 0 \tag{2.87}$$

vor, so wähle man einen beliebigen Tangentialvektor $\boldsymbol{\xi}(\mathbf{r}, t)$ an die Schnittkurve beider Flächen. Dann gilt in diesen Kurvenpunkten

$$\boldsymbol{\xi} \cdot \frac{\partial\Phi_1}{\partial\mathbf{r}} = 0, \qquad \boldsymbol{\xi} \cdot \frac{\partial\Phi_2}{\partial\mathbf{r}} = 0. \tag{2.88}$$

Mit (2.88) folgt aus (2.83) wieder

$$(m\ddot{\mathbf{r}} - \mathbf{F}) \cdot \boldsymbol{\xi} = 0. \tag{2.89}$$

Beachtet man, daß die Gleichungen (2.88) nur noch e i n e Komponente von $\boldsymbol{\xi}$ beliebig lassen, so erhält man nach einem zum Fall s = 1 analogen Eliminationsprozeß eine einzige DG 2. Ordnung, in der zunächst noch alle drei Komponenten von $\mathbf{r}$ vorkommen. Zwei dieser drei Komponenten können mit Hilfe von (2.87) eliminiert werden. Damit bleibt eine DG 2. Ordnung für eine der drei Funktionen x_i übrig.

Liegen s NBn (2.58b) für n MP vor, so wähle man n Vektoren $\boldsymbol{\xi}_\nu(\mathbf{r}_1, \ldots, \mathbf{r}_n, t)$, die die Eigenschaft

$$\sum_{\nu=1}^{n} \frac{\partial\Phi_\alpha}{\partial\mathbf{r}_\nu} \cdot \boldsymbol{\xi}_\nu = 0, \qquad \alpha = 1, \ldots, s \tag{2.90}$$

haben, so daß aus (2.58a) entsteht

$$\sum_{\nu=1}^{n} (m_\nu \ddot{\mathbf{r}}_\nu - \mathbf{F}_\nu) \cdot \boldsymbol{\xi}_\nu = 0. \tag{2.91}$$

Aus (2.90) folgt, daß es nur f = 3n − s unabhängige Komponenten der Vektoren $\boldsymbol{\xi}_\nu$ gibt. Aus (2.91) gewinnt man damit f DGn 2. Ordnung für f der Koordinaten $x_1, \ldots, x_{3n}$.

Gl. (2.91) wird in der Literatur oft unter dem Namen *d'Alembertsches Prinzip* oder *Prinzip der virtuellen Verrückungen* als A x i o m benutzt, um die Bewegungsgleichungen herzuleiten. Der Raum der Tangentialvektoren $\boldsymbol{\xi}_\nu$ an die Hyperfläche (2.58b) ist dann der „Raum der virtuellen Verrückungen", und die „virtuellen Verrückungen" $\boldsymbol{\xi}_\nu(\mathbf{r}_\nu, t)$ werden i. allg. mit $\delta\mathbf{r}_\nu$ bezeichnet; dabei darf aber δ nicht mit dem Operator δ der Variationsrechnung verwechselt werden! Zu beachten ist außerdem, daß das Projektionsverfahren zur Elimination der Zwangskräfte nicht anwendbar ist, wenn in (2.58b) Coulombsche Reibungskräfte berücksichtigt werden sollen.

Hat man die DGn für die unabhängigen Koordinaten $x_j(t), j = 1, \ldots, f$, gelöst, so kann man die Zwangskraftkomponenten Z_i als Funktionen der Zeit aus

$$Z_i(t) = m_i\ddot{x}_i(t) - F_i, \qquad i = 1, \ldots, 3n$$

und (2.60) berechnen. – Die beschriebenen Eliminationsverfahren liefern im Prinzip das, was man haben möchte: nur so viele λ-freie DGn zur Bestimmung der $x_i(t)$, wie das System Freiheitsgrade hat. In der praktischen Anwendung sind diese Methoden aber oft sehr kompliziert. Die zur Elimination notwendige Auflösung der kartesischen NBn ist i. allg. nur lokal möglich. Außerdem ist zu erwarten, daß auch bei der Lösung von Lagrange-Gleichungen 1. Art die Einführung generalisierter Koordinaten Vorteile bringt. So werden wir in Abschn. 2.5.1 das Projektionsverfahren in generalisierten Koordinaten q_k auf die Lagrange-Gleichungen 1. Art anwenden und dabei (2.91) direkt in ein System von f DGn 2. Ordnung für die $q_k(t)$ umwandeln.

2.3.3 Das Gaußsche Prinzip des kleinsten Zwanges

Die Lagrange-Gleichungen 1. Art (2.58a) können aus einem einfachen Minimalprinzip hergeleitet werden, das der Gaußschen Methode der kleinsten Fehlerquadrate für eine Funktion $\zeta(\ddot{\mathbf{r}}_1, \ldots, \ddot{\mathbf{r}}_n)$ nachempfunden ist, die noch NBn für die „Meßwerte" $\ddot{\mathbf{r}}_1, \ldots, \ddot{\mathbf{r}}_n$ erfüllen soll. Die Lösungen $\mathbf{r}_1(t), \ldots, \mathbf{r}_n(t)$ der gesuchten Bewegungsgleichungen erfüllen nicht nur die gegebenen NBn

$$\Phi_\alpha(\mathbf{r}_1, \ldots, \mathbf{r}_n, t) = 0, \qquad \alpha = 1, \ldots, s \tag{2.92a}$$

identisch in t,

$$\Phi_\alpha(\mathbf{r}_1(t), \ldots, \mathbf{r}_n(t), t) \equiv 0, \qquad \alpha = 1, \ldots, s, \tag{2.92b}$$

sondern auch die aus (2.92a) entstehenden Gleichungen

$$f_\alpha^h := \frac{d\Phi_\alpha}{dt} = \sum_{\nu=1}^{n} \frac{\partial\Phi_\alpha}{\partial\mathbf{r}_\nu} \cdot \dot{\mathbf{r}}_\nu + \frac{\partial\Phi_\alpha}{\partial t} = 0, \qquad \alpha = 1, \ldots, s \tag{2.93}$$

und

$$\begin{aligned} g_\alpha^h(\mathbf{r}_1, \ldots, \mathbf{r}_n, \dot{\mathbf{r}}_1, \ldots, \dot{\mathbf{r}}_n, \ddot{\mathbf{r}}_1, \ldots, \ddot{\mathbf{r}}_n, t) &:= \frac{df_\alpha^h}{dt} \\ &= \sum_{\nu=1}^{n} \frac{\partial f_\alpha^h}{\partial\mathbf{r}_\nu} \cdot \dot{\mathbf{r}}_\nu + \sum_{\nu=1}^{n} \frac{\partial f_\alpha^h}{\partial\dot{\mathbf{r}}_\nu} \cdot \ddot{\mathbf{r}}_\nu + \frac{\partial f_\alpha^h}{\partial t} = 0, \qquad \alpha = 1, \ldots, s. \end{aligned} \tag{2.94}$$

Das G a u ß s c h e P r i n z i p d e s k l e i n s t e n Z w a n g e s *lautet nun: Die physikalisch richtigen Beschleunigungen* $\ddot{\mathbf{r}}_1, \ldots, \ddot{\mathbf{r}}_n$ *machen für die Kraftgesetze* $\mathbf{F}_\nu(\mathbf{r}_1, \ldots, \mathbf{r}_n, \dot{\mathbf{r}}_1, \ldots, \dot{\mathbf{r}}_n, t)$ *die Funktion*

$$\zeta(\ddot{\mathbf{r}}_1, \ldots, \ddot{\mathbf{r}}) := \sum_{\nu=1}^{n} m_\nu \left(\ddot{\mathbf{r}}_\nu - \frac{\mathbf{F}_\nu}{m_\nu}\right)^2 \tag{2.95}$$

unter den NBn

$$g_\alpha^h = \sum_{\nu=1}^{n} \frac{\partial f_\alpha^h}{\partial\mathbf{r}_\nu} \cdot \dot{\mathbf{r}}_\nu + \sum_{\nu=1}^{n} \frac{\partial f_\alpha^h}{\partial\dot{\mathbf{r}}_\nu} \cdot \ddot{\mathbf{r}}_\nu + \frac{\partial f_\alpha^h}{\partial t} = 0, \qquad \alpha = 1, \ldots, s \tag{2.96}$$

zu einem r e l a t i v e n M i n i m u m , *wobei die Funktionen* f_α^h *nach (2.93) durch die* g e g e b e n e n *Funktionen* $\Phi_\alpha(\mathbf{r}_1, \ldots, \mathbf{r}_n, t)$ *definiert sind.*

In (2.95), (2.96) sind die Größen $\mathbf{r}_1, \ldots, \mathbf{r}_n, \dot{\mathbf{r}}_1, \ldots, \dot{\mathbf{r}}_n, t$ als P a r a m e t e r und nur die Beschleunigungen $\ddot{\mathbf{r}}_1, \ldots, \ddot{\mathbf{r}}_n$ als Variablen aufzufassen. Aus der Theorie der Extrema für Funktionen von mehreren Variablen und Parametern[1]) folgt als notwendige Bedingung für ein relatives Extremum der Funktion $\zeta(\ddot{\mathbf{r}}_1, \ldots, \ddot{\mathbf{r}}_n)$ unter den NBn (2.96), daß s sog. Lagrange-Multiplikatoren $\hat{\lambda}_\alpha(\mathbf{r}_1, \ldots, \mathbf{r}_n, \dot{\mathbf{r}}_1, \ldots, \dot{\mathbf{r}}_n, t)$ derart existieren, daß an der Stelle des Extremums gelten muß

$$\frac{\partial}{\partial \ddot{\mathbf{r}}_\nu}\left(\zeta + \sum_{\alpha=1}^{s} \hat{\lambda}_\alpha g_\alpha^h\right) \stackrel{!}{=} 0, \qquad \nu = 1, \ldots, n. \tag{2.97}$$

Wegen (2.94) und (2.93) ist

$$\frac{\partial g_\alpha^h}{\partial \ddot{\mathbf{r}}_\nu} = \frac{\partial f_\alpha^h}{\partial \dot{\mathbf{r}}_\nu} = \frac{\partial \Phi_\alpha}{\partial \mathbf{r}_\nu}, \qquad \nu = 1, \ldots, n; \alpha = 1, \ldots, s.$$

Dies zusammen mit (2.95) in (2.97) eingesetzt ergibt mit $\lambda_\alpha := -\hat{\lambda}_\alpha/2$ die gesuchten Lagrange-Gleichungen 1. Art

$$m_\nu \ddot{\mathbf{r}}_\nu = \mathbf{F}_\nu + \sum_{\alpha=1}^{s} \lambda_\alpha(\mathbf{r}_1, \ldots, \mathbf{r}_n, \dot{\mathbf{r}}_1, \ldots, \dot{\mathbf{r}}_n, t) \frac{\partial \Phi_\alpha}{\partial \mathbf{r}_\nu}, \qquad \nu = 1, \ldots, n. \tag{2.98}$$

Die Multiplikatoren $\lambda_\alpha(\mathbf{r}_1, \ldots, \mathbf{r}_n, \dot{\mathbf{r}}_1, \ldots, \dot{\mathbf{r}}_n, t)$ sind aus (2.98) und den aus (2.92a) folgenden NBn (2.96) zu berechnen. (2.98) zusammen mit (2.92a) ist ein eindeutig bestimmtes System von Gleichungen zur Bestimmung der Funktionen $\mathbf{r}_1(t), \ldots, \mathbf{r}_n(t), \lambda_1(t), \ldots, \lambda_s(t)$. Die physikalisch richtigen Beschleunigungen (2.98) liefern als Minimalwert von ζ

$$\zeta_{min} = \sum_{\nu=1}^{n} \left(\frac{\mathbf{Z}_\nu}{m_\nu}\right)^2,$$

wobei $\mathbf{Z}_\nu$ die Zwangskräfte sind.

Stäckel [6] hat bewiesen, daß für NBn der Form (2.92a) das relative Extremum von ζ ein relatives Minimum ist und daß $\zeta(\ddot{\mathbf{r}}_1, \ldots, \ddot{\mathbf{r}}_n)$ kein weiteres relatives Minimum besitzt. Es gilt $\zeta(\ddot{\mathbf{r}}_1, \ldots, \ddot{\mathbf{r}}_n) \geqslant 0$, und das Gleichheitszeichen trifft nur zu, wenn k e i n e NBn (2.92a) vorgegeben sind. Dann erhält man die Newtonschen Gleichungen.

ζ ist eine skalare Invariante in einem euklidischen Raum, d. h. ζ enthält die euklidische Metrik. Es mag vielleicht als Nachteil erscheinen, daß das Gaußsche Prinzip an die euklidische Metrik gebunden und somit nicht forminvariant gegenüber beliebigen Punkttransformationen formuliert werden kann. Dieser Nachteil ist aber nicht erheblich, denn allen Umformungen in generalisierte Koordinaten liegt als Ausgangssituation eine euklidische Darstellung zugrunde. Die Newtonsche Mechanik, aus der die anderen Formulierungen der Mechanik hervorgehen, wird in einem euklidischen Raum formuliert, dessen Metrik eine einfache Struktur hat, so daß globale kartesische Basen zur Darstellung von Vektoren existieren.

---

[1]) Siehe z. B. [33].

Das Gaußsche Prinzip ist ein differentielles, also lokales Prinzip und liefert Bewegungsgleichungen in Form von DGn. Es wird aber nicht vorgeschrieben, wie diese DGn zu lösen sind, ob als Anfangs- oder als Randwertaufgabe. So ist z. B. die Newtonsche Bewegungsgleichung für die Gravitationskraft $\mathbf{F} = -\beta m\mathbf{r}/r^3$, $\beta > 0$, als Anfangswertaufgabe eindeutig lösbar. Das gilt aber nicht für eine Lösung als Zweipunkt-Randwertaufgabe (d. h. Vorgabe von zwei verschiedenen Bahnpunkten im Raum zu zwei verschiedenen Zeiten), die für dieses Kraftgesetz mehrdeutig sein kann. Das ist zu beachten, wenn man Prinzipien an die Spitze stellt, aus denen zwar formal die Bewegungsgleichungen der Mechanik folgen, die aber als Randwertaufgabe formuliert sind, wie z. B. das Hamiltonsche Variationsprinzip (s. Abschn. 2.5.4).

2.4 Die Lagrange-Gleichungen 1. Art in generalisierten Koordinaten für holonome Nebenbedingungen

Bevor wir die Lagrange-Gleichungen 1. Art (2.58a), (2.58b) mit Hilfe der lokal eindeutig umkehrbaren Transformationen

$$x_i = x_i(q_1, \ldots, q_{3n}, t), \qquad i = 1, \ldots, 3n \tag{2.99}$$

in die generalisierten Koordinaten q_k transformieren, ist es angebracht, zur Interpretation von (2.99) einige Bemerkungen voranzuschicken. Ausgangspunkt zur Darstellung der Lage der n MP sind 3n kartesische Koordinaten x_i, die sich auf ein mit einem BS Σ verbundenes KS $[O; \mathbf{e}_1, \mathbf{e}_2, \mathbf{e}_3]$ beziehen. Nun kann man im gleichen BS, bezogen auf das gleiche KS, 3n unabhängige Parameter $q_1, \ldots, q_{3n}$ einführen, die ebenfalls die Lage der n MP bez. des KS $[O; \mathbf{e}_1, \mathbf{e}_2, \mathbf{e}_3]$ eindeutig angeben. Zwischen den x_i und den q_k besteht dann, bis auf die bereits in Abschn. 1.3.7.1 genannten Ausnahmepunktmengen der umkehrbar eindeutige Zusammenhang

$$x_i = x_i(q_1, \ldots, q_{3n}), \qquad i = 1, \ldots, 3n. \tag{2.100}$$

Aber schon in Abschn. 1 lernten wir Beispiele kennen, bei denen verschiedene BS und mit diesen verbundene KS benutzt wurden. Sind z. B. $\mathbf{r}_1, \mathbf{r}_2$ die Orte zweier MP in einem BS Σ, so berechnet man oft ihre Bewegung nicht relativ zu Σ, sondern man führt ein KS $[O^*; \mathbf{e}_1^*, \mathbf{e}_2^*, \mathbf{e}_3^*]$ ein, für das die Lage von O^* bez. O durch den Ortsvektor des Massenmittelpunktes $\overrightarrow{OO^*} = \mathbf{R}$ definiert wird. Ist $\dot{\mathbf{R}} \neq \mathbf{0}$, dann ist mit dem KS $[O^*; \mathbf{e}_1^*, \mathbf{e}_2^*, \mathbf{e}_3^*]$ ein von Σ verschiedenes BS Σ^* verknüpft, auch dann, wenn Σ^* bez. Σ nicht rotiert.

Manchmal ist es zweckmäßig, bei zeitabhängigen Transformationen einen Teil der generalisierten Koordinaten q_i, $i = 1, \ldots, n_1$, auf Σ, den restlichen Teil q_i', $i = n_1 + 1, \ldots, 3n$ auf ein anderes BS Σ' zu beziehen. Ist Σ ein Inertialsystem, Σ' aber ein Nicht-Inertialsystem, so sind $q_1, \ldots, q_{n_1}$ generalisierte Inertialkoordinaten, jedoch $q_{n_1+1}', \ldots, q_{3n}'$ generalisierte Nicht-Inertialkoordinaten. Es ist oft üblich, statt q_i' nur q_i zu schreiben, auch dann, wenn (2.99) den Übergang zu einem anderen BS Σ' darstellt. Als Beispiel für die Verwendung von generalisierten Nicht-Inertialkoordinaten betrachten wir das ebene Doppelpendel. Der Ursprung O ruhe im Inertialsystem Σ, der Ort von m_1 definiere O', die in O und O' errichteten KS sollen parallele Koordinatenachsen haben (siehe Fig. 2.1).

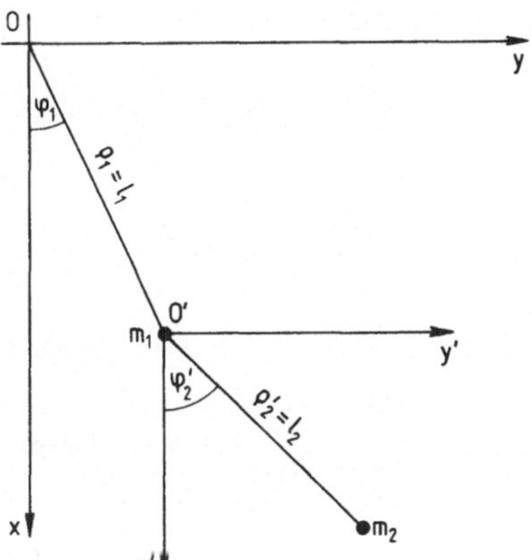

Fig. 2.1

Die Länge der Fäden sei ℓ_1 bzw. ℓ_2, so daß die NBn $\rho_1 = \ell_1, \rho_2' = \ell_2$ lauten. Dann gilt

$$\begin{aligned} x_1 &= \ell_1 \cos\varphi_1, \qquad & x_2 &= \ell_1 \cos\varphi_1 + \ell_2 \cos\varphi_2', \\ y_1 &= \ell_1 \sin\varphi_1, \qquad & y_2 &= \ell_1 \sin\varphi_1 + \ell_2 \sin\varphi_2'. \end{aligned} \tag{2.101}$$

Meistens schreibt man aber statt ρ_2', φ_2' einfach ρ_2, φ_2. Zur Lösung der für das Doppelpendel geltenden Bewegungsgleichungen sind die auf O' bezogenen generalisierten Nicht-Inertialkoordinaten ρ_2', φ_2' geeigneter als die generalisierten Inertialkoordinaten ρ_2, φ_2, die sich mit $x_2 = \rho_2 \cos\varphi_2, y_2 = \rho_2 \sin\varphi_2$ auf den Ursprung O beziehen, weil die NBn in den Koordinaten ρ_2, φ_2 eine komplizierte Form haben.

Die Ergebnisse des Abschn. 1.3.7 machen es jetzt leicht, die Lagrange-Gleichungen 1. Art (2.58a), (2.58b) mit (2.99) in generalisierte Koordinaten $q_1, \ldots, q_{3n}$ zu transformieren. Dazu stellen wir im $\mathbb{E}^{3n}$ analog zu (1.284) die Bewegungsgleichung

$$\mathbf{f} = \mathbf{F} + \mathbf{Z} \tag{2.102}$$

mit

$$\mathbf{f} := \{m_1\ddot{\mathbf{r}}_1, \ldots, m_n\ddot{\mathbf{r}}_n\} \in \mathbb{E}^{3n}, \tag{2.103a}$$

$$\mathbf{F} := \{\mathbf{F}_1, \ldots, \mathbf{F}_n\} \in \mathbb{E}^{3n}, \tag{2.103b}$$

$$\mathbf{Z} := \left\{ \sum_{\alpha=1}^{s} \lambda_\alpha \frac{\partial\Phi_\alpha}{\partial\mathbf{r}_1}, \ldots, \sum_{\alpha=1}^{s} \lambda_\alpha \frac{\partial\Phi_\alpha}{\partial\mathbf{r}_n} \right\} \in \mathbb{E}^{3n} \tag{2.103c}$$

in der reziproken Basis $\mathbf{w}_i, i = 1, \ldots, 3n$ (siehe (1.273)) dar. Die kovarianten Komponenten von (2.102), (2.103) sind dann nach (1.278)

$$\sum_{\nu=1}^{n} m_\nu\ddot{\mathbf{r}}_\nu \cdot \frac{\partial\mathbf{r}_\nu}{\partial q_k} = \sum_{\nu=1}^{n} \mathbf{F}_\nu \cdot \frac{\partial\mathbf{r}_\nu}{\partial q_k} + \sum_{\nu=1}^{n} \sum_{\alpha=1}^{s} \lambda_\alpha \frac{\partial\Phi_\alpha}{\partial\mathbf{r}_\nu} \cdot \frac{\partial\mathbf{r}_\nu}{\partial q_k}, \qquad k = 1, \ldots, 3n. \tag{2.104}$$

Diese Gleichung tritt an die Stelle von (1.285). Setzen wir in die NBn (2.58b) die Transformation (2.99) ein, so entsteht

$$\tilde{\Phi}_\alpha(q_1, \ldots, q_{3n}, t) := \Phi_\alpha[\mathbf{r}_1(q_1, \ldots, q_{3n}, t), \ldots, \mathbf{r}_n(q_1, \ldots, q_{3n}, t), t] = 0, \alpha = 1, \ldots, s. \tag{2.105}$$

Für die Multiplikatoren $\lambda_\alpha(\mathbf{r}_1, \ldots, \mathbf{r}_n, \dot{\mathbf{r}}_1, \ldots, \dot{\mathbf{r}}_n, t)$ erhält man mit (1.286) die transformierte Form

$$\widetilde{\lambda}_\alpha(q_1, \ldots, q_{3n}, \dot{q}_1, \ldots, \dot{q}_{3n}, t) := \lambda_\alpha[\mathbf{r}_1(q_1, \ldots, q_{3n}, t), \ldots, \dot{\mathbf{r}}_n(q_1, \ldots, \dot{q}_{3n}, t), t]$$
$$\alpha = 1, \ldots, s. \tag{2.106}$$

Wegen
$$\sum_{\nu=1}^{n} \sum_{\alpha=1}^{s} \lambda_\alpha \frac{\partial \Phi_\alpha}{\partial \mathbf{r}_\nu} \cdot \frac{\partial \mathbf{r}_\nu}{\partial q_k} = \sum_{\alpha=1}^{s} \lambda_\alpha \sum_{\nu=1}^{n} \frac{\partial \Phi_\alpha}{\partial \mathbf{r}_\nu} \cdot \frac{\partial \mathbf{r}_\nu}{\partial q_k} = \sum_{\alpha=1}^{s} \widetilde{\lambda}_\alpha \frac{\partial \widetilde{\Phi}_\alpha}{\partial q_k} \tag{2.107}$$

können wir mit (1.291) die Gleichungen (2.104) in der Form

$$\frac{d}{dt} \frac{\partial \widetilde{T}}{\partial \dot{q}_k} - \frac{\partial \widetilde{T}}{\partial q_k} = \widetilde{F}_k(q_1, \ldots, q_{3n}, \dot{q}_1, \ldots, \dot{q}_{3n}, t) + \sum_{\alpha=1}^{s} \widetilde{\lambda}_\alpha \frac{\partial \widetilde{\Phi}_\alpha}{\partial q_k}, \qquad k = 1, \ldots, 3n \tag{2.108}$$

schreiben. Das sind die allgemeinsten Lagrange-Gleichungen 1. Art in generalisierten Koordinaten für holonome NBn.

Kann man die Kräfte $\mathbf{F}_\nu$ so zerlegen, daß

$$\mathbf{F}_\nu = \mathbf{F}_\nu^{(1)} + \mathbf{F}_\nu^{(2)} \tag{2.109}$$

gilt, wobei $\mathbf{F}_\nu^{(1)}$ aus einem verallgemeinerten Potential U als

$$\mathbf{F}_\nu^{(1)} = -\left(\frac{\partial U}{\partial \mathbf{r}_\nu} - \frac{d}{dt} \frac{\partial U}{\partial \dot{\mathbf{r}}_\nu}\right), \qquad \nu = 1, \ldots, n$$

herleitbar ist (siehe (1.301)), so kann (2.108) auch in der Form

$$\frac{d}{dt} \frac{\partial \widetilde{L}}{\partial \dot{q}_k} - \frac{\partial \widetilde{L}}{\partial q_k} = \widetilde{F}_k^{(2)} + \sum_{\alpha=1}^{s} \widetilde{\lambda}_\alpha \frac{\partial \widetilde{\Phi}_\alpha}{\partial q_k}, \qquad k = 1, \ldots, 3n \tag{2.110}$$

mit $\widetilde{L} = \widetilde{T} - \widetilde{U}$ geschrieben werden, wobei $\widetilde{U}$ durch (1.302) definiert ist. Zu den generalisierten Bewegungsgleichungen im $\mathbb{E}^{3n}$ (2.108) bzw. (2.110) treten noch die NBn

$$\widetilde{\Phi}_\alpha(q_1, \ldots, q_{3n}, t) = 0, \qquad \alpha = 1, \ldots, s \tag{2.111}$$

hinzu.

Die Ausdrücke

$$\widetilde{Z}_k := \sum_{\alpha=1}^{s} \widetilde{\lambda}_\alpha \frac{\partial \widetilde{\Phi}_\alpha}{\partial q_k}, \qquad k = 1, \ldots, 3n \tag{2.112}$$

heißen *generalisierte Zwangskraftkomponenten.* Sie sind die kovarianten Komponenten des Vektors $\mathbf{Z} := \{\mathbf{Z}_1, \ldots, \mathbf{Z}_n\}$ im 3n-dimensionalen Konfigurationsraum $\mathbb{E}^{3n}$ bez. der Basis $\mathbf{w}_k$ und transformieren sich daher bei einer Punkttransformation $q_i = q_i(q_1', \ldots, q_{3n}', t)$ gemäß (1.284), so daß gilt

$$\sum_{\alpha=1}^{s} \widetilde{\lambda}_\alpha \frac{\partial \widetilde{\Phi}_\alpha}{\partial q_k} = \sum_{i=1}^{3n} \left(\sum_{\alpha=1}^{s} \widetilde{\lambda}_\alpha' \frac{\partial \widetilde{\Phi}_\alpha'}{\partial q_i'}\right) \frac{\partial q_i'}{\partial q_k}. \tag{2.113}$$

Zusammen mit (1.297) folgt daraus, daß die Lagrange-Gleichungen 1. Art forminvariant sind gegenüber Punkttransformationen

$$q_i = q_i(q'_1, \ldots, q'_{3n}, t), \qquad i = 1, \ldots, 3n, \tag{2.114}$$

die die Standardvoraussetzungen über die lokale Umkehrbarkeit erfüllen. Das bedeutet, daß das mathematische Schema (2.108) bzw. (2.110) zusammen mit (2.111) zur Aufstellung der konkreten Lagrange-Gleichungen 1. Art für alle Arten von generalisierten Koordinaten und in allen BS dasselbe ist. Kennt man die Funktionen $\widetilde{T}$, $\widetilde{F}_k$, $\widetilde{\Phi}_\alpha$ in einem BS Σ, so kann man diese Größen mittels (2.114) transformieren und erhält nach derselben Vorschrift wie in Σ die transformierten Lagrange-Gleichungen in den neuen Koordinaten q'_i. Beschreibt (2.114) den Übergang zu einem anderen BS Σ', so gewinnt man damit die Lagrange-Gleichungen 1. Art in Σ'.

2.5 Lagrange-Gleichungen 2. Art

2.5.1 Herleitung der Lagrange-Gleichungen 2. Art

Das Ziel dieses Abschnitts ist es, Bewegungsgleichungen aufzustellen, die die Zwangskräfte nicht mehr enthalten. Zwar kann man dann aus solchen Gleichungen die Zwangskräfte nicht mehr bestimmen; da sie aber oft gar nicht benötigt werden, sondern nur die Bahnen der MP interessieren, werden die angestrebten Gleichungen für diese reduzierte Fragestellung eine große Vereinfachung bringen. Außerdem werden wir sehen, daß wir nach Lösung dieser Gleichungen nicht endgültig auf die Kenntnis der Zwangskräfte verzichten müssen, sondern sie aus den Gleichungen (2.45) bzw. (2.108) nachträglich ausrechnen können.

Eine Möglichkeit zur Aufstellung der gesuchten Bewegungsgleichungen ist die Elimination der $\widetilde{\lambda}_\alpha$ aus (2.108) mit dem Substitutionsverfahren aus Abschn. 2.3.1. Dazu muß man (2.108) zunächst in die nach den $\ddot{q}_k$ explizit aufgelöste „Newtonsche" Form

$$\ddot{q}_k = \widetilde{A}_k(q_1, \ldots, q_{3n}, \dot{q}_1, \ldots, \dot{q}_{3n}, t; \widetilde{\lambda}_1, \ldots, \widetilde{\lambda}_s), \qquad k = 1, \ldots, 3n \tag{2.115}$$

bringen und dann unter Benutzung der NBn (2.111) die zu Abschnitt 2.3.1 analoge Rechnung durchführen. Wegen der Umständlichkeit dieses Verfahrens ist es jedoch besser, nicht von (2.108) auszugehen, sondern wieder von den kartesischen Lagrange-Gleichungen 1. Art (2.58a) mit den sachgerechten NBn

$$\Phi_\alpha(\mathbf{r}_1, \ldots, \mathbf{r}_n, t) = 0, \qquad \alpha = 1, \ldots, s < 3n. \tag{2.116}$$

Der Ausgangspunkt der folgenden Herleitung ist, daß die NBn (2.116) Gleichungen von s (3n − 1)-dimensionalen zeitabhängigen Hyperflächen im 3n-dimensionalen Konfigurationsraum $\mathbb{E}^{3n}$ sind, deren Schnittmenge ein f-dimensionaler Riemannscher Teilraum $\mathbb{M}^f$ des $\mathbb{E}^{3n}$ mit $f = 3n - s$ ist, und daß man einen solchen Teilraum mindestens stückweise auch durch Parameterdarstellungen

$$\mathbb{M}^f : \mathbf{r} = \mathbf{r}^*(q_1, \ldots, q_f, t), \qquad (q_1, \ldots, q_f) \in B \subset \mathbb{R}^f \tag{2.117}$$

mit f Parametern $q_1, \ldots, q_f$ darstellen kann. Äquivalente Schreibweisen für (2.117) sind

$$\mathbf{r}_\nu = \mathbf{r}_\nu^*(q_1, \ldots, q_f, t), \qquad \nu = 1, \ldots, n \tag{2.118}$$

oder in kartesischen Komponenten

$$x_i = x_i^*(q_1, \ldots, q_f, t), \qquad i = 1, \ldots, 3n. \tag{2.119}$$

Wenn wir also f Bewegungsgleichungen für die Parameter $q_i(t)$, $i = 1, \ldots, f$ als Funktionen der Zeit finden und lösen, so sind die Bahnkurven $\mathbf{r}_\nu(t)$ der MP aus (2.118) als

$$\mathbf{r}_\nu(t) = \mathbf{r}_\nu^*(q_1(t), \ldots, q_f(t), t), \qquad \nu = 1, \ldots, n \tag{2.120}$$

vollständig bestimmt.
Um die gesuchten Bewegungsgleichungen aufzustellen, setzen wir (2.118) in die Gln. (2.58a) ein, multiplizieren sie skalar mit dem Vektor $\frac{\partial \mathbf{r}_\nu^*}{\partial q_k}$ und summieren über $\nu = 1, \ldots, n$. So erhalten wir die f Gln.

$$\begin{aligned} &\sum_{\nu=1}^{n} m_\nu \ddot{\mathbf{r}}_\nu^* \cdot \frac{\partial \mathbf{r}_\nu^*}{\partial q_k} \\ &= \sum_{\nu=1}^{n} \mathbf{F}_\nu(\mathbf{r}_1^*, \ldots, \mathbf{r}_n^*, \dot{\mathbf{r}}_1^*, \ldots, \dot{\mathbf{r}}_n^*, t) \cdot \frac{\partial \mathbf{r}_\nu^*}{\partial q_k} + \sum_{\alpha=1}^{s} \lambda_\alpha^* \sum_{\nu=1}^{n} \left[\frac{\partial \Phi_\alpha}{\partial \mathbf{r}_\nu}\right]_{\mathbf{r}_\nu^*} \cdot \frac{\partial \mathbf{r}_\nu^*}{\partial q_k}, \quad k = 1, \ldots, f \end{aligned} \tag{2.121}$$

mit $\lambda_\alpha^* := \lambda_\alpha(\mathbf{r}_1^*, \ldots, \mathbf{r}_n^*, \dot{\mathbf{r}}_1^*, \ldots, \dot{\mathbf{r}}_n^*, t)$. Da die Funktionen (2.119) eine Parameterdarstellung von $\mathbb{M}^f$ (oder eines Stückes von $\mathbb{M}^f$) sind, erfüllen sie die implizite kartesische Darstellung (2.116) von $\mathbb{M}^f$ identisch, d. h.

$$\Phi_\alpha^*(q_1, \ldots, q_f, t) := \Phi_\alpha(\mathbf{r}_1^*(q_1, \ldots, q_f, t), \ldots, \mathbf{r}_n^*(q_1, \ldots, q_f, t), t) \equiv 0. \tag{2.122}$$

Daher ist wegen der Kettenregel

$$\sum_{\nu=1}^{n} \left[\frac{\partial \Phi_\alpha}{\partial \mathbf{r}_\nu}\right]_{\mathbf{r}_\nu^*} \cdot \frac{\partial \mathbf{r}_\nu^*}{\partial q_k} = \frac{\partial \Phi_\alpha^*}{\partial q_k} \equiv 0, \qquad k = 1, \ldots, f. \tag{2.123}$$

Aus (2.118) folgen nun die zu (1.286), (1.287) und (1.288) analogen Gln. mit dem einzigen Unterschied, daß $\mathbf{r}_\nu$ durch $\mathbf{r}_\nu^*$ und die Summationsgrenze 3n durch f zu ersetzen ist. Mit der kinetischen Energie

$$T^*(q_1, \ldots, q_f, \dot{q}_1, \ldots, \dot{q}_f, t) := \sum_{\nu=1}^{n} \frac{m_\nu}{2} \left[\frac{d}{dt} \mathbf{r}_\nu^*(q_1, \ldots, q_f, t)\right]^2 \tag{2.124}$$

und den generalisierten Kraftkomponenten

$$F_k^*(q_1, \ldots, q_f, \dot{q}_1, \ldots, \dot{q}_f, t) := \sum_{\nu=1}^{n} \mathbf{F}_\nu(\mathbf{r}_1^*, \ldots, \mathbf{r}_n^*, \dot{\mathbf{r}}_1^*, \ldots, \dot{\mathbf{r}}_n^*, t) \cdot \frac{\partial \mathbf{r}_\nu^*}{\partial q_k}, \quad k = 1, \ldots, f \tag{2.125}$$

entsteht daher aus (2.121) unter Berücksichtigung von (2.123) nach denselben Rechenschritten wie bei der Herleitung von (1.291) schließlich

$$\frac{d}{dt}\frac{\partial T^*}{\partial \dot{q}_k} - \frac{\partial T^*}{\partial q_k} = F_k^*, \qquad k = 1, \ldots, f. \tag{2.126}$$

Diese f DGn 2. Ordnung für die $q_k(t)$, $k = 1, \ldots, f$ heißen *Lagrange-Gleichungen 2. Art*[1]). Sie enthalten keine Zwangskräfte. Ihre Lösungen bestimmen die Bahnkurven $\mathbf{r}_\nu(t)$ der n MP vollständig durch (2.120). Der Vorteil der Gln. (2.126) ist, daß nur so viele DGn zu lösen sind, wie das System Freiheitsgrade hat. Im Unterschied zu $\tilde{T}$ und $\tilde{F}_k$ hängen T^* und F_k^* nur noch von f unabhängigen generalisierten Koordinaten ab, nämlich den Parametern $q_1, \ldots, q_f$.

Wie Gl. (1.285) kann man auch die entsprechende Gl. (2.121) geometrisch verstehen. Dazu führen wir die Tangentialvektoren

$$\mathbf{u}_k^* := \frac{\partial \mathbf{r}^*}{\partial q_k} = \left\{\frac{\partial \mathbf{r}_1^*}{\partial q_k}, \ldots, \frac{\partial \mathbf{r}_n^*}{\partial q_k}\right\} \in \mathbb{E}^{3n}, \qquad k = 1, \ldots, f \tag{2.127}$$

an den Riemannschen Raum $\mathbb{M}^f$ im Punkt $\mathbf{r}^*$ und die durch

$$\mathbf{u}_i^* = \sum_{k=1}^{f} g_{ik}^* \mathbf{w}_k^*, \qquad i = 1, \ldots, f \tag{2.128}$$

mit den Metrikkoeffizienten

$$g_{ik}^* := \langle \mathbf{u}_i^*, \mathbf{u}_k^* \rangle = \sum_{\nu=1}^{n} \frac{\partial \mathbf{r}_\nu^*}{\partial q_i} \cdot \frac{\partial \mathbf{r}_\nu^*}{\partial q_k}, \qquad i, k = 1, \ldots, f \tag{2.129}$$

definierte Kobasis $\mathbf{w}_1^*, \ldots, \mathbf{w}_f^*$ aus Tangentialvektoren an $\mathbb{M}^f$ ein. Es gilt dann

$$\langle \mathbf{u}_i^*, \mathbf{w}_k^* \rangle = \delta_{ik}, \qquad i, k = 1, \ldots, f. \tag{2.130}$$

Setzt man (2.118) in (2.58a) ein und stellt diese Gln. in der Kobasis $\mathbf{w}_k^*$ dar, so sind die mit den Bezeichnungen (2.103) geschriebenen Gln. der kovarianten Komponenten

$$\langle [\mathbf{f}]_{\mathbf{r}_\nu^*}, \mathbf{u}_k^* \rangle = \langle [\mathbf{F}]_{\mathbf{r}_\nu^*}, \mathbf{u}_k^* \rangle + \langle [\mathbf{Z}]_{\mathbf{r}_\nu^*}, \mathbf{u}_k^* \rangle \tag{2.131}$$

identisch mit den Gln. (2.121).

Die Herleitung von (2.126) kann auch als Anwendung des Projektionsverfahrens (2.91), (2.90) aus Abschn. 2.3.2 aufgefaßt werden. Definieren wir nämlich den beliebigen Tangentialvektor an $\mathbb{M}^f$

$$\{\xi_1, \ldots, \xi_n\} = \xi(\mathbf{r}_1^*, \ldots, \mathbf{r}_n^*, t) \equiv \xi^*(q_1, \ldots, q_f, t) := \sum_{k=1}^{f} a_k \mathbf{u}_k^* \in \mathbb{E}^{3n}$$

mit $a_k = \text{const}$, so erhält (2.91) wegen $\langle [\mathbf{Z}]_{\mathbf{r}_\nu^*}, \xi^* \rangle = 0$ die Form

$$\langle [\mathbf{f} - \mathbf{F}]_{\mathbf{r}_\nu^*}, \xi^* \rangle = \sum_{k=1}^{f} a_k \langle [\mathbf{f} - \mathbf{F}]_{\mathbf{r}_\nu^*}, \mathbf{u}_k^* \rangle = 0.$$

Da die a_k beliebig sind, folgt hieraus $\langle [\mathbf{f} - \mathbf{F}]_{\mathbf{r}_\nu^*}, \mathbf{u}_k^* \rangle = 0$ für $k = 1, \ldots, f$, was wieder auf (2.126) führt.

Sind die $\mathbf{F}_\nu$ aus einer Potentialfunktion $V(\mathbf{r}_1, \ldots, \mathbf{r}_n, t)$ gemäß

$$\mathbf{F}_\nu = -\frac{\partial V}{\partial \mathbf{r}_\nu}, \qquad \nu = 1, \ldots, n \tag{2.132}$$

---

[1]) Meist werden nur die DGn (2.140) so bezeichnet.

oder aus einem verallgemeinerten Potential $U(\mathbf{r}_1, \ldots, \mathbf{r}_n, \dot{\mathbf{r}}_1, \ldots, \dot{\mathbf{r}}_n, t)$ gemäß

$$\mathbf{F}_\nu = -\left(\frac{\partial U}{\partial \mathbf{r}_\nu} - \frac{d}{dt}\frac{\partial U}{\partial \dot{\mathbf{r}}_\nu}\right), \qquad \nu = 1, \ldots, n \tag{2.133}$$

herleitbar (siehe (1.301)), so bilden wir

$$V^*(q_1, \ldots, q_f, t) := V(\mathbf{r}_1^*(q_1, \ldots, q_f, t), \ldots, \mathbf{r}_n^*(q_1, \ldots, q_f, t), t) \tag{2.134}$$

bzw. $$U^*(q_1, \ldots, q_f, \dot{q}_1, \ldots, \dot{q}_f, t) := U(\mathbf{r}_1^*(q_1, \ldots, q_f, t), \ldots, \dot{\mathbf{r}}_n^*(q_1, \ldots, \dot{q}_f, t), t) \tag{2.135}$$

und die (Standard-)Lagrange-Funktion

$$L^* := T^* - V^* \quad \text{bzw.} \quad L^* := T^* - U^*, \tag{2.136}$$

so daß mit (2.124) und (2.134)

$$L^* = L^*(q_1, \ldots, q_f, \dot{q}_1, \ldots, \dot{q}_f, t) \tag{2.137}$$

ist. Im Fall des gewöhnlichen Potentials ist

$$F_k^* = -\sum_{\nu=1}^{n} \left[\frac{\partial V}{\partial \mathbf{r}_\nu}\right]_{\mathbf{r}_\nu^*} \cdot \frac{\partial \mathbf{r}_\nu^*}{\partial q_k} = -\frac{\partial V^*}{\partial q_k}, \qquad k = 1, \ldots, f. \tag{2.138}$$

Benutzt man (1.300) für $\widetilde{G} = U^*$ und $q_i' = x_i^*$, so daß $\widetilde{G}' = U$ zu setzen ist, so folgt für den Fall des verallgemeinerten Potentials

$$\begin{aligned} F_k^* &= -\sum_{\nu=1}^{n} \left[\frac{\partial U}{\partial \mathbf{r}_\nu} - \frac{d}{dt}\frac{\partial U}{\partial \dot{\mathbf{r}}_\nu}\right]_{\mathbf{r}_\nu^*, \dot{\mathbf{r}}_\nu^*} \cdot \frac{\partial \mathbf{r}_\nu^*}{\partial q_k} = \sum_{i=1}^{3n} \left[\frac{d}{dt}\frac{\partial U}{\partial \dot{x}_i} - \frac{\partial U}{\partial x_i}\right]_{x_i^*, \dot{x}_i^*} \frac{\partial x_i^*}{\partial q_k} \\ &= \frac{d}{dt}\frac{\partial U^*}{\partial \dot{q}_k} - \frac{\partial U^*}{\partial q_k}, \qquad k = 1, \ldots, f. \end{aligned} \tag{2.139}$$

Daher erhalten die Lagrange-Gleichungen 2. Art in beiden Fällen die Form

$$\frac{d}{dt}\frac{\partial L^*}{\partial \dot{q}_k} - \frac{\partial L^*}{\partial q_k} = 0, \qquad k = 1, \ldots, f. \tag{2.140}$$

Kann man schließlich die Kräfte $\mathbf{F}_\nu$ so zerlegen, daß

$$\mathbf{F}_\nu = \mathbf{F}_\nu^{(1)} + \mathbf{F}_\nu^{(2)}, \qquad \nu = 1, \ldots, n \tag{2.141}$$

gilt, wobei $\mathbf{F}_\nu^{(1)}$ die Eigenschaft (2.132) oder (2.133) hat, so lauten die Lagrange-Gleichungen 2. Art

$$\frac{d}{dt}\frac{\partial L^*}{\partial \dot{q}_k} - \frac{\partial L^*}{\partial q_k} = F_k^{(2)*}, \qquad k = 1, \ldots, f \tag{2.142}$$

mit entsprechend (2.136) bzw. (2.125) definierten Funktionen L^* und $F_k^{(2)*}$.

Bei einer Punkttransformation

$$q_i' = q_i'(q_1, \ldots, q_f, t), \qquad i = 1, \ldots, f \tag{2.143}$$

(in bezug auf (2.117) ist dies eine Parametertransformation) gilt für jede stetig partiell differenzierbare Funktion $G^*(q_1, \ldots, q_f, \dot{q}_1, \ldots, \dot{q}_f, t)$

$$\frac{d}{dt}\frac{\partial G^*}{\partial \dot{q}_k} - \frac{\partial G^*}{\partial q_k} = \sum_{i=1}^{f}\left(\frac{d}{dt}\frac{\partial G^{*\prime}}{\partial \dot{q}_i'} - \frac{\partial G^{*\prime}}{\partial q_i'}\right)\frac{\partial q_i'}{\partial q_k}, \qquad k = 1, \ldots, f \tag{2.144}$$

mit $G^{*\prime} := G^*(q_1(q_1', \ldots, q_f', t), \ldots, \dot{q}_f(q_1', \ldots, \dot{q}_f', t), t)$. Der Beweis dafür ist bis auf die Ersetzung von 3n durch f und $\sim$ durch $*$ identisch mit dem von (1.300). Weil F_k^* bzw. $F_k^{(2)*}$ als kovariante Komponenten eines Vektors bez. der Kobasis $\mathbf{w}_k^*$ mit dem entsprechenden Transformationsverhalten

$$F_k^* = \sum_{i=1}^{f} F_i^{*\prime}\frac{\partial q_i'}{\partial q_k}, \qquad k = 1, \ldots, f \tag{2.145}$$

gegenüber Punkttransformationen (2.143) definiert sind, besagt (2.144), angewendet auf T^* bzw. L^*, daß die Lagrange-Gleichungen 2. Art (2.126), (2.140), (2.142) forminvariant (siehe Abschn. 1.3.7.2) gegenüber Punkttransformationen der Gestalt (2.143) sind.

Ist keine Parameterdarstellung (2.119) für die NBn bekannt, sondern nur eine implizite kartesische Form (2.116), so kann man durch folgendes Verfahren eine Parameterdarstellung erzeugen: Man wähle irgendwelche generalisierte Koordinaten $q_1, \ldots, q_{3n}$ im $\mathbb{E}^{3n}$, so daß die Abbildung

$$x_i = x_i(q_1, \ldots, q_{3n}, t), \qquad i = 1, \ldots, 3n \tag{2.146}$$

die Standardvoraussetzungen (siehe Abschn. 1.3.7.1) erfüllt. (2.146) in (2.116) eingesetzt ergibt die NBn

$$\tilde{\Phi}_\alpha(q_1, \ldots, q_{3n}, t) = 0, \qquad \alpha = 1, \ldots, s \tag{2.147}$$

in generalisierten Koordinaten. Dieses System von Gleichungen können wir nach s unabhängigen der 3n Koordinaten auflösen und dadurch als Funktion der übrigen $3n - s = f$ Koordinaten schreiben. Damit die Bezeichnung einfach wird, seien die abhängigen Koordinaten mit den letzten s Indizes versehen, so daß die Auflösung

$$q_{f+\alpha} = \tilde{h}_\alpha(q_1, \ldots, q_f, t), \qquad \alpha = 1, \ldots, s \tag{2.148}$$

lautet. Setzt man diese Beziehungen in (2.146) ein, so erhält man eine Parameterdarstellung (2.119). Speziell können natürlich auch f der kartesischen Koordinaten x_i selbst als Parameter dienen, so daß die Parameterdarstellung die Form

$$\begin{aligned} x_i &= x_i, & i &= 1, \ldots, f, \\ x_{f+\alpha} &= h_\alpha(x_1, \ldots, x_f, t), & \alpha &= 1, \ldots, s \end{aligned} \tag{2.149}$$

erhält. Geht man wie eben beschrieben von 3n generalisierten Koordinaten aus, so gelten

$$\begin{aligned} V^*(q_1, \ldots, q_f, t) &= \tilde{V}(q_1, \ldots, q_f, \tilde{h}_1, \ldots, \tilde{h}_s, t), \\ T^*(q_1, \ldots, q_f, \dot{q}_1, \ldots, \dot{q}_f, t) &= \tilde{T}(q_1, \ldots, q_f, \tilde{h}_1, \ldots, \tilde{h}_s, \dot{q}_1, \ldots, \dot{q}_f, \dot{\tilde{h}}_1, \ldots, \dot{\tilde{h}}_s, t) \end{aligned} \tag{2.150}$$

und analoge Beziehungen für U^*, $\tilde{U}$ bzw. L^*, $\tilde{L}$, wobei die mit $\sim$ bezeichneten Größen durch (1.293), (1.290), (1.302) und (1.296) bzw. (1.305) definiert sind.

Bevor wir wieder unsere Beispiele aus Abschn. 2.1 betrachten, soll der Vorgang des Aufstellens der Lagrange-Gleichungen 2. Art bei gegebenen NBn (2.116) noch einmal zusammengefaßt werden:

1. Schritt: Man führe durch $x_i(q_1, \ldots, q_{3n}, t)$ 3n generalisierte Koordinaten ein und wähle davon f Stück $q_1, \ldots, q_f$ so aus, daß die restlichen s Stück mit Hilfe der in den generalisierten Koordinaten geschriebenen NBn $\widetilde{\Phi}_\alpha(q_1, \ldots, q_{3n}, t) = 0, \alpha = 1, \ldots, s$ ausdrückbar sind als $q_{f+\alpha} = \widetilde{h}_\alpha(q_1, \ldots, q_f, t), \alpha = 1, \ldots, s$.

2. Schritt: Man bilde $x_i^*(q_1, \ldots, q_f, t) = x_i(q_1, \ldots, q_f, \widetilde{h}_1, \ldots, \widetilde{h}_s, t), i = 1, \ldots, 3n$ und damit die Funktionen T^* und F_k^* bzw. V^* oder U^*, L^* und $F_k^{(2)*}$. Dabei können T^*, V^*, U^*, L^* auch durch Elimination von $q_{f+\alpha} = \widetilde{h}_\alpha$ in $\widetilde{T}, \widetilde{V}, \widetilde{U}, \widetilde{L}$ gewonnen werden.

3. Schritt: Man bilde die DGn (2.126) bzw. (2.140) bzw. (2.142).

Bemerkung: Liegen die NBn bereits in Form einer Parameterdarstellung $x_i^*(q_1, \ldots, q_f, t)$ einer f-dimensionalen Mannigfaltigkeit vor, so setzt das Verfahren bei Schritt 2 ein.

Beispiel 1 Für das erste Beispiel aus Abschn. 2.1 wählen wir als generalisierte Koordinaten Kugelkoordinaten r, ϑ, φ mit der Polarrichtung $\mathbf{e}_3 = -\mathbf{g}/g$ und erhalten aus (2.1) mit (1.15)

$$\widetilde{\Phi}(r, \vartheta, \varphi) = r^2 - R^2 = 0. \tag{2.151}$$

Als Auflösung ist hier nur möglich

$$r = \widetilde{h}(\vartheta, \varphi) \equiv R. \tag{2.152}$$

Dies in (1.15) eingesetzt ergibt

$$\begin{aligned} x_1^*(\vartheta, \varphi) &= R \sin\vartheta \cos\varphi & (0 \leqslant \vartheta \leqslant \pi) \\ x_2^*(\vartheta, \varphi) &= R \sin\vartheta \sin\varphi & (0 \leqslant \varphi < 2\pi) \\ x_3^*(\vartheta, \varphi) &= R \cos\vartheta \end{aligned} \tag{2.153}$$

als eine Parameterdarstellung für die Kugelfläche mit den Parametern $q_1 = \vartheta, q_2 = \varphi$. Statt aus (2.153) erhalten wir schneller aus (1.312) mit (2.152) die kinetische Energie

$$T^* = \frac{m}{2} R^2(\dot{\vartheta}^2 + \dot{\varphi}^2 \sin^2\vartheta). \tag{2.154}$$

Mit der potentiellen Energie

$$V(\mathbf{r}) = mgx_3 = mgx_3^* = mgR\cos\vartheta = V^*(\vartheta, \varphi) \tag{2.155}$$

folgt $$L^*(\vartheta, \varphi, \dot{\vartheta}, \dot{\varphi}) = \frac{m}{2} R^2(\dot{\vartheta}^2 + \dot{\varphi}^2 \sin^2\vartheta) - mgR\cos\vartheta, \tag{2.156}$$

womit wir die Lagrange-Gleichungen 2. Art

$$\frac{d}{dt}\frac{\partial L^*}{\partial\dot{\vartheta}} - \frac{\partial L^*}{\partial\vartheta} = mR^2(\ddot{\vartheta} - \dot{\varphi}^2 \sin\vartheta\cos\vartheta) - mgR\sin\vartheta = 0, \tag{2.157a}$$

$$\frac{d}{dt}\frac{\partial L^*}{\partial \dot{\varphi}} - \frac{\partial L^*}{\partial \varphi} = \frac{d}{dt}(mR^2\dot{\varphi}\sin^2\vartheta) = 0 \tag{2.157b}$$

erhalten.

Beispiel 2 Für das zweite Beispiel aus Abschn. 2.1 wählen wir Zylinderkoordinaten ρ, φ, z mit $\mathbf{e}_z = \mathbf{a}/a$ und erhalten mit (1.14) aus (2.22) und (2.23)

$$\widetilde{\Phi}_1(\rho, \varphi, z) = \rho^2 + z^2 - R^2 = 0, \tag{2.158}$$

$$\widetilde{\Phi}_2(\rho, \varphi, z) = \rho^2 + z^2 - R^2 - 2za + a^2 = 0. \tag{2.159}$$

Als Auflösung ergibt sich daraus

$$\rho = \widetilde{h}_1(\varphi) \equiv \sqrt{R^2 - \frac{a^2}{4}}, \qquad z = \widetilde{h}_2(\varphi) \equiv \frac{a}{2}.$$

Dies in (1.14) eingesetzt führt zur Parameterdarstellung

$$\begin{aligned} x_1^*(\varphi) &= \sqrt{R^2 - \frac{a^2}{4}}\cos\varphi, \\ x_2^*(\varphi) &= \sqrt{R^2 - \frac{a^2}{4}}\sin\varphi, \qquad (0 \leqslant \varphi < 2\pi) \\ x_3^*(\varphi) &\equiv \frac{a}{2} \end{aligned} \tag{2.160}$$

für den Schnittkreis. Daraus oder aus der aus (1.18) folgenden kinetischen Energie in Zylinderkoordinaten

$$\widetilde{T} = \frac{m}{2}(\dot{\rho}^2 + \rho^2\dot{\varphi}^2 + \dot{z}^2) \tag{2.161}$$

erhalten wir

$$T^* = \frac{m}{2}\left(R^2 - \frac{a^2}{4}\right)\dot{\varphi}^2. \tag{2.162}$$

Daraus folgt die Lagrange-Gleichung 2. Art

$$\frac{d}{dt}\frac{\partial T^*}{\partial \dot{\varphi}} - \frac{\partial T^*}{\partial \varphi} = m\left(R^2 - \frac{a^2}{4}\right)\ddot{\varphi} = \mathbf{F}\cdot\frac{\partial \mathbf{r}^*}{\partial \varphi} = \sqrt{R^2 - \frac{a^2}{4}}\,\mathbf{F}\cdot\mathbf{e}_\varphi. \tag{2.163}$$

Die am Ende von Abschn. 2.1 gestellte Frage ist damit für unser Beispiel positiv beantwortet.

Beispiel 3 Auf einer Schraubenlinie, die durch die Parameterdarstellung

$$\begin{aligned} x_1^*(\varphi) &= R\cos\varphi \\ x_2^*(\varphi) &= R\sin\varphi \qquad (-\infty < \varphi < \infty) \\ x_3^*(\varphi) &= a\varphi \end{aligned} \tag{2.164}$$

mit R, a = const gegeben sei, gleite unter dem Einfluß des homogenen Schwerefeldes $m\mathbf{g} = -mg\mathbf{e}_3$ ein MP der Masse m. Aus (2.164) erhält man

$$T^* = \frac{m}{2}(\dot{x}_1^{*2} + \dot{x}_2^{*2} + \dot{x}_3^{*2}) = \frac{m}{2}(R^2 + a^2)\dot{\varphi}^2, \tag{2.165}$$

und mit $V^* = mgx_3^* = mga\varphi$ folgt

$$L^*(\varphi, \dot{\varphi}) = \frac{m}{2}(R^2 + a^2)\dot{\varphi}^2 - mga\varphi. \tag{2.166}$$

Die sich daraus ergebende Lagrange-Gleichung 2. Art

$$\frac{d}{dt}\frac{\partial L^*}{\partial \dot{\varphi}} - \frac{\partial L^*}{\partial \varphi} = m((R^2 + a^2)\ddot{\varphi} + ga) = 0 \tag{2.167}$$

hat mit den Anfangsbedingungen $\dot{\varphi}(0) = 0$, $\varphi(0) = 0$ die Lösung

$$\varphi(t) = -\frac{ga}{2(R^2 + a^2)}t^2. \tag{2.168}$$

2.5.2 Berechnung der Zwangskräfte, angepaßte Wahl von generalisierten Koordinaten

Hat man die Lösungen $q_1(t), \ldots, q_f(t)$ der Lagrange-Gleichungen 2. Art bestimmt, so kann man nachträglich die Zwangskräfte als Zeitfunktionen ausrechnen, ohne noch eine DG lösen zu müssen. Man setze einfach die mit (2.120) gebildeten Bahnkurven $\mathbf{r}_\nu(t)$, $\nu = 1, \ldots, n$ in (2.45) ein mit dem Ergebnis

$$\mathbf{Z}_\nu(\mathbf{r}_1(t), \ldots, \dot{\mathbf{r}}_n(t), t) = m_\nu\ddot{\mathbf{r}}_\nu(t) - \mathbf{F}_\nu(\mathbf{r}_1(t), \ldots, \dot{\mathbf{r}}_n(t), t) \tag{2.169}$$

für $\nu = 1, \ldots, n$. Das sind die Zwangskräfte auf den Bahnkurven.

Ein anderer Weg ist die Ergänzung der Parameter $q_1, \ldots, q_f$ zu 3n generalisierten Koordinaten, was auf mannigfache Weise geschehen kann, so daß eine Abbildung der Form (2.146) entsteht, die die Standardvoraussetzungen erfüllen soll. Aus den bekannten $q_1(t), \ldots, q_f(t)$ kann man mit (2.148) auch die restlichen $q_{f+1}(t), \ldots, q_{3n}(t)$ bestimmen. Stellt man nun für die $q_1, \ldots, q_{3n}$ die Lagrange-Gleichungen 1. Art (2.108) bzw. (2.110) auf und setzt $q_1(t), \ldots, q_{3n}(t)$ in diese ein, so erhält man wegen (2.112) die generalisierten Zwangskraftkomponenten

$$\tilde{Z}_k(q_1(t), \ldots, \dot{q}_{3n}(t), t) = \left[\frac{d}{dt}\frac{\partial T}{\partial \dot{q}_k} - \frac{\partial T}{\partial q_k}\right]_{q_k = q_k(t)} - \tilde{F}_k(q_1(t), \ldots, \dot{q}_{3n}(t), t),$$
$$k = 1, \ldots, 3n \tag{2.170}$$

bzw. $$\tilde{Z}_k(q_1(t), \ldots, \dot{q}_{3n}(t), t) = \left[\frac{d}{dt}\frac{\partial \tilde{L}}{\partial \dot{q}_k} - \frac{\partial \tilde{L}}{\partial q_k}\right]_{q_k = q_k(t)} - \tilde{F}_k^{(2)}(q_1(t), \ldots, \dot{q}_{3n}(t), t),$$
$$k = 1, \ldots, 3n \tag{2.171}$$

als Funktionen der Zeit[1]).

Besonders einfach werden diese Ergebnisse, wenn die generalisierten Koordinaten so gewählt sind, daß sich die NBn (2.105) äquivalent darstellen lassen in der Form

$$\tilde{\Phi}_\alpha^{(1)}(q_1, \ldots, q_{3n}, t) = q_{f+\alpha} - H_\alpha(t) = 0, \qquad \alpha = 1, \ldots, s, \tag{2.172}$$

wobei H_α höchstens Funktionen der Zeit sind. Dann gilt nämlich

$$\frac{\partial}{\partial q_k} \tilde{\Phi}_\alpha^{(1)}(q_1, \ldots, q_{3n}, t) = 0 \quad \text{für } k = 1, \ldots, f; \alpha = 1, \ldots, s,$$

und daraus folgt wegen (2.112), daß die ersten f generalisierten Zwangskraftkomponenten verschwinden:

$$\tilde{Z}_k = 0 \quad \text{für } k = 1, \ldots, f. \tag{2.173}$$

Generalisierte Koordinaten, für die die NBn eines Problems durch (2.172) ausgedrückt werden können, wollen wir *angepaßt* nennen. Insbesondere sind Koordinaten angepaßt, für die die NBn (2.105) die Eigenschaft

$$\frac{\partial}{\partial q_k} \tilde{\Phi}_\alpha(q_1, \ldots, q_{3n}, t) = 0 \quad \text{für } k = 1, \ldots, f; \alpha = 1, \ldots, s \tag{2.174}$$

besitzen, d. h. für die die NBn nicht von den als unabhängig ausgewählten ersten f Koordinaten, also den Parametern $q_1, \ldots, q_f$ abhängen; denn aus (2.174) folgt

$$\tilde{\Phi}_\alpha(q_1, \ldots, q_{3n}, t) \equiv \psi_\alpha(q_{f+1}, \ldots, q_{3n}, t) = 0, \qquad \alpha = 1, \ldots, s,$$

so daß die Funktionen (2.148) die einfache Form

$$q_{f+\alpha} = H_\alpha(t), \qquad \alpha = 1, \ldots, s \tag{2.175}$$

erhalten, was wieder mit (2.172) identisch ist. Beispiele sind die NB (2.151), die nicht von ϑ und φ abhängt, und die NBn (2.158), (2.159), die beide nicht von φ abhängen. – Es sei ausdrücklich darauf hingewiesen, daß man für n i c h t - o r t h o g o n a l e generalisierte Koordinaten aus $\tilde{Z}_k = 0$ nicht schließen darf, daß $\mathbf{Z}$ eine verschwindende Komponente in Richtung von $\mathbf{u}_k = \dfrac{\partial \mathbf{r}}{\partial q_k} = \left|\dfrac{\partial \mathbf{r}}{\partial q_k}\right| \mathbf{e}_{q_k}$ hat, denn $\tilde{Z}_k$ ist Komponente von $\mathbf{Z}$ bez. der r e z i p r o k e n Basis $\mathbf{w}_k$.

Im allgemeinen Fall sind die ersten f Lagrange-Gleichungen 1. Art (2.108) bzw. (2.110) nach Elimination der abhängigen Koordinaten mittels (2.148) nicht identisch mit den f Lagrange-Gleichungen 2. Art (2.126) bzw. (2.142), denn die Lagrange-Gleichungen 1. Art sind Komponenten bez. der reziproken generalisierten Basis $\mathbf{w}_k$, definiert durch (1.273), während die Lagrange-Gleichungen 2. Art Komponenten im lokalen Tangential-

---

[1]) Löst man die Lagrange-Gleichungen 2. Art nach den $\ddot{q}_i$, $i = 1, \ldots, f$ auf und benutzt die NBn in Gestalt von (2.148) zur Berechnung von $\ddot{q}_{f+\alpha}$, $\alpha = 1, \ldots, s$, so erhält man durch Elimination der $\ddot{q}_k$, $k = 1, \ldots, 3n$ in den Lagrange-Gleichungen 1. Art die Zwangskraftkomponenten auch in der funktionalen Form

$$Z_k^* = Z_k^*(q_1, \ldots, q_f, \dot{q}_1, \ldots, \dot{q}_f, t), \qquad k = 1, \ldots, 3n.$$

raum der Riemannschen Mannigfaltigkeit $\mathbb{M}^f$ bez. der Kobasis $\mathbf{w}_k^*$ sind. Der formale Unterschied liegt darin, daß bei den Lagrange-Gleichungen 2. Art die Elimination der abhängigen Koordinaten v o r der Aufstellung der DGn geschieht. Wie im folgenden gezeigt wird, verschwindet dieser Unterschied jedoch bei Verwendung von a n g e - p a ß t e n Koordinaten. Gilt nämlich (2.172), so hat das zur Folge, daß

$$\left[\frac{\partial \mathbf{r}}{\partial q_k}\right]_{\substack{q_{f+\alpha}=H_\alpha(t)\\(\alpha=1,\ldots,s)}} = \frac{\partial \mathbf{r}^*}{\partial q_k} \quad \text{für } k=1,\ldots,f \tag{2.176}$$

und damit wegen (1.291) und (2.125)

$$[\tilde{F}_k]_{\substack{q_{f+\alpha}=H_\alpha(t)\\(\alpha=1,\ldots,s)}} = F_k^* \quad \text{für } k=1,\ldots,f \tag{2.177}$$

ist. Ferner wird

$$\left[\frac{d}{dt}\frac{\partial \tilde{T}}{\partial \dot{q}_k} - \frac{\partial \tilde{T}}{\partial q_k}\right]_{\substack{q_{f+\alpha}=H_\alpha(t)\\(\alpha=1,\ldots,s)}} = \frac{d}{dt}\frac{\partial T^*}{\partial \dot{q}_k} - \frac{\partial T^*}{\partial q_k} \quad \text{für } k=1,\ldots,f. \tag{2.178}$$

Aus (2.177), (2.178) und (2.173) folgt nun in der Tat die Übereinstimmung der ersten f Gln. (2.108) (nach Substitution (2.175)) mit den Lagrange-Gleichungen 2. Art (2.126) (analog von (2.110) mit (2.142)) bei Gültigkeit von (2.172).

Zur geometrischen Interpretation dieses Sachverhalts ist folgendes zu sagen: Wegen (2.127) und (1.272) bedeutet (2.176), wenn mit [ ] die Einschränkung auf $q_{f+\alpha} = H_\alpha(t)$ für $\alpha = 1, \ldots, s$ bezeichnet wird, $[\mathbf{u}_k] = \mathbf{u}_k^*$ für $k = 1, \ldots, f$, d. h. für angepaßte generalisierte Koordinaten werden die $[\mathbf{u}_k]$, $k = 1, \ldots, f$ T a n g e n t i a l v e k t o r e n an $\mathbb{M}^f$, so daß die entsprechenden Komponenten $[\tilde{Z}_k] = [\langle \mathbf{Z}, \mathbf{u}_k\rangle]$ der Zwangskraft $\mathbf{Z}$, die ja laut Definition keine Tangentialkomponenten an den Flächen der NBn hat, verschwinden. Da i. allg. $[\mathbf{w}_k] \neq \mathbf{w}_k^*$ für $k = 1, \ldots, f$ ist, wird nun klar, warum bereits in Abschn. 1.3.7.2 mit Hinblick auf NBn zur Darstellung der generalisierten Bewegungsgleichungen die r e z i p r o k e Basis $\mathbf{w}_k$ benutzt wurde.

Nun soll noch dargestellt werden, wie man angepaßte generalisierte Koordinaten konstruieren kann. Seien die sachgerechten NBn

$$\Phi_\alpha(\mathbf{r}_1, \ldots, \mathbf{r}_n, t) = 0, \qquad \alpha = 1, \ldots, s \tag{2.179}$$

gegeben. (Ist stattdessen eine Parameterdarstellung

$$\mathbf{r}_\nu = \mathbf{r}_\nu^*(Q_1, \ldots, Q_f, t), \qquad \nu = 1, \ldots, n \tag{2.180}$$

mit Parametern $Q_1, \ldots, Q_f$ als Darstellung für die NBn bekannt, so kann man mindestens lokal daraus eine implizite Darstellung (2.179) gewinnen). Nun definiere man

$$q_{f+\alpha} := F_\alpha(\Phi_1, \ldots, \Phi_s, t) = g_\alpha(x_1, \ldots, x_{3n}, t), \qquad \alpha = 1, \ldots, s \tag{2.181}$$

mit stückweise stetig partiell differenzierbaren voneinander unabhängigen Funktionen F_α von s + 1 Variablen. Wegen der Unabhängigkeit der NBn (2.179) gilt dann für die Funktionaldeterminante

$$\frac{\partial(F_1, \ldots, F_s)}{\partial(\Phi_1, \ldots, \Phi_s)} \not\equiv 0. \tag{2.182}$$

Hinzu füge man

$$q_k := G_k(x_1, \ldots, x_{3n}, t), \qquad k = 1, \ldots, f, \tag{2.183}$$

wobei die Funktionen G_k nur dadurch eingeschränkt sind, daß die durch (2.181) und (2.183) definierte Abbildung die Standardvoraussetzungen aus Abschn. 1.3.7.1 erfüllen soll. Dann sind die $q_1, \ldots, q_{3n}$ angepaßte Koordinaten, denn wegen (2.182) ist (2.181) nach den Φ_α auflösbar, so daß für die so entstehende generalisierte Form der NBn

$$\Phi_\alpha \equiv \widetilde{\Phi}_\alpha \equiv \psi_\alpha(q_{f+\alpha}, \ldots, q_{3n}, t) = 0, \qquad \alpha = 1, \ldots, s \tag{2.184}$$

die Eigenschaft (2.174) erfüllt ist. Aus (2.179) und (2.181) folgt für die NBn äquivalent

$$\widetilde{\Phi}_\alpha^{(1)}(q_1, \ldots, q_{3n}, t) = q_{f+\alpha} - F_\alpha(0, \ldots, 0, t) = q_{f+\alpha} - H_\alpha(t) = 0, \qquad \alpha = 1, \ldots, s \tag{2.185}$$

mit $H_\alpha(t) := F_\alpha(0, \ldots, 0, t)$. – Die einfachsten speziellen in (2.181) enthaltenen Definitionen der $q_{f+\alpha}$ sind

$$q_{f+\alpha} := \Phi_\alpha(\mathbf{r}_1, \ldots, \mathbf{r}_n, t), \qquad \alpha = 1, \ldots, s \tag{2.186a}$$

und

$$q_{f+\alpha} := \Phi_\alpha(\mathbf{r}_1, \ldots, \mathbf{r}_n, t) + C_\alpha, \qquad \alpha = 1, \ldots, s \tag{2.186b}$$

mit C_α = const, so daß die NBn lauten

$$\widetilde{\Phi}_\alpha = q_{f+\alpha} = 0, \qquad \alpha = 1, \ldots, s \tag{2.187a}$$

bzw.

$$\Phi_\alpha = q_{f+\alpha} - C_\alpha = 0, \qquad \alpha = 1, \ldots, s. \tag{2.187b}$$

Sind mit (2.180) Parameter $Q_1, \ldots, Q_f$ gegeben, so kann man diese durch $q_k := Q_k$, $k = 1, \ldots, f$ im Sinne von (2.183) als erste f Koordinaten wählen.

Ist eine Parameterdarstellung (2.180) für die NBn vorgegeben, so kann man angepaßte Koordinaten auch ohne Übergang zu einer impliziten kartesischen Darstellung (2.179) konstruieren. Man nehme $q_k := Q_k$, $k = 1, \ldots, f$ als die ersten f generalisierten Koordinaten und ergänze sie durch s Variablen $q_{f+\alpha}$, $\alpha = 1, \ldots, s$, die man in die Parameterdarstellung (2.180) derart einführt, daß die dadurch gewonnenen Abbildungsgleichungen

$$x_i = x_i(q_1, \ldots, q_{3n}, t), \qquad i = 1, \ldots, 3n \tag{2.188}$$

die Standardvoraussetzungen erfüllen und daß für $q_{f+\alpha} = C_\alpha = \text{const}$, $\alpha = 1, \ldots, s$ diese Gleichungen mit der Parameterdarstellung (2.180) identisch sind:

$$\mathbf{r}_\nu = \mathbf{r}_\nu(q_1, \ldots, q_f, C_1, \ldots, C_s, t) \equiv \mathbf{r}_\nu^*(Q_1, \ldots, Q_f, t), \qquad \nu = 1, \ldots, n. \tag{2.189}$$

Dieses Vorgehen bewirkt eine Einbettung der die NBn darstellenden Hyperfläche $\mathbb{M}^f$ in eine s-parametrige S c h a r von f-dimensionalen Hyperflächen. (In praktischen Beispielen sind oft schon Konstanten C_α in der Parameterdarstellung vorhanden, an deren Stelle man Variable $q_{f+\alpha}$ setzen kann.) Die NBn können in der Form

$$\widetilde{\Phi}_\alpha^{(1)}(q_1, \ldots, q_{3n}, t) = q_{f+\alpha} - C_\alpha = 0, \qquad \alpha = 1, \ldots, s \tag{2.190}$$

geschrieben werden, was gemäß (2.172) bedeutet, daß die gewählten Koordinaten angepaßt sind.

Die in diesem Abschnitt mit dem Ziel der Reduktion der Zahl der noch auszurechnenden Zwangskraftkomponenten dargestellten Methoden der Konstruktion von angepaßten generalisierten Koordinaten kann man auch in den Formalismus der generalisierten Lagrange-Gleichungen 1. Art aus Abschn. 2.4 einordnen. Für angepaßte Koordinaten gehen nämlich (bei der oben verwendeten Numerierung der q_k), wie schon gezeigt, die ersten f Lagrange-Gleichungen 1. Art (2.108) bzw. (2.110) nach Einsetzen von (2.175) in die Lagrange-Gleichungen 2. Art (2.126) bzw. (2.142) über und entkoppeln von den restlichen s Lagrange-Gleichungen 1. Art, die nach Lösung der ersten f DGn nur noch algebraische Bestimmungsgleichungen für die generalisierten Zwangskraftkomponenten sind.

Beispiel 1 Für Beispiel 1 aus Abschn. 2.5.1 gilt mit $q_1 = \vartheta$, $q_2 = \varphi$, $q_3 = r$ wegen (2.151)

$$\frac{\partial\widetilde{\Phi}}{\partial\vartheta} = \frac{\partial\widetilde{\Phi}}{\partial\varphi} = 0,$$

d. h. gemäß (2.174) sind für dieses Beispiel die Kugelkoordinaten angepaßte Koordinaten. Mit der kinetischen Energie (1.312) und der potentiellen Energie $V(\mathbf{r}) = mgz = mgr\cos\vartheta = \widetilde{V}(\vartheta, \varphi, r)$ lautet die Lagrange-Funktion

$$\widetilde{L}(\vartheta, \dot{\vartheta}, \varphi, \dot{\varphi}, r, \dot{r}) = \frac{m}{2}(\dot{r}^2 + r^2\dot{\vartheta}^2 + r^2\dot{\varphi}^2\sin^2\vartheta) - mgr\cos\vartheta. \qquad (2.191)$$

Zur Berechnung der einzigen nicht verschwindenden Zwangskraftkomponente $\widetilde{Z}_r$ dient die Lagrange-Gleichung 1. Art (2.171) für die Koordinate r mit $\widetilde{F}_r^{(2)} = 0$, eingeschränkt auf $r \equiv R$:

$$\widetilde{Z}_r = \left[\frac{d}{dt}\frac{\partial\widetilde{L}}{\partial\dot{r}} - \frac{\partial\widetilde{L}}{\partial r}\right]_{r=R} = -mR(\dot{\vartheta}^2 + \dot{\varphi}^2\sin^2\vartheta) + mg\cos\vartheta. \qquad (2.192)$$

Hierin sind die Lösungen $\vartheta(t)$, $\varphi(t)$ von (2.157) einzusetzen.

Beispiel 2 Wir wollen das vorige Beispiel noch einmal betrachten, jedoch statt (2.153) mit

$$\begin{aligned} x_1^*(\varphi, z) &= +\sqrt{R^2 - z^2}\cos\varphi, \\ x_2^*(\varphi, z) &= +\sqrt{R^2 - z^2}\sin\varphi, \\ x_3^*(\varphi, z) &= z \end{aligned} \qquad \begin{aligned} &(0 \leqslant \varphi < 2\pi) \\ &(-R \leqslant z \leqslant R) \end{aligned} \qquad (2.193)$$

als Parameterdarstellung für die Kugelfläche. Würden wir $q_1 = \varphi$, $q_2 = z$ durch $q_3 = \rho := +\sqrt{x_1^2 + x_2^2}$ ergänzen, d. h. in Zylinderkoordinaten rechnen, so erhielten wir aus (2.193) die von z abhängige NB $\widetilde{\Phi}(\varphi, z, \rho) = \rho^2 + z^2 - R^2 = 0$ und damit $\widetilde{Z}_z \neq 0$ auf der Bahnkurve. Zylinderkoordinaten sind also nicht angepaßt für dieses Beispiel. Statt dies explizit vorzurechnen, wollen wir $q_1 = \varphi$, $q_2 = z$ mit der Vorschrift (2.181) zu angepaßten Koordinaten ergänzen. Wir setzen unter Benutzung von (2.1)

$$q_3 \equiv F(\Phi) := +\sqrt{\Phi + R^2} = +\sqrt{x_1^2 + x_2^2 + x_3^2} =: r. \qquad (2.194a)$$

Hinzu fügen wir gemäß (2.183)

$$q_1 = \arctan \frac{x_2}{x_1} =: \varphi, \tag{2.194b}$$

$$q_2 = x_3 =: z. \tag{2.194c}$$

Man rechnet nach, daß die Abbildung (2.194) die Standardvoraussetzungen erfüllt. Die Umkehrabbildung lautet

$$\begin{aligned} x_1 &= +\sqrt{r^2 - z^2} \cos \varphi, \\ x_2 &= +\sqrt{r^2 - z^2} \sin \varphi, \\ x_3 &= z. \end{aligned} \tag{2.195}$$

Aus (2.194a) folgt die NB in der Form

$$\Phi \equiv \tilde{\Phi}(\varphi, z, r) = r^2 - R^2 = 0, \tag{2.196}$$

unabhängig von φ und z. Also sind φ, z, r angepaßte Koordinaten. Die einzige nicht verschwindende generalisierte Zwangskraftkomponente ist $\tilde{Z}_r$. Da die Koordinaten φ, z, r jedoch n i c h t o r t h o g o n a l sind, kann man daraus nicht schließen, daß die k a r t e s i s c h e z-Komponente der Zwangskraft verschwindet. Vielmehr ist nach (1.276), (1.273)

$$Z = \tilde{Z}_r \frac{\partial r}{\partial r} = \tilde{Z}_r \frac{r}{r}.$$

Beispiel 3 Wir betrachten noch einmal Beispiel 3 aus Abschn. 2.5.1 und betten die durch (2.164) dargestellte Schraubenlinie in eine zweiparametrige Kurvenschar ein, indem wir R durch eine Variable ρ ersetzen und in x_3^* eine Variable q addieren:

$$\begin{aligned} x_1 &= \rho \cos \varphi, \\ x_2 &= \rho \sin \varphi, \\ x_3 &= a\varphi + q. \end{aligned} \tag{2.197}$$

Mit $\rho = R$ und $q = 0$ ist (2.164) in (2.197) enthalten, so daß die NBn lauten

$$\begin{aligned} \tilde{\Phi}_1^{(1)}(\varphi, \rho, q) &= \rho - R = 0, \\ \tilde{\Phi}_2^{(1)}(\varphi, \rho, q) &= q = 0. \end{aligned} \tag{2.198}$$

Die Koordinaten φ, ρ, q sind angepaßt. Aus (2.197) erhält man

$$\tilde{T} = \frac{m}{2}(\dot{\rho}^2 + \rho^2\dot{\varphi}^2 + a^2\dot{\varphi}^2 + \dot{q}^2 + 2a\dot{\varphi}\dot{q}),$$

$$\tilde{V} = mg(a\varphi + q).$$

Aus (2.171) mit (2.168), $\rho(t) \equiv R$ und $q(t) \equiv 0$ folgt

$$\tilde{Z}_\rho(t) = m[\ddot{\rho} - \rho\dot{\varphi}^2]_{\rho(t),\varphi(t)} = -mR\dot{\varphi}^2 = -\frac{mg^2a^2R}{(R^2 + a^2)^2} t^2,$$

$$\widetilde{Z}_q(t) = m[\ddot{q} + a\ddot{\varphi} + g]_{q(t),\varphi(t)} = m(a\ddot{\varphi} + g) = \frac{mgR^2}{R^2 + a^2}.$$

Gemäß (1.276), (1.273) ergibt dies

$$Z = \widetilde{Z}_\rho \frac{\partial \rho}{\partial r} + \widetilde{Z}_q \frac{\partial q}{\partial r}.$$

*2.5.3 Eichinvarianz, Nicht-Standard-Lagrange-Funktionen

Sind die Kräfte $\mathbf{F}_\nu$ gemäß (1.301) aus einem verallgemeinerten Potential U herleitbar, dann existiert die Standard-Lagrange-Funktion L = T − U, so daß die Bewegungsgleichungen (1.304) gelten. L ist aber nicht eindeutig bestimmt. Addiert man nämlich zu L eine Funktion $\frac{d}{dt} F(\mathbf{r}_1, \ldots, \mathbf{r}_n, t)$, dann erhält man mit

$$L' := L + \frac{dF}{dt} \tag{2.199}$$

aus (1.304) d i e s e l b e n Bewegungsgleichungen[1]), denn es ist

$$\frac{d}{dt}\left(\frac{\partial}{\partial \dot{q}_k} \frac{d\widetilde{F}}{dt}\right) - \frac{\partial}{\partial q_k} \frac{d\widetilde{F}}{dt} \equiv 0, \qquad k = 1, \ldots, 3n. \tag{2.200}$$

Den Übergang (2.199) von L zu L + $\dot{F}$ nennt man *Umeichung* der Lagrange-Funktion oder auch *Eichtransformation* von L. Dasselbe gilt bei Vorliegen von holonomen NBn für die Standard-Lagrange-Funktion L* = T* − U*, wenn man sie gemäß

$$L^{*\prime} := L^* + \frac{dF^*}{dt} \tag{2.201}$$

mit $F^*(q_1, \ldots, q_f, t)$ umeicht. Man sagt auch: Die Lagrange-Gleichungen 2. Art (2.140) sind *eichinvariant.* Wir wollen Lagrange-Funktionen, die sich nur durch additive Glieder der Form $\frac{d}{dt} F^*(q_1, \ldots, q_f, t)$ unterscheiden, als *äquivalent* zueinander bezeichnen.

Das folgende einfache Beispiel zeigt, daß neben Standard-Lagrange-Funktionen L auch Lagrange-Funktionen $\hat{L}$ existieren können, die n i c h t äquivalent zu L sind, die aber dieselben Bewegungsgleichungen wie L liefern. So erhält man die Bewegungsgleichung

$$\ddot{x} + x = 0 \tag{2.202}$$

sowohl aus der Standard-Lagrange-Funktion

$$L = \frac{1}{2}(\dot{x}^2 - x^2) \tag{2.203}$$

---

[1]) Das bedeutet, daß die aus L und L′ folgenden DGn Term für Term gleich sind, d. h. die DGn sind *invariant* gegenüber der Umeichung (2.199). Das gilt auch noch, wenn L mit einer Konstanten c ≠ 0 multipliziert wird.

als auch aus den folgenden Lagrange-Funktionen:

$$\hat{L} = 2\frac{\dot{x}}{x}\arctan\frac{\dot{x}}{x} - \ln(\dot{x}^2 + x^2), \tag{2.204a}$$

$$\hat{L} = \frac{1}{3}\dot{x}^4 + 2\dot{x}^2x^2 - x^4, \tag{2.204b}$$

$$\hat{L} = \frac{\sqrt{2}}{x^2}(\dot{x}^2 + x^2)^{1/2}. \tag{2.204c}$$

Die Lagrange-Funktionen (2.204) sind nicht äquivalent zur Standard-Lagrange-Funktion (2.203), denn es existieren keine Funktionen $F(x, t)$, für die $\hat{L} = L + \dot{F}$ gilt.

Es entsteht die Frage, ob es möglich ist, daß sogar für Kraftgesetze, die kein Potential haben, Lagrange-Funktionen $\hat{L}$ existieren können, mit denen die Bewegungsgleichungen statt (1.291) die Form

$$\frac{d}{dt}\frac{\partial\hat{L}}{\partial\dot{q}_k} - \frac{\partial\hat{L}}{\partial q_k} = 0, \qquad k = 1, \ldots, f \tag{2.205}$$

erhalten. Das ist tatsächlich manchmal der Fall, wie das folgende Beispiel zeigt: Die Bewegungsgleichung des gedämpften linearen harmonischen Oszillators

$$\ddot{x} + \gamma\dot{x} + \omega^2 x = 0, \qquad \gamma, \omega^2 > 0 \text{ konstant}, \tag{2.206}$$

kann nicht aus einer Lagrange-Gleichung der Form (2.205) mit einer Standard-Lagrange-Funktion $L = T - U$ gewonnen werden, denn die Kraft $\mathbf{F} = (-\gamma\dot{x} - \omega^2 x)\mathbf{e}_x$ ist nicht als

$$\mathbf{F} = \left(-\frac{\partial U}{\partial x} + \frac{d}{dt}\frac{\partial U}{\partial \dot{x}}\right)\mathbf{e}_x$$

darstellbar. Setzt man aber

$$\hat{L} = \frac{1}{2}e^{\gamma t}(\dot{x}^2 - \omega^2 x^2) \tag{2.207a}$$

oder, bei $\omega^2 - \gamma^2/4 > 0$,

$$\hat{L} = \frac{2\dot{x} + \gamma x}{2x\sqrt{\omega^2 - \gamma^2/4}}\arctan\frac{2\dot{x} + \gamma x}{2x\sqrt{\omega^2 - \gamma^2/4}} - \frac{1}{2}\ln(\dot{x}^2 + \gamma\dot{x}x + \omega^2 x^2), \tag{2.207b}$$

so erhält man mit diesen Funktionen $\hat{L}$ die Bewegungsgleichung (2.206) in der Form (2.205).

Wir wollen Lagrange-Funktionen $\hat{L}$, die nicht äquivalent zu Standard-Lagrange-Funktionen $L = T - U$ sind, die aber dieselben Bewegungsgleichungen wie L liefern, als *Nicht-Standard-Lagrange-Funktionen* bezeichnen. Mit solchen Lagrange-Funktionen $\hat{L}$ ist es möglich, für eine gewisse Teilmenge $\hat{\mathbf{F}}_\nu$ der Newtonschen Kraftgesetze die Newtonschen Bewegungsgleichungen

$$m_\nu \ddot{\mathbf{r}}_\nu = \hat{\mathbf{F}}_\nu(\mathbf{r}_1, \ldots, \mathbf{r}_n, \dot{\mathbf{r}}_1, \ldots, \dot{\mathbf{r}}_n, t), \qquad \nu = 1, \ldots, n \tag{2.208}$$

in Form von Lagrange-Gleichungen 2. Art

$$\frac{d}{dt}\frac{\partial \hat{L}}{\partial \dot{\mathbf{r}}_\nu} - \frac{\partial \hat{L}}{\partial \mathbf{r}_\nu} = 0, \qquad \nu = 1, \ldots, n \tag{2.209}$$

zu schreiben, obwohl diese $\hat{\mathbf{F}}_\nu$ i. allg. nicht aus einem verallgemeinerten Potential U herleitbar sind. Für die eindimensionalen Bewegungen eines MP

$$\ddot{q} = \widetilde{F}(q, \dot{q}, t) \tag{2.210}$$

können alle Lagrange-Funktionen $\hat{L}$, mit denen (2.210) in der Form

$$\frac{d}{dt}\frac{\partial \hat{L}}{\partial \dot{q}} - \frac{\partial \hat{L}}{\partial q} = 0 \tag{2.211}$$

geschrieben werden kann, aus den partiellen DGn 2. Ordnung

$$\widetilde{F}(q, \dot{q}, t)\frac{\partial^2 \hat{L}}{\partial \dot{q}^2} + \dot{q}\frac{\partial^2 \hat{L}}{\partial q \partial \dot{q}} + \frac{\partial^2 \hat{L}}{\partial t \partial \dot{q}} - \frac{\partial \hat{L}}{\partial q} = 0 \tag{2.212}$$

berechnet werden. Für den Fall des harmonischen Oszillators, $F = -x$, kann man beweisen, daß (2.212) unendlich viele Lösungen besitzt [7]. Die Verallgemeinerung von (2.212) auf mehrere Freiheitsgrade und mehrere MP heißt *inverses Problem* der Newtonschen Mechanik; eine zusammenfassende Behandlung dieser Aufgabenstellung wird in [8] gegeben.

Ein besonders einfacher Fall der Bewegung eines MP im dreidimensionalen Raum liegt vor, wenn die Bewegungsgleichung

$$m\ddot{\mathbf{r}} = \mathbf{F}(\mathbf{r}, \dot{\mathbf{r}}, t)$$

in den Koordinaten x_1, x_2, x_3 entkoppelt:

$$m\ddot{x}_i = F_i(x_i, \dot{x}_i, t), \qquad i = 1, 2, 3. \tag{2.213}$$

Dann kann man (2.212) auf die einzelnen Komponenten anwenden, was bedeutet, daß

$$\hat{L} = \sum_{i=1}^{3} \hat{L}_i(x_i, \dot{x}_i, t) \tag{2.214}$$

gilt. Ein Beispiel hierfür ist die Bewegungsgleichung

$$m\ddot{\mathbf{r}} = -\gamma\dot{\mathbf{r}} + m\mathbf{g}, \qquad \gamma > 0 \tag{2.215}$$

mit konstantem $\mathbf{g} = -g\mathbf{e}_3$, die man auch aus (2.205) gewinnt mit

$$\hat{L}(\mathbf{r}, \dot{\mathbf{r}}, t) = \frac{m}{2} e^{\frac{\gamma}{m}t}(\dot{\mathbf{r}}^2 + 2\mathbf{r}\cdot\mathbf{g}). \tag{2.216}$$

Die Berücksichtigung von holonomen NBn geschieht bei Verwendung von Nicht-Standard-Lagrange-Funktionen genauso wie bei Standard-Lagrange-Funktionen. Man erhält durch Elimination überflüssiger Koordinaten mit Hilfe der NBn (2.118) bzw. (2.147) aus $\hat{L}$ eine Lagrange-Funktion

$$\hat{L}^*(q_1, \ldots, q_f, \dot{q}_1, \ldots, \dot{q}_f, t) := \hat{L}(\mathbf{r}_1^*(q_1, \ldots, q_f, t), \ldots, \dot{\mathbf{r}}_n^*(q_1, \ldots, \dot{q}_f, t), t), \tag{2.217}$$

mit der die Lagrange-Gleichungen 2. Art

$$\frac{d}{dt}\frac{\partial \hat{L}^*}{\partial \dot{q}_k} - \frac{\partial \hat{L}^*}{\partial q_k} = 0, \qquad k = 1, \ldots, f \tag{2.218}$$

aufgestellt werden. Hierzu das folgende

Beispiel Die aus (2.215) resultierende Bewegung mit der Lagrange-Funktion (2.216) werde auf eine Schraubenlinie mit der Parameterdarstellung (2.164) eingeschränkt. Einsetzen von (2.164) in (2.216) führt auf

$$\hat{L}^*(\varphi, \dot{\varphi}, t) = \frac{m}{2} e^{\frac{\gamma}{m}t} [(R^2 + a^2)\dot{\varphi}^2 - 2ag\varphi]. \tag{2.219}$$

Zum gleichen Ergebnis gelangt man, wenn in der Lagrange-Gleichung 1. Art

$$m\ddot{\mathbf{r}} = -\gamma\dot{\mathbf{r}} + m\mathbf{g} + \lambda_1 \operatorname{grad} \Phi_1 + \lambda_2 \operatorname{grad} \Phi_2 \tag{2.220}$$

mit den zu (2.164) äquivalenten NBn

$$\Phi_1 = \sqrt{x_1^2 + x_2^2} - R = 0, \qquad \Phi_2 = x_3 - a \arctan\frac{x_2}{x_1} \tag{2.221}$$

die Zwangskraft mit Hilfe von Zylinderkoordinaten eliminiert wird, so daß z. B. für φ die DG

$$\ddot{\varphi} = -\frac{\gamma}{m}\dot{\varphi} - \frac{ga}{R^2 + a^2} =: \tilde{F}(\varphi, \dot{\varphi}, t) \tag{2.222}$$

entsteht. Setzt man (2.222) in (2.212) ein, so findet man, daß

$$\hat{L}^*(\varphi, \dot{\varphi}, t) = \frac{1}{2} e^{\frac{\gamma}{m}t} \left[\dot{\varphi}^2 - \frac{2ga\varphi}{R^2 + a^2}\right] \tag{2.223}$$

eine Lösung von (2.212) ist. (2.219) und (2.223) unterscheiden sich nur um einen konstanten Faktor, der keinen Einfluß auf die Bewegungsgleichungen hat.

Die Berechnung von Nicht-Standard-Lagrange-Funktionen $\hat{L}$ durch Lösung des zu (2.208) gehörenden inversen Problems ist meistens sehr schwierig oder sogar unmöglich. Die Existenz von $\hat{L}$ ist dann mehr von theoretischem Interesse als von praktischem Nutzen. So wäre z. B. interessant, für die Newtonsche Gravitationskraft Nicht-Standard-Lagrange-Funktionen in geschlossener analytischer Form zu kennen. Dieses Problem ist aber anscheinend noch nicht gelöst.

*2.5.4 Lagrange-Gleichungen 2. Art und die Eulerschen Differentialgleichungen des Hamiltonschen Variationsprinzips

In der Variationsrechnung, einem Teilgebiet der Mathematik (siehe z. B. [9]), wird die Aufgabe behandelt, den Wert eines Funktionals der Form

$$G[q_1, \ldots, q_m] := \int_{\xi_1}^{\xi_2} g\left(q_1(\xi), \ldots, q_m(\xi), \frac{dq_1}{d\xi}, \ldots, \frac{dq_m}{d\xi}, \xi\right) d\xi \tag{2.224}$$

durch gewisse Funktionen (Raumkurven) $q_i(\xi)$, $i = 1, \ldots, m$ aus einer definierten Menge von Vergleichsfunktionen für vorgegebene Randbedingungen $q_i(\xi_1) = q_{i1}$, $q_i(\xi_2) = q_{i2}$ zu einem relativen (lokalen) Extremum zu machen. Es wird bewiesen, daß eine n o t - w e n d i g e Bedingung für ein relatives Extremum von G ist, daß die Funktionen $q_i(\xi)$, falls sie existieren, Lösungen der gewöhnlichen DGn

$$\frac{d}{d\xi} \frac{\partial g}{\partial\left(\frac{dq_k}{d\xi}\right)} - \frac{\partial g}{\partial q_k} = 0, \qquad k = 1, \ldots, m \tag{2.225}$$

für die vorgegebenen Randwerte sein müssen. Die Gleichungen (2.225) heißen *Eulersche DGn* der Variationsaufgabe, das Funktional (2.224) bez. der definierten Vergleichsfunktionen $q_i(\xi) + \omega_i(\xi)$, $i = 1, \ldots, m$ extremal zu machen. Man sagt auch von einer Lösung $q_i(\xi)$, $i = 1, \ldots, m$ der zu (2.225) gehörenden Randwertaufgabe, daß sie das Funktional (2.224) *stationär* macht. Ob diese Lösung den Wert des Funktionals (2.224) zu einem relativen Maximum oder Minimum (oder keinem von beiden) macht, bleibt einer besonderen Untersuchung vorbehalten, für die die Variationsrechnung Kriterien bereitstellt. Sollen die Lösungen $q_i(\xi)$ der Variationsaufgabe außer den Randbedingungen noch NBn der Form

$$\Psi_\alpha\left(q_1, \ldots, q_m, \frac{dq_1}{d\xi}, \ldots, \frac{dq_m}{d\xi}, \xi\right) = 0, \qquad \alpha = 1, \ldots, s < m \tag{2.226}$$

erfüllen, so wird in der Variationsrechnung bewiesen, daß es s Funktionen $\lambda_\alpha(\xi)$ derart gibt, daß die $q_i(\xi)$ bez. der Vergleichsfunktionen $\bar{q}_i(\xi) := q_i(\xi) + \omega_i(\xi)$ das Funktional

$$G'[q_1, \ldots, q_m] := \int_{\xi_1}^{\xi_2} \left(g + \sum_{\alpha=1}^{s} \lambda_\alpha(\xi)\Psi_\alpha\right) d\xi \tag{2.227}$$

stationär machen, d. h. notwendigerweise die zugehörigen Eulerschen DGn

$$\begin{aligned} &\frac{d}{d\xi} \frac{\partial g}{\partial\left(\frac{dq_k}{d\xi}\right)} - \frac{\partial g}{\partial q_k} \\ &= \sum_{\alpha=1}^{s} \lambda_\alpha(\xi) \left(\frac{\partial \Psi_\alpha}{\partial q_k} - \frac{d}{d\xi} \frac{\partial \Psi_\alpha}{\partial\left(\frac{dq_k}{d\xi}\right)}\right) - \sum_{\alpha=1}^{s} \frac{d\lambda_\alpha}{d\xi} \frac{\partial \Psi_\alpha}{\partial\left(\frac{dq_k}{d\xi}\right)}, \qquad k = 1, \ldots, m \end{aligned} \tag{2.228}$$

erfüllen müssen. Die zulässigen Vergleichsfunktionen $\bar{q}_i(\xi)$ müssen dabei die NBn (2.226) erfüllen. Zusammen mit den s NBn (2.226) sind dies m + s Gln. zur Bestimmung der m + s Funktionen $q_i(\xi)$ und $\lambda_\alpha(\xi)$. Hängen die NBn (2.226) nicht von den $\frac{dq_i}{d\xi}$, i = 1, ..., m ab, so vereinfacht sich (2.228) zu

$$\frac{d}{d\xi}\frac{\partial g}{\partial\left(\frac{dq_k}{d\xi}\right)} - \frac{\partial g}{\partial q_k} = \sum_{\alpha=1}^{s} \lambda_\alpha(\xi)\frac{\partial \Psi_\alpha}{\partial q_k}, \qquad k = 1, \ldots, m. \tag{2.229}$$

Weil die Gln. (2.225) strukturgleich mit den Lagrange-Gleichungen 2. Art (2.197) für ein Bewegungsproblem eines MP-Systems in einem Riemannschen Raum $\mathbb{M}^f$ sind (man setze $g = \hat{L}$, $\xi = t$, $m = f$), so gilt nach dem oben Gesagten das Folgende: Falls die Variationsaufgabe, das Funktional

$$S[q_1, \ldots, q_f] := \int_{t_1}^{t_2} \hat{L}(q_1(t), \ldots, q_f(t), \dot{q}_1(t), \ldots, \dot{q}_f(t), t)\,dt \tag{2.230}$$

unter den Randbedingungen $q_i(t_1) = q_{i1}$, $q_i(t_2) = q_{i2}$ stationär zu machen, eine Lösung (Bahnkurve) $q_i(t)$, i = 1, ..., f hat, so ist sie unter den die Randwerte befriedigenden Lösungen der Lagrange-Gleichungen

$$\frac{d}{dt}\frac{\partial \hat{L}}{\partial \dot{q}_k} - \frac{\partial \hat{L}}{\partial q_k} = 0, \qquad k = 1, \ldots, f \tag{2.231}$$

zu finden. Deshalb stellt man in manchen Lehrbüchern zum Aufbau der Mechanik für Systeme, die eine Lagrange-Funktion besitzen, das folgende Hamiltonsche Variationsprinzip an die Spitze:

Sind für ein MP-System zwei Lagen $q_k(t_1)$, $q_k(t_2)$, k = 1, ..., f *für zwei verschiedene Zeiten* t_1, t_2 *im Konfigurationsraum* $\mathbb{M}^f$ *gegeben, so macht die physikalisch wirklich realisierte „Bahn" zwischen diesen Lagen das Funktional (2.230) stationär, wenn als Vergleichsbahnen alle Funktionen* $q_i(t) + \omega_i(t)$, i = 1, ..., f *zugelassen werden, für die folgendes gilt:*

1. $\omega_i(t_1) = \omega_i(t_2) = 0$, i = 1, ..., f;
2. $\omega_i(t)$ *sei mindestens einmal stetig differenzierbar für* $t \in [t_1, t_2]$, i = 1, ..., f.

Setzt man in (2.229) $\xi = t$, $g = \tilde{L}$, $m = 3n$, $\Psi_\alpha = \tilde{\Phi}_\alpha(q_1, \ldots, q_{3n}, t)$ und wendet auf die Funktion $\tilde{L} + \sum_{\alpha=1}^{s} \tilde{\lambda}_\alpha \tilde{\Phi}_\alpha$ das Hamiltonsche Variationsprinzip an, so erhält man statt (2.231) die zu den Lagrange-Gleichungen 1. Art für holonome NBn strukturgleichen DGn

$$\frac{d}{dt}\frac{\partial \tilde{L}}{\partial \dot{q}_k} - \frac{\partial \tilde{L}}{\partial q_k} = \sum_{\alpha=1}^{s} \tilde{\lambda}_\alpha(t)\frac{\partial \Phi_\alpha}{\partial q_k}, \qquad k = 1, \ldots, 3n. \tag{2.232}$$

Die Lösungen $q_i(t)$ dieser DGn machen dann das Funktional

$$S'[q_1, \ldots, q_{3n}] := \int_{t_1}^{t_2} \left(\tilde{L} + \sum_{\alpha=1}^{s} \tilde{\lambda}_\alpha(t) \tilde{\Phi}_\alpha \right) dt \tag{2.233}$$

unter den Randbedingungen $q_i(t_1) = q_{i1}, q_i(t_2) = q_{i2}, i = 1, \ldots, 3n$ und den NBn $\tilde{\Phi}_\alpha(q_1, \ldots, q_{3n}, t) = 0$ auf der Menge zulässiger Vergleichsfunktionen $\bar{q}_i(t) = q_i(t) + \omega_i(t)$, $i = 1, \ldots, 3n$ zu einem relativen Extremum. Neben den Bedingungen 1 und 2 müssen die Vergleichsfunktionen $\bar{q}_i(t)$ auch die holonomen NBn $\tilde{\Phi}_\alpha(\bar{q}_1, \ldots, \bar{q}_{3n}, t) = 0, \alpha = 1, \ldots, s$ erfüllen. Die Funktionen $\tilde{\lambda}_\alpha(t)$ dürfen dabei nicht mit den Lagrange-Multiplikatoren $\tilde{\lambda}_\alpha(q_1, \ldots, q_{3n}, \dot{q}_1, \ldots, \dot{q}_{3n}, t)$ verwechselt werden. Liefert jedoch die zu (2.232) gehörende Randwertaufgabe eine eindeutige Lösung $q_i(t), i = 1, \ldots, 3n$, so stimmen die Lagrange-Multiplikatoren längs dieser eindeutigen „Bahn" mit den eindeutig bestimmbaren Funktionen $\tilde{\lambda}_\alpha(t)$ überein:

$$\tilde{\lambda}_\alpha(t) := \tilde{\lambda}_\alpha(q_1(t), \ldots, q_{3n}(t), \dot{q}_1(t), \ldots, \dot{q}_{3n}(t), t), \qquad \alpha = 1, \ldots, s. \tag{2.234}$$

Aus den Zeitfunktionen $\tilde{\lambda}_\alpha(t)$ kann man aber nicht auf die funktionale Form der Multiplikatoren $\tilde{\lambda}_\alpha$ schließen!

Wendet man dieses Variationsprinzip auf n i c h t h o l o n o m e NBn $\Psi_\alpha := \tilde{f}_\alpha(q_1, \ldots, q_{3n}, \dot{q}_1, \ldots, \dot{q}_{3n}, t) = 0$ an, indem man $\tilde{L}$ durch $\tilde{L} + \sum_{\alpha=1}^{s} \tilde{\lambda}_\alpha(t) \tilde{f}_\alpha$ ersetzt, so entstehen aus (2.228) für $\xi = t, m = 3n, g = \tilde{L}, \Psi_\alpha = \tilde{f}_\alpha$ DGn, die n i c h t äquivalent zu den Lagrange-Gleichungen 1. Art sind, die man bei nichtholonomen NBn aus dem Gaußschen Prinzip gewinnt und die sich als physikalisch richtig erwiesen haben (s. Abschn. 2.7.5). Das in der Literatur (siehe z. B. [1], [10], [11]) unter dem Namen *Hamilton-* (oder *Lagrange-*) *Prinzip* zur Herleitung auch von Bewegungsgleichungen mit nichtholonomen NBn benutzte Prinzip wird durch Integration eines Differentialprinzips gewonnen und hat für den Fall nichtholonomer NBn nichts mit der Variationsaufgabe zu tun, ein Funktional stationär zu machen.

Da Randwertaufgaben für Lagrange-Gleichungen i. allg. nicht eindeutig lösbar sind, dient das Hamiltonsche Variationsprinzip i. allg. nur zum Aufstellen von Bewegungsgleichungen (bzw. Feldgleichungen), nicht aber als Vorschrift, diese Bewegungsgleichungen für gegebene Randwerte zu lösen. Unmittelbar einsichtige Folgerungen aus dem Hamiltonschen Variationsprinzip sind die Eichinvarianz der Lagrange-Gleichungen und ihre Forminvarianz gegenüber Punkttransformationen. Addiert man nämlich die Funktion $\frac{d}{dt} \tilde{F}(q_1, \ldots, q_m, t)$ zum Integranden $\tilde{L}$ bzw. $\tilde{L} + \sum_{\alpha=1}^{s} \tilde{\lambda}_\alpha \tilde{\Phi}_\alpha$, so hat das wegen

$$\int_{t_1}^{t_2} \frac{d\tilde{F}}{dt} dt = \tilde{F}(q_1(t_2), \ldots, q_m(t_2), t_2) - \tilde{F}(q_1(t_1), \ldots, q_m(t_1), t_1) = \text{const}$$

keinen Einfluß auf die L a g e der relativen Extrema von S bzw. S'. Da eine Punkttransformation

$$q_i = q_i(q'_1, \ldots, q'_m, t), \qquad i = 1, \ldots, m; m = f \text{ bzw. } 3n$$

im $\mathbb{M}^f$ bzw. $\mathbb{E}^{3n}$ den Wert von S bzw. S' nicht ändert,

$$S = \int_{t_1}^{t_2} \hat{L}(q_1, \ldots, q_f, \dot{q}_1, \ldots, \dot{q}_f, t)dt = \int_{t_1}^{t_2} \hat{L}'(q_1', \ldots, q_f', \dot{q}_1', \ldots, \dot{q}_f', t)dt$$

bzw. $$S' = \int_{t_1}^{t_2} \left[\tilde{L} + \sum_{\alpha=1}^{s} \tilde{\lambda}_\alpha \tilde{\Phi}_\alpha\right] dt = \int_{t_1}^{t_2} \left[\tilde{L}' + \sum_{\alpha=1}^{s} \tilde{\lambda}_\alpha' \tilde{\Phi}_\alpha'\right] dt,$$

so folgt hieraus sofort die Forminvarianz der Lagrange-Gleichungen 2. Art (2.231) bzw. 1. Art (2.232).

2.6 Symmetrietransformationen und Erhaltungssätze bei Lagrange-Gleichungen 2. Art

2.6.1 Zyklische Koordinaten, Konstanten der Bewegung und Noether-Theorem

Auf dem Weg zu unserem Ziel, die Lösungen für die Bewegung eines gegebenen Systems von n MP zu ermitteln, hat uns die Einführung generalisierter Koordinaten q_k und die Elimination der Lagrange-Multiplikatoren ein gutes Stück vorangebracht: Es sind nur noch die $f = 3n - s$ DGn 2. Ordnung (2.142) zu lösen, die bei Fehlen von Kräften $\mathbf{F}_\nu^{(2)*}$ die Form

$$\frac{d}{dt}\frac{\partial L^*}{\partial \dot{q}_k} - \frac{\partial L^*}{\partial q_k} = 0, \qquad k = 1, \ldots, f \tag{2.235}$$

annehmen. Dabei ist L^* entweder eine Standard-Lagrange-Funktion oder eine dazu inäquivalente Lagrange-Funktion. Um die Gesamtordnung des Systems (2.235) weiter zu verringern und es damit der Lösung näher zu bringen, kann man versuchen, Konstanten der Bewegung, d. h. aus (2.235) folgende identisch in t geltende Beziehungen der Form

$$G^*(q_1(t), \ldots, q_f(t), \dot{q}_1(t), \ldots, \dot{q}_f(t), t) = \text{const} \tag{2.236}$$

zu finden (s. Abschn. 1.3.4). Jede DG 1. Ordnung (2.236) ersetzt eine der DGn 2. Ordnung von (2.235) und reduziert so die Gesamtordnung um 1, wie dies schon im Abschn. 1.3.4.3 erkannt und benutzt wurde. Wir wenden uns nun der Frage zu, wie man solche Konstanten der Bewegung findet. Dabei beschränken wir uns auf den Fall der Lagrange-Gleichungen 2. Art (2.235). Dann sind alle Eigenschaften des mechanischen Systems allein durch diejenigen Lagrange-Funktionen L^* bestimmt, die zu den gleichen, aus (2.235) folgenden DGn 2. Ordnung führen. Also müssen auch evtl. existierende Konstanten der Bewegung aus Eigenschaften dieser L^* folgen.

Ein besonders einfacher Fall des Auftretens von Konstanten der Bewegung ergibt sich, wenn L^* die Eigenschaft hat, von einigen der generalisierten Koordinaten, z. B. von q_i für $i = 1, \ldots, m < f$ unabhängig zu sein. Dann ist

$$\frac{\partial L^*}{\partial q_i} = 0, \qquad i = 1, \ldots, m, \tag{2.237}$$

und daraus folgt mit (2.235), daß

$$\frac{d}{dt}\frac{\partial L^*}{\partial \dot{q}_i} = 0, \qquad i = 1, \ldots, m$$

gilt. Also sind

$$G_i^*(q_{m+1}, \ldots, q_f, \dot{q}_1, \ldots, \dot{q}_f, t) := \frac{\partial L^*}{\partial \dot{q}_i} = c_i, \qquad i = 1, \ldots, m$$

Konstanten der Bewegung. Eine Koordinate q_i, die in L^* nicht vorkommt, für die aber $\frac{\partial L^*}{\partial \dot{q}_i} \not\equiv 0$ ist, heißt *zyklische* Koordinate. Jede zyklische Koordinate führt also zu einer Konstanten der Bewegung.

Die Eigenschaft (2.237) einer Koordinate q_i, zyklisch zu sein, kann man äquivalent durch die Identität

$$\begin{aligned} &L^*(q_1, \ldots, q_{i-1}, q_i, q_{i+1}, \ldots, q_f, \dot{q}_1, \ldots, \dot{q}_i, \ldots, \dot{q}_f, t) \\ &\quad \equiv L^*(q_1, \ldots, q_{i-1}, q_i + a_i, q_{i+1}, \ldots, q_f, \dot{q}_1, \ldots, \dot{q}_i, \ldots, \dot{q}_f, t) \end{aligned} \tag{2.238}$$

formulieren, wobei a_i jede beliebige Konstante sein darf. Man sagt dann auch, L^* sei *translationsinvariant* bez. (der „generalisierten Richtung") q_i, oder auch, L^* sei *invariant* bez. der Transformation

$$q_i' = q_i + a_i, \qquad q_j' = q_j \quad \text{für } j \neq i. \tag{2.239}$$

Durch (2.238), (2.239) kann man auf die Idee kommen, daß ganz allgemein das Auftreten von Konstanten der Bewegung mit Transformationseigenschaften von L^* zusammenhängt. In der Tat besagt ein Theorem von E. Noether, daß ein solcher Zusammenhang besteht. Um dieses Theorem zu formulieren, definieren wir zunächst, was unter einer Symmetrie der Lagrange-Funktion L^* verstanden werden soll.

Definition Eine Lagrange-Funktion $L^*(q_1, \ldots, q_f, \dot{q}_1, \ldots, \dot{q}_f, t)$ heißt *symmetrisch* bez. einer Transformation

$$\begin{aligned} &q_k = q_k(q_1', \ldots, q_f', t'), \qquad k = 1, \ldots, f, \\ &t = t(t'), \end{aligned}$$

wenn

$$L^*\left(q_k, \frac{dq_k}{dt}, t\right) = \left[L^*\left(q_k', \frac{dq_k'}{dt'}, t'\right) + \frac{d}{dt'} F^*(q_k', t')\right] \frac{dt'}{dt} \tag{2.240a}$$

gilt[1]) bzw.

$$L^*\left(q_k', \frac{dq_k'}{dt'}, t'\right) = \left[L^*\left(q_k, \frac{dq_k}{dt}, t\right) - \frac{d}{dt} \hat{F}^*(q_k, t)\right] \frac{dt}{dt'} \tag{2.240b}$$

---

[1]) In diesem Abschn. kürzen wir manchmal Variablensätze $a_1, \ldots, a_f$ durch a_k ab.

für die Umkehrtransformation, wobei bis auf eine additive Konstante

$$F^*(q'_k, t') = \hat{F}^*(q_k(q'_i, t'), t(t')) \tag{2.240c}$$

ist. Das Theorem von E. Noether behauptet dann [8]:

Ist eine Lagrange-Funktion $L^*(q_1, \ldots, q_f, \dot{q}_1, \ldots, \dot{q}_f, t)$ *symmetrisch bez. einer r-parametrigen lokalen Lieschen Transformationsgruppe*

$$\begin{aligned} q_k &= q_k(q'_1, \ldots, q'_f, t'; \alpha_1, \ldots, \alpha_r), \qquad k = 1, \ldots, f, \\ t &= t(t', \alpha_1, \ldots, \alpha_r) \end{aligned} \tag{2.241}$$

im Produktraum $\mathbb{M}^f \times \mathbb{R}$, *wobei* $\alpha_1, \ldots, \alpha_r$ *die Parameter der Lie-Gruppe sind, dann existieren für die aus*

$$\frac{d}{dt}\frac{\partial L^*}{\partial \dot{q}_k} - \frac{\partial L^*}{\partial q_k} = 0, \qquad k = 1, \ldots, f \tag{2.242}$$

folgenden Bewegungsgleichungen r Konstanten der Bewegung.

Wie die Konstanten der Bewegung aus den Gleichungen (2.240), (2.241), (2.242) zu berechnen sind, wird in Abschn. 2.6.3 erläutert. Dazu ist im konkreten Fall die explizite Kenntnis von L^*, F^* und der Transformation (2.241) in der gewählten Koordinatenart q_k notwendig. Spezielle Symmetrietransformationen von L^* sind diejenigen mit $F^* \equiv 0$ und $t = t' - \tau(\alpha_1, \ldots, \alpha_r)$. In diesem Fall nimmt (2.240a) die Form

$$\begin{aligned} L^*\left(q_k, \frac{dq_k}{dt}, t\right) &= L^*\left(q_k(q'_i, t'), \frac{d}{dt} q_k(q'_i, t'), t(t')\right) \\ &= L^{*\prime}\left(q'_k, \frac{dq'_k}{dt'}, t'\right) = L^*\left(q'_k, \frac{dq'_k}{dt'}, t'\right) \end{aligned} \tag{2.243}$$

an und bedeutet somit die Invarianz von L^*. Die Koordinatentranslationen (2.239) sind Beispiele dafür. Solche zyklischen Koordinaten, die zu Erhaltungsgrößen Anlaß geben, sind Impuls- und Drehimpulskomponenten bei nicht von den $\dot{q}_k$ abhängigen Potentialen $\tilde{U}$ der Standard-Lagrange-Funktionen $\tilde{L} = \tilde{T} - \tilde{U}$. Ist z. B. eine kartesische Koordinate $x_k^{(\nu)}$ des ν-ten MP zyklisch, so folgt wegen $\frac{\partial L}{\partial x_k^{(\nu)}} = 0$ die Beziehung

$$\frac{\partial L}{\partial \dot{x}_k^{(\nu)}} = \frac{\partial T}{\partial \dot{x}_k^{(\nu)}} = m_\nu \dot{x}_k^{(\nu)} =: p_k^{(\nu)} = \text{const}.$$

p_k ist die Impulskomponente des ν-ten MP in Richtung e_k. Ist der Azimuthwinkel $\varphi^{(\nu)}$ des ν-ten MP um die z-Achse einer kartesischen Basis eines BS zyklisch, so ist wegen $\frac{\partial \tilde{L}}{\partial \varphi^{(\nu)}} = 0$

$$\frac{\partial \tilde{L}}{\partial \dot{\varphi}^{(\nu)}} = \frac{\partial \tilde{T}}{\partial \dot{\varphi}^{(\nu)}} = m_\nu (r^{(\nu)})^2 \sin^2 \vartheta^{(\nu)} \dot{\varphi}^{(\nu)} =: L_z^{(\nu)} = \text{const}.$$

$L_z^{(\nu)}$ ist die Drehimpulskomponente des ν-ten MP in z-Richtung[1]).

Das Noether-Theorem gilt auch für Nicht-Standard-Lagrange-Funktionen; es ist damit also auch auf solche Systeme anwendbar, die keine Standard-Lagrange-Funktion besitzen. Für konkrete Anwendungen ist das Noether-Theorem aber von geringem Nutzen, denn man muß zu gegebenem L^* die Symmetrietransformation (2.241) und F^* kennen, um damit Konstanten der Bewegung zu berechnen. So ist es z. B. nicht gelungen, neben den bekannten 10 klassischen Konstanten der Bewegung des astronomischen Dreikörperproblems weitere, von diesen unabhängige Konstanten zu finden.

Die Umkehrung des Noether-Theorems, daß aus der Existenz von Konstanten der Bewegung des DG-Systems (2.242) die Existenz einer Symmetrietransformation (2.240) für Punkttransformationen (2.241) im Konfigurationsraum folgt, gilt i. allg. nicht. So ist z. B. der Lenzsche Vektor (1.251) eine Konstante der Bewegung der Newtonschen Gleichungen (1.243), aber man kennt keine Punkttransformation und keine Lagrange-Funktion L^*, für die, evtl. unter Hinzunahme einer Eichfunktion F^*, der Lenzsche Vektor als Konstante der Bewegung durch Anwendung des Noether-Theorems entsteht.

Diskrete Transformationen wie $t = -t'$, $x_i = -x_i'$ (Zeitumkehr, Koordinatenspiegelungen) sind keine Elemente einer lokalen Lie-Gruppe, so daß das Noether-Theorem auf diese Transformationen nicht angewandt werden kann.

2.6.2 Jacobi-Integral und Energieerhaltungssatz

Die Zeit t spielt in der nicht-relativistischen Mechanik als universeller Parameter eine Sonderrolle. Deshalb sollen die Folgerungen aus der Invarianz von L^* gegenüber der Zeittranslation

$$t' = t + \tau, \qquad \tau = \text{const} \tag{2.244}$$

in diesem eigenen Abschnitt behandelt werden. Sei also L^* invariant gegenüber (2.244), d. h. sei

$$L^*(q_1, \ldots, q_f, \dot{q}_1, \ldots, \dot{q}_f, t) \equiv L^*(q_1, \ldots, q_f, \dot{q}_1, \ldots, \dot{q}_f, t + \tau) \tag{2.245}$$

oder, äquivalent dazu,

$$\frac{\partial L^*}{\partial t} = 0. \tag{2.246}$$

Es ist
$$\begin{aligned}\frac{dL^*}{dt} &= \frac{\partial L^*}{\partial t} + \sum_{k=1}^{f} \frac{\partial L^*}{\partial q_k}\dot{q}_k + \sum_{k=1}^{f} \frac{\partial L^*}{\partial \dot{q}_k}\ddot{q}_k \\ &= \frac{\partial L^*}{\partial t} + \sum_{k=1}^{f} \dot{q}_k \frac{d}{dt}\frac{\partial L^*}{\partial \dot{q}_k} + \sum_{k=1}^{f} \frac{\partial L^*}{\partial \dot{q}_k}\ddot{q}_k \\ &= \frac{\partial L^*}{\partial t} + \frac{d}{dt}\sum_{k=1}^{f} \frac{\partial L^*}{\partial \dot{q}_k}\dot{q}_k .\end{aligned}$$

[1]) s. jedoch Fußnote in Abschn. 3.1.3

Daraus folgt

$$\frac{d}{dt}\left[\sum_{k=1}^{f} \frac{\partial L^*}{\partial \dot{q}_k} \dot{q}_k - L^*\right] = -\frac{\partial L^*}{\partial t}. \tag{2.247}$$

Ist also L^* invariant bez. (2.244), so ist

$$J^* := \sum_{k=1}^{f} \frac{\partial L^*}{\partial \dot{q}_k} \dot{q}_k - L^* \tag{2.248}$$

eine Konstante der Bewegung. Man nennt $J^* = \text{const}$ auch *Jacobi-Integral.* Die Funktion $J^* = J^*(q_1, \ldots, q_f, \dot{q}_1, \ldots, \dot{q}_f, t)$ selbst wollen wir *Jacobi-Funktion* nennen.
Ist zusätzlich noch die Transformation (2.118) der kartesischen Koordinaten in generalisierte Koordinaten zeitunabhängig, d. h. gilt

$$\frac{\partial \mathbf{r}_\nu^*}{\partial t} = \mathbf{0}, \qquad \nu = 1, \ldots, n, \tag{2.249}$$

so ist (s. Abschn. 1.7.3.2) die kinetische Energie eine homogen quadratische Form in den $\dot{q}_k$, nämlich

$$T^* = \frac{1}{2} \sum_{i,k=1}^{f} a_{ik}^*(q_1, \ldots, q_f)\dot{q}_i\dot{q}_k \tag{2.250}$$

mit $a_{ik}^* = a_{ki}^*$. (2.249) bedeutet, daß (2.118) keine BS-Transformation der Form (1.26b) enthält und daß keine holonom-r h e o n o m e n NBn vorliegen. Aus (2.250) folgt

$$\frac{\partial T^*}{\partial \dot{q}_k} = \sum_{i=1}^{f} a_{ik}^* \dot{q}_i$$

und somit

$$\sum_{k=1}^{f} \frac{\partial T^*}{\partial \dot{q}_k} \dot{q}_k = \sum_{i,k=1}^{f} a_{ik}^* \dot{q}_i \dot{q}_k = 2T^*. \tag{2.251}$$

Damit können wir für eine Standard-Lagrange-Funktion $L^* = T^* - V^*$ mit $V^* = V^*(q_1, \ldots, q_f, t)$ (2.248) umformen in

$$J^* = \sum_{k=1}^{f} \frac{\partial(T^* - V^*)}{\partial \dot{q}_k} \dot{q}_k - T^* + V^* = T^* + V^*.$$

Die Jacobi-F u n k t i o n J^* ist also in diesem Fall identisch mit der Gesamtenergie E^*:

$$J^* = T^* + V^* =: E^*. \tag{2.252}$$

Für (2.249) und $V = V(\mathbf{r}_1, \ldots, \mathbf{r}_n)$, d. h. $\frac{\partial V}{\partial t} = 0$, ist folglich das Jacobi-I n t e g r a l identisch mit dem Energieerhaltungssatz

$$J^* = E^* =: E_0 = \text{const}. \tag{2.253}$$

Die Eigenschaft der Jacobi-Funktion (2.248), für Standard-Lagrange-Funktion $L^* = T^* - V^*$ identisch mit der Gesamtenergie E^* zu sein, geht verloren, wenn man vom BS Σ, in dem (2.252) gilt, zu einem anderen BS Σ' übergeht, da dann wegen $\frac{\partial \mathbf{r}_\nu^*}{\partial t} \neq \mathbf{0}$ in Σ' für $T^{*\prime}$ nicht die zu (2.250) analoge Beziehung gilt.

Ein Nichtbestehen der Invarianz (2.246) von L^* gegenüber Zeittranslationen (2.244) kann bei Standard-Lagrange-Funktionen $L^* = T^* - U^*$ zweierlei Ursachen haben:

$$\frac{\partial U^*}{\partial t} \neq 0 \quad \text{oder} \quad \frac{\partial \mathbf{r}_\nu^*}{\partial t} \neq \mathbf{0}.$$

Ist $\frac{\partial \mathbf{r}_\nu^*}{\partial t} \neq \mathbf{0}$, so kann trotzdem $\frac{\partial L^*}{\partial t} = 0$ und damit J^* eine Konstante der Bewegung sein, wenn auch nicht mit der Bedeutung der Gesamtenergie. Als Beispiel betrachte man die Bewegung eines MP in einem BS Σ, in dem bez. eines KS die potentielle Energie des MP eine Funktion von $\sqrt{x^2 + y^2}$ und z ist. In Σ ist dann $T + V = E = \text{const}$. Geht man nun zu einem BS Σ' über, das bez. Σ mit konstanter Winkelgeschwindigkeit ω um die z-Achse rotiert, so gilt $\frac{\partial \mathbf{r}_\nu^*}{\partial t} \neq \mathbf{0}$, aber es wird $J^{*\prime} = \text{const} \neq E^{*\prime}$. – Ist aber $\frac{\partial \mathbf{r}_\nu^*}{\partial t} = \mathbf{0}$ und $\frac{\partial U^*}{\partial t} \neq 0$, so ist gewiß $\frac{\partial L^*}{\partial t} \neq 0$ und damit J^* keine Konstante der Bewegung.

*2.6.3 Methode der infinitesimalen Transformationen

Die unabhängigen Parameter $\alpha_1, \ldots, \alpha_m, \tau$, von denen die Transformationen

$$\begin{aligned} q_k' &= q_k'(q_1, \ldots, q_f, t; \alpha_1, \ldots, \alpha_m), \qquad k = 1, \ldots, f \\ t' &= t + \tau \end{aligned} \tag{2.254}$$

genügend oft stetig differenzierbar abhängen sollen, seien so gewählt, daß den Werten $\alpha_1 = \ldots, \alpha_m = 0, \tau = 0$ umkehrbar eindeutig die identische Transformation entsprechen soll. Da die lokale (m + 1)-parametrige Lie-Gruppe der (endlichen) Transformationen (2.254) die (m + 1)-parametrige Gruppe der sog. *infinitesimalen Transformationen*

$$\begin{aligned} q_k' &= q_k + \sum_{\mu=1}^{m} \alpha_\mu \left(\frac{\partial q_k'}{\partial \alpha_\mu}\right)_{\alpha_1 = \ldots = \alpha_m = 0}, \qquad k = 1, \ldots, f \\ t' &= t + \tau \end{aligned} \tag{2.255}$$

als Liesche Untergruppe enthält, ist L^*, wenn es symmetrisch gegenüber (2.254) ist, auch gegenüber (2.255) symmetrisch. Diese Tatsache benutzt man mit Vorteil zur Bestimmung der nach dem Noether-Theorem bei vorgegebener Symmetrietransformation (2.254) existierenden Konstanten der Bewegung, indem man statt der endlichen Transformationen (2.254) die diesen eindeutig zugeordneten infinitesimalen Transformationen (2.255) benutzt. Um zum Ausdruck zu bringen, daß $\alpha_1, \ldots, \alpha_m, \tau$ infinitesimale Parameter sind, ersetzen wir die $\alpha_1, \ldots, \alpha_m, \tau$ durch $\epsilon\alpha_1, \ldots, \epsilon\alpha_m, \epsilon\tau$, wobei ϵ ein infinitesimaler Parameter ist. Definiert man

$$\eta_k(q_1, \ldots, q_f, t; \alpha_1, \ldots, \alpha_m) := \sum_{\mu=1}^{m} \alpha_\mu \left(\frac{\partial q_k'}{\partial \alpha_\mu}\right)_{\alpha_1 = \ldots = \alpha_m = 0}, \qquad k = 1, \ldots, f \tag{2.256}$$

so kann man für (2.255) schreiben

$$\begin{aligned} q_k'(q_1, \ldots, q_f, t; \epsilon\alpha_1, \ldots, \epsilon\alpha_m) &= q_k + \epsilon\eta_k, \qquad k = 1, \ldots, f \\ t' &= t + \epsilon\tau. \end{aligned} \tag{2.257}$$

Soll nun (2.254) und damit (2.257) Symmetrietransformation für L^* sein, so muß mit (2.240a) und wegen $\frac{dt'}{dt} = 1$ gelten:

$$L^*(q_k, \dot{q}_k, t) = L^*(q_k + \epsilon\eta_k, \dot{q}_k + \epsilon\dot{\eta}_k, t + \epsilon\tau) + \frac{d}{dt} F^*(q_k + \epsilon\eta_k, t + \epsilon\tau). \tag{2.258}$$

Daraus folgt mittels Taylorentwicklung und (2.235)

$$\begin{aligned} -\frac{dF^*}{dt} &= L^*(q_k + \epsilon\eta_k, \dot{q}_k + \epsilon\dot{\eta}_k, t + \epsilon\tau) - L^*(q_k, \dot{q}_k, t) \\ &= \epsilon\left[\sum_{i=1}^{f}\left(\frac{\partial L^*}{\partial q_i}\eta_i + \frac{\partial L^*}{\partial \dot{q}_i}\dot{\eta}_i\right) + \tau\frac{\partial L^*}{\partial t}\right] + O(\epsilon^2) \\ &= \epsilon\left[\sum_{i=1}^{f}\left(\left(\frac{d}{dt}\frac{\partial L^*}{\partial \dot{q}_i}\right)\eta_i + \frac{\partial L^*}{\partial \dot{q}_i}\dot{\eta}_i\right) + \tau\frac{\partial L^*}{\partial t}\right] + O(\epsilon^2) \\ &= \epsilon\left[\frac{d}{dt}\sum_{i=1}^{f}\frac{\partial L^*}{\partial \dot{q}_i}\eta_i + \tau\frac{\partial L^*}{\partial t}\right] + O(\epsilon^2). \end{aligned}$$

Wegen (2.247) folgt dann

$$-\frac{dF^*}{dt} = \epsilon\frac{d}{dt}\left\{\sum_{i=1}^{f}\frac{\partial L^*}{\partial \dot{q}_i}\eta_i - \tau\left(\sum_{i=1}^{f}\frac{\partial L^*}{\partial \dot{q}_i}\dot{q}_i - L^*\right)\right\} + O(\epsilon^2). \tag{2.259}$$

Für eine infinitesimale Symmetrietransformation kann man somit die Struktur der Eichfunktion F^* bis zu Gliedern linear in ϵ angeben:

$$\begin{aligned} F^*(q_k + \epsilon\eta_k, t + \epsilon\tau) &= \epsilon\left\{\tau\left(\sum_{i=1}^{f}\frac{\partial L^*}{\partial \dot{q}_i}\dot{q}_i - L^*\right) - \sum_{i=1}^{f}\frac{\partial L^*}{\partial \dot{q}_i}\eta_i + \text{const}\right\} \\ &=: \epsilon G^*(q_k, \dot{q}_k, t; \eta_k, \tau). \end{aligned} \tag{2.260}$$

F^* ist also selbst eine infinitesimale Größe. Aus (2.259) folgt

$$-\left[\frac{\partial}{\partial\epsilon}\frac{dF^*}{dt}\right]_{\epsilon=0} = \frac{d}{dt}\left\{\sum_{i=1}^{f}\frac{\partial L^*}{\partial \dot{q}_i}\eta_i - \tau\left(\sum_{i=1}^{f}\frac{\partial L^*}{\partial \dot{q}_i}\dot{q}_i - L^*\right)\right\}. \tag{2.261}$$

Die linke Seite kann man folgendermaßen umformen:

$$\begin{aligned}\frac{\partial}{\partial\epsilon}\frac{dF^*}{dt} &= \frac{\partial}{\partial\epsilon}\left(\frac{\partial F^*}{\partial t} + \sum_{i=1}^{f}\frac{\partial F^*}{\partial q_i'}\dot{q}_i'\right)\\ &= \frac{\partial^2 F^*}{\partial\epsilon\partial t} + \sum_{i=1}^{f}\frac{\partial^2 F^*}{\partial\epsilon\partial q_i'}\dot{q}_i' + \sum_{i=1}^{f}\frac{\partial F^*}{\partial q_i'}\frac{\partial\dot{q}_i'}{\partial\epsilon}\\ &= \frac{d}{dt}\frac{\partial F^*}{\partial\epsilon} + \sum_{i=1}^{f}\frac{\partial F^*}{\partial q_i'}\dot{\eta}_i.\end{aligned}$$

Wegen (2.260) ist aber

$$\left[\frac{\partial F^*}{\partial q_i'}\right]_{\epsilon=0} = \left[\epsilon\frac{\partial G^*}{\partial q_i}\right]_{\epsilon=0} = 0$$

und damit

$$\left[\frac{\partial}{\partial\epsilon}\frac{\partial F^*}{\partial t}\right]_{\epsilon=0} = \frac{d}{dt}\left[\frac{\partial F^*}{\partial\epsilon}\right]_{\epsilon=0} \tag{2.262}$$

So folgt schließlich aus (2.261) die für beliebige η_i und τ geltende Beziehung

$$\frac{d}{dt}\left\{\sum_{i=1}^{f}\frac{\partial L^*}{\partial\dot{q}_i}\eta_i - \tau\left(\sum_{i=1}^{f}\frac{\partial L^*}{\partial\dot{q}_i}\dot{q}_i - L^*\right) + \left[\frac{\partial}{\partial\epsilon}F^*(q_k', t')\right]_{\epsilon=0}\right\} = 0, \tag{2.263}$$

in der die Aussagen über die nach dem Noether-Theorem zu einer Symmetrietransformation existierenden Konstanten der Bewegung enthalten sind.

Für $F^* \equiv 0$ kann man wegen der bei den betrachteten Transformationen (2.241) vorausgesetzten Unabhängigkeit der Parameter α_i und τ aus (2.263) die beiden Beziehungen

$$\sum_{i=1}^{f}\frac{\partial L^*}{\partial\dot{q}_i}\dot{q}_i - L^* = \text{const} \tag{2.264}$$

$$\sum_{i=1}^{f}\frac{\partial L^*}{\partial\dot{q}_i}\eta_i = \text{const} \tag{2.265}$$

entnehmen. (2.264) ist die in Abschn. 2.6.2 hergeleitete Konstante der Bewegung, nämlich das Jacobi-Integral J^*. Falls speziell

$$\eta_i(q_k, t) = \eta_0\delta_{ij} \quad \text{für } i = 1, \ldots, f$$

mit η_0 = const ist, liefert (2.265) die Erhaltungsgröße

$$\frac{\partial L^*}{\partial\dot{q}_i} = c_i = \text{const},$$

also den Spezialfall der Invarianz gegenüber einer Koordinatentranslation (2.239). Im allgemeinen Fall $F^* \not\equiv 0$ hat man zur Auswertung von (2.263) die η_i aus der Symmetrietransformation zu bestimmen und F^* aus der konkreten Form der Gleichung (2.258) zu entnehmen. Im nun folgenden Abschnitt wird ein Beispiel dazu behandelt.

*2.6.4 Die klassischen Erhaltungssätze für ein abgeschlossenes System von Massenpunkten

Die zehn klassischen Erhaltungssätze für ein abgeschlossenes System von n MP kennen wir bereits aus der Newtonschen Mechanik. Sie ergaben sich auf „natürliche" Weise in einer der euklidischen Metrik angepaßten kartesischen Basis. Wir wollen nun diese Erhaltungssätze als Beispiele für die Anwendung von Symmetrietransformationen der Lagrange-Funktion herleiten.

Für ein abgeschlossenes System von n MP ohne NBn mit konservativen zentralen inneren Zweiteilchenkräften ist nach (1.126) und (1.129) die Lagrange-Funktion gegeben durch

$$L(\mathbf{r}_1, \ldots, \mathbf{r}_n, \dot{\mathbf{r}}_1, \ldots, \dot{\mathbf{r}}_n) = \sum_{\nu=1}^{n} \frac{m_\nu}{2} \dot{\mathbf{r}}_\nu^2 - \frac{1}{2} \sum_{\substack{\mu, \nu = 1 \\ (\mu \neq \nu)}}^{n} V_{\nu\mu}^{(i)}(|\mathbf{r}_\nu - \mathbf{r}_\mu|). \tag{2.266}$$

Wir geben nun einige von Parametern $\alpha_1, \ldots, \alpha_m$ analytisch abhängende Transformationen

$$x_j^{(\nu)\prime} = x_j^{(\nu)\prime}(x_1^{(\nu)}, x_2^{(\nu)}, x_3^{(\nu)}, t; \alpha_1, \ldots, \alpha_m), \qquad \nu = 1, \ldots, n; j = 1, 2, 3 \tag{2.267}$$

für die kartesischen Koordinaten der Ortsvektoren $\mathbf{r}_\nu = (x_1^{(\nu)}, x_2^{(\nu)}, x_3^{(\nu)})$ konkret an, für die man durch Einsetzen in (2.240b) nachrechnen kann, daß sie Symmetrietransformationen von (2.266) sind. Dabei soll zur Vereinfachung der Schreibweise $(x_1^{(\nu)\prime}, x_2^{(\nu)\prime}, x_3^{(\nu)\prime})$ mit $(\mathbf{r}_\nu)'$ bezeichnet werden, wobei die Klammern darauf hinweisen sollen, daß nur die Koordinaten transformiert werden, die Orte $\mathbf{r}_\nu$ der MP aber unverändert bleiben (Basistransformation, „passive" Transformation). Die konkreten Transformationen sind:

$$(\mathbf{r}_\nu)' = \mathbf{r}_\nu + \mathbf{a}, \qquad \mathbf{a} = (a_1, a_2, a_3) = \text{const} \quad \text{(räumliche Translation)}, \tag{2.268}$$

$$\begin{aligned} (\mathbf{r}_\nu)' &= \mathbf{r}_\nu \cos\varphi + \mathbf{e}(\mathbf{e}\cdot\mathbf{r}_\nu)(1-\cos\varphi) \\ &\quad - (\mathbf{e}\times\mathbf{r}_\nu)\sin\varphi \\ \mathbf{e} &= (e_1, e_2, e_3), \qquad |\mathbf{e}| = 1 \end{aligned} \quad \text{(Drehung um den Winkel } \varphi \text{ um die Drehachse, in der } \mathbf{e} \text{ liegt)}, \tag{2.269}$$

$$(\mathbf{r}_\nu)' = \mathbf{r}_\nu + \mathbf{u}t, \qquad \mathbf{u} = (u_1, u_2, u_3) = \text{const} \quad \text{(spezielle Galilei-Transformation)}. \tag{2.270}$$

Hinzu kommt

$$t' = t + \tau, \qquad \tau = \text{const} \quad \text{(Zeittranslation)}. \tag{2.271}$$

Die voneinander unabhängigen Parameter $\alpha_1, \ldots, \alpha_{10}$, nämlich $a_1, a_2, a_3; e_1, e_2, \varphi; u_1, u_2, u_3; \tau$ seien zeitunabhängig. Die Menge aller oben genannten Transformationen bilden zusammen die 10-parametrige Galilei-Gruppe, ein Beispiel einer lokalen Lie-Gruppe. Nach dem Noether-Theorem erwarten wir also 10 zugehörige Konstanten der Bewegung.

Die speziellen Galilei-Transformationen spielen unter den oben genannten Transformationen eine Sonderrolle. Während nämlich (2.266) gegenüber (2.268), (2.269) und (2.271) exakt invariant ist, also in (2.240b) $\hat{F}^* \equiv 0$ gewählt werden kann, erhält man für (2.266), gebildet in gestrichenen Koordinaten, mit (2.270)

$$L^*(\mathbf{r}_\lambda + \mathbf{u}t, \dot{\mathbf{r}}_\lambda + \mathbf{u}, t + \tau)$$
$$= \sum_{\nu=1}^{n} \frac{m_\nu}{2} \dot{\mathbf{r}}_\nu^2 + \sum_{\nu=1}^{n} m_\nu \dot{\mathbf{r}}_\nu \cdot \mathbf{u} + \sum_{\nu=1}^{n} \frac{m_\nu}{2} \mathbf{u}^2 - \frac{1}{2} \sum_{\substack{\nu,\mu=1 \\ (\mu \neq \nu)}}^{n} V_{\nu\mu}^{(i)}(|\mathbf{r}_\nu + \mathbf{u}(t+\tau) - \mathbf{r}_\mu - \mathbf{u}(t+\tau)|)$$
$$= L^*(\mathbf{r}_\lambda, \dot{\mathbf{r}}_\lambda, t) + \sum_{\nu=1}^{n} m_\nu \left(\dot{\mathbf{r}}_\nu \cdot \mathbf{u} + \frac{\mathbf{u}^2}{2} \right)$$
$$= L^*(\mathbf{r}_\lambda, \dot{\mathbf{r}}_\lambda, t) + \frac{d}{dt} \sum_{\nu=1}^{n} m_\nu \left(\mathbf{r}_\nu \cdot \mathbf{u} + \frac{\mathbf{u}^2}{2} t \right),$$

so daß nach Vergleich mit (2.240b) folgt, daß bis auf eine additive Konstante

$$\hat{F}^*(\mathbf{r}_\lambda, t) = - \sum_{\nu=1}^{n} m_\nu \left(\mathbf{r}_\nu \cdot \mathbf{u} + \frac{\mathbf{u}^2}{2} t \right) \tag{2.272}$$

zu wählen ist und somit wegen (2.240c)

$$F^*((\mathbf{r}_\lambda)', t') = - \sum_{\nu=1}^{n} m_\nu \left((\mathbf{r}_\nu)' \cdot \mathbf{u} - \frac{\mathbf{u}^2}{2} (t' - \tau) \right) \tag{2.273}$$

entsteht. Es liegt also nur eine Invarianz von (2.235) bis auf Eichung vor.

Nun gehen wir mit (2.256), (2.257) zu infinitesimalen Transformationen über. Für (2.268) und (2.271) ergibt dies mit $\boldsymbol{\eta} := (\eta_1, \eta_2, \eta_3)$

$$\boldsymbol{\eta}(\mathbf{r}_\lambda, t) = \mathbf{a}, \quad \text{also} \quad (\mathbf{r}_\nu)' = \mathbf{r}_\nu + \epsilon \mathbf{a}, \tag{2.274}$$

$$\boldsymbol{\eta}(\mathbf{r}_\lambda, t) = \mathbf{u}, \quad \text{also} \quad (\mathbf{r}_\nu)' = \mathbf{r}_\nu + \epsilon \mathbf{u} t. \tag{2.275}$$

Hinzu kommt die infinitesimale Zeittranslation

$$t' = t + \epsilon \tau. \tag{2.276}$$

Zur Durchführung dieses Verfahrens für die Drehung (2.269) sind die Parameter e_1, e_2, φ nicht geeignet, da sie die Voraussetzung nicht erfüllen, daß $(e_1, e_2, \varphi) = (0, 0, 0)$ umkehrbar eindeutig der identischen Transformation entspricht. Tatsächlich führen a l l e Werte $(e_1, e_2, 0)$ mit $e_1 \neq 0$ oder $e_2 \neq 0$ auf die Identität. Eine in der Umgebung der Identität eindeutige Parametrisierung der Drehungen ist dagegen durch die Komponenten des Vektors

$$\mathbf{d} := \varphi \mathbf{e} = (d_1, d_2, d_3)$$

gegeben. Er liegt in der Drehachse, sein Betrag gibt den Drehwinkel an. Anstatt (2.269) auf d_1, d_2, d_3 umzuschreiben und (2.256) anzuwenden, ersetzen wir φ durch $\epsilon\varphi$, entwickeln bis zur 1. Ordnung in ϵ und erhalten so schneller

$$(\mathbf{r}_\nu)' = \mathbf{r}_\nu - \epsilon (\mathbf{e} \times \mathbf{r}_\nu) \varphi = \mathbf{r}_\nu - \epsilon (\mathbf{d} \times \mathbf{r}_\nu). \tag{2.277}$$

Nun können wir (2.274), (2.275), (2.276) und (2.277) zu einer einzigen Transformation zusammensetzen, der *infinitesimalen Galilei-Transformation*

$$\begin{aligned} (\mathbf{r}_\nu)' &= \mathbf{r}_\nu + \epsilon \boldsymbol{\eta}_\nu \quad \text{mit} \quad \boldsymbol{\eta}_\nu = \mathbf{a} - \mathbf{d} \times \mathbf{r}_\nu + \mathbf{u} t, \\ t' &= t + \epsilon \tau. \end{aligned} \tag{2.278}$$

Sie enthält als Koordinatentransformation Translationen und Drehung, als Bezugssystemtransformation führt sie ein Inertialsystem in ein infinitesimal benachbartes Inertialsystem über.

Die Eichfunktion F^* für die infinitesimale spezielle Galilei-Transformation erhält man aus (2.273) durch Ersetzen von $\mathbf{u}$ durch $\epsilon\mathbf{u}$ und τ durch $\epsilon\tau$ oder aus (2.258):

$$\begin{aligned} F^*((\mathbf{r}_\lambda)', t') &= -\epsilon \sum_{\nu=1}^{n} m_\nu \mathbf{u} \cdot (\mathbf{r}_\nu)' + \epsilon^2 \frac{u^2}{2}(t' - \epsilon\tau) \sum_{\nu=1}^{n} m_\nu \\ &= \epsilon \mathbf{u} \cdot \sum_{\nu=1}^{n} m_\nu \mathbf{r}_\nu + O(\epsilon^2). \end{aligned} \tag{2.279}$$

Daraus folgt

$$\left[\frac{\partial F^*}{\partial \epsilon}\right]_{\epsilon=0} = -\mathbf{u} \cdot \sum_{\nu=1}^{n} m_\nu \mathbf{r}_\nu. \tag{2.280}$$

Die Hauptformel (2.263) lautet jetzt

$$\frac{d}{dt}\left\{\sum_{\nu=1}^{n} \frac{\partial L}{\partial \dot{\mathbf{r}}_\nu} \cdot \boldsymbol{\eta}_\nu - \tau\left(\sum_{\nu=1}^{n} \frac{\partial L}{\partial \dot{\mathbf{r}}_\nu} \cdot \dot{\mathbf{r}}_\nu - L\right) - \mathbf{u} \cdot \sum_{\nu=1}^{n} m_\nu \mathbf{r}_\nu\right\} = 0.$$

Setzt man $\boldsymbol{\eta}_\nu$ und $\dfrac{\partial L}{\partial \dot{\mathbf{r}}_\nu} = m_\nu \dot{\mathbf{r}}_\nu$ ein, so erhält man mit den Definitionen

$$\mathbf{P}(t) := \sum_{\nu=1}^{n} m_\nu \dot{\mathbf{r}}_\nu, \qquad \mathbf{L}(t) := \sum_{\nu=1}^{n} \mathbf{r}_\nu \times m_\nu \dot{\mathbf{r}}_\nu, \qquad M := \sum_{\nu=1}^{n} m_\nu,$$

$$\mathbf{R}(t) := \frac{1}{M} \sum_{\nu=1}^{n} m_\nu \mathbf{r}_\nu, \quad E(t) := \sum_{\nu=1}^{n} \frac{m_\nu}{2} \dot{\mathbf{r}}_\nu^2 + \frac{1}{2} \sum_{\substack{\nu,\mu=1 \\ (\mu \neq \nu)}}^{n} V_{\nu\mu}^{(i)}(|\mathbf{r}_\nu - \mathbf{r}_\mu|)$$

schließlich wegen (2.266) die Beziehung

$$\frac{d}{dt}\{\mathbf{a} \cdot \mathbf{P} - \mathbf{d} \cdot \mathbf{L} + \mathbf{u} \cdot (t\mathbf{P} - M\mathbf{R}) - \tau E\} = 0. \tag{2.281}$$

Da $\mathbf{a}$, $\mathbf{d}$, $\mathbf{u}$ und τ voneinander unabhängige Parameter sind, kann man aus (2.261) entnehmen:

$\mathbf{P} = \text{const}$ (Erhaltungssatz für den Gesamtimpuls $\mathbf{P}$), (2.282)

$\mathbf{L} = \text{const}$ (Erhaltungssatz für den Gesamtdrehimpuls $\mathbf{L}$), (2.283)

$E = \text{const}$ (Erhaltungssatz für die Gesamtenergie E), (2.284)

$t\mathbf{P} - M\mathbf{R} = \text{const}.$ (2.285)

Die Folgerung (2.285) bedeutet zusammen mit (2.282), daß sich der Massenmittelpunkt $\mathbf{R}(t)$ des Systems der n MP mit konstanter Geschwindigkeit $\mathbf{V} := \mathbf{P}/M = \text{const}$ bewegt. (2.282) bis (2.285) sind die schon in der Newtonschen Mechanik in Abschn. 1.3.3 durch direkte Umformung der Newtonschen Bewegungsgleichungen hergeleiteten klassischen

Erhaltungssätze für ein System von n MP. Sie enthalten insgesamt 10 Konstanten der Bewegung, wie aufgrund des Noether-Theorems zu erwarten war.

Wesentlich dafür, daß das Noether-Theorem zu (2.282) bis (2.285) führte, war die Kenntnis einer Lagrange-Funktion der Form (2.266) in einer kartesischen Basis, denn dadurch war es möglich, auf einfache Weise die zu (2.266) gehörende infinitesimale Symmetrietransformation (2.278) anzugeben. Ohne die kartesische Form für (2.266) hätte man kaum die 10 klassischen Konstanten der Bewegung gefunden. Da ein System von n MP 6n Konstanten der Bewegung besitzt, ist denkbar, daß man mit anderen Koordinatenarten andere Symmetrietransformationen findet und damit andere Konstanten der Bewegung. Beim astronomischen Dreikörperproblem hat man aber bisher für andere als kartesische Koordinaten keine weiteren Konstanten der Bewegung gefunden.

Zu den f DGn 2. Ordnung, die aus einer Standard-Lagrange-Funktion als Bewegungsgleichungen folgen, gibt es evtl. auch Nicht-Standard-Lagrange-Funktionen. Eine physikalische Interpretation von Symmetrietransformationen solcher Lagrange-Funktionen ist nicht möglich. So führt z. B. die Nicht-Standard-Lagrange-Funktion

$$\hat{L} = \frac{1}{2}[m(\dot{x}^2 - \dot{y}^2 + \dot{z}^2) - k(x^2 - y^2 + z^2)]$$

zwar zu denselben Bewegungsgleichungen

$$m\ddot{\mathbf{r}} + k\mathbf{r} = \mathbf{0}$$

des dreidimensionalen harmonischen Oszillators wie die Standard-Lagrange-Funktion

$$L = \frac{1}{2}[m(\dot{x}^2 + \dot{y}^2 + \dot{z}^2) - k(x^2 + y^2 + z^2)],$$

aber mit $\hat{L}$ folgt der Energieerhaltungssatz nicht aus $\frac{\partial \hat{L}}{\partial t} = 0$. Ferner ist die dreidimensionale Drehgruppe keine Symmetriegruppe von $\hat{L}$, so daß man mit ihr aus $\hat{L}$ auch den Drehimpulssatz, der ja für den dreidimensionalen harmonischen Oszillator gilt, nicht findet [8].

*2.7 Lagrange-Gleichungen für nichtholonome Nebenbedingungen

2.7.1 Beispiele für nichtholonome Nebenbedingungen

In Abschn. 2.2.1 hatten wir bereits darauf hingewiesen, daß geschwindigkeitsabhängige NBn der Form

$$f_\alpha(\mathbf{r}, \dot{\mathbf{r}}, t) = 0, \qquad \alpha = 1, \ldots, s < 3 \tag{2.286}$$

nicht immer durch ein System holonomer NBn

$$\Phi_\alpha(\mathbf{r}, t) = 0, \qquad \alpha = 1, \ldots, s < 3 \tag{2.287}$$

ersetzt werden können. Sie heißen dann *nichtholonom.* Sie treten in der technischen

Mechanik bei der Bewegung starrer Körper zusammen mit holonomen NBn auf und spielen dort eine wichtige Rolle. Soll z. B. eine Kugel oder ein starrer Reifen auf einer Fläche nicht gleiten, sondern abrollen, so führt die mathematische Formulierung des Abrollens auf nichtholonome, in den Geschwindigkeiten lineare NBn. Aber auch für einen Massen p u n k t kann man eine Aufgabe formulieren, die zu rheonomen nichtholonomen NBn führt, nämlich das sog. Verfolgungsproblem: In der x, y-Ebene (d. h. holonome NB $z = 0$) bewege sich ein Punkt Q längs der vorgegebenen ebenen Bahnkurve $\mathbf{r}'(t) = (\xi(t), \eta(t), 0)$ mit $\dot{\xi}^2 + \dot{\eta}^2 \neq 0$. Gesucht ist die Bahnkurve $\mathbf{r}(t)$ eines MP der Masse m, dessen Geschwindigkeit $\mathbf{v}$ in jedem Zeitpunkt zum Punkt Q hin gerichtet ist (siehe Fig. 2.2), für den also gilt

$$\mathbf{v}(t) = v(t)\frac{\mathbf{r}' - \mathbf{r}}{|\mathbf{r}' - \mathbf{r}|} \quad \text{mit } v(t) := |\mathbf{v}(t)|,$$

$$\text{d. h.} \qquad \dot{x} = v\frac{\xi - x}{|\mathbf{r}' - \mathbf{r}|}, \qquad \dot{y} = v\frac{\eta - y}{|\mathbf{r}' - \mathbf{r}|},$$

was äquivalent zur NB

$$f(x, y, \dot{x}, \dot{y}, t) := (\eta(t) - y)\dot{x} - (\xi(t) - x)\dot{y} = 0 \tag{2.288}$$

ist.

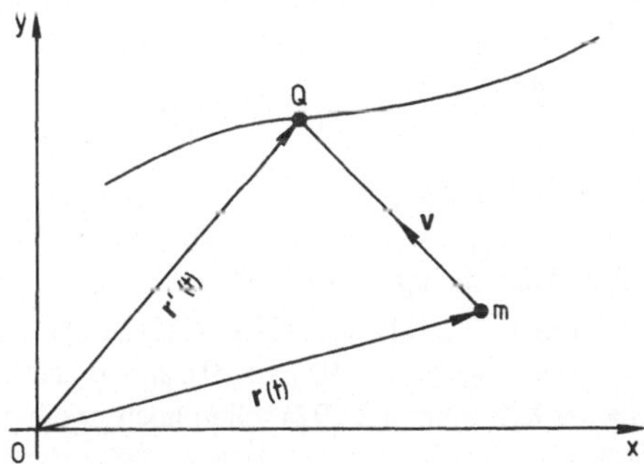

Fig. 2.2

Bewegt sich Q längs der r ä u m l i c h e n Bahnkurve $\mathbf{r}'(t) = (\xi(t), \eta(t), \zeta(t))$, so sind je zwei der folgenden drei Gln. unabhängige NBn:

$$\begin{aligned} f_1 &:= (\eta(t) - y)\dot{x} - (\xi(t) - x)\dot{y} = 0, \\ f_2 &:= (\zeta(t) - z)\dot{x} - (\xi(t) - x)\dot{z} = 0, \\ f_3 &:= (\zeta(t) - z)\dot{y} - (\eta(t) - y)\dot{z} = 0. \end{aligned} \tag{2.289}$$

Zu untersuchen ist, ob (2.288) und (2.289) nichtintegrabel, d. h. nicht durch holonome NBn ersetzbar sind. Sind die NBn (2.286) in der Geschwindigkeit $\dot{\mathbf{r}}$ l i n e a r , also

$$f_\alpha(\mathbf{r}, \dot{\mathbf{r}}, t) := \mathbf{a}_\alpha(\mathbf{r}, t) \cdot \dot{\mathbf{r}} + a_{\alpha 0}(\mathbf{r}, t) = 0, \qquad \alpha = 1, \ldots, s < 3, \tag{2.290}$$

so ist die Frage, ob (2.290) durch ein geeignetes System holonomer NBn ersetzt werden kann, zurückführbar auf die Frage, ob das *Pfaffsche System* von DGn 1. Ordnung (2.290) vollständig integrabel ist. Der *Satz von Frobenius*, den wir in Abschn. 5.2.5 formulieren, liefert dafür hinreichende und notwendige Bedingungen. Liegt eine e i n z i g e lineare NB

$$f(\mathbf{r}, \dot{\mathbf{r}}, t) := \mathbf{a}(\mathbf{r}, t) \cdot \dot{\mathbf{r}} + a_0(\mathbf{r}, t) = 0 \qquad (2.291)$$

vor, so folgt aus dem Satz von Frobenius, daß sie nichtholonom ist, wenn mindestens eine der vier aus der formalen Matrix

$$\begin{pmatrix} a_0 & a_1 & a_2 & a_3 \\ \dfrac{\partial}{\partial t} & \dfrac{\partial}{\partial x_1} & \dfrac{\partial}{\partial x_2} & \dfrac{\partial}{\partial x_3} \\ a_0 & a_1 & a_2 & a_3 \end{pmatrix} \qquad (2.292)$$

bildbaren formalen und nach der ersten Zeile zu entwickelnden 3-reihigen Determinanten n i c h t identisch Null ist. Dabei sind a_1, a_2, a_3 die Komponenten von $\mathbf{a}(\mathbf{r}, t)$ in irgendeiner kartesischen Einheitsbasis, und die Differentialoperatoren wirken bei der Determinantenbildung so wie in der bekannten Merkdeterminante für die Bildung der Rotation eines Vektorfeldes. Eine der vier Determinanten hat übrigens die Form $\mathbf{a} \cdot \operatorname{rot} \mathbf{a}$. Sind alle vier 3-reihigen Determinanten i d e n t i s c h N u l l , ist aber mindestens eine zweireihige Unterdeterminante von (2.292) nicht identisch Null, z. B. $\operatorname{rot} \mathbf{a} \not\equiv \mathbf{0}$, so existiert eine Funktion $\mu(\mathbf{r}, t)$ (*integrierender Faktor*), so daß es eine Funktion $\Phi(\mathbf{r}, t)$ gibt mit der Eigenschaft

$$\frac{d\Phi}{dt} := \mu(\mathbf{r}, t)[\mathbf{a}(\mathbf{r}, t) \cdot \dot{\mathbf{r}} + a_0(\mathbf{r}, t)]. \qquad (2.293)$$

Die NB (2.291) kann dann also, wenn man $\mu(\mathbf{r}, t)$ kennt, durch die holonome NB $\Phi = \text{const}$ ersetzt werden. Sind a l l e zweireihigen Unterdeterminanten identisch Null, so kann man $\mu(\mathbf{r}, t) \equiv 1$ setzen.

Wendet man (2.292) auf die NB (2.288) des ebenen Verfolgungsproblems an, so findet man mit $\mathbf{a} = (\eta(t) - y, -\xi(t) + x, 0)$, $a_0 = 0$, daß diese NB nichtholonom ist. Zur Anwendung des Kriteriums (2.292) sollen noch zwei weitere Beispiele gebracht werden.

Beispiel 1 Sei $f(\mathbf{r}, \dot{\mathbf{r}}, t) := \dot{x}_3 - \alpha(x_1^2 + x_2^2) = 0$ mit $\alpha = \text{const}$, d. h. $\mathbf{a} = (0, 0, 1)$, $a_0 = -\alpha(x_1^2 + x_2^2)$. Die Matrix (2.292) ist also

$$\begin{pmatrix} -\alpha(x_1^2 + x_2^2) & 0 & 0 & 1 \\ \dfrac{\partial}{\partial t} & \dfrac{\partial}{\partial x_1} & \dfrac{\partial}{\partial x_2} & \dfrac{\partial}{\partial x_3} \\ -\alpha(x_1^2 + x_2^2) & 0 & 0 & 1 \end{pmatrix}.$$

Folgende formale Determinante ist nicht identisch Null:

$$\begin{vmatrix} -\alpha(x_1^2 + x_2^2) & 0 & 1 \\ \dfrac{\partial}{\partial t} & \dfrac{\partial}{\partial x_1} & \dfrac{\partial}{\partial x_3} \\ -\alpha(x_1^2 + x_2^2) & 0 & 1 \end{vmatrix} = 2\alpha x_1 \not\equiv 0.$$

Somit ist die NB $\dot{x}_3 - \alpha(x_1^2 + x_2^2) = 0$ nichtholonom.

Beispiel 2 Sei $f(\mathbf{r}, \dot{\mathbf{r}}, t) := A^2x_1\dot{x}_1 + B^2x_2\dot{x}_2 + C^2x_3\dot{x}_3 = 0$, wobei A, B, C Konstanten seien, d. h. $\mathbf{a} = (A^2x_1, B^2x_2, C^2x_3)$, $a_0 = 0$. Die zugehörige Matrix ist also

$$\begin{pmatrix} 0 & A^2x_1 & B^2x_2 & C^2x_3 \\ \dfrac{\partial}{\partial t} & \dfrac{\partial}{\partial x_1} & \dfrac{\partial}{\partial x_2} & \dfrac{\partial}{\partial x_3} \\ 0 & A^2x_1 & B^2x_2 & C^2x_3 \end{pmatrix}.$$

Alle 3-reihigen formalen Determinanten verschwinden identisch. Auch alle 2-reihigen Unterdeterminanten sind identisch Null, wir brauchen daher keinen integrierenden Faktor zu suchen. In der Tat ist

$$\Phi(\mathbf{r}, t) = \frac{1}{2}(A^2x_1^2 + B^2x_2^2 + C^2x_3^2) + D, \qquad D = \text{const}$$

eine Funktion mit der Eigenschaft

$$\frac{d\Phi}{dt} = f(\mathbf{r}, \dot{\mathbf{r}}, t).$$

Die NB $A^2x_1\dot{x}_1 + B^2x_2\dot{x}_2 + C^2x_3\dot{x}_3 = 0$ ist also einer der NBn $\Phi = 0$ äquivalent.

Liegen für einen MP als Bewegungsbeschränkung z w e i unabhängige NBn $f_1(\mathbf{r}, \dot{\mathbf{r}}, t) = 0$, $f_2(\mathbf{r}, \dot{\mathbf{r}}, t) = 0$ vor, so ist der einfachste Fall der, daß Funktionen $\Phi_1(\mathbf{r}, t)$, $\Phi_2(\mathbf{r}, t)$ existieren, so daß

$$\frac{d\Phi_1}{dt} = f_1, \qquad \frac{d\Phi_2}{dt} = f_2$$

gilt. Dann ist das System $f_1 = 0$, $f_2 = 0$ holonom, wobei Φ_1, Φ_2 sachgerechte Funktionen (s. Abschn. 2.2.1) sein müssen, wenn sie als physikalische NBn brauchbar sein sollen. Ein weiterer einfacher Fall ergibt sich aus dem Satz von Frobenius, wenn die Funktionen f_1, f_2 l i n e a r in $\dot{\mathbf{r}}$ sind und skleronom, d. h. wenn $\dfrac{\partial f_1}{\partial t} = 0$, $\dfrac{\partial f_2}{\partial t} = 0$ gilt. Dann sind $f_1 = 0$, $f_2 = 0$ ersetzbar durch holonome NBn $\Phi_1(\mathbf{r}, t) = 0$, $\Phi_2(\mathbf{r}, t) = 0$, wobei aber i. allg. $f_1 \not\equiv \dfrac{d\Phi_1}{dt}$, $f_2 \not\equiv \dfrac{d\Phi_2}{dt}$ ist. Für die NBn (2.289) des räumlichen Verfolgungsproblems, die zwar linear in den Geschwindigkeiten, aber rheonom sind, ergibt der Satz von Frobenius, daß sie nichtholonom sind (s. Abschn. 5.2.5). Auch in den Geschwindigkeiten n i c h t - l i n e a r e NBn sind i. allg. nichtholonom, es sei denn, sie sind aus Umformungen holonomer NBn entstanden, wie z. B. die NB $x_1^2\dot{x}_1^2 + x_2^2\dot{x}_2^2 + 2x_1x_2\dot{x}_1\dot{x}_2 = 0$, die aus $x_1^2 + x_2^2 - R^2 = 0$ durch Differentiation und Quadrieren folgt.

2.7.2 Das Gaußsche Prinzip des kleinsten Zwanges und die kartesischen Lagrange-Gleichungen für nichtholonome Nebenbedingungen, Freiheitsgrade

Erweitert man das Gaußsche Prinzip (2.95) durch die Forderung, daß die Funktion $\zeta(\ddot{\mathbf{r}}_1, \ldots, \ddot{\mathbf{r}}_n)$ nicht für die holonomen NBn (2.92a), sondern für die $s < 3n$ NBn

$$f_\alpha(\mathbf{r}_1, \ldots, \mathbf{r}_n, \dot{\mathbf{r}}_1, \ldots, \dot{\mathbf{r}}_n, t) = 0, \qquad \alpha = 1, \ldots, s < 3n \tag{2.294}$$

zu einem relativen Extremum gemacht werden soll, so erhält man zunächst für die aus (2.294) folgenden Einschränkungen der Beschleunigungen $\ddot{\mathbf{r}}_1, \ldots, \ddot{\mathbf{r}}_n$

$$\frac{df_\alpha}{dt} = \sum_{\nu=1}^{n} \frac{\partial f_\alpha}{\partial \mathbf{r}_\nu} \cdot \dot{\mathbf{r}}_\nu + \sum_{\nu=1}^{n} \frac{\partial f_\alpha}{\partial \dot{\mathbf{r}}_\nu} \cdot \ddot{\mathbf{r}}_\nu + \frac{\partial f_\alpha}{\partial t} = 0, \qquad \alpha = 1, \ldots, s < 3n. \tag{2.295}$$

(2.97) ist dann zu ersetzen durch

$$\frac{\partial}{\partial \ddot{\mathbf{r}}_\nu} \left(\zeta + \sum_{\alpha=1}^{s} \hat{\lambda}_\alpha(\mathbf{r}_1, \ldots, \mathbf{r}_n, \dot{\mathbf{r}}_1, \ldots, \dot{\mathbf{r}}_n, t) \frac{df_\alpha}{dt} \right) = 0, \tag{2.296}$$

und wegen

$$\frac{\partial}{\partial \ddot{\mathbf{r}}_\nu} \frac{df_\alpha}{dt} = \frac{\partial f_\alpha}{\partial \dot{\mathbf{r}}_\nu} \tag{2.297}$$

entstehen schließlich die Bewegungsgleichungen

$$m_\nu \ddot{\mathbf{r}}_\nu = \mathbf{F}_\nu + \sum_{\alpha=1}^{s} \lambda_\alpha(\mathbf{r}_1, \ldots, \mathbf{r}_n, \dot{\mathbf{r}}_1, \ldots, \dot{\mathbf{r}}_n, t) \frac{\partial f_\alpha}{\partial \dot{\mathbf{r}}_\nu}, \qquad \nu = 1, \ldots, n. \tag{2.298}$$

Die Zwangskräfte $\mathbf{Z}_\nu$ sind durch

$$\mathbf{Z}_\nu(\mathbf{r}_1, \ldots, \mathbf{r}_n, \dot{\mathbf{r}}_1, \ldots, \dot{\mathbf{r}}_n, t) := \sum_{\alpha=1}^{s} \lambda_\alpha(\mathbf{r}_1, \ldots, \mathbf{r}_n, \dot{\mathbf{r}}_1, \ldots, \dot{\mathbf{r}}_n, t) \frac{\partial f_\alpha}{\partial \dot{\mathbf{r}}_\nu}, \quad \nu = 1, \ldots, n \tag{2.299}$$

gegeben. Der Fall s holonomer NBn $\Phi_\alpha = 0, \alpha = 1, \ldots, s$ ist als Spezialfall enthalten, wenn man $\frac{\partial f_\alpha}{\partial \dot{\mathbf{r}}_\nu} = \frac{\partial \Phi_\alpha}{\partial \mathbf{r}_\nu}$ setzt. Ob die Lagrange-Gleichungen 1. Art (2.298) zusammen mit den i. allg. nichtholonomen NBn (2.294) die physikalisch richtige Erweiterung der Newtonschen Bewegungsgleichungen sind, kann nur das Experiment entscheiden. Die experimentelle Überprüfung für in $\dot{\mathbf{r}}_1, \ldots, \dot{\mathbf{r}}_n$ l i n e a r e nichtholonome NBn hat ergeben, daß die zugehörigen Lösungen mit den Experimenten übereinstimmen. Weiterhin scheint bisher nichts der Annahme zu widersprechen, daß die Gleichungen (2.298) auch für (sachgerechte) n i c h t l i n e a r e nichtholonome NBn richtige Ergebnisse liefern. Vernachlässigt man die Coulombschen Reibungskräfte, so stellt das Gaußsche Prinzip des kleinsten Zwanges das allgemeinste Prinzip der klassischen Punktmechanik dar, das man für lokale Kraftgesetze statt der Axiome II und II′ als A x i o m fordern kann.

Sind $s_h \leq s$ der NBn (2.294) holonome NBn, so denke man sich (2.294) in der Form

$$\frac{d}{dt} \Phi_\alpha(\mathbf{r}_1, \ldots, \mathbf{r}_n, t) = 0, \qquad \alpha = 1, \ldots, s_h, \tag{2.300a}$$

$$f_{s_h+\beta}(\mathbf{r}_1, \ldots, \mathbf{r}_n, \dot{\mathbf{r}}_1, \ldots, \dot{\mathbf{r}}_n, t) = 0, \qquad \beta = 1, \ldots, s - s_h \tag{2.300b}$$

dargestellt. Sind nun die nichtholonomen NBn (2.300b) l i n e a r in den Geschwindigkeiten $\dot{\mathbf{r}}_1, \ldots, \dot{\mathbf{r}}_n$, so kann man das Pfaffsche System (2.300a), (2.300b) mit Hilfe des Satzes von Frobenius darauf untersuchen, ob es vollständig integrabel ist. So folgt z. B.

für e i n e n MP, daß ein System von d r e i z e i t a b h ä n g i g e n NBn bzw. ein System von z w e i z e i t u n a b h ä n g i g e n NBn, gleichgültig, wieviele in den Geschwindigkeiten lineare nichtholonome NBn darunter sind, stets vollständig integrabel ist.

Wir wollen annehmen, daß das System der NBn (2.300a), (2.300b), z u s a m m e n betrachtet, nicht vollständig integrabel ist, $s_h < s$ also die g r ö ß t m ö g l i c h e Anzahl unabhängiger holonomer NBn ist. Verschwinden dann nicht alle $(s - s_h)$-reihigen Unterdeterminanten der $((s - s_h), 3n)$-Rechteckmatrix $\left(\frac{\partial f_{s_h+\beta}}{\partial \dot{\mathbf{r}}_\nu}\right)$, so können wir uns (2.300b) nach $s - s_h$ kartesischen Geschwindigkeitskomponenten als Funktion von 3n kartesischen Koordinaten und den restlichen $3n - s + s_h$ kartesischen Geschwindigkeitskomponenten aufgelöst denken. Von den 3n Koordinaten können wir uns noch einmal mit (2.300a) s_h Koordinaten eliminiert denken, so daß schließlich $s - s_h$ Geschwindigkeitskomponenten als Funktion von $3n - s_h$ Koordinaten und $3n - s$ Geschwindigkeitskomponenten dargestellt sind. Ist s_h die Zahl der u n a b h ä n g i g e n NBn (2.300a), so braucht man also einen $(3n - s_h)$-dimensionalen Riemannschen Konfigurationsraum zur Beschreibung der „Bahn" des Systems der n MP unter den NBn (2.300a), (2.300b). Deshalb nennen wir die Zahl

$$f := 3n - s_h \tag{2.301}$$

Freiheitsgrade des Systems. Wählen wir $x_1, \ldots, x_f$ als die unabhängigen kartesischen Koordinaten, so folgt aus (2.300b) nach dem oben beschriebenen Eliminationsprozeß

$$\dot{x}_{3n-s+\beta} = \dot{x}_{3n-s+\beta}(x_1, \ldots, x_f, \dot{x}_1, \ldots, \dot{x}_{3n-s}, t), \qquad \beta = 1, \ldots, s - s_h. \tag{2.302}$$

Von den resultierenden f DGn 2. Ordnung für $x_1, \ldots, x_f$ können wir $s - s_h$ DGn 2 .Ordnung durch die $s - s_h$ DGn 1. Ordnung (2.300b) ersetzen. Die Gesamtordnung des zu lösenden DG-Systems beträgt also $2(3n - s_h) - (s - s_h) = 6n - s - s_h$. Für $t = 0$ folgt aus (2.302), daß man $3n - s_h$ unabhängige Anfangskoordinaten und $3n - s$ unabhängige Anfangsgeschwindigkeitskomponenten als Anfangswerte vorzugeben hat.

2.7.3 Der Energieerhaltungssatz bei nichtholonomen Nebenbedingungen

Multiplizieren wir analog zur Vorgehensweise in Abschn. 2.2.4 jetzt (2.298) skalar mit $\dot{\mathbf{r}}_\nu$ und summieren über ν, so entsteht, wenn wir die Existenz eines zeitunabhängigen Potentials $V(\mathbf{r}_1, \ldots, \mathbf{r}_n)$ annehmen,

$$\frac{d}{dt}(T + V) = \sum_{\alpha=1}^{s} \lambda_\alpha \sum_{\nu=1}^{n} \frac{\partial f_\alpha}{\partial \dot{\mathbf{r}}_\nu} \cdot \dot{\mathbf{r}}_\nu. \tag{2.303}$$

Sind die nichtholonomen NBn (2.294) linear in den Geschwindigkeiten,

$$f_\alpha := \sum_{\nu=1}^{n} a_{\alpha\nu}(\mathbf{r}_1, \ldots, \mathbf{r}_n, t) \cdot \dot{\mathbf{r}}_\nu + a_{\alpha 0}(\mathbf{r}_1, \ldots, \mathbf{r}_n, t) = 0, \qquad \nu = 1, \ldots, n,$$

so gilt $\frac{\partial f_\alpha}{\partial \dot{\mathbf{r}}_\nu} = \mathbf{a}_{\alpha\nu}(\mathbf{r}_1, \ldots, \mathbf{r}_n, t), \qquad \alpha = 1, \ldots, s,$

und die Arbeit der Zwangskräfte zwischen den Zeitpunkten t_1 und t_2 reduziert sich auf

$$\int_{t_1}^{t_2} \sum_{\nu=1}^{n} \mathbf{Z}_\nu \cdot \dot{\mathbf{r}}_\nu dt = \int_{t_1}^{t_2} \sum_{\alpha=1}^{s} \lambda_\alpha \sum_{\nu=1}^{n} \frac{\partial f_\alpha}{\partial \dot{\mathbf{r}}_\nu} \cdot \dot{\mathbf{r}}_\nu dt = - \sum_{\alpha=1}^{s} \int_{t_1}^{t_2} \lambda_\alpha a_{\alpha 0} dt. \tag{2.304}$$

Ist also $a_{\alpha 0} \equiv 0$ für $\alpha = 1, \ldots, s$, so ist T + V eine Konstante der Bewegung, obwohl die NBn in den Koeffizienten explizit zeitabhängig sein können! Solche nichtholonomen NBn heißen *katastatisch.* Beispiele für katastatische NBn sind die NBn (2.288), (2.289) des Verfolgungsproblems und die eines auf einer Fläche r o l l e n d e n starren Körpers.

2.7.4 Elimination der Multiplikatoren aus den kartesischen Lagrange-Gleichungen 1. Art

2.7.4.1 Substitutionsverfahren Bis auf eine geringe Änderung in der Bezeichnungsweise können wir das Verfahren aus Abschn. 2.3.1 übernehmen. Zunächst folgt aus den total nach der Zeit abgeleiteten NBn (2.294)

$$\sum_{\nu=1}^{n} \frac{\partial f_\beta}{\partial \dot{\mathbf{r}}_\nu} \cdot \ddot{\mathbf{r}}_\nu = - \sum_{\nu=1}^{n} \frac{\partial f_\beta}{\partial \mathbf{r}_\nu} \cdot \dot{\mathbf{r}}_\nu - \frac{\partial f_\beta}{\partial t}, \qquad \beta = 1, \ldots, s. \tag{2.305}$$

Nach skalarer Multiplikation mit $\frac{\partial f_\beta}{\partial \dot{\mathbf{r}}_\nu}$, Summation über ν und Verwendung von (2.305) entsteht schließlich aus (2.298) das lineare inhomogene System von s Gleichungen für die s Multiplikatoren λ_α

$$\sum_{\nu=1}^{n} \sum_{\alpha=1}^{s} \lambda_\alpha \frac{\partial f_\alpha}{\partial (m_\nu \dot{\mathbf{r}}_\nu)} \cdot \frac{\partial f_\beta}{\partial \dot{\mathbf{r}}_\nu} = - \sum_{\nu=1}^{n} \frac{\mathbf{F}_\nu}{m_\nu} \cdot \frac{\partial f_\beta}{\partial \dot{\mathbf{r}}_\nu} - \sum_{\nu=1}^{n} \frac{\partial f_\beta}{\partial \mathbf{r}_\nu} \cdot \dot{\mathbf{r}}_\nu - \frac{\partial f_\beta}{\partial t}, \qquad \beta = 1, \ldots, s. \tag{2.306}$$

Für die Koeffizientendeterminante gilt[1]) für sachgerecht formulierte NBn (2.294)

$$\det \left(\sum_{\nu=1}^{n} \frac{\partial f_\alpha}{\partial (m_\nu \dot{\mathbf{r}}_\nu)} \cdot \frac{\partial f_\beta}{\partial \dot{\mathbf{r}}_\nu} \right) \not\equiv 0,$$

so daß man aus (2.306) die Multiplikatoren $\lambda_1, \ldots, \lambda_s$ eindeutig als Funktionen von $\mathbf{r}_1, \ldots, \mathbf{r}_n, \dot{\mathbf{r}}_1, \ldots, \dot{\mathbf{r}}_n, t$ (zumindest lokal) berechnen kann.

Für n = 1, s = 1 erhält man

$$\lambda = - \left(\frac{\partial f}{\partial \dot{\mathbf{r}}} \right)^{-2} \left[\mathbf{F} \cdot \frac{\partial f}{\partial \dot{\mathbf{r}}} + m \frac{\partial f}{\partial \mathbf{r}} \cdot \dot{\mathbf{r}} + m \frac{\partial f}{\partial t} \right]. \tag{2.307}$$

---

[1]) s. Fußnote in Abschn. 2.3.1

Damit entsteht die λ-freie Bewegungsgleichung

$$m\ddot{\mathbf{r}} = \mathbf{F} - \frac{\dfrac{\partial f}{\partial \dot{\mathbf{r}}}}{\left(\dfrac{\partial f}{\partial \dot{\mathbf{r}}}\right)^2}\left[\mathbf{F}\cdot\frac{\partial f}{\partial \dot{\mathbf{r}}} + m\,\frac{\partial f}{\partial \mathbf{r}}\cdot\dot{\mathbf{r}} + m\,\frac{\partial f}{\partial t}\right]. \tag{2.308}$$

Zusammen mit der NB $f = 0$ kann man (2.308) auf ein System aus zwei DGn 2. Ordnung und einer DG 1. Ordnung zurückführen.

Wir wollen noch ein weiteres Beispiel betrachten, nämlich $n = 1$, $s = 2$, $s_h = 1$:

$$\ddot{x} = \lambda_1 z + \lambda_2, \qquad \ddot{y} = \lambda_2, \qquad \ddot{z} = 0;$$

$$f_1 = \dot{x}z - x = 0, \qquad f_2 = \dot{x} + \dot{y} = 0.$$

Die Gln. (2.306) lauten dann

$$\lambda_1 z^2 + \lambda_2 z = -\dot{x}(\dot{z} - 1), \qquad \lambda_1 z + 2\lambda_2 = 0,$$

und damit folgt

$$\lambda_1 = -2\,\frac{\dot{x}(\dot{z} - 1)}{z^2}, \qquad \lambda_2 = \frac{\dot{x}(\dot{z} - 1)}{z}.$$

Man erhält also die λ-freien Gleichungen

$$\ddot{x} = -\frac{\dot{x}(\dot{z} - 1)}{z}, \qquad \ddot{y} = \frac{\dot{x}(\dot{z} - 1)}{z}, \qquad \ddot{z} = 0,$$

$$\dot{x}z - x = 0, \qquad x + y = c.$$

Aus der holonomen NB $x + y = c$ eliminiert man y, so daß zunächst

$$\ddot{x} = -\frac{\dot{x}(\dot{z} - 1)}{z}, \qquad \ddot{z} = 0, \qquad \dot{x}z - x = 0$$

übrigbleibt. Die erste Gleichung ist aber eine Folge der nichtholonomen NB und kann daher weggelassen werden, so daß folgendes DG-System der Ordnung 3 übrigbleibt:

$$\ddot{z} = 0, \qquad \dot{x}z - x = 0.$$

2.7.4.2 Projektionsverfahren (Prinzip der virtuellen Verrückungen) Für nichtholonome NBn, die linear in den Geschwindigkeiten sind, und bei Vernachlässigung Coulombscher Reibungskräfte, wie dies in (2.298) bereits geschehen ist, kann das Projektionsverfahren aus Abschn. 2.3.2 übertragen werden, die Projektionsvektoren ξ_ν verlieren aber ihre anschauliche Bedeutung als Tangentialvektoren, weil nichtholonome NBn ja keine Flächen oder Kurven beschreiben.

Wir untersuchen zunächst den Fall $n = 1$, $s = 1$. Gegeben sei also

$$f := \mathbf{a}(\mathbf{r}, t)\cdot\dot{\mathbf{r}} + a_0(\mathbf{r}, t) = 0 \tag{2.309}$$

und $$m\ddot{\mathbf{r}} = \mathbf{F} + \lambda \frac{\partial f}{\partial \dot{\mathbf{r}}}. \tag{2.310}$$

Man wähle nun einen beliebigen Vektor $\boldsymbol{\xi} := \boldsymbol{\xi}(\mathbf{r}, t)$ mit der Eigenschaft

$$\mathbf{a}(\mathbf{r}, t) \cdot \boldsymbol{\xi} = 0. \tag{2.311}$$

Dann folgt aus (2.310)

$$(m\ddot{\mathbf{r}} - \mathbf{F}) \cdot \boldsymbol{\xi} = 0. \tag{2.312}$$

Da wegen (2.311) zwei Komponenten von $\boldsymbol{\xi}$ beliebig sind, erhält man aus (2.312) zwei DGn 2. Ordnung für die drei Komponenten von $\mathbf{r}$. Zusammen mit (2.309) entsteht dann ein System aus drei λ-freien DGn der Gesamtordnung fünf.

Für den Fall $s = 2$ sei

$$f_\alpha := \mathbf{a}_\alpha(\mathbf{r}, t) \cdot \dot{\mathbf{r}} + a_{\alpha 0}(\mathbf{r}, t) = 0, \qquad \alpha = 1, 2 \tag{2.313}$$

gegeben. Jetzt wähle man $\boldsymbol{\xi}$ so, daß

$$\mathbf{a}_1 \cdot \boldsymbol{\xi} = 0, \qquad \mathbf{a}_2 \cdot \boldsymbol{\xi} = 0 \tag{2.314}$$

gilt, so daß für

$$m\ddot{\mathbf{r}} = \mathbf{F} + \sum_{\alpha=1}^{2} \lambda_\alpha \frac{\partial f_\alpha}{\partial \dot{\mathbf{r}}} \tag{2.315}$$

wieder $$(m\ddot{\mathbf{r}} - \mathbf{F}) \cdot \boldsymbol{\xi} = 0 \tag{2.316}$$

entsteht. Hieraus gewinnt man mit (2.314) eine DG 2. Ordnung, in der alle drei Komponenten von $\mathbf{r}$ vorkommen. Zusammen mit den beiden NBn (2.313) hat man dann ein System aus drei λ-freien DGn mit der Gesamtordnung vier zur Berechnung von $\mathbf{r}(t)$. Für das Beispiel aus Abschn. 2.7.4.1 bedeutet das, einen Vektor $\boldsymbol{\xi}$ zu finden, der orthogonal zu den Zwangskräften

$$\lambda_1 \frac{\partial f_1}{\partial \dot{\mathbf{r}}} = \lambda_1 \cdot (z, 0, 0), \qquad \lambda_2 \frac{\partial f_2}{\partial \dot{\mathbf{r}}} = \lambda_2 \cdot (1, 1, 0)$$

ist. Es muß also gelten

$$(z, 0, 0) \cdot \boldsymbol{\xi} = 0 = z\xi_x, \qquad (1, 1, 0) \cdot \boldsymbol{\xi} = 0 = \xi_x + \xi_y.$$

Hieraus folgt $\xi_x = \xi_y = 0$ und ξ_z beliebig. Damit erhält man $\ddot{z} = 0$. Hinzu kommen die beiden NBn, so daß sich schließlich wieder $\ddot{z} = 0$, $\dot{x}z - x = 0$ ergibt.

Liegen s nichtholonome, in den Geschwindigkeiten $\dot{\mathbf{r}}_\nu$ l i n e a r e NBn

$$f_\alpha := \sum_{\nu=1}^{n} \mathbf{a}_{\alpha\nu}(\mathbf{r}_1, \ldots, \mathbf{r}_n, t) \cdot \dot{\mathbf{r}}_\nu + a_{\alpha 0}(\mathbf{r}_1, \ldots, \mathbf{r}_n, t) = 0, \qquad \alpha = 1, \ldots, s \tag{2.317}$$

vor, so wähle man n Vektoren $\boldsymbol{\xi}_\nu := \boldsymbol{\xi}_\nu(\mathbf{r}_1, \ldots, \mathbf{r}_n, t)$, die die Eigenschaft

$$\sum_{\nu=1}^{n} \mathbf{a}_{\alpha\nu}(\mathbf{r}_1, \ldots, \mathbf{r}_n, t) \cdot \boldsymbol{\xi}_\nu = 0, \qquad \alpha = 1, \ldots, s \tag{2.318}$$

haben. Dann entsteht aus (2.298) mit (2.317), (2.318)

$$\sum_{\nu=1}^{n} (m_\nu \ddot{\mathbf{r}}_\nu - \mathbf{F}_\nu) \cdot \boldsymbol{\xi}_\nu = 0. \tag{2.319}$$

Aus (2.318) folgt, daß es nur 3n − s unabhängige Komponenten der Vektoren $\boldsymbol{\xi}_\nu$ gibt. Damit gewinnt man aus (2.319) zunächst 3n − s DGn 2. Ordnung für die 3n Komponenten von $\mathbf{r}_1, \ldots, \mathbf{r}_n$. Mit Hilfe von (2.317) kann man noch die zweiten Ableitungen von s Stück dieser 3n Komponenten durch erste Ableitungen ersetzen, so daß insgesamt 3n − s DGn 2. Ordnung und s DGn 1. Ordnung übrigbleiben. (2.319) heißt in der Literatur auch *Prinzip der virtuellen Verrückungen* oder *d'Alembertsches Prinzip* für lineare nichtholonome NBn (2.317).

2.7.5 Lagrange-Gleichungen in generalisierten Koordinaten für nichtholonome Nebenbedingungen

Multipliziert man (2.298) skalar mit $\frac{\partial \dot{\mathbf{r}}_\nu}{\partial \dot{q}_k}$ und summiert über ν, so erhält man statt (2.108) wegen

$$\sum_{\alpha=1}^{s} \lambda_\alpha \sum_{\nu=1}^{n} \frac{\partial f_\alpha}{\partial \dot{\mathbf{r}}_\nu} \cdot \frac{\partial \dot{\mathbf{r}}_\nu}{\partial \dot{q}_k} = \sum_{\alpha=1}^{s} \tilde{\lambda}_\alpha \frac{\partial \tilde{f}_\alpha}{\partial \dot{q}_k}, \qquad k = 1, \ldots, 3n \tag{2.320}$$

und
$$\sum_{\nu=1}^{n} \mathbf{F}_\nu \cdot \frac{\partial \dot{\mathbf{r}}_\nu}{\partial \dot{q}_k} = \sum_{\nu=1}^{n} \mathbf{F}_\nu \cdot \frac{\partial \mathbf{r}_\nu}{\partial q_k} = \tilde{F}_k, \qquad k = 1, \ldots, 3n \tag{2.321}$$

die transformierten Lagrange-Gleichungen 1. Art für nichtholonome NBn

$$\frac{d}{dt} \frac{\partial \tilde{T}}{\partial \dot{q}_k} - \frac{\partial \tilde{T}}{\partial q_k} = \tilde{F}_k + \sum_{\alpha=1}^{s} \tilde{\lambda}_\alpha \frac{\partial \tilde{f}_\alpha}{\partial \dot{q}_k}, \qquad k = 1, \ldots, 3n \tag{2.322}$$

oder, wenn die Kräfte $\mathbf{F}_\nu$ aus einer Potentialfunktion V bzw. U herleitbar sind,

$$\frac{d}{dt} \frac{\partial \tilde{L}}{\partial \dot{q}_k} - \frac{\partial \tilde{L}}{\partial q_k} = \sum_{\alpha=1}^{s} \tilde{\lambda}_\alpha \frac{\partial \tilde{f}_\alpha}{\partial \dot{q}_k}, \qquad k = 1, \ldots, 3n. \tag{2.323}$$

Dabei sind

$$\tilde{Z}_k := \sum_{\alpha=1}^{s} \tilde{\lambda}_\alpha \frac{\partial \tilde{f}_\alpha}{\partial \dot{q}_k}, \qquad k = 1, \ldots, 3n \tag{2.324}$$

die generalisierten Zwangskraftkomponenten.

In Abschn. 2.5.1 erhielten wir bei holonomen NBn durch Elimination überflüssiger Koordinaten Lagrange-Gleichungen 2. Art. Ist (2.294) ein System von s nichtholonomen NBn, so kann diese Methode nicht angewandt werden, da wegen der Nicht-Integrabilität die Auflösung dieser NBn nach K o o r d i n a t e n nicht möglich ist. Falls man aber aus (2.294) ein Teilsystem von maximal $s_h > 0$ holonomen NBn abspalten kann, ist es möglich, wenigstens s_h Koordinaten zu eliminieren. Dazu zerlegen wir (2.294) in (2.300a) und (2.300b) und suchen für die holonomen NBn (2.300a) wie in Abschn. 2.5.1

mit geeigneten unabhängigen generalisierten Koordinaten $q_1, \ldots, q_f$ eine Parameterdarstellung.

$$\mathbf{r}_\nu = \mathbf{r}_\nu^*(q_1, \ldots, q_f, t), \qquad f = 3n - s_h. \tag{2.325}$$

Zerlegen wir auch (2.324) in einen holonomen und nichtholonomen Anteil,

$$\sum_{\alpha=1}^{s} \tilde{\lambda}_\alpha \frac{\partial \tilde{f}_\alpha}{\partial \dot{q}_k} = \sum_{\alpha=1}^{s_h} \tilde{\lambda}_\alpha \frac{\partial \tilde{\Phi}_\alpha}{\partial q_k} + \sum_{\beta=1}^{s-s_h} \tilde{\lambda}_\beta \frac{\partial \tilde{f}_{s_h+\beta}}{\partial \dot{q}_k}, \tag{2.326}$$

so erhalten wir analog zur Herleitung von (2.126)

$$\frac{d}{dt}\frac{\partial T^*}{\partial \dot{q}_k} - \frac{\partial T^*}{\partial q_k} = F_k^* + \sum_{\beta=1}^{s-s_h} \lambda_{s_h+\beta}^* \frac{\partial f_{s_h+\beta}^*}{\partial \dot{q}_k}, \qquad k = 1, \ldots, f. \tag{2.327}$$

In (2.327) erstreckt sich die Summe auf der rechten Seite also n u r noch über die n i c h t h o l o n o m e n NBn. $T^*, F_k^*, \lambda_{s_h+\beta}^*, f_{s_h+\beta}^*$ bedeuten wie in Abschn. 2.5.1, daß in diesen Größen die überzähligen Koordinaten $q_{f+1}, \ldots, q_{3n}$ und die zugehörigen Geschwindigkeiten mit Hilfe von (2.325) eliminiert sind. Haben die Kräfte $\mathbf{F}_\nu$ ein Potential, so kann (2.327) durch

$$\frac{d}{dt}\frac{\partial L^*}{\partial \dot{q}_k} - \frac{\partial L^*}{\partial q_k} = \sum_{\beta=1}^{s-s_h} \lambda_{s_h+\beta}^* \frac{\partial f_{s_h+\beta}^*}{\partial \dot{q}_k}, \qquad k = 1, \ldots, f \tag{2.328}$$

ersetzt werden. Zu den Gleichungen (2.327) bzw. (2.328) kommen noch die NBn (2.300b) hinzu, die nach Elimination der überflüssigen s_h holonomen Koordinaten und Geschwindigkeitskomponenten mittels (2.325) die Form annehmen:

$$f_{s_h+\beta}^*(q_1, \ldots, q_f, \dot{q}_1, \ldots, \dot{q}_f, t) = 0, \qquad \beta = 1, \ldots, s - s_h. \tag{2.329}$$

Anders als im Falle holonomer NBn kann man die Gleichungen (2.328) n i c h t aus dem Hamiltonschen Variationsprinzip (s. Abschn. 2.5.4) dadurch gewinnen, daß man den Integranden $\hat{L}$ von (2.230) durch $L^* + \sum_{\beta=1}^{s-s_h} \lambda_{s_h+\beta}^* f_{s_h+\beta}^*$ ersetzt. Man erhält dann als Eulersche DGn (2.228) nämlich

$$\begin{aligned} &\frac{d}{dt}\frac{\partial L^*}{\partial \dot{q}_k} - \frac{\partial L^*}{\partial q_k} \\ &= \sum_{\beta=1}^{s-s_h} \lambda_{s_h+\beta}^*(t) \frac{\partial f_{s_h+\beta}^*}{\partial q_k} - \sum_{\beta=1}^{s-s_h} \left[\frac{d\lambda_{s_h+\beta}^*}{dt} \frac{\partial f_{s_h+\beta}^*}{\partial \dot{q}_k} + \lambda_{s_h+\beta}^*(t) \frac{d}{dt}\frac{\partial f_{s_h+\beta}^*}{\partial \dot{q}_k} \right]. \end{aligned} \tag{2.330}$$

Diese Gleichungen stimmen aber nicht mit (2.328) überein.

2.7.6 Methode der Geschwindigkeitsparameter, Boltzmann-Hamel-Gleichungen

Die Gln. (2.327) enthalten noch immer die zu den nichtholonomen NBn gehörenden Multiplikatoren. In Analogie zum Konzept der Lagrange-Gleichungen 2. Art ist es jedoch erstrebenswert, nur f λ-freie DGn der Gesamtordnung $6n - s - s_h$ lösen zu müssen, wobei f die durch (2.301) definierte Zahl der Freiheitsgrade ist. Um dieses Ziel zu erreichen, benutzen wir statt des Substitutionsverfahrens aus Abschn. 2.7.4.1 eine Verallgemeinerung der Methode der angepaßten generalisierten Koordinaten bei holonomen NBn in Gestalt von Gl. (2.181) oder, speziell, von Gl. (2.186a). Als Ausgangspunkt nehmen wir die Gln. (2.327), (2.329).

Zunächst führen wir mit der Abkürzung

$$g := 3n - s \tag{2.331}$$

f neue Variablen v_k, $k = 1, \ldots, f$ als

$$\begin{aligned} v_{g+\beta} &:= E^*_\beta(f^*_{s_h+1}, \ldots, f^*_s, t) \\ &= v_{g+\beta}(q_1, \ldots, q_f, \dot{q}_1, \ldots, \dot{q}_f, t), \qquad \beta = 1, \ldots, s - s_h \end{aligned} \tag{2.332a}$$

und $\quad v_i := G^*_i(q_1, \ldots, q_f, \dot{q}_1, \ldots, \dot{q}_f, t), \qquad i = 1, \ldots, g \qquad$ (2.332b)

ein, wobei die Funktionen E^*_β und G^*_i nur dadurch eingeschränkt sind, daß

$$\frac{\partial(E^*_1, \ldots, E_{s-s_h})}{\partial(f^*_{s_h+1}, \ldots, f^*_s)} \not\equiv 0 \tag{2.333}$$

gilt und daß die f Gln. (2.332a) und (2.332b) zusammen, also

$$v_k = v_k(q_1, \ldots, q_f, \dot{q}_1, \ldots, \dot{q}_f, t), \qquad k = 1, \ldots, f, \tag{2.334}$$

mindestens lokal nach den $\dot{q}_1, \ldots, \dot{q}_f$ auflösbar sein müssen:

$$\dot{q}_k = \dot{q}_k(q_1, \ldots, q_f, v_1, \ldots, v_f, t), \qquad k = 1, \ldots, f. \tag{2.335}$$

Ein einfacher Spezialfall von (2.332a) ist

$$v_{g+\beta} := f^*_{s_h+\beta}(q_1, \ldots, q_f, \dot{q}_1, \ldots, \dot{q}_f, t), \qquad \beta = 1, \ldots, s - s_h, \tag{2.336}$$

was zu den NBn

$$f^+_{s_h+\beta} := v_{g+\beta} = 0, \qquad \beta = 1, \ldots, s - s_h \tag{2.337}$$

führt. Die neuen Variablen v_k, $k = 1, \ldots, f$ heißen (*generalisierte*) *Geschwindigkeitsparameter*; sie sind im Gegensatz zu Geschwindigkeitskomponenten i. allg. nicht Zeitableitungen von Koordinaten, da sie sich i. allg. nicht als $v_k = \frac{d}{dt} g^*_k(q_1, \ldots, q_f, t)$ schreiben lassen. Wegen (2.333) ist (2.332a) nach den $f^*_{s_h+\beta}$ auflösbar, so daß die NBn (2.329) mit der Bezeichnung

$$\begin{aligned} &f^+_{s_h+\beta}(q_1, \ldots, q_f, v_1, \ldots, v_f, t) \\ &:= f^*_{s_h+\beta}(q_1, \ldots, q_f, \dot{q}_1(q_1, \ldots, v_f, t), \ldots \dot{q}_f(q_1, \ldots, v_f, t), t) \end{aligned} \tag{2.338}$$

die Form

$$f^+_{s_h+\beta} = \psi_\beta(v_{g+1}, \ldots, v_f, t) = 0, \qquad \beta = 1, \ldots, s - s_h \tag{2.339a}$$

erhalten. Äquivalent dazu sind die aus (2.332a) mit (2.329) folgenden NBn

$$f^{+(1)}_{s_h+\beta} := v_{g+\beta} - E^*_\beta(0, \ldots, 0, t) = v_{g+\beta} - H_\beta(t) = 0 \tag{2.339b}$$

mit $H_\beta(t) := E^*_\beta(0, \ldots, 0, t)$ für $\beta = 1, \ldots, s - s_h$.

Zu Herleitung der λ-freien Bewegungsgleichungen multiplizieren wir (2.327) mit

$$b_{ik}(q_1, \ldots, q_f, v_1, \ldots, v_f, t) := \frac{\partial \dot{q}_k}{\partial v_i}, \qquad i, k = 1, \ldots, f \tag{2.340}$$

und summieren über k mit dem Ergebnis

$$\begin{aligned} &\sum_{k=1}^{f} \frac{\partial \dot{q}_k}{\partial v_i} \left(\frac{d}{dt} \frac{\partial T^*}{\partial \dot{q}_k} - \frac{\partial T^*}{\partial q_k} \right) \\ &= \sum_{k=1}^{f} \frac{\partial \dot{q}_k}{\partial v_i} F^*_k + \sum_{\beta=1}^{s-s_h} \lambda^*_{s_h+\beta} \sum_{k=1}^{f} \frac{\partial \dot{q}_k}{\partial v_i} \frac{\partial f^*_{s_h+\beta}}{\partial \dot{q}_k} . \end{aligned} \tag{2.341}$$

Wegen (2.338) und (2.239a) ist

$$\sum_{k=1}^{f} \frac{\partial \dot{q}_k}{\partial v_i} \frac{\partial f^*_{s_h+\beta}}{\partial \dot{q}_k} = \frac{\partial f^+_{s_h+\beta}}{\partial v_i} = 0 \quad \text{für } i = 1, \ldots, g. \tag{2.342}$$

Zur Umformung der linken Seite von (2.341) definieren wir durch Einsetzen von (2.335) in T^*

$$\begin{aligned} &T^+(q_1, \ldots, q_f, v_1, \ldots, v_f, t) \\ &:= T^*(q_1, \ldots, q_f, \dot{q}_1(q_1, \ldots, v_f, t), \ldots, \dot{q}_f(q_1, \ldots, v_f, t), t) \end{aligned} \tag{2.343}$$

und bilden

$$\frac{d}{dt} \frac{\partial T^*}{\partial \dot{q}_k} = \frac{d}{dt} \sum_{j=1}^{f} \frac{\partial T^+}{\partial v_j} \frac{\partial v_j}{\partial \dot{q}_k} = \sum_{j=1}^{f} \frac{\partial v_j}{\partial \dot{q}_k} \frac{d}{dt} \frac{\partial T^+}{\partial v_j} + \sum_{j=1}^{f} \frac{\partial T^+}{\partial v_j} \frac{d}{dt} \frac{\partial v_j}{\partial \dot{q}_k}$$

und $$\frac{\partial T^*}{\partial q_k} = \frac{\partial T^+}{\partial q_k} + \sum_{j=1}^{f} \frac{\partial T^+}{\partial v_j} \frac{\partial v_j}{\partial q_k} .$$

Setzt man dies in (2.341) ein und benutzt die Abkürzungen

$$F^+_i := \sum_{k=1}^{f} \frac{\partial \dot{q}_k}{\partial v_i} F^*_k = \sum_{k=1}^{f} b_{ik} F^*_k, \qquad i = 1, \ldots, f, \tag{2.344}$$

$$\frac{\partial T^+}{\partial q^+_i} := \sum_{k=1}^{f} \frac{\partial \dot{q}_k}{\partial v_i} \frac{\partial T^+}{\partial q_k} = \sum_{k=1}^{f} b_{ik} \frac{\partial T^+}{\partial q_k}, \qquad i = 1, \ldots, f, \tag{2.345}$$

$$c_{kj} := \frac{d}{dt} \frac{\partial v_j}{\partial \dot{q}_k} - \frac{\partial v_j}{\partial q_k}, \qquad k, j = 1, \ldots, f, \tag{2.346}$$

$$A_{ij} := \sum_{k=1}^{f} b_{ik} c_{kj}, \qquad i, j = 1, \ldots, f, \tag{2.347}$$

so zerfällt (2.341) wegen (2.342) in die beiden Teilsysteme

$$\frac{d}{dt}\frac{\partial T^+}{\partial v_i}-\frac{\partial T^+}{\partial q_i^+}+\sum_{j=1}^{f} A_{ij}\frac{\partial T^+}{\partial v_j}=F_i^+ \quad \text{für } i=1,\dots,g, \tag{2.348}$$

$$\begin{aligned}&\frac{d}{dt}\frac{\partial T^+}{\partial v_{g+\alpha}}-\frac{\partial T^+}{\partial q_{g+\alpha}^+}+\sum_{j=1}^{f} A_{g+\alpha,j}\frac{\partial T^+}{\partial v_j}\\ &=F_{g+\alpha}^+ +\sum_{\beta=1}^{s-s_h}\lambda_{s_h+\beta}^*\frac{\partial f_{s_h+\beta}^+}{\partial v_{g+\alpha}} \quad \text{für } \alpha=1,\dots,s-s_h.\end{aligned} \tag{2.349}$$

Diese Gln. heißen *Boltzmann-Hamel-Gleichungen.* Setzt man (2.332b) und die NBn (2.339b) bzw. (2.337) in die Gln. (2.348) ein, so bilden diese $3n-s$ DGn 2. Ordnung zusammen mit den $s-s_h$ DGn 1. Ordnung (2.329) ein System aus f DGn der Gesamtordnung $6n-s-s_h=f+g$ für die $q_1(t),\dots,q_f(t)$. Setzt man diese Lösungen in (2.349) ein, so werden diese Gln. algebraische Bestimmungsgleichungen für die $\lambda_{s_h+\beta}^*(t)$, also für die zu den nichtholonomen NBn gehörenden Zwangskraftkomponenten.

Eliminiert man $\dot q_k$ und $\ddot q_k$ mit Hilfe von (2.335) aus den Gln. (2.348) und (2.349), so entsteht ein System von $g+f=6n-s-s_h$ DGn 1. Ordnung für $q_k(t)$ und $v_k(t)$. Diese zweite Version der Boltzmann-Hamel-Gleichungen, die mehr der Einführung der neuen Variablen v_k Rechnung trägt, weil sie im 2f-dimensionalen q_k, v_k-Raum formuliert ist, kann man auch allgemein aus (2.348) und (2.349) herleiten. Es ist nämlich

$$\begin{aligned}&\sum_{k=1}^{f}\frac{\partial \dot q_k}{\partial v_i}\frac{d}{dt}\frac{\partial v_j}{\partial \dot q_k}+\sum_{m=1}^{f}\frac{\partial v_j}{\partial \dot q_m}\frac{d}{dt}\frac{\partial \dot q_m}{\partial v_i}\\ &=\frac{d}{dt}\sum_{k=1}^{f}\frac{\partial \dot q_k}{\partial v_i}\frac{\partial v_j}{\partial \dot q_k}=\frac{d}{dt}\delta_{ij}=0\end{aligned} \tag{2.350}$$

und, da v_k und q_k voneinander unabhängige Variablen im q_k, v_k-Raum sind,

$$\frac{dv_j}{dq_k}=0=\frac{\partial v_j}{\partial q_k}+\sum_{m=1}^{f}\frac{\partial v_j}{\partial \dot q_m}\frac{\partial \dot q_m}{\partial q_k}. \tag{2.351}$$

Mit der Abkürzung

$$\frac{\partial \dot q_m}{\partial q_i^+}:=\sum_{k=1}^{f}\frac{\partial \dot q_k}{\partial v_i}\frac{\partial \dot q_m}{\partial q_k}=\sum_{k=1}^{f} b_{ik}\frac{\partial \dot q_m}{\partial q_k} \tag{2.352}$$

folgt aus (2.351)

$$\sum_{k=1}^{f}\frac{\partial \dot q_k}{\partial v_i}\frac{\partial v_j}{\partial q_k}=-\sum_{k,m=1}^{f}\frac{\partial \dot q_k}{\partial v_i}\frac{\partial v_j}{\partial \dot q_m}\frac{\partial \dot q_m}{\partial q_k}=-\sum_{m=1}^{f}\frac{\partial v_j}{\partial \dot q_m}\frac{\partial \dot q_m}{\partial q_i^+}. \tag{2.353}$$

Benutzt man (2.350) und (2.353) zur Umformung von (2.347) und beachtet dabei

$$\frac{\partial v_j}{\partial \dot q_m}=(b^{-1})_{mj}, \tag{2.354}$$

so folgt $A_{ij}=-\sum_{m=1}^{f}\hat c_{im}(b^{-1})_{mj}$ (2.355) mit $\qquad \hat{c}_{im} := \frac{d}{dt}\frac{\partial \dot{q}_m}{\partial v_i} - \frac{\partial \dot{q}_m}{\partial q_i^+} = \frac{d}{dt} b_{im} - \frac{\partial \dot{q}_m}{\partial q_i^+}$. (2.356)

Mit (2.355) erhält man die A_{ij} und damit die Boltzmann-Hamel-Gleichungen sofort in den Variablen q_k, v_k und ihren Ableitungen $\dot{q}_k$, $\dot{v}_k$, unabhängig von $\ddot{q}_k$.
Es sei besonders darauf hingewiesen, daß man in T^+ die NBn (2.339b) bzw. (2.337) erst n a c h Aufstellung der DGn einführen darf. Zu beachten ist ferner, daß die in den Abkürzungen (2.345) und (2.352) benutzten q_i^+ n i c h t als generalisierte Koordinaten aufgefaßt werden dürfen. Man nennt sie *nichtholonome Koordinaten* oder *Quasikoordinaten.* Wenn jedoch die NBn holonom und die Beziehungen (2.332b) integrabel sind, werden die q_i^+ generalisierte Koordinaten. Dann sind nämlich die Ausdrücke $v_i dt$ totale Differentiale, und wenn man $dq_i^+ = v_i dt$ setzt, also $\dot{q}_i^+ = v_i$, folgt

$$\sum_{k=1}^{f} \frac{\partial \dot{q}_k}{\partial v_i}\frac{\partial T^+}{\partial q_k} = \sum_{k=1}^{f} \frac{\partial \dot{q}_k}{\partial \dot{q}_i^+}\frac{\partial T^+}{\partial q_k} = \sum_{k=1}^{f} \frac{\partial q_k}{\partial q_i^+}\frac{\partial T^+}{\partial q_k} = \frac{\partial T^+}{\partial q_i^+},$$

in Übereinstimmung mit der Bezeichnung in (2.345). Im Fall holonomer NBn $f_{sh+\beta}^+ = \frac{d}{dt}\Phi_\beta^+(q_1, \ldots, q_f, t)$ folgt für (2.347) nach Anwendung von (2.144) auf $G^* := \dot{q}_j^+$ bei einer Punkttransformation $q_j^+ = q_j^+(q_1, \ldots, q_f, t)$

$$A_{ij} = \sum_{k=1}^{f} \frac{\partial q_k}{\partial q_i^+}\left(\frac{d}{dt}\frac{\partial \dot{q}_j^+}{\partial \dot{q}_k} - \frac{\partial \dot{q}_j^+}{\partial q_k}\right) = \frac{d}{dt}\frac{\partial \dot{q}_j^+}{\partial \dot{q}_i^+} - \frac{\partial \dot{q}_j^+}{\partial q_i^+} = 0$$

und außerdem

$$F_i^+ = \sum_{k=1}^{f} \frac{\partial q_k}{\partial q_i^+} F_k^*, \qquad \frac{\partial f_{sh+\beta}^+}{\partial v_{g+\alpha}} = \frac{\partial \dot{\Phi}_\beta^+}{\partial \dot{q}_{g+\alpha}^+} = \frac{\partial \Phi_\beta}{\partial q_{g+\alpha}^+},$$

so daß die Boltzmann-Hamel-Gleichungen in f Lagrange-Gleichungen 1. Art für die a n g e p a ß t e n Koordinaten q_i^+, $i = 1, \ldots, f$ übergehen. Die Gln. (2.348) sind dann g Lagrange-Gleichungen 2. Art für $q_k^+(t)$, $k = 1, \ldots, g$.
Eine besonders einfache integrable Wahl der G_i^* ist

$$v_i = \dot{q}_i, \qquad i = 1, \ldots, g. \tag{2.357}$$

Dann wird $c_{kj} = 0$ und damit $A_{ij} = 0$ für $j = 1, \ldots, g$, und die Gln. (2.348) vereinfachen sich zu

$$\frac{d}{dt}\frac{\partial T^+}{\partial \dot{q}_i} - \frac{\partial T^+}{\partial q_i} + \sum_{j=g+1}^{f} A_{ij}\frac{\partial T^+}{\partial v_j} = F_i^*, \qquad i = 1, \ldots, g. \tag{2.358}$$

Die Boltzmann-Hamel-Gleichungen (2.348), (2.349) sind forminvariant gegenüber solchen Punkttransformationen

$$q_i = q_i(q_1', \ldots, q_f'), \qquad i = 1, \ldots, f$$

die die Geschwindigkeitsparameter v_k unverändert lassen:

$$v_k(q_1, \ldots, q_f, \dot{q}_1, \ldots, \dot{q}_f, t) = v'_k(q'_1, \ldots, q'_f, \dot{q}'_1, \ldots, \dot{q}'_f, t).$$

Mit (2.340) ist nämlich

$$b_{ik} = \sum_m \frac{\partial \dot{q}_k}{\partial \dot{q}'_k} \frac{\partial \dot{q}'_m}{\partial v_i} = \sum_m \frac{\partial q_k}{\partial q'_m} \frac{\partial \dot{q}'_m}{\partial v_i} = \sum_m \frac{\partial q_k}{\partial q'_m} b'_{im},$$

und mit (2.144) für $G^* := v_j$ folgt aus (2.346), daß sich die c_{kj} (hinsichtlich des ersten Index) wie die kovarianten Komponenten B_k eines Vektors transformieren:

$$B_k = \sum_\ell B'_\ell \frac{\partial q'_\ell}{\partial q_k}.$$

Dasselbe Transformationsverhalten hat $\frac{\partial T^+}{\partial q_k}$ und nach (2.145) auch F^*_k. Damit wird

$$B^+_i := \sum_k b_{ik} B_k = \sum_{k\ell m} \frac{\partial q_k}{\partial q'_m} b'_{im} B'_\ell \frac{\partial q'_\ell}{\partial q_k}$$
$$= \sum_{\ell m} b'_{im} B'_\ell \delta_{m\ell} = \sum_m b'_{im} B'_m = B^{+\prime}_i,$$

so daß wegen der Definition (2.347), (2.345), (2.344) folgt

$$A_{ij} = A'_{ij}, \qquad \frac{\partial T^+}{\partial q_i} = \frac{\partial T^{+\prime}}{\partial q_i'^{+}}, \qquad F^+_i = F^{+\prime}_i,$$

womit die Behauptung bewiesen ist.

Beispiel Vorgegeben sei als einzige NB

$$f(\mathbf{r}, \dot{\mathbf{r}}) = x_1 \dot{x}_3 - \dot{x}_2 = 0, \tag{2.359}$$

d. h. es ist $s = 1$, $s_h = 0$, $f = 3$, $g = 2$. Die einfachste Art, Geschwindigkeitsparameter einzuführen, ist

$$v_1 := \dot{x}_1, \qquad v_2 := \dot{x}_2, \qquad v_3 := x_1 \dot{x}_3 - \dot{x}_2, \tag{2.360}$$

so daß die NB

$$f^+ = v_3 = 0 \tag{2.361}$$

lautet und die Umkehrtransformation

$$\dot{x}_1 = v_1, \qquad \dot{x}_2 = v_2, \qquad \dot{x}_3 = \frac{v_2 + v_3}{x_1} \tag{2.362}$$

ist. Für die kinetische Energie erhält man also

$$T^+ = \frac{m}{2}\left[v_1^2 + v_2^2 + \frac{(v_2 + v_3)^2}{x_1^2}\right]. \tag{2.363}$$

Daraus folgt

$$\frac{\partial T^+}{\partial v_1} = mv_1 = m\dot{x}_1, \qquad \frac{\partial T^+}{\partial x_1} = -m\frac{(v_2+v_3)^2}{x_1^3} = -m\frac{\dot{x}_2^2}{x_1^3},$$

$$\frac{\partial T^+}{\partial v_2} = mv_2 + \frac{m}{x_1^2}(v_2+v_3) = m\left(1+\frac{1}{x_1^2}\right)\dot{x}_2, \qquad \frac{\partial T^+}{\partial x_2} = 0,$$

$$\frac{\partial T^+}{\partial v_3} = m\frac{v_2+v_3}{x_1^2} = m\frac{\dot{x}_2}{x_1^2}, \qquad \frac{\partial T^+}{\partial x_3} = 0,$$

wobei die NB (2.361) n a c h dem Differenzieren bereits eingesetzt worden ist. Gemäß (2.340), (2.346) und (2.347) ist

$$b_{ik} = \begin{pmatrix} 1 & 0 & 0 \\ 0 & 1 & x_1^{-1} \\ 0 & 0 & x_1^{-1} \end{pmatrix}, \qquad c_{kj} = \begin{pmatrix} 0 & 0 & -\dot{x}_3 \\ 0 & 0 & 0 \\ 0 & 0 & \dot{x}_1 \end{pmatrix},$$

$$A_{ij} = \begin{pmatrix} 1 & 0 & 0 \\ 0 & 1 & x_1^{-1} \\ 0 & 0 & x_1^{-1} \end{pmatrix}\begin{pmatrix} 0 & 0 & -\dot{x}_3 \\ 0 & 0 & 0 \\ 0 & 0 & \dot{x}_1 \end{pmatrix} = \begin{pmatrix} 0 & 0 & -\dot{x}_3 \\ 0 & 0 & \dot{x}_1 x_1^{-1} \\ 0 & 0 & \dot{x}_1 x_1^{-1} \end{pmatrix}.$$

Mit diesen Ergebnissen folgt nun

$$\frac{\partial T^+}{\partial q_i^+} = \begin{pmatrix} 1 & 0 & 0 \\ 0 & 1 & x_1^{-1} \\ 0 & 0 & x_1^{-1} \end{pmatrix}\begin{pmatrix} -m\dot{x}_2^2 x_1^{-3} \\ 0 \\ 0 \end{pmatrix} = -m\begin{pmatrix} \dot{x}_2^2 x_1^{-3} \\ 0 \\ 0 \end{pmatrix},$$

$$\sum_j A_{ij}\frac{\partial T^+}{\partial v_j} = m\begin{pmatrix} 0 & 0 & -\dot{x}_3 \\ 0 & 0 & \dot{x}_1 x_1^{-1} \\ 0 & 0 & \dot{x}_1 x_1^{-1} \end{pmatrix}\begin{pmatrix} \dot{x}_1 \\ (1+x_1^{-2})\dot{x}_2 \\ \dot{x}_2 x_1^{-2} \end{pmatrix} = m\begin{pmatrix} -x_1^{-2}\dot{x}_2\dot{x}_3 \\ x_1^{-3}\dot{x}_1\dot{x}_2 \\ x_1^{-3}\dot{x}_1\dot{x}_2 \end{pmatrix}.$$

Für den kräftefreien Fall, **F** = **0**, lauten dann die Boltzmann-Hamel-Gleichungen

$$m\left[\ddot{x}_1 + \frac{\dot{x}_2^2}{x_1^3} - \frac{\dot{x}_2\dot{x}_3}{x_1^2}\right] = 0,$$

$$m\left[\left(1+\frac{1}{x_1^2}\right)\ddot{x}_2 - \frac{\dot{x}_1\dot{x}_2}{x_1^3}\right] = 0,$$

$$m\left[\frac{\ddot{x}_2}{x_1^2} - \frac{\dot{x}_1\dot{x}_2}{x_1^3}\right] = \lambda.$$

Hinzu kommt die NB (2.359). Benutzt man diese z. B. zur Elimination von $\dot{x}_2$, so entstehen die DGn

$$\ddot{x}_1 = 0, \qquad \ddot{x}_3\left(x_1 + \frac{1}{x_1}\right) + \dot{x}_1\dot{x}_3 = 0,$$

die man auch (für dieses einfache Beispiel viel schneller) aus den Lagrange-Gleichungen 1. Art (2.298) mit dem Substitutionsverfahren erhält. Für die Zwangskraft folgt nach Benutzung der NB (2.359)

$$Z(\mathbf{r}, \dot{\mathbf{r}}) = \lambda \frac{\partial f}{\partial \dot{\mathbf{r}}} = \lambda x_1 \mathbf{e}_3 = -m x_1 \frac{\dot{x}_1 \dot{x}_3}{1 + x_1^2} \mathbf{e}_3.$$

Im x_k, v_k-Raum erhält man durch Hinzunahme und Verwendung von (2.362) und nach Einsetzen der NB (2.361) das folgende DG-System der Ordnung $f + g = 5$:

$$\dot{v}_1 = 0, \qquad \dot{v}_2 = \frac{v_1 v_2}{x_1(1 + x_1^2)}, \qquad \dot{x}_1 = v_1, \qquad \dot{x}_2 = v_2, \qquad \dot{x}_3 = \frac{v_2}{x_1}.$$

Warnung: Bei diesem einfachen Beispiel ist es verführerisch, die Variable x_2 im Sinne der Lagrange-Gleichungen 2. Art schon in T^+ durch Einsetzen von $\dot{x}_2 = x_1 \dot{x}_3$ zu eliminieren. Das bedeutet aber die Verwendung der NB v o r Aufstellen der DGn und führt daher natürlich zu falschen Bewegungsgleichungen.

3 Hamilton-Mechanik

3.1 Phasenraum und kanonische Gleichungen

3.1.1 Vorbemerkungen

In diesem Abschnitt beschränken wir uns auf die Untersuchung solcher mechanischer Systeme, deren Bewegungsgleichungen in Form der Lagrange-Gleichungen 2. Art[1])

$$\frac{d}{dt} \frac{\partial L}{\partial \dot{q}_k} - \frac{\partial L}{\partial q_k} = 0, \qquad k = 1, \ldots, f \tag{3.1}$$

dargestellt werden können. Das Problem, für ein gegebenes System eine geeignete Lagrange-Funktion zu finden, sehen wir als gelöst an. Die weitere Aufgabe besteht jetzt darin, Methoden zu finden, um Lösungen der aus (3.1) folgenden DGn zu gewinnen. Diese Methoden wurden im vergangenen Jahrhundert entwickelt, um Aufgabenstellungen in der Astronomie, wie z. B. das berühmte Dreikörperproblem, einer Lösung zugänglich zu machen. Ihre Anwendung auf die Berechnung der Spektren des Wasserstoffatoms und der Alkaliatome unter Hinzunahme der Bohrschen „Quantenregeln" führte sogar dazu, die heutige Darstellung der Quantenmechanik zu finden. Außer in der technischen Mechanik und der Astronomie werden die aus der klassischen Mechanik hervorgegange-

[1]) Wir schreiben jetzt wieder L statt L^* oder $\hat{L}$, auch dann, wenn die f unabhängigen Parameter keine kartesischen Koordinaten sind und wenn eine Nicht-Standard-Lagrange-Funktion vorliegt.

nen mathematischen Methoden in vielen anderen Bereichen angewandt, z. B. in der Satellitendynamik und in der Plasmaphysik. Mit Rücksicht auf den Umfang dieses Buches müssen wir uns bei der Darstellung der Lösungstheorie von (3.1) auf die Grundlagen beschränken und auf die Behandlung so wichtiger weiterführender Methoden, wie die Theorie periodischer Systeme und die Störungstheorie verzichten. Wir verweisen dazu auf die Literatur [1, 5, 12, 13].

Den Übergang von der Lagrange-Mechanik zur sog. Hamilton-Mechanik wollen wir in einer Form darstellen, die durch Ergebnisse des Abschn. 2.6 nahegelegt wird. Dabei wird sich herausstellen, daß das Verlangen, wichtige Ergebnisse der Lagrange-Mechanik in die neue Darstellung zu übertragen, fast zwangsläufig zu den kanonischen Gleichungen, den Erzeugenden kanonischer Transformationen und damit zur Hamilton-Jacobi-Theorie führt.

3.1.2 Der q_k, p_k-Raum (Phasenraum)

In der Lagrange-Mechanik ging es im wesentlichen darum, die Newtonsche Mechanik auf Systeme mit Nebenbedingungen zu erweitern und die neuen Gleichungen in einem Konfigurationsraum $\mathbb{M}^f$ darzustellen, dessen Dimension gleich der Zahl der Freiheitsgrade des Systems ist. Für holonome NBn und Kraftgesetze, die ein verallgemeinertes Potential besitzen, stellen die Gleichungen (3.1) das Ergebnis dieser in Abschn. 2.5.1 behandelten Aufgabenstellung dar. Die dabei benutzte geometrisch anschauliche Projektion der kartesischen Lagrange-Gleichungen 1. Art in den Konfigurationsraum weist der quadratischen Form

$$T = \sum_{\nu=1}^{n} \frac{m_\nu}{2} \dot{\mathbf{r}}_\nu^2$$

eine wesentliche Rolle zu und führt zu einer Auszeichnung der Standard-Lagrange-Funktionen vor den anderen möglichen Lagrange-Funktionen. Abgesehen von der Methode, durch Betrachtung von L zyklische Koordinaten und damit Konstanten der Bewegung zu finden, hat uns die Lagrange-Mechanik aber kein Verfahren zur systematischen Lösung der DGn (3.1) geliefert, etwa dergestalt, daß man durch Punkttransformationen möglichst viele, d. h. maximal f zyklische Koordinaten „erzeugt". Eines der mit der Neuformulierung der Mechanik in diesem Abschn. 3 angestrebten Ziele ist es, ein solches Verfahren anzugeben.

Die folgenden Überlegungen sollen dazu dienen, eine mathematische Struktur zu finden, in der sich das Vorhandensein von zyklischen Koordinaten besonders einfach darstellt. Wir haben bereits in Abschnitt 1.3.4.3 erläutert, daß jede unabhängige skalare Konstante der Bewegung die Gesamtordnung des zu lösenden Systems von Bewegungsgleichungen um 1 erniedrigt. Dieses Ergebnis wollen wir jetzt auf den Fall anwenden, daß eine Konstante der Bewegung von (3.1) speziell dadurch gegeben ist, daß eine der f Koordinaten q_k zyklisch ist. Dazu führen wir wie in (1.146) die neuen „Koordinaten"

$$u_k := \dot{q}_k, \qquad k = 1, \ldots, f \tag{3.2}$$

ein und gehen so zum sog. *Konfigurations-Geschwindigkeitsraum* über. In diesem 2f-dimensionalen q_k, u_k-Raum, den man auch *Tangentenbündel* des Raumes $\mathbb{M}^f$ nennt und mit $T\mathbb{M}^f$ bezeichnet, ist die Lagrange-Funktion $L(q_k, u_k, t)$ eine Funktion von 2f unabhängigen Variablen und der Zeit, und das DG-System (3.1) erhält die Form

$$\frac{d}{dt}\frac{\partial L}{\partial u_k} = \frac{\partial L}{\partial q_k} \tag{3.3a}$$

$$(k = 1, \ldots, f)$$

$$\frac{dq_k}{dt} = u_k. \tag{3.3b}$$

Es sei nun die Koordinate q_f zyklisch. Dann ist $\frac{\partial L}{\partial q_f} \equiv 0$, und

$$G_f(q_1, \ldots, q_{f-1}, u_1, \ldots, u_f, t) := \frac{\partial L}{\partial u_f} = c_f \tag{3.4}$$

ist eine Konstante der Bewegung. Angenommen, (3.4) sei nach u_f auflösbar,

$$u_f = N_f(q_1, \ldots, q_{f-1}, u_1, \ldots, u_{f-1}, c_f, t), \tag{3.5}$$

dann zerfällt das System (3.3) nach Einsetzen von (3.5) in das System

$$\frac{d}{dt}\hat{G}_k(q_1, \ldots, q_{f-1}, u_1, \ldots, u_{f-1}, t) = \hat{M}_k(q_1, \ldots, q_{f-1}, u_1, \ldots, u_{f-1}, t)$$

$$\frac{dq_k}{dt} = u_k, \qquad k = 1, \ldots, f-1 \tag{3.6}$$

der Ordnung 2(f − 1), in dem q_f und u_f nicht mehr vorkommen, und in eine DG 1. Ordnung

$$\frac{dq_f}{dt} = N_f(q_1, \ldots, q_{f-1}, u_1, \ldots, u_{f-1}, c_f, t), \tag{3.7}$$

die durch einfache Integration lösbar ist, nachdem man die Lösung $q_j(t)$, $u_j(t)$ von (3.6) bestimmt und in N_f eingesetzt hat. Die Funktionen $\hat{G}_k$ und $\hat{M}_k$ sind dabei folgendermaßen definiert:

$$\hat{M}_k(q_1, \ldots, q_{f-1}, u_1, \ldots, u_{f-1}, c_f, t) := \left[\frac{\partial L}{\partial q_k}\right]_{u_f = N_f} \tag{3.8}$$

$$k = 1, \ldots, f-1$$

$$\hat{G}_k(q_1, \ldots, q_{f-1}, u_1, \ldots, u_{f-1}, c_f, t) := \left[\frac{\partial L}{\partial u_k}\right]_{u_f = N_f} \tag{3.9}$$

Die Schreibweise in (3.8) und (3.9) bedeutet, daß u_f erst n a c h dem Differenzieren durch N_f zu ersetzen ist.

Aus dem eben beschriebenen Verfahren folgt, daß für den Fall, daß a l l e f Koordinaten q_k zyklisch sind, die f DGn 1. Ordnung

$$\frac{dq_k}{dt} = N_k(c_1, \ldots, c_f, t), \qquad k = 1, \ldots, f \tag{3.10}$$

entstehen, aus denen die $q_k(t)$ durch Integration bestimmbar sind. Ist L explizit zeitunabhängig, so werden die $q_k(t)$ sogar l i n e a r e Funktionen der Zeit. Wir sehen aber auch, daß im Fall von $m < f$ zyklischen Koordinaten zur Gewinnung der reduzierten Gleichungen (3.6), (3.7) nicht nur m Funktionen N_k, $k = 1, \dots, m$, durch Auflösung von (3.4) nach den u_k berechnet werden müssen, sondern auch die $2(f - m)$ Funktionen $\hat{M}_f$, G_k sind noch zu bestimmen, so daß das Verfahren recht umständlich wird. Der Grund dafür ist offenbar, daß der q_k, u_k-Raum als Darstellungsraum der Lagrange-Gleichungen 2. Art (3.1) den mit zyklischen Koordinaten q_k verbundenen Konstanten der Bewegung $\frac{\partial L}{\partial \dot{q}_k}$ nicht angepaßt ist.

Die einfachste Art, eine solche Anpassung zu erreichen, ist sicherlich, die k-te zusätzliche „Koordinate" so zu wählen, daß sie konstant wird, wenn q_k eine zyklische Lagekoordinate ist, denn dann wird die Darstellung der Bewegung bei Vorhandensein von m zyklischen Koordinaten auf eine $(2f - m)$-dimensionale Hyperfläche des so eingeführten 2f-dimensionalen Raumes beschränkt, was im q_k, u_k-Raum i. allg. nicht der Fall ist. Als Konstante, die die k-te zusätzliche „Koordinate" annehmen soll, wenn q_k zyklisch ist, bietet sich die der zyklischen Koordinate q_k zugeordnete Konstante der Bewegung $G_k(q_1, \dots, q_{k-1}, q_{k+1}, \dots, q_f, u_1, \dots, u_f, t) = c_k$ an. Wir wählen also als zusätzliche „Koordinaten" anstelle der u_k ganz bestimmte Funktionen der u_k, nämlich

$$p_k := \frac{\partial L}{\partial u_k} \equiv \frac{\partial L}{\partial \dot{q}_k}, \qquad k = 1, \dots, f. \tag{3.11}$$

Die p_k heißen *generalisierte Impulse*[1]) oder zu q_k *kanonisch konjugierte Impulse*, weil sie im Fall kartesischer q_k mit den kartesischen Impulskomponenten identisch sind. Der 2f-dimensionale q_k, p_k-Raum heißt *(Gibbsscher) Phasenraum* oder wegen des Zusammenhanges (3.11) zwischen p_k und u_k auch *Kotangentenbündel* des Raumes $\mathbb{M}^f$ und wird mit $T^*\mathbb{M}^f$ bezeichnet.

Um die 2f DGn 1. Ordnung (3.3) in den Phasenraum zu transformieren, müssen wir (3.11) nach den u_k zumindest lokal auflösen können. Das ist gewährleistet, wenn

$$\det\left(\frac{\partial^2 L}{\partial u_i \partial u_k}\right) \not\equiv 0 \tag{3.12}$$

vorausgesetzt wird. Für eine Standard-Lagrange-Funktion $L = T - U$ ist (3.12) stets erfüllt. Wegen (3.12) existieren nun f eindeutige Funktionen N_k, so daß

$$u_k = N_k(q_1, \dots, q_f, p_1, \dots, p_f, t), \qquad k = 1, \dots, f \tag{3.13}$$

gilt. Nach Einsetzen von (3.13) geht also (3.3b) über in die f DGn 1. Ordnung

---

[1]) Die generalisierten Impulse p_k haben i. allg. nicht die Dimension eines Impulses. Ist z. B. q_k eine Winkelkoordinate, so kann p_k eine Drehimpulskomponente sein. Jedoch haben die Produkte $\dot{q}_k p_k$ stets die Dimension von L, also z. B. für alle Standard-Lagrange-Funktionen die Dimension einer Energie. Das Produkt $q_k p_k$ hat dann die Dimension einer Wirkung (kg $m^2 s^{-1}$).

$$\frac{dq_k}{dt} = N_k(q_j, p_j, t), \qquad k = 1, \ldots, f. \tag{3.14a}$$

Für (3.3a) erhält man

$$\frac{dp_k}{dt} = \left[\frac{\partial L}{\partial q_k}\right]_{u_j = N_j} =: M_k(q_j, p_j, t), \qquad k = 1, \ldots, f. \tag{3.14b}$$

(3.14a) und (3.14b) sind die in den Phasenraum transformierten Lagrange-Gleichungen 2. Art. Die eine Hälfte der neuen Bewegungsgleichungen, nämlich (3.14a), entsteht einfach durch Auflösung der Gleichungen (3.11) nach den u_k. Ist L eine Standard-Lagrange-Funktion $L = T - U$, so sind die N_k l i n e a r e Funktionen der p_j.
Die Gleichungen (3.14) haben der Form nach gegenüber (3.3) zunächst noch den Nachteil, daß statt der einzigen Funktion L in den Gln. (3.1) im Raum $\mathbb{M}^f$ jetzt im Raum $T^*\mathbb{M}^f$ 2f Funktionen M_k, N_k auftreten, die von L abhängen. Darin kommt zum Ausdruck, daß

$$L^*(q_j, p_j, t) := L(q_j, u_j = N_j, t)$$

nicht geeignet ist, die Bewegungsgleichungen im Phasenraum zu erzeugen. Im folgenden Abschnitt wird es gelingen, die Bewegungsgleichungen (3.14) mit Hilfe einer einzigen mit L zusammenhängenden Phasenraumfunktion $H(q_j, p_j, t)$ darzustellen.

3.1.3 Hamilton-Funktion und kanonische Gleichungen, Legendre-Transformation

In Abschn. 2.6.2 fanden wir, daß eine Symmetrie der Lagrange-Funktion bez. der Transformation $t = t' + \tau$ bedeutet, daß die im Konfigurationsraum durch (2.248) definierte Jacobi-Funktion J eine Konstante der Bewegung ist, die in speziellen Fällen mit der Gesamtenergie E identisch sein kann. J kann also, anders als L, eine unmittelbare physikalische Bedeutung haben. Umso wichtiger ist es daher, die Eigenschaften der mit (3.11) und (3.13) in den Phasenraum transformierte Jacobi-Funktion

$$\begin{aligned} H(q_1, \ldots, q_f, p_1, \ldots, p_f, t) &:= J(q_1, \ldots, q_f, u_1 = N_1, \ldots, u_f = N_f, t) \\ &= \sum_{k=1}^{f} u_k(q_1, \ldots, p_f, t) p_k - L(q_1, \ldots, q_f, u_1 = N_1, \ldots, u_f = N_f, t) \end{aligned} \tag{3.15}$$

zu untersuchen. $H(q_j, p_j, t)$ heißt *Hamilton-Funktion*. Analog zur Vorgehensweise in Abschn. 2.6.2 bilden wir die totale zeitliche Ableitung von H:

$$\frac{dH}{dt} = \sum_{k=1}^{f} \frac{\partial H}{\partial q_k} \dot{q}_k + \sum_{k=1}^{f} \frac{\partial H}{\partial p_k} \dot{p}_k + \frac{\partial H}{\partial t}. \tag{3.16}$$

Aus (3.15) folgt dann

$$\frac{\partial H}{\partial q_k} = \sum_{j=1}^{f} \frac{\partial u_j}{\partial q_k} p_j - \sum_{j=1}^{f} \frac{\partial L}{\partial u_j} \frac{\partial u_j}{\partial q_k} - \left[\frac{\partial L}{\partial q_k}\right]_{u_j = N_j}$$

oder, wegen (3.11),

$$\frac{\partial H}{\partial q_k} = -\left[\frac{\partial L}{\partial q_k}\right]_{u_j = N_j} = -M_k, \qquad k = 1, \ldots, f. \tag{3.17}$$

Weiter erhält man aus (3.14b) und (3.11)

$$\frac{\partial H}{\partial p_k} = u_k + \sum_{j=1}^{f} p_j \frac{\partial u_j}{\partial p_k} - \sum_{j=1}^{f} \frac{\partial L}{\partial u_j}\frac{\partial u_j}{\partial p_k} = u_k = N_k. \tag{3.18}$$

Damit entsteht für (3.16) mit (3.15)

$$\frac{dH}{dt} = -\sum_{k=1}^{f}\left[\frac{\partial L}{\partial q_k}\right]_{u_j = N_j} u_k + \sum_{k=1}^{f} u_k \left[\frac{\partial L}{\partial q_k}\right]_{u_j = N_j} + \frac{\partial H}{\partial t},$$

d. h. $$\frac{dH}{dt} = \frac{\partial H}{\partial t}. \tag{3.19}$$

Andererseits folgt aber aus (3.15)

$$\frac{\partial H}{\partial t} = \sum_{j=1}^{f} \frac{\partial u_j}{\partial t} p_j - \sum_{j=1}^{f} \frac{\partial L}{\partial u_j}\frac{\partial u_j}{\partial t} - \left[\frac{\partial L}{\partial t}\right]_{u_i = N_i}.$$

Das bedeutet, daß

$$\frac{\partial H}{\partial t} = -\left[\frac{\partial L}{\partial t}\right]_{u_j = N_j} \tag{3.20}$$

gilt.

Die Beziehungen (3.17) und (3.18) stellen einen Zusammenhang zwischen den Funktionen M_k, N_k und der Hamilton-Funktion H her, der es ermöglicht, die vorläufigen Bewegungsgleichungen (3.14) in der neuen, symmetrischen Form

$$\frac{dq_k}{dt} = \frac{\partial H}{\partial p_k} \tag{3.21a}$$

$$(k = 1, \ldots, f)$$

$$\frac{dp_k}{dt} = -\frac{\partial H}{\partial q_k} \tag{3.21b}$$

darzustellen. Dieses System von 2f DGn 1. Ordnung im Phasenraum nennt man *Hamiltonsche Gleichungen* oder auch *kanonische Gleichungen.* Anders als die unsymmetrischen Bewegungsgleichungen (3.3) im Raum $T\mathbb{M}^f$ besitzen die kanonischen Gleichungen (3.21) bez. der Koordinaten q_k, p_k des Phasenraums $T^*\mathbb{M}^f$ eine Form, die geeignet ist, um zu untersuchen, wie sich diese Form bei Transformationen der q_k, p_k ändert.

Beispiel Für unser Beispiel 1 aus Abschn. 2.1 erhält man für die Hamilton-Funktion

$$H(\vartheta, p_\vartheta, p_\varphi) = \frac{1}{2mR^2}\left(p_\vartheta^2 + \frac{p_\varphi^2}{\sin^2\vartheta}\right) + mgR\cos\vartheta$$

Damit entstehen die kanonischen Gleichungen

$$\frac{d\vartheta}{dt} = \frac{p_\vartheta}{mR^2}, \qquad \frac{d\varphi}{dt} = \frac{p_\varphi}{mR^2 \sin^2 \vartheta},$$

$$\frac{dp_\vartheta}{dt} = \frac{p_\varphi^2 \cos \vartheta}{mR^2 \sin^3 \vartheta} + mgR \sin \vartheta, \qquad \frac{dp_\varphi}{dt} = 0.$$

Da φ eine zyklische Koordinate ist, ist p_φ eine Konstante der Bewegung. p_φ ist im vorliegenden Fall mit der z-Komponente des Drehimpulses des MP identisch[1]).

Ist L eine Standard-Lagrange-Funktion der Art $L = T - V$ und T eine homogene quadratische Form der $\dot{q}_k$, so war $J(q_k, \dot{q}_k, t) = T + V$ die Gesamtenergie. Für diesen Fall ist auch

$$H(q_k, p_k, t) = T(q_k, p_k) + V(q_k, t) \tag{3.22}$$

die Gesamtenergie. Ist außerdem $\frac{\partial V}{\partial t} = 0$, so stellt H eine Erhaltungsgröße dar, und es gilt der Energiesatz.

Wenn q_f eine zyklische Koordinate von L ist, so ist sie auch zyklische Koordinate von H, wie sofort aus (3.17) folgt. Dann entsteht aus (3.21)

$$p_f = c_f, \qquad \frac{dq_f}{dt} = \left[\frac{\partial H}{\partial p_f}\right]_{p_f = c_f} \tag{3.23}$$

und

$$\frac{dq_k}{dt} = \frac{\partial H}{\partial p_k}, \qquad \frac{dp_k}{dt} = -\frac{\partial H}{\partial q_k}, \qquad k = 1, \ldots, f-1, \tag{3.24}$$

wobei $H = H(q_1, \ldots, q_{f-1}, p_1, \ldots, p_{f-1}, p_f = c_f, t)$ ist. Mit der Lösung von (3.24) kann dann $q_f(t)$ durch einfache Integration gefunden werden. Sind a l l e f Koordinaten q_k zyklisch, so ist $p_k(t) = c_k$, $k = 1, \ldots, f$ und $H = H(p_k = c_k, t)$. Dann kann man alle Bahnfunktionen $q_k(t)$ durch direkte Integrationen berechnen.

Der Übergang von $T\mathbb{M}^f$ zum Phasenraum $T^*\mathbb{M}^f$, bei dem die $\dot{q}_k$ in

$$p_k = \frac{\partial L}{\partial \dot{q}_k}, \qquad k = 1, \ldots, f \tag{3.25a}$$

und eine Funktion $L(q_j, \dot{q}_j, t)$ in

$$H(q_j, p_j, t) := \sum_{k=1}^{f} \dot{q}_k \frac{\partial L}{\partial \dot{q}_k} - L(q_j, \dot{q}_j, t) \tag{3.25b}$$

transformiert werden, heißt *Legendre-Transformation*, und H heißt *Legrende-Transformierte* von L. In unserem Fall sind bei dieser Transformation die Koordinaten und die Zeit t als Parameter und nicht als zu transformierende Variable zu behandeln. Definiert man

---

[1]) Wenn NBn vorliegen, ist p_φ nicht immer gleich der z-Komponente des Drehimpulses (s. Aufgabe 3.1).

$$\hat{H}(q_j, \dot{q}_j, p_j, t) = \sum_{k=1}^{f} p_k \dot{q}_k - L(q_j, \dot{q}_j, t) \tag{3.26}$$

und bestimmt für diese Funktion mit

$$\frac{\partial \hat{H}}{\partial \dot{q}_k} = 0, \qquad k = 1, \ldots, f$$

relative Extrema bez. $\dot{q}_k$, so erhält man gerade

$$p_k = \frac{\partial L}{\partial \dot{q}_k}, \qquad k = 1, \ldots, f.$$

Setzt man die Werte von $\dot{q}_k$, für die $\hat{H}$ bez. der $\dot{q}_k$ ein relatives Extremum wird, in $\hat{H}$ ein, so entsteht die Hamilton-Funktion H:

$$\hat{H}(q_j, \dot{q}_j(q_s, p_s, t), p_j, t) := H(q_j, p_j, t).$$

Man nennt daher $\hat{H}$ auch *Erzeugende der Legendre-Transformation* $\dot{q}_k, L \to p_k, H$.

Die Legendre-Transformation $\dot{q}_k, L \to p_k, H$ existiert genau dann, wenn die Bedingung (3.12) erfüllt ist. Dann existiert auch die inverse Legendre-Transformation $p_k, H \to \dot{q}_k, L$, denn aus (3.12) und (3.15) folgt

$$\det\left(\frac{\partial^2 H}{\partial p_i \partial p_k}\right) \not\equiv 0. \tag{3.27}$$

Zur Berechnung von L aus

$$L(q_j, \dot{q}_j, t) = \sum_{k=1}^{f} \dot{q}_k p_k - H(q_j, p_j, t)$$

bestimmt man aus $\dot{q}_k = \frac{\partial H}{\partial p_k}$ die Funktionen $p_k(q_j, \dot{q}_j, t)$, was wegen (3.27) möglich ist.

Es gibt jedoch Nicht-Standard-Lagrange-Funktionen, für die $\hat{H}$ an der Stelle $p_k = \frac{\partial L}{\partial \dot{q}_k}$ identisch verschwindet. Das bedeutet, daß

$$\sum_{k=1}^{f} \dot{q}_k \frac{\partial L}{\partial \dot{q}_k} = L$$

ist. Daraus folgt

$$\sum_{k=1}^{f} \dot{q}_k \frac{\partial^2 L}{\partial \dot{q}_j \partial \dot{q}_k} = 0, \qquad j = 1, \ldots, f.$$

Da die $\dot{q}_k$ nicht verschwinden und unabhängig sind, muß

$$\det\left(\frac{\partial^2 L}{\partial \dot{q}_j \partial \dot{q}_k}\right) \equiv 0$$

sein. Für solche Lagrange-Funktionen können die Lagrange-Gleichungen 2. Art n i c h t in kanonische Gleichungen des Phasenraums transformiert werden. Man sagt dann auch, es existiert zu L kein kanonischer Formalismus. Für Standard-Lagrange-Funktionen

$L = T - U$ ist die Legendre-Transformation und damit der Übergang vom Lagrange- zum Hamilton-Formalismus aber stets möglich, denn es ist

$$\det\left(\frac{\partial^2 L}{\partial \dot{q}_i \partial \dot{q}_j}\right) = \det\left(\frac{\partial^2 T}{\partial \dot{q}_i \partial \dot{q}_j}\right) \not\equiv 0.$$

Eine noch kompaktere Schreibweise der kanonischen Gleichungen erhält man, wenn man mit den *kontravarianten Phasenraumkoordinaten*

$$\xi^k := q_k, \qquad k = 1, \ldots, f$$
$$\xi^{k+f} := p_k, \qquad k = 1, \ldots, f$$

eine gemeinsame Bezeichnung für die unabhängigen Variablen q_k, p_k des Phasenraums einführt und die (2f, 2f)-Matrix

$$\Omega \equiv (\omega^{\alpha\beta}) := \begin{pmatrix} O_f & 1_f \\ -1_f & O_f \end{pmatrix} \tag{3.28}$$

definiert, wobei O_f die (f, f)-Nullmatrix und 1_f die (f, f)-Einheitsmatrix ist. Die Matrix Ω hat folgende Eigenschaften:

$$\Omega\Omega^T = 1, \quad \text{d. h. } \Omega \text{ ist orthogonal,}$$
$$\Omega + \Omega^T = O_{2f}, \quad \text{d. h. } \Omega \text{ ist antisymmetrisch,}$$
$$\det \Omega = 1, \quad \text{d. h. } \Omega \text{ ist unimodular.}$$

Eine Matrix mit diesen Eigenschaften heißt *symplektisch*. Mit diesen Definitionen kann man nun die kanonischen Gleichungen (3.21) in der Form

$$\dot{\xi}^\alpha - \sum_{\beta=1}^{2f} \omega^{\alpha\beta} \frac{\partial H}{\partial \xi^\beta} = 0; \qquad \alpha, \beta = 1, \ldots, 2f \tag{3.29}$$

schreiben. Mit der inversen Matrix

$$\Omega^{-1} \equiv (\omega_{\alpha\beta}) := \begin{pmatrix} O_f & -1_f \\ 1_f & O_f \end{pmatrix} \tag{3.30}$$

erhält man

$$\sum_{\beta=1}^{2f} \omega_{\alpha\beta} \dot{\xi}^\beta - \frac{\partial H}{\partial \xi^\alpha} = 0; \qquad \alpha, \beta = 1, \ldots, 2f. \tag{3.31}$$

3.2 Kanonische Transformationen und ihre Erzeugenden

3.2.1 Transformationen im Phasenraum, Forminvarianz der kanonischen Gleichungen

Wir hatten gesehen, daß jede zyklische Koordinate q_k die Ordnung der kanonischen Gleichungen zunächst um 2 erniedrigt und danach selbst durch direkte Integration („Quadratur") berechnet werden kann, wenn man die reduzierten kanonischen Gleichungen gelöst hat. Sind alle Koordinaten q_k zyklisch, so brauchen sogar nur noch f Quadraturen ausgeführt zu werden, um alle Koordinaten $q_k(t)$ und damit die „Bahn" des Systems zu bestimmen. Man wird nach Wegen suchen, um diesen einfachen Fall, der in der Praxis i. allg. nicht vorliegt, evtl. durch Transformationen der Bewegungsgleichungen zu erreichen. Manchmal gelingt es, durch Übergang zu einer anderen Koordinatenart q'_k zusätzliche zyklische Variablen zu finden und so die Integration zu erleichtern. Die Einführung neuer Koordinaten bedeutet aber, daß man eine Transformation der Bewegungsgleichungen durchführen muß. Die Lagrange-Gleichungen 2. Art sind gegenüber beliebigen invertierbaren Punkttransformationen im Raum $\mathbb{M}^f$ forminvariant. Da im Phasenraum $T^*\mathbb{M}^f$ neben den q_k auch die p_k transformiert werden können, muß die Frage der Forminvarianz für die kanonischen Gleichungen (3.21) und damit die Möglichkeit der Konstruktion von zyklischen Koordinaten q_k, p_k erneut untersucht werden.

Forminvarianz der kanonischen Gleichungen (3.21) bedeutet, daß bei einer invertierbaren Transformation

$$q_k = q_k(q'_1, \ldots, q'_f, p'_1, \ldots, p'_f, t) \tag{3.32a}$$

$$p_k = p_k(q'_1, \ldots, q'_f, p'_1, \ldots, p'_f, t) \tag{3.32b}$$

$$t = t' \tag{3.32c}$$

eine Hamilton-Funktion $H'(q'_1, \ldots, q'_f, p'_1, \ldots, p'_f, t)$ existiert, so daß die neuen Bewegungsgleichungen wieder in der kanonischen Form

$$\frac{dq'_k}{dt} = \frac{\partial H'}{\partial p'_k}, \qquad \frac{dp'_k}{dt} = -\frac{\partial H'}{\partial q'_k}, \qquad k = 1, \ldots, f \tag{3.33}$$

gelten. Es wird sich zeigen, daß dies nicht alle Transformationen der Form (3.32) leisten. Im folgenden wollen wir uns auf solche Transformationen beschränken, die die Forminvarianz (3.33) der kanonischen Gleichungen gewährleisten. Fordert man zusätzlich, daß (3.33) für beliebige zweimal partiell stetig differenzierbare H entsteht, so wird die Menge der Transformationen (3.32) abermals eingeschränkt. Es wird sich herausstellen, daß für die verbleibenden Transformationen bereits die Forderung (3.33) ausreicht, um H' aus H explizit zu berechnen.

Sollen nun alle Variablen q'_k zyklisch sein, so bedeutet das wegen (3.33) die Existenz einer Funktion $H'(p'_1, \ldots, p'_f, t)$, so daß sich die kanonischen Gleichungen auf

$$p'_k = \beta_k = \text{const}, \qquad \frac{dq'_k}{dt} = \left[\frac{\partial H'}{\partial p'_k}\right]_{p'_k = \beta_k}, \qquad k = 1, \ldots, f \tag{3.34}$$

reduzieren und damit durch Quadraturen lösbar sind. Da mit (3.32) auch die p_k transformiert werden, können wir die Aufgabe auch dahingehend erweitern, daß auch alle Impulse p_k zyklisch sein sollen, d. h. es soll

$$\frac{\partial H'}{\partial q'_k} = 0, \qquad \frac{\partial H'}{\partial p'_k} = 0, \qquad k = 1, \ldots, f \tag{3.35}$$

gelten. Das führt zu

$$\frac{dq'_k}{dt} = 0, \qquad \frac{dp'_k}{dt} = 0, \qquad k = 1, \ldots, f \tag{3.36}$$

d. h. zu

$$q'_k = \alpha_k, \qquad p'_k = \beta_k, \qquad k = 1, \ldots, f. \tag{3.37}$$

Da in den Lösungen (3.37) keine Zeitabhängigkeit mehr enthalten ist, können nur z e i t a b h ä n g i g e Transformationen (3.32) zu (3.37) führen. Hängt H jedoch nicht explizit von t ab und soll nur $\dot{p}'_k = 0$, $k = 1, \ldots, f$ angestrebt werden, so erhält man (3.34) auch mit z e i t u n a b h ä n g i g e n Transformationen (3.32). Die Aufgabe, Transformationen zu konstruieren, die zu (3.34) bzw. (3.35) führen, bedeutet, daß man damit zugleich die Lösungen der kanonischen Gleichungen berechnet. Das heißt aber, daß man mit dieser Vorgehensweise nur eine andere Auffassung von der Lösung der kanonischen Gleichungen (3.21) in den Vordergrund stellt. – Als nächstes untersuchen wir die Konsequenzen der Forminvarianzforderung (3.33) für die Transformationen (3.32).

3.2.2 Kanonoide und kanonische Transformationen

Für eine beliebige invertierbare Transformation (3.32) gehen die kanonischen Gleichungen (3.21) zunächst in eine Form

$$\begin{aligned} \frac{dq'_k}{dt} &= g_k(q'_1, \ldots, q'_f, p'_1, \ldots, p'_f, t) \\ \frac{dp'_k}{dt} &= h_k(q'_1, \ldots, q'_f, p'_1, \ldots, p'_f, t) \end{aligned} \tag{3.38}$$

mit angebbaren Funktionen g_k, h_k über, die implizit von H abhängen. Damit nun eine Funktion $H'(q'_j, p'_j, t)$ existiert, so daß die Gleichungen (3.33) bestehen, muß für H'

$$g_k = \frac{\partial H'}{\partial p'_k}, \qquad h_k = -\frac{\partial H'}{\partial q'_k}, \qquad k = 1, \ldots, f \tag{3.39}$$

gelten oder anders ausgedrückt, die Transformation (3.32) muß die folgenden Integrabilitätsbedingungen identisch in t erfüllen:

$$\frac{\partial^2 H'}{\partial q'_j \partial p'_k} = \frac{\partial^2 H'}{\partial p'_k \partial q'_j}, \quad \text{d. h.} \quad \frac{\partial g_k}{\partial q'_j} = -\frac{\partial h_j}{\partial p'_k}, \tag{3.40a}$$

$$\frac{\partial^2 H'}{\partial p'_j \partial p'_k} = \frac{\partial^2 H'}{\partial p'_k \partial p'_j}, \quad \text{d. h.} \quad \frac{\partial g_k}{\partial p'_j} = \frac{\partial g_j}{\partial p'_k}, \qquad k, j = 1, \ldots, f \tag{3.40b}$$

$$\frac{\partial^2 H'}{\partial q'_j \partial q'_k} = \frac{\partial^2 H'}{\partial q'_k \partial q'_j}, \quad \text{d. h.} \quad \frac{\partial h_k}{\partial q'_j} = \frac{\partial h_j}{\partial q'_k}. \tag{3.40c}$$

Beispiel Gegeben sei die Transformation

$$q = q', \qquad p = (p' + q'^2)^2 \tag{3.41a}$$

mit der Umkehrtransformation

$$q' = q, \qquad p' = \sqrt{p} - q^2. \tag{3.41b}$$

Es ist

$$\dot{q}' = \dot{q} = \frac{\partial H}{\partial p},$$

$$\dot{p}' = \frac{\partial p'}{\partial q}\dot{q} + \frac{\partial p'}{\partial p}\dot{p} = \frac{\partial p'}{\partial q}\frac{\partial H}{\partial p} - \frac{\partial p'}{\partial p}\frac{\partial H}{\partial q} = -2q'\frac{\partial H}{\partial p} - \frac{1}{2}\frac{1}{(p'+q'^2)}\frac{\partial H}{\partial q}.$$

Für die Hamilton-Funktion

$$H = \frac{p^2}{2} + \frac{q^2}{2} \tag{3.42}$$

entsteht dann mit (3.41)

$$\dot{p}' = -2q'(p' + q'^2)^2 - \frac{q'}{2(p' + q'^2)} =: h(q', p'),$$

$$\dot{q}' = (p' + q'^2)^2 =: g(q', p').$$

Hieraus folgt

$$\frac{\partial \dot{p}'}{\partial p'} = -4q'(p' + q'^2) + \frac{q'}{2(p' + q'^2)},$$

$$\frac{\partial \dot{q}'}{\partial q'} = 4q'(p' + q'^2).$$

Die Bedingung (3.40a) ist also nicht erfüllt, d. h. die Transformation (3.41) läßt die zu (3.42) gehörenden kanonischen Gleichungen nicht forminvariant. Es existiert also keine Funktion H' mit der Eigenschaft (3.33). – Für

$$H = \frac{p^2}{2} \tag{3.43}$$

erhält man dagegen

$$\dot{q}' = (p' + q'^2)^2, \qquad \dot{p}' = -2q'(p' + q'^2)^2.$$

Jetzt ist

$$\frac{\partial \dot{p}'}{\partial p'} = -4q'(p' + q'^2) = -\frac{\partial \dot{q}'}{\partial q'},$$

und die Integrabilitätsbedingungen (3.40) sind erfüllt, d. h. es muß ein H' existieren, so daß

$$\dot{q}' = (p' + q'^2)^2 = \frac{\partial H'}{\partial p'}, \qquad \dot{p}' = -2q'(p' + q'^2)^2 = -\frac{\partial H'}{\partial p'} \tag{3.44}$$

gilt. Aus (3.44) findet man sofort $H' = \frac{1}{3}(p' + q'^2)^3$.

Wir wollen Transformationen (3.32) im Phasenraum als *kanonoid* bezeichnen, wenn sie die zu s p e z i e l l e n Hamilton-Funktionen H gehörenden kanonischen Gleichungen forminvariant transformieren. Dagegen heißen Transformationen, die im Phasenraum $T^*\mathbb{M}^f$ für a l l e Hamilton-Funktionen $H(q_j, p_j, t)$ kanonoid sind, *kanonisch* [12]. Die Integrabilitätsbedingungen (3.40) sind notwendige Bedingungen für kanonische Transformationen, wegen ihrer impliziten H-Abhängigkeit sind sie zunächst aber nur für kanonoide Transformationen auch hinreichend. Wie man aus (3.40) auch hinreichende Bedingungen für beliebige Hamilton-Funktionen, d. h. hinreichende Bedingungen für kanonische Transformationen gewinnt, werden wir in Abschn. 3.3.6.5 sehen.

Da es unser Ziel ist, eine allgemeine Methode zu finden, mit der man für a l l e Hamilton-Funktionen Transformationen konstruieren kann, die die kanonischen Gleichungen (3.21) in die triviale Form (3.36) überführen, ist somit klar, daß wir dazu nur k a n o n i s c h e Transformationen gebrauchen können. Weil (3.40) aber nichts darüber aussagt, wie man geeignete kanonische Transformationen zur Lösung eines beliebig vorgegebenen kanonischen Systems (3.21) findet, müssen wir einen anderen Weg suchen. Um uns mit kanonischen Transformationen etwas vertraut zu machen, untersuchen wir daher erst einmal diejenigen Transformationen im Phasenraum, die durch die Übertragung der uns aus dem Konfigurationsraum bekannten Transformationen in den Phasenraum entstehen; sie werden sich, wie zu erwarten ist, als spezielle kanonische Transformationen erweisen.

3.2.3 Beispiele für kanonische Transformationen, Erzeugende

3.2.3.1 Eichtransformationen von L als kanonische Transformationen Eichtransformationen von L und Punkttransformationen im Konfigurationsraum lassen die Lagrange-Gleichungen 2. Art forminvariant. Es ist daher zu erwarten, daß diese Transformationen, mittels einer Legendre-Transformation in den Phasenraum übersetzt, dort zu kanonischen Transformationen werden. Wir wollen deshalb zunächst untersuchen, welche Form diejenigen Transformationen im Phasenraum haben, die durch Transformationen im Konfigurationsraum „induziert" werden.

Wir beginnen mit den Eichtransformationen von L, die ja die Lagrange-Gleichungen (3.1) nicht nur forminvariant, sondern die resultierenden DGn sogar invariant lassen. Die allgemeinste Eichtransformation von L ist durch (s. Abschn. 2.5.3)

$$\begin{aligned} L^+(q_j^+, \dot q_j^+, t) &:= cL(q_j, \dot q_j, t) + \frac{dF(q_j, t)}{dt} \\ &= cL(q_j, \dot q_j, t) + \sum_{j=1}^{f} \frac{\partial F}{\partial q_j}\dot q_j + \frac{\partial F}{\partial t}, \end{aligned} \tag{3.45a}$$

$$q_j^+ = q_j, \qquad \dot q_j^+ = \dot q_j, \qquad j = 1, \ldots, f \tag{3.45b}$$

definiert. (3.45b) bedeutet, daß bei der Eichtransformation (3.45a) die Koordinaten und Geschwindigkeiten nicht transformiert werden. c ist eine beliebige von Null verschiedene Konstante. Für L^+ ergeben sich die Gleichungen

$$\frac{d}{dt}\frac{\partial L^+}{\partial \dot q_k^+} - \frac{\partial L^+}{\partial q_k^+} = 0, \qquad k = 1, \ldots, f. \tag{3.46}$$

Mit der Legendre-Transformation

$$p_k^+ = \frac{\partial L^+}{\partial \dot{q}_k^+}, \tag{3.47}$$

$$H^+(q_j^+, p_j^+, t) = \sum_{k=1}^{f} p_k^+ \dot{q}_k^+(q_j^+, p_j^+, t) - L^+(q_j^+, \dot{q}_j^+(q_s^+, p_s^+, t), t) \tag{3.48}$$

entstehen dann die kanonischen Gleichungen

$$\frac{dq_k^+}{dt} = \frac{\partial H^+}{\partial p_k^+}, \quad \frac{dp_k^+}{dt} = -\frac{\partial H^+}{\partial q_k^+}, \quad k = 1, \ldots, f. \tag{3.49}$$

Dabei ist mit (3.45), (3.47) p_k^+ durch

$$p_k^+ = c\frac{\partial L}{\partial \dot{q}_k} + \frac{\partial F}{\partial q_k}$$

gegeben, d. h. es gilt

$$p_k^+ = cp_k + \frac{\partial F}{\partial q_k}, \quad q_k^+ = q_k, \quad k = 1, \ldots, f. \tag{3.50}$$

Dies ist die durch die Eichtransformation (3.45) induzierte Phasenraumtransformation. Setzt man (3.50) und (3.45a) in (3.48) ein, so erhält man

$$H^+ = \sum_{k=1}^{f} \left(cp_k + \frac{\partial F}{\partial q_k} \right) \dot{q}_k - cL - \frac{dF}{dt} = c\left(\sum_{k=1}^{f} p_k \dot{q}_k - L \right) - \frac{\partial F}{\partial t}$$

oder $$H^+(q_j^+, p_j^+, t) = c\hat{H}(q_j^+, p_j^+, t) - \frac{\partial F}{\partial t}, \tag{3.51}$$

wobei $\hat{H}(q_j^+, p_j^+, t)$ durch

$$\hat{H}(q_j^+, p_j^+, t) := H\left[q_j = q_j^+, p_j = \frac{1}{c}\left(p_j^+ - \left[\frac{\partial F}{\partial q_j} \right]_{q_k = q_k^+} \right), t \right] \tag{3.52}$$

definiert ist. Zu den kanonischen Gleichungen (3.49) gelangt man aber auch, wenn man auf (3.21) die zu (3.50) gehörende Umkehrtransformation

$$q_k = q_k^+, \quad p_k = \frac{1}{c}\left(p_k^+ - \left[\frac{\partial F}{\partial q_k} \right]_{q_j = q_j^+} \right) \tag{3.53}$$

anwendet. Dazu setze man (3.53) in (3.21) ein und forme die entstehenden Ausdrücke um. Damit ist bewiesen, daß die Transformation (3.53) kanonisch ist, denn die Umrechnung von (3.21) in (3.49) gilt für a l l e Hamilton-Funktionen H.

3.2.3.2 Punkttransformationen im Konfigurationsraum als kanonische Transformationen

Für die zu $q_k = q_k(q_1', \ldots, q_f', t)$ inverse Punkttransformation schreiben wir der Deutlichkeit wegen

$$q'_k = f_k(q_1, \dots, q_f, t), \qquad k = 1, \dots, f. \tag{3.54}$$

Die mit (3.54) gebildete Lagrange-Funktion ist durch

$$L'(q'_j, \dot{q}'_j, t) := L(q_s(q'_j, t), \dot{q}_s(q'_j, \dot{q}'_j, t), t) \tag{3.55}$$

definiert. Mit der Legendre-Transformation

$$p'_k = \frac{\partial L'}{\partial \dot{q}'_k} = \sum_{i=1}^{f} \frac{\partial L}{\partial \dot{q}_i} \frac{\partial \dot{q}_i}{\partial \dot{q}'_k} = \sum_{i=1}^{f} p_i \frac{\partial q_i}{\partial f_k}, \qquad k = 1, \dots, f, \tag{3.56}$$

$$H'(q'_j, p'_j, t) = \sum_{i=1}^{f} p'_i \dot{q}'_i(q'_j, p'_j, t) - L'(q'_j, \dot{q}'_j(q'_s, p'_s, t), t) \tag{3.57}$$

entstehen dann aus

$$\frac{d}{dt} \frac{\partial L'}{\partial \dot{q}'_k} - \frac{\partial L'}{\partial q'_k} = 0 \tag{3.58}$$

die kanonischen Gleichungen

$$\frac{dq'_k}{dt} = \frac{\partial H'}{\partial p'_k}, \qquad \frac{dp'_k}{dt} = -\frac{\partial H'}{\partial q'_k}, \qquad k = 1, \dots, f. \tag{3.59}$$

Setzt man (3.56) in (3.57) ein, so folgt nach kurzer Rechnung

$$H'(q'_j, p'_j, t) - \hat{H}(q'_j, p'_j, t) + \sum_{k=1}^{f} p'_k \frac{\partial f_k}{\partial t}, \tag{3.60}$$

wobei $\hat{H}$ durch

$$\hat{H}(q'_j, p'_j, t) := H(q_s = q_s(q'_j, t), p_s = p_s(q'_j, p'_j, t), t) \tag{3.61}$$

definiert ist. (3.59) erhält man auch, wenn man auf (3.21) die Transformation

$$\begin{aligned} q_k &= q_k(q'_1, \dots, q'_f, t), \\ p_k &= \sum_{i=1}^{f} p'_i \frac{\partial f_i}{\partial q_k}, \qquad k = 1, \dots, f \end{aligned} \tag{3.62}$$

anwendet und für H' die Beziehung (3.60) einsetzt. (3.62), d. h. die in den Phasenraum übertragene Punkttransformation, ist also ebenfalls eine kanonische Transformation.

Man kann nun noch die Punkttransformation (3.54) mit der Eichtransformation (3.45) verknüpfen und das Ergebnis mit einer Legendre-Transformation in den Phasenraum übertragen. Setzen wir dazu in (3.45a) die Transformation

$$q_k^+ = q_k^+(q'_j, t) = q_k, \qquad k = 1, \dots, f \tag{3.63}$$

ein, so entsteht eine Lagrange-Funktion $L'(q'_j, \dot{q}'_j, t)$, die durch

$$L'(q'_j, \dot{q}'_j, t) := L^+(q_j^+(q'_s, t), \dot{q}_j^+(q'_s, \dot{q}'_s, t), t) \tag{3.64}$$

oder, wenn wir für L^+ wieder (3.45a) benutzen, durch

$$L'(q'_j, \dot{q}'_j, t) := cL(q_j(q'_s, t), \dot{q}_j(q'_s, \dot{q}'_s, t), t) + \frac{d}{dt} F(q_j(q'_s, t), t) \tag{3.65}$$

definiert ist. Zu (3.65) gehören die Lagrange-Gleichungen 2. Art

$$\frac{d}{dt}\frac{\partial L'}{\partial \dot{q}'_k} - \frac{\partial L'}{\partial q'_k} = 0. \tag{3.66}$$

Die Legendre-Transformation

$$p'_k = \frac{\partial L'}{\partial \dot{q}'_k} = c \sum_{j=1}^{f} p_j \frac{\partial q_j}{\partial f_k} + \frac{\partial F'}{\partial f_k}, \tag{3.67}$$

$$H'(q'_j, p'_j, t) = \sum_{i=1}^{f} p'_i \dot{q}'_i(q'_j, p'_j, t) - L'(q'_j, \dot{q}'_j(q'_s, p'_s, t), t) \tag{3.68}$$

mit $$F'(q'_j, t) := F(q_k(q'_j, t), t) \tag{3.69}$$

führt (3.66) in die kanonischen Gleichungen (3.59) mit

$$H'(q'_j, p'_j, t) = cH + \sum_{i=1}^{f} p_i \frac{\partial f_i}{\partial t} - \frac{\partial F}{\partial t} \tag{3.70}$$

über. (3.70) entsteht auch aus (3.68), wenn man (3.67) und (3.65) einsetzt (man rechne das als nützliche Übung nach). Wendet man die inverse Transformation von (3.67),

$$\left.\begin{aligned} p_k &= \frac{1}{c} \sum_{i=1}^{f} \left(p'_i - \frac{\partial F'}{\partial f_i}\right) \frac{\partial f_i}{\partial q_k} \\ q_k &= q_k(q'_1, \ldots, q'_f, t) \end{aligned}\right\} \quad k = 1, \ldots, f \tag{3.71}$$

auf die kanonischen Gleichungen (3.21) an, so gehen diese mit (3.70) in (3.59) über. Daher ist (3.71) eine kanonische Transformation im Phasenraum. Auch diese Rechnung sei als nützliche Übung dem Leser empfohlen.

3.2.3.3 Die Erzeugende einer kanonischen Transformation Das Ergebnis (3.70), (3.71) der Übertragung von Punkt- und Eichtransformationen aus dem Konfigurationsraum in den Phasenraum kann mit Hilfe einer einzigen Funktion dargestellt werden. Definiert man nämlich eine Funktion G_2 durch

$$G_2(q_1, \ldots, q_f, p'_1, \ldots, p'_f, t) := \sum_{i=1}^{f} p'_i f_i(q_1, \ldots, q_f, t) - F(q_1, \ldots, q_f, t), \tag{3.72}$$

so kann man (3.54), (3.71), (3.70) in der Form

$$q'_k = \frac{\partial G_2}{\partial p'_k}, \qquad p_k = \frac{1}{c}\frac{\partial G_2}{\partial q_k} \tag{3.73}$$

$$H' = cH + \frac{\partial G_2}{\partial t} \tag{3.74}$$

schreiben. $q_1, \ldots, q_f, p'_1, \ldots, p'_f$ sind dabei als 2f unabhängige Variable aufzufassen. Man sagt zu (3.73) auch, daß die Funktion $G_2(q_j, p'_j, t)$ im Phasenraum eine kanonische Transformation erzeugt. G_2 bestimmt darüber hinaus, wie die neue Hamilton-Funktion H' aus H zu berechnen ist. Wir nennen $G_2(q_j, p'_j, t)$ eine *Erzeugende vom Typ 2.* Die Auflösbarkeit von (3.73) in eine Form

$$q_k = q_k(q'_1, \ldots, q'_f, p'_1, \ldots, p'_f, t) \tag{3.75a}$$

$$k = 1, \ldots, f$$

$$p_k = p_k(q'_1, \ldots, q'_f, p'_1, \ldots, p'_f, t) \tag{3.75b}$$

ist gesichert, da die Eigenschaft

$$\det\left(\frac{\partial^2 G_2}{\partial q_k \partial p'_j}\right) \not\equiv 0 \tag{3.76}$$

für unser Beispiel (3.72) erfüllt ist, denn es gilt

$$\det\left(\frac{\partial^2 G_2}{\partial q_k \partial p'_j}\right) = \det\left(\frac{\partial f_j}{\partial q_k}\right) \not\equiv 0.$$

Die Beziehungen (3.73) ergeben zusammen mit (3.76) für gegebene Funktionen $G_2(q_j, p'_j, t)$ auch dann eine invertierbare Transformation im Phasenraum, wenn G_2 nicht die spezielle Struktur (3.72) hat. Es ist daher zu vermuten, daß generell die aus (3.73) mit (3.76) folgenden Transformationen für jedes G_2 kanonisch sind und die transformierte Hamilton-Funktion H' aus (3.74) folgt. Diese Vermutung soll im anschließenden Abschnitt bewiesen werden.

3.2.4 Die allgemeine Erzeugende $G_2(q_j, p'_j, t)$ und die Hamilton-Jacobi-Gleichung in der q-Darstellung

Es gilt der folgende Satz: Die durch eine erzeugende Funktion vom Typ $G_2(q_j, p'_j, t)$ gemäß (3.73) und (3.76) definierten invertierbaren Transformationen im Phasenraum sind kanonisch, wobei die transformierte Hamilton-Funktion H' durch (3.74) gegeben ist.

Beweis: Wir müssen zeigen, daß für die aus (3.73) und (3.76) folgenden Transformationen die kanonischen Gleichungen (3.21) in die kanonischen Gleichungen (3.33) übergehen. Zunächst folgt aus (3.73) und (3.76) die Existenz einer Transformation (3.75), denn aus der ersten Gleichung von (3.73) erhält man durch Auflösung (3.75a). Aus der zweiten Gleichung von (3.73) entsteht dann (3.75b) durch Einsetzen von (3.75a). Für die weitere Rechnung beachten wir, daß der zu beweisende Satz nur für solche Transformationen zu führen ist, die durch G_2 erzeugt werden. In G_2 sind aber q_j, p'_j die unabhängigen Variablen. Daher ist es zweckmäßig,

$$H^*(q_j, p'_j, t) := H\left(q_j, p_j = \frac{1}{c}\frac{\partial G_2}{\partial q_j}, t\right), \tag{3.77a}$$

$$\widetilde{H}(q_j, p_j', t) := H'\left(q_j' = \frac{\partial G_2}{\partial p_j'}, p_j', t\right) \tag{3.77b}$$

zu definieren. Damit können wir (3.74) als

$$\widetilde{H} = cH^* + \frac{\partial G_2}{\partial t} \tag{3.78}$$

schreiben. Aus (3.21) und der zweiten Gleichung von (3.73) folgt

$$\frac{\partial}{\partial q_k}\left(cH + \frac{\partial G_2}{\partial t}\right) = -\sum_{j=1}^{f} \frac{\partial^2 G_2}{\partial q_k \partial q_j}\frac{\partial H}{\partial p_j} - \sum_{j=1}^{f} \frac{\partial^2 G_2}{\partial q_k \partial p_j'}\dot{p}_j'$$

und aus (3.77a)

$$\frac{\partial H^*}{\partial q_k} = \frac{\partial H}{\partial q_k} + \sum_{j=1}^{f} \frac{\partial H}{\partial p_i}\frac{\partial p_j}{\partial q_k}.$$

Damit erhält man aus (3.78)

$$\frac{\partial \widetilde{H}}{\partial q_k} = \frac{\partial}{\partial q_k}\left(cH^* + \frac{\partial G_2}{\partial t}\right) = \frac{\partial}{\partial q_k}\left(cH + \frac{\partial G_2}{\partial t}\right) + c\sum_{j=1}^{f} \frac{\partial H}{\partial p_j}\frac{\partial p_j}{\partial q_k}$$

$$= -\sum_{j=1}^{f} \frac{\partial^2 G_2}{\partial q_k \partial q_j}\frac{\partial H}{\partial p_j} - \sum_{j=1}^{f} \frac{\partial^2 G_2}{\partial q_k \partial p_j'}\dot{p}_j' + c\sum_{j=1}^{f} \frac{\partial H}{\partial p_j}\frac{\partial p_j}{\partial q_k} = -\sum_{j=1}^{f} \frac{\partial^2 G_2}{\partial q_k \partial p_j'}\dot{p}_j'.$$

Andererseits folgt aus (3.77b)

$$\frac{\partial \widetilde{H}}{\partial q_k} = \sum_{j=1}^{f} \frac{\partial H'}{\partial q_j'}\frac{\partial q_j'}{\partial q_k} = \sum_{j=1}^{f} \frac{\partial^2 G_2}{\partial p_j' \partial q_k}\frac{\partial H'}{\partial q_j'},$$

also ist $\displaystyle\sum_{j=1}^{f}\left(\dot{p}_j' + \frac{\partial H'}{\partial q_j'}\right)\frac{\partial^2 G_2}{\partial p_j' \partial q_k} = 0.$

Wegen (3.76) folgt hieraus, zumindest lokal,

$$\frac{dp_k'}{dt} = -\frac{\partial H'}{\partial q_k'}, \qquad k = 1, \ldots, f, \tag{3.79a}$$

womit die zweite Hälfte der Gln. (3.33) bewiesen ist. – Jetzt bilde man aus (3.77b)

$$\frac{\partial H'}{\partial p_k'} = \frac{\partial \widetilde{H}}{\partial p_k'} - \sum_{j=1}^{f} \frac{\partial H'}{\partial q_j'}\frac{\partial q_j'}{\partial p_k'}.$$

Setzt man hier (3.78) und (3.79a) ein und beachtet, daß wegen (3.77a)

$$\frac{\partial H^*}{\partial p_k'} = \sum_{j=1}^{f} \frac{\partial H}{\partial p_j}\frac{\partial p_j}{\partial p_k'} = \frac{1}{c}\sum_{j=1}^{f} \dot{q}_j \frac{\partial^2 G_2}{\partial q_j \partial p_k'}$$

gilt, so entsteht

$$\frac{\partial H'}{\partial p_k'} = \sum_{j=1}^{f} \dot{q}_j \frac{\partial^2 G_2}{\partial q_j \partial p_k'} + \frac{\partial}{\partial t}\frac{\partial G_2}{\partial p_k'} + \sum_{j=1}^{f} \dot{p}_j' \frac{\partial^2 G_2}{\partial p_k' \partial p_j'}.$$

Andererseits erhält man dieses Ergebnis auch, wenn man aus (3.73) $\frac{dq_k'}{dt}$ bildet. Folglich ist

$$\frac{dq_k'}{dt} = \frac{\partial H'}{\partial p_k'}, \qquad k = 1, \ldots, f. \tag{3.79b}$$

Damit ist bewiesen, daß jede Funktion $G_2(q_j, p_j', t)$, die die Eigenschaft (3.76) hat, mit Hilfe der Gleichungen (3.73) eine kanonische Transformation erzeugt, wobei die transformierte Hamilton-Funktion H' mit H und G_2 durch (3.74) zusammenhängt.

Die Umkehrung des obigen Satzes gilt nicht, denn es gibt kanonische Transformationen, die sich nicht durch G_2 erzeugen lassen (s. Abschn. 3.3.6). Notwendig dafür, daß sich eine Transformation (3.75) durch $G_2(q_j, p_j', t)$ erzeugen läßt, ist, daß die aus (3.73) folgenden Integrabilitätsbedingungen

$$\frac{\partial q_k'}{\partial q_j} = c \frac{\partial p_j}{\partial p_k'} \tag{3.80}$$

mit einer Konstanten $c \neq 0$ erfüllbar sind. Außer (3.80) muß aber auch (3.76) gelten. So erfüllt zwar $q' = p', q = p$ die Beziehungen (3.80) trivialerweise und es ist $G_2 = (p'^2 + q'^2)/2$, aber (3.76) ist verletzt, d. h. G_2 erzeugt keine Transformation (3.32). Genügt eine zumindest lokal invertierbare Transformation (3.32) den Integrabilitätsbedingungen (3.80), so unterscheiden sich alle Erzeugenden G_2, die diese kanonische Transformation erzeugen, voneinander nur durch eine additive Funktion $h(t)$. Ist $G_2(q_j, p_j', t)$ dagegen gegeben, so folgt aus (3.73) und (3.76), daß die resultierende kanonische Transformation eindeutig ist[1]).

Mit Hilfe von kanonischen Transformationen, die sich durch $G_2(q_j, p_j', t)$ erzeugen lassen, können wir nun die in Abschn. 3.2.1 formulierte Aufgabe prinzipiell lösen, nämlich eine kanonische Transformation zu bestimmen, die die kanonischen Gleichungen (3.21) in die trivialen kanonischen Gleichungen (3.36) transformiert. Hinreichend dafür ist,

$$H' = cH\left(q_j, p_j = \frac{1}{c}\frac{\partial G_2}{\partial q_j}, t\right) + \frac{\partial G_2}{\partial t} = g(t)$$

zu verlangen. Da die Addition einer Funktion $h(t)$ zu G_2 keinen Einfluß auf die aus G_2 resultierende kanonische Transformation hat, kann man $h(t)$ stets so wählen, daß

$$H' = cH\left(q_j, p_j = \frac{1}{c}\frac{\partial G_2}{\partial q_j}, t\right) + \frac{\partial G_2}{\partial t} = 0$$

gilt. Setzt man noch

$$\hat{G}_2 := \frac{1}{c} G_2, \tag{3.81}$$

d. h. $$p_j = \frac{\partial \hat{G}_2}{\partial q_j}, \qquad q_j' = c\frac{\partial \hat{G}_2}{\partial p_j'}, \qquad j = 1, \ldots, f, \tag{3.82}$$

---

[1]) Das gilt für Erzeugende vom Typ G_1 bis G_4, nicht aber für Erzeugende G_5, G_6 (s. Abschn. 3.3.6).

so erhält man als Bestimmungsgleichung für die Erzeugende $G_2(q_j, p_j', t)$ die partielle DG 1. Ordnung

$$H\left(q_j, p_j = \frac{\partial \hat{G}_2}{\partial q_j}, t\right) + \frac{\partial \hat{G}_2}{\partial t} = 0. \tag{3.83}$$

Diese partielle DG 1. Ordnung für die Erzeugende $\hat{G}_2$ heißt *Hamilton-Jacobi-Gleichung in der* q-*Darstellung*. Hierzu ein

Beispiel Es sei

$$H = \frac{p^2}{2m} + \frac{k}{2} q^2.$$

Dann ist die zugehörige HJ-Gleichung in der q-Darstellung

$$\frac{1}{2m}\left(\frac{\partial \hat{G}_2}{\partial q}\right)^2 + \frac{k}{2} q^2 + \frac{\partial \hat{G}_2}{\partial t} = 0. \tag{3.84}$$

Gesucht sind Lösungen $\hat{G}_2(q, p', t)$ dieser Gleichung, mit denen aus (3.73) die kanonische Transformation

$$q = q(q', p', t), \qquad p = p(q', p', t)$$

berechnet werden kann, so daß die zu H gehörenden kanonischen Gleichungen

$$\dot{q} = \frac{\partial H(q, p)}{\partial p}, \qquad \dot{p} = -\frac{\partial H(q, p)}{\partial q}$$

wegen $H' = 0$ die Form

$$\dot{q}' = 0, \qquad \dot{p}' = 0$$

annehmen, d. h. die Lösung $q' = \alpha$, $p' = \beta$ haben und damit für q(t), p(t) die Lösung

$$q = q(\alpha, \beta; t), \qquad p = p(\alpha, \beta; t)$$

entsteht. Lösungsverfahren für die Hamilton-Jacobi-Gleichung behandeln wir in den Abschnitten 3.3.2 bis 3.3.4.

3.3 Hamilton-Jacobi-Theorie

3.3.1 Das vollständige Integral (vollständige Lösung) der Hamilton-Jacobi-Gleichung

Eine Funktion $S(q_1, \ldots, q_f, \beta_1, \ldots, \beta_f, t)$, die neben den f + 1 unabhängigen Variablen $q_1, \ldots, q_f$, t noch von f Konstanten $\beta_1, \ldots, \beta_f$ abhängt, heißt *vollständiges Integral* oder *vollständige Lösung* der partiellen DG 1. Ordnung

$$H\left(q_1, \ldots, q_f, p_1 = \frac{\partial S}{\partial q_1}, \ldots, p_f = \frac{\partial S}{\partial q_f}, t\right) + \frac{\partial S}{\partial t} = 0, \tag{3.85}$$

wenn 1) S die partielle DG (3.85) identisch erfüllt, d. h. eine Lösung von (3.85) ist und 2) S die Eigenschaft

$$\det\left(\frac{\partial^2 S}{\partial q_i \partial \beta_j}\right) \neq 0 \tag{3.86}$$

hat.

Wir geben noch einmal die Schritte an, mit denen man aus der expliziten Kenntnis eines vollständigen Integrals $S = \hat{G}_2(q_j, p_j', t)$ die Lösungen $q_k(t, q_{jo}, p_{jo}), p_k(t, q_{jo}, p_{jo})$, $k = 1, \ldots, f$ der kanonischen Gleichungen gewinnt. Angenommen, es sei $\hat{G}_2(q_1, \ldots, q_f, p_1', \ldots, p_f', t)$ bekannt. Dann führe man folgende vier Schritte durch:

1. Schritt: Man bilde $\frac{\partial \hat{G}_2}{\partial q_k}$, $k = 1, \ldots, f$ und setze danach $t = 0$. Wegen der zweiten Gleichung von (3.73) erhält man dann

$$p_{ko} = \left[\frac{\partial \hat{G}_2}{\partial q_k}\right]_{t=0} =: N_k(q_{1o}, \ldots, q_{fo}, \beta_1, \ldots, \beta_f), \qquad k = 1, \ldots, f, \tag{3.87}$$

wobei wir der Deutlichkeit wegen die transformierten konstanten Impulse p_j' mit β_j bezeichnen. q_{ko}, p_{ko} sind die gegebenen Anfangswerte von q_j, p_j. (3.87) können wir wegen (3.86) in der Form

$$\beta_j = B_j(q_{1o}, \ldots, q_{fo}, p_{1o}, \ldots, p_{fo}), \qquad j = 1, \ldots, f \tag{3.88}$$

auflösen.

2. Schritt: Bezeichnet man die konstanten transformierten Koordinaten q_k' mit α_k, so folgt aus der ersten Gleichung von (3.73)

$$\alpha_k = c\,\frac{\partial \hat{G}_2}{\partial \beta_k} =: M_k(q_1, \ldots, q_f, \beta_1, \ldots, \beta_f, t), \qquad k = 1, \ldots, f. \tag{3.89}$$

Diese Gleichungen gelten speziell auch für $t = 0$, d. h. es ist auch

$$\alpha_j = c\left[\frac{\partial \hat{G}_2}{\partial \beta_j}\right]_{t=0} =: A_j(q_{1o}, \ldots, q_{fo}, \beta_1, \ldots, \beta_f), \qquad j = 1, \ldots, f. \tag{3.90}$$

(3.89) kann man nun nach den q_j auflösen; es entsteht

$$q_k = Q_k(t; \alpha_1, \ldots, \alpha_f, \beta_1, \ldots, \beta_f), \qquad k = 1, \ldots, f. \tag{3.91}$$

3. Schritt: In (3.91) setze man nun für die α_j, β_j die Funktionen A_j, B_j der Anfangswerte q_{ko}, p_{ko} ein. Damit gewinnt man die eine Hälfte $q_k(t)$ der Lösungen von (3.21):

$$q_k(t) = q_k(t; q_{1o}, \ldots, q_{fo}, p_{1o}, \ldots, p_{fo}), \qquad k = 1, \ldots, f. \tag{3.92}$$

4. Schritt: Zum Schluß setze man noch (3.92) und (3.88) in die zweite Gleichung von (3.73) ein und erhält damit

$$p_k(t) = p_k(t; q_{1o}, \ldots, q_{fo}, p_{1o}, \ldots, p_{fo}), \qquad k = 1, \ldots, f. \tag{3.93}$$

Die Kenntnis eines vollständigen Integrals der HJ-Gleichung (3.83) ist also äquivalent zur Kenntnis einer allgemeinen Lösung der kanonischen Gleichungen (3.21). Zur Erläuterung wählen wir das folgende

Beispiel Gegeben sei

$$\hat{G}_2(q,\beta,t) = \sqrt{mk}\,\frac{1}{2}\left(q\sqrt{\frac{2\beta}{k}-q^2}+\frac{2\beta}{k}\arcsin\frac{q}{\sqrt{\frac{2\beta}{k}}}\right)-\beta t.$$

1) $$\frac{\partial \hat{G}_2}{\partial q} = \sqrt{mk}\sqrt{\frac{2\beta}{k}-q^2} = p(t),$$

$$p_0 = \sqrt{mk}\sqrt{\frac{2\beta}{k}-q_0^2} =: N(q_0,\beta),$$

$$\beta = \frac{p_0^2}{2m}+\frac{k}{2}q_0^2 =: B(q_0,p_0) = E.$$

2) $$\alpha = c\,\frac{\partial \hat{G}_2}{\partial \beta} = c\sqrt{\frac{m}{k}}\arcsin\frac{q(t)}{\sqrt{\frac{2\beta}{k}}} - ct =: M(q,\beta,t)$$

$$\alpha = c\sqrt{\frac{m}{k}}\arcsin\frac{q_0}{\sqrt{\frac{2\beta}{k}}} =: A(q_0,\beta)$$

$$q(t) = \sqrt{\frac{2\beta}{k}}\sin\left(\sqrt{\frac{k}{m}}\left(\frac{\alpha}{c}+t\right)\right) =: Q(t;\alpha,\beta).$$

3) $$q(t) = q_0\cos\left(\sqrt{\frac{k}{m}}\,t\right)+\frac{p_0}{\sqrt{mk}}\sin\left(\sqrt{\frac{k}{m}}\,t\right)$$

Bildet man $\dot{q}(0)$, so folgt

$$v_0 := \dot{q}(0) = \frac{p_0}{m},$$

also, mit $\omega := \sqrt{\frac{k}{m}}$,

$$q(t) = q_0\cos(\omega t)+\frac{v_0}{\omega}\sin(\omega t).$$

4) $$p(t) = \sqrt{mk}\sqrt{\frac{2\beta}{k}-q^2} = \sqrt{mk}\left(\frac{v_0}{\omega}\cos(\omega t)-q_0\sin(\omega t)\right) = m\dot{q}(t).$$

Es handelt sich also um eine eindimensionale periodische Bewegung eines Massenpunktes unter dem Einfluß einer harmonischen Kraft (linearer harmonischer Oszillator).

3.3.2 Die Hamilton-Jacobi-Gleichung für explizit zeitunabhängige Hamilton-Funktionen

Das Verfahren in Abschn. 3.3.1 zur Berechnung der Lösung der kanonischen Gleichungen setzte die Kenntnis eines vollständigen Integrals der HJ-Gleichung voraus. Für den Fall zeitunabhängiger Hamilton-Funktionen wollen wir nun ein Verfahren beschreiben, das unter bestimmten zusätzlichen Voraussetzungen zur Bestimmung eines vollständigen Integrals der HJ-Gleichung führt.

Für $\frac{\partial H}{\partial t} = 0$[1]) können wir die HJ-Gleichung

$$H\left(q_1, \ldots, q_f, p_1 = \frac{\partial \hat{G}_2}{\partial q_1}, \ldots, p_f = \frac{\partial \hat{G}_2}{\partial q_f}\right) + \frac{\partial \hat{G}_2}{\partial t} = 0 \tag{3.94}$$

vereinfachen. Dazu machen wir den *Separationsansatz*

$$\hat{G}_2 = W_2(q_1, \ldots, q_f, \beta_1, \ldots, \beta_f) + f_0(t, \beta_1, \ldots, \beta_f). \tag{3.95}$$

Damit entsteht

$$H\left(q_1, \ldots, q_f, \frac{\partial W_2}{\partial q_1}, \ldots, \frac{\partial W_2}{\partial q_f}\right) + \dot{f}_0 = 0. \tag{3.96}$$

Das bedeutet aber, da t nur in f_0 und die q_j nur in H und W_2 vorkommen, daß $\dot{f}_0$ eine Konstante sein muß, die nur noch von den Konstanten $\beta_1, \ldots, \beta_f$ abhängen kann:

$$\dot{f}_0 = -W_{20}(\beta_1, \ldots, \beta_f), \qquad f_0 = -W_{20}t.$$

Für W_2 gilt dann die partielle DG 1. Ordnung

$$H\left(q_1, \ldots, q_f, \frac{\partial W_2}{\partial q_1}, \ldots, \frac{\partial W_2}{\partial q_f}\right) = W_{20}(\beta_1, \ldots, \beta_f). \tag{3.97}$$

Die Separationskonstante W_{20} ist mit der Gesamtenergie E identisch, wenn $H = T + V(q_1, \ldots, q_f)$ ist.
Die Erzeugende (3.95) nimmt die in der Zeit lineare Form

$$\hat{G}_2 = W_2(q_1, \ldots, q_f, \beta_1, \ldots, \beta_f) - W_{20}(\beta_1, \ldots, \beta_f)t \tag{3.98}$$

an. W_2 nennt man *charakteristische Funktion.* Sie erzeugt die zeitunabhängige kanonische Transformation

$$p_k = \frac{\partial W_2}{\partial q_k}, \qquad q_k^* = c\,\frac{\partial W_2}{\partial \beta_k}. \tag{3.99}$$

---

[1]) Systeme, für die $\frac{\partial H}{\partial t} = 0$ gilt, heißen auch *dynamische Systeme*. Sie spielen eine wichtige Rolle in der Stabilitätstheorie und in der Statistischen Mechanik. Für gegebene Anfangswerte q_{i0}, p_{i0} verläuft die Bahn im Phasenraum auf der Hyperfläche H = const. Ist die Lösung des Anfangswertproblems für die kanonischen Gleichungen (3.21) eindeutig, so folgt daraus, daß die Phasenbahn eines dynamischen Systems sich auf der Hyperfläche H = const nicht schneiden kann.

3.3.3 Das allgemeine Separationsverfahren zur Berechnung eines vollständigen Integrals der Hamilton-Jacobi-Gleichung

Der in Abschn. 3.3.2 behandelte Fall ist ein spezielles Beispiel einer allgemeinen Separationsmethode. Darunter versteht man eine Lösung von (3.97), bei der ein vollständiges Integral dieser HJ-Gleichung mit Hilfe eines Ansatzes der Form

$$W_2 = \sum_{k=1}^{f} W_{2k}(q_k, \beta_1, \ldots, \beta_f) \tag{3.100}$$

gefunden werden kann. W_2 ist also eine Summe von Funktionen W_{2k}, die jede für sich nur von einer Koordinate q_k abhängt. Dann gilt

$$p_k = \frac{\partial W_{2k}}{\partial q_k} = p_k(q_k, \beta_1, \ldots, \beta_f).$$

Damit (3.100) eine Lösung von (3.97) ist, muß (3.97) in f HJ-Gleichungen für die W_{2k} zerfallen. Eine hinreichende, aber nicht notwendige Bedingung dafür ist, daß sich $H(q_1, \ldots, q_f, p_1, \ldots, p_f)$ in der Form

$$H = F[h_1(q_1, p_1), \ldots, h_f(q_f, p_f)] \tag{3.101}$$

darstellen läßt. In diesem Fall kann man

$$h_j\left(q_j, \frac{\partial W_{2j}}{\partial q_j}\right) = \beta_j, \qquad j = 1, \ldots, f \tag{3.102}$$

setzen. Die Lösung dieser Gleichung gibt dann mit (3.100) eine Lösung von (3.97). Dabei ist

$$W_{20}(\beta_1, \ldots, \beta_f,) = F(\beta_1, \ldots, \beta_f).$$

Auch dann, wenn man H in der Form

$$\begin{aligned} H(q_1, \ldots, q_f, p_1, \ldots, p_f) &= F(q_f, p_f; g_{f-1}) \\ g_{f-1} &= g_{f-1}(q_{f-1}, p_{f-1}; g_{f-2}) \\ &\vdots \\ g_1 &= g_1(q_1, p_1) \end{aligned} \tag{3.103}$$

darstellen kann, ist (3.97) mit dem Ansatz (3.100) lösbar, wobei die f folgenden separierten HJ-Gleichungen entstehen:

$$\begin{aligned} &g_1\left(q_1, \frac{\partial W_{21}}{\partial q_1}\right) = \beta_1 \\ &g_2\left(q_2, \frac{\partial W_{22}}{\partial q_2}, \beta_1\right) = \beta_2 \\ &\vdots \\ &F\left(q_f, \frac{\partial W_{2f}}{\partial q_f}, \beta_{f-1}\right) = W_{20}(\beta_1, \ldots, \beta_f). \end{aligned} \tag{3.104}$$

Es gilt folgende hinreichende und notwendige Bedingung [14]: Genau dann, wenn $H(q_1, \ldots, q_f, p_1, \ldots, p_f)$ die $f(f-1)$ Gleichungen

$$\frac{\partial^2 H}{\partial q_i \partial q_j}\frac{\partial H}{\partial p_i}\frac{\partial H}{\partial p_j} - \frac{\partial^2 H}{\partial q_i \partial p_j}\frac{\partial H}{\partial q_j}\frac{\partial H}{\partial p_i} - \frac{\partial^2 H}{\partial q_j \partial p_i}\frac{\partial H}{\partial q_i}\frac{\partial H}{\partial p_j} + \frac{\partial^2 H}{\partial p_i \partial p_j}\frac{\partial H}{\partial q_i}\frac{\partial H}{\partial q_j} = 0, \qquad i, j = 1, \ldots, f;\ i \neq j \tag{3.105}$$

identisch in den q_j, p_j erfüllt, ist (3.97) mit dem Ansatz (3.100) separabel. Das Erfülltsein von (3.105) ist bei vorgegebenem H abhängig von der verwendeten Koordinatenart. Für eine Standard-Hamilton-Funktion $H = T + V(q_1, \ldots, q_f)$, in der T eine homogene quadratische Funktion der p_j ist, erhält man aus (3.105) ein Polynom 4. Grades in den p_j. (3.105) wird für diesen Fall genau dann erfüllt, wenn die Glieder jedes Grades dieses Polynoms für sich identisch verschwinden. Die Glieder nullten Grades sind dabei durch

$$\frac{\partial^2 T}{\partial p_i \partial p_j}\frac{\partial V}{\partial q_i}\frac{\partial V}{\partial q_j} = a_{ij}(q_1, \ldots, q_f)\frac{\partial V}{\partial q_i}\frac{\partial V}{\partial q_j}; \qquad i, j - 1, \ldots, f;\ i \neq j \tag{3.106}$$

gegeben. (3.105) bedeutet, daß

$$a_{ij}(q_1, \ldots, q_f)\frac{\partial V}{\partial q_i}\frac{\partial V}{\partial q_j} \equiv 0; \qquad i, j = 1, \ldots, f;\ i \neq j \tag{3.107}$$

gelten muß.

Die Gln. (3.107) sind automatisch erfüllt, wenn T nur *rein quadratische* Glieder mit p_i^2 enthält. Für diese sog. orthogonalen Hamilton-Funktionen ist

$$H = \frac{1}{2}\sum_{j=1}^{f} a_j(q_1, \ldots, q_f)p_j^2 + V(q_1, \ldots, q_f) \tag{3.108}$$

und damit $a_{ij} \equiv 0$ für $i \neq j$. Stäckel [15, 16] hat für solche Hamilton-Funktionen mit Hilfe von (3.105) hinreichende und notwendige Bedingungen für die Koeffizienten $a_j(q_1, \ldots, q_f)$ und die Form von $V(q_1, \ldots, q_f)$ angegeben, für die die Gleichungen (3.105) identisch erfüllt werden. Für diese orthogonalen separierbaren Systeme kann also die zu H gehörende HJ-Gleichung *vollständig* separiert werden; das bedeutet, daß (3.97) in f entkoppelte DGn 1. Ordnung zerfällt, die im Prinzip durch Quadraturen, d. h. in Form unbestimmter Integrale gelöst werden können.

Ist die Berechnung dieser Integrale zur Gewinnung der Lösung $q_i(t)$, $p_i(t)$ einfacher als die direkte Lösung der gekoppelten Systeme der kanonischen Gleichungen (3.21), so ist die Anwendung der HJ-Methode vorteilhaft. Aber auch dann, wenn die HJ-Gleichung nicht oder nicht vollständig separabel ist, ist ihre Anwendung oft zweckmäßig. So kann man manchmal H in zwei Anteile, H_0 und H_1 mit $H = H_0 + H_1$ derart zerlegen, daß H_0 separabel ist und H_1 als Störung des Hauptterms aufgefaßt werden kann. Für die zu H_1 gehörende HJ-Gleichung kann man dann eine systematische Störungstheorie entwickeln, die zu Reihenentwicklungen für $q_i(t)$, $p_i(t)$ führt.

Die Separabilität einer zu H gehörenden HJ-Gleichung (3.97) ist eine Eigenschaft von H *und* der benutzten Koordinatenart. So ist das Newtonsche Gravitationspotential α/r zwischen zwei MP in Polarkoordinaten, Bipolarkoordinaten und parabolischen Koordinaten separabel, dagegen nicht in kartesischen Koordinaten. Für drei gravitierende Massenpunkte kennt man *keine* Koordinatenart, in der die HJ-Gleichung separabel ist. Daher ist man in diesem Fall grundsätzlich auf Störungsrechnungen angewiesen. Spezialfälle des Dreikörperproblems, wie z. B. das Zweizentrenproblem, können dagegen vollständig separabel sein. Dann bringt die HJ-Methode manchmal Vorteile gegenüber dem

Versuch einer direkten Lösung der kanonischen Gleichungen (3.21). Das Zweizentrenproblem, d. h. die Bewegung eines Körpers m_3 im Gravitationsfeld zweier festgehaltener Massen m_1, m_2, ist in elliptischen Koordinaten vollständig separabel; die Integration der separierten HJ-Gleichungen führt auf elliptische Integrale [16].

3.3.4 Beispiel: Massenpunkt im homogenen Feld

Für die Bewegung eines Massenpunktes im homogenen Feld (schiefer Wurf) soll jetzt ein vollständiges Integral der zugehörigen HJ-Gleichung berechnet und daraus die Bahnkurve bestimmt werden. Dieses einfache Beispiel der Bewegung eines MP löst man natürlich schneller mit den aus der Schule bekannten elementaren Newtonschen Bewegungsgleichungen als mit der HJ-Gleichung; es soll auch nur dazu dienen, die Vorgehensweise bei der HJ-Methode zu erläutern.

Gegeben sei also ein homogenes Kraftfeld $\mathbf{F} = \mathbf{a}$; ein zugehöriges Potential ist somit $V(\mathbf{r}) = -\mathbf{a} \cdot \mathbf{r}$. Der MP mit der Masse m habe im BS Σ zur Zeit $t = 0$ die Lage $\mathbf{r}(0) = \mathbf{r}_0$ und die Anfangsgeschwindigkeit $\dot{\mathbf{r}}(0) = \mathbf{v}_0$. Gesucht ist die eindeutige Bahnkurve $\mathbf{r}(t; \mathbf{r}_0, \mathbf{v}_0)$. Für die Hamilton-Funktion H erhält man bez. eines KS $[O, \mathbf{e}_1, \mathbf{e}_2, \mathbf{e}_3]$ in Σ

$$H = \frac{1}{2m} \sum_{i=1}^{3} p_i^2 - \sum_{i=1}^{3} a_i x_i. \tag{3.109}$$

Die HJ-Gleichung für $\hat{G}_2(\mathbf{r}, \mathbf{p}', t)$ hat also die Form

$$\frac{1}{2m} \sum_{i=1}^{3} \left(\frac{\partial \hat{G}_2}{\partial x_i}\right)^2 - \sum_{i=1}^{3} a_i x_i + \frac{\partial \hat{G}_2}{\partial t} = 0. \tag{3.110}$$

Mit dem Ansatz

$$\hat{G}_2 = W_2(\mathbf{r}, \beta_1, \beta_2, \beta_3) - W_{20}(\beta_1, \beta_2, \beta_3)$$

spalten wir zunächst die Zeitabhängigkeit in $\hat{G}_2$ ab und erhalten so die folgende HJ-Gleichung für die charakteristische Funktion $W_2(x_1, x_2, x_3, \beta_1, \beta_2, \beta_3)$:

$$\frac{1}{2m} \sum_{i=1}^{3} \left[\left(\frac{\partial W_2}{\partial x_i}\right)^2 - a_i x_i\right] = W_{20}(\beta_1, \beta_2, \beta_3).$$

Diese Gleichung erfüllt die Separabilitätsbedingung (3.101). Der Separationsansatz

$$W_2(x_1, x_2, x_3, \beta_1, \beta_2, \beta_3) = \sum_{i=1}^{3} W_{2i}(x_i, \beta_1, \beta_2, \beta_3)$$

führt zu den separierten HJ-Gleichungen

$$\frac{1}{2m} \left(\frac{\partial W_{2i}}{\partial x_i}\right)^2 - a_i x_i = \beta_i, \qquad i = 1, 2, 3.$$

Man erhält außerdem

$$W_{20}(\beta_1, \beta_2, \beta_3) = \sum_{i=1}^{3} \beta_i = E.$$

Mit den Lösungen der separierten HJ-Gleichungen in Form unbestimmter Integrale

$$W_{2i} = \int^{x_i} \sqrt{2m(a_i\tilde{x}_i + \beta_i)}\,d\tilde{x}_i, \qquad i = 1, 2, 3$$

gewinnt man dann das vollständige Integral

$$\hat{G}_2(x_1, x_2, x_3, \beta_1, \beta_2, \beta_3, t) = \sum_{i=1}^{3} \int^{x_i} \sqrt{2m(a_i\tilde{x}_i + \beta_i)}\,d\tilde{x}_i - t \sum_{i=1}^{3} \beta_i.$$

Damit entsteht

$$p_i(t) = \frac{\partial \hat{G}_2}{\partial x_i} = \frac{\partial W_2}{\partial x_i} = \sqrt{2m(a_i x_i + \beta_i)}$$

und $$x_i' = \alpha_i = c\,\frac{\partial \hat{G}_2}{\partial \beta_i} = c\,\frac{\partial W_{2i}}{\partial \beta_i} - ct = c \int^{x_i} \frac{m\,d\tilde{x}_i}{\sqrt{2m(a_i\tilde{x}_i + \beta_i)}} - ct.$$

Für $t = 0$ folgt

$$p_i(0) = \sqrt{2m(a_i x_{io} + \beta_i)} =: p_{io},$$

und hieraus erhält man

$$\beta_i = \frac{p_{io}^2}{2m} - a_i x_{io}.$$

Außerdem wird für $t = 0$:

$$\alpha_i = c \int^{x_{io}} \frac{m\,d\tilde{x}_i}{\sqrt{2m(a_i\tilde{x}_i + \beta_i)}} = \frac{\sqrt{2}\,c\,\sqrt{m}}{a_i} \sqrt{a_i x_{io} + \beta_i}.$$

Löst man

$$\alpha_i = \frac{\sqrt{2}\,c\,\sqrt{m}}{a_i} \sqrt{a_i x_i + \beta_i} - ct$$

nach x_i auf, so entsteht

$$x_i = \frac{a_i}{2m} t^2 + \frac{a_i \alpha_i}{mc} t + \frac{a_i}{2mc^2} \alpha_i^2 - \frac{\beta_i}{a_i}.$$

Setzt man hier α_i und β_i ein, so wird

$$x_i = \frac{a_i}{2m} t^2 + \frac{p_{io}}{m} t + x_{io}$$

oder, mit $p_{io} = mv_{io}$,

$$x_i = \frac{a_i}{2m} t^2 + v_{io} t + x_{io}, \qquad i = 1, 2, 3.$$

Mit diesem Ergebnis für x_i folgt dann für p_i

$$p_i = a_i t + mv_{io}, \qquad i = 1, 2, 3.$$

3.3.5 Das allgemeine Integral (allgemeine Lösung) der Hamilton-Jacobi-Gleichung

Wir wollen uns in diesem Abschnitt auf die Bewegung nur eines MP mit einer explizit zeitunabhängigen Standard-Hamilton-Funktion $H = T + V = E$ beschränken. Die HJ-Gleichung in der q-Darstellung hatte die Form

$$H\left(x_1, x_2, x_3, p_1 = \frac{\partial S}{\partial x_1}, p_2 = \frac{\partial S}{\partial x_2}, p_3 = \frac{\partial S}{\partial x_3}\right) + \frac{\partial S}{\partial t} = 0. \tag{3.111}$$

Die Cauchysche Anfangswertaufgabe für diese partielle DG 1. Ordnung besagt, daß man auf einer Hyperfläche des Raumes $\mathbb{E}^4$,

$$t_0 - \tau(x_1, x_2, x_3) = 0,$$

eine Funktion $s(x_1, x_2, x_3)$ vorgeben kann, so daß die Lösung $\hat{S}(x_1, x_2, x_3, t)$ von (3.111) auf der Hyperfläche die Werte $s(x_1, x_2, x_3)$ annimmt:

$$\hat{S}(x_1, x_2, x_3, t_0 = \tau(x_1, x_2, x_3)) = s(x_1, x_2, x_3).$$

Eine solche Lösung heißt *allgemeines Integral* der HJ-Gleichung (3.111). Man kann beweisen, daß das allgemeine Integral von (3.111) aus einem vollständigen Integral $S(x_1, x_2, x_3, \beta_1, \beta_2, \beta_3, t)$ durch Elimination der β_i berechnet werden kann [17, 18]. Das allgemeine Integral $\hat{S}(x_1, x_2, x_3, t)$ läßt eine Interpretation im Konfigurationsraum zu, die eine Analogie zur Ausbreitung elektromagnetischer Wellen in der Näherung kleiner Wellenlängen besitzt (geometrische Optik). Mit dem Separationsansatz

$$\hat{S}(x_1, x_2, x_3, t) = \hat{W}(x_1, x_2, x_3) - Et \tag{3.112}$$

entsteht für $T = (p_1^2 + p_2^2 + p_3^2)/2m$

$$\mathbf{p}^2 = \left(\frac{\partial \hat{W}}{\partial x_1}\right)^2 + \left(\frac{\partial \hat{W}}{\partial x_2}\right)^2 + \left(\frac{\partial \hat{W}}{\partial x_3}\right)^2 = (\text{grad}\,\hat{W})^2 = 2m(E - V(x_1, x_2, x_3)).$$

$\hat{W}(x_1, x_2, x_3) = \text{const}$ stellt eine zeitlich konstante Fläche im dreidimensionalen Konfigurationsraum dar. $\hat{S}(x_1, x_2, x_3, t) = \text{const}$ bedeutet, im Konfigurationsraum interpretiert, eine zeitlich sich ausbreitende Fläche, die, wegen (3.112) für jeden Zeitpunkt $t = \text{const}$ mit einer Fläche $\hat{W}(x_1, x_2, x_3) = c$ zusammenfällt. Die orthogonalen Trajektorien dieser Flächenscharen sind die möglichen, aus den Anfangswerten $x_{10}, x_{20}, x_{30}, t_0$ sich ergebenden Bahnkurven, denn es ist

$$\mathbf{p} = \text{grad}\,\hat{W}.$$

Die Ausbreitungsgeschwindigkeit u der Flächen $\hat{S}(x_1, x_2, x_3, t) = \text{const}$ erhält man aus der Bedingung

$$\frac{d\hat{S}}{dt} = \frac{\partial \hat{S}}{\partial t} + \mathbf{u} \cdot \text{grad}\,\hat{S} = 0.$$

Dabei ist

$$u := \left[\frac{dr}{dt}\right]_{\hat{S}=c}, \qquad |u| = \frac{\left|\dfrac{\partial \hat{S}}{\partial t}\right|}{|\text{grad } \hat{S}|} = u(x_1, x_2, x_3)$$

oder $$u(x_1, x_2, x_3) = \frac{|E|}{|\text{grad } \hat{W}|} = \frac{|E|}{\sqrt{2m(E - V(x_1, x_2, x_3))}} = \frac{|E|}{|p(x_1, x_2, x_3)|}$$

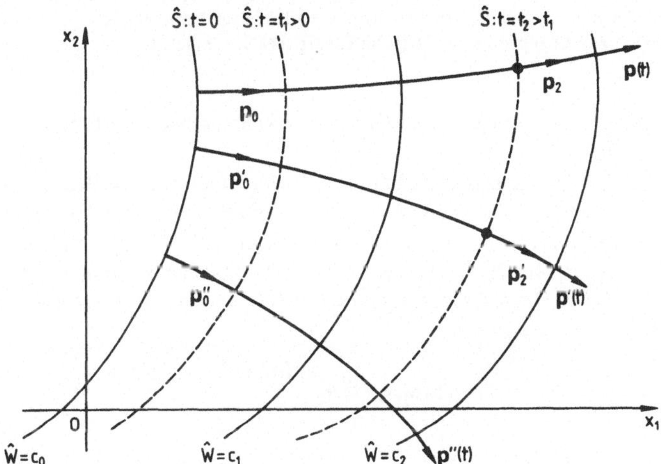

Fig 3.1

Wegen der Beziehung

$$E - V(x_1, x_2, x_3) = \frac{p^2}{2m} = \frac{E^2}{2mu^2} = \frac{\left(\dfrac{\partial \hat{S}}{\partial t}\right)^2}{2mu^2}$$

kann man die HJ-Gleichung für $\hat{S}$ auch in der Form

$$(\text{grad } \hat{S})^2 = \frac{1}{u^2}\left(\frac{\partial \hat{S}}{\partial t}\right)^2$$

schreiben. Diese Gleichung stimmt der Form nach mit der kurzwelligen Näherung der skalaren Wellengleichung der Wellenoptik überein. In der geometrischen Optik ist die zeitunabhängige Gleichung

$$(\text{grad } \hat{W})^2 = n^2(x_1, x_2, x_3)$$

als *Eikonalgleichung* bekannt, wobei $n^2(x_1, x_2, x_3)$ das Quadrat des Brechungsindex in einem inhomogenen isotropen Medium ist. Interpretiert man also $2m(E - V(x_1, x_2, x_3))$ als $n^2(x_1, x_2, x_3)$, so erscheint die Geschwindigkeit $u(x_1, x_2, x_3)$ als Phasengeschwindigkeit einer mit der Bewegung des MP verbundenen sich ausbreitenden Welle im Konfigurationsraum, die mit der Teilchengeschwindigkeit $\mathbf{v} = \mathbf{p}/m$ durch die Beziehung

$$u(x_1, x_2, x_3)\, v(x_1, x_2, x_3) = \frac{|E|}{m}$$

verbunden ist[1]).

Diese Interpretation von $\hat{S}$ im Konfigurationsraum wurde benutzt, um für Elektronen eine „Materiewellengleichung" zu erraten, die die Beugungsexperimente mit Elektronen an Kristallgittern beschreiben sollte (*Schrödinger-Gleichung*) [14, 19]. Die durch eine solche Analogie mit der kurzwelligen Näherung der Wellenoptik gefundene Schrödinger-Gleichung stellt einen der möglichen Zugänge zur Quantenmechanik dar (sog. Wellenmechanik). Die anfangs gegebene Interpretation der Amplitude der Schrödinger-Gleichung als Dichte einer Materieverteilung des Elektrons konnte aber nicht beibehalten werden, sie wurde durch eine statistische Interpretation ersetzt.

*3.3.6 Die sechs Typen von Erzeugenden kanonischer Transformationen

3.3.6.1 Eine fundamentale Pfaffsche Differentialform Die Beziehungen (3.73) erzeugen, zusammen mit (3.76) kanonische Transformationen, wie in Abschn. 3.3.4 bewiesen wurde. Wir fanden (3.73) aus der speziellen Erzeugenden (3.72), mit der wir das Ergebnis der Übertragung von Eich- und Punkttransformationen aus dem Konfigurationsraum in den Phasenraum übersichtlich zusammenfassen konnten. Als Ausgangspunkt dienten dabei die Gleichungen (3.45)

$$L'(q_j', \dot{q}_j', t) = cL(q_j, \dot{q}_j, t) + \frac{dF(q_j, t)}{dt} \tag{3.113a}$$

$$q_k = q_k(q_i', t), \qquad k = 1, \ldots, f, \tag{3.113b}$$

die wir mit einer Legendre-Transformation in den Phasenraum übertrugen und so zu den transformierten kanonischen Gleichungen (3.33) gelangten. Ersetzt man nun in (3.113a) die Lagrange-Funktionen L, L' und die Variablen $\dot{q}_j$, $\dot{q}_j'$ durch ihre Legendre-Transformierten (3.25), so entsteht

$$H'(q_j', p_j', t) - \sum_{i=1}^{f} p_i'\dot{q}_i' - c\left(H - \sum_{k=1}^{f} p_k\dot{q}_k\right) = -\frac{dF(q_j, t)}{dt}. \tag{3.114}$$

Es ist zweckmäßig, diese Gleichung als Pfaffsche Form (s. Abschn. 5.1)

$$\Omega := H'dt - \sum_{i=1}^{f} p_i'dq_i' - c\left(Hdt - \sum_{i=1}^{f} p_i dq_i\right) = -dF(q_j, t) \tag{3.115}$$

zu schreiben. Setzt man die aus (3.113b) folgende Beziehung

---

[1]) $\hat{S}(x_1, x_2, x_3, t) = \text{const}$ ist die Einhüllende der Flächenschar

$$S(x_1, x_2, x_3, \beta_1(q_{j0}, p_{j0}), \beta_2(q_{j0}, p_{j0}), \beta_3(q_{j0}, p_{j0}), t) = \text{const}.$$

$\hat{S} = \text{const}$ entspricht in der Optik der aus Elementarwellen entstehenden Wellenfront.

$$dq_i' = \sum_{k=1}^{f} \frac{\partial q_i'}{\partial q_k} dq_k + \frac{\partial q_i'}{\partial t} dt \tag{3.116}$$

in (3.115) ein, so folgt mit

$$dF(q_j, t) = \frac{\partial F}{\partial t} dt + \sum_{k=1}^{f} \frac{\partial F}{\partial q_k} dq_k \tag{3.117}$$

und $f_i := q_i'$

$$\begin{aligned}(H' - cH)dt + \sum_{k=1}^{f} \left(cp_k - \sum_{i=1}^{f} p_i' \frac{\partial f_i}{\partial q_k} \right) dq_k - \sum_{i=1}^{f} p_i' \frac{\partial f_i}{\partial t} dt \\ = - \frac{\partial F}{\partial t} dt - \sum_{k=1}^{f} \frac{\partial F}{\partial q_k} dq_k .\end{aligned} \tag{3.118}$$

Da zwei Pfaffsche Formen in denselben unabhängigen Variablen nur dann übereinstimmen, wenn ihre Koeffizienten gleich sind, erhält man aus (3.118)

$$cp_k = \sum_{i=1}^{f} p_i' \frac{\partial f_i}{\partial q_k} - \frac{\partial F}{\partial q_k}, \tag{3.119}$$

$$H' = cH + \sum_{i=1}^{f} p_i' \frac{\partial f_i}{\partial t} - \frac{\partial F}{\partial t}, \tag{3.120}$$

also wieder die Ergebnisse (3.71) bzw. (3.70).

Ω ist eine Pfaffsche Form im (2f + 1)-dimensionalen Raum $\mathbb{R} \times T^*\mathbb{M}^f$, wobei $t \in \mathbb{R}$ ist. Wir müssen also vom Phasenraum $T^*\mathbb{M}^f$ zum direkten Produktraum[1]) $\mathbb{R} \times T^*\mathbb{M}^f$ übergehen, wenn explizit zeitabhängige Funktionen wie $H(q_j, p_j, t)$, $F(q_j, t)$ oder zeitabhängige Transformationen $q_k = q_k(q_j', p_j', t)$, $p_k = p_k(q_j', p_j', t)$ auftreten. Dabei ist t als zusätzliche unabhängige V a r i a b l e anzusehen und nicht nur als Parameter, wie bei einer rein analytischen, nicht-geometrischen Darstellung der Hamilton-Mechanik.

Setzt man die Beziehungen (3.73), (3.74) für eine allgemeine Erzeugende vom Typ G_2 in (3.115) ein, so erhält man

$$\begin{aligned}\Omega &= \frac{\partial G_2}{\partial t} dt - \sum_{i=1}^{f} p_i' dq_i' + \sum_{i=1}^{f} \frac{\partial G_2}{\partial q_i} dq_i \\ &= dG_2 - \sum_{k=1}^{f} \frac{\partial G_2}{\partial q_k} dq_k - \sum_{k=1}^{f} \frac{\partial G_2}{\partial p_k'} dp_k' - \sum_{k=1}^{f} p_k' dq_k' + \sum_{k=1}^{f} \frac{\partial G_2}{\partial q_k} dq_k .\end{aligned}$$

---

[1]) Der Raum $\mathbb{R} \times T\mathbb{M}^f$ wurde bereits bei der Untersuchung linearer nichtholonomer NBn benutzt, denn um den Satz von Frobenius für zeitabhängige NBn anwenden zu können, muß dieser Raum zugrunde gelegt werden. Der Raum $\mathbb{R} \times T^*\mathbb{M}^f$ heißt auch *Zustandsraum.*

Das kann man mit (3.73) auch in der Form

$$\Omega = d\left(G_2 - \sum_{k=1}^{f} p'_k q'_k(q_j, p'_j, t)\right) \tag{3.121}$$

schreiben und folgendermaßen interpretieren: Kanonische Transformationen, die durch $G_2(q_j, p'_j, t)$ erzeugt werden, machen die Pfaffsche Form Ω zu einem totalen Differential einer Funktion der Variablen q_j, p'_j, t.
Ersetzt man umgekehrt die rechte Seite von (3.115), durch das totale Differential einer Funktion von 2f + 1 Variablen der Gestalt

$$G^{(1)}(q_j, p'_j, t) := G_2(q_j, p'_j, t) - \sum_{k=1}^{f} p'_k q'_k(q_j, p'_j, t), \tag{3.122}$$

so entstehen aus

$$H'dt - \sum_{k=1}^{f} p'_k dq'_k - c\left(Hdt - \sum_{k=1}^{f} p_k dq_k\right) = d\left(G_2 - \sum_{k=1}^{f} p'_k q'_k\right) \tag{3.123}$$

wieder die Beziehungen (3.73), (3.74). Aus (3.123) folgen aber nicht nur die Gln. (3.73) und damit die notwendigen Integrabilitätsbedingungen (3.80), sondern es wird sich herausstellen, daß die Jacobi-Determinante der aus (3.123) resultierenden Transformation (3.32) nicht verschwindet, was bedeutet, daß die Bedingung (3.76) eine Folge von (3.123) sein muß. Einen Hinweis darauf gibt das Beispiel $G_2 = \frac{1}{2}(q^2 + p'^2)$ aus Abschn. 3.2.4, das zwar die Bedingungen (3.80) erfüllte, für das aber (3.123) nicht gilt.
Es ist zu vermuten, daß die Differentialform Ω nicht nur zu solchen kanonischen Transformationen führt, die wie in (3.123) durch $G_2(q_j, p'_j, t)$ erzeugt werden, sondern alle kanonischen Transformationen liefert, wenn man $G_2 - \sum_{k=1}^{f} p'_k q'_k$ durch eine beliebige Funktion $G(q_j, q'_j, p_j, p'_j, t)$ ersetzt, die aber außer von t nur noch von 2f unabhängigen der insgesamt 4f Variablen q_j, q'_j, p_j, p'_j abhängen darf. In der Tat kann man den folgenden Satz beweisen: Hinreichend und notwendig dafür, daß eine Transformation

$$\varphi: \quad \begin{aligned} q'_k &= q'_k(q_j, p_j, t) \\ p'_k &= p'_k(q_j, p_j, t) \\ t' &= t \end{aligned} \qquad k = 1, \ldots, f \tag{3.124}$$

kanonisch ist, d. h. die kanonischen Gleichungen forminvariant läßt, ist, daß eine solche Transformation die Differentialform Ω zu einem totalen Differential einer Funktion von 2f + 1 unabhängigen der 4f + 1 Variablen q_j, q'_j, p_j, p'_j, t macht:

$$H'dt - \sum_{k=1}^{f} p'_k dq'_k - c\left(Hdt - \sum_{k=1}^{f} p_k dq_k\right) = dG(q_j, q'_j, p_j, p'_j, t). \tag{3.125}$$

G darf dabei auch identisch Null sein. Zur Vorbereitung eines Beweises wollen wir zunächst die wichtigsten Klassen von Transformationen (3.124), die (3.125) erfüllen, untersuchen.

3.3.6.2 Die vier Standard-Erzeugenden Ersetzt man in $G^{(1)}$ aus (3.122) die Variablen p_j' mit Hilfe der ersten Gleichung von (3.73) durch q_s, q_s', so entsteht

$$\begin{aligned} G_1(q_j, q_j', t) &:= G_1^{(1)}(q_j, p_j'(q_s, q_s', t), t) \\ &= G_2(q_j, p_j'(q_s, q_s', t), t) - \sum_{k=1}^{f} q_k' p_k'(q_j, q_j', t). \end{aligned} \tag{3.126}$$

G_1 hängt also mit G_2 durch eine Legendre-Transformation zusammen. $G_1(q_j, q_j', t)$ heißt *Erzeugende vom Typ 1.* Mit $G = G_1$ erhält man wegen

$$dG_1 = \frac{\partial G_1}{\partial t} + \sum_{k=1}^{f} \frac{\partial G_1}{\partial q_k} dq_k + \sum_{k=1}^{f} \frac{\partial G_2}{\partial q_k'} dq_k' \tag{3.127}$$

aus (3.125) durch Koeffizientenvergleich die Beziehungen

$$p_k = \frac{1}{c} \frac{\partial G_1}{\partial q_k}, \qquad p_k' = -\frac{\partial G_1}{\partial q_k'}, \qquad k = 1, \ldots, f, \tag{3.128}$$

$$H' = cH + \frac{\partial G_1}{\partial t}. \tag{3.129}$$

Aus (3.128) folgen die Integrabilitätsbedingungen

$$\frac{\partial p_k'}{\partial q_j} = -c \frac{\partial p_j}{\partial q_k'}; \qquad k, j = 1, \ldots, f. \tag{3.130}$$

Von $G_1(q_j, q_j', t)$ kann man durch die Transformation

$$G_3(p_j, q_j', t) := G_1(q_j', q_j(q_s', p_s, t), t) - c \sum_{k=1}^{f} p_k q_k(q_j', p_j, t) \tag{3.131}$$

zu einer Funktion G_3 der $2f + 1$ unabhängigen Variablen q_j', p_j, t übergehen, wobei mit Hilfe der ersten Gleichung (3.128) die q_k als Funktion der q_s', p_s, t dargestellt werden können. Mit $G = G_3$ folgt dann aus (3.125) durch Koeffizientenvergleich

$$p_k' = -\frac{\partial G_3}{\partial q_k'}, \qquad q_k = -\frac{1}{c} \frac{\partial G_3}{\partial p_k}, \qquad k = 1, \ldots, f, \tag{3.132}$$

$$H' = cH + \frac{\partial G_3}{\partial t}. \tag{3.133}$$

Aus (3.132) gewinnt man die Integrabilitätsbedingungen

$$\frac{\partial p_k'}{\partial p_j} = c \frac{\partial q_j}{\partial q_k'}; \qquad j, k = 1, \ldots, f. \tag{3.134}$$

$G_3(p_j, q_j', t)$ heißt *Erzeugende vom Typ 3.*

Schließlich erhält man noch mittels

$$G_4(p_j, p_j', t) := G_2(p_j', q_j(p_s', p_s, t), t) - c \sum_{k=1}^{f} p_k q_k(p_s', p_s, t) \qquad (3.135)$$

eine Funktion der 2f + 1 unabhängigen Variablen p_j, p_j', t, für die aus (3.125) mit $G = G_4$ die Beziehungen

$$q_k = -\frac{1}{c}\frac{\partial G_4}{\partial p_k}, \qquad q_k' = \frac{\partial G_4}{\partial p_k'}, \qquad k = 1, \ldots, f, \qquad (3.136)$$

$$H' = cH + \frac{\partial G_4}{\partial t} \qquad (3.137)$$

und aus (3.136) die Integrabilitätsbedingungen

$$c\frac{\partial q_k}{\partial p_j'} = -\frac{\partial q_j'}{\partial p_k}; \qquad j, k = 1, \ldots, f. \qquad (3.138)$$

folgen. $G_4(p_j, p_j', t)$ heißt *Erzeugende vom Typ 4.*

Auf ähnliche Weise, wie wir es in Abschn. 3.2.4 für Erzeugende vom Typ $G_2(q_j, p_j', t)$ durchführten, kann man beweisen, daß auch die Erzeugenden vom Typ G_1, G_3, G_4 kanonische Transformationen erzeugen, wenn Auflösbarkeitsvoraussetzungen analog zu (3.76) bestehen. Die vier Erzeugenden G_1 bis G_4 haben die Eigenschaft, daß sie Funktionen von jeweils f ungestrichenen Koordinaten q_j oder Impulsen p_j und f gestrichenen Koordinaten q_j' oder Impulsen p_j' sind. Es kann nun sein, daß ein Teil der f Koordinaten q_j und der f Impulse p_j durch eine Erzeugende G_i, ein anderer Teil durch eine Erzeugende G_k mit $i \neq k$ transformiert wird, so daß Mischformen von Erzeugenden, wie z. B.

$$G(q_1, \ldots, q_{f_1}, q_1', \ldots, q_{f_1}', q_{f_1+1}, \ldots, q_f, p_{f_1+1}', \ldots, p_f', t)$$

entstehen. Die Struktur solcher Mischformen und die Frage, ob mit G_1 bis G_4 alle kanonischen Transformationen erzeugt werden können, wollen wir hier nicht untersuchen.

3.3.6.3 Die p-Darstellung der Hamilton-Jacobi-Gleichung Ähnlich wie für G_2 erhält man auch für G_1, G_3, G_4 Hamilton-Jacobi-Gleichungen, die zu partiellen DGn für diese Erzeugenden führen und mit deren vollständigen Lösungen die kanonischen Gleichungen (3.21) in die triviale kanonische Form (3.36) transformiert werden. Die zu $\hat{G}_1 := G_1/c$ gehörende HJ-Gleichung unterscheidet sich der Form nach nicht von der HJ-Gleichung für $\hat{G}_2$; lediglich die Konstanten $\alpha_j = q_j', \beta_j = p_j'$ treten an einer anderen Stelle auf. Statt für $G_2(q_j, \beta_j, t)$ erhält man dieselbe partielle DG (3.83) für $G_1(q_j, \alpha_j, t)$, also wieder die q-Darstellung. Geht man mit einer Legendre-Transformation (3.126) von G_2 zu G_1 über, so erhält man zwar eine andere Funktion der q_k, diese erfüllt aber dieselbe partielle DG wie G_2. Da die q_k' bzw. p_k' beliebige unabhängige Konstanten sind, erhält man durch Auflösen der ersten Gleichung von (3.73) nach den p_j' und Einsetzen der Funktionen $p_j'(q_\ell, q_\ell', t)$ in $G^{(1)}(q_j, p_j', t)$ unendlich viele, i. allg. verschiedene Funktionen der q_j, die ebenfalls Lösungen der partiellen DG für G_2, d. h. vollständige Integrale dieser DG sind.

Zur Lösung der kanonischen Gleichungen (3.21) reicht aber die Kenntnis e i n e s dieser vollständigen Integrale aus.

Eine HJ-Gleichung von a n d e r e r Struktur als (3.83) erhält man für Erzeugende $G_3(p_j, q_j', t)$. Setzt man $\hat{G}_3 := G_3/c$, so entsteht aus (3.133) mit $H' = 0$

$$H\left(p_j, q_j = -\frac{\partial \hat{G}_3}{\partial p_j}, t\right) + \frac{\partial \hat{G}_3}{\partial t} = 0. \tag{3.139}$$

Diese partielle DG für $\hat{G}_3$ heißt p-*Darstellung der HJ-Gleichung*. Sie ist meistens ungeeignet zur Integration der kanonischen Gleichungen, da für Standard-Hamilton-Funktionen $H = T + V$ die physikalisch relevanten Potentiale $V(q_1, \ldots, q_f, t)$ die p-Darstellung (3.139) i. allg. zu einer komplizierteren DG als die q-Darstellung (3.83) machen. Lediglich dann, wenn das Potential V eine quadratische Form der q_j ist, haben die HJ-Gleichungen in der q- und in der p-Darstellung eine analoge Struktur. Welche Darstellung der HJ-Gleichung man benutzt, hängt davon ab, ob die quadratische Form $T(p_j)$ komplizierter ist als die quadratische Form $V(q_j, t)$. Bei Nicht-Standard-Hamilton-Funktionen verwende man die Darstellung, für die die resultierende HJ-Gleichung am einfachsten lösbar ist.

Für die Bewegung eines MP im homogenen Feld ist die HJ-Gleichung in der p-Darstellung einfacher zu lösen als in der q-Darstellung (3.110). Man erhält

$$\sum_{i=1}^{3}\left(a_i \frac{\partial \hat{G}_3}{\partial p_i} + \frac{p_i^2}{2m}\right) + \frac{\partial \hat{G}_3}{\partial t} = 0. \tag{3.140a}$$

Das ist eine l i n e a r e partielle DG 1. Ordnung für $\hat{G}_3$. Für das Potential $V(r) = -\mu\alpha/r$ entsteht als p-Darstellung der HJ-Gleichung für W_3

$$\left(\frac{\partial W_3}{\partial p}\right)^2 = \frac{4m^2(\mu\alpha)^2}{(p^2 - 2m\alpha_1)^2}, \qquad \hat{G}_3 = W_3(p, \alpha_1, \alpha_2, \alpha_3) - \alpha_1 t, \qquad \alpha_1 = E. \tag{3.140b}$$

Sie ist separabel in Kugelkoordinaten im Impulsraum.

Die zu $H' = 0$ gehörende HJ-Gleichung für eine Erzeugende $\hat{G}_4 := \frac{1}{c} G_4$ hat wieder dieselbe Form wie die HJ-Gleichung (3.139) für $\hat{G}_3$, man muß sich nur die konstanten Koordinaten $q_j' = \alpha_j$ durch die konstanten Impulse $p_j' = \beta_j$ ersetzt denken. Mathematisch sind die HJ-Gleichungen in der q-Darstellung und in der p-Darstellung äquivalent, denn mit einer kanonischen Transformation

$$q_j = p_j', \quad p_j = q_j', \quad H' = -H \tag{3.141a}$$

oder $$q_j = p_j', \quad p_j = -q_j', \quad H' = H \tag{3.141b}$$

kann man von der q-Darstellung für $\hat{G}_1$ zur p-Darstellung für $\hat{G}_4$ bzw. mit

$$q_j = q_j', \quad p_j = p_j', \quad H' = H \tag{3.142a}$$

oder $$q_j = q_j', \quad p_j = -p_j', \quad H' = -H \tag{3.142b}$$

von der q-Darstellung für $\hat{G}_2$ zur p-Darstellung für $\hat{G}_3$ übergehen[1]).

3.3.6.4 Die Erzeugenden G_5 und G_6, Lagrange-Klammern Unter den 4f Variablen q_j, q'_j, p_j, p'_j sind sowohl die 2f Variablen q_j, p_j als auch die 2f Variablen q'_j, p'_j trivialerweise unabhängig. Damit entstehen mit $G = G_5(q_j, p_j, t)$ bzw. $G = G_6(q'_j, p'_j, t)$ zwei weitere Erzeugende, die mit Hilfe von (3.125) zu Transformationen im Raum $\mathbb{R} \times T^*\mathbb{M}^f$ führen. Daß diese Transformationen kanonisch sind, wird in Abschn. 3.3.6.5 gezeigt. Setzt man $G = G_5(q_j, p_j, t)$ in (3.125) ein, so folgt durch Koeffizientenvergleich

$$c p_k - \sum_{j=1}^{f} p'_j \frac{\partial q'_j}{\partial q_k} = \frac{\partial G_5}{\partial q_k}, \tag{3.143a}$$

$$\sum_{j=1}^{f} p'_j \frac{\partial q'_j}{\partial p_k} = -\frac{\partial G_5}{\partial p_k}, \qquad k = 1, \ldots, f \tag{3.143b}$$

$$H' = cH + \frac{\partial G_5}{\partial t} + \sum_{j=1}^{f} p'_j \frac{\partial q'_j}{\partial t}. \tag{3.143c}$$

Analog erhält man für $G = G_6(q'_j, p'_j, t)$

$$p'_k - c \sum_{j=1}^{f} p_j \frac{\partial q_j}{\partial q'_k} = -\frac{\partial G_6}{\partial q'_k}, \tag{3.144a}$$

$$c \sum_{j=1}^{f} p_j \frac{\partial q_j}{\partial p'_k} = \frac{\partial G_6}{\partial p'_k}, \qquad k = 1, \ldots, f, \tag{3.144b}$$

$$H' = cH + \frac{\partial G_6}{\partial t} - c \sum_{j=1}^{f} p_j \frac{\partial q_j}{\partial t}. \tag{3.144c}$$

Die Existenz von Erzeugenden G_5 bzw. G_6 für gegebene invertierbare Transformationen $q_k(q'_j, p'_j, t), p_k(q'_j, p'_j, t)$ ist gesichert, wenn die zugehörigen Integrabilitätsbedingungen erfüllt werden. Zu ihrer Formulierung führen wir zunächst als Abkürzungen die sog. *Lagrange-Klammern* ein:

$$(u_i, u_k) := \sum_{m=1}^{f} \left(\frac{\partial q_m}{\partial u_i} \frac{\partial p_m}{\partial u_k} - \frac{\partial q_m}{\partial u_k} \frac{\partial p_m}{\partial u_i} \right). \tag{3.145}$$

Dabei ist

$$u_i = u_i(q_1, \ldots, q_f, p_1, \ldots, p_f, t), \qquad i = 1, \ldots, 2f \tag{3.146}$$

ein nach den $q_1, \ldots, q_f, p_1, \ldots, p_f$ auflösbares System aus 2f Funktionen im Phasenraum. Analog schreiben wir

$$(u_i, u_k)' := \sum_{m=1}^{f} \left(\frac{\partial q'_m}{\partial u_i} \frac{\partial p'_m}{\partial u_k} - \frac{\partial q'_m}{\partial u_k} \frac{\partial p'_m}{\partial u_i} \right), \tag{3.147}$$

---

[1]) Da die HJ-Gleichung in der p-Darstellung (3.139) aber i. allg. eine andere Struktur hat als die HJ-Gleichung (3.83) in der q-Darstellung, gelten die Ergebnisse des Abschn. 3.3.3 bis auf (3.105) nur für (3.83).

wenn die Variablen von (3.146) $q_1', \ldots, q_f', p_1', \ldots, p_f'$ lauten. – Nun bilden wir aus (3.143a) und (3.143b)

$$\frac{\partial^2 G_5}{\partial q_i \partial p_k} = \frac{\partial^2 G_5}{\partial p_k \partial q_i}, \qquad \frac{\partial^2 G_5}{\partial q_i \partial q_k} = \frac{\partial^2 G_5}{\partial q_k \partial q_i}, \qquad \frac{\partial^2 G_5}{\partial p_i \partial p_k} = \frac{\partial^2 G_5}{\partial p_k \partial p_i}$$

und erhalten daraus die identisch in t geltenden Integrabilitätsbedingungen

$$(q_i, p_k)' = c\delta_{ik}, \qquad (q_i, q_k)' = 0, \qquad (p_i, p_k)' = 0 \tag{3.148}$$

Analog findet man als Integrabilitätsbedingungen für G_6

$$(q_i', p_k') = \frac{1}{c}\,\delta_{ik}, \qquad (q_i', q_k') = 0, \qquad (p_i', p_k') = 0. \tag{3.149}$$

Zur Herleitung von (3.148) und (3.149) wird die Vertauschbarkeit der zweiten Ableitungen von G_5 bzw. G_6 sowie die Existenz und Vertauschbarkeit der zweiten Ableitungen von q_j' bzw. q_j benutzt. Wie in den Integrabilitätsbedingungen für G_1 bis G_4 kommen in (3.148) und (3.149) aber nur noch erste Ableitungen der Variablen q_j', p_j' bzw. q_j, p_j vor.

Die Erzeugenden G_5 bzw. G_6 sind umfassender als die Erzeugenden G_1 bis G_4, da sie nicht nur (bei festem c) e i n e kanonische Transformation erzeugen, sondern unendlich viele. Das ist eine Folge davon, daß für vorgegebenes G_5 bzw. G_6 die entstehenden kanonischen Transformationen Lösungen von partiellen D i f f e r e n t i a l gleichungen (3.143a, b) bzw. (3.144a, b) sind, während die für gegebene Funktionen G_1 bis G_4 resultierenden Transformationen Lösungen a l g e b r a i s c h e r Gleichungen sind. Hierzu ein

Beispiel Gegeben sei $G_5 = qp$. Für $c \neq 1$ bestimme man aus (3.143a, b) Transformationen, die (3.148) erfüllen. Zunächst erhält man

$$p'\frac{\partial q'}{\partial q} = p(c-1), \qquad p'\frac{\partial q'}{\partial p} = -q. \tag{3.150}$$

Mit dem Produktansatz

$$q' = f(q)g(p) \tag{3.151}$$

gewinnt man die Transformationen

$$q' = kq^{-A}p^{-\frac{A}{1-c}}, \qquad p' = \frac{1-c}{kA}\,q^{A+1}p^{\frac{A+1-c}{1-c}}. \tag{3.152}$$

A, k sind b e l i e b i g e nichtverschwindende Konstanten. Das bedeutet, daß auch für festes c aus $G_5 = qp$ unendlich viele verschiedene Transformationen entstehen. Setzt man (3.152) in (3.148a) ein, so sieht man, daß die Transformationen (3.152) die Integrabilitätsbedingungen identisch erfüllen. Für $c = 1$ entsteht statt (3.152) die Transformation

$$q' = h(p), \qquad p' = -\frac{q}{\frac{dh}{dp}}; \tag{3.153}$$

dabei ist h(p) eine beliebige stetig differenzierbare nicht konstante Funktion. Die zu verschiedenen Konstanten A, k (bei gleichem c) bzw. zu verschiedenen Funktionen h(p) gehörenden Transformationen sind durch eine Mathieu-Transformation (mit c = 1) verbunden.

Genügt eine Transformation (3.124) den Integrabilitätsbedingungen (3.148), so sind die zugehörigen Erzeugenden, also auch die transformierte Hamilton-Funktion H', nur bis auf eine additive Funktion der Zeit bestimmt (s. Aufgabe 6.3.4). Die aus H' folgenden kanonischen Gln. bleiben jedoch invariant (Eichinvarianz der kanonischen Gln.; siehe auch die Bemerkungen zur HJ-Gleichung in Abschn. 3.2.4).

Die Eigenschaft von G_5 bzw. G_6, unendlich viele Transformationen zu erzeugen, läßt vermuten, daß man mit G_5 bzw. G_6 allein alle kanonischen Transformationen gewinnen kann. Diese Vermutung ist richtig, wenn man noch die durch $G_5 = 0$ bzw. $G_6 = 0$ erzeugten Transformationen hinzunimmt. Die Eigenschaften dieser speziellen Erzeugenden untersuchen wir in Abschn. 3.3.7.

Die Integrabilitätsbedingungen (3.148) bzw. (3.149) sind eine unmittelbare Folge von (3.143) bzw. (3.144) und damit von (3.125). Mit Hilfe von (3.148) beweisen wir nun noch den folgenden wichtigen Satz [18, 20]: Die Jacobi-Determinante derjenigen Transformationen

$$\begin{aligned} q'_k &= q'_k(q_1, \ldots, q_f, p_1, \ldots, p_f, t) \\ p'_k &= p'_k(q_1, \ldots, q_f, p_1, \ldots, p_f, t) \end{aligned} \qquad k = 1, \ldots, f \tag{3.154}$$

im Phasenraum, die die Differentialform Ω zu einem totalen Differential einer Funktion $G_5(q_j, p_j, t)$ machen, ist ungleich Null.

Beweis: Es ist

$$J = \det \begin{pmatrix} \dfrac{\partial q'_i}{\partial q_s} & \vdots & \dfrac{\partial p'_j}{\partial q_s} \\ \cdots & \cdot & \cdots \\ \dfrac{\partial q'_i}{\partial p_k} & \vdots & \dfrac{\partial p'_j}{\partial p_k} \end{pmatrix}. \tag{3.155}$$

Vertauscht man in der (2f, 2f)-Matrix von J die ersten f Spalten mit den letzten f Spalten und danach die ersten f Zeilen mit den letzten f Zeilen, so erhält man, da es sich um eine gerade Anzahl 2f von Vertauschungsoperationen für Spalten und Zeilen handelt,

$$J = \det \begin{pmatrix} \dfrac{\partial p'_i}{\partial p_s} & \vdots & \dfrac{\partial q'_j}{\partial p_s} \\ \cdots & \cdot & \cdots \\ \dfrac{\partial p'_i}{\partial q_k} & \vdots & \dfrac{\partial q'_j}{\partial q_k} \end{pmatrix}. \tag{3.156}$$

Vertauscht man jetzt die Zeilen mit den Spalten und versieht danach die f^2 Elemente der oberen rechten (f, f)-Matrix und die f^2 Elemente der unteren linken (f, f)-Matrix mit einem Minuszeichen, so ändert sich die Determinante nicht, d. h. es ist auch

$$J = \det \begin{pmatrix} \dfrac{\partial p_s'}{\partial p_i} & -\dfrac{\partial p_s'}{\partial q_j} \\ \cdots & \cdots \\ -\dfrac{\partial q_k'}{\partial p_i} & \dfrac{\partial q_k'}{\partial q_j} \end{pmatrix}. \tag{3.157}$$

Multipliziert man nun (3.156) mit (3.157), so entsteht

$$J^2 = \det \begin{pmatrix} (q_s, p_i)' & (q_j, q_s)' \\ \cdots & \cdots \\ (p_k, p_i)' & (q_j, p_k)' \end{pmatrix}. \tag{3.158}$$

Die Beziehung (3.158) gilt für jede Transformation (3.154), die stetig partiell differenzierbar ist. Erfüllt nun die Transformation (3.154) die Gleichung (3.125), so erfüllt sie die Bedingungen (3.148), so daß man aus (3.158) wegen $c \neq 0$

$$J^2 = c^{2f} > 0 \tag{3.159}$$

erhält.

3.3.6.5 Notwendige und hinreichende Bedingungen für kanonische Transformationen

Bisher haben wir nur bewiesen, daß Transformationen, die aus einer Erzeugenden vom Typ G_2 gewonnen werden, kanonisch sind. Wir erwähnten bereits, daß dieser Beweis in analoger Weise auch für die Erzeugenden G_1, G_3, G_4 durchgeführt werden kann. Es ist zu erwarten, daß das für alle Transformationen gilt, die (3.125) erfüllen, denn die allgemeinen Bedingungen (3.148), die eine Folge von (3.125) sind, gelten unabhängig davon, welche Hamilton-Funktion vorliegt.

Wir wollen jetzt beweisen, daß alle Transformationen (3.154), die (3.125) zu einem totalen Differential machen, kanonisch sind. Zum Beweis genügt es, für G die Funktion G_5 einschließlich $G_5 = 0$ zu nehmen und zu zeigen, daß die aus den Eigenschaften von G_5 folgenden Transformationen die kanonischen Gleichungen forminvariant lassen. Es gilt der

Satz: Die durch die Eigenschaften (3.143), (3.148) und (3.159) von G_5 definierten Transformationen (3.154) lassen die kanonischen Gleichungen (3.21) forminvariant, d. h. sie sind kanonisch.

Beweis: Wir müssen zeigen, daß aus den kanonischen Gleichungen (3.21) für die durch G_5 erzeugten Transformationen die transformierten kanonischen Gleichungen

$$\frac{dq_k'}{dt} = \frac{\partial H'}{\partial p_k'}, \qquad \frac{dp_k'}{dt} = -\frac{\partial H'}{\partial q_k'} \tag{3.160}$$

entstehen, wobei H' mit H durch (3.143c) zusammenhängt. Dazu differenzieren wir zunächst (3.143a) total nach t und ersetzen $\dot{p}_k$ durch $-\dfrac{\partial H}{\partial q_k}$. Dann entsteht

$$-c\frac{\partial H}{\partial q_k} - \sum_{j=1}^{f} \frac{dp_j'}{dt}\frac{\partial q_j'}{\partial q_k} - \sum_{j=1}^{f} p_j' \frac{d}{dt}\left(\frac{\partial q_j'}{\partial q_k}\right) = \frac{d}{dt}\left(\frac{\partial G_5}{\partial q_k}\right)$$

oder
$$-\sum_{j=1}^{f}\frac{dp_j'}{dt}\frac{\partial q_j'}{\partial q_k}=\frac{\partial}{\partial q_k}\left(cH+\frac{\partial G_5}{\partial t}+\sum_{j=1}^{f}p_j'\frac{\partial q_j'}{\partial t}\right)$$
$$-\sum_{j=1}^{f}\frac{\partial p_j'}{\partial q_k}\frac{\partial q_j'}{\partial t}+\sum_{j=1}^{f}p_j'\sum_{\ell=1}^{f}\left(\frac{\partial^2 q_j'}{\partial q_\ell\partial q_k}\dot q_\ell+\frac{\partial^2 q_j'}{\partial p_\ell\partial q_k}\dot p_\ell\right)$$
$$+\sum_{\ell=1}^{f}\left(\frac{\partial^2 G_5}{\partial q_\ell\partial q_k}\dot q_\ell+\frac{\partial^2 G_5}{\partial p_\ell\partial q_k}\dot p_\ell\right).$$

Mit Hilfe von (3.143), (3.148) und

$$\frac{\partial H'}{\partial q_k}=\sum_{j=1}^{f}\frac{\partial H'}{\partial q_j'}\frac{\partial q_j'}{\partial q_k}+\sum_{j=1}^{f}\frac{\partial H'}{\partial p_j'}\frac{\partial p_j'}{\partial q_k} \tag{3.161}$$

erhält man

$$-\sum_{j=1}^{f}\left(\frac{dp_j'}{dt}+\frac{\partial H'}{\partial q_j'}\right)\frac{\partial q_j'}{\partial q_k}=\sum_{j=1}^{f}\left(\frac{\partial H'}{\partial p_j'}-\frac{\partial q_j'}{\partial t}\right)\frac{\partial p_j'}{\partial q_k}$$
$$-\sum_{\ell,j=1}^{f}\dot q_\ell\frac{\partial p_j'}{\partial q_\ell}\frac{\partial q_j'}{\partial q_k}-\sum_{\ell,j=1}^{f}\dot p_\ell\frac{\partial p_j'}{\partial q_k}\frac{\partial q_j'}{\partial p_\ell}=\sum_{j=1}^{f}\frac{\partial H'}{\partial p_j'}\frac{\partial p_j'}{\partial q_k}$$
$$-\sum_{j=1}^{f}\frac{\partial q_j'}{\partial t}\frac{\partial p_j'}{\partial q_k}-\sum_{j,\ell=1}^{f}\frac{\partial q_j'}{\partial p_\ell}\dot p_\ell\frac{\partial p_j'}{\partial q_k}-\sum_{j,\ell=1}^{f}\frac{\partial q_j'}{\partial q_\ell}\dot q_\ell\frac{\partial p_j'}{\partial q_k}.$$

Das kann man aber wegen

$$\frac{dq_j'}{dt}=\frac{\partial q_j'}{\partial t}+\sum_{\ell=1}^{f}\frac{\partial q_j'}{\partial q_\ell}\dot q_\ell+\sum_{\ell=1}^{f}\frac{\partial q_j'}{\partial p_\ell}\dot p_\ell$$

in der Form

$$\sum_{j=1}^{f}\left(\frac{\partial H'}{\partial q_j'}+\frac{dp_j'}{dt}\right)\frac{\partial q_j'}{\partial q_k}+\sum_{j=1}^{f}\left(\frac{\partial H'}{\partial p'}-\frac{dq_j'}{dt}\right)\frac{\partial p_j'}{\partial q_k}=0,\qquad k=1,\dots,f \tag{3.162}$$

schreiben. Jetzt differenzieren wir (3.143b) total nach t und erhalten

$$\sum_{j=1}^{f}\frac{dp_j'}{dt}\frac{\partial q_j'}{\partial p_k}+\sum_{j=1}^{f}p_j'\frac{d}{dt}\left(\frac{\partial q_j'}{\partial p_k}\right)=-\frac{d}{dt}\frac{\partial G_5}{\partial p_k}.$$

Mit Hilfe von (3.143), (3.148) entsteht

$$\sum_{j=1}^{f}\frac{dp_j'}{dt}\frac{\partial q_j'}{\partial p_k}+\sum_{j=1}^{f}p_j'\left(\frac{\partial}{\partial p_k}\frac{\partial q_j'}{\partial t}+\sum_{\ell=1}^{f}\dot q_\ell\frac{\partial^2 q_j'}{\partial q_\ell\partial p_k}+\sum_{\ell=1}^{f}\dot p_\ell\frac{\partial^2 q_j'}{\partial p_\ell\partial p_k}\right)$$
$$=-\frac{\partial}{\partial p_k}\left(\frac{\partial G_5}{\partial t}\right)-\sum_{\ell=1}^{f}\dot q_\ell\left(c\delta_{\ell k}-\sum_{j=1}^{f}\frac{\partial p_j'}{\partial p_k}\frac{\partial q_j'}{\partial q_k}-\sum_{j=1}^{f}p_j'\frac{\partial^2 q_j'}{\partial p_k\partial q_\ell}\right)$$
$$+\sum_{\ell=1}^{f}\dot p_\ell\left(\sum_{j=1}^{f}\frac{\partial p_j'}{\partial p_\ell}\frac{\partial q_j'}{\partial p_k}+\sum_{j=1}^{f}p_j'\frac{\partial^2 q_j'}{\partial p_\ell\partial p_k}\right).$$

Ersetzt man hierin $c\dot{q}_k$ durch $c\,\frac{\partial H}{\partial p_k}$, so erhält man zunächst

$$\sum_{j=1}^{f}\frac{dp_j'}{dt}\frac{\partial q_j'}{\partial p_k}=-\frac{\partial}{\partial p_k}\left(cH+\frac{\partial G_5}{\partial t}+\sum_{j=1}^{f}p_j'\frac{\partial q_j'}{\partial t}\right)$$
$$+\sum_{j=1}^{f}\frac{\partial p_j'}{\partial p_k}\frac{\partial q_j'}{\partial t}+\sum_{\ell,j=1}^{f}\dot{q}_\ell\frac{\partial p_j'}{\partial p_k}\frac{\partial q_j'}{\partial q_\ell}+\sum_{\ell,j=1}^{f}\dot{p}_\ell\frac{\partial p_j'}{\partial p_\ell}\frac{\partial q_j'}{\partial p_k}.$$

Zusammen mit (3.161) und

$$\frac{\partial H'}{\partial p_k}=\sum_{j=1}^{f}\frac{\partial H'}{\partial q_j'}\frac{\partial q_j'}{\partial p_k}+\sum_{j=1}^{f}\frac{\partial H'}{\partial p_j'}\frac{\partial p_j'}{\partial p_k}$$

entsteht schließlich

$$\sum_{j=1}^{f}\left(\frac{\partial H'}{\partial q_j'}+\frac{dp_j'}{dt}\right)\frac{\partial q_j'}{\partial p_k}+\sum_{j=1}^{f}\left(\frac{\partial H'}{\partial p_j'}-\frac{dq_j'}{dt}\right)\frac{\partial p_j'}{\partial p_k}=0. \tag{3.163}$$

Das homogene System der 2f Gleichungen (3.162), (3.163) hat aber wegen (3.159) genau die Lösung (3.160).

Da die Eigenschaften (3.148), (3.159) auch für die von $G_5 \equiv 0$ erzeugten Transformationen gelten, d. h. die Ergebnisse (3.162), (3.163) und die Folgerung (3.160) für $G_5 \equiv 0$ ebenfalls richtig sind, gilt der Beweis des Satzes für alle mit (3.125) verträglichen Transformationen (3.154). Wir haben damit bewiesen, daß die aus (3.125) folgenden Bedingungen (3.148) *hinreichend* dafür sind, daß die Transformationen (3.154) kanonisch sind.

Wir wollen jetzt unabhängig von Gl. (3.125) beweisen, daß die Bedingungen (3.148) auch notwendig dafür sind, daß eine Transformation (3.124) kanonisch ist. Es gilt der

Satz: Die Integrabilitätsbedingungen (3.148) stellen für eine beliebige Konstante $c^* \neq 0$ hinreichende und notwendige Bedingungen dafür dar, daß die Phasenraumtransformation (3.124) kanonisch ist.

Beweis [8]: Zur kürzeren Schreibweise benutzen wir statt q_j, p_j die Phasenraumkoordinaten ξ^α und die symplektische Matrix $\omega^{\alpha\beta}$ (s. Abschn. 3.1.3). Außerdem soll über doppelt auftretende Indizes stets summiert werden. Die transformierten kanonischen Gleichungen lassen sich dann folgendermaßen schreiben:

$$\omega^{\alpha\beta}\frac{\partial H'}{\partial \xi'^\beta}=\dot{\xi}'^\alpha; \qquad \alpha,\beta=1,\ldots,2f. \tag{3.164}$$

Nun ist aber andererseits mit (3.29)

$$\dot{\xi}'^\alpha=\frac{\partial \xi'^\alpha}{\partial \xi^\gamma}\,\omega^{\gamma\delta}\,\frac{\partial H}{\partial \xi^\delta}+\frac{\partial \xi'^\alpha}{\partial t}$$

und mit

$$\omega_{\mu\alpha}\omega^{\alpha\beta}=\delta_{\mu\beta}$$

folgt dann aus (3.164)

$$\frac{\partial H'}{\partial \xi'^{\mu}} = \omega_{\mu\alpha}\omega^{\gamma\delta} \frac{\partial \xi'^{\alpha}}{\partial \xi^{\gamma}} \frac{\partial H}{\partial \xi^{\delta}} + \omega_{\mu\alpha} \frac{\partial \xi'^{\alpha}}{\partial t}. \tag{3.165}$$

Damit eine Funktion $H'(\xi'^1, \ldots, \xi'^{2f}, t)$ existiert, müssen identisch in t die Integrabilitätsbedingungen

$$\frac{\partial^2 H'}{\partial \xi'^{\beta} \partial \xi'^{\mu}} = \frac{\partial^2 H'}{\partial \xi'^{\mu} \partial \xi'^{\beta}}, \qquad \mu, \beta = 1, \ldots, 2f$$

erfüllt sein. Diese Bedingungen zusammen mit (3.164), (3.165) liefern nun notwendige und hinreichende Bedingungen dafür, daß die Transformationen (3.154) kanonisch sind. Differenziert man (3.165) nach ξ'^{β}, so entsteht

$$\begin{aligned}\frac{\partial^2 H'}{\partial \xi'^{\beta} \partial \xi'^{\mu}} &= \frac{\partial}{\partial \xi'^{\beta}} \left[\omega_{\mu\alpha}\omega^{\gamma\delta} \frac{\partial \xi'^{\alpha}}{\partial \xi^{\gamma}} \frac{\partial H}{\partial \xi^{\delta}} \right] + \omega_{\mu\alpha} \frac{\partial}{\partial \xi'^{\beta}} \frac{\partial \xi'^{\alpha}}{\partial t} \\ &= \frac{\partial \xi^{\rho}}{\partial \xi'^{\beta}} \frac{\partial}{\partial \xi^{\rho}} \left[\omega_{\mu\alpha}\omega^{\gamma\delta} \frac{\partial \xi'^{\alpha}}{\partial \xi^{\gamma}} \frac{\partial H}{\partial \xi^{\delta}} \right] + \omega_{\mu\alpha} \frac{\partial \xi^{\rho}}{\partial \xi'^{\beta}} \frac{\partial}{\partial t} \frac{\partial \xi'^{\alpha}}{\partial \xi^{\rho}}.\end{aligned}$$

Auf analoge Weise erhält man

$$\frac{\partial^2 H'}{\partial \xi'^{\mu} \partial \xi'^{\beta}} = \frac{\partial \xi^{\rho}}{\partial \xi'^{\mu}} \frac{\partial}{\partial \xi^{\rho}} \left[\omega_{\beta\alpha}\omega^{\gamma\delta} \frac{\partial \xi'^{\alpha}}{\partial \xi^{\gamma}} \frac{\partial H}{\partial \xi^{\delta}} \right] + \omega_{\beta\alpha} \frac{\partial \xi^{\rho}}{\partial \xi'^{\mu}} \frac{\partial}{\partial t} \frac{\partial \xi'^{\alpha}}{\partial \xi^{\rho}}.$$

Die Integrabilitätsbedingungen für H′ nehmen damit die Form

$$\begin{aligned}&\frac{\partial \xi^{\rho}}{\partial \xi'^{\beta}} \frac{\partial}{\partial \xi^{\rho}} \left[\omega_{\mu\alpha}\omega^{\gamma\delta} \frac{\partial \xi'^{\alpha}}{\partial \xi^{\gamma}} \frac{\partial H}{\partial \xi^{\delta}} \right] - \frac{\partial \xi^{\rho}}{\partial \xi'^{\mu}} \frac{\partial}{\partial \xi^{\rho}} \left[\omega_{\beta\alpha}\omega^{\gamma\delta} \frac{\partial \xi'^{\alpha}}{\partial \xi^{\gamma}} \frac{\partial H}{\partial \xi^{\delta}} \right] \\ &\quad + \omega_{\mu\alpha} \frac{\partial \xi^{\rho}}{\partial \xi'^{\beta}} \frac{\partial}{\partial t} \frac{\partial \xi'^{\alpha}}{\partial \xi^{\rho}} - \omega_{\beta\alpha} \frac{\partial \xi^{\rho}}{\partial \xi'^{\mu}} \frac{\partial}{\partial t} \frac{\partial \xi'^{\alpha}}{\partial \xi^{\rho}} = 0; \qquad \beta, \mu = 1, \ldots, 2f\end{aligned}$$

an. Multipliziert man diese Gleichungen mit

$$\frac{\partial \xi'^{\mu}}{\partial \xi^{\sigma}} \frac{\partial \xi'^{\beta}}{\partial \xi^{\tau}}$$

und summiert über μ und β, so entsteht wegen

$$\frac{\partial \xi^{\rho}}{\partial \xi'^{\beta}} \frac{\partial \xi'^{\beta}}{\partial \xi^{\tau}} = \delta_{\rho\tau}, \qquad \frac{\partial \xi^{\rho}}{\partial \xi'^{\mu}} \frac{\partial \xi'^{\mu}}{\partial \xi^{\sigma}} = \delta_{\rho\sigma}$$

und

$$\begin{aligned}-\frac{\partial \xi'^{\beta}}{\partial \xi^{\tau}} \frac{\partial \xi'^{\mu}}{\partial \xi^{\sigma}} \frac{\partial \xi^{\rho}}{\partial \xi'^{\mu}} \omega_{\beta\alpha} \frac{\partial}{\partial t} \frac{\partial \xi'^{\alpha}}{\partial \xi^{\rho}} &= -\frac{\partial \xi'^{\beta}}{\partial \xi^{\tau}} \omega_{\beta\alpha} \delta_{\rho\sigma} \frac{\partial}{\partial t} \frac{\partial \xi'^{\alpha}}{\partial \xi^{\rho}} \\ &= -\frac{\partial}{\partial t} \frac{\partial \xi'^{\alpha}}{\partial \xi^{\sigma}} \omega_{\beta\alpha} \frac{\partial \xi'^{\beta}}{\partial \xi^{\tau}} = \frac{\partial}{\partial t} \left(\frac{\partial \xi'^{\alpha}}{\partial \xi^{\sigma}} \right) \omega_{\alpha\mu} \frac{\partial \xi'^{\mu}}{\partial \xi^{\tau}} = \frac{\partial}{\partial t} \left(\frac{\partial \xi'^{\mu}}{\partial \xi^{\sigma}} \right) \omega_{\mu\alpha} \frac{\partial \xi'^{\alpha}}{\partial \xi^{\tau}}\end{aligned}$$

schließlich

$$\frac{\partial \xi'^{\mu}}{\partial \xi^{\sigma}} \frac{\partial}{\partial \xi^{\tau}} \left(\omega_{\mu\alpha}\omega^{\gamma\delta} \frac{\partial \xi'^{\alpha}}{\partial \xi^{\gamma}} \frac{\partial H}{\partial \xi^{\delta}} \right) - \frac{\partial \xi'^{\beta}}{\partial \xi^{\tau}} \frac{\partial}{\partial \xi^{\sigma}} \left(\omega_{\beta\alpha}\omega^{\gamma\delta} \frac{\partial \xi'^{\alpha}}{\partial \xi^{\gamma}} \frac{\partial H}{\partial \xi^{\delta}} \right) + \frac{\partial}{\partial t} \left(\frac{\partial \xi'^{\mu}}{\partial \xi^{\sigma}} \omega_{\mu\alpha} \frac{\partial \xi'^{\alpha}}{\partial \xi^{\tau}} \right) = 0.$$

Addiert man hierzu die Identität

$$\frac{\partial^2 \xi'^\mu}{\partial \xi^\tau \partial \xi^\sigma}\,\omega_{\mu\alpha}\omega^{\gamma\delta}\,\frac{\partial \xi'^\alpha}{\partial \xi^\gamma}\,\frac{\partial H}{\partial \xi^\delta} - \frac{\partial^2 \xi'^\beta}{\partial \xi^\sigma \partial \xi^\tau}\,\omega_{\beta\alpha}\omega^{\gamma\delta}\,\frac{\partial \xi'^\alpha}{\partial \xi^\gamma}\,\frac{\partial H}{\partial \xi^\delta} \equiv 0,$$

so erhält man

$$\frac{\partial}{\partial \xi^\tau}\left[\left(\frac{\partial \xi'^\mu}{\partial \xi^\sigma}\,\omega_{\mu\alpha}\,\frac{\partial \xi'^\alpha}{\partial \xi^\gamma}\right)\omega^{\gamma\delta}\,\frac{\partial H}{\partial \xi^\delta}\right] - \frac{\partial}{\partial \xi^\sigma}\left[\left(\frac{\partial \xi'^\beta}{\partial \xi^\tau}\,\omega_{\beta\alpha}\,\frac{\partial \xi'^\alpha}{\partial \xi^\gamma}\right)\omega^{\gamma\delta}\,\frac{\partial H}{\partial \xi^\delta}\right]$$
$$+\frac{\partial}{\partial t}\left(\frac{\partial \xi'^\mu}{\partial \xi^\sigma}\,\omega_{\mu\alpha}\,\frac{\partial \xi'^\alpha}{\partial \xi^\tau}\right) = 0.$$

Mit den Lagrange-Klammern

$$\{\xi^\sigma, \xi^\gamma\}' := \frac{\partial \xi'^\mu}{\partial \xi^\sigma}\,\omega_{\mu\alpha}\,\frac{\partial \xi'^\alpha}{\partial \xi^\gamma}$$

kann man die Integrabilitätsbedingungen dann auch in der Form

$$\frac{\partial}{\partial \xi^\tau}\left[\{\xi^\sigma, \xi^\gamma\}'\,\omega^{\gamma\delta}\,\frac{\partial H}{\partial \xi^\delta}\right] - \frac{\partial}{\partial \xi^\sigma}\left[\{\xi^\tau, \xi^\gamma\}'\,\omega^{\gamma\delta}\,\frac{\partial H}{\partial \xi^\delta}\right]$$
$$+\frac{\partial}{\partial t}\,\{\xi^\sigma, \xi^\tau\}' = 0; \qquad \sigma, \tau = 1, \ldots, 2f \tag{3.166}$$

schreiben. H i n r e i c h e n d dafür, daß diese Gleichungen gelten, ist, daß die Beziehungen

$$\{\xi^\sigma, \xi^\gamma\}' = c^* \omega_{\sigma\gamma}; \qquad \sigma, \gamma = 1, \ldots, 2f \tag{3.167}$$

bestehen, wobei $c^* \neq 0$ eine Konstante sein muß. Setzt man nämlich (3.167) in (3.166) ein, so folgt

$$c^*\left(\frac{\partial^2 H}{\partial \xi^\tau \partial \xi^\sigma} - \frac{\partial^2 H}{\partial \xi^\sigma \partial \xi^\tau}\right) + \omega_{\sigma\tau}\,\frac{\partial c^*}{\partial t} = 0,$$

d. h. c^* darf nicht von t abhängen. – Die Bedingungen (3.167) sind aber auch n o t - w e n d i g , denn für kanonische Transformationen muß (3.166) für a l l e Hamilton-Funktionen gelten. Andernfalls wäre (3.166) ein System von partiellen DGn für H, deren Lösungen, falls sie existieren, nur zu kanonoiden Transformationen führen würden.

Abschließend geben wir eine Zusammenstellung der bisher gefundenen Beziehungen zwischen den folgenden Aussagen:

a) Die Transformation (3.124) ist kanonisch.

b) Die Pfaffsche Form (3.115) ist mit (3.124) ein totales Differential.

c) Die Lagrange-Klammer-Bedingungen (3.148) gelten für (3.124).

In diesem Abschnitt haben wir gezeigt, daß a) aus b) folgt und daß a) äquivalent zu c) ist. Damit folgt auch c) aus b). Zur vollständigen Äquivalenz aller drei Aussagen fehlt nur noch der Nachweis, daß b) aus c) folgt. Das wird in Abschn. 5.2.6 bewiesen.

*3.3.7 Klassifikation der kanonischen Transformationen, Mathieu-Transformationen

Es gibt verschiedene Möglichkeiten, die kanonischen Transformationen in Klassen einzuteilen. So könnte man daran denken, jede kanonische Transformation durch G_5 bzw. G_6 darzustellen. Das ist aber nicht immer möglich, z. B. nicht für die identische Transformation oder, allgemeiner, für Punkttransformationen des Konfigurationsraums, die zwar durch $G_2(q_j, p_j', t)$ erzeugt werden können, aber nicht durch $G_5(q_j, p_j, t)$. Diese Transformationen erfüllen die Bedingungen (3.148) bzw. (3.149), aber aus (3.125) folgt $G_5 = 0$ bzw. $G_6 = 0$. Aus (3.143) bzw. (3.144) erhält man für $G_5 = 0$ bzw. $G_6 = 0$

$$cp_k = \sum_{j=1}^{f} p_j' \frac{\partial q_j'}{\partial q_k}, \qquad \sum_{j=1}^{f} p_j' \frac{\partial q_j'}{\partial p_k} = 0, \qquad k = 1, \ldots, f \tag{3.168}$$

bzw.
$$p_k' = c \sum_{j=1}^{f} p_j \frac{\partial q_j}{\partial q_k'}, \qquad \sum_{j=1}^{f} p_j \frac{\partial q_j}{\partial p_k'} = 0, \qquad k = 1, \ldots, f. \tag{3.169}$$

Transformationen (3.168) bzw. (3.169), deren erzeugende Funktion G_5 bzw. G_6 Null sind, heißen *Mathieu-Transformationen* oder *homogene kanonische Transformationen.* Sie erfüllen die Bedingungen (3.148) bzw. (3.149), wie man aus (3.143) bzw. (3.144) für $G_5 = 0$ bzw. $G_6 = 0$ leicht nachweist, es sind also ebenfalls kanonische Transformationen. Für sie gilt der Satz [12, 18]: Ist $q_k' = q_k'(q_j, p_j, t)$, $p_k' = p_k'(q_j, p_j, t)$ eine Mathieu-Transformation, dann ist q_k' homogen vom Grade Null in den p_j und p_k' homogen vom Grade eins in den p_j. Beweis: Man multipliziere die erste Gleichung von (3.168) mit $\frac{\partial p_\beta'}{\partial p_k}$ und summiere über k. Dann entsteht mit der zweiten Gl. von (3.168)[1])

$$c \sum_{k=1}^{f} p_k \frac{\partial p_\beta'}{\partial p_k} = \sum_{k=1}^{f} \sum_{j=1}^{f} p_j' \frac{\partial q_j'}{\partial q_k} \frac{\partial p_\beta'}{\partial p_k} = \sum_{j=1}^{f} p_j' \left[c\delta_{j\beta} + \sum_{k=1}^{f} \frac{\partial q_j'}{\partial p_k} \frac{\partial p_\beta'}{\partial q_k} \right]$$
$$= c \sum_{j=1}^{f} p_j' \delta_{j\beta} = cp_\beta'.$$

Damit bleibt

$$p_\beta' = \sum_{k=1}^{f} p_k \frac{\partial p_\beta'}{\partial p_k} \tag{3.170}$$

übrig. Das ist aber nach dem Eulerschen Satz über homogene Funktionen eine notwendige und hinreichende Bedingung dafür, daß p_β' homogen vom Grade eins in den p_k ist.

Multipliziert man andererseits die erste Gleichung von (3.168) mit $\frac{\partial q_\beta'}{\partial p_k}$ und summiert über k, so folgt mit Hilfe der zweiten Gleichung von (3.168)

$$c \sum_{k=1}^{f} p_k \frac{\partial q_\beta'}{\partial p_k} = \sum_{j=1}^{f} \sum_{k=1}^{f} p_j' \frac{\partial q_j'}{\partial p_k} \frac{\partial q_\beta'}{\partial q_k} = 0. \tag{3.171}$$

---

1) und (3.208b)

Das ist aber eine notwendige und hinreichende Bedingung dafür, daß q'_β homogen vom Grade Null in den p_k ist. Umgekehrt entstehen für kanonische Transformationen, die (3.170), (3.171) erfüllen, wieder die Gleichungen (3.168).

Die Punkttransformationen des Konfigurationsraumes,

$$q'_k = q'_k(q_1, \ldots, q_f, t), \qquad k = 1, \ldots, f,$$

die im Phasenraum zu einer Transformation der Impulse gemäß

$$p'_k = \sum_{j=1}^{f} p_j \frac{\partial q_j}{\partial q'_k}, \quad k = 1, \ldots, f$$

führten (s. Abschn. 3.2.3.2), sind spezielle Mathieu-Transformationen, für die

$$\frac{\partial q'_j}{\partial p_k} \equiv 0 \quad \text{bzw.} \quad \frac{\partial q_j}{\partial p'_k} \equiv 0$$

gilt. Aus diesem Grunde nennt man die Mathieu-Transformationen manchmal auch *erweiterte Punkttransformationen.* Eine kanonische Transformation ist also entweder eine Mathieu-Transformation, oder sie läßt sich durch eine erzeugende Funktion der Art G_5 bzw. G_6 darstellen[1]).

Manchmal teilt man die kanonischen Transformationen ein in *beschränkte* kanonische Transformationen ($c = 1$) und *nichtbeschränkte* kanonische Transformationen ($c \neq 1$) [12]. Beispiele für nichtbeschränkte kanonische Transformationen mit $c = -1$ sind die kartesischen Transformationen

$$\begin{aligned} &\mathbf{r}_\nu = \mathbf{r}'_\nu, \qquad \mathbf{p}_\nu = -\mathbf{p}'_\nu \qquad \text{(Bewegungsumkehr)} \\ &\mathbf{r}_\nu = -\mathbf{r}'_\nu, \qquad \mathbf{p}_\nu = \mathbf{p}'_\nu \end{aligned} \tag{3.172}$$

im Phasenraum. Erzeugende Funktionen für (3.172) sind z. B.

$$G_2(\mathbf{r}_1, \ldots, \mathbf{r}_n, \mathbf{p}'_1, \ldots, \mathbf{p}'_n) = \sum_{\nu=1}^{n} \mathbf{p}'_\nu \cdot \mathbf{r}_\nu$$

bzw. $$G_2(\mathbf{r}_1, \ldots, \mathbf{r}_n, \mathbf{p}'_1, \ldots, \mathbf{p}'_n) = -\sum_{\nu=1}^{n} \mathbf{p}'_\nu \cdot \mathbf{r}_\nu .$$

*3.3.8 Die Gruppe der kanonischen Transformationen

Die Gesamtheit der kanonischen Transformationen bildet eine Transformationsgruppe. Definiert man als Gruppenmultiplikation das Hintereinanderausführen zweier kanonischer Transformationen, so ist das Produkt zweier kanonischer Transformationen wieder eine kanonische Transformation. Das folgt z. B. aus (3.125). Die kanonische Transformation

---

[1]) Eine andere Klassifikation der kanonischen Transformationen mit Hilfe sog. elementarer kanonischer Transformationen hat Caratheodory angegeben [18].

$T_1 : q_j, p_j \to q_j', p_j'$ werde durch $G = G_5(q_j, p_j, t)$ erzeugt:

$$H'dt - \sum_{i=1}^{f} p_i'dq_i' - c_1\left(Hdt - \sum_{i=1}^{f} p_i dq_i\right) = dG_5(q_j, p_j, t). \qquad (3.173)$$

Die kanonische Transformation $T_2 : q_j', p_j' \to q_j'', p_j''$ werde durch $G = G_6(q_j'', p_j'', t)$ erzeugt:

$$H''dt - \sum_{i=1}^{f} p_i''dq_i'' - c_2\left(H'dt - \sum_{i=1}^{f} p_i'dq_i'\right) = dG_6(q_j'', p_j'', t). \qquad (3.174)$$

Multipliziert man (3.173) mit c_2 und addiert dazu (3.174), so erhält man

$$H''dt - \sum_{i=1}^{f} p_i''dq_i'' - c_1c_2\left(Hdt - \sum_{i=1}^{f} p_i dq_i\right) = d(c_2G_5(q_j, p_j, t) + G_6(q_j'', p_j'', t)). \qquad (3.175)$$

Hier kann man auf der rechten Seite noch den Transformationszusammenhang $q_j''(q_j, p_j, t), p_j''(q_j, p_j, t)$ einsetzen, so daß mit

$$G_5(q_j, p_j, t) := G_6[q_j''(q_j, p_j, t), p_j''(q_j, p_j, t), t]$$

auf der rechten Seite von (3.175) eine Erzeugende vom Typ G_5 steht. (3.175) hat also die Form (3.125). Damit ist die Transformation $T_2T_1 : q_j, p_j \to q_j'', p_j''$ kanonisch[1]). Ferner kann man zeigen, daß das Assoziativgesetz

$$T_3(T_2T_1) = (T_3T_2)T_1 \qquad (3.176)$$

gilt. Die identische Transformation

$$E: \quad q_j = q_j', \quad p_j = p_j', \quad j = 1, \ldots, f \qquad (3.177)$$

ist ebenfalls kanonisch. Schließlich existiert zu jeder kanonischen Transformation T wegen (3.159) die inverse Transformation T^{-1}. Das folgt auch direkt, wenn man (3.125) für die inverse Transformation hinschreibt:

$$Hdt - \sum_{i=1}^{f} p_i dq_i - c^*\left(H'dt' - \sum_{i=1}^{f} p_i'dq_i'\right) = dG_5^*(q_j, p_j, t). \qquad (3.178)$$

Multipliziert man (3.178) mit $-1/c^*$, so erhält man

$$H'dt - \sum_{i=1}^{f} p_i'dq_i' - \frac{1}{c^*}\left(Hdt - \sum_{i=1}^{f} p_i dq_i\right) = d\left(-\frac{1}{c^*}G_5^*(q_j, p_j, t)\right).$$

Die inverse Transformation zu (3.125) für G_5 ist also ebenfalls kanonisch mit $c = 1/c^*$ und besitzt die erzeugende Funktion

$$G_5^*(q_j, p_j, t) = -\frac{1}{c}G_5(q_j, p_j, t).$$

---

[1]) Die Transformation T_1T_2 ist ebenfalls kanonisch, es ist aber i. allg. $T_2T_1 \neq T_1T_2$.

Die kanonischen Transformationen bilden also eine Gruppe[1]). Die beschränkten kanonischen Transformationen (c = 1) bilden eine Untergruppe der kanonischen Transformationen. Das gilt nicht für die nichtbeschränkten kanonischen Transformationen ($c \neq 1$), da sie die identische Transformation nicht enthalten.

3.4 Poisson-Mechanik

3.4.1 Dynamische Variablen, Poisson-Klammern

$q_k(t), p_k(t), k = 1, \ldots, f$ seien mindestens einmal stetig differenzierbare Funktionen im Phasenraum. Mit ihnen bilde man neue Funktionen $u(q_1, \ldots, q_f, p_1, \ldots, p_f, t)$, die bez. der Variablen $q_1, \ldots, q_f, p_1, \ldots, p_f, t$ stetig partiell differenzierbar seien. Eine solche Funktion $u(q_j, p_j, t)$ wollen wir *dynamische Variable* oder auch *Observable* des durch $q_j(t), p_j(t)$ beschriebenen mechanischen Systems im Phasenraum nennen. Beispiele solcher Observablen sind die Energie und die Komponenten von Impuls und Drehimpuls des Systems.

Sind die Anfangswerte $q_k(t_0), p_k(t_0)$ gegeben, so bestimmt die Hamilton-Funktion H zusammen mit den kanonischen Gleichungen, längs welcher Bahnkurve im Phasenraum sich der *Phasenpunkt*, d. h. der das physikalische System im Phasenraum repräsentierende Punkt, für $t > t_0$ bewegt. Ändert man die Anfangswerte ab, so entsteht eine Schar von Bahnkurven im Phasenraum. Gesucht sind alle Bahnkurven, die mit einem gegebenen H verträglich sind. Im Phasenraum interessiert uns auch das zeitliche Verhalten der Observablen:

$$\frac{du}{dt} = \sum_{k=1}^{f} \frac{\partial u}{\partial q_k} \dot{q}_k + \sum_{k=1}^{f} \frac{\partial u}{\partial p_k} \dot{p}_k + \frac{\partial u}{\partial t}. \tag{3.179}$$

Handelt es sich um mechanische Systeme, die allein durch eine Hamilton-Funktion beschreibbar sind (sog. *kanonische Systeme*), dann gelten für $q_k(t), p_k(t)$ die kanonischen Gleichungen. Mit (3.21) entsteht dann

$$\frac{du}{dt} = \sum_{k=1}^{f} \left(\frac{\partial u}{\partial q_k} \frac{\partial H}{\partial p_k} - \frac{\partial u}{\partial p_k} \frac{\partial H}{\partial q_k} \right) + \frac{\partial u}{\partial t}. \tag{3.180}$$

Für die Summe führen wir die folgende Abkürzung ein:

$$[u, H] := \sum_{k=1}^{f} \left(\frac{\partial u}{\partial q_k} \frac{\partial H}{\partial p_k} - \frac{\partial u}{\partial p_k} \frac{\partial H}{\partial q_k} \right). \tag{3.181}$$

Da H nur eine spezielle dynamische Variable ist, definiert man allgemein für zwei beliebige Observable u, v die sog. *Poisson-Klammer* (PK):

$$[u, v] := \sum_{m=1}^{f} \left(\frac{\partial u}{\partial q_m} \frac{\partial v}{\partial p_m} - \frac{\partial u}{\partial p_m} \frac{\partial v}{\partial q_m} \right). \tag{3.182}$$

---

[1]) Für einen Beweis mittels Poisson-Klammern s. [12], [18].

Mit Hilfe der PK kann die Bewegungsgleichung (3.180) für eine Observable u dann auch als

$$\frac{du}{dt} = [u, H] + \frac{\partial u}{\partial t} \tag{3.183}$$

geschrieben werden. Ist u identisch mit q_k bzw. p_k, so entstehen die Beziehungen

$$\begin{aligned} \frac{dq_k}{dt} &= [q_k, H] = \frac{\partial H}{\partial p_k}, \\ \frac{dp_k}{dt} &= [p_k, H] = -\frac{\partial H}{\partial q_k}, \qquad k = 1, \ldots, f \end{aligned} \tag{3.184}$$

d. h. die kanonischen Gleichungen. Setzt man in (3.182) $v = q_k$ bzw. $v = p_k$ ein, so erhält man für beliebiges u

$$[u, q_k] = -\frac{\partial u}{\partial p_k}, \qquad [u, p_k] = \frac{\partial u}{\partial q_k}, \qquad k = 1, \ldots, f. \tag{3.185}$$

Setzt man hier noch speziell $u = q_j$ bzw. $u = p_j$, so folgen die sog. *fundamentalen Poisson-Klammern*

$$[q_j, q_k] = 0, \qquad [p_j, p_k] = 0, \qquad [q_j, p_k] = \delta_{jk}. \tag{3.186}$$

3.4.2 Eigenschaften der Poisson-Klammern

Aus der Definition (3.182) erhält man zunächst

$$[u, v] = -[v, u] \quad \text{(Antisymmetrie).} \tag{3.187}$$

Mit Zahlen c_1, c_2 gilt

$$[c_1 u + c_2 v, w] = c_1 [u, w] + c_2 [v, w] \quad \text{(Linearität).} \tag{3.188}$$

Zum Beweis weiterer Eigenschaften ist es nützlich, die Abkürzung

$$P(v) := \sum_{k=1}^{f} \left(\frac{\partial v}{\partial p_k} \frac{\partial}{\partial q_k} - \frac{\partial v}{\partial q_k} \frac{\partial}{\partial p_k} \right) \tag{3.189}$$

einzuführen, so daß man (3.182) auch als

$$[u, v] = P(v) u(q_j, p_j, t) \tag{3.190}$$

schreiben kann. Wendet man den Differentialoperator P (*Poisson-Operator*) auf eine Observable $u(q_j, p_j, t)$ an, so ist

$$P(v) u(q_j, p_j, t) = [u, v] = -P(u) v(q_j, p_j, t) = -[v, u]. \tag{3.191}$$

Für eine Zahl u = c gilt speziell

$$P(v) c = [c, u] = 0. \tag{3.192}$$

Bildet man

$$P(u)(vw) = wP(u)v + vP(u)w,$$

so erhält man

$$[vw, u] = w[v, u] + v[w, u] \quad \text{(Produktregel)}. \tag{3.193}$$

Da jede PK gemäß ihrer Definition selbst als Observable $f(q_1, \ldots, q_f, p_1, \ldots, p_f, t)$ aufgefaßt werden kann, so kann man mit $[u, v]$ wieder eine PK bilden, z. B. $[[u, v], w] = P(w)(P(v)u)$. Dann kann man

$$[u, [v, w]] + [v, [w, u]] + [w, [u, v]] = 0, \tag{3.194}$$

die sog. *Jacobi-Identität* beweisen[1]).

Beispiel Abschließend soll der eindimensionale harmonische Oszillator mit der Standard-Hamilton-Funktion

$$H = \frac{p^2}{2m} + \frac{k}{2}q^2$$

mit der Poisson-Mechanik behandelt werden. Die kanonischen Gln. lauten

$$\frac{dq}{dt} = [q, H] = \left[q, \frac{p^2}{2m}\right] + \left[q, \frac{k}{2}q^2\right],$$

$$\frac{dp}{dt} = [p, H] = \left[p, \frac{p^2}{2m}\right] + \left[p, \frac{k}{2}q^2\right].$$

Mit der Produktregel (3.193) erhält man

$$\left[q, \frac{p^2}{2m}\right] = \frac{p}{m}[q, p] = \frac{p}{m}, \qquad \left[q, \frac{k}{2}q^2\right] = 0,$$

$$\left[p, \frac{p^2}{2m}\right] = 0, \qquad \left[p, \frac{k}{2}q^2\right] = kq[p, q] = -kq.$$

Damit entsteht das DG-System

$$\frac{dq}{dt} = \frac{p}{m}, \qquad \frac{dp}{dt} = -kq.$$

Dieses System erhält man natürlich auch aus den Hamiltonschen Gleichungen (3.21).

---

[1]) Wegen der Eigenschaften (3.187), (3.194) sagt man auch, daß die Poisson-Klammern eine Realisierung einer Lie-Algebra darstellen.

*3.4.3 Das Poisson-Klammer Theorem

Wir wollen voraussetzen, daß die Funktionen $q_k(t)$, $p_k(t)$, $k = 1, \ldots, f$ kanonische Gleichungen (3.21) erfüllen. Dann gilt das folgende sog.

P K - T h e o r e m [12]: *Die* $q_k(t)$, $p_k(t)$, $k = 1, \ldots, f$ *werden genau dann durch eine Hamilton-Funktion* $H(q_1, \ldots, p_f, p_1, \ldots, p_f, t)$ *„erzeugt", wenn für* j e d e s P a a r *von Observablen* $u(q_1, \ldots, q_f, p_1, \ldots, p_f, t)$, $v(q_1, \ldots, q_f, p_1, \ldots, p_f, t)$ *die Beziehung*

$$\frac{d}{dt}[u, v] = \left[\frac{du}{dt}, v\right] + \left[u, \frac{dv}{dt}\right] \tag{3.195}$$

erfüllt ist.

B e w e i s: Zunächst sieht man, daß (3.195) h i n r e i c h e n d ist. Falls nämlich ein H existiert, so daß $\dot{q}_k = [q_k, H]$, $\dot{p}_k = [p_k, H]$ ist, folgt nach (3.183)

$$\frac{d}{dt}[u, v] = [[u, v], H] + \frac{\partial}{\partial t}[u, v],$$

denn $[u, v]$ ist ja selbst eine Observable. Nun gilt aber wegen (3.193) zusammen mit (3.187) für beliebige Observablen u, v

$$[[u, v], H] = [[u, H], v] + [u, [v, H]].$$

Ferner erhält man

$$\frac{\partial}{\partial t}[u, v] = \sum_k \left(\frac{\partial \frac{\partial u}{\partial t}}{\partial q_k} \frac{\partial v}{\partial p_k} - \frac{\partial \frac{\partial u}{\partial t}}{\partial p_k} \frac{\partial v}{\partial q_k} \right) + \sum_k \left(\frac{\partial u}{\partial q_k} \frac{\partial \frac{\partial v}{\partial t}}{\partial p_k} - \frac{\partial u}{\partial p_k} \frac{\partial \frac{\partial v}{\partial t}}{\partial q_k} \right) = \left[\frac{\partial u}{\partial t}, v\right] + \left[u, \frac{\partial v}{\partial t}\right].$$

Damit finden wir schließlich

$$\frac{d}{dt}[u, v] = \left[[u, H] + \frac{\partial u}{\partial t}, v\right] + \left[u, [v, H] + \frac{\partial v}{\partial t}\right] = \left[\frac{du}{dt}, v\right] + \left[u, \frac{dv}{dt}\right].$$

Um zu beweisen, daß (3.195) n o t w e n d i g ist, müssen wir zeigen, daß aus (3.195) für beliebige u, v die E x i s t e n z einer Hamilton-Funktion H folgt mit der Eigenschaft

$$\frac{\partial H}{\partial p_k} = \dot{q}_k, \qquad -\frac{\partial H}{\partial q_k} = \dot{p}_k, \qquad k = 1, \ldots, f.$$

Insbesondere muß (3.195) für $u = q_k$ bzw. $u = p_k$ und $v = q_k$ bzw. $v = p_k$ gelten, d. h. die Gleichungen

$$\frac{d}{dt}[q_k, q_j] = 0 = [\dot{q}_k, q_j] + [q_k, \dot{q}_j] = -\frac{\partial \dot{q}_k}{\partial p_j} + \frac{\partial \dot{q}_j}{\partial p_k},$$

$$\frac{d}{dt}[p_k, p_j] = 0 = [\dot{p}_k, p_j] + [p_k, \dot{p}_j] = \frac{\partial \dot{p}_k}{\partial q_k} - \frac{\partial \dot{p}_j}{\partial q_k},$$

$$\frac{d}{dt}[q_k, p_j] = 0 = [\dot{q}_k, p_j] + [q_k, \dot{p}_j] = \frac{\partial \dot{q}_k}{\partial q_j} + \frac{\partial \dot{p}_j}{\partial p_k}$$

müssen deshalb erfüllt sein. Das sind aber gerade die notwendigen Integrabilitätsbedingungen (3.40) für die Existenz einer Funktion $H(q_1, \ldots, q_f, p_1, \ldots, p_f, t)$, die die Eigenschaften

$$\frac{\partial H}{\partial p_k} = \dot{q}_k, \qquad -\frac{\partial H}{\partial q_k} = \dot{p}_k,$$

$$\frac{\partial H}{\partial p_j} = \dot{q}_j, \qquad -\frac{\partial H}{\partial q_j} = \dot{p}_j$$

besitzt. Damit ist der Beweis abgeschlossen.

Das folgende Beispiel [12] stellt eine Bewegung im Phasenraum dar, die nicht durch eine Hamilton-Funktion H erzeugt wird. Es mögen die Gleichungen $\dot{q} = pq$, $\dot{p} = -pq$ bestehen. Dann ist

$$\frac{\partial \dot{q}}{\partial q} \neq -\frac{\partial \dot{p}}{\partial p},$$

d. h. die Integrabilitätsbedingung für die Existenz einer Hamilton-Funktion ist nicht erfüllt; es existiert also kein H. Mit $u = q$, $v = p$ ist zunächst

$$\frac{d}{dt}[q, p] = \frac{d}{dt} 1 = 0.$$

Ferner wird

$$[\dot{q}, p] + [p, \dot{q}] = [qp, p] - [q, qp] = [q, p]p - [q, p]q = p - q,$$

d. h. es ist

$$\frac{d}{dt}[q, p] \neq [\dot{q}, p] + [q, \dot{p}],$$

in Übereinstimmung mit dem PK-Theorem.

Aus dem PK-Theorem folgt eine wichtige Eigenschaft für Konstanten der Bewegung. Seien G_1, G_2 Konstanten der Bewegung, die durch H erzeugt werden; dann gilt also

$$\frac{dG_1}{dt} = [G_1, H] + \frac{\partial G_1}{\partial t} = 0,$$

$$\frac{dG_2}{dt} = [G_2, H] + \frac{\partial G_2}{\partial t} = 0.$$

Daraus erhält man mit dem PK-Theorem

$$\frac{d}{dt}[G_1, G_2] = \left[\frac{dG_1}{dt}, G_2\right] + \left[G_1, \frac{dG_2}{dt}\right] = 0, \tag{3.196}$$

d. h. auch $[G_1, G_2]$ ist eine Konstante der Bewegung. Auf diese Weise kann man Konstanten der Bewegung gewinnen. Allerdings sind die auf solche Weise erzeugten Konstanten der Bewegung $[G_i, G_j]$ i. allg. nicht unabhängig von G_i, G_j. Besonders einfach werden die Beziehungen für Erhaltungsgrößen G_1, G_2. Dann ist $[G_1, H] = 0$, $[G_2, H] = 0$ und damit $[[G_1, G_2], H] = 0$, d. h. auch $[G_1, G_2]$ ist eine Erhaltungsgröße.

3.4.4 Die Poisson-Klammern des Drehimpulses

Die kartesischen Komponenten des Drehimpulses **L** eines MP bez. eines Punktes O in einem BS sind

$$L_i = \sum_{j,k}^{3} \epsilon_{ijk} x_j p_k, \qquad i = 1, 2, 3.$$

Dabei sind x_j die kartesischen Komponenten des Ortsvektors **r** und $p_k = m\dot{x}_k$ die kartesischen Komponenten des Impulses **p**. Die folgenden Beziehungen gelten nur für k a r t e s i s c h e Phasenraum-Koordinaten q_j, p_j! Zunächst beweisen wir folgenden S a t z : Die PKn von L_i mit skalaren Funktionen $\tilde{g}$, die sich allein aus **r** und **p** bilden lassen, sind Null. B e w e i s : Die allgemeinste skalare Funktion $\tilde{g}$ mit dieser Eigenschaft ist $\tilde{g} = \tilde{g}(\mathbf{r}^2, \mathbf{p}^2, \mathbf{r} \cdot \mathbf{p}, t)$. Entwickelt man $\tilde{g}$ in eine Taylor-Reihe in den Variablen $\mathbf{r}^2, \mathbf{p}^2, \mathbf{r} \cdot \mathbf{p}$, so enthält das allgemeine Glied der Entwicklung den Term $a_{nms}(\mathbf{r}^2)^n(\mathbf{p}^2)^m (\mathbf{r} \cdot \mathbf{p})^s$, wobei die a_{nms} Zahlen sind. Nach kurzer Rechnung beweist man zunächst mit Hilfe von (3.188) und (3.193)

$$[\mathbf{r}^2, L_i] = 0, \qquad [\mathbf{p}^2, L_i] = 0, \qquad [\mathbf{r} \cdot \mathbf{p}, L_i] = 0. \tag{3.197}$$

Hierzu sagt man auch: $\mathbf{r}^2, \mathbf{p}^2, \mathbf{r} \cdot \mathbf{p}$ *kommutieren* mit L_i. Damit führt auch jeder einzelne Summand der Taylor-Reihe zu einer verschwindenden PK mit L_i, so daß schließlich $[\tilde{g}(\mathbf{r}^2, \mathbf{p}^2, \mathbf{r} \cdot \mathbf{p}, t), L_i] = 0$ folgt.

Läßt sich H in der Form $H(\mathbf{r}^2, \mathbf{p}^2, \mathbf{r} \cdot \mathbf{p}, t)$ darstellen, so resultiert analog $[H, L_i] = 0$, d. h. die Drehimpulskomponenten L_i sind Erhaltungsgrößen für Bewegungen, die durch $H(\mathbf{r}^2, \mathbf{p}^2, \mathbf{r} \cdot \mathbf{p}, t)$ erzeugt werden.

Die allgemeinste v e k t o r i e l l e dynamische Variable, die allein aus **r** und **p** gebildet werden kann, ist

$$\mathbf{g} = g^{(1)}\mathbf{r} + g^{(2)}\mathbf{p} \quad \text{bzw.}^{1)} \quad \mathbf{g} = g^{(3)}\mathbf{r} \times \mathbf{p}.$$

Dabei sind die $g^{(j)}$ skalare dynamische Variable $g^{(j)}(\mathbf{r}^2, \mathbf{p}^2, \mathbf{r} \cdot \mathbf{p}, t)$. Um zu untersuchen, welches Ergebnis $[\mathbf{g}, L_i]$ hat, braucht man wegen (3.188), (3.193), (3.197) nur die PKn für $[x_j, L_i]$, $[p_j, L_i]$, $[L_j, L_i]$ zu berechnen. Man erhält

$$[x_j, L_i] = x_k, \qquad [p_j, L_i] = p_k, \qquad [L_j, L_i] = L_k \tag{3.198}$$

mit j, i, k zyklisch. Allgemein folgt damit

$$[g_j, L_i] = \sum_{k=1}^{3} \epsilon_{jik} g_k \quad \text{bzw.} \quad [\mathbf{g}, L_i] = \mathbf{e}_i \times \mathbf{g}. \tag{3.199}$$

---

[1]) Da **r** und **p** (polare) Vektoren sind, ist **r** × **p** ein Pseudovektor. Soll also $g^{(3)}$ ein Skalar sein, so wird **g** ein Pseudovektor.

Mit (3.196) folgt aus (3.198), daß mit zwei Komponenten des Drehimpulses auch die dritte Komponente eine Erhaltungsgröße ist, also auch L^2.

*3.4.5 Der Zusammenhang zwischen den Lagrange- und den Poisson-Klammern

Die 2f unabhängigen Koordinaten seien in einem Gebiet D des Phasenraums stetig differenzierbare Funktionen von 2f unabhängigen Variablen $u_1, \ldots, u_{2f}$ und des Parameters t:

$$\begin{aligned} q_i &= q_i(u_1, \ldots, u_{2f}, t) \\ p_i &= p_i(u_1, \ldots, u_{2f}, t). \end{aligned} \qquad i = 1, \ldots, f \tag{3.200}$$

Für festgehaltenes t kann man (3.200) als die Abbildung des Gebietes D des Phasenraumes in ein Gebiet U des 2f-dimensionalen u-Raums interpretieren. Ist $u_j = q_j'$, $j = 1, \ldots, f$, $u_{f+i} = p_i'$, $i = 1, \ldots, f$, so ist (3.200) mit (3.32) identisch, und U ist selbst ein Gebiet des Phasenraums. Die Lagrange-Klammern (3.145) für zwei Variablen u_i, u_j sind durch

$$(u_i, u_j) = \sum_{m=1}^{f} \left(\frac{\partial q_m}{\partial u_i} \frac{\partial p_m}{\partial u_j} - \frac{\partial q_m}{\partial u_j} \frac{\partial p_m}{\partial u_i} \right) \tag{3.201}$$

und die Poisson-Klammern (s. (3.182)) durch

$$[u_i, u_k] = \sum_{n=1}^{f} \left(\frac{\partial u_i}{\partial q_n} \frac{\partial u_k}{\partial p_n} - \frac{\partial u_i}{\partial p_n} \frac{\partial u_k}{\partial q_n} \right) \tag{3.202}$$

definiert. Es gilt dann die folgende Beziehung:

$$\sum_{i=1}^{2f} (u_i, u_j)[u_i, u_k] = \delta_{kj}. \tag{3.203}$$

B e w e i s : Es ist mit (3.201) und (3.202)

$$\begin{aligned} &\sum_{i=1}^{2f} (u_i, u_j)[u_i, u_k] \\ &= \sum_{i=1}^{2f} \sum_{m,n=1}^{f} \left(\frac{\partial q_m}{\partial u_i} \frac{\partial p_m}{\partial u_j} - \frac{\partial q_m}{\partial u_j} \frac{\partial p_m}{\partial u_i} \right) \left(\frac{\partial u_i}{\partial q_n} \frac{\partial u_k}{\partial p_n} - \frac{\partial u_i}{\partial p_n} \frac{\partial u_k}{\partial q_n} \right) \\ &= \sum_{i=1}^{2f} \sum_{m,n=1}^{f} \left\{ \left(\frac{\partial q_m}{\partial u_i} \frac{\partial u_i}{\partial q_n} \right) \frac{\partial p_m}{\partial u_j} \frac{\partial u_k}{\partial p_n} - \left(\frac{\partial q_m}{\partial u_i} \frac{\partial u_i}{\partial p_n} \right) \frac{\partial p_m}{\partial u_j} \frac{\partial u_k}{\partial q_n} \right. \\ &\quad \left. - \left(\frac{\partial p_m}{\partial u_i} \frac{\partial u_i}{\partial q_n} \right) \frac{\partial q_m}{\partial u_j} \frac{\partial u_k}{\partial p_n} + \left(\frac{\partial p_m}{\partial u_i} \frac{\partial u_i}{\partial p_n} \right) \frac{\partial q_m}{\partial u_j} \frac{\partial u_k}{\partial q_n} \right\}. \end{aligned}$$

Nun ist aber

$$\sum_{i=1}^{2f} \frac{\partial q_m}{\partial u_i} \frac{\partial u_i}{\partial p_n} = \sum_{i=1}^{2f} \frac{\partial p_m}{\partial u_i} \frac{\partial u_i}{\partial q_n} = 0$$

und $\displaystyle\sum_{i=1}^{2f} \frac{\partial q_m}{\partial u_i} \frac{\partial u_i}{\partial q_n} = \delta_{mn}, \qquad \sum_{i=1}^{2f} \frac{\partial p_m}{\partial u_i} \frac{\partial u_i}{\partial p_n} = \delta_{mn},$

so daß nur

$$\sum_{n=1}^{f} \frac{\partial u_k}{\partial p_n}\frac{\partial p_n}{\partial u_j} + \sum_{n=1}^{f} \frac{\partial u_k}{\partial q_n}\frac{\partial q_n}{\partial u_j} = \frac{\partial u_k}{\partial u_j} = \delta_{kj}$$

übrigbleibt. Damit ist die Behauptung bewiesen.

Wir wollen nun (3.203) auf (3.165) anwenden und die in Abschn. 3.3.6.4 abgeleiteten notwendigen und hinreichenden Bedingungen für die Kanonizität einer Transformation (3.32) statt durch Lagrange-Klammern durch Poisson-Klammern ausdrücken. Dazu schreiben wir (3.203) in der Form

$$\sum_{i=1}^{f} (q_i, u_j)'[q_i, u_k]' + \sum_{i=1}^{f} (p_i, u_j)'[p_i, u_k]' = \delta_{kj}, \tag{3.204}$$

wobei u_j, u_k irgendwelche der Variablen $q_1, \ldots, q_f, p_1, \ldots, p_f$ sein können und $[q_i, u_k]'$ die Poisson-Klammer

$$[q_i, u_k]' = \sum_{m=1}^{f} \left(\frac{\partial q_i}{\partial q'_m}\frac{\partial u_k}{\partial p'_m} - \frac{\partial q_i}{\partial p'_m}\frac{\partial u_k}{\partial q'_m}\right)$$

bedeutet. Setzt man nun in (3.204) $k = j$ und $u_j = q_j$ und benutzt die Beziehungen (3.165), so erhält man

$$[q_j, p_j]' = \frac{1}{c}, \qquad j = 1, \ldots, f. \tag{3.205}$$

Für $k \neq j$ und $u_k = p_k$, $u_j = p_j$ entsteht

$$[q_j, p_k]' = 0, \qquad j \neq k. \tag{3.206}$$

Auf analoge Weise erhält man

$$[q_j, q_k]' = 0, \qquad [p_j, p_k]' = 0. \tag{3.207}$$

Die Ergebnisse (3.205) bis (3.207) kann man in der Form

$$[q_j, p_k]' = \frac{1}{c}\delta_{jk}, \qquad [q_j, p_k]' = 0, \qquad [p_j, p_k]' = 0 \tag{3.208a}$$

zusammenfassen. Wertet man (3.203) in der Form

$$\sum_{i=1}^{f} (q'_i, u'_j)[q'_i, u'_k] + \sum_{i=1}^{f} (p'_i, u'_j)[p'_i, u'_k] = \delta_{kj}$$

aus und verwendet die Beziehungen (3.149), so erhält man

$$[q'_j, p'_k] = c\delta_{jk}, \qquad [q'_j, p'_k] = 0, \qquad [p'_j, p'_k] = 0. \tag{3.208b}$$

Die Beziehungen (3.208) für die Poisson-Klammern sind damit wie die Beziehungen (3.148), (3.149) *notwendige* und *hinreichende* Bedingungen dafür, daß eine Transformation (3.32) kanonisch ist.

Aus den Bedingungen (3.208) folgt, daß die Poisson-Klammern für zwei *beliebige* Observable $u(q_j, p_j, t)$, $v(q_j, p_j, t)$ bei kanonischen Transformationen bis auf einen konstanten Faktor c *invariant* bleiben:

$$[u, v] = c[u', v']'. \tag{3.209}$$

Beweis: Man setze in

$$[u', v']' = \sum_{s=1}^{f} \left(\frac{\partial u'}{\partial q_s'} \frac{\partial v'}{\partial p_s'} - \frac{\partial u'}{\partial p_s'} \frac{\partial v'}{\partial q_s'} \right)$$

die aus

$$u'(q_s', p_s', t) := u[q_j(q_s', p_s', t), p_j(q_s', p_s', t), t],$$
$$v'(q_s', p_s', t) := v[q_i(q_s', p_s', t), p_i(q_s', p_s', t), t]$$

folgenden Beziehungen

$$\frac{\partial u'}{\partial q_s'} = \sum_{j=1}^{f} \left(\frac{\partial u}{\partial q_j} \frac{\partial q_j}{\partial q_s'} + \frac{\partial u}{\partial p_j} \frac{\partial p_j}{\partial q_s'} \right),$$

$$\frac{\partial v'}{\partial p_s'} = \sum_{i=1}^{f} \left(\frac{\partial v}{\partial q_i} \frac{\partial q_i}{\partial p_s'} + \frac{\partial v}{\partial p_i} \frac{\partial p_i}{\partial p_s'} \right),$$

$$\frac{\partial u'}{\partial p_s'} = \sum_{j=1}^{f} \left(\frac{\partial u}{\partial q_j} \frac{\partial q_j}{\partial p_s'} + \frac{\partial u}{\partial p_j} \frac{\partial p_j}{\partial p_s'} \right),$$

$$\frac{\partial v'}{\partial q_s'} = \sum_{i=1}^{f} \left(\frac{\partial v}{\partial q_i} \frac{\partial q_i}{\partial q_s'} + \frac{\partial v}{\partial p_i} \frac{\partial p_i}{\partial q_s'} \right)$$

ein. Dann erhält man

$$[u', v']' = \sum_{j,i=1}^{f} \frac{\partial u}{\partial q_j} \frac{\partial v}{\partial q_i} [q_j, q_i]' + \sum_{j,i=1}^{f} \frac{\partial u}{\partial p_j} \frac{\partial v}{\partial q_i} [p_j, q_i]'$$
$$+ \sum_{j,i} \frac{\partial u}{\partial q_j} \frac{\partial v}{\partial p_i} [q_j, p_i]' + \sum_{j,i=1}^{f} \frac{\partial u}{\partial p_j} \frac{\partial v}{\partial p_i} [p_j, p_i]'.$$

Für kanonische Transformationen gelten nun aber die Bedingungen (3.208), so daß (3.209) bewiesen ist.

Man kann also auch die Eigenschaft (3.209) als *notwendige* und *hinreichende* Bedingung für kanonische Transformationen ansehen.

*3.5 Kanonische Transformationen und Konstanten der Bewegung

3.5.1 Liesche Transformationsgruppen

Symmetrietransformationen der Lagrange-Funktion waren mit der Existenz von Konstanten der Bewegung im Konfigurations-Geschwindigkeitsraum verbunden. Wegen des Zusammenhanges zwischen den Lagrange-Gleichungen 2. Art und den kanonischen Gleichungen ist zu erwarten, daß die Invarianz von H bez. bestimmter kanonischer Transformationen zu Konstanten der Bewegung im Phasenraum führt. Das gilt insbesondere für diejenigen Konstanten der Bewegung, die uns bereits im Zusammenhang mit dem Noether-Theorem aus der Lagrange-Mechanik bekannt sind. Da die kanonischen Transformationen umfassender als die Punkttransformationen sind, ist zu vermuten, daß aus einer Invarianz von H bez. bestimmter kanonischer Transformationen Konstanten der Bewegung resultieren, die nicht durch Symmetrietransformationen von L erklärbar sind. Die folgenden Überlegungen stellen die Übertragung der Ideen des Abschn. 2.6 in den Phasenraum dar. Da es sich nur um eine kurze Einführung handeln soll, beschränken wir uns auf die Erläuterung einiger wichtiger Begriffe und verweisen für ein tieferes Studium auf die Literatur [2, 12, 21, 22].

Wenn wir kanonische Transformationen finden wollen, die die Hamilton-Funktion invariant lassen, so ist die Gesamtheit der kanonischen Transformationen eine zu umfassende Gruppe. Wir beschränken uns daher analog zur Vorgehensweise in Abschn. 2.6.3 auf Untergruppen bestehend aus Transformationen

$$\begin{aligned} q_i' &= q_i'(q_1, \ldots, q_f, p_1, \ldots, p_f, t; \alpha_1, \ldots, \alpha_m) \qquad i = 1, \ldots, f \\ p_i' &= p_i'(q_1, \ldots, q_f, p_1, \ldots, p_f, t; \alpha_1, \ldots, \alpha_m) \\ t' &= t'(q_1, \ldots, q_f, p_1, \ldots, p_f, t; \alpha_1, \ldots, \alpha_m) \end{aligned} \tag{3.210}$$

im Raum $\mathbb{R} \times T^*\mathbb{M}^f$, die von m unabhängigen Parametern $\alpha_1, \ldots, \alpha_m$ abhängen und folgende Eigenschaften haben:

(1) Bei festen Werten der Parameter α_j stellt (3.210) eine Abbildung einer offenen Menge Γ des Raumes $\mathbb{R} \times T^*\mathbb{M}^f$ auf eine andere offene Menge dieses Raumes dar, die jedem Punkt $(q_j, p_j, t) \in \Gamma$ einen Punkt $(q_j', p_j', t') \in \mathbb{R} \times T^*\mathbb{M}^f$ zuordnet.

(2) Für $\alpha_j = 0, j = 1, \ldots, m$ entsteht die identische Transformation in $\mathbb{R} \times T^*\mathbb{M}^f$

$$q_i' = q_i, \qquad p_i' = p_i, \qquad t' = t; \qquad i = 1, \ldots, f.$$

(3) Bezüglich der Parameter α_j besitzt (3.210) Gruppeneigenschaft, d. h. es gilt:

a) zwei Transformationen der Schar (3.210),

$$\xi_k' = f_k(\xi_s; \alpha_j), \qquad \xi_k'' = f_k(\xi_s'; \alpha_j'), \qquad k = 1, \ldots, 2f+1,$$

sollen, hintereinander ausgeführt, zumindest für Werte von α_j in einer Umgebung von $\alpha_j = 0, j = 1, \ldots, m$ wieder eine Transformation der Schar ergeben,

$$\xi_k'' = f_k[f_s(\xi_m; \alpha_j), \alpha_s'] = f_k(\xi_s; \alpha_j''),$$

wobei die Parameter α_j'' der zusammengesetzten Transformation (differenzierbare) Funktionen der Parameter α_s und α_s' sind,

$$\alpha_j'' = \varphi_j(\alpha_s, \alpha_s'), \qquad j = 1, \ldots, m;$$

b) die inverse Transformation

$$0 = \varphi_j(\alpha_s, (\alpha_s)^{-1}),$$

d. h. $\quad \xi_k = f_k(\xi_s'; 0),$

existiert;

c) Das Assoziativgesetz für drei hintereinander ausgeführte Transformationen gilt.

(4) Die Funktionen (3.210) sind bez. der Parameter α_j mindestens dreimal stetig differenzierbar[1]).

Eine Schar von Transformationen (3.210), die diese Bedingungen erfüllt, heißt m-*parametrige lokale Liesche Transformationsgruppe* im Raum $\mathbb{R} \times T^*\mathbb{M}^f$.

Von besonderem Interesse, vor allem wegen ihrer einfachen Eigenschaften, sind die einparametrigen Lieschen Gruppen, die wir von jetzt an nur noch untersuchen wollen. Außerdem wollen wir noch voraussetzen, daß sie bez. des Parameters α in einer hinreichend kleinen Umgebung von $\alpha = 0$ in eine Taylorreihe entwickelt werden können:

$$\begin{aligned} q_i' &= q_i + \sum_{k=1}^{\infty} \frac{\alpha^k}{k!} \left(\frac{\partial^k q_i'}{\partial \alpha^k}\right)_{\alpha=0} \\ p_i' &= p_i + \sum_{k=1}^{\infty} \frac{\alpha^k}{k!} \left(\frac{\partial^k p_i'}{\partial \alpha^k}\right)_{\alpha=0} \qquad i = 1, \ldots, f, \\ t' &= t + \sum_{k=1}^{\infty} \frac{\alpha^k}{k!} \left(\frac{\partial^k t'}{\partial \alpha^k}\right)_{\alpha=0} . \end{aligned} \tag{3.211}$$

Zur Abkürzung führen wir die Funktionen

$$\begin{aligned} \xi_i(q_1, \ldots, q_f, p_1, \ldots, p_f, t) &:= \left(\frac{\partial q_i'}{\partial \alpha}\right)_{\alpha=0}, \\ \eta_i(q_1, \ldots, q_f, p_1, \ldots, p_f, t) &:= \left(\frac{\partial p_i'}{\partial \alpha}\right)_{\alpha=0}, \\ \tau(q_1, \ldots, q_f, p_1, \ldots, p_f, t) &:= \left(\frac{\partial t'}{\partial \alpha}\right)_{\alpha=0} \end{aligned} \tag{3.212}$$

---

[1]) Meistens verlangt man mit Rücksicht auf Anwendungen, daß die Funktionen (3.210) in $\Gamma \subset \mathbb{R} \times T^*\mathbb{M}^f$ in allen Variablen analytisch sind.

ein. Den in α linearen Teil von (3.211), also

$$\begin{aligned} q_i' &= q_i + \alpha\xi_i \\ p_i' &= p_i + \alpha\eta_i \qquad i = 1, \ldots, f, \\ t' &= t + \alpha\tau, \end{aligned} \tag{3.213}$$

nennt man (für hinreichend kleine Werte von α) *infinitesimale Transformation*. Mit Hilfe des Differentialoperators[1])

$$D := \sum_{j=1}^{f} \left(\xi_j \frac{\partial}{\partial q_j} + \eta_j \frac{\partial}{\partial p_j} \right) + \tau \frac{\partial}{\partial t} \tag{3.214}$$

kann man (3.211) in der Form

$$\begin{aligned} q_i' &= q_i + \sum_{k=1}^{\infty} \frac{\alpha^k}{k!} D^k q_i \\ p_i' &= p_i + \sum_{k=1}^{\infty} \frac{\alpha^k}{k!} D^k p_i \qquad i = 1, \ldots, f, \\ t' &= t + \sum_{k=1}^{\infty} \frac{\alpha^k}{k!} D^k t \end{aligned} \tag{3.215}$$

schreiben. Dabei bedeutet D^k die k-malige Anwendung von D. Die Reihenentwicklungen (3.215) sind als Funktionen von α die Lösungen der sog. *Lieschen DGn*

$$\begin{aligned} \frac{dq_i'}{d\alpha} &= \xi_i(q_1', \ldots, q_f', p_1', \ldots, p_f', t'), \\ \frac{dp_i'}{d\alpha} &= \eta_i(q_1', \ldots, q_f', p_1', \ldots, p_f', t'), \\ \frac{dt'}{d\alpha} &= \tau(q_1', \ldots, q_f', p_1', \ldots, p_f', t') \end{aligned} \tag{3.216}$$

für die Anfangswerte

$$q_i'(\alpha = 0) = q_i, \qquad p_i'(\alpha = 0) = p_i, \qquad t'(\alpha = 0) = t. \tag{3.217}$$

Differenziert man nämlich (3.215) nach α, so entsteht z. B. für q_i' wegen $Dq_i = \xi_i$

$$\frac{dq_i'}{d\alpha} = \sum_{k=1}^{\infty} \frac{\alpha^{k-1}}{(k-1)!} D^{k-1}\xi_i = \xi_i + \sum_{j=1}^{\infty} \frac{\alpha^j}{j!} D^j \xi_i = \xi_i(q_1', \ldots, q_f', p_1', \ldots, p_f', t').$$

Die Form (3.215) der Lösung von (3.216) legt es nahe, den formalen Exponentialoperator

$$e^{\alpha D} := \sum_{k=0}^{\infty} \frac{\alpha^k}{k!} D^k \tag{3.218}$$

---

[1]) D heißt auch *Generator* der einparametrigen Lieschen Transformationsgruppe (3.210) für m = 1.

einzuführen, so daß man die Gleichungen (3.215) auch als

$$q_i' = e^{\alpha D} q_i, \qquad p_i' = e^{\alpha D} p_i, \qquad t' = e^{\alpha D} t \tag{3.219}$$

darstellen kann. Die Koeffizienten ξ_i, η_i, τ der infinitesimalen Transformation (3.213) legen somit die Transformation (3.215) für endliche Werte von α fest. Interpretiert man $e^{\alpha D}$ als

$$e^{\alpha D} := \lim_{k \to \infty} \left(1 + \frac{\alpha D}{k}\right)^k, \qquad \text{k ganze Zahl,}$$

so entsteht z. B.

$$q_i' = \lim_{k \to \infty} \left(1 + \frac{\alpha D}{k}\right)^k q_i = e^{\alpha D} q_i$$

durch fortgesetzte Iteration der linearen „infinitesimalen" Transformationen

$$q^*_{i(k)} := \left(1 + \frac{\alpha}{k} D\right) q_i, \qquad k = 1, 2, \ldots . \tag{3.220}$$

Ist $F(q_1, \ldots, q_f, p_1, \ldots, p_f, t)$ eine Observable, die beliebig oft differenzierbar ist, so ändert sich F, wenn man $q_1, \ldots, q_f, p_1, \ldots, p_f, t$ der Transformation (3.215) unterwirft, gemäß

$$\begin{aligned} &F(q_1', \ldots, q_f', p_1', \ldots, p_f', t') \\ &= F(q_1, \ldots, q_f, p_1, \ldots, p_f, t) + \sum_{k=1}^{\infty} \frac{\alpha^k}{k!} D^k F(q_j, p_j, t) = e^{\alpha D} F(q_j, p_j, t). \end{aligned} \tag{3.221}$$

Gilt insbesondere für eine Funktion $F(q_1, \ldots, q_f, p_1, \ldots, p_f, t)$ und beliebige α für eine Transformation (3.215) die Beziehung

$$F(q_1', \ldots, q_f', p_1', \ldots, p_f', t') = F(q_1, \ldots, q_f, p_1, \ldots, p_f, t), \tag{3.222a}$$

d. h. $$\frac{dF}{d\alpha} = 0, \tag{3.222b}$$

so heißt F *Invariante der Gruppe* (3.215). Hinreichend und notwendig dafür, daß $F(q_j, p_j, t)$ eine Invariante der durch D erzeugten Gruppe ist, ist wegen (3.221) das Bestehen der Gleichung

$$DF = \sum_{j=1}^{f} \left(\xi_j(q_s, p_s, t) \frac{\partial F}{\partial q_j} + \eta_j(q_s, p_s, t) \frac{\partial F}{\partial p_j}\right) + \tau(q_s, p_s, t) \frac{\partial F}{\partial t} = 0. \tag{3.223}$$

3.5.2 Kanonische Transformationsgruppen und ihre Generatoren

Wir wollen jetzt untersuchen, welche Bedingungen die erzeugenden Funktionen ξ_j, η_j, τ der Lieschen Gruppe (3.210) erfüllen müssen, damit die Transformationen (3.210) k a n o n i s c h sind. Der Einfachheit wegen beschränken wir uns auf z e i t u n a b -

hängige Transformationen, die außerdem nur von einem Parameter α abhängen sollen (m = 1). Ferner sollen nur explizit zeitunabhängige Funktionen $F(q_1, \ldots, q_f, p_1, \ldots, p_f)$ im Phasenraum betrachtet werden. Damit nun (3.215) eine kanonische Transformation für jedes α darstellt, müssen zwischen den q_i', p_i' und den q_i, p_i die Integrabilitätsbedingungen (3.148) erfüllt sein. Setzt man in diese die Entwicklung (3.215) mit (3.214) ein und ordnet nach Potenzen von α, so entsteht

$$\begin{aligned}
(q_i, p_k)' &= \delta_{ik} + \alpha\left(\frac{\partial \xi_k}{\partial q_i} + \frac{\partial \eta_i}{\partial p_k}\right) + \sum_{n=2}^{\infty} \frac{\alpha^n}{n!} A_n = c\delta_{ik}, \\
(q_i, q_k)' &= \alpha\left(\frac{\partial \eta_i}{\partial q_k} - \frac{\partial \eta_k}{\partial q_i}\right) + \sum_{n=2}^{\infty} \frac{\alpha^n}{n!} B_n = 0, \\
(p_i, p_k)' &= \alpha\left(\frac{\partial \xi_k}{\partial p_i} - \frac{\partial \xi_i}{\partial p_k}\right) + \sum_{n=2}^{\infty} \frac{\alpha^n}{n!} C_n = 0.
\end{aligned} \tag{3.224}$$

Da α beliebig ist, muß c = 1 sein. Ferner müssen die Koeffizienten von α^n, n = 1, 2, …, verschwinden. Für n = 1 folgt

$$\frac{\partial \xi_k}{\partial q_i} + \frac{\partial \eta_i}{\partial p_k} = 0, \qquad \frac{\partial \eta_i}{\partial q_k} - \frac{\partial \eta_k}{\partial q_i} = 0, \qquad \frac{\partial \xi_k}{\partial p_i} - \frac{\partial \xi_i}{\partial p_k} = 0; \qquad i, k = 1, \ldots, f. \tag{3.225}$$

Das sind aber gerade die notwendigen und lokal auch hinreichenden Bedingungen für die Existenz einer Funktion $G(q_1, \ldots, q_f, p_1, \ldots, p_f)$, aus der sich die Funktionen ξ_k und η_i gemäß

$$\xi_k = \frac{\partial G}{\partial p_k}, \qquad \eta_i = -\frac{\partial G}{\partial q_i} \tag{3.226}$$

bestimmen lassen. Man kann beweisen, daß für (3.226) die Koeffizienten von α^n, $n \geqslant 2$ in (3.224) identisch verschwinden; (3.215) ist also für endliche Werte von α eine kanonische Transformation. Die Funktion $G(q_j, p_j)$ ist als analytische Funktion beliebig vorgebbar. Mit (3.226) erhält man als Generator der allgemeinsten einparametrigen Gruppe der beschränkten zeitunabhängigen kanonischen Transformationen den Operator

$$\hat{G} := \sum_{j=1}^{f} \left(\frac{\partial G}{\partial p_j}\frac{\partial}{\partial q_j} - \frac{\partial G}{\partial q_j}\frac{\partial}{\partial p_j}\right). \tag{3.227}$$

Ersetzt man in (3.215) D durch $\hat{G}$, so erhält man

$$\begin{aligned}
q_i' &= q_i + \alpha \frac{\partial G}{\partial p_i} + \frac{\alpha^2}{2!}\hat{G}\left(\frac{\partial G}{\partial p_i}\right) + \ldots = e^{\alpha \hat{G}} q_i, \\
p_i' &= p_i - \alpha \frac{\partial G}{\partial q_i} + \frac{\alpha^2}{2!}\hat{G}\left(\frac{\partial G}{\partial q_i}\right) - \ldots = e^{\alpha \hat{G}} p_i.
\end{aligned} \tag{3.228}$$

Statt $\hat{G}$ nennt man auch die erzeugende Funktion $G(q_j, p_j)$ *Generator der kanonischen Transformation.*

Die DGn der einparametrigen Gruppe (2.216) können wir jetzt in der Form

$$\frac{dq_k'}{d\alpha} = \frac{\partial G}{\partial p_k'}(q_j', p_j'), \qquad \frac{dp_k'}{d\alpha} = -\frac{\partial G}{\partial q_k'}(q_j', p_j') \tag{3.229}$$

schreiben. Für die Ableitung einer Funktion $F(q_1, \ldots, q_f, p_1, \ldots, p_f)$ nach α entsteht mit (3.227) und (3.229)

$$\frac{dF}{d\alpha} = \hat{G}F = \sum_{j=1}^{f} \left(\frac{\partial G}{\partial p_j}\frac{\partial F}{\partial q_j} - \frac{\partial G}{\partial q_j}\frac{\partial F}{\partial p_j} \right) = [F, G]. \tag{3.230}$$

$F(q_j, p_j)$ ist also eine Invariante der durch G erzeugten kanonischen Transformationen genau dann, wenn $[F, G] = 0$ ist.

Wir wollen nun ein Kriterium dafür suchen, daß die Hamilton-Funktion $H(q_j, p_j)$ Invariante einer einparametrigen Gruppe von zeitunabhängigen kanonischen Transformationen ist. Dazu muß wegen (3.223) für den Generator G unter Berücksichtigung von (3.229) gelten

$$\hat{G}H = \sum_{j=1}^{f} \left(\frac{\partial G}{\partial p_j}\frac{\partial H}{\partial q_j} - \frac{\partial G}{\partial q_j}\frac{\partial H}{\partial p_j} \right) = [H, G] = 0. \tag{3.231}$$

Andererseits ist aber wegen (3.183) für $u = G(q_j, p_j)$

$$\frac{dG}{dt} = [G, H] = -[H, G]. \tag{3.232}$$

H *ist also Invariante der durch* G *erzeugten Gruppe genau dann, wenn* $G(q_j, p_j)$ *Erhaltungsgröße der durch* H *beschriebenen Bewegung ist:*

$$\frac{dG}{dt} = 0. \tag{3.233}$$

Die Kenntnis von Transformationsgruppen eines kanonischen Systems ist somit äquivalent zur Kenntnis von Erhaltungsgrößen dieses Systems.

Vergleicht man[1]) (3.229) mit den kanonischen Gleichungen (3.21), so können diese folgendermaßen interpretiert werden: *Die Zeitentwicklung* $q_k(t)$, $p_k(t)$ *wird durch den Generator* $G(q_j, p_j) = H(q_j, p_j)$ *erzeugt.* Die Zeit t übernimmt dabei die Rolle von α. die Gl. (3.230) nimmt dann die Form

$$\frac{dF}{dt} = \hat{H}F = [F, H] \tag{3.234}$$

an, wobei

$$\hat{H} := \sum_{j=1}^{f} \left(\frac{\partial H}{\partial p_j}\frac{\partial}{\partial q_j} - \frac{\partial H}{\partial q_j}\frac{\partial}{\partial p_j} \right) = [\ \ , H] \tag{3.235}$$

---

[1]) Es ist nun $q_i' = q_i'(t)$, $p_i' = p_i'(t)$ und nach (3.217) $q_i = q_i'(0) := q_{i0}'$, $p_i = p_i'(0) := p_{i0}'$. Im folgenden lassen wir die Striche weg.

der sog. *Liouville-Operator* ist. (3.234) ist das bekannte Ergebnis (3.183) für den Spezialfall explizit zeitunabhängiger $u = F$. Für $F = q_i$ bzw. $F = p_i$ entstehen aus (3.234) die kanonischen Gleichungen (3.21). Mit (3.227) erhält man aus (3.228) ihre Lösungen in der Form[1]) von sog. *Lie-Reihen:*

$$\begin{aligned} q_i(t) &= e^{t\hat{H}_0} q_{i0} = q_{i0} + t\hat{H} q_{i0} + \frac{t^2}{2!}\hat{H}_0(\hat{H}_0 q_{i0}) + \ldots \\ &= q_{i0} + t[q_i, H]_0 + \frac{t^2}{2!}[[q_i, H], H]_0 + \ldots, \\ p_i(t) &= e^{t\hat{H}_0} p_{i0} = p_{i0} + t\hat{H}_0 p_{i0} + \frac{t^2}{2!}\hat{H}_0(H_0 q_i) + \ldots \\ &= q_{i0} + t[p_i, H]_0 + \frac{t^2}{2!}[[p_i, H], H]_0 + \ldots . \end{aligned} \tag{3.236}$$

Der Zeitentwicklungsoperator $e^{t\hat{H}_0}$ tritt in der Quantenmechanik als unitärer Operator $e^{\frac{i}{\hbar}tH}$ auf, wobei H der hermitesche Hamilton-Operator ist und die Poissonklammern durch die Vertauschungsrelationen zu ersetzen sind, deren algebraische Eigenschaften mit den Eigenschaften der Poisson-Klammern übereinstimmen.

Zur Erläuterung der Gleichungen (3.236) behandeln wir das folgende

Beispiel Es sei

$$H = \frac{1}{2m}\sum_{i=1}^{3} p_i^2 - \sum_{i=1}^{3} a_i x_i .$$

Dann folgt aus (3.236)

$$x_i(t) = e^{t\hat{H}_0} x_{i0}, \qquad p_i(t) = e^{t\hat{H}_0} p_{i0} .$$

Zur Berechnung von $x_i(t)$, $p_i(t)$ müssen wir die iterierten Poisson-Klammern

$$[x_i, H]_0, \qquad [[x_i, H], H]_0, \ldots, [p_i, H]_0, \qquad [[p_i, H], H]_0$$

ausrechnen. Mit den in Abschn. 3.4.2 angegebenen Rechenregeln findet man

$$[x_i, H]_0 = \frac{1}{2m}[x_i, p_i^2]_0 = \frac{p_{i0}}{m}[x_i, p_i]_0 = \frac{p_{i0}}{m},$$

$$[[x_i, H], H]_0 = \frac{1}{m}[p_i, H]_0 = -\frac{a_i}{m}[p_i, x_i]_0 = \frac{a_i}{m},$$

$$[p_i, H]_0 = -a_i, \qquad [[p_i, H], H]_0 = -[a_i, H]_0 = 0.$$

[1]) $\hat{H}_0$ bzw. $[\ , H]_0$ bedeutet, daß die entsprechenden Größen zur Zeit Null gebildet werden sollen.

Alle weiteren iterierten Poisson-Klammern verschwinden. Damit erhalten wir als Lösung

$$x_i(t) = x_{i0} + \frac{p_{i0}}{m} t + \frac{a_i}{2m} t^2, \qquad p_i(t) = p_{i0} + a_i t,$$

in Übereinstimmung mit dem Ergebnis in Abschn. 3.3.4.

Abschließend sollen noch die durch zwei spezielle Observablen als Generatoren erzeugten kanonischen Transformationen untersucht werden. Es sei zunächst

$$G = p_z, \quad \text{d.h.} \quad \hat{G} = \frac{\partial}{\partial z}, \qquad \mathbf{r} = (x, y, z).$$

Dann folgt aus (3.228) wegen

$$[x, p_z] = 0, \quad [y, p_z] = 0, \quad [z, p_z] = 1, \quad [p_x, p_z] = 0,$$
$$[p_y, p_z] = 0, \quad [p_z, p_z] = 0,$$

daß $\quad e^{\alpha\hat{G}} x = 0, \quad e^{\alpha\hat{G}} y = 0, \quad e^{\alpha\hat{G}} z = z + \alpha$

ist. Der Generator $G = p_z$ bewirkt also eine endliche Translation der z-Koordinate um α:

$$x(\alpha) = x, \qquad y(\alpha) = y, \qquad z(\alpha) = z + \alpha.$$

Nun sei

$$G = xp_y - yp_x, \quad \text{d.h.} \quad \hat{G} = x \frac{\partial}{\partial y} - y \frac{\partial}{\partial x} + p_x \frac{\partial}{\partial p_y} - p_y \frac{\partial}{\partial p_x}.$$

Damit entsteht zunächst

$$\hat{G}x = [x, xp_y - yp_x] = -y,$$
$$\hat{G}^2 x = -\hat{G}y = -x, \qquad \hat{G}^3 x = -\hat{G}x = y \qquad \text{usw.},$$

insgesamt also

$$e^{\alpha\hat{G}} x = x - \alpha y - \frac{\alpha^2}{2!} x + \frac{\alpha^3}{3!} y + \frac{\alpha^4}{4!} x \ldots$$

oder $\quad e^{\alpha\hat{G}} x = x'(\alpha) = x\left(1 - \frac{\alpha^2}{2!} + \frac{\alpha^4}{4!} - \ldots\right) - y\left(\alpha - \frac{\alpha^3}{3!} + \frac{\alpha^5}{5!} - \right),$

d.h. $\quad x'(\alpha) = x \cos\alpha - y \sin\alpha.$

Entsprechend erhält man

$$y'(\alpha) = x \sin\alpha + y \cos\alpha,$$
$$z'(\alpha) = z.$$

Für die Impulskomponenten findet man

$$p_x'(\alpha) = p_x \cos\alpha - p_y \sin\alpha,$$

$$p_y'(\alpha) = p_x \sin\alpha + p_y \cos\alpha,$$

$$p_z'(\alpha) = p_z.$$

G bewirkt also eine endliche Drehung des $\mathbb{E}^3$ um die z-Achse um den Winkel α (aktive Drehung).
Ist nun H invariant bez. der durch $G = p_z$ bzw. $G = xp_y - yp_x$ erzeugten kanonischen Transformation, so ist wegen (3.231)

$$[H, p_z] = 0 \quad \text{bzw.} \quad [H, xp_y - yp_x] = 0,$$

d. h. die Generatoren $G = p_z$ bzw. $G = xp_y - yp_x$ sind Erhaltungsgrößen. Das trifft z. B. für

$$H = \frac{1}{2m} \sum_{i=1}^{3} p_i^2 + V(\sqrt{x^2 + y^2})$$

zu.

Man kann die bisherigen Untersuchungen auf m-parametrige kanonische Transformationsgruppen und ihre Generatoren $G^{(j)}$, $j = 1, \ldots, m$ verallgemeinern. Zu jedem Parameter α_j der durch die $G^{(j)}$ erzeugten m-dimensionalen kanonischen Symmetriegruppe von H gehört dann eine Konstante der Bewegung $G^{(j)}$. Umgekehrt erzeugt jede Konstante der Bewegung $G^{(j)}$ als Erzeugende von kanonischen Transformationen Symmetrietransformationen von H (Noether-Theorem im Phasenraum).
Während es in der Lagrange-Mechanik nicht möglich war, für das Newtonsche Potential $V(r) = -\mu\alpha/r$ eine Lagrange-Funktion und eine Symmetrietransformation anzugeben, für die der Lenzsche Vektor (1.255) eine Erhaltungsgröße ist, erzeugt der Lenzsche Vektor im Phasenraum eine von drei Parametern abhängige Transformation, die zusammen mit den von den drei Komponenten des Drehimpulses erzeugten Drehungen eine 6-parametrige Liesche kanonische Transformationsgruppe ergibt, die isomorph zur vierdimensionalen Drehgruppe SO(4) ist [23]. Diese Gruppe ist also Symmetriegruppe der Hamilton-Funktion H des Kepler-Problems.

4 Der starre Körper

4.1 Zahl der Freiheitsgrade, Eulersche Winkel

Ein System aus n MP mit den Orten $\mathbf{r}_\nu$, $\nu = 1, \ldots, n$, die paarweise durch innere holonome NBn

$$\Phi_{\nu\mu}^{(i)}(\mathbf{r}_\nu, \mathbf{r}_\mu) := |\mathbf{r}_\nu - \mathbf{r}_\mu| - a_{\nu\mu} = 0; \qquad \nu, \mu = 1, \ldots, n; \nu < \mu \tag{4.1}$$

mit $a_{\nu\mu} = \text{const}$ in zeitlich konstantem Abstand gehalten werden, heißt *starrer Körper*. Dieses Modell ist im Gegensatz zum Modell des Massenpunktes, das nur translatorische Bewegungen wiedergeben kann, auch in der Lage, die räumliche Gestalt von Körpern und damit auch ihre Rotationsbewegungen zu beschreiben. Das Modell des starren Körpers ist nicht mehr anwendbar, wenn Deformationen zur Beschreibung von Vorgängen herangezogen werden müssen, z. B. bei Dehnungen, Verbiegungen, Eigenschwingungen und Strömungsvorgängen.

Zur Bestimmung der Zahl der Freiheitsgrade des starren Körpers kann man nicht die Anzahl der NBn (4.1) (es sind $n(n-1)/2$ Stück) benutzen, da diese i. allg. nicht voneinander unabhängig sind. Vielmehr ist für $n \geqslant 3$ die Lage sämtlicher Punkte eines starren Körpers bez. eines BS schon völlig bestimmt, wenn die Orte von d r e i seiner Punkte, die nicht auf einer Geraden liegen, bez. des BS festgelegt sind[1]). Dazu sind aber 9 Koordinaten erforderlich, zwischen denen jedoch drei NBn (4.1) bestehen. Die Zahl der Freiheitsgrade eines starren Körpers mit $n \geqslant 3$ ist also $f = 6$. Ein Sonderfall liegt vor, wenn alle Punkte auf einer Geraden liegen (*Rotator*). Dann tritt die Geradenbedingung hinzu, die, wenn benachbarte Punkte auch benachbarte Indizes erhalten, die Form

$$\sum_{\nu=1}^{n-1} |\mathbf{r}_\nu - \mathbf{r}_{\nu+1}| = |\mathbf{r}_1 - \mathbf{r}_n| \tag{4.2}$$

hat, so daß $f = 5$ ist. Für den Spezialfall $n = 2$ (Hantelmodell) ergibt sich ebenfalls $f = 5$.

Führt man ein BS Σ' ein, in dem der starre Körper ruht (wir nennen es im folgenden *körperfestes* BS), so kann die allgemeine Bewegung des starren Körpers bez. eines anderen BS Σ (wir nennen es *raumfestes* BS) beschrieben werden, indem man die Bewegung von Σ' bez. Σ beschreibt. Dieses Problem ist aber bereits in Abschn. 1.3.5.1 behandelt worden: Der Übergang zwischen Σ und Σ' wird durch einen Translationsvektor $\mathbf{c}(t)$ und eine Drehmatrix $D(t)$ festgelegt. Mit den in Abschn. 1.3.5.1 definierten Bezeichnungen (siehe auch Fig. 1.5) können wir die Formeln (1.173) bis (1.189) und das dort Gesagte direkt übernehmen. Der einzige Unterschied besteht darin, daß die MP des starren Körpers bez. des körperfesten BS Σ' die Geschwindigkeiten $\mathbf{v}'_\nu = \mathbf{0}$ haben, so daß wegen (1.192) mit der momentanen Winkelgeschwindigkeit ω statt (1.190) jetzt

$$\frac{d\mathbf{r}'_\nu}{dt} = \omega \times \mathbf{r}'_\nu \tag{4.3}$$

und für die Geschwindigkeit im raumfesten BS statt (1.191) jetzt

$$\dot{\mathbf{r}}_\nu = \mathbf{v}_\nu = \omega \times \mathbf{r}'_\nu + \dot{\mathbf{c}} = \omega \times (\mathbf{r}_\nu - \mathbf{c}) + \dot{\mathbf{c}} \tag{4.4}$$

gilt. Damit vereinfacht sich auch die Formel (1.193) für die Beschleunigung im raumfesten BS zu

$$\ddot{\mathbf{r}}_\nu = \mathbf{a}_\nu = \omega \times (\omega \times \mathbf{r}'_\nu) + \dot{\omega} \times \mathbf{r}'_\nu + \ddot{\mathbf{c}}. \tag{4.5}$$

Die Bewegung des starren Körpers ist bekannt, wenn bez. eines das BS Σ repräsentierenden kartesischen KS K mit Ursprung O die Komponenten $c_i(t)$ des Vektors $\mathbf{c}(t)$ und die Elemente $d_{ik}(t)$ der Matrix $D(t)$ gegeben sind. Von den neun $d_{ik}(t)$ sind wegen der Ortho-

[1]) Legt man zwei seiner Punkte fest, ist das MP-System noch um die Verbindungsgerade dieser Punkte drehbar. Der dritte festgelegte Punkt verhindert solche Drehungen.

gonalität der Matrix nur drei voneinander unabhängig. Wegen $d_{ik}(t) = e'_i(t) \cdot e_k$ sind die Matrixelemente die Richtungskosinus der Basisvektoren $e'_i(t)$ eines das BS Σ' repräsentierenden KS K′ bez. der Basisvektoren von K (siehe Fig. 1.5). Da die $e'_i(t)$ und damit die $d_{ik}(t)$ bei gegebenen Komponenten von ω im raumfesten KS mittels der DG (1.183) berechnet werden können, reicht neben c(t) die Angabe des Vektors der momentanen Winkelgeschwindigkeit $\omega(t)$ im r a u m f e s t e n KS zur Beschreibung der Bewegung des BS Σ' aus, falls eine Anfangsbedingung $e'_i(0)$ vorgegeben ist. Die sechs raumfesten Komponenten von c(t) und $\omega(t)$ stehen für die sechs Freiheitsgrade des starren Körpers ohne äußere NBn: drei Translationsfreiheitsgrade und drei Rotationsfreiheitsgrade (im Sonderfall f = 5 fehlt einer der Rotationsfreiheitsgrade).

Die Aufteilung in Translations- und Rotationsbewegung ist von der Wahl des Ursprungs O′ des KS K′ abhängig. Gehen wir nämlich zu einem anderen Ursprung $\hat{O}'$ im s e l b e n BS Σ' über, der bez. O bei $\hat{c}(t) = c(t) + c_0$ liegen möge, so ist, da c_0 in Σ' zeitlich konstant ist, $\dot{c}_0 = \omega \times c_0$ und daher $\dot{\hat{c}} = \dot{c} + \omega \times c_0$. Mit $r'_\nu = \hat{r}'_\nu + c_0$ folgt dann aus (4.4)

$$v_\nu = \omega \times r'_\nu + \dot{c} = \omega \times \hat{r}'_\nu + \dot{\hat{c}}.$$

Die Translationsgeschwindigkeit ist also von der Wahl des Ursprungs in Σ' abhängig, die Winkelgeschwindigkeit nicht. Der Vektor ω ist deshalb der Drehbewegung des Körpers eindeutig zugeordnet. Alle möglichen körperfesten KS werden bez. des BS Σ um zueinander ständig parallel liegende Drehachsen mit derselben momentanen Winkelgeschwindigkeit bei gleichzeitiger verschiedener Translationsbewegung ihrer Ursprünge gedreht. Sind die äußeren NBn derart, daß sie einen Punkt des starren Körpers bez. des raumfesten BS festlegen, so existieren keine Translationsfreiheitsgrade mehr, d. h. es ist f = 3 für $n \geqslant 3$. Die momentane Drehachse verläuft dauernd durch den Fixpunkt. Einen solchen starren Körper nennt man *Kreisel*. Bei zwei festgelegten Punkten des starren Körpers ist die Drehachse festgelegt, so daß f = 1 ist (Rotation um eine feste Achse).

Anstatt durch die $d_{ik}(t)$ oder die raumfesten Komponenten von $\omega(t)$ kann man die Rotation des starren Körpers auch durch drei andere voneinander unabhängige Größen, die sog. *Eulerschen Winkel* φ, ϑ, ψ beschreiben[1]). Sie sind Drehwinkel von gewissen drei KS-Drehungen, die, in definierter Aufeinanderfolge ausgeführt, die Basisvektoren e_i des raumfesten KS zu jedem festen Zeitpunkt t in die Basisvektoren $e'_i(t)$ des körperfesten KS überführen. Benutzt man für beide Basisvektorsysteme denselben Ursprung O′, so bezeichnet man die Schnittgerade der e_1, e_2-Ebene mit der e'_1, e'_2-Ebene als *Knotenlinie* und ordnet ihr eine Richtung k mit $|k| = 1$ so zu, daß $\{e_3, e'_3, k\}$ in dieser Reihenfolge eine Rechtsschraube bilden (siehe Fig. 4.1). Die erste Drehung um den Winkel φ in mathematisch positiver Richtung um e_3 dreht e_1 in k. Die nächste Drehung um den Winkel ϑ in mathematisch positiver Richtung um k dreht e_3 in e'_3. Die letzte Drehung um den Winkel ψ in mathematisch positiver Richtung um e'_3 dreht k in e'_1 [2]).

---

[1]) Es sind auch noch andere Variablen zur Beschreibung der Rotation eines starren Körpers in Gebrauch, z. B. die Cayley-Klein-Parameter (s. [5], [11]) und die Parameter von Rodrigues (s. [11]).

[2]) Diese Art der Einführung der Euler-Winkel ist die in der Mechanik am häufigsten benutzte. In der Quantenmechanik verwendet man mit Vorteil die Definition von φ und ψ als Winkel zwischen e_2 und k bzw. k und e'_2.

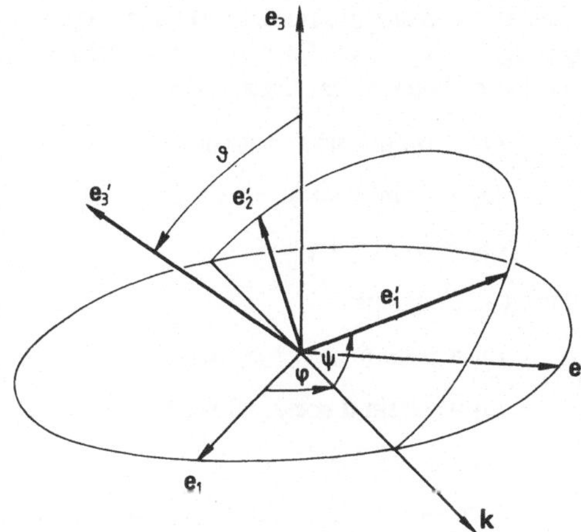

Fig. 4.1

Die Matrix D(t) der Gesamtdrehung erhält man als Produkt

$$D(t) = \begin{pmatrix} \cos\psi & \sin\psi & 0 \\ -\sin\psi & \cos\psi & 0 \\ 0 & 0 & 1 \end{pmatrix} \begin{pmatrix} 1 & 0 & 0 \\ 0 & \cos\vartheta & \sin\vartheta \\ 0 & -\sin\vartheta & \cos\vartheta \end{pmatrix} \begin{pmatrix} \cos\varphi & \sin\varphi & 0 \\ -\sin\varphi & \cos\varphi & 0 \\ 0 & 0 & 1 \end{pmatrix} \tag{4.6}$$

der Matrizen der Einzeldrehungen, wobei beachtet wurde, daß die Drehachse k der zweiten Drehung die neue 1-Achse nach der ersten Drehung ist. Das Ergebnis ist

$$(d_{ik}(t)) = \begin{pmatrix} \cos\psi\cos\varphi - \sin\psi\cos\vartheta\sin\varphi & \cos\psi\sin\varphi + \sin\psi\cos\vartheta\cos\varphi & \sin\psi\sin\vartheta \\ -\sin\psi\cos\varphi - \cos\psi\cos\vartheta\sin\varphi & -\sin\psi\sin\varphi + \cos\psi\cos\vartheta\cos\varphi & \cos\psi\sin\vartheta \\ \sin\vartheta\sin\varphi & -\sin\vartheta\cos\varphi & \cos\vartheta \end{pmatrix}. \tag{4.7}$$

Damit sind die $d_{ik}(t)$ durch drei unabhängige generalisierte Koordinaten φ, ϑ, ψ parametrisiert. Der Variabilitätsbereich der Eulerschen Winkel ist

$$0 \leqslant \varphi < 2\pi, \qquad 0 \leqslant \vartheta \leqslant \pi, \qquad 0 \leqslant \psi < 2\pi. \tag{4.8}$$

Schließlich soll auch der Zusammenhang der Winkelgeschwindigkeit ω mit den Eulerschen Winkeln angegeben werden. Die Komponenten ω_j' bez. der Basis $\{e_1', e_2', e_3'\}$ und die Komponenten ω_ℓ bez. der Basis $\{e_1, e_2, e_3\}$ können aus (1.184) abgelesen und mit (4.7) berechnet werden, jedoch kommt man schneller zum Ziel, wenn man aus (1.181) und (1.180) entnimmt

$$\omega_1' = \dot{e}_2' \cdot e_3', \qquad \omega_2' = \dot{e}_3' \cdot e_1', \qquad \omega_3' = \dot{e}_1' \cdot e_2' \tag{4.9}$$

und dann

$$\omega_\ell = \sum_{j=1}^{3} d_{j\ell}(t)\,\omega_j' \tag{4.10}$$

anwendet. Die Skalarprodukte (4.9) führen wir in der Basis $\{\mathbf{e}_1, \mathbf{e}_2, \mathbf{e}_3\}$ aus, wozu wir wegen $d_{ik}(t) = \mathbf{e}_i' \cdot \mathbf{e}_k$ die Entwicklungskoeffizienten der $\mathbf{e}_i'$ nach den $\mathbf{e}_k$ aus der Matrix (4.7) ablesen können. Das Ergebnis ist

$$\omega_1' = \dot{\varphi} \sin \vartheta \sin \psi + \dot{\vartheta} \cos \psi, \tag{4.11a}$$

$$\omega_2' = \dot{\varphi} \sin \vartheta \cos \psi - \dot{\vartheta} \sin \psi, \tag{4.11b}$$

$$\omega_3' = \dot{\varphi} \cos \vartheta + \dot{\psi} \tag{4.11c}$$

und mit (4.10) daraus

$$\omega_1 = \dot{\psi} \sin \vartheta \sin \varphi + \dot{\vartheta} \cos \varphi, \tag{4.12a}$$

$$\omega_2 = -\dot{\psi} \sin \vartheta \cos \varphi + \dot{\vartheta} \sin \varphi, \tag{4.12b}$$

$$\omega_3 = \dot{\psi} \cos \vartheta + \dot{\varphi}. \tag{4.12c}$$

Noch schneller erhält man diese Resultate, wenn man $\boldsymbol{\omega}$ in Komponenten bez. der nicht-orthogonalen Basis $\{\mathbf{e}_3, \mathbf{e}_3', \mathbf{k}\}$ zerlegt. Benutzt wird der folgende Satz: Wenn sich eine Drehung D(t) zur Zeit t zusammensetzen läßt aus zwei Drehungen $D_1(t)$ und $D_2(t)$, so daß $D(t) = D_2(t)D_1(t)$ ist, so gilt für die momentanen Winkelgeschwindigkeiten die Vektoraddition $\boldsymbol{\omega}(t) = \boldsymbol{\omega}_1(t) + \boldsymbol{\omega}_2(t)$. Beweis: D_1 führe die Basisvektoren $\mathbf{e}_i$ in $\mathbf{e}_i'$ über, D_2 führe $\mathbf{e}_i'$ in $\mathbf{e}_i''$ über. Dann sind gemäß (1.180) (^{T} kennzeichnet die transponierte Matrix)

$$\Omega_1' := \dot{D}_1 D_1^T, \qquad \Omega_2'' := \dot{D}_2 D_2^T, \qquad \Omega'' := \dot{D} D^T$$

schiefsymmetrische Matrizen in den Basen $\mathbf{e}_i'$ bzw. $\mathbf{e}_i''$. Es ist

$$\Omega'' = \dot{D}_2 D_1 D_1^T D_2^T + D_2 \dot{D}_1 D_1^T D_2^T = \Omega_2'' + D_2 \Omega_1' D_2^T.$$

Der letzte Summand ist aber die in die Basis $\mathbf{e}_i''$ transformierte Matrix Ω_1' und soll mit Ω_1'' bezeichnet werden. So ergibt sich

$$\Omega'' = \Omega_1'' + \Omega_2'',$$

was nach der (1.181) entsprechenden Zuordnung $\Omega'' \leftrightarrow \boldsymbol{\omega}$, $\Omega_1'' \leftrightarrow \boldsymbol{\omega}_1$, $\Omega_2'' \leftrightarrow \boldsymbol{\omega}_2$ die komponentenweise Addition der Vektoren $\boldsymbol{\omega}_1$ und $\boldsymbol{\omega}_2$ in der Basis $\mathbf{e}_i''$ und wegen (4.10) dann auch in der Basis $\mathbf{e}_i$ bedeutet. Also gilt allgemein $\boldsymbol{\omega} = \boldsymbol{\omega}_1 + \boldsymbol{\omega}_2$.
Angewendet auf den vorliegenden Fall der drei Drehungen um die Eulerschen Winkel ist

$$\boldsymbol{\omega} = \dot{\varphi} \mathbf{e}_3 + \dot{\vartheta} \mathbf{k} + \dot{\psi} \mathbf{e}_3', \tag{4.13}$$

weil $\mathbf{e}_3, \mathbf{k}, \mathbf{e}_3'$ die Drehachsen und φ, ϑ, ψ die zugehörigen Drehwinkel der einzelnen Drehungen sind (siehe die Bedeutung des Vektors der Winkelgeschwindigkeit in Abschn. 1.3.5.1, Fig. 1.6). Dann ist

$$\omega_j' = \boldsymbol{\omega} \cdot \mathbf{e}_j' = \dot{\varphi} \mathbf{e}_3 \cdot \mathbf{e}_j' + \dot{\vartheta} \mathbf{k} \cdot \mathbf{e}_j' + \dot{\psi} \delta_{j3},$$

$$\omega_\ell = \boldsymbol{\omega} \cdot \mathbf{e}_\ell = \dot{\varphi} \delta_{\ell 3} + \dot{\vartheta} \mathbf{k} \cdot \mathbf{e}_\ell + \dot{\psi} \mathbf{e}_3' \cdot \mathbf{e}_\ell.$$

Die Produkte $\mathbf{e}_j' \cdot \mathbf{e}_3$ und $\mathbf{e}_3' \cdot \mathbf{e}_\ell$ liest man wieder aus (4.7) ab, $\mathbf{k} \cdot \mathbf{e}_j'$ und $\mathbf{k} \cdot \mathbf{e}_\ell$ entnimmt man aus Fig. 4.1.
Die ω_j' sind keine holonomen Geschwindigkeitskomponenten, sondern Geschwindigkeitsparameter im Sinne von Abschn. 2.7., da $\omega_j' dt$ (j = 1, 2, 3) keine vollständigen Differentiale von Funktionen $\Phi_j(\varphi, \vartheta, \psi)$ sind. Dasselbe gilt für die ω_ℓ. Daher gibt es auch keine euklidische vektorielle Winkelfunktion $\boldsymbol{\Phi}$, deren Zeitableitung $\boldsymbol{\omega}$ ist. Dagegen sind die schiefwinkligen Komponenten $\dot{\varphi}, \dot{\vartheta}, \dot{\psi}$ holonome Geschwindigkeitskomponenten,

nämlich Zeitableitungen der Koordinaten φ, ϑ, ψ. Insbesondere sei noch darauf hingewiesen, daß der Absolutbetrag der Zeitableitung des zur Drehmatrix D(t) gehörenden Drehwinkels $\Phi(t)$ i. allg. nicht gleich $|\omega|$ ist.

4.2 Trägheitstensor, Steinerscher Satz

Es ist zu vermuten, daß das Trägheitsverhalten eines starren Körpers, der ja aufgrund der starren gegenseitigen Bindung seiner Massenelemente eine unveränderliche „Gestalt" hat, nicht nur von seiner Gesamtmasse M bestimmt wird, sondern auch von Größen, in die die relative Lage und die Massenzahlen der einzelnen MP eingehen. In den nächsten beiden Abschnitten werden wir sehen, daß zusätzlich zu M nur sechs solcher nur von Gestalt und Massenverteilung des starren Körpers abhängige Zahlengrößen nötig sind, um seine Trägheitseigenschaften vollständig in einem beliebigen körperfesten KS zu beschreiben. Wir wollen diese Größen jetzt vorab definieren, um evtl. auch etwas über die Möglichkeit der Auszeichnung eines körperfesten KS zu lernen.
Sei $[O'; \mathbf{e}_1', \mathbf{e}_2', \mathbf{e}_3']$ ein beliebiges körperfestes KS K und seien $x_i'^{(\nu)}$, $\nu = 1, \ldots, n$; $i = 1, 2, 3$ die kartesischen Koordinaten der bei $\mathbf{r}_\nu'$ liegenden MP mit den Massen m_ν. Betrachtet man z. B. die kinetische Energie

$$T = \sum_{\nu=1}^{n} \frac{m_\nu}{2} v_\nu^2$$

eines starren Körpers in einem raumfesten KS, das denselben Ursprung habe wie das körperfeste KS, d. h. $\mathbf{c} = \mathbf{0}$, so kann man mit (4.4) im körperfesten KS schreiben

$$\begin{aligned} T &= \sum_{\nu=1}^{n} \frac{m_\nu}{2} (\omega \times \mathbf{r}_\nu')^2 = \sum_{\nu=1}^{n} \frac{m_\nu}{2} (|\mathbf{r}_\nu'|^2 \omega^2 - (\mathbf{r}_\nu' \cdot \omega)^2) \\ &= \sum_{\nu=1}^{n} \frac{m_\nu}{2} \left(|\mathbf{r}_\nu'|^2 \sum_{k=1}^{3} \omega_k'^2 - \sum_{i=1}^{3} x_i'^{(\nu)} \omega_i' \sum_{k=1}^{3} x_k'^{(\nu)} \omega_k' \right) \\ &= \frac{1}{2} \sum_{i,k=1}^{3} \left[\sum_{\nu=1}^{n} m_\nu (|\mathbf{r}_\nu'|^2 \delta_{ik} - x_i'^{(\nu)} x_k'^{(\nu)}) \right] \omega_i' \omega_k' . \end{aligned}$$

Die eckige Klammer enthält offenbar die Beschreibung der Trägheitseigenschaft des starren Körpers bei Rotationen. Diese Trägheit ist also nicht wie bei der Translationsbewegung einzelner MP durch nur e i n e Zahl, nämlich den Skalar Masse charakterisierbar, sondern man benötigt auch die Lagen der MP bez. des Ursprungs und hat die n e u n Zahlengrößen in der eckigen Klammer zu bilden, von denen allerdings nur s e c h s voneinander verschieden sind. Wir definieren deshalb

$$\Theta_{ik}' := \sum_{\nu=1}^{n} m_\nu (|\mathbf{r}_\nu'|^2 \delta_{ik} - x_i'^{(\nu)} x_k'^{(\nu)}), \qquad i, k = 1, 2, 3 \tag{4.14}$$

und nennen

$$\Theta_{kk}' = \sum_{\nu=1}^{n} m_\nu (|\mathbf{r}_\nu'|^2 - (x_k'^{(\nu)})^2), \qquad k = 1, 2, 3 \tag{4.15a}$$

Trägheitsmomente des starren Körpers bez. der (oder um die) k-Achse und

$$\Theta'_{ik} = -\sum_{\nu=1}^{n} m_\nu x'^{(\nu)}_i x'^{(\nu)}_k \quad \text{für } i \neq k \tag{4.15b}$$

Deviationsmomente. Man kann die neun Θ'_{ik} in üblicher Weise in einer (3,3)-Matrix anordnen. Diese Matrix ist symmetrisch, so daß nur sechs ihrer Elemente voneinander unabhängig sind.

Die Θ'_{ik} sind laut Definition von dem gewählten KS abhängig. Die Abhängigkeit muß bei KS-Drehungen eine ganz bestimmte Struktur zeigen, damit, wie schon in Abschn. 1.2.2 ausgeführt wurde, alle physikalischen Aussagen von KS-Drehungen unabhängig sind. So muß z. B. die kinetische Energie T des starren Körpers eine gegenüber KS-Drehungen invariante Zahl, also ein Skalar sein. Um das Transformationsverhalten der Θ'_{ik} bei KS-Drehungen zu finden, gehen wir vom KS K durch eine beliebige KS-Drehung um O' zu einem anderen KS $[O'; \hat{e}'_1, \hat{e}'_2, \hat{e}'_3]$ über. Die zugehörige Drehmatrix sei (d'_{ik}), so daß für die neuen Koordinaten $\hat{x}'^{(\nu)}_i$ von $\mathbf{r}'_\nu$ gilt

$$\hat{x}'^{(\nu)}_i = \sum_{j=1}^{3} d'_{ij} x'^{(\nu)}_j .$$

Damit wird wegen der Invarianz von $|\mathbf{r}'_\nu|^2$ und der Orthogonalität der d'_{ik}

$$\begin{aligned}\hat{\Theta}'_{ik} &= \sum_{\nu=1}^{n} m_\nu (|\mathbf{r}'_\nu|^2 \delta_{ik} - \hat{x}'^{(\nu)}_i \hat{x}'^{(\nu)}_k) \\ &= \sum_{\nu=1}^{n} m_\nu (|\mathbf{r}'_\nu|^2 \delta_{ik} - \sum_{jm} d'_{ij} d'_{km} x'^{(\nu)}_j x'^{(\nu)}_m) \\ &= \sum_{jm} d'_{ij} d'_{km} \sum_{\nu=1}^{n} m_\nu (|\mathbf{r}'_\nu|^2 \delta_{jm} - x'^{(\nu)}_j x'^{(\nu)}_m),\end{aligned}$$

also $$\hat{\Theta}'_{ik} = \sum_{j=1}^{3} \sum_{m=1}^{3} d'_{ij} d'_{km} \Theta'_{jm} . \tag{4.16}$$

Neun auf eine kartesische Basis bezogene Zahlengrößen mit der Transformationseigenschaft (4.16) nennt man Komponenten eines euklidischen Tensors 2. Stufe. Wir schreiben deshalb

$$\Theta' := \sum_{i=1}^{3} \sum_{k=1}^{3} \Theta'_{ik} \mathbf{e}'_i \mathbf{e}'_k \tag{4.17}$$

und nennen Θ' *Trägheitstensor* des starren Körpers bez. des Punktes O'.

Die Matrix (Θ'_{ik}) ist die Darstellungsmatrix des koordinatenunabhängigen mathematischen Objektes Θ' bez. des KS $[O'; \mathbf{e}'_1, \mathbf{e}'_2, \mathbf{e}'_3]$, so wie (a_1', a_2', a_3') die Darstellung eines Vektors **a** bez. dieses KS ist. Das Nebeneinanderstellen der Vektoren $\mathbf{e}'_i$ und $\mathbf{e}'_k$ in (4.17) ohne Pro-Produktzeichen (manchmal auch als $\mathbf{e}'_i \otimes \mathbf{e}'_k$ bezeichnet) bedeutet eine neue Verknüpfung zweier Vektoren, die man *direktes* oder *dyadisches Produkt* oder *Tensorprodukt* nennt. Das Ergebnis $\mathbf{e}'_i \mathbf{e}'_k$ ist ein Tensor 2. Stufe, dessen Darstellung im KS $[O'; \mathbf{e}'_1, \mathbf{e}'_2, \mathbf{e}'_3]$ eine

Matrix ist, die eine 1 an der Schnittstelle von i-ter Zeile und k-ter Spalte hat und sonst nur Nullen. Daraus ist ersichtlich, daß $e_i'e_k' \neq e_k'e_i'$ ist: Das Tensorprodukt ist nicht kommutativ. Wie man an der Matrixdarstellung sieht, bilden die neun Tensoren $e_i'e_k'$, i, k = 1, 2, 3 eine Basis des 9-dimensionalen Produktraumes $\mathbb{E}^3 \times \mathbb{E}^3$. Speziell ist das Tensorprodukt zweier Vektoren

$$\mathbf{a} = \sum_{i=1}^{3} a_i' \mathbf{e}_i' \quad \text{und} \quad \mathbf{b} = \sum_{k=1}^{3} b_k' \mathbf{e}_k'$$

zu schreiben als

$$\mathbf{ab} = \sum_{i=1}^{3} \sum_{k=1}^{3} a_i' b_k' \mathbf{e}_i' \mathbf{e}_k',$$

und die zugehörige Matrixdarstellung ist $(C_{ik}') = (a_i'b_k')$. Das rechts- und linksseitige Skalarprodukt eines Tensors 2. Stufe $A = (A_{ik})$ mit einem Vektor $\mathbf{a} = (a_m)$ ergibt Vektoren:

$$A \cdot \mathbf{a} = \mathbf{b}, \quad \text{in Matrixschreibweise} \quad \sum_{k=1}^{3} A_{ik} a_k = b_i,$$

$$\mathbf{a} \cdot A = \mathbf{c}, \quad \text{in Matrixschreibweise} \quad \sum_{i=1}^{3} a_i A_{ik} = c_k.$$

Dabei ist $\mathbf{b} = \mathbf{c}$ genau dann, wenn A ein Tensor mit symmetrischer Darstellungsmatrix ist, z. B. der Trägheitstensor Θ'. Ein besonders wichtiger symmetrischer Tensor ist der *Einheitstensor* I, der als Darstellungsmatrix die Einheitsmatrix (δ_{ik}) hat. Es ist

$$I \cdot \mathbf{a} = \mathbf{a} \cdot I = \mathbf{a}, \qquad I = \sum_{i=1}^{3} \mathbf{e}_i' \mathbf{e}_i'.$$

Speziell ist $(\mathbf{ab}) \cdot \mathbf{c} = \mathbf{a}(\mathbf{b} \cdot \mathbf{c})$ und $\mathbf{c} \cdot (\mathbf{ab}) = (\mathbf{c} \cdot \mathbf{a})\mathbf{b}$.

Einsetzen von (4.14) in (4.17) ergibt in Tensorschreibweise

$$\Theta' = \sum_{\nu=1}^{n} m_\nu (|\mathbf{r}_\nu'|^2 I - \mathbf{r}_\nu' \mathbf{r}_\nu'), \tag{4.18}$$

woran die Symmetrie des Trägheitstensors besonders deutlich wird. Ferner sieht man, da die Ortsvektoren $\mathbf{r}_\nu'$ an den Ursprung O' gebundene Vektoren sind, daß auch Θ' an O' gebunden, also kein freier Tensor ist. Ein besonders ausgezeichneter Punkt eines MP-Systems ist sein Massenmittelpunkt mit dem Ortsvektor

$$\mathbf{R}' := \frac{1}{M} \sum_{\nu=1}^{n} m_\nu \mathbf{r}_\nu'$$

im BS Σ'. Er ist für einen starren Körper wie die $\mathbf{r}_\nu'$ im körperfesten BS zeitunabhängig, so daß der Massenmittelpunkt im selben BS Σ' als Ursprung dienen kann. Führen wir (s. (1.87) die Ortsvektoren

$$\mathbf{r}_\nu^* := \mathbf{r}_\nu - \mathbf{R} = \mathbf{r}_\nu' - \mathbf{R}' \tag{4.19}$$

bez. des Massenmittelpunkts ein, so erhalten wir den zugehörigen Trägheitstensor

$$\Theta^* := \sum_{\nu=1}^{n} m_\nu(|\mathbf{r}_\nu^*|^2 \mathrm{I} - \mathbf{r}_\nu^* \mathbf{r}_\nu^*) \tag{4.20}$$

und nach Einsetzen von (4.19) in (4.20) wegen (s. (1.88))

$$\sum_{\nu=1}^{n} m_\nu \mathbf{r}_\nu^* = \mathbf{0} \tag{4.21}$$

den Zusammenhang

$$\Theta' = \Theta^* + M(|\mathbf{R}'|^2 \mathrm{I} - \mathbf{R}'\mathbf{R}'). \tag{4.22}$$

Dieser sog. *Steinersche Satz* erlaubt die Berechnung des Trägheitstensors bez. eines beliebigen Ursprungs im körperfesten BS, wenn er bez. des Massenmittelpunkts bekannt ist. Mit

$$\mathbf{R}' = \sum_{i=1}^{3} X_i' \mathbf{e}_i', \qquad \mathbf{r}_\nu^* = \sum_{i=1}^{3} x^{*(\nu)}_i \mathbf{e}_i'$$

lautet der Steinersche Satz in Komponenten

$$\Theta_{ik}' = \Theta_{ik}^* + M(|\mathbf{R}'|^2 \delta_{ik} - X'_i X'_k) \tag{4.23}$$

mit $$\Theta_{ik}^* := \sum_{\nu=1}^{n} m_\nu(|\mathbf{r}_\nu^*|^2 \delta_{ik} - x^{*(\nu)}_i x^{*(\nu)}_k). \tag{4.24}$$

Als Trägheitsmoment bez. einer b e l i e b i g e n Achse durch O′ mit dem Richtungsvektor **e** mit $|\mathbf{e}| = 1$ definieren wir

$$\Theta_{\mathbf{e}}' := \mathbf{e} \cdot \Theta' \cdot \mathbf{e}, \tag{4.25}$$

was mit (4.18)

$$\Theta_{\mathbf{e}}' = \sum_{\nu=1}^{n} m_\nu(|\mathbf{r}_\nu'|^2 - (\mathbf{r}_\nu' \cdot \mathbf{e})^2) = \sum_{\nu=1}^{n} m_\nu(\mathbf{r}_\nu' \times \mathbf{e})^2 \tag{4.26}$$

ergibt. Wenn die Richtungswinkel α_i' des Strahls **e** bekannt sind, so lautet (4.25) mit

$$\mathbf{e} = \sum_{m=1}^{3} \mathbf{e}_m' \cos \alpha_m'$$

in Komponentenschreibweise

$$\Theta_{\mathbf{e}}' = \sum_{i,k=1}^{3} \Theta_{ik}' \cos \alpha_i' \cos \alpha_k'. \tag{4.27}$$

Die Gl. (4.26) läßt sich noch in eine gewohntere Form bringen: Da $|\mathbf{r}_\nu' \times \mathbf{e}| =: |\mathbf{r}_{\nu\perp}'|$ der Abstand des Punktes P_ν von der Achse **e** ist, folgt

$$\Theta_{\mathbf{e}}' = \sum_{\nu=1}^{n} m_\nu |\mathbf{r}_{\nu\perp}'|^2. \tag{4.28}$$

Wendet man (4.25) auf (4.22) an, so ergibt sich mit dem Trägheitsmoment

$$\Theta_e^* := e \cdot \Theta^* \cdot e = \sum_{\nu=1}^{n} m_\nu (r_\nu^* \times e)^2 = \sum_{\nu=1}^{n} m_\nu |r_{\nu\perp}^*|^2 \tag{4.29}$$

bez. der durch den Massenmittelpunkt gehenden Achse mit Richtung **e** der Steinersche Satz in der Form

$$\Theta_e' = \Theta_e^* + M(R' \times e)^2 = \Theta_e^* + M|R_\perp'|^2. \tag{4.30}$$

Somit ist das Trägheitsmoment um eine durch den Massenmittelpunkt gehende Achse von allen Trägheitsmomenten um dazu parallele Achsen das kleinste. (Natürlich kann (4.30) mit (4.19) und (4.21) auch direkt aus (4.26) hergeleitet werden.)

Weil (Θ_{ik}') eine reelle symmetrische Matrix ist, kann sie durch eine geeignete KS-Drehung auf Diagonalform gebracht werden (Hauptachsentransformation). Diese für einen gegebenen starren Körper ausgezeichneten KS $[O'; e_{10}', e_{20}', e_{30}']$ mit den Ursprüngen O′, in denen die Deviationsmomente verschwinden, heißen *Hauptträgheitssysteme*, die Achsen e_{i0}', i = 1, 2, 3 heißen *Hauptträgheitsachsen* und die Diagonalelemente Θ_i', i = 1, 2, 3 in

$$\Theta_{ik}' = \Theta_i' \delta_{ik}, \qquad i, k = 1, 2, 3 \tag{4.31}$$

heißen *Hauptträgheitsmomente* bez. O′. Wenn insbesondere O′ der Massenmittelpunkt ist, schreiben wir

$$\Theta_{ik}^* = \Theta_i^* \delta_{ik}, \qquad i, k = 1, 2, 3. \tag{4.32}$$

Die Hauptträgheitsmomente sind die Trägheitsmomente um die Hauptträgheitsachsen. In einem seiner Hauptträgheitssysteme wird das Trägheitsverhalten eines starren Körpers schon durch die vier Zahlen M, Θ_1', Θ_2', Θ_3' vollständig beschrieben. Die Hauptträgheitsmomente sind Lösungen ξ der Gleichung 3. Grades

$$\det(\Theta_{ik}' - \xi\delta_{ik}) = 0.$$

Falls zwei der Hauptträgheitsmomente gleich sind, z. B. $\Theta_1' = \Theta_2'$, so sind die Hauptträgheitsachsen e_{10}' und e_{20}' nur bis auf Drehung um e_{30}' festgelegt. Sind sogar alle Θ_i' gleich, so ist jede Basis Hauptträgheitssystem im Punkt O′. – Das Trägheitsmoment um eine beliebige Achse **e** folgt aus (4.27):

$$\Theta_e' = \sum_{i=1}^{3} \Theta_i' \cos^2 \alpha_i'. \tag{4.33}$$

Weil die $x_i'^{(\nu)}$ Punktkoordinaten im körperfesten BS Σ' sind, sind sie und daher auch die Θ_{ik}' zeitunabhängig. Folglich gilt für den Tensor (4.17)

$$\left(\frac{d\Theta'}{dt}\right)' = \sum_{i=1}^{3} \sum_{k=1}^{3} \left(\frac{d\Theta_{ik}'}{dt}\right)' e_i' e_k' = 0. \tag{4.34}$$

Betrachtet man jedoch die Zeitabhängigkeit von Θ' bez. eines BS, das durch das KS $[O'; e_1, e_2, e_3]$ repräsentiert wird, also eines KS mit demselben Ursprung O′, das aber relativ zum raumfesten BS nicht rotiert, so hat man die Zeitabhängigkeit der Basisvektoren

$$e_i'(t) = \sum_{j=1}^{3} d_{ij}(t) e_j$$

(s. (1.178)) zu berücksichtigen. Setzt man dies in (4.17) ein, so folgt

$$\Theta' = \sum_{jm} \left(\sum_{ik} \Theta'_{ik} d_{ij}(t) d_{km}(t) \right) e_j e_m = \sum_{jm} \Theta_{jm}(t) e_j e_m, \tag{4.35}$$

d. h. die Komponentenmatrix $(\Theta_{jm}(t))$ des Trägheitstensors Θ' bez. des KS $[O'; e_1, e_2, e_3]$ ist zeitabhängig; es ist

$$\frac{d\Theta'}{dt} = \sum_{i=1}^{3} \sum_{m=1}^{3} \frac{d\Theta_{jm}(t)}{dt} e_j e_m \neq 0.$$

Allgemeine Bemerkung Für die in der Praxis vorkommenden makroskopischen Körper benötigt man eine sehr große Teilchenzahl n, wenn man für sie das Bild eines MP-Systems verwenden will. Die in den Formeln dieses und der folgenden Abschnitte auftretenden Summen über $\nu = 1, \ldots, n$ werden also unpraktibabel. Deshalb geht man für praktische Rechnungen von dem Modell mit diskreter zu einem Modell mit kontinuierlicher Massenverteilung für den starren Körper über. Wenn dm die Masse in einem Volumenelement dV am Ort $\mathbf{r}$ im Körper ist, führt man durch $dm = \rho(\mathbf{r})dV$ eine stückweise stetige skalare Funktion $\rho(\mathbf{r})$ ein, die man *Massendichte* am Ort $\mathbf{r}$ nennt. Summationen über $\nu = 1, \ldots, n$ im diskreten Modell gehen dann über in Volumenintegrationen über $\mathbf{r}$ im kontinuierlichen Modell. Der Übersetzungsschlüssel ist:

$$\mathbf{r}'_\nu \to \mathbf{r}', \quad \mathbf{r}^*_\nu \to \mathbf{r}^*, \quad m_\nu \to \rho(\mathbf{r}')dV' \ \text{bzw.}\ \rho(\mathbf{r}^*)dV^*,$$

$$\sum_{\nu=1}^{n} \to \int_V,$$

so daß mit

$$\mathbf{r}' = \sum_{i=1}^{3} x_i' e_i' \quad \text{und} \quad \mathbf{r}^* = \sum_{i=1}^{3} x_i^* e_i'$$

einige der oben benutzten oder hergeleiteten Formeln im kontinuierlichen Bild lauten:

$$M = \int_V \rho(\mathbf{r}')dV', \tag{4.36}$$

$$\mathbf{R}' = \frac{1}{M} \int_V \rho(\mathbf{r}')\mathbf{r}' dV', \tag{4.37}$$

$$\int_V \rho(\mathbf{r}^*)\mathbf{r}^* dV^* = \mathbf{0}, \tag{4.38}$$

$$\Theta' = \int_V \rho(\mathbf{r}')(|\mathbf{r}'|^2 I - \mathbf{r}'\mathbf{r}')dV' \tag{4.39}$$

$$\Theta'_{ik} = \int_V \rho(\mathbf{r}')(|\mathbf{r}'|^2 \delta_{ik} - x_i' x_k')dV', \tag{4.40}$$

$$\Theta'_e = \int_V \rho(\mathbf{r}')(\mathbf{r}' \times e)^2 dV' = \int_V \rho(\mathbf{r}')|\mathbf{r}'_\perp|^2 dV'. \tag{4.41}$$

Im folgenden werden wir weiter das diskrete Bild benutzen, jedoch im Aufgabenteil Trägheitsmomente als Integrale ausrechnen.

4.3 Impuls, Drehimpuls, kinetische Energie

Der Ortsvektor des Massenmittelpunkts bez. des Ursprungs O sei **R**, bez. des Ursprungs O′ sei er **R**′, so daß gilt

$$\mathbf{R} = \mathbf{R}' + \mathbf{c}. \tag{4.42}$$

Der Impuls des starren Körpers im raumfesten BS ist

$$\mathbf{P} = \sum_{\nu=1}^{n} m_\nu \mathbf{v}_\nu = M\dot{\mathbf{R}}. \tag{4.43}$$

Setzt man (4.4) ein, so folgt

$$\mathbf{P} = M\dot{\mathbf{c}} + M\boldsymbol{\omega} \times \mathbf{R}'. \tag{4.44}$$

Der Gesamtimpuls des starren Körpers setzt sich zusammen aus dem Impuls der in **c**(t) vereinigt gedachten Gesamtmasse und dem Impuls des Massenmittelpunktes infolge der Drehbewegung um **c**.

Den Drehimpuls des starren Körpers bez. des Ursprungs O des raumfesten KS kann man mit (4.4), (1.177) und (4.42) umformen:

$$\begin{aligned}
\mathbf{L} &= \sum_\nu m_\nu \mathbf{r}_\nu \times \mathbf{v}_\nu = \sum_\nu m_\nu \mathbf{r}_\nu \times \dot{\mathbf{c}} + \sum_\nu m_\nu \mathbf{r}_\nu \times (\boldsymbol{\omega} \times \mathbf{r}'_\nu) \\
&= M\mathbf{R} \times \dot{\mathbf{c}} + \sum_\nu m_\nu \mathbf{c} \times (\boldsymbol{\omega} \times \mathbf{r}'_\nu) + \sum_\nu m_\nu \mathbf{r}'_\nu \times (\boldsymbol{\omega} \times \mathbf{r}'_\nu) \\
&= M\mathbf{c} \times \dot{\mathbf{c}} + M\mathbf{R}' \times \dot{\mathbf{c}} + M\mathbf{c} \times (\boldsymbol{\omega} \times \mathbf{R}') + \sum_\nu m_\nu \mathbf{r}'_\nu \times (\boldsymbol{\omega} \times \mathbf{r}'_\nu).
\end{aligned}$$

Wegen (1.177) und (4.4) ist

$$\begin{aligned}
\mathbf{L}_c &:= \sum_{\nu=1}^{n} m_\nu (\mathbf{r}_\nu - \mathbf{c}) \times (\mathbf{v}_\nu - \dot{\mathbf{c}}) = \sum_{\nu=1}^{n} m_\nu \mathbf{r}'_\nu \times (\boldsymbol{\omega} \times \mathbf{r}'_\nu) \\
&= \sum_{\nu=1}^{n} m_\nu (|\mathbf{r}'_\nu|^2 \boldsymbol{\omega} - \mathbf{r}'_\nu (\mathbf{r}'_\nu \cdot \boldsymbol{\omega})),
\end{aligned} \tag{4.45}$$

woraus mit (4.18) folgt

$$\mathbf{L}_c = \Theta' \cdot \boldsymbol{\omega} = \sum_{i,k=1}^{3} \Theta'_{ik} \omega_k{}' \mathbf{e}'_i, \qquad L_{ci} = \sum_{k=1}^{3} \Theta'_{ik} \omega_k{}'. \tag{4.46}$$

Damit wird

$$\mathbf{L} = M(\mathbf{c} + \mathbf{R}') \times \dot{\mathbf{c}} + M\mathbf{c} \times (\boldsymbol{\omega} \times \mathbf{R}') + \mathbf{L}_c = \mathbf{R}' \times M\dot{\mathbf{c}} + \mathbf{c} \times \mathbf{P} + \mathbf{L}_c. \tag{4.47}$$

Hierin ist $\mathbf{L}_c$ der Drehimpuls des starren Körpers bez. des Punktes **c**, also bez. des Ursprungs O′. $\mathbf{L}_c$ darf jedoch nicht mit dem Drehimpuls **L**′ bez. O′ im körperfesten

BS Σ' verwechselt werden; es ist $\mathbf{L}' = \mathbf{0}$, denn $\mathbf{v}'_\nu = \mathbf{0}$. Vielmehr bezieht sich $\mathbf{L_c}$ auf ein BS Σ_c, das relativ zum raumfesten BS Σ n i c h t rotiert.

Die k i n e t i s c h e E n e r g i e des starren Körpers im raumfesten BS wird mit (4.4)

$$T = \sum_\nu \frac{m_\nu}{2} v_\nu^2 = \sum_\nu \frac{m_\nu}{2} (\dot{c} + \omega \times r'_\nu)^2$$
$$= \frac{M}{2} \dot{c}^2 + M\dot{c} \cdot (\omega \times \mathbf{R}') + \sum_\nu \frac{m_\nu}{2} (\omega \times r'_\nu)^2.$$

Man nennt

$$T_{trans} := \frac{M}{2} \dot{c}^2 \tag{4.48}$$

die *Translationsenergie* und

$$T_{rot} := \sum_{\nu=1}^{n} \frac{m_\nu}{2} (\omega \times r'_\nu)^2 \tag{4.49}$$

die *Rotationsenergie* des starren Körpers. Letztere kann man mit dem Trägheitstensor in Verbindung bringen, denn es ist

$$(\omega \times r'_\nu)^2 = |r'_\nu|^2 \omega^2 - (r'_\nu \cdot \omega)^2,$$

also mit (4.18) und (4.46)

$$T_{rot} = \frac{1}{2} \omega \cdot \Theta' \cdot \omega = \frac{1}{2} \omega \cdot \mathbf{L_c} = \frac{1}{2} \sum_{i,k=1}^{3} \Theta'_{ik} \omega'_i \omega'_k. \tag{4.50}$$

Somit ist

$$T = \frac{M}{2} \dot{c}^2 + M\dot{c} \cdot (\omega \times \mathbf{R}') + \frac{1}{2} \omega \cdot \Theta' \cdot \omega. \tag{4.51}$$

Die Ausdrücke für $\mathbf{L}$ und T vereinfachen sich erheblich, wenn man den Ursprung O′ des körperfesten KS in den M a s s e n m i t t e l p u n k t des starren Körpers legt. Dann ist zu setzen $\mathbf{c}(t) = \mathbf{R}(t)$, $\mathbf{R}' = \mathbf{0}$ und $\Theta' = \Theta^*$, und aus (4.45) wird mit (4.19) $\mathbf{L_c} = \mathbf{L_R}$ mit (s. (1.107))

$$\mathbf{L_R} := \sum_{\nu=1}^{n} m_\nu r_\nu^* \times \dot{r}_\nu^*. \tag{4.52}$$

Man erhält (s. (1.90)).

$$\mathbf{L} = M\mathbf{R} \times \dot{\mathbf{R}} + \mathbf{L_R}, \tag{4.53}$$

$$\mathbf{L_R} = \Theta^* \cdot \omega = \sum_{i,k=1}^{3} \Theta_{ik}^* \omega_k' e_i', \qquad L_{Ri} = \sum_{k=1}^{3} \Theta_{ik}^* \omega_k', \tag{4.54}$$

$$T_{trans} = \frac{M}{2} \dot{\mathbf{R}}^2, \tag{4.55}$$

$$T_{rot} = \frac{1}{2}\omega \cdot \Theta^* \cdot \omega = \frac{1}{2}\omega \cdot L_R = \frac{1}{2}\sum_{i,k=1}^{3} \Theta^*_{ik}\omega_i{}'\omega_k{}', \tag{4.56}$$

$$T = \frac{M}{2}\dot{R}^2 + \frac{1}{2}\omega \cdot \Theta^* \cdot \omega. \tag{4.57}$$

In (4.53) ist $\mathbf{MR} \times \dot{\mathbf{R}}$ der Drehimpuls der im Massenmittelpunkt konzentriert gedachten Gesamtmasse bez. des Ursprungs O des raumfesten KS (*Bahndrehimpuls*), und $\mathbf{L_R}$ ist der Drehimpuls des starren Körpers bez. seines Massenmittelpunkts in einem BS Σ^*, das relativ zum raumfesten BS nicht rotiert (*Eigendrehimpuls*). Die kinetische Energie ist nur noch die Summe aus Translations- und Rotationsenergie.

Noch einfacher werden die Ergebnisse, wenn das Hauptachsensystem $e'_{10}, e'_{20}, e'_{30}$ im Massenmittelpunkt als Basis des körperfesten BS verwendet wird. Mit (4.32) erhält man aus (4.54) und (4.56)

$$\mathbf{L_R} = \sum_{k=1}^{3} \Theta^*_k \omega_k{}' e'_{k0}, \qquad L^{(0)}_{Rk} = \Theta^*_k \omega_k{}', \tag{4.58}$$

$$T_{rot} = \sum_{k=1}^{3} \frac{\Theta^*_k}{2}\omega_k{}'^2 = \sum_{k=1}^{3} \frac{L^{(0)2}_{Rk}}{2\Theta^*_k}. \tag{4.59}$$

Aus (4.58) liest man ab, daß nur, wenn ω in einer Hauptträgheitsachse durch den Massenmittelpunkt liegt (oder wenn alle Hauptträgheitsmomente bez. **R** gleich sind), **L** in Richtung von ω und damit in der momentanen Drehachse liegt. Die Darstellung (4.59) der Rotationsenergie durch den Bahndrehimpuls wird in der Molekül- und Kernphysik benutzt.

4.4 Bewegungsgleichungen des starren Körpers

4.4.1 Lagrange-Gleichungen 1. Art im raumfesten Bezugssystem in kartesischer Darstellung

Im raumfesten BS lauten die Lagrange-Gleichungen 1. Art für ein System von n MP (s. (2.45) bzw. (2.298))

$$m_\nu \ddot{\mathbf{r}}_\nu = \mathbf{F}_\nu(\mathbf{r}_1, \ldots, \mathbf{r}_n, \dot{\mathbf{r}}_1, \ldots, \dot{\mathbf{r}}_n, t) + \mathbf{Z}_\nu(\mathbf{r}_1, \ldots, \mathbf{r}_n, \dot{\mathbf{r}}_1, \ldots, \dot{\mathbf{r}}_n, t), \qquad \nu = 1, \ldots, n, \tag{4.60}$$

wobei sich $\mathbf{F}_\nu$ aus den inneren und äußeren Kräften,

$$\mathbf{F}_\nu = \mathbf{F}^{(i)}_\nu + \mathbf{F}^{(a)}_\nu, \tag{4.61}$$

und $\mathbf{Z}_\nu$ aus den inneren und äußeren Zwangskräften,

$$\mathbf{Z}_\nu = \mathbf{Z}^{(i)}_\nu + \mathbf{Z}^{(a)}_\nu, \tag{4.62}$$

zusammensetzt. Für den starren Körper ergibt sich aus (4.1) mit den zwecks symmetrischer Bezeichnungsweise eingeführten Gleichheiten $\Phi^{(i)}_{\mu\nu} = \Phi^{(i)}_{\nu\mu}$ und $\lambda_{\mu\nu} = \lambda_{\nu\mu}$

$$\mathbf{Z}^{(i)}_\nu = \frac{1}{2} \sum_{\substack{\mu=1 \\ (\mu \neq \nu)}}^{n} \lambda_{\nu\mu} \frac{\partial \Phi^{(i)}_{\nu\mu}}{\partial \mathbf{r}_\nu} = \frac{1}{2} \sum_{\substack{\mu=1 \\ (\mu \neq \nu)}}^{n} \lambda_{\nu\mu} \frac{\mathbf{r}_\nu - \mathbf{r}_\mu}{|\mathbf{r}_\nu - \mathbf{r}_\mu|}, \qquad \nu = 1, \ldots, n, \tag{4.63}$$

wobei aber für $n \geqslant 5$ einige der $\lambda_{\nu\mu}$ gleich Null gesetzt werden müssen (z. B. für $\nu < \mu$ alle außer $\lambda_{n-1,n}, \lambda_{n-2,n}, \lambda_{n-2,n-1}$ und $\lambda_{\nu,\nu+1}, \lambda_{\nu,\nu+2}, \lambda_{\nu,\nu+3}$ für $\nu = 1, \ldots, n-3$), da nur $3n - 6$ voneinander u n a b h ä n g i g e $\Phi^{(i)}_{\nu\mu}$ mit $\nu < \mu$ in (4.60) verwendet werden dürfen. Für die nichtverschwindenden Summanden gilt

$$\mathbf{Z}^{(i)}_{\nu\mu} := \lambda_{\nu\mu} \frac{\mathbf{r}_\nu - \mathbf{r}_\mu}{|\mathbf{r}_\nu - \mathbf{r}_\mu|} = -\lambda_{\mu\nu} \frac{\mathbf{r}_\mu - \mathbf{r}_\nu}{|\mathbf{r}_\mu - \mathbf{r}_\nu|} = -\mathbf{Z}^{(i)}_{\mu\nu},$$

d. h. die inneren Zwangskräfte sind zentrale Zweiteilchenkräfte, so daß analog zu den Rechnungen in den Abschnitten 1.3.3.3 und 1.3.3.4 folgt

$$\sum_{\nu=1}^{n} \mathbf{Z}^{(i)}_\nu = \mathbf{0} \quad \text{und} \quad \sum_{\nu=1}^{n} \mathbf{r}_\nu \times \mathbf{Z}^{(i)}_\nu = \mathbf{0}. \tag{4.64}$$

Ferner[1]) ist nach Axiom VI bzw. Axiom VII

$$\sum_{\nu=1}^{n} \mathbf{F}^{(i)}_\nu = \mathbf{0} \quad \text{und} \quad \sum_{\nu=1}^{n} \mathbf{r}_\nu \times \mathbf{F}^{(i)}_\nu = \mathbf{0}. \tag{4.65}$$

Für die sachgerechte Aufstellung von äußeren NBn ist zu beachten, daß nur noch 6 Freiheitsgrade zur Einschränkung verfügbar sind.

Das Ziel ist, aus den 3n Bewegungsgleichungen (4.60) sechs DGn aufzustellen, aus denen die f „Bahn"-Funktionen im Konfigurationsraum und die ä u ß e r e n Zwangskräfte mit einer der in den Abschnitten 2.3 und 2.7.4 entwickelten Methoden zu berechnen sind. Dazu müssen die nicht interessierenden inneren Zwangskräfte eliminiert werden. Eine Möglichkeit, dies zu tun, ist die Addition der Gln. (4.60) bzw. ihre Addition nach vorheriger vektorieller Multiplikation mit $\mathbf{r}_\nu$. Wegen (4.64) und (4.65) erhält man

$$\dot{\mathbf{P}} = \mathbf{F}^{(a)} + \sum_{\nu=1}^{n} \mathbf{Z}^{(a)}_\nu \tag{4.66}$$

und $$\dot{\mathbf{L}} = \mathbf{D}^{(a)} + \sum_{\nu=1}^{n} \mathbf{r}_\nu \times \mathbf{Z}^{(a)}_\nu, \tag{4.67}$$

wobei $\mathbf{F}^{(a)}$ die äußere Gesamtkraft (1.74) und $\mathbf{D}^{(a)}$ das äußere Gesamtdrehmoment (1.102) bez. des Ursprungs ist. Die Gln. (4.66) und (4.67) sind Verallgemeinerungen von (1.98) bzw. (1.105). Analog zur Herleitung von (1.109) gewinnt man unter Benutzung von (4.64) auch

---

[1]) Innere Zweiteilchen-Zentralkräfte werden ohnehin durch die inneren Zwangskräfte des starren Körpers ersetzt.

$$L_R = D_R^{(a)} + \sum_{\nu=1}^{n} r_\nu^* \times Z_\nu^{(a)}, \tag{4.68}$$

wobei $D_R^{(a)}$ das äußere Gesamtdrehmoment (1.108) bez. des Massenmittelpunkts ist.
Die Gln. (4.66) und (4.67) bzw. (4.66) und (4.68) sind sechs voneinander unabhängige DGn, also im Prinzip die gesuchten Bewegungsgleichungen des starren Körpers im raumfesten BS Σ bzw. in einem BS Σ^*, das im raumfesten BS nicht rotiert. Bei der praktischen Verwendung dieser Gleichungen in allgemeinen Fällen gibt es jedoch Schwierigkeiten, da die auf die einzelnen MP wirkenden Kräfte und Drehmomente i. allg. auf komplizierte Weise von den durch die linken Seiten der Gleichungen nahegelegten Variablen, nämlich den Komponenten von **R** (s. (4.43) und (4.53)) abhängig sind. Die oben durchgeführte Art der Elimination der inneren Zwangskräfte bevorzugt offenbar ohne Rücksicht auf die konkrete Gestalt der Einzelkräfte den Massenmittelpunkt.

Für die praktische Benutzung der Gln. (4.66) und (4.67) bzw. (4.68) ist es wichtig zu untersuchen, ob das System der in den Punkten r_ν eines starren Körpers angreifenden Kräfte f_ν nicht durch eine äquivalente, d. h. dieselbe Bewegung bewirkende, in einem Punkt r angreifende resultierende *Einzelkraft* ersetzt werden kann. Der Ausgangspunkt dieses Gedankens ist, daß für die Bewegung des starren Körpers gemäß (4.66) und (4.67) nur die *Summen*

$$f := \sum_{\nu=1}^{n} f_\nu \quad \text{und} \quad d := \sum_{\nu=1}^{n} d_\nu = \sum_{\nu=1}^{n} r_\nu \times f_\nu \tag{4.69}$$

bestimmend sind, nicht aber die f_ν und $d_\nu := r_\nu \times f_\nu$ selbst. Zwei bei diesen Überlegungen oft nützliche Elementaroperationen, die ein Kräftesystem eines starren Körpers in ein äquivalentes überführen, sind die folgenden: Wegen des Superpositionsprinzips der Kräfte an ein und demselben MP kann man an einem beliebigen MP die *Nullkraft*, bestehend aus $f' - f'$ mit beliebigem f', zum Kräftesystem hinzufügen, ohne **f** und **d** zu ändern. Weiterhin kann man den Angriffspunkt eines beliebigen f_ν von r_ν nach r_ν' in Richtung von f_ν verschieben, ohne daß sich **d** ändert, denn wegen $(r_\nu - r_\nu') \| f_\nu$ ist $d_\nu - d_\nu' = (r_\nu - r_\nu') \times f_\nu = 0$, d. h. jeder an einem starren Körper angreifende Kraftvektor ist *linienflüchtig*.

Wenn eine äquivalente resultierende Einzelkraft existieren soll, muß sie wegen (4.69) gleich **f** sein, und zur Bestimmung ihres Angriffspunktes **r** muß

$$r \times f = d \tag{4.70}$$

eine Lösung **r** haben. Das ist nur dann der Fall, wenn

$$f \cdot d = 0, \quad \text{falls } f \neq 0 \tag{4.71}$$

und

$$d = 0, \quad \text{falls } f = 0 \tag{4.72}$$

ist. Im ersten Fall, der z. B. eintritt, wenn alle Vektoren f_ν in einer Ebene liegen, sind die Lösungen von (4.70)

$$r = \frac{f \times d}{|f|^2} + \alpha f, \qquad \alpha \text{ beliebig reell;} \tag{4.73}$$

im zweiten Fall ist der starre Körper ohnehin frei von resultierenden Kräften und Drehmomenten. Die Willkür von α in (4.73) besagt, daß auch die resultierende Einzelkraft am starren Körper ein linienflüchtiger Vektor ist.

Ein elementares Beispiel für den Fall $\mathbf{f} = \mathbf{0}$, $\mathbf{d} \neq \mathbf{0}$, für den also (4.70) keine Lösung hat und folglich keine resultierende Einzelkraft existiert, ist das sog. *Kräftepaar:* Zwei Kräfte $\mathbf{f}_1$ und $\mathbf{f}_2 = -\mathbf{f}_1$ greifen an den Punkten $\mathbf{r}_1$ bzw. $\mathbf{r}_2$ mit $\mathbf{r}_1 \neq \mathbf{r}_2$ an. Das Gesamtdrehmoment des Kräftepaars ist

$$\mathbf{d}^{(K)} = \mathbf{r}_1 \times \mathbf{f}_1 + \mathbf{r}_2 \times \mathbf{f}_2 = (\mathbf{r}_1 - \mathbf{r}_2) \times \mathbf{f}_1 = (\mathbf{r}_2 - \mathbf{r}_1) \times \mathbf{f}_2. \tag{4.74}$$

Da $\mathbf{r}_1 - \mathbf{r}_2$ ein freier Vektor ist, ist $\mathbf{d}^{(K)}$ im Unterschied zu einem allgemeinen Drehmoment ein f r e i e r Vektor. Deshalb ist die Summe von Kräftepaaren mit den Drehmomenten $\mathbf{d}_\nu^{(K)}$ wieder ein Kräftepaar mit dem Drehmoment $\mathbf{d}^{(K)} = \sum\limits_\nu \mathbf{d}_\nu^{(K)}$.

Der entscheidende Satz über äquivalente Kräftesysteme lautet: Zu einem beliebigen an einem starren Körper in den Punkten $\mathbf{r}_\nu$ angreifenden Kräftesystem $\mathbf{f}_\nu$ ist äquivalent die Vereinigung aus einer in einem beliebigen Punkt $\mathbf{r}_P$ des starren Körpers angreifenden Einzelkraft $\mathbf{f} = \sum\limits_\nu \mathbf{f}_\nu$ und einem Kräftepaar mit dem Drehmoment $\mathbf{d}^{(K)} = \sum\limits_\nu (\mathbf{r}_P - \mathbf{r}_\nu) \times \mathbf{f}_\nu$.

B e w e i s : Man füge in $\mathbf{r}_P$ die Nullkräfte $\mathbf{f}'_\nu - \mathbf{f}'_\nu$ mit $\mathbf{f}'_\nu = \mathbf{f}$ hinzu und fasse die Kräftepaare $(\mathbf{f}_\nu, -\mathbf{f}'_\nu)$ zu einem einzigen Kräftepaar und die Kräfte $\mathbf{f}'_\nu$ in $\mathbf{r}_P$ zu einer Einzelkraft in $\mathbf{r}_P$ zusammen.

Bei einer speziellen Wahl des Angriffspunkts $\mathbf{r}_{P'}$ der Einzelkraft $\mathbf{f}$ kann erreicht werden, daß das Drehmoment $\mathbf{d}^{(K)'}$ des zugehörigen Kräftepaars p a r a l l e l zu $\mathbf{f}$ ist. Dazu ist wegen

$$\begin{aligned} \mathbf{d}^{(K)'} &= \sum_\nu (\mathbf{r}_{P'} - \mathbf{r}_\nu) \times \mathbf{f}_\nu = \sum_\nu (\mathbf{r}_P - \mathbf{r}_\nu) \times \mathbf{f}_\nu + \sum_\nu (\mathbf{r}_{P'} - \mathbf{r}_P) \times \mathbf{f}_\nu \\ &= \mathbf{d}^{(K)} + (\mathbf{r}_{P'} - \mathbf{r}_P) \times \mathbf{f} \end{aligned} \tag{4.75}$$

eine Lösung $\mathbf{r}_{P'}$ und ein α aus

$$\mathbf{d}^{(K)} + (\mathbf{r}_{P'} - \mathbf{r}_P) \times \mathbf{f} = \alpha \mathbf{f}$$

zu bestimmen. Lösungen sind

$$\mathbf{r}_{P'} = \mathbf{r}_P - \frac{\mathbf{f} \times \mathbf{d}^{(K)}}{|\mathbf{f}|^2} + \beta \mathbf{f}, \qquad \beta \text{ beliebig reell}, \tag{4.76}$$

und $\alpha = \mathbf{f} \cdot \mathbf{d}^{(K)} / |\mathbf{f}|^2$. Man nennt das Paar $(\mathbf{f}, \mathbf{d}^{(K)'})$ eine *Kraftschraube.*

Ein wichtiger Fall, für den das System $\mathbf{F}_\nu^{(a)}$ der äußeren Kräfte durch eine Einzelkraft o h n e Kräftepaar ersetzt werden kann, ist

$$\mathbf{F}_\nu^{(a)}(\mathbf{r}_\nu, \dot{\mathbf{r}}_\nu, t) = f_\nu(\mathbf{r}_\nu, \dot{\mathbf{r}}_\nu, t)\mathbf{e}, \qquad \nu = 1, \ldots, n \tag{4.77}$$

mit konstantem Einheitsvektor $\mathbf{e}$ und $\mathbf{F}^{(a)} \neq \mathbf{0}$. Dann ist $\mathbf{F}^{(a)} \cdot \mathbf{D}^{(a)} = 0$, und

$$\mathbf{r} = \frac{\sum\limits_\nu f_\nu \mathbf{r}_\nu}{\sum\limits_\nu f_\nu} \tag{4.78}$$

ist eine Lösung von

$$\mathbf{r} \times \mathbf{F}^{(a)} = \mathbf{D}^{(a)}. \tag{4.79}$$

Der wichtigste Spezialfall ist das als homogen idealisierte Schwerefeld $\mathbf{F}_\nu^{(a)} = m_\nu \mathbf{g}$. Die resultierende Einzelkraft ist $\mathbf{F}^{(a)} = M\mathbf{g}$ und greift am Punkt $\mathbf{r} = \mathbf{R}$, d. h. am M a s s e n - m i t t e l p u n k t an. In diesem Fall ist also der Name „Schwerpunkt" für $\mathbf{R}$ angebracht. Das von der Einzelkraft erzeugte Drehmoment bez. des Ursprungs ist $\mathbf{D}^{(a)} = \mathbf{R} \times M\mathbf{g}$. Analog greift die resultierende Einzelkraft für einen aus elektrischen Punktladungen Q_ν mit $\sum_\nu Q_\nu =: Q \neq 0$ bestehenden Körper in einem homogenen elektrostatischen Feld im Ladungsmittelpunkt $\mathbf{R}_e := \sum_\nu Q_\nu \mathbf{r}_\nu / Q$ an. – Auch die Wirkung eines Zentralkraftfeldes auf einen starren Körper kann wegen $\mathbf{D}^{(a)} = \mathbf{0}$ allein durch eine Einzelkraft ersetzt werden, aber man kann sie i. allg. nicht am Massenmittelpunkt angreifen lassen.

Für die äußeren Zwangskräfte an einem diskreten Modell eines starren Körpers ist die Methode der Vereinfachung des Kräftesystems nicht hilfreich, da nur wenige der MP von den äußeren Zwangskräften direkt beeinflußt werden. Auch der Übergang zum kontinuierlichen Modell bringt Probleme; z. B. können die nichtholonomen NBn für das Rollen eines kontinuierlichen starren Körpers nicht aus den holonomen NBn für Kippbewegungen des diskreten Modells hergeleitet werden. Deshalb stellt man beim kontinuierlichen Modell erst nach Wahl der Variablen, z. B. Massenmittelpunktskoordinaten und Euler-Winkel, NBn für diese auf und berechnet daraus die äußere Gesamtzwangskraft $\mathbf{Z}^{(a)}$ und das äußere Zwangsdrehmoment $\mathbf{D}_Z^{(a)}$, statt von den Summen in (4.66) und (4.67) bzw. (4.68) auszugehen. Ein Beispiel für ein äußeres Zwangsdrehmoment ist das Reibungsmoment, das dem Gleiten eines rollenden Körpers entgegenwirkt, also das Rollen erzwingt.

Um DGn für die sechs zur Beschreibung der Bewegung des starren Körpers notwendigen Variablen, sagen wir, Massenmittelpunktsvektor $\mathbf{R}$ und Euler-Winkel φ, ϑ, ψ zu gewinnen, wenden wir uns nun den linken Seiten der Gln. (4.66) und (4.67) bzw. (4.68) zu. Mit (4.43) entsteht aus (4.66)

$$\dot{\mathbf{P}} = M\ddot{\mathbf{R}} = \mathbf{F}^{(a)} + \mathbf{Z}^{(a)}. \tag{4.80}$$

In (4.67) haben wir (4.47) einzusetzen und die Zeitdifferentiation auszuführen. Unter Verwendung von (1.188) und (1.189) folgt aus (4.46)

$$\dot{\mathbf{L}}_c = \left(\frac{d(\Theta' \cdot \omega)}{dt}\right)' + \omega \times (\Theta' \cdot \omega) = \left(\frac{d\Theta'}{dt}\right)' \cdot \omega + \Theta' \cdot \dot{\omega} + \omega \times (\Theta' \cdot \omega).$$

Damit ergibt sich wegen (4.34) und (4.80) aus (4.67) schließlich

$$\begin{aligned} &\Theta' \cdot \dot{\omega} + \omega \times (\Theta' \cdot \omega) + \mathbf{R}' \times M\ddot{\mathbf{c}} \\ &= \mathbf{D}^{(a)} + \mathbf{D}_Z^{(a)} - \mathbf{c} \times (\mathbf{F}^{(a)} + \mathbf{Z}^{(a)}) = \mathbf{D}_c^{(a)} + \mathbf{D}_{cZ}^{(a)}, \end{aligned} \tag{4.81}$$

wobei $\mathbf{D}_c^{(a)}$ und $\mathbf{D}_{cZ}^{(a)}$ die Gesamtdrehmomente der äußeren Kräfte bzw. der äußeren Zwangskräfte bez. O' sind.

Die Gln. (4.80), (4.81) kann man auch in einer anderen Form schreiben. Aus (4.51) folgt nämlich mit (4.44) bzw. (4.46) und (4.47)

$$\frac{\partial T}{\partial \dot{\mathbf{c}}} = \mathbf{P}, \tag{4.82}$$

$$\frac{\partial T}{\partial \omega} = \mathbf{L}_c + \mathbf{R}' \times M\dot{\mathbf{c}} = \mathbf{L} - \mathbf{c} \times \mathbf{P}. \tag{4.83}$$

Daraus erhält man

$$\frac{d}{dt}\frac{\partial T}{\partial \dot{\mathbf{c}}} = \dot{\mathbf{P}} = \mathbf{F}^{(a)} + \mathbf{Z}^{(a)},$$

$$\frac{d}{dt}\frac{\partial T}{\partial \boldsymbol{\omega}} = \dot{\mathbf{L}} - \mathbf{c} \times \dot{\mathbf{P}} - \dot{\mathbf{c}} \times \mathbf{P} = \mathbf{D}_c^{(a)} + \mathbf{D}_{cZ}^{(a)} - \dot{\mathbf{c}} \times \frac{\partial T}{\partial \dot{\mathbf{c}}}$$

oder nach Verwendung von (1.188)

$$\left(\frac{d}{dt}\frac{\partial T}{\partial \dot{\mathbf{c}}}\right)' + \boldsymbol{\omega} \times \frac{\partial T}{\partial \dot{\mathbf{c}}} = \mathbf{F}^{(a)} + \mathbf{Z}^{(a)}, \tag{4.84}$$

$$\left(\frac{d}{dt}\frac{\partial T}{\partial \boldsymbol{\omega}}\right)' + \boldsymbol{\omega} \times \frac{\partial T}{\partial \boldsymbol{\omega}} + \dot{\mathbf{c}} \times \frac{\partial T}{\partial \dot{\mathbf{c}}} = \mathbf{D}_c^{(a)} + \mathbf{D}_{cZ}^{(a)}. \tag{4.85}$$

Im Falle fehlender äußerer NBn ($\mathbf{Z}^{(a)} = \mathbf{0}$, $\mathbf{D}_{cZ}^{(a)} = \mathbf{0}$) sind diese Gln. die Boltzmann-Hamel-Gleichungen des starren Körpers im körperfesten BS mit $\dot{c}_i$ und $\omega_i{}'$ als Geschwindigkeitsparameter (s. Abschn. 2.7.6).

Für die in der Praxis am häufigsten vorkommenden Fälle, nämlich

a) für den im Ursprung $O' \equiv O$ festgehaltenen K r e i s e l ($\mathbf{c}(t) \equiv \mathbf{0}$),

b) für den im M a s s e n m i t t e l p u n k t $\mathbf{R}$ gewählten Ursprung O' des körperfesten KS ($\mathbf{c}(t) \equiv \mathbf{R}(t)$, d. h. $\mathbf{R}' = \mathbf{0}$)

vereinfacht sich (4.81). Im ersten Fall folgt aus (4.47) und (4.46)

$$\mathbf{L} = \mathbf{L}_c = \Theta' \cdot \boldsymbol{\omega}, \tag{4.86}$$

und es gilt

$$\Theta' \cdot \dot{\boldsymbol{\omega}} + \boldsymbol{\omega} \times (\Theta' \cdot \boldsymbol{\omega}) = \mathbf{D}^{(a)} + \mathbf{D}_Z^{(a)}. \tag{4.87}$$

(Für einen reibungsfrei gelagerten Kreisel ist $\mathbf{D}_Z^{(a)} = \mathbf{0}$ zu setzen.) Im zweiten Fall wird aus (4.81)

$$\Theta^* \cdot \dot{\boldsymbol{\omega}} + \boldsymbol{\omega} \times (\Theta^* \cdot \boldsymbol{\omega}) = \mathbf{D}_R^{(a)} + \mathbf{D}_{RZ}^{(a)}, \tag{4.88}$$

wobei $\mathbf{D}_{RZ}^{(a)}$ das Drehmoment der äußeren Zwangskräfte bez. $\mathbf{R}$ ist. Gl. (4.88) folgt auch aus (4.68) mit (4.54).

Im folgenden werden wir uns auf die obengenannten Fälle a) und b), d. h. auf die Gln. (4.87) und (4.88) beschränken. Wegen (1.189) sind diese DGn sowohl im raumfesten wie im körperfesten BS gültig. Mit (4.46) und (4.45) ist

$$-\boldsymbol{\omega} \times (\Theta' \cdot \boldsymbol{\omega}) = -\boldsymbol{\omega} \times \mathbf{L}_c = -\sum_\nu m_\nu \boldsymbol{\omega} \times (\mathbf{r}'_\nu \times (\boldsymbol{\omega} \times \mathbf{r}'_\nu))$$

$$= -\sum_\nu m_\nu \mathbf{r}'_\nu \times (\boldsymbol{\omega} \times (\boldsymbol{\omega} \times \mathbf{r}'_\nu)),$$

und dies ist das Scheindrehmoment $\mathbf{D}_S$ der Zentrifugalkräfte, so daß (4.87) im körperfesten BS wie erwartet in der Form

$$\left(\frac{d\mathbf{L}}{dt}\right)' = \mathbf{D}^{(a)} + \mathbf{D}_Z^{(a)} + \mathbf{D}_S$$

geschrieben werden kann. Zur praktischen Auswertung sind die Gln. (4.87) und (4.88) noch in einem passenden KS in Komponentengleichungen zu zerlegen, was im nächsten Abschnitt geschehen soll.

4.4.2 Die Eulerschen Gleichungen

Um (4.87) bzw. (4.88) als DGn für raumfeste Komponenten von $\boldsymbol{\omega}$ zu schreiben, benötigt man eine raumfeste Komponentendarstellung des Trägheitstensors. Diese ist jedoch i. allg. unbekannt, weil die $d_{ik}(t)$ nicht bekannt sind, sondern ja gerade erst ausgerechnet werden sollen. Deshalb führen wir Zerlegungen der Gln. (4.87) bzw. (4.88) im körperfesten KS $[O'; \mathbf{e}_1', \mathbf{e}_2', \mathbf{e}_3']$ aus. Sie lauten

$$\sum_{k=1}^{3} \Theta'_{ik}\dot{\omega}_k{}' + \sum_{j,k,m=1}^{3} \epsilon_{ijk}\omega_j{}'\Theta'_{km}\omega_m{}' = D_i^{(a)\prime} + D_{Zi}^{(a)\prime}, \qquad i = 1, 2, 3 \tag{4.89}$$

bzw.

$$\sum_{k=1}^{3} \Theta^*_{ik}\dot{\omega}_k{}' + \sum_{j,k,m=1}^{3} \epsilon_{ijk}\omega_j{}'\Theta^*_{km}\omega_m{}' = D_{Ri}^{(a)\prime} + D_{RZi}^{(a)\prime}, \qquad i = 1, 2, 3 \tag{4.90}$$

und heißen *Eulersche Gleichungen*. Hinzu kommen die Gln. (4.80). Die Gln. (4.89) oder (4.90) und (4.80) bilden formal ein System aus 6 DGn 1. Ordnung für $\boldsymbol{\omega}$ und $\mathbf{P}$. Da jedoch i. allg. die Kräfte und Drehmomente nicht von $\boldsymbol{\omega}$ und $\mathbf{P}$, sondern von irgendwelchen generalisierten Koordinaten q_i, $i = 1, \ldots, 6$ (z. B. den Massenmittelpunktskoordinaten X_1, X_2, X_3 und den Euler-Winkel φ, ϑ, ψ) und $\dot{q}_i$ abhängen, muß dieses DG-System durch

$$\mathbf{P} = \mathbf{P}(q_i, \dot{q}_i), \tag{4.91}$$

$$\boldsymbol{\omega} = \boldsymbol{\omega}(q_i, \dot{q}_i) \tag{4.92}$$

zu einem DG-System von 12 DGn 1. Ordnung für die $q_i(t)$, $i = 1, \ldots, 6$ ergänzt werden. Wählt man Massenmittelpunktskoordinaten und Euler-Winkel als generalisierte Koordinaten, so sind (4.81) und (4.92) die Gln. (4.43) bzw. (4.11). Sind die Kräfte nur von den X_i und die Drehmomente nur von den Euler-Winkeln abhängig, so kann man die translatorischen Bewegungsgleichungen (4.80), (4.43) und die Gln. der Drehbewegung (4.11), (4.89) bzw. (4.90) getrennt lösen, da sie entkoppeln.

Benutzt man im Punkt $O \equiv O'$ bzw. $\mathbf{R}$ ein Hauptträgheitssystem, so vereinfachen sich die Euler-Gleichungen wegen (4.31) bzw. (4.32) zu

$$\Theta'_i\dot{\omega}_i{}' + \sum_{j,k=1}^{3} \epsilon_{ijk}\omega_j{}'\Theta'_k\omega_k{}' = D_i^{(a)\prime} + D_{Zi}^{(a)\prime}, \qquad i = 1, 2, 3 \tag{4.93}$$

bzw.

$$\Theta^*_i\dot{\omega}_i{}' + \sum_{j,k=1}^{3} \epsilon_{ijk}\omega_j{}'\Theta^*_k\omega_k{}' = D_{Ri}^{(a)\prime} + D_{RZi}^{(a)\prime}, \qquad i = 1, 2, 3. \tag{4.94}$$

Zur Anwendung der Eulerschen Gleichungen folgen nun einige Beispiele.

Beispiel 1 Rotation um eine raumfeste Achse (Rotor). Ein starrer Körper werde in zwei seiner Punkte so festgehalten (durch idealisiert punktförmige

Lager), daß eine reibungsfreie Rotation um die Verbindungsgerade dieser Punkte als Achse möglich ist, jedoch keine Verschiebung längs dieser Achse. Einer der Punkte sei der Ursprung O eines raumfesten KS $[O; \mathbf{e}_1, \mathbf{e}_2, \mathbf{e}_3]$, $\mathbf{e}_3$ liege in Richtung der Rotationsachse. Als körperfestes KS wählen wir $[O; \mathbf{e}_1', \mathbf{e}_2', \mathbf{e}_3']$ mit $\mathbf{e}_3' \equiv \mathbf{e}_3$ und $\mathbf{e}_1'(t = 0) = \mathbf{e}_1$, und als generalisierte Koordinate für den einzig verbleibenden Freiheitsgrad wählen wir den Winkel φ zwischen $\mathbf{e}_1'$ und $\mathbf{e}_1$, mathematisch positiv gezählt um $\mathbf{e}_3$. Die Gln. (4.92) lauten somit

$$\omega_1{}' = 0, \qquad \omega_2{}' = 0, \qquad \omega_3{}' = \dot{\varphi}. \tag{4.95}$$

Da $\mathbf{e}_3'$ in Richtung der Rotationsachse liegt, haben die Drehmomente der in den Lagerpunkten angreifenden Zwangskräfte keine 3'-Komponenten, d. h. $D_{Z3}^{(a)\prime} = D_{Z3}^{(a)} = 0$. Mit (4.95) erhalten wir aus (4.89)

$$\Theta_{13}'\ddot{\varphi} - \Theta_{23}'\dot{\varphi}^2 = D_1^{(a)\prime} + D_{Z1}^{(a)\prime}, \tag{4.96a}$$

$$\Theta_{23}'\ddot{\varphi} + \Theta_{13}'\dot{\varphi}^2 = D_2^{(a)\prime} + D_{Z2}^{(a)\prime}, \tag{4.96b}$$

$$\Theta_{33}'\ddot{\varphi} = D_3^{(a)}. \tag{4.96c}$$

Die letzte Gl. enthält kein Zwangsdrehmoment und ist bei gegebenem äußeren Drehmoment die Bestimmungsgleichung für $\varphi(t)$. Sie ist analog zur Bewegungsgleichung für eine translatorische Koordinate x(t) eines MP aufgebaut: φ entspricht x, $D_3^{(a)}$ entspricht der Kraftkomponente und das Trägheitsmoment Θ_{33}' um die Rotationsachse entspricht der Masse.

Für eine beliebige raumfeste Rotationsachse in Richtung des Einheitsvektors $\mathbf{e}$ lautet die Bewegungsgleichung also mit φ als Drehwinkel

$$\Theta_e'\ddot{\varphi} = \mathbf{D}^{(a)} \cdot \mathbf{e}. \tag{4.97}$$

Die Analogie zwischen raumfester Rotation des starren Körpers und Translation eines MP setzt sich fort, wenn man mit (4.50) die kinetische Energie

$$T_{rot} = \frac{1}{2}\,\omega^2 \mathbf{e} \cdot \Theta' \cdot \mathbf{e} = \frac{1}{2}\,\Theta_e'\dot{\varphi}^2 \tag{4.98}$$

und mit (4.86) den Drehimpuls in Richtung $\mathbf{e}$

$$\mathbf{e} \cdot \mathbf{L} = \omega \mathbf{e} \cdot \Theta' \cdot \mathbf{e} = \Theta_e'\dot{\varphi} \tag{4.99}$$

ausrechnet. (Dem Drehimpuls der raumfesten Rotation entspricht der Impuls eines MP.) Mit (4.4) kann man auch die durch das äußere Drehmoment verrichtete Arbeit (1.82) berechnen und erhält

$$A_{12}^{(a)} = \sum_{\nu=1}^{n} \int_{t_1}^{t_2} \mathbf{F}_\nu^{(a)} \cdot (\boldsymbol{\omega} \times \mathbf{r}_\nu)\,dt = \int_{t_1}^{t_2} \boldsymbol{\omega} \cdot \sum_{\nu=1}^{n} \mathbf{r}_\nu \times \mathbf{F}_\nu^{(a)}\,dt,$$

also $$A_{12}^{(a)} = \int_{t_1}^{t_2} \mathbf{D}^{(a)} \cdot \boldsymbol{\omega}\,dt = \int_{t_1}^{t_2} \mathbf{e} \cdot \mathbf{D}^{(a)}\omega(t)\,dt. \tag{4.100}$$

In unserem Beispiel seien nun alle äußeren eingeprägten Kräfte und Drehmomente vernachlässigbar: $\mathbf{F}^{(a)} = \mathbf{0}, \mathbf{D}^{(a)} = \mathbf{0}$. Dann lautet die Lösung von (4.96c)

$$\varphi(t) = \omega_0 t \quad \text{mit } \omega_0 := |\omega| = \text{const.} \tag{4.101}$$

Die Gln. (4.96a), (4.96b) benutzen wir nun, um die Zwangsdrehmomente auszurechnen, die auf die Lagerpunkte wirken. Mit (4.101) erhält man

$$D_{Z1}^{(a)\prime} = -\Theta_{23}'\omega_0^2, \qquad D_{Z2}^{(a)\prime} = \Theta_{13}'\omega_0^2, \tag{4.102}$$

im raumfesten KS also $\mathbf{D}_Z^{(a)}(t) = D_{Z1}^{(a)}\mathbf{e}_1 + D_{Z2}^{(a)}\mathbf{e}_2$ mit

$$\begin{aligned} D_{Z1}^{(a)}(t) &= -\omega_0^2(\Theta_{23}' \cos \omega_0 t + \Theta_{13}' \sin \omega_0 t), \\ D_{Z2}^{(a)}(t) &= -\omega_0^2(\Theta_{23}' \sin \omega_0 t - \Theta_{13}' \cos \omega_0 t). \end{aligned} \tag{4.103}$$

Aus (4.5) ergibt sich mit $\mathbf{c} = \mathbf{0}$ und $\dot{\omega} = \mathbf{0}$

$$\ddot{\mathbf{R}} = \omega \times (\omega \times \mathbf{R}),$$

so daß aus (4.80) mit $\omega = \omega_0 \mathbf{e}_3$ folgt

$$\mathbf{Z}^{(a)}(t) = M\omega_0^2 \mathbf{e}_3 \times (\mathbf{e}_3 \times \mathbf{R}(t)) = -M\omega_0^2(X_1'\mathbf{e}_1' + X_2'\mathbf{e}_2'). \tag{4.104}$$

Diese Zwangskraft greift im Massenmittelpunkt $\mathbf{R}$ an und heißt *Zentripetalkraft*. Die resultierende Kraft (4.104) und das Kraftepaar mit dem Drehmoment (4.103) muß also von den Lagern ausgeübt werden (bzw. die Lager müssen die entsprechenden Gegenkräfte und -momente aufnehmen), um die Rotationsachse raumfest zu halten. Wir können aus (4.104) und (4.103) entnehmen, daß die Rotationsachse eines starren Körpers nur dann ohne Zwangskräfte und -drehmomente raumfest bleibt, wenn die Achse durch den Massenmittelpunkt geht und die mit dieser Achse zusammenhängenden Deviationsmomente verschwinden (sog. *freie Achsen*).

Beispiel 2 R o t a t i o n u m e i n e f r e i e A c h s e . Die durch den Massenmittelpunkt $\mathbf{R}$ verlaufende Drehachse eines starren Körpers, der frei von äußeren Drehmomenten $\mathbf{D}_R^{(a)}$ bez. $\mathbf{R}$ sei, soll im Raum ruhen, ohne daß ein Zwangsdrehmoment $\mathbf{D}_{RZ}^{(a)}$ aufgewendet werden muß. Dafür folgt mit $\omega = \omega\mathbf{e}$, $\dot{\mathbf{e}} = \mathbf{0}$ und $|\mathbf{e}| = 1$ aus (4.88) nach Skalarmultiplikation mit $\mathbf{e}$ die notwendige Bedingung $\Theta_e^*\dot{\omega} = 0$, also $\omega = \text{const}$, d. h. $\omega = \text{const}$. Setzt man dies in die Eulerschen Gleichungen (4.94) ein, die für unseren Fall

$$\Theta_1^*\dot{\omega}_1{}' + (\Theta_3^* - \Theta_2^*)\omega_2{}'\omega_3{}' = 0, \tag{4.105a}$$

$$\Theta_2^*\dot{\omega}_2{}' + (\Theta_1^* - \Theta_3^*)\omega_3{}'\omega_1{}' = 0, \tag{4.105b}$$

$$\Theta_3^*\dot{\omega}_3{}' + (\Theta_2^* - \Theta_1^*)\omega_1{}'\omega_2{}' = 0 \tag{4.105c}$$

lauten, so sieht man, daß im allgemeinen Fall, wenn $\Theta_1^* \neq \Theta_2^* \neq \Theta_3^* \neq \Theta_1^*$ ist, zwei körperfeste Komponenten von ω verschwinden müssen. Eine freie Achse eines starren Körpers ist also Hauptträgheitsachse. Umgekehrt folgt aus (4.105), daß jede Hauptträgheitsachse durch den Massenmittelpunkt freie Achse ist.

Betrachten wir nun z. B. die Rotation um die Hauptträgheitsachse durch $\mathbf{R}$ in Richtung $\mathbf{e}_3'$. Die Lösung der Eulerschen Gleichungen (4.105) ist dann $\omega(t) = \omega_0\mathbf{e}_3'$ mit $\omega_0 = \text{const.}$

Wir können (4.105) benutzen, um die Stabilität dieser Lösung zu untersuchen. Dazu berechnen wir, unter welcher Bedingung auch die um eine kleine Störung $\boldsymbol{\varepsilon}(t) = (\epsilon_1', \epsilon_2', \epsilon_3')$ mit $|\boldsymbol{\varepsilon}(t)| \ll \omega_0$ ergänzte Lösung näherungsweise wieder Lösung von (4.105) ist. Setzt man $\boldsymbol{\omega}_\epsilon(t) := \omega_0 \mathbf{e}_3' + \boldsymbol{\varepsilon}(t)$ in (4.105a) und (4.105b) ein, so folgt bei Vernachlässigung quadratischer Terme in ϵ_i' das DG-System

$$\dot{\epsilon}_1' + \alpha_1 \epsilon_2' = 0, \qquad \dot{\epsilon}_2' - \alpha_2 \epsilon_1' = 0$$

mit $$\alpha_1 := \frac{\Theta_3^* - \Theta_2^*}{\Theta_1^*}\,\omega_0, \qquad \alpha_2 := \frac{\Theta_3^* - \Theta_1^*}{\Theta_2^*}\,\omega_0.$$

Mit dem Ansatz $\epsilon_i'(t) = A_i e^{\lambda t}$, $i = 1, 2$ erhält man als notwendige Bedingung für eine nichttriviale Lösung $\lambda_{1,2} = \pm\sqrt{-\alpha_1\alpha_2}$. Nur, wenn $\lambda_{1,2}$ rein imaginär ist, wenn also α_1 und α_2 gleiches Vorzeichen haben, bleibt $|\boldsymbol{\varepsilon}(t)|$ im zeitlichen Verlauf klein, wie es verlangt war. Also ist die freie Achse $\mathbf{e}_3'$ nur dann stabil, wenn sie zum g r ö ß t e n Hauptträgheitsmoment ($\Theta_3^* > \Theta_1^*$ und $\Theta_3^* > \Theta_2^*$) oder zum k l e i n s t e n Hauptträgheitsmoment ($\Theta_3^* < \Theta_1^*$ und $\Theta_3^* < \Theta_2^*$) gehört.

Beispiel 3 D e r k r ä f t e f r e i e s y m m e t r i s c h e K r e i s e l[1]). Ein Kreisel heißt *kräftefrei*, wenn bez. des festgehaltenen Punktes $\mathbf{c} = \mathbf{0}$ (des *Unterstützungspunktes*) keine Drehmomente wirken. So ist z. B. ein im Massenmittelpunkt **R** r e i b u n g s f r e i unterstützter Kreisel auch im homogenen Kraftfeld kräftefrei. Ein Kreisel heißt *symmetrisch*, wenn zwei der Hauptträgheitsmomente bez. des Unterstützungspunktes gleich sind, z. B. $\Theta_1' = \Theta_2'$. So ist ein homogener rotationssymmetrischer Körper, dessen Symmetrieachse (*Figurenachse*) durch den Unterstützungspunkt geht, ein symmetrischer Kreisel; die Figurenachse ist dann eine Hauptträgheitsachse bez. des Unterstützungspunkts.

Die Eulerschen Gleichungen (4.93) lauten bei Auszeichnung der $\mathbf{e}_3'$-Achse

$$\Theta_1' \dot{\omega}_1{}' + (\Theta_3' - \Theta_1')\omega_2{}'\omega_3{}' = 0, \tag{4.106a}$$

$$\Theta_1' \dot{\omega}_2{}' + (\Theta_1' - \Theta_3')\omega_3{}'\omega_1{}' = 0, \tag{4.106b}$$

$$\Theta_3' \dot{\omega}_3{}' = 0. \tag{4.106c}$$

Aus (4.106c) folgt

$$\omega_3'(t) = \omega_{30}' = \text{const.} \tag{4.107}$$

Multipliziert man (4.106b) mit der imaginären Einheit und addiert dazu (4.106a), so folgt mit

$$\eta := \omega_1{}' + i\omega_2{}'$$

und $$\hat{\omega} := \frac{\Theta_3' - \Theta_1'}{\Theta_1'}\,\omega_{30}' \tag{4.108}$$

die komplexe DG

$$\dot{\eta} - i\hat{\omega}\eta = 0$$

---

[1]) Zur Lösung der Bewegungsgleichungen für den unsymmetrischen Kreisel siehe z. B. [4].

mit der allgemeinen Lösung

$$\eta(t) = \tilde{\omega} e^{i(\hat{\omega} t + \beta)}$$

und $\tilde{\omega}$ und β reell konstant. Zerlegung in Real- und Imaginärteil ergibt

$$\omega_1'(t) = \tilde{\omega} \cos(\hat{\omega} t + \beta), \qquad \omega_2'(t) = \tilde{\omega} \sin(\hat{\omega} t + \beta), \tag{4.109}$$

und es ist

$$|\omega(t)| = \sqrt{\tilde{\omega}^2 + \omega_{30}'^2} = \text{const.} \tag{4.110}$$

Folglich überstreicht, vom körperfesten BS gesehen, die momentane Drehachse mit der Winkelgeschwindigkeit $\hat{\omega}$ einen Kreiskegelmatel (den sog. *Polkegel*) mit $\mathbf{e}_3'$ als Symmetrieachse und

$$\alpha = \arctan(\tilde{\omega}/\omega_{30}') \tag{4.111}$$

als halbem Öffnungswinkel. Die momentane Drehachse bewegt sich also im Körper.

Nun betrachten wir die Bewegung des symmetrischen Kreisels im raumfesten BS, die uns noch unbekannt ist, da wir mit (4.107) und (4.109) bisher nur die körperfesten Komponenten von ω kennen. Zur Beschreibung der Lage des körperfesten KS im raumfesten KS verwenden wir die Eulerschen Winkel (Fig. 4.1) als Funktion der Zeit, die bei bekannten ω_i' aus dem DG-System (4.11) zu berechnen sind. Wegen der Momentenfreiheit folgt aus (4.67) der Drehimpulserhaltungssatz $\mathbf{L} = \text{const}$. Deshalb legen wir in diese raumfeste Richtung die $\mathbf{e}_3$-Achse, so daß ϑ der Winkel zwischen $\mathbf{L}$ und der $\mathbf{e}_3'$-Achse ist. Wegen (4.86) ist dann mit (4.107)

$$L_3' = \mathbf{L} \cdot \mathbf{e}_3' = L\mathbf{e}_3 \cdot \mathbf{e}_3' = L \cos\vartheta = \mathbf{e}_3' \cdot \Theta' \cdot \omega = \Theta_3' \omega_{30}' \tag{4.112}$$

und folglich

$$\vartheta(t) \equiv \arccos \frac{\Theta_3' \omega_{30}'}{L} =: \vartheta_0 = \text{const.} \tag{4.113}$$

Damit vereinfacht sich (4.11) mit (4.109) zu

$$\dot{\varphi} \sin\vartheta_0 \sin\psi = \tilde{\omega} \cos(\hat{\omega} t + \beta), \tag{4.114a}$$

$$\dot{\varphi} \sin\vartheta_0 \cos\psi = \tilde{\omega} \sin(\hat{\omega} t + \beta), \tag{4.114b}$$

$$\dot{\varphi} \cos\vartheta_0 + \dot{\psi} = \omega_{30}'. \tag{4.114c}$$

Quadrieren und Addieren von (4.114a) und (4.114b) führt auf

$$\varphi(t) = \frac{\tilde{\omega}}{\sin\vartheta_0} t + \varphi_0, \tag{4.115}$$

Dividieren auf

$$\psi(t) = -\hat{\omega} t + \psi_0. \tag{4.116}$$

(4.114c) ist offenbar durch den Drehimpulserhaltungssatz ersetzt worden und ergibt bei Einsetzen von (4.115) und (4.116) nur noch einmal ϑ_0 in etwas anderer Darstellung:

$$\vartheta_0 = \arctan \frac{\tilde{\omega}}{\hat{\omega} + \omega'_{30}} = \arctan \left(\frac{\tilde{\omega}}{\omega'_{30}} \frac{\Theta'_1}{\Theta'_3} \right) = \arctan \left(\frac{\tilde{\omega}}{\hat{\omega}} \frac{\Theta'_3 - \Theta'_1}{\Theta'_3} \right). \qquad (4.117)$$

Als Integrationskonstanten kann man z. B. φ_0, ψ_0, ϑ_0, $\hat{\omega}$ ansehen. Die restlichen zwei Konstanten für die drei Freiheitsgrade sind analog wie beim Zentralkraftproblem bei der Festlegung der $\mathbf{e}_3$-Achse in Richtung von $\mathbf{L}$ verbraucht worden. Die Lösungen (4.113) und (4.115) bedeuten, daß die $\mathbf{e}'_3$-Achse mit der Winkelgeschwindigkeit $\dot{\varphi} = \tilde{\omega}/\sin \vartheta_0$ einen Kreiskegelmantel (den sog. *Präzessionskegel*) mit $\mathbf{L} = L\mathbf{e}_3$ als Symmetrieachse und ϑ_0 als halben Öffnungswinkel überstreicht. Diese Bewegung heißt (*reguläre*) *Präzession*. Außerdem rotiert der Kreisel mit der Winkelgeschwindigkeit $\dot{\psi} = -\hat{\omega}$ um die $\mathbf{e}'_3$-Achse. Die momentane Drehachse wird durch die Präzessionsbewegung ebenfalls um die raumfeste $\mathbf{e}_3$-Achse herumgeführt, und zwar wegen (s. Fig. 4.1, (4.13) und (4.113))

$$\boldsymbol{\omega} \cdot (\mathbf{e}_3 \times \mathbf{e}'_3) = \boldsymbol{\omega} \cdot \mathbf{k} \sin \vartheta = \dot{\vartheta} \sin \vartheta = 0$$

so, daß $\boldsymbol{\omega}$, $\mathbf{L}$ und $\mathbf{e}'_3$ ständig in einer Ebene liegen. Also auch $\boldsymbol{\omega}$ überstreicht einen Kreiskegelmantel, den sog. *Spurkegel* (s. Fig. 4.2)

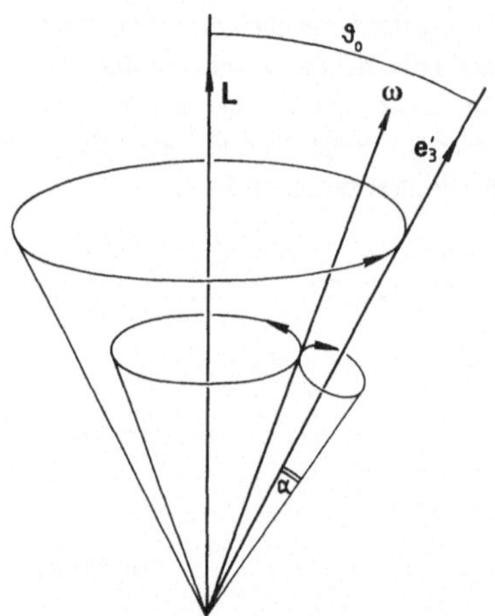

Fig. 4.2

Für die halben Öffnungswinkel von Präzessions- und Polkegel gilt wegen (4.111) und (4.117)

$$\alpha < \vartheta_0 \quad \text{für } \Theta'_3 < \Theta'_1 \quad \text{und} \quad \alpha > \vartheta_0 \quad \text{für } \Theta'_3 > \Theta'_1.$$

Beispiel 4 Reibungsfreier Wurf eines homogenen rotationssymmetrischen Körpers im homogenen Schwerefeld. Wir legen die $\mathbf{e}'_3$-Achse in die Symmetrieachse des starren Körpers und den Ursprung O' des körperfesten KS in seinen Massenmittelpunkt ($\mathbf{c}(t) = \mathbf{R}(t)$). Die Schwerkraft greift in $\mathbf{R}$ an (s. Abschn. 4.4.1), so daß das äußere Drehmoment $\mathbf{D}_R^{(a)}$ bez. $\mathbf{R}$ verschwindet. Folglich ist gemäß (4.68) $\mathbf{L}_R = \text{const}$ im raumfesten BS. Wegen der Homogenität und Symmetrie des Körpers ist das oben gewählte körperfeste KS ein Hauptträgheitssystem bez. $\mathbf{R}$, und es ist $\Theta_1^* = \Theta_2^*$. Somit folgen im körperfesten BS aus (4.94) die zu (4.106) völlig analogen Eulerschen Gleichungen

$$\Theta_1^* \dot{\omega}_1{}' + (\Theta_3^* - \Theta_1^*)\omega_2{}'\omega_3{}' = 0, \tag{4.118a}$$

$$\Theta_1^* \dot{\omega}_2{}' + (\Theta_1^* - \Theta_3^*)\omega_3{}'\omega_1{}' = 0, \tag{4.118b}$$

$$\Theta_3^* \dot{\omega}_3{}' = 0. \tag{4.118c}$$

Hinzu treten die Gln. (4.80) in der Form

$$M\ddot{\mathbf{R}} = -Mg\mathbf{e}_3, \tag{4.119}$$

die die Schwerpunktsbewegung beschreiben, nämlich eine Wurfparabel. Die DGn (4.119) sind hier von den DGn (4.118) entkoppelt, was bei Berücksichtigung der Luftreibung nicht mehr der Fall wäre. Die Lösung der Gln. (4.118) und die resultierende Form der Rotationsbewegung um den Schwerpunkt ist völlig identisch mit den Ergebnissen des Beispiels 3 mit dem einzigen Unterschied, daß an die Stelle des Unterstützungspunkts des Kreisels jetzt der Massenmittelpunkt des starren Körpers tritt.

4.4.3 Lagrange-Gleichungen in generalisierten Koordinaten

Zur Beschreibung der Bewegung von starren Körpern unter NBn stehen auch die Ergebnisse der Lagrange-Mechanik des Abschnitts 2 für generalisierte Koordinaten zur Verfügung, also im Fall holonomer äußerer NBn die Lagrange-Gleichungen 1. Art (2.108) bzw. (2.110) und die Lagrange-Gleichungen 2. Art (2.126) bzw. (2.142); für nichtholonome äußere NBn sind es die Lagrange-Gleichungen 1. Art (2.322) bzw. (2.323), die Lagrange-Gleichungen vom gemischten Typ (2.327) bzw. (2.328) und die Boltzmann-Hamel-Gleichungen (2.348) oder (2.358)[1]). Ausgangspunkt bei der Aufstellung solcher Gln. ist die kinetische Energie (4.51) des starren Körpers,

$$T = \frac{M}{2}\dot{\mathbf{c}}^2 + M\dot{\mathbf{c}} \cdot (\omega \times \mathbf{R}') + \frac{1}{2}\omega \cdot \Theta' \cdot \omega, \tag{4.120}$$

die sich zu (4.57),

$$T = \frac{M}{2}\dot{\mathbf{R}}^2 + \frac{1}{2}\omega \cdot \Theta^* \cdot \omega, \tag{4.121}$$

vereinfacht, wenn man den Ursprung O′ des körperfesten KS in den Massenmittelpunkt des starren Körpers legt ($\mathbf{c}(t) = \mathbf{R}(t), \mathbf{R}' = \mathbf{0}$). Der Rotationsanteil (4.50) der kinetischen

[1]) Bildet man im körperfesten BS mit der kinetischen Energie (4.57) die Boltzmann-Hamel-Gleichungen ohne äußere NBn mit den Euler-Winkeln als generalisierte Koordinaten q_i und den Winkelgeschwindigkeiten ω_k' aus (4.11) als Geschwindigkeitsparameter v_k, so erhält man die Eulerschen Gleichungen (4.90). Folglich gilt das auch für beliebige andere Parametrisierungen der Drehmatrix, da die Boltzmann-Hamel-Gleichungen gegenüber Punkttransformationen, die ω_k' nicht ändern, forminvariant sind.

Energie hat besonders einfache Struktur, wenn das körperfeste KS ein Hauptachsensystem ist:

$$T_{rot} = \frac{1}{2}\omega \cdot \Theta' \cdot \omega = \sum_{k=1}^{3} \frac{\Theta'_k}{2}\omega_k'^2. \tag{4.122}$$

Mit den Komponentendarstellungen

$$\mathbf{c} = \sum_{m=1}^{3} c_m(t)\mathbf{e}_m \tag{4.123}$$

bez. des raumfesten KS und

$$\mathbf{R}' = \sum_{k=1}^{3} X'_k \mathbf{e}'_k(t) \tag{4.124}$$

bez. des körperfesten KS erhält man

$$M\dot{\mathbf{c}} \cdot (\omega \times \mathbf{R}') = M \sum_{i,j,k,m=1}^{3} \epsilon_{ijk}\dot{c}_m \omega'_j X'_k \mathbf{e}_m \cdot \mathbf{e}'_i, \tag{4.125}$$

so daß sich mit $\mathbf{e}'_i \cdot \mathbf{e}_m = d_{im}(t)$ und (4.122) aus (4.120) ergibt

$$T = \frac{M}{2}\sum_{i=1}^{3} \dot{c}_i^2 + M \sum_{ijkm} \epsilon_{ijk} d_{im}(t)\dot{c}_m \omega'_j X'_k + \sum_{k=1}^{3} \frac{\Theta'_k}{2}\omega_k'^2. \tag{4.126}$$

Nun benötigt man generalisierte Koordinaten $\alpha_1, \alpha_2, \alpha_3$, mit denen man die Rotation des körperfesten KS bez. des raumfesten KS, also die Drehmatrixelemente

$$d_{ik}(t) = d_{ik}(\alpha_1(t), \alpha_2(t), \alpha_3(t)) \tag{4.127}$$

darstellen kann. Dann sind mit (4.9) auch die

$$\omega_k{}' = \omega_k{}'(\alpha_1, \alpha_2, \alpha_3, \dot{\alpha}_1, \dot{\alpha}_2, \dot{\alpha}_3), \qquad k = 1, 2, 3 \tag{4.128}$$

ausrechenbar. (Wählt man als α_k die Eulerschen Winkel, so nehmen (4.127) und (4.128) die Form (4.7) bzw. (4.11) an.) Setzt man (4.127) und (4.128) in (4.126) ein, so erhält man

$$T = T(c_1, c_2, c_3, \alpha_1, \alpha_2, \alpha_3, \dot{c}_1, \dot{c}_2, \dot{c}_3, \dot{\alpha}_1, \dot{\alpha}_2, \dot{\alpha}_3) \tag{4.129}$$

als kinetische Energie in den generalisierten Koordinaten $c_1, c_2, c_3, \alpha_1, \alpha_2, \alpha_3$.

Liegt der Ursprung O′ des körperfesten KS im Massenmittelpunkt, so kann man mit

$$\mathbf{R} = \sum_{m=1}^{3} X_m(t)\mathbf{e}_m \tag{4.130}$$

die raumfesten Koordinaten X_m des Massenmittelpunkts als generalisierte Koordinaten wählen. Aus (4.121) folgt dann mit (4.122) für den Fall der Euler-Winkel

$$\begin{aligned} &T(X_1, X_2, X_3, \varphi, \vartheta, \psi, \dot{X}_1, \dot{X}_2, \dot{X}_3, \dot{\varphi}, \dot{\vartheta}, \dot{\psi}) \\ &= \frac{M}{2}(\dot{X}_1^2 + \dot{X}_2^2 + \dot{X}_3^2) + T_{rot}, \end{aligned} \tag{4.131a}$$

$$
\begin{aligned}
T_{rot} &= \frac{\Theta_1'}{2}(\dot\varphi \sin\vartheta \sin\psi + \dot\vartheta \cos\psi)^2 \\
&+ \frac{\Theta_2'}{2}(\dot\varphi \sin\vartheta \cos\psi - \dot\vartheta \sin\psi)^2 + \frac{\Theta_3'}{2}(\dot\varphi \cos\vartheta + \dot\psi)^2 .
\end{aligned}
\tag{4.131b}
$$

Mit (4.129) bzw. (4.131) können nun Lagrange-Gleichungen der verschiedensten Art aufgestellt werden. Existiert für die äußeren Kräfte ein Potential $\tilde{U}$, so gibt es eine Standard-Lagrange-Funktion $\tilde{L}$. Wenn speziell

$$\tilde{U} = U_1(\mathbf{R}, \dot{\mathbf{R}}, t) + U_2(\varphi, \vartheta, \psi, \dot\varphi, \dot\vartheta, \dot\psi, t) \tag{4.132}$$

ist, so ist mit (4.131) auch

$$\tilde{L} = L_1(\mathbf{R}, \dot{\mathbf{R}}, t) + L_2(\varphi, \vartheta, \psi, \dot\varphi, \dot\vartheta, \dot\psi, t), \tag{4.133}$$

was für einen starren Körper ohne äußere NBn die Entkopplung der Lagrange-Gleichungen in drei DGn für $\mathbf{R}(t)$ und drei DGn für $\varphi(t)$, $\vartheta(t)$, $\psi(t)$ zur Folge hat[1]). Beispiele dafür sind der reibungsfreie Wurf eines starren Körpers im homogenen Schwerfeld (dafür ist $U = M\mathbf{g} \cdot \mathbf{R}$) und die Bewegung eines durch ein magnetisches Dipolmoment $\mathbf{m}$ im Massenmittelpunkt beschreibbaren starren Körpers in einem homogenen Magnetfeld $\mathbf{B}_0$ (dafür ist $U = \mathbf{m} \cdot \mathbf{B}_0$, also nur von der Orientierung von $\mathbf{m}$ abhängig).

Beispiel S c h w e r e r s y m m e t r i s c h e r K r e i s e l[2]). Ein Kreisel, an dem infolge des Angreifens einer äußeren Kraft (in unserem Beispiel der homogenen Schwerkraft) im Massenmittelpunkt bez. des Unterstützungspunktes ein äußeres Drehmoment wirkt, heißt *schwerer Kreisel.* Er heißt *symmetrisch*, wenn zwei der Hauptträgheitsmomente bez. des Unterstützungspunktes gleich sind ($\Theta_1' = \Theta_2'$) und der Massenmittelpunkt auf der Hauptträgheitsachse mit Richtung $\mathbf{e}_{30}'$ durch den Unterstützungspunkt liegt. – Wir legen den Ursprung O′ des körperfesten KS in den Unterstützungspunkt $\mathbf{c} = \mathbf{0}$ und setzen voraus, daß der Kreisel reibungsfrei gelagert ist; dann ist das Drehmoment der Zwangskräfte $\mathbf{D}_Z^{(a)} = \mathbf{0}$. Die Achse $\mathbf{e}_3'$ des körperfesten KS wählen wir in Richtung der Hauptträgheitsachse, auf der der Schwerpunkt im Abstand ℓ vom Ursprung liegt. Die raumfeste $\mathbf{e}_3$-Achse zeige entgegen der Richtung der Schwerkraft $M\mathbf{g}$.

Die Grundgleichung (4.67) im raumfesten BS, die jetzt

$$\dot{\mathbf{L}} = \mathbf{D}^{(a)} \tag{4.134}$$

lautet, besagt, daß der Gesamtdrehimpuls nicht konstant ist, sondern sich während der Zeit dt um $d\mathbf{L} = \mathbf{D}^{(a)} dt$ ändert. Durch Hinzufügen von $d\mathbf{L}$ zu $\mathbf{L}$ nähert sich die Richtung von $\mathbf{L}$ der von $\mathbf{D}^{(a)}$ (s. Fig. 4.3), was als *Tendenz zum gleichsinnigen Parallelismus* bezeichnet wird. Aus diesem Verhalten von $\mathbf{L}$ können wir jedoch keinen unmittelbaren Schluß auf die Bewegung der körperfesten $\mathbf{e}_3'$-Achse ziehen, da $\mathbf{L}$ i. allg. nicht in der $\mathbf{e}_3'$-Achse liegt.

---

[1]) Die DGn für die Winkel sind dann die Bewegungsgleichungen eines Kreisels, weshalb man alle solchen Probleme ebenfalls *Kreiselprobleme* nennt.

[2]) Zum Problem des unsymmetrischen schweren Kreisels, das nicht geschlossen lösbar ist, siehe [11]. Das Standardwerk über die Theorie des Kreisels ist [24].

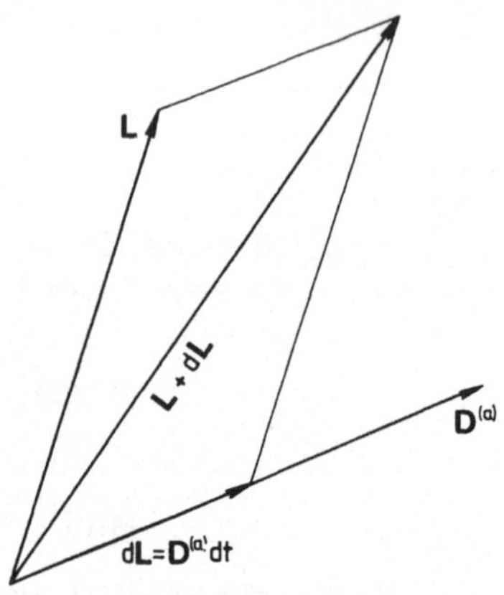

Fig. 4.3

Zur Aufstellung von Bewegungsgleichungen für den Kreisel wollen wir den Lagrange-Formalismus 2. Art benutzen. Als generalisierte Koordinaten für die drei Freiheitsgrade wählen wir die Euler-Winkel φ, ϑ, ψ. Für die kinetische Energie folgt wegen $\mathbf{c} = \mathbf{0}$ aus (4.51) $T = T_{rot}$, also mit $\Theta_2' = \Theta_1'$ aus (4.131b)

$$T = \frac{\Theta_1'}{2}(\dot{\vartheta}^2 + \dot{\varphi}^2 \sin^2 \vartheta) + \frac{\Theta_3'}{2}(\dot{\psi} + \dot{\varphi} \cos \vartheta)^2. \tag{4.135}$$

Für die Schwerpunktskoordinate X_3 gilt wegen (4.7)

$$X_3 = \sum_{i=1}^{3} d_{i3} X_i' = X_1' \sin \psi \sin \vartheta + X_2' \cos \psi \sin \vartheta + X_3' \cos \vartheta.$$

Damit kann man wegen $\mathbf{R}' = \ell \mathbf{e}_3'$ die potentielle Energie als

$$V = MgX_3 = Mg\ell \cos \vartheta \tag{4.136}$$

schreiben. Die Lagrange-Funktion $L = T - V$ ist also nicht explizit von der Zeit abhängig, und φ und ψ sind zyklische Koordinaten. Daraus folgt, daß die Jacobi-Funktion J und die generalisierten Impulse p_φ und p_ψ Konstanten der Bewegung sind. Anstelle der drei Lagrange-Gleichungen 2. Art benutzen wir daher gleich die drei Erhaltungssätze

$$J = T + V =: E = \text{const}, \tag{4.137}$$

$$p_\varphi = \frac{\partial L}{\partial \dot{\varphi}} = \dot{\varphi}(\Theta_1' \sin^2 \vartheta + \Theta_3' \cos^2 \vartheta) + \Theta_3' \dot{\psi} \cos \vartheta =: L_3 = \text{const}, \tag{4.138}$$

$$p_\psi = \frac{\partial L}{\partial \dot{\psi}} = \Theta_3'(\dot{\psi} + \dot{\varphi} \cos \vartheta) = \Theta_3' \omega_3' =: L_3' = \text{const} \tag{4.139}$$

als Bewegungsgleichungen. Da φ und ψ Azimut-Winkel zu den Achsen $\mathbf{e}_3$ bzw. $\mathbf{e}_3'$ sind (s. Fig. 4.1), sind L_3 und L_3' die Komponenten des Drehimpulses bez. $\mathbf{e}_3$ bzw. $\mathbf{e}_3'$ (s. Abschn. 2.6.1). Auflösen von (4.138) und (4.139) nach $\dot{\varphi}$ und $\dot{\psi}$ ergibt

$$\dot{\varphi} = \frac{L_3 - L_3' \cos\vartheta}{\Theta_1' \sin^2\vartheta}, \tag{4.140}$$

$$\dot{\psi} = \frac{L_3'}{\Theta_3'} - \frac{L_3 - L_3' \cos\vartheta}{\Theta_1' \sin^2\vartheta} \cos\vartheta. \tag{4.141}$$

Eliminiert man diese Größen im Energiesatz (4.137), so kann man diesen in der Form

$$\frac{\Theta_1'}{2} \dot{\vartheta}^2 + V_{\text{eff}}(\vartheta) = E \tag{4.142}$$

mit $$V_{\text{eff}}(\vartheta) := \frac{(L_3 - L_3' \cos\vartheta)^2}{2\Theta_1' \sin^2\vartheta} + Mg\ell \cos\vartheta + \frac{L_3'^2}{2\Theta_3'} \tag{4.143}$$

schreiben. Durch Trennung der Variablen erhält man aus (4.142) die Funktion $t = t(\vartheta)$ in Form eines Integrals. Da dieses jedoch ein elliptisches, also nicht durch elementare Funktionen darstellbares Integral ist, verfolgen wir diesen Weg nicht weiter (s. aber [25]), sondern versuchen, aus den Erhaltungssätzen, also durch Diskussion von (4.142) einige Informationen über die möglichen Bewegungsabläufe zu erhalten (s. Abschn. 1.3.4.3). Aus (4.142) folgt, daß man das vorliegende Problem als eindimensionale Bewegung im effektiven Potential (4.143) auffassen kann. Eine notwendige Bedingung für das Vorliegen einer realen physikalischen Bewegung ist dann

$$V_{\text{eff}}(\vartheta) \overset{!}{\leqslant} E. \tag{4.144}$$

F a l l 1 : $L_3^2 \neq L_3'^2$. Für die Funktion (4.143) sind $\vartheta = 0$ und $\vartheta = \pi$ Polstellen. Setzt man die Ableitung von (4.143) Null, so folgt mit der Abkürzung

$$u := \cos\vartheta,$$

daß die Extremwerte von (4.143) für $u \in (-1, 1)$ an den Stellen der Lösungen der Gleichung

$$\left[\frac{L_3 L_3'}{\Theta_1' Mg\ell}\left(u - \frac{L_3}{L_3'}\right)\left(u - \frac{L_3'}{L_3}\right)\right]^{1/2} = 1 - u^2$$

liegen, also an den u-Werten der Schnittpunkte einer nach unten geöffneten Parabel mit einer Wurzelfunktion (Hyperbel- oder Ellipsenbogen). Die Nullstelle der Wurzelfunktion liegt stets in $(-1, 1)$. Aus Fig. 4.4 ist zu sehen, daß es nur ein Extremum, also ein Mini-

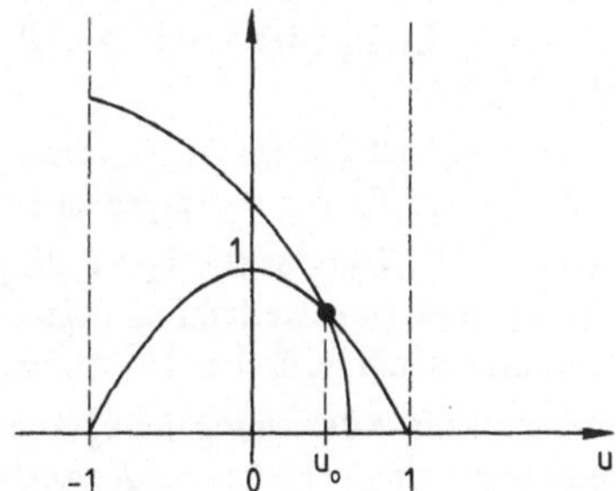

Fig. 4.4

mum im Intervall $u \in (-1, 1)$ gibt, so daß die Funktion (4.143) ein Aussehen hat, wie es die Fig. 4.5 zeigt.

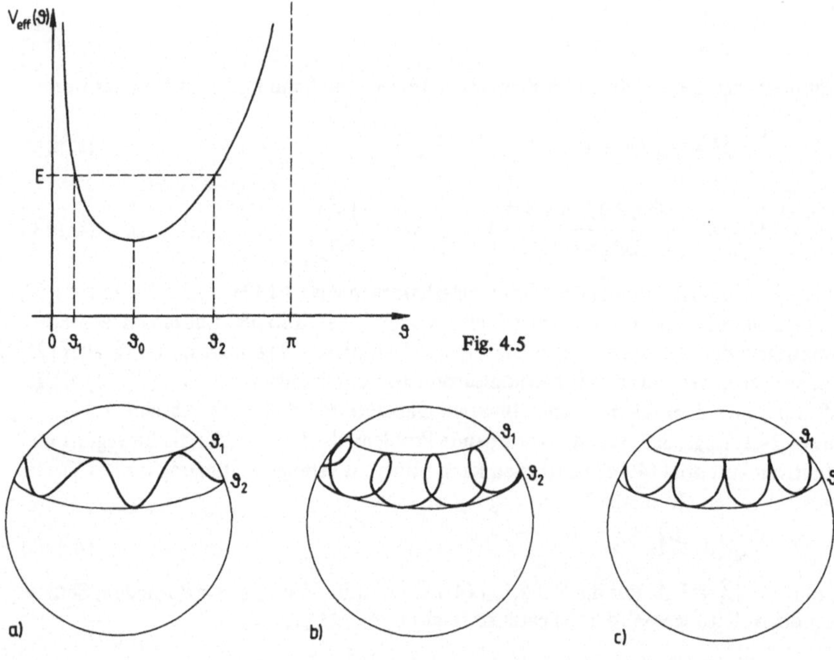

Fig. 4.5

Fig. 4.6a

Gemäß Bedingung (4.144) existieren also zu jeder durch die Anfangsbedingungen bestimmten Energie E zwei Grenzwinkel ϑ_1 und ϑ_2, zwischen denen die e_3'-Achse hin- und herpendelt. Eine qualitative Vorstellung von der Bewegung der e_3'-Achse erhält man, wenn man den Azimutwinkel φ in Abhängigkeit von ϑ betrachtet. In Fig. 4.6 sind die Ergebnisse als Spur des Durchstoßungspunktes der e_3'-Achse durch eine Kugelfläche um den Fixpunkt des Kreisels dargestellt. Es treten folgende Fälle auf, die mit (4.140) diskutiert werden:

a) $\cos\vartheta_1 < L_3/L_3'$ oder $\cos\vartheta_2 > L_3/L_3'$: Für alle Zeiten ist $\dot{\varphi} > 0$ bzw. $\dot{\varphi} < 0$. Es entsteht Fig. 4.6a.

b) $\cos\vartheta_2 < L_3/L_3' < \cos\vartheta_1$: $\dot{\varphi}$ wechselt für ein $\vartheta \in (\vartheta_1, \vartheta_2)$ das Vorzeichen, so daß $\dot{\varphi}$ für $\vartheta = \vartheta_1$ und für $\vartheta = \vartheta_2$ entgegengesetztes Vorzeichen hat. Es entsteht Fig. 4.6b.

c) $\cos\vartheta_1 = L_3/L_3'$ oder $\cos\vartheta_2 = L_3/L'_3$: $\dot{\varphi}$ wird Null für $\vartheta = \vartheta_1$ bzw. für $\vartheta = \vartheta_2$. Es entsteht Fig. 4.6c (im zweiten Fall liegen die Spitzen der Kurve bei $\vartheta = \vartheta_2$). Dieses Bewegungsbild entsteht z. B. bei den Anfangsbedingungen $\vartheta(0) = \vartheta_1$, $\dot{\vartheta}(0) = 0$, $\dot{\varphi}(0) = 0$.

Man nennt die φ-Bewegung der e_3'-Achse *Präzession* und die ϑ-Bewegung *Nutation.* Die Gesamterscheinung heißt *pseudoreguläre Präzession.* Im Spezialfall, daß die Energie gerade gleich dem Minimum von $V_{eff}(\vartheta)$ ist, läuft die Bewegung mit $\vartheta \equiv \vartheta_0 = \text{const}$ ab. Man nennt sie dann *reguläre Präzession*. In diesem Fall ist $\dot{\varphi} = \text{const}$ und $\dot{\psi} = \text{const}$ (s. (4.140) u. (4.141)). Damit reguläre Präzession auftreten kann, müssen die Anfangswerte eine bestimmte Bedingung erfüllen. Um diese zu finden, bilden wir die Lagrange-Gleichung 2. Art für die Variable ϑ. Sie lautet

$$\Theta_1'\ddot{\vartheta} - \sin\vartheta\,[\Theta_1'\dot{\varphi}^2\cos\vartheta - \Theta_3'\dot{\varphi}(\dot{\psi} + \dot{\varphi}\cos\vartheta) + Mg\ell] = 0. \qquad (4.145)$$

Eine Lösung $\vartheta \equiv \vartheta_0 = \text{const}$ dieser DG mit $\vartheta_0 \neq 0, \pi$ existiert nur dann, wenn die Anfangswerte in der Beziehung

$$\Theta_1'\dot{\varphi}(0)\cos\vartheta_0 - \Theta_3'\dot{\varphi}(0)[\dot{\psi}(0) + \dot{\varphi}(0)\cos\vartheta_0] + Mg\ell = 0$$

zueinander stehen. Damit zu gegebenem $\dot{\psi}(0)$ aus dieser Gleichung reelle Werte für die beiden möglichen Winkelgeschwindigkeiten $\dot{\varphi}(0)$ der regulären Präzession bestimmbar sind, muß außerdem

$$\dot{\psi}^2(0) \geqslant \frac{4Mg\ell}{\Theta_3'^2}(\Theta_1' - \Theta_3')\cos\vartheta_0$$

sein. Reguläre Präzession kann also nur bei genügend großem L_3', also bei genügend großer Eigenwinkelgeschwindigkeit ω_3' des Kreisels auftreten.

F a l l 2 : $L_3 = L_3' \neq 0$. Das effektive Potential nimmt die spezielle Form

$$V_{eff}(\vartheta) = \frac{L_3'^2(1 - \cos\vartheta)}{2\Theta_1'(1 + \cos\vartheta)} + Mg\ell\cos\vartheta + \frac{L_3'^2}{2\Theta_3'} \qquad (4.146)$$

an. Es hat nur eine Polstelle bei $\vartheta = \pi$. Für die Extremwerte folgt aus der Ableitung von (4.146):

a) $L_3' > 2\sqrt{\Theta_1' Mg\ell}$ oder $L_3' < 0$: Es existiert kein Extremwert im Intervall $(0, \pi)$ und V_{eff} ist monoton steigend (s. Fig. 4.7a). Die e_3'-Achse pendelt zwischen $\vartheta = 0$ und $\vartheta = \vartheta_2$ hin und her. Die Bewegung erfolgt nach Fig. 4.6c mit $\vartheta_1 = 0$.

b) $0 < L_3' < 2\sqrt{\Theta_1' Mg\ell}$: Es gibt genau einen Extremwert im Intervall $(0, \pi)$, also ein Minimum (s. Fig. 4.7b). Die Bewegung erfolgt nach Fig. 4.6c mit $\vartheta_1 = 0$ oder nach Fig. 4.6a.

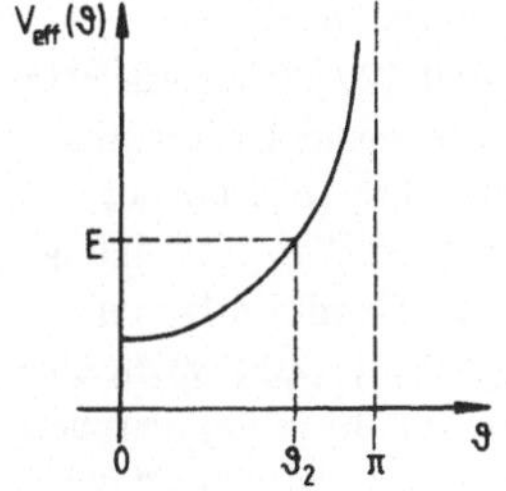

Fig. 4.7a

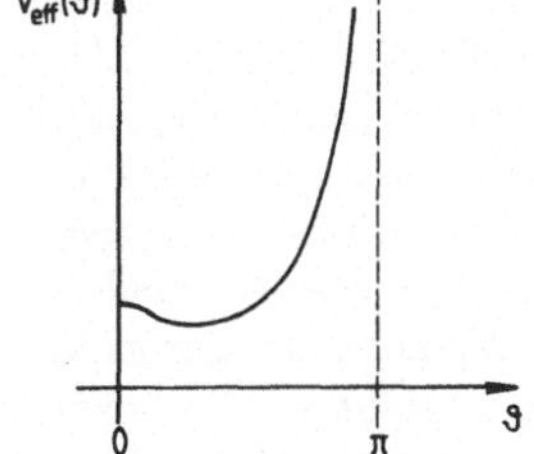

Fig. 4.7b

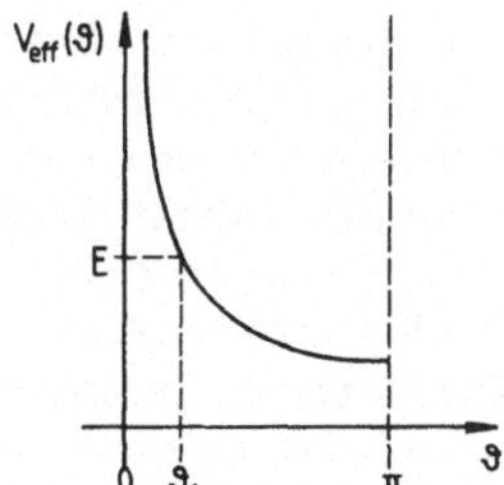

Fig. 4.7c

Die in dieser Fallunterscheidung auftretende kritische Winkelgeschwindigkeit

$$\omega'_{3K} := 2\sqrt{\Theta'_1 Mg\ell}\,/\,\Theta'_3$$

macht sich besonders dann bemerkbar, wenn der Kreisel vertikal stehend ($\vartheta = 0$) mit $\dot{\vartheta}(0) = 0$ in Gang gesetzt wird. Ist seine Winkelgeschwindigkeit größer als ω'_{3K}, so kann er nach Fig. 4.7a aus der vertikalen Lage nicht abweichen. Die Rotation um die $\mathbf{e}_3$-Achse ist stabil. Man spricht in diesem Fall von einem *schlafenden Kreisel*. Verringert sich die Winkelgeschwindigkeit z. B. infolge Reibung unter den Wert ω'_{3K}, so führen nach Fig. 4.7b bereits kleine Störungen zu Nutationen: der Kreisel beginnt zu taumeln.

F a l l 3 : $L_3 = -L'_3 \neq 0$. Das effektive Potential lautet

$$V_{eff}(\vartheta) = \frac{L'^2_3(1 + \cos\vartheta)}{2\Theta'_1(1 - \cos\vartheta)} + Mg\ell\cos\vartheta + \frac{L'^2_3}{2\Theta'_3}\,. \tag{4.147}$$

Es hat nur eine Polstelle bei $\vartheta = 0$. Die Ableitung von (4.147) ist stets monoton fallend (Fig. 4.7c). Die Bewegung erfolgt analog Fig. 4.6c, jedoch liegen die Spitzen der Kurve bei $\vartheta_2 = \pi$.

*5 Anhang: Differentialformen

5.1 Pfaffsche Formen

5.1.1 Vorbemerkungen

Das Rechnen mit Differentialen ist fast so alt wie die Analysis selbst, vor allem in der Physik wurde häufig davon Gebrauch gemacht. Falsche Interpretationen der Differentiale, z. B. als „unendlich kleine Größen", brachten aber diese „physikalische Mathematik" bei vielen Mathematikern in Mißkredit, auch wenn die Rechenergebnisse richtig waren. Erst in diesem Jahrhundert wurde eine mathematisch befriedigende Theorie der Differentialformen k-ten Grades entwickelt, deren Anfänge mit den Namen von E. Goursat, E. Cartan und E. Kähler verbunden sind [26]. Inzwischen findet diese Theorie eine zunehmende Anwendung in der Physik, z. B. in der Elektrodynamik [27]. Die einfachsten Differentialformen sind die sog. Pfaffschen Formen, die sich als homogene Differentialformen 1. Grades einordnen lassen. Sie wurden von J. F. Pfaff im Jahre 1815 bei der Untersuchung des Zusammenhanges zwischen Lösungen von partiellen DGn 1. Ordnung und Systemen von gewöhnlichen DGn eingeführt und später auf die Hamilton-Jacobi-Theorie und die Theorie der kanonischen Transformationen angewandt. Dabei spielt eine spezielle 2-Form eine Rolle, die man bilineare Kovariante nannte und die in der heutigen Bezeichnungsweise eine Differentialform 2. Grades ist, die durch „Differentiation" der Pfaffschen Form

$$\omega := \sum_{i=1}^{f} p_i dq^i - Hdt$$

entsteht.

Da die Differentialformen zu einem wesentlichen Teil aus mathematischen Aufgabenstellungen in der Mechanik entstanden sind, liegt es nahe, sie als mathematisches Hilfsmittel auch bei elementaren Darstellungen der theoretischen Mechanik einzusetzen. Das scheint zunächst für einen Studenten im 3. Semester fast unmöglich zu sein, wenn man sich die gängigen mathematischen Lehrbuchdarstellungen über die Anwendung von Differentialformen auf die Mechanik ansieht (z. B. [28], [22], [29]), da darin Teile der multilinearen Algebra und der Theorie differenzierbarer Mannigfaltigkeiten benutzt werden. Da wir die Differentialformen aber nur auf einige einfache Probleme bei der Klassifikation von Nebenbedingungen in der Lagrange-Mechanik und bei der Transformation der kanonischen Gleichungen a n w e n d e n wollen und bei dieser Gelegenheit auf die Vorteile hinweisen möchten, die der Einsatz der Differentialformen bringt, glauben wir, uns auf die Angabe und Erläuterung der unbedingt notwendigen Rechenregeln und Sätze beschränken zu können.

Wir werden die Differentialformen auf ähnlich elementare Weise wie die Vektorrechnung in der Physik entwickeln. Nach der Definition algebraischer Rechenregeln, die von der sog. Graßmannschen Algebra herrühren, definieren wir das Transformationsverhalten der neuen mathematischen Größen bez. lokaler Koordinatentransformationen. Die Rechenregeln z u s a m m e n mit den Transformationseigenschaften definieren dann die Eigenschaften der Differentialformen. Dieser Standpunkt scheint uns für eine erste Einführung geeigneter zu sein als ein basisfreier Aufbau (siehe z. B. [22], [28]) mit Hilfe des Abbildungsbegriffs, bei dem sich die Transformationseigenschaften dann aus einer Basisdarstellung ergeben. Wir gehen auch nicht den Weg, zuerst die Multivektoren einzuführen. Stattdessen werden wir in Abschnitt 5.1 die Entstehung der Theorie der Differentialformen aus Aufgabenstellungen der Mechanik am Beispiel der Pfaffschen Formen erläutern. Eine ausführliche Darstellung dieser klassischen Theorie findet man in dem Buch von Carathéodory [18]. Als einführende anwendungsorientierte Literatur kann man die Bücher von E. Heil [30] und H. Flanders [31] empfehlen.

5.1.2 Differentiale von Funktionen mehrerer Variablen

Ausgangspunkt für unsere Betrachtungen ist die

Definition Sei auf $\mathbb{M} \subset \mathbb{R}$ eine Funktion $F(x)$: $\mathbb{M} \to \mathbb{R}$ definiert und stetig differenzierbar. Dann heißt

$$dF(x) := F'(x)dx \tag{5.1a}$$

das *Differential* von $F(x)$ an der Stelle x, wobei $dx \in \mathbb{R}$ ist. dx soll *Koordinatendifferential* genannt werden.

$dF(x)$ ist also eine Funktion von x und dx. Es sei ausdrücklich darauf hingewiesen, daß die mit dx bezeichnete Variable in (5.1a) b e l i e b i g e Werte aus $\mathbb{R}$ annehmen kann.

Für (5.1a) schreibt man auch kürzer

$$dF := F'dx. \tag{5.1b}$$

Die Definition (5.1a) verallgemeinern wir nun auf Funktionen von mehreren Variablen. $\mathbb{M}^n \subset \mathbb{R}^n$ sei eine (differenzierbare) n-dimensionale Mannigfaltigkeit, deren Punkte durch die n-Tupel $(x^1, \ldots, x^n)$ von Koordinaten x^i beschrieben werden[1]).

Definition Sei auf $\mathbb{M}^n \subset \mathbb{R}^n$ eine Funktion

$$F(x^1, \ldots, x^n) : \mathbb{M}^n \to \mathbb{R}, \qquad F \in C^\infty(\mathbb{M}^n)$$

definiert. Dann heißt

$$dF := \sum_{i=1}^{n} \frac{\partial F}{\partial x^i} dx^i \tag{5.2}$$

das *Differential* von $F(x^1, \ldots, x^n)$ im Punkt $(x^1, \ldots, x^n) \in \mathbb{M}^n$, wobei $dx^i \in \mathbb{R}$ für $i = 1, \ldots, n$. Die dx^i heißen *Koordinatendifferentiale.*

df ist also eine Funktion der 2n unabhängigen Variablen $x^1, \ldots, x^n, dx^1, \ldots, dx^n$. Wir führen nun mittels

$$x^i = g^i(\bar{x}^1, \ldots, \bar{x}^n), \qquad i = 1, \ldots, n \tag{5.3a}$$

bzw. der zugehörigen Umkehrtransformation

$$\bar{x}^i = \bar{g}^i(x^1, \ldots, x^n), \qquad i = 1, \ldots, n \tag{5.3b}$$

neue (lokale) Koordinaten $\bar{x}^i$ in $\mathbb{M}^n$ ein, wobei die Funktionen $g^i \in C^\infty(\mathbb{M}^n)$ seien und für die Funktionaldeterminante

$$\frac{\partial(g^1, \ldots, g^n)}{\partial(\bar{x}^1, \ldots, \bar{x}^n)} \neq 0 \tag{5.4}$$

gelten soll. Bezüglich jeder solchen Transformation definieren wir das Transformationsverhalten der Koordinatendifferentiale durch

$$\overline{dx^i} \equiv d\bar{x}^i := \sum_{j=1}^{n} \frac{\partial \bar{g}^i}{\partial x^j} dx^j = d\bar{g}^i, \qquad i = 1, \ldots, n. \tag{5.5}$$

Größen a^i, die sich bei Koordinatentransformationen (5.3) gemäß

$$\bar{a}^i = \sum_{j=1}^{n} \frac{\partial \bar{g}^i}{\partial x^j} a^j, \qquad i = 1, \ldots, n \tag{5.6}$$

transformieren, nennt man *Komponenten eines Vektors* oder *kontravariante Komponenten.* Die n-Tupel $(dx^1, \ldots, dx^n) \in \mathbb{R}^n$ bilden also einen n-dimensionalen Vektorraum.

---

[1]) Die Verwendung des Buchstabens x möge nicht den Gedanken aufkommen lassen, es handele sich notwendigerweise um kartesische Koordinaten in einem euklidischen Raum $\mathbb{E}^n$; das ist vielmehr nur ein Spezialfall.

Mit Hilfe der Umkehrung von (5.5)

$$dx^i = \sum_{j=1}^{n} \frac{\partial g^i}{\partial \bar{x}^j} d\bar{x}^j \tag{5.7}$$

und der Kettenregel

$$\frac{d\bar{F}}{d\bar{x}^j} = \sum_{i=1}^{n} \frac{\partial g^i}{\partial \bar{x}^j} \frac{\partial F}{\partial x^i} \tag{5.8}$$

berechnen wir nun die Transformationseigenschaft des Differentials (5.2):

$$\begin{aligned} \overline{dF} := d\bar{F}(\bar{x}^1, \ldots, \bar{x}^n) &= \sum_{j=1}^{n} \frac{\partial \bar{F}}{\partial \bar{x}^j} d\bar{x}^j = \sum_{i,j=1}^{n} \frac{\partial F}{\partial x^i} \frac{\partial g^i}{\partial \bar{x}^j} d\bar{x}^j \\ &= \sum_{i=1}^{n} \frac{\partial F}{\partial x^i} dx^i = dF(x^1, \ldots, x^n). \end{aligned} \tag{5.9}$$

Durch die Definition (5.5) hat also dF bez. der Koordinatentransformationen (5.3) die Eigenschaft eines Skalars erhalten. Größen a_i, die sich bei Koordinatentransformationen (5.3) gemäß

$$\bar{a}_i = \sum_{j=1}^{n} \frac{\partial g^i}{\partial \bar{x}^j} a_j \tag{5.10}$$

transformieren, nennt man *Komponenten eines Kovektors* oder *kovariante Komponenten.* Die $\frac{\partial F}{\partial x^i}$ sind also Komponenten eines Kovektors, nämlich des Gradienten von F.

Wir ordnen nun jedem Punkt $(x^1, \ldots, x^n) \in \mathbb{M}^n$ ein Exemplar des durch die $(dx^1, \ldots, dx^n)$ gebildeten Vektorraums zu und nennen ihn *lokalen Vektorraum* in $(x^1, \ldots, x^n)$. Da für den Spezialfall, daß die x^i kartesische Koordinaten x_i in einem euklidischen Raum $\mathbb{E}^n$ sind, der Vektor

$$dr := (dx^1, \ldots, dx^n) = \left(\frac{dx_1(\tau)}{d\tau}, \ldots, \frac{dx_n(\tau)}{d\tau} \right) d\tau$$

in Richtung der Tangente an eine beliebige Kurve $\mathbf{r}(\tau) := (x_1(\tau), \ldots, x_n(\tau))$, $\tau \in I \subset \mathbb{R}$ im Punkt $(x_1, \ldots, x_n)$ liegt, nennt man in Analogie den lokalen Vektorraum der $(dx^1, \ldots, dx^n)$ auch *Tangentenraum* von $\mathbb{M}^n$ im Punkt $x := (x^1, \ldots, x^n)$ und bezeichnet ihn mit $T\,\mathbb{M}^n_{(x)}$. Er ist, wenn $\mathbb{M}^n$ in einen (n + 1)-dimensionalen affinen Raum eingebettet ist, der Raum der Tangentialvektoren an $\mathbb{M}^n$ im Punkt $x \in \mathbb{M}^n$ (man denke für n = 2 z. B. an die Tangentialebene in einem Punkt einer in den $\mathbb{E}^3$ eingebetteten Kugelfläche). Führt man noch das 2n-dimensionale sog. *Tangentenbündel*

$$T\mathbb{M}^n := \bigcup_{x \in \mathbb{M}^n} T\mathbb{M}^n_{(x)}$$

an $\mathbb{M}^n$ als Vereinigung aller Tangentialräume ein, so kann man (5.2) auch als differenzierbare Abbildung

$$dF : T\mathbb{M}^n \to \mathbb{R}$$

interpretieren.

5.1.3 Definition der Pfaffschen Formen

Faßt man die rechte Seite von (5.2) als Linearkombination der dx^i auf, so liegt es nahe, diese Definition dadurch zu verallgemeinern, daß man statt der speziellen Koeffizientenfunktionen $\frac{\partial F}{\partial x^i}$ beliebige differenzierbare Funktionen $a_i(x^1, \ldots, x^n)$ zuläßt.

Definition Sind Funktionen $a_i(x^1, \ldots, x^n) \in C^\infty(\mathbb{M}^n)$ mit $\mathbb{M}^n \subset \mathbb{R}^n$ gegeben, die sich bei Koordinatentransformationen (5.3) gemäß (5.10) wie die Komponenten eines Kovektors transformieren, so heißt

$$\omega := \sum_{i=1}^{n} a_i(x^1, \ldots, x^n)dx^i \tag{5.11}$$

Differentialform 1. Grades oder *1-Form* oder *Pfaffsche Form* im Punkt $(x^1, \ldots, x^n) \in \mathbb{M}^n$.

ω ist also wieder eine Funktion von den 2n unabhängigen Variablen $x^1, \ldots, x^n, dx^1, \ldots dx^n$. Führt man in (5.11) die Transformation (5.3) aus, so erhält man wegen der zu (5.10) analogen Beziehung

$$\bar{a}_j(\bar{x}^1, \ldots, \bar{x}^n) = \sum_{i=1}^{n} \frac{\partial g^i}{\partial \bar{x}^j} a_i[g^k(\bar{x}^1, \ldots, \bar{x}^n)] \tag{5.12}$$

das zu (5.9) analoge Ergebnis

$$\bar{\omega} := \sum_{j=1}^{n} \bar{a}_j(\bar{x}^1, \ldots, \bar{x}^n)d\bar{x}^j = \sum_{i=1}^{n} a_i(x^1, \ldots, x^n)dx^i = \omega. \tag{5.13}$$

Pfaffsche Formen haben also bez. Koordinatentransformationen (5.3) invarianten Charakter.

B e i s p i e l e für 1-Formen sind die Integranden

$$\omega = \sum_{\nu=1}^{n} \mathbf{F}_\nu^{(i)}(\mathbf{r}_1, \ldots, \mathbf{r}_n) \cdot d\mathbf{r}_\nu$$

in (1.114), ferner die für die Hamilton-Mechanik wichtige sog. *Poincaré-Cartansche Differentialform*

$$\omega = \sum_{i=1}^{f} p_i dq^i - H dt$$

im Raum $\mathbb{R} \times T^*\mathbb{M}^f$ (s. Abschn. 5.1.6) und die in der Lagrange-Mechanik bei Problemen mit linearen nichtholonomen NBn vorkommenden Pfaffschen Formen

$$\omega_j = \sum_{i=1}^{3n} a_{ji}(x^1, \ldots, x^{3n}, t)dx^i + a_{j0}(x^1, \ldots, x^{3n}, t)dt, \qquad j = 1, \ldots, s$$

im Raum $\mathbb{R} \times T\,\mathbb{E}^{3n}$.

Seien zwei beliebige auf $\mathbb{M}^n$ definierte 1-Formen

$$\omega_1 := \sum_{i=1}^{n} a_i(x^1, \ldots, x^n) dx^i, \qquad \omega_2 := \sum_{i=1}^{n} b_i(x^1, \ldots, x^n) dx^i$$

gegeben. Um mit Pfaffschen Formen rechnen zu können, definieren wir:

Definition 1 ω_1 und ω_2 heißen *gleich*, $\omega_1 = \omega_2$, genau dann, wenn in $\mathbb{M}^n$ gilt

$$a_i(x^1, \ldots, x^n) \equiv b_i(x^1, \ldots, x^n), \qquad i = 1, \ldots, n.$$

2 $\omega_1 + \omega_2$ heißt *Summe* von ω_1 und ω_2, wenn

$$\omega_1 + \omega_2 := \sum_{i=1}^{n} [a_i(x^1, \ldots, x^n) + b_i(x^1, \ldots, x^n)] dx^i.$$

3 Mit (5.11) heißt $c\omega$ *Zahlprodukt* mit ω, wenn $c \subset \mathbb{R}$ und

$$c\omega := \sum_{i=1}^{n} [c a_i(x^1, \ldots, x^n)] dx^i.$$

4 Wenn $a_i(x^1, \ldots, x^n) \equiv 0$ auf $\mathbb{M}^n$ für $i = 1, \ldots, n$, so schreiben wir für (5.11) $\omega = 0$.

5 Es sei $f(x^1, \ldots, x^n) \in C^\infty(\mathbb{M}^n)$. Dann gelte für beliebiges ω

$$f\omega := \sum_{i=1}^{n} [f(x^1, \ldots, x^n) a_i(x^1, \ldots, x^n)] dx^i.$$

Aufgrund der Definitionen 1 bis 5 bilden die Pfaffschen Formen einen Vektorraum $\mathbf{V}^1$ über dem Körper der reellen Zahlen.

5.1.4 Bilineare Kovariante, kanonische Darstellung

Aus (5.12) bilden wir nun

$$\bar{a}_{ij} := \frac{\partial \bar{a}_i}{\partial \bar{x}^j} - \frac{\partial \bar{a}_j}{\partial \bar{x}^i}, \qquad i, j = 1, \ldots, n \tag{5.14}$$

und rechnen nach, daß mit

$$a_{k\ell} := \frac{\partial a_k}{\partial x^\ell} - \frac{\partial a_\ell}{\partial x^k}, \qquad k, \ell = 1, \ldots, n \tag{5.15}$$

gilt
$$\bar{a}_{ij} = \sum_{k, \ell = 1}^{n} a_{k\ell} \frac{\partial g^k}{\partial \bar{x}^i} \frac{\partial g^\ell}{\partial \bar{x}^j}. \tag{5.16}$$

Größen $a_{k\ell}$, die sich bei Koordinatentransformationen (5.3) gemäß (5.16) transformieren, heißen *Komponenten eines kovarianten Tensors 2. Stufe.* Man sieht an (5.15) bzw. (5.14), daß der zu den $a_{k\ell}$ bzw. $\bar{a}_{ij}$ gehörende Tensor a n t i s y m m e t r i s c h (schiefsymmetrisch) ist.

Genau wie in (5.11) durch innere Produktbildung aus einem Kovektor (a_i) und einem Vektor (dx^i) der skalare Charakter der Pfaffschen Form ω zustandekommt, kann man aus dem kovarianten Tensor (5.15) durch innere Multiplikation mit zwei Vektoren einen Skalar bilden. Dazu lassen wir die x^i und damit auch die $\bar{x}^i$ von zwei Parametern ξ, η abhängen,

$$x^i = x^i(\xi, \eta), \qquad \bar{x}^i = \bar{x}^i(\xi, \eta), \qquad i = 1, \ldots, n,$$

und bilden

$$B := \sum_{k, \ell = 1}^{n} a_{k\ell}(x^1, \ldots, x^n) \frac{\partial x^k}{\partial \xi} \frac{\partial x^\ell}{\partial \eta}. \tag{5.17}$$

Mit Hilfe der Kettenregel und Benutzung von (5.16) rechnet man nach, daß

$$\sum_{k, \ell = 1}^{n} a_{k\ell} \frac{\partial x^k}{\partial \xi} \frac{\partial x^\ell}{\partial \eta} = \sum_{i, j = 1}^{n} \bar{a}_{ij} \frac{\partial \bar{x}^i}{\partial \xi} \frac{\partial \bar{x}^j}{\partial \eta} \tag{5.18}$$

ist, was bedeutet, daß B gegenüber Koordinatentransformationen invariant, also ein Skalar ist. (5.17) heißt *bilineare Kovariante* der Pfaffschen Form (5.11) und spielt bei der Anwendung der 1-Formen in der Hamilton-Mechanik eine wichtige Rolle (s. Abschn. 5.1.6).

Führt man die Koordinatentransformationen (5.3) an (5.11) aus, so kann es sein, daß im konkreten Fall im Resultat (5.13) nicht alle der neuen n Variablen $\bar{x}^j$ auftreten.

Definition Die kleinste Zahl $k \leqslant n$ von Variablen $\bar{x}^j$, die bei Durchführung aller möglichen Koordinatentransformationen (5.3) in der dadurch erzeugten Menge der äquivalenten Darstellungen der Pfaffschen Form ω auftritt, heißt *Klasse* von ω.

Es gilt folgender

Satz [18] Der Rang der Matrix

$$A := \begin{pmatrix} a_1 & \cdots & a_n \\ a_{11} & \cdots & a_{1n} \\ \vdots & & \vdots \\ a_{n1} & \cdots & a_{nn} \end{pmatrix} \tag{5.19}$$

ist gleich der Klasse k der Pfaffschen Form (5.11).

Beispiel 1 $\omega = x^1 dx^1 + x^2 dx^2$. Es ist $k = \text{Rg} A = 1$. In der Tat gilt z. B. mit $x^1 = \bar{x}^1 \cos \bar{x}^2$, $x^2 = \bar{x}^1 \sin \bar{x}^2$

$$\omega = d\left[\frac{1}{2}((x^1)^2 + (x^2)^2)\right] = d\left[\frac{1}{2}(\bar{x}^1)^2\right] = \bar{x}^1 d\bar{x}^1.$$

2 $\omega = x^2 dx^1 - x^1 dx^2$. Es ist

$$A = \begin{pmatrix} x^2 & -x^1 \\ 0 & 2 \\ -2 & 0 \end{pmatrix},$$

d. h. $k = \text{Rg}A = 2$. Setzt man z. B. $x^1 = \bar{x}^1\bar{x}^2$, $x^2 = \bar{x}^2$, so erhält man $\omega = (\bar{x}^2)^2 d\bar{x}^1$. In dieser Form sind zwei Variablen enthalten.

3 $\omega = x^3 dx^1 + dx^2$. Es ist $k = \text{Rg}A = 3$.

Zusammengefaßt: Für $n = 3$ ist eine Pfaffsche Form

a) bei $k = 1$ das (totale) Differential einer Funktion $\Phi(x^1, x^2, x^3)$;

b) bei $k = 2$ das Produkt einer Funktion $g(x^1, x^2, x^3)$ mit dem Differential einer Funktion;

c) bei $k = 3$ nicht weiter reduzierbar.

Satz Es gibt unabhängige Variable $\bar{x}^1, \ldots, \bar{x}^n$, so daß sich die Pfaffsche Form (5.11) der Klasse k darstellen läßt als

$$\omega = \bar{x}^{m+1} d\bar{x}^1 + \ldots + \bar{x}^{2m} d\bar{x}^m, \tag{5.20a}$$

falls $k = 2m$ eine gerade Zahl ist, bzw. als

$$\omega = \bar{x}^{m+1} d\bar{x}^1 + \ldots + \bar{x}^{2m} d\bar{x}^m + d\bar{x}^{2m+1}, \tag{5.20b}$$

falls $k = 2m + 1$ eine ungerade Zahl ist. Die Darstellungen (5.20) heißen *kanonische Darstellungen* der Pfaffschen Form ω, und die zugehörigen Variablen $\bar{x}^i$ heißen *kanonische Variablen*. Spezialfalle sind:

a) $k = 1$, also $m = 0$: Nach (5.20b) hat ω die Form

$$\omega = d\Phi(x^1, \ldots, x^n), \tag{5.21a}$$

d. h. ω ist das Differential einer Funktion. Die bilineare Kovariante ist in diesem Fall identisch Null, denn wegen

$$a_i(x^1, \ldots, x^n) = \frac{\partial \Phi}{\partial x^i}$$

gilt
$$a_{k\ell} = \frac{\partial a_k}{\partial x^\ell} - \frac{\partial a_\ell}{\partial x^k} = \frac{\partial^2 \Phi}{\partial x^\ell \partial x^k} - \frac{\partial^2 \Phi}{\partial x^k \partial x^\ell} \equiv 0.$$

b) $k = 2$, also $m = 1$: Nach (5.20a) hat ω die Form

$$\omega = g(x^1, \ldots, x^n) d\Phi(x^1, \ldots, x^n). \tag{5.21b}$$

Die Funktion $g(x^1, \ldots, x^n)$ heißt *integrierender Faktor.*

5.1.5 Vollständige Integrabilität Pfaffscher Differentialgleichungen

Definition Die Gleichung

$$\omega = \sum_{i=1}^{n} a_i(x^1, \ldots, x^n) dx^i = 0 \tag{5.22}$$

heißt *Pfaffsche DG.* Stellt man die Variablen x^i als Funktionen

$$x^i = x^i(\tau_1, \ldots, \tau_m), \qquad i = 1, \ldots, n; \qquad m < n \tag{5.23}$$

von $m < n$ Parametern τ_j dar, so heißt (5.23) *m-dimensionale Lösungsmannigfaltigkeit*, wenn (5.23) die Gleichung (5.22) identisch in den $\tau_1, \ldots, \tau_m$ erfüllt.

Es gilt der Satz, daß (5.22) stets eindimensionale Lösungsmannigfaltigkeiten, d. h. Raumkurven $x^i(\tau)$, $\tau \in \mathbb{R}$ als Lösungen besitzt. Besonders einfach wird die Lösung von (5.22), wenn ω die Klasse 1 bzw. die Klasse 2 hat. Dann reduziert sich (5.22) wegen (5.21a) bzw. (5.21b) auf

$$\omega = d\Phi(x^1, \ldots, x^n) = 0 \tag{5.24a}$$

bzw.

$$\omega = g(x^1, \ldots, x^n)d\Phi(x^1, \ldots, x^n) = 0. \tag{5.24b}$$

Die Lösungen dieser beiden Gln. sind also

$$\Phi(x^1, \ldots, x^n) = c = \text{const} \tag{5.25a}$$

oder, in Parameterdarstellung,

$$x^j = x^j(\tau_1, \ldots, \tau_{n-1}, c), \qquad j = 1, \ldots, n. \tag{5.25b}$$

(5.25) stellt eine einparametrige Schar von Hyperflächen der Dimension $n - 1$ in $\mathbb{M}^n \subset \mathbb{R}^n$ mit c als Scharparameter dar.

Definition Die Pfaffsche DG (5.22) heißt *vollständig integrabel* in $G \subset \mathbb{M}^n$, wenn es in G zumindest lokal eine einparametrige Schar von $(n-1)$-dimensionalen Lösungsmannigfaltigkeiten gibt, d. h. Funktionen

$$\Psi(x^1, \ldots, x^n) := \Phi(x^1, \ldots, x^n) - c = 0, \tag{5.26}$$

die Lösungen von (5.22) sind.

Wegen der Ergebnisse von Abschn. 5.1.4 gilt dann der

Satz Notwendig und hinreichend für die vollständige Integrabilität der Pfaffschen DG (5.22) ist, daß der Rang der Matrix A aus (5.19) gleich 1 oder 2 ist.

Der Rang von A ist 1, wenn alle zweireihigen Unterdeterminanten verschwinden. Notwendig und hinreichend dafür ist

$$a_{ik} = 0, \qquad i, k = 1, \ldots, n. \tag{5.27a}$$

Ist der Rang von A gleich 2, so müssen alle dreireihigen Unterdeterminanten von A identisch verschwinden. Notwendig[1]) dafür ist

$$a_i a_{jk} + a_j a_{ki} + a_k a_{ij} \equiv 0, \qquad i, j, k = 1, \ldots, n. \tag{5.27b}$$

Das sind $\binom{n}{3}$ Bedingungen, von denen $\binom{n-1}{2}$ unabhängig sind. Gilt also (5.27a) oder (5.27b), so ist $\omega = 0$ vollständig integrabel. Für $n = 3$ reduziert sich (5.27a) auf

[1]) Die Bedingungen (5.27b) sind auch hinreichend, wie aus dem Satz von Frobenius (s. Abschn. 5.2.5) folgt.

$$\frac{\partial a_i}{\partial x^k} - \frac{\partial a_k}{\partial x^i} \equiv 0, \qquad i, k = 1, 2, 3 \tag{5.28a}$$

und (5.27b) auf

$$a_1 a_{23} + a_2 a_{31} + a_3 a_{12} \equiv 0. \tag{5.28b}$$

Im Fall von kartesischen Koordinaten x_i kann man nach Definition eines Vektors $\mathbf{a} := (a_1, a_2, a_3)$ diese Bedingungen für die vollständige Integrabilität von $\omega = 0$ für $n = 3$ auch in der Form

$$\operatorname{rot} \mathbf{a} \equiv 0 \tag{5.28c}$$

bzw.

$$\mathbf{a} \cdot \operatorname{rot} \mathbf{a} \equiv 0 \tag{5.28d}$$

schreiben.

Der Begriff der vollständigen Integrabilität kann auf ein System von s linear unabhängigen Pfaffschen DGn in $s < n$ unabhängigen Variablen x^i erweitert werden.

Definition s Pfaffsche Formen

$$\omega_j := \sum_{i=1}^{n} b_i^{(j)}(x^1, \ldots, x^n) dx^i, \qquad j = 1, \ldots, s < n \tag{5.29}$$

heißen *linear unabhängig* in $G \subset \mathbb{M}^n$, wenn der Rang der Matrix $(b_i^{(j)})$ in G gleich s ist.

Definition Die aus s linear unabhängigen Pfaffschen Formen (5.29) gebildeten Pfaffschen DGn

$$\omega_j = \sum_{i=1}^{n} b_i^{(j)}(x^1, \ldots, x^n) dx^i = 0, \qquad j = 1, \ldots, s \tag{5.30}$$

heißen *vollständig integrabel* in $G \subset \mathbb{M}^n$, wenn es in G lokal eine s-parametrige $(n - s)$-dimensionale Lösungsmannigfaltigkeit gibt, d. h. wenn s unabhängige Funktionen $\Phi^j(x^1, \ldots, x^n)$ existieren derart, daß die s Hyperflächen

$$\Phi^j(x^1, \ldots, x^n) = c^j = \text{const}, \qquad j = 1, \ldots, s \tag{5.31}$$

in $G \subset \mathbb{M}^n$ Lösungen von (5.30) sind.

Wir wollen nun aus (5.30) und (5.31) eine notwendige Bedingung herleiten, die die ω_j erfüllen müssen, damit (5.30) vollständig integrabel ist. Es gilt der

Satz Notwendig für die vollständige Integrabilität des Systems (5.30) ist, daß sich (5.29) in der Form

$$\omega_k = \sum_{j=1}^{s} \alpha_j^{(k)}(x^1, \ldots, x^n) d\Phi^j(x^1, \ldots, x^n), \qquad k = 1, \ldots, s \tag{5.32a}$$

mit

$$\det(\alpha_j^{(k)}) \not\equiv 0 \tag{5.32b}$$

darstellen läßt.

B e w e i s : Ist (5.31) eine Lösung von (5.30), so gilt

$$d\Phi^j = \sum_{k=1}^{n} \frac{\partial \Phi^j}{\partial x^k} dx^k = 0, \qquad j = 1, \ldots, s. \tag{5.33}$$

Vergleicht man das mit (5.30), so bedeutet (5.33), daß die s Vektoren

$$\left(\frac{\partial \Phi^j}{\partial x^1}, \ldots, \frac{\partial \Phi^j}{\partial x^n} \right), \qquad j = 1, \ldots, s$$

Linearkombinationen der s Vektoren

$$(b_1^{(j)}, \ldots, b_n^{(j)}), \qquad j = 1, \ldots, s$$

sein müssen, d. h. es muß

$$\frac{\partial \Phi^j}{\partial x^i} = \sum_{k=1}^{n} c^j_{(k)} b_i^{(k)}; \qquad \begin{matrix} j = 1, \ldots, s \\ i = 1, \ldots, n \end{matrix} \tag{5.34}$$

oder auch

$$d\Phi^j = \sum_{k=1}^{s} c^j_{(k)} \omega_k, \qquad j = 1, \ldots, s \tag{5.35}$$

gelten. Die Koeffizienten $c^j_{(k)}(x^1, \ldots, x^n) \in C^\infty(\mathbb{R}^n)$ sind Funktionen in $G \subset \mathbb{R}^n$. Da die ω_k und die Φ^j in G unabhängig sind, existiert in G die zu $c^j_{(k)}$ inverse Matrix $(c^j_{(k)})^{-1}$, die wir mit $(\alpha_j^{(k)})$ bezeichnen. Es gilt somit

$$\omega_k = \sum_{j=1}^{s} \alpha_j^{(k)} d\Phi^j \quad \text{mit } \det(\alpha_j^{(k)}) \not\equiv 0. \tag{5.36}$$

Ist also das System (5.30) vollständig integrabel, so müssen sich die ω_k in der Form (5.36) darstellen lassen, d. h. es muß lokal Koordinaten

$$\bar{x}^j := \Phi^j(x^1, \ldots, x^n), \qquad j = 1, \ldots, s$$

geben derart, daß

$$\omega_k = \sum_{j=1}^{s} \beta_j^{(k)}(\bar{x}^1, \ldots, \bar{x}^s) d\bar{x}^j, \qquad k = 1, \ldots, s \tag{5.37}$$

gilt mit s^2 Funktionen

$$\beta_j^{(k)}(\bar{x}^1, \ldots, \bar{x}^s) = \alpha_j^{(k)}[x^\ell(\bar{x}^1, \ldots, \bar{x}^s)], \qquad k = 1, \ldots, s, \tag{5.38}$$

wobei der Rang von $(\beta_j^{(k)})$ gleich s ist. (5.36) bzw. (5.37) stellt eine Verallgemeinerung von (5.24b) dar. Statt eines integrierenden Faktors $g(x^1, \ldots, x^n)$ braucht man jetzt i. allg. s^2 solcher Faktoren, um im Falle vollständiger Integrabilität das System (5.29) in der Form (5.36) darstellen zu können. Notwendige und hinreichende Bedingungen dafür, daß die Koeffizientenfunktionen $b_i^{(j)}$ die vollständige Integrabilität von (5.30) gewährleisten, werden wir in Abschn. 5.2.5 aus (5.35) gewinnen.

5.1.6 Transformationen von Poincaré-Cartan-Formen

Die im Konfigurations-Geschwindigkeitsraum $T\mathbb{M}^f$ eingeführten Funktionen

$$p_i := \frac{\partial L(q^j, \dot{q}^j)}{\partial \dot{q}^i} = p_i(q^j, \dot{q}^j)$$

transformieren sich in diesem Raum wie die Komponenten von Kovektoren. Die mit diesen Funktionen gebildete Differentialform

$$\omega := \sum_{i=1}^{f} p_i(q^j, \dot{q}^j) dq^i \tag{5.39}$$

in $T\mathbb{M}^f$ heißt *Poincaré-Cartan-Form.* Im Raum $T\mathbb{M}^f$ sind q^i, $\dot{q}^i$ unabhängige Koordinaten. Geht man zum Phasenraum $T^*\mathbb{M}^f$ über, so definiert man dort die $p_i(q^j, \dot{q}^j)$ als neue unabhängige Koordinaten neben den q^i. Im Raum $T^*\mathbb{M}^f$ hat dann die Form (5.39) die maximal mögliche Klasse 2f. Um den kontravarianten Charakter von Koordinaten zum Ausdruck zu bringen, benutzen wir die bereits in Abschn. 3.1.3 eingeführte Schreibweise

$$\xi^k := q^k, \qquad \xi^{f+k} := p_k \qquad k = 1, \ldots, f \tag{5.40}$$

für die Phasenraumkoordinaten. Mit Hilfe der Inversen $\Omega^{-1} = (\omega_{ij})$ der symplektischen Matrix Ω (s. (3.28), (3.30)) und der Matrix

$$(\Delta_{ij}) := \begin{pmatrix} 0_f & 1_f \\ 1_f & 0_f \end{pmatrix} \tag{5.41}$$

kann man dann die PC-Form (5.39) im Phasenraum als

$$\omega = \frac{1}{2} \sum_{i,j=1}^{2f} \omega_{ij} \xi^i d\xi^j + \frac{1}{4} d \left(\sum_{i,j=1}^{2f} \Delta_{ij} \xi^i \xi^j \right) \tag{5.42a}$$

oder $$\omega = \sum_{i=1}^{f} \xi^{f+i} d\xi^i \tag{5.42b}$$

oder $$\omega = \sum_{i=1}^{f} p_i dq^i \tag{5.42c}$$

darstellen. (5.42b) und damit (5.42c) haben also die kanonische Form (5.20a). Wir benutzen im folgenden die Schreibweise (5.42c).

Wir wollen jetzt einen Zusammenhang herstellen zwischen den kanonischen Transformationen, interpretiert als Abbildungen (aktive Transformationen) des Raumes $T^*\mathbb{M}^f$ bzw. $\mathbb{R} \times T^*\mathbb{M}^f$ in sich, und Invarianzeigenschaften der bilinearen Kovariante der PC-Form

$$\omega = \sum_{i=1}^{f} p_i dq^i \quad \text{bzw.} \quad \omega = \sum_{i=1}^{f} p_i dq^i - H dt$$

bez. dieser Abbildungen. Zunächst untersuchen wir Abbildungen

$$\begin{aligned} q'^i &= q'^i(q^1, \ldots, q^f, p_1, \ldots, p_f) \\ p'^i &= p'^i(q^1, \ldots, q^f, p_1, \ldots, p_f) \end{aligned} \qquad i = 1, \ldots, f \tag{5.43}$$

des Phasenraumes $T^*\mathbb{M}^f$ in sich. Die zu der PC-Form

$$\omega' := \sum_{i=1}^{f} p_i' dq'^i \tag{5.44}$$

gehörende bilineare Kovariante ist

$$B' = -\sum_{i,k=1}^{2f} \omega_{ik} \frac{\partial \xi'^i}{\partial \xi} \frac{\partial \xi'^k}{\partial \eta} = \sum_{i=1}^{f} \left(\frac{\partial q'^i}{\partial \xi} \frac{\partial p_i'}{\partial \eta} - \frac{\partial q'^i}{\partial \eta} \frac{\partial p_i'}{\partial \xi} \right), \tag{5.45}$$

die zu (5.42c) gehörende bilineare Kovariante ist

$$B = -\sum_{i,k=1}^{2f} \omega_{ik} \frac{\partial \xi^i}{\partial \xi} \frac{\partial \xi^k}{\partial \eta} = \sum_{i=1}^{f} \left(\frac{\partial q^i}{\partial \xi} \frac{\partial p_i}{\partial \eta} - \frac{\partial q^i}{\partial \eta} \frac{\partial p_i}{\partial \xi} \right).$$

Um den Zusammenhang zwischen B' und B zu berechnen, setzen wir die Transformation (5.43) in (5.45) ein und machen von den Beziehungen

$$\begin{aligned} \frac{\partial q'^i}{\partial \xi} &= \sum_{j=1}^{f} \left(\frac{\partial q'^i}{\partial q^j} \frac{\partial q^j}{\partial \xi} + \frac{\partial q'^i}{\partial p_j} \frac{\partial p_j}{\partial \xi} \right), \\ \frac{\partial p_i'}{\partial \eta} &= \sum_{k=1}^{f} \left(\frac{\partial p_i'}{\partial q^k} \frac{\partial q^k}{\partial \eta} + \frac{\partial p_i'}{\partial p_k} \frac{\partial p_k}{\partial \eta} \right), \\ \frac{\partial q'^i}{\partial \eta} &= \sum_{j=1}^{f} \left(\frac{\partial q'^i}{\partial q^j} \frac{\partial q^j}{\partial \eta} + \frac{\partial q'^i}{\partial p_j} \frac{\partial p_j}{\partial \eta} \right), \\ \frac{\partial p_i'}{\partial \xi} &= \sum_{k=1}^{f} \left(\frac{\partial p_i'}{\partial q^k} \frac{\partial q^k}{\partial \xi} + \frac{\partial p_i'}{\partial p_k} \frac{\partial p_k}{\partial \xi} \right) \end{aligned} \tag{5.46}$$

Gebrauch. Es entsteht nach Verwendung von (3.147)

$$\begin{aligned} B' = &\sum_{j,k=1}^{f} \left(\frac{\partial q^j}{\partial \xi} \frac{\partial p_k}{\partial \eta} - \frac{\partial q^j}{\partial \eta} \frac{\partial p_k}{\partial \xi} \right) (q^j, p_k)' \\ &+ \sum_{j,k=1}^{f} \frac{\partial q^j}{\partial \xi} \frac{\partial q^k}{\partial \eta} (q^j, q^k)' + \sum_{j,k=1}^{f} \frac{\partial p_j}{\partial \xi} \frac{\partial p_k}{\partial \eta} (p_j, p_k)'. \end{aligned} \tag{5.47}$$

Ist nun die Transformation (5.43) kanonisch, so folgt aus (5.47) mit (3.148)

$$B' = cB, \tag{5.48}$$

d. h. die bilineare Kovariante der PC-Form (5.44) stimmt mit der bilinearen Kovariante der PC-Form

$$c\omega = c \sum_{i=1}^{f} p_i dq^i$$

überein. Das bedeutet aber, daß sich ω' und $c\omega$ nur um eine additive Pfaffsche Form unterscheiden können, deren bilineare Kovariante Null ist. Eine solche 1-Form ist aber ein totales Differential[1]) einer Phasenraumfunktion $G(q^j, p_j)$, so daß für kanonische Transformationen (5.43) gilt

$$\sum_{i=1}^{f} p'_i dq'^i - c \sum_{i=1}^{f} p_i dq^i = dG(q^j, p_j). \tag{5.49}$$

Auch in $\mathbb{R} \times T^*\mathbb{M}^f$ kann man untersuchen, welcher Zusammenhang zwischen der zu

$$\omega' := \sum_{i=1}^{f} p'_i dq'^i - H'dt' \tag{5.50}$$

gehörenden bilinearen Kovariante

$$B' := \sum_{i=1}^{f} \left(\frac{\partial q'^i}{\partial \xi} \frac{\partial p'_i}{\partial \eta} - \frac{\partial q'^i}{\partial \eta} \frac{\partial p'_i}{\partial \xi} \right) + \frac{\partial t'}{\partial \eta} \frac{\partial H'}{\partial \xi} - \frac{\partial t'}{\partial \xi} \frac{\partial H'}{\partial \eta} \tag{5.51}$$

und der zu

$$\omega := \sum_{i=1}^{f} p_i dq^i - Hdt \tag{5.52}$$

gehörenden bilinearen Kovariante B bei einer Transformation

$$\begin{aligned} q'^i &= q'^i(q^1, \ldots, q^f, p_1, \ldots, p_f, t) \\ p'_i &= p'_i(q^1, \ldots, q^f, p_1, \ldots, p_f, t) \\ t' &= t \end{aligned} \tag{5.53}$$

besteht. Setzt man in B' die zu (5.46) analogen Beziehungen

$$\begin{aligned} \frac{\partial q'^i}{\partial \xi} &= \frac{\partial q'^i}{\partial t} \frac{\partial t}{\partial \xi} + \sum_{j=1}^{f} \left(\frac{\partial q'^i}{\partial q^j} \frac{\partial q^j}{\partial \xi} + \frac{\partial q'^i}{\partial p_j} \frac{\partial p_j}{\partial \xi} \right), \\ \frac{\partial H'}{\partial \xi} &= \frac{\partial H'}{\partial t} \frac{\partial t}{\partial \xi} + \sum_{j=1}^{f} \left(\frac{\partial H'}{\partial q'^j} \frac{\partial q'^j}{\partial \xi} + \frac{\partial H'}{\partial p'_j} \frac{\partial p'_j}{\partial \xi} \right) \end{aligned} \tag{5.54}$$

usw. ein und nimmt an, daß die Transformation (5.53) kanonisch ist, so erhält man wieder die Beziehung (5.48). Zwischen den kanonischen Formen ω' und $c\omega$ besteht also die zu (5.49) analoge Beziehung

$$\sum_{i=1}^{f} p'_i dq'^i - H'dt - c \left(\sum_{i=1}^{f} p_i dq^i - Hdt \right) = dG(q^j, p_j, t). \tag{5.55}$$

Mit den Koeffizienten a_{ij} der bilinearen Kovariante kann man ein Pfaffsches System von DGn bilden, das man die *DGn der singulären Linienelemente* der zugeordneten Pfaffschen

---

[1]) Das folgt aus (5.21a), weil für $B \equiv 0$ der Rang von (5.19) $k = 1$ ist.

Form ω nennt. Es lautet

$$\sum_{i=1}^{n} a_{ij}(x^1, \ldots, x^n) dx^i = 0, \qquad j = 1, \ldots, n. \tag{5.56}$$

Für die kanonische Form (5.52) entstehen dann aus (5.56) für $n = 2f + 1$, $x^j = \xi^j$ für $j = 1, \ldots, 2f$ und $x^{2f+1} = t$ die Pfaffschen DGn

$$dq^j - \frac{\partial H}{\partial p_j} dt = 0, \qquad -dp_j - \frac{\partial H}{\partial q^j} dt = 0; \qquad j = 1, \ldots, f, \tag{5.57}$$

$$\sum_{i=1}^{f} \frac{\partial H}{\partial q^i} dq^i + \sum_{i=1}^{f} \frac{\partial H}{\partial p_i} dp_i = 0. \tag{5.58}$$

Setzt man (5.57) in (5.58) ein, so wird (5.58) identisch erfüllt und kann daher unberücksichtigt bleiben. Man erkennt, daß die zu (5.52) gehörenden Pfaffschen DGn für die singulären Linienelemente mit den kanonischen Gleichungen identisch sind. Geht (5.52) durch eine Transformation in die Form (5.50) über, so entstehen die transformierten DGn

$$dq'^j - \frac{\partial H'}{\partial p'_j} dt = 0, \qquad -dp'_j - \frac{\partial H'}{\partial q'^j} dt = 0; \qquad j = 1, \ldots, f, \tag{5.59}$$

die mit den transformierten kanonischen DGn identisch sind. Notwendig u n d hinreichend dafür, daß (5.57) aus (5.59) folgt, ist, daß die bilineare Kovariante (5.51) bei der Transformation (5.53) bis auf einen konstanten Faktor $c \neq 0$ invariant bleibt. Multipliziert man nämlich (5.52) mit c, so folgen aus der zu $c\omega$ gehörenden bilinearen Kovariante cB ebenfalls die kanonischen Gleichungen (5.57). Damit gelangt man zu (5.55), woraus umgekehrt wieder die Bedingungen (3.148) für die Transformation (5.53) folgen, wie wir aus Abschn. 3.3.6.4 wissen.

5.2 Differentialformen k. Grades

5.2.1 Produkte Pfaffscher Formen

Um ein einfach anwendbares Kriterium für die in Abschn. 5.1.5 definierte vollständige Integrabilität eines Systems Pfaffscher DGn aufzustellen, ist es zweckmäßig, Differentialformen höheren Grades einzuführen. Mit ihrer Hilfe werden wir auch die Ergebnisse des Abschn. 5.1.6 wiedergewinnen, denn die bilineare Kovariante der PC-Formen, deren Invarianzeigenschaften zu den kanonischen Transformationen führen, wird sich als eine spezielle Form 2. Grades erweisen, die durch Differentiation der PC-Formen entsteht. Wir beginnen zunächst mit der Definition eines Produktes von Pfaffschen Formen, was uns spezielle Formen höheren Grades liefert, und führen dann den Vektorraum $\mathbb{V}^k$ allgemeiner Differentialformen k. Grades ein. Anschließend definieren wir die Differentiation von Differentialformen.

Es seien zunächst

$$\begin{aligned}\omega_1 &= \sum_{i=1}^{n} a_i^{(1)}(x^1, \ldots, x^n)dx^i,\\ \omega_2 &= \sum_{j=1}^{n} a_j^{(2)}(x^1, \ldots, x^n)dx^j\end{aligned} \tag{5.60}$$

zwei beliebige Pfaffsche Formen.

Definition Als Produkt $\omega_1 \wedge \omega_2$ definieren wir

$$\begin{aligned}\omega_1 \wedge \omega_2 &= \left(\sum_{i=1}^{n} a_i^{(1)}dx^i\right) \wedge \left(\sum_{j=1}^{n} a_j^{(2)}dx^j\right)\\ &:= \sum_{i=1}^{n}\sum_{j=1}^{n} a_i^{(1)}a_j^{(2)}dx^i \wedge dx^j\end{aligned} \tag{5.61}$$

mit den folgenden Eigenschaften:

1. Antikommutativität:

$$\omega_1 \wedge \omega_2 = -\omega_2 \wedge \omega_1,$$

2. Homogenität:

$$c(\omega_1 \wedge \omega_2) = (c\omega_1) \wedge \omega_2 = \omega_1 \wedge (c\omega_2) = c\omega_1 \wedge \omega_2,$$

$$f(x^1, \ldots, x^n)(\omega_1 \wedge \omega_2) = (f\omega_1) \wedge \omega_2 = \omega_1 \wedge (f\omega_2) = f\omega_1 \wedge \omega_2,$$

3. Distributivität:

$$(\omega_1 + \omega_2) \wedge \omega_3 = \omega_1 \wedge \omega_3 + \omega_2 \wedge \omega_3.$$

Diese Produktbildung heißt *alternierendes Produkt.* Speziell ist

$$dx^i \wedge dx^j = -dx^j \wedge dx^i, \tag{5.62a}$$

$$dx^i \wedge dx^i \equiv 0. \tag{5.62b}$$

Für die Darstellung der geordneten Paare $dx^i \wedge dx^j$ von Koordinatendifferentialen in den durch die Transformation (5.3) eingeführten neuen lokalen Koordinaten $\bar{x}^k$ definieren wir

$$\overline{dx^i \wedge dx^j} := \overline{dx^i} \wedge \overline{dx^j} \equiv d\bar{x}^i \wedge d\bar{x}^j. \tag{5.62c}$$

Mit Hilfe von (5.62a) kann man (5.61) in eine Darstellung bringen, in der nur noch voneinander unabhängige Paare von Koordinatendifferentialen vorkommen. Indem man bei der Hälfte der Summanden von (5.61) die Indizes vertauscht und danach (5.62a) anwendet, erhält man

$$\begin{aligned}\omega_1 \wedge \omega_2 &= \frac{1}{2}\sum_{i,j=1}^{n} (a_i^{(1)}a_j^{(2)} - a_j^{(1)}a_i^{(2)})dx^i \wedge dx^j = \sum_{\substack{i,j=1\\(i<j)}}^{n} (a_i^{(1)}a_j^{(2)} - a_j^{(1)}a_i^{(2)})dx^i \wedge dx^j\\ &= \sum_{\substack{i,j=1\\(i<j)}}^{n} \begin{vmatrix} a_i^{(1)} & a_i^{(2)}\\ a_j^{(1)} & a_j^{(2)}\end{vmatrix} dx^i \wedge dx^j\end{aligned} \tag{5.63}$$

In der letzten Darstellung von (5.63) treten die dx^k in den Ausdrücken $dx^i \wedge dx^j$ nur noch in der natürlichen Reihenfolge der Koordinatenindizes auf, und die Koeffizientenfunktionen sind als Determinanten antisymmetrisch in den Indizes. In Analogie zum Produkt (5.63) und zur Definition (5.11) der 1-Formen machen wir nun die

Definition Sind Funktionen $a_{ij}(x^1, \ldots, x^n) \in C^\infty(\mathbb{M}^n)$ mit $\mathbb{M}^n \subset \mathbb{R}^n$ gegeben, die sich bei Koordinatentransformationen (5.3) wie die Komponenten eines kovarianten Tensors 2. Stufe, d. h. gemäß

$$\bar{a}_{k\ell} = \sum_{i,j=1}^{n} a_{ij} \frac{\partial g^i}{\partial \bar{x}^k} \frac{\partial g^j}{\partial \bar{x}^\ell} \tag{5.64}$$

transformieren, so heißt

$$\omega^2 := \sum_{i,j=1}^{n} a_{ij}(x^1, \ldots, x^n) dx^i \wedge dx^j \tag{5.65a}$$

Differentialform 2. Grades oder *2-Form* im Punkt $(x^1, \ldots, x^n) \in \mathbb{M}^n$.

(5.65a) kann man mittels (5.62a) umformen in

$$\omega^2 = \frac{1}{2!} \sum_{i,j=1}^{n} \tilde{a}_{ij}(x^1, \ldots, x^n) dx^i \wedge dx^j \tag{5.65b}$$

oder in

$$\omega^2 = \sum_{\substack{i,j=1 \\ (i<j)}}^{n} \tilde{a}_{ij}(x^1, \ldots, x^n) dx^i \wedge dx^j \tag{5.65c}$$

wobei $\tilde{a}_{ij} := a_{ij} - a_{ji}$ (5.66)

die Komponenten eines antisymmetrischen Tensors sind.

Seien nun k Pfaffsche Formen

$$\omega_\nu = \sum_{i_\nu=1}^{n} a_{i_\nu}^{(\nu)}(x^1, \ldots, x^n) dx^{i_\nu}, \qquad \nu = 1, \ldots, k \tag{5.67}$$

gegeben.

Definition Als Produkt $\omega_1 \wedge \ldots \wedge \omega_k$ definieren wir

$$\prod_{\nu=1}^{k} {}_\wedge\, \omega_\nu = \prod_{\nu=1}^{k} {}_\wedge \left(\sum_{i_\nu=1}^{n} a_{i_\nu}^{(\nu)} dx^{i_\nu} \right) := \sum_{i_1, \ldots, i_k=1}^{n} \left(\prod_{\nu=1}^{k} a_{i_\nu}^{(\nu)} \right) dx^{i_1} \wedge \ldots \wedge dx^{i_k} \tag{5.68}$$

und verlangen für solche mehrfachen alternierenden Produkte die Assoziativität

$$\omega_\alpha \wedge \omega_\beta \wedge \omega_\gamma := (\omega_\alpha \wedge \omega_\beta) \wedge \omega_\gamma = \omega_\alpha \wedge (\omega_\beta \wedge \omega_\gamma)$$

für je drei 1-Formen.

Speziell folgt mit (5.62a)

$$\begin{aligned} dx^\alpha \wedge dx^\beta \wedge dx^\gamma &= (dx^\alpha \wedge dx^\beta) \wedge dx^\gamma \\ &= -(dx^\beta \wedge dx^\alpha) \wedge dx^\gamma = -dx^\beta \wedge dx^\alpha \wedge dx^\gamma, \end{aligned} \tag{5.69}$$

so daß man in (5.68) eine beliebige Anordnung der Koordinatendifferentiale herstellen kann. Analog zu (5.62c) definieren wir noch

$$\overline{dx^{i_1} \wedge \ldots \wedge dx^{i_k}} := \overline{dx^{i_1}} \wedge \ldots \wedge \overline{dx^{i_k}} \equiv d\bar{x}^{i_1} \wedge \ldots \wedge d\bar{x}^{i_k}. \tag{5.70}$$

Formt man die Produkte $dx^{i_1} \wedge \ldots \wedge dx^{i_k}$ in (5.68) entsprechend (5.69) um, so kann man analog zu (5.63) die Darstellung

$$\prod_{\nu=1}^{k} {}_\wedge\, \omega_\nu = \frac{1}{k!} \sum_{i_1, \ldots, i_k = 1}^{n} \begin{vmatrix} a_{i_1}^{(1)} & \ldots & a_{i_1}^{(k)} \\ \vdots & & \vdots \\ a_{i_k}^{(1)} & \ldots & a_{i_k}^{(k)} \end{vmatrix} dx^{i_1} \wedge \ldots \wedge dx^{i_k} \tag{5.71a}$$

erzeugen, oder, nach aufsteigenden Indizes geordnet,

$$\prod_{\nu=1}^{k} {}_\wedge\, \omega_\nu = \sum_{\substack{i_1, \ldots, i_k = 1 \\ (i_1 < \ldots < i_k)}}^{n} \begin{vmatrix} a_{i_1}^{(1)} & \ldots & a_{i_1}^{(k)} \\ \vdots & & \vdots \\ a_{i_k}^{(1)} & \ldots & a_{i_k}^{(k)} \end{vmatrix} dx^{i_1} \wedge \ldots \wedge dx^{i_k}. \tag{5.71b}$$

Die Summe in (5.71b) läuft über die $\binom{n}{k}$ möglichen k-reihigen Determinanten der (n, k)-Matrix $(a_i^{(\nu)})$, $i = 1, \ldots, n$; $\nu = 1, \ldots, k$.

Das k-fache alternierende Produkt von 1-Formen kann man dazu benutzen, die lineare Unabhängigkeit dieser 1-Formen (s. Abschn. 5.1.5) auszudrücken. Es gilt der

Satz k Pfaffsche Formen ω_i, $i = 1, \ldots, k$ sind linear unabhängig genau dann, wenn

$$\omega_1 \wedge \omega_2 \wedge \ldots \wedge \omega_k \not\equiv 0. \tag{5.72}$$

B e w e i s : In (5.71) ist mindestens ein Summand ungleich Null genau dann, wenn der Rang von $(a_i^{(\nu)})$ gleich k ist.

In Verallgemeinerung von (5.68) definieren wir nun Differentialformen k. Grades.

Definition Sind Funktionen $a_{i_1 \ldots i_k}(x^1, \ldots, x^n) \in C^\infty(\mathbb{M}^n)$ mit $\mathbb{M}^n \subset \mathbb{R}^n$ gegeben, die sich bei Koordinatentransformationen (5.3) wie die Komponenten eines kovarianten Tensors k. Stufe, d. h. gemäß

$$\bar{a}_{j_1 \ldots j_k} = \sum_{i_1, \ldots, i_k = 1}^{n} a_{i_1 \ldots i_k} \frac{\partial g^{i_1}}{\partial \bar{x}^{j_1}} \cdots \frac{\partial g^{i_k}}{\partial \bar{x}^{j_k}}, \quad j_\nu = 1, \ldots, n \tag{5.73}$$

transformieren, so heißt

$$\omega^k := \sum_{i_1, \ldots, i_k = 1}^{n} a_{i_1 \ldots i_k}(x^1, \ldots, x^n)\, dx^{i_1} \wedge \ldots \wedge dx^{i_k} \tag{5.74a}$$

Differentialform k. Grades oder *k-Form* im Punkt $(x^1, \ldots, x^n) \in \mathbb{M}^n$.

Das Produkt (5.68) von k 1-Formen ist also eine spezielle k-Form. Jede k-Form mit $k > n$ verschwindet wegen (5.62b). (5.74a) kann man auch in der Form

$$\omega^k = \frac{1}{k!} \sum_{i_1, \ldots, i_k = 1}^{n} \tilde{a}_{i_1 \ldots i_k}(x^1, \ldots, x^n) dx^{i_1} \wedge \ldots \wedge dx^{i_k} \tag{5.74b}$$

oder
$$\omega^k = \sum_{\substack{i_1, \ldots, i_k = 1 \\ (i_1 < \ldots < i_k)}}^{n} \tilde{a}_{i_1 \ldots i_k}(x^1, \ldots, x^n) dx^{i_1} \wedge \ldots \wedge dx^{i_k} \tag{5.74c}$$

schreiben, wobei die $\tilde{a}_{i_1 \ldots i_k}$ die Komponenten eines total antisymmetrischen, d. h. bei Vertauschung je zweier Indizes antisymmetrischen Tensors sind, der durch

$$\tilde{a}_{i_1 \ldots i_k} := \sum_P \epsilon(P) a_{j_1 \ldots j_k} \tag{5.75}$$

definiert ist; dabei läuft die Summe über alle $\binom{n}{k}$ Permutationen

$$P = \begin{pmatrix} i_1 \ldots i_k \\ j_1 \ldots j_k \end{pmatrix}$$

der Zahlen $1, \ldots, n$ von $(i_1, \ldots, i_k)$ in $(j_1, \ldots, j_k)$, und es ist

$$\epsilon(P) := \begin{cases} 1, & \text{falls P eine gerade Permutation ist,} \\ -1, & \text{falls P eine ungerade Permutation ist.} \end{cases}$$

In Analogie zum Vektorraum $\mathbf{V}^1$ der 1-Formen führen wir nun noch den Vektorraum $\mathbf{V}^k$ der k-Formen ein, indem wir für beliebige k-Formen

$$\omega_1^k := \sum_{i_1, \ldots, i_k = 1}^{n} a^{(1)}_{i_1 \ldots i_k}(x^1, \ldots, x^n) dx^{i_1} \wedge \ldots \wedge dx^{i_k},$$

$$\omega_2^k := \sum_{i_1, \ldots, i_k = 1}^{n} a^{(2)}_{i_1 \ldots i_k}(x^1, \ldots, x^n) dx^{i_1} \wedge \ldots \wedge dx^{i_k}$$

definieren:

Definition 1 ω_1^k und ω_2^k heißen *gleich*, $\omega_1^k = \omega_2^k$, genau dann, wenn in $\mathbb{M}^n$ gilt

$$a^{(1)}_{i_1 \ldots i_k}(x^1, \ldots, x^n) \equiv a^{(2)}_{i_1 \ldots i_k}(x^1, \ldots, x^n).$$

2 $\omega_1^k + \omega_2^k$ heißt *Summe* von ω_1^k und ω_2^k, wenn

$$\omega_1^k + \omega_2^k := \sum_{i_1, \ldots, i_k = 1}^{n} (a^{(1)}_{i_1 \ldots i_k} + a^{(2)}_{i_1 \ldots i_k}) dx^{i_1} \wedge \ldots \wedge dx^{i_k}.$$

3 Es sei $c \in \mathbb{R}$; dann ist

$$c\omega^k := \sum_{i_1, \ldots, i_k = 1}^{n} [c a_{i_1 \ldots i_k}(x^1, \ldots, x^n)] dx^{i_1} \wedge \ldots \wedge dx^{i_k}.$$

4 Ist $a_{i_1 \dots i_k}(x^1, \dots, x^n) \equiv 0$ auf $\mathbb{M}^n$ für $i_\nu = 1, \dots, n$; $\nu = 1, \dots, k$, so schreiben wir (5.74a) als $\omega^k \equiv 0$.

5 Es sei $f(x^1, \dots, x^n) \in C^\infty(\mathbb{M}^n)$. Dann gelte für beliebiges ω^k

$$f\omega^k := \sum_{i_1, \dots, i_k = 1}^{n} [f(x^1, \dots, x^n) a_{i_1 \dots i_k}(x^1, \dots, x^n)] dx^{i_1} \wedge \dots \wedge dx^{i_k}.$$

Abschließend definieren wir noch das alternierende Produkt von Differentialformen beliebigen Grades $\omega_1^p \in \mathbf{V}^p$ und $\omega_2^q \in \mathbf{V}^q$.

Definition Für die Differentialformen

$$\omega_1^p = \sum_{i_1, \dots, i_p = 1}^{n} a_{i_1 \dots i_p}^{(1)} dx^{i_1} \wedge \dots \wedge dx^{i_p}$$

$$\omega_2^q = \sum_{j_1, \dots, j_q = 1}^{n} a_{j_1 \dots j_q}^{(2)} dx^{j_1} \wedge \dots \wedge dx^{j_q}$$

ist das alternierende Produkt definiert durch

$$\omega_1^p \wedge \omega_2^q := \sum_{\substack{i_1, \dots, i_p, \\ j_1, \dots, j_q = 1}}^{n} a_{i_1 \dots i_p}^{(1)} a_{j_1 \dots j_q}^{(2)} dx^{i_1} \wedge \dots \wedge dx^{i_p} \wedge dx^{j_1} \wedge \dots \wedge dx^{j_q}. \tag{5.76}$$

Das Ergebnis ist eine (p + q)-Form. Dabei ist die gewöhnliche Multiplikation einer Funktion $f(x^1, \dots, x^n)$ mit einer k-Form mit erfaßt, wenn man f formal als Differentialform des Grades Null (*0-Form*) ansieht. Unter Verwendung von (5.69) sind folgende Rechenregeln beweisbar:

$$\omega_1^p \wedge \omega_2^q = (-1)^{pq} \omega_2^q \wedge \omega_1^p, \tag{5.77a}$$

$$c(\omega_1^p \wedge \omega_2^q) = (c\omega_1^p) \wedge \omega_2^q = \omega_1^p \wedge (c\omega_2^q), \tag{5.77b}$$

$$\omega_1^p \wedge (\omega_2^q + \omega_3^q) = \omega_1^p \wedge \omega_2^q + \omega_1^p \wedge \omega_3^q, \tag{5.77c}$$

$$\omega_1^p \wedge (\omega_2^q \wedge \omega_3^r) = (\omega_1^p \wedge \omega_2^q) \wedge \omega_3^r =: \omega_1^p \wedge \omega_2^q \wedge \omega_3^r. \tag{5.77d}$$

5.2.2 Die Differentiation von Differentialformen

Die Struktur der bilinearen Kovariante einer Pfaffschen Form legt es nahe, die folgende Definition des Differentials einer Pfaffschen Form zu geben:

Definition Das *Differential* $d\omega$ *einer Pfaffschen Form* (5.11) ist

$$d\omega := \sum_{j=1}^{n} da_j(x^1, \dots, x^n) \wedge dx^j. \tag{5.78}$$

Für $\omega = dx^i$ folgt speziell

$$d(dx^i) \equiv 0. \tag{5.79}$$

Mit (5.2) ist

$$da_j = \sum_{i=1}^{n} \frac{\partial a_j}{\partial x^i} dx^i, \tag{5.80}$$

und damit entsteht aus (5.78) die spezielle 2-Form

$$\begin{aligned} d\omega &= \sum_{i,j=1}^{n} \frac{\partial a_j}{\partial x^i} dx^i \wedge dx^j = \frac{1}{2} \sum_{i,j=1}^{n} \left(\frac{\partial a_j}{\partial x} - \frac{\partial a_i}{\partial x^j} \right) dx^i \wedge dx^j \\ &= \sum_{\substack{i,j=1 \\ (i<j)}}^{n} \left(\frac{\partial a_j}{\partial x^i} - \frac{\partial a_i}{\partial x^j} \right) dx^i \wedge dx^j \end{aligned} \tag{5.81}$$

mit antisymmetrischen Koeffizienten

$$\hat{a}_{ij}(x^1, \ldots, x^n) := \frac{\partial a_j}{\partial x^i} - \frac{\partial a_i}{\partial x^j}, \tag{5.82}$$

die mit den Koeffizienten $a_{ij}(x^1, \ldots, x^n)$ der bilinearen Kovariante (5.17) von ω durch $a_{ij} = -\hat{a}_{ij}/2$ zusammenhängen.

Die Anwendung von d auf ω führt also zu einer um einen Grad höheren Form. Es liegt daher nahe, die Definition (5.78) folgendermaßen auf k-Formen (5.74a) zu verallgemeinern:

Definition Das *Differential einer k-Form* ist

$$\begin{aligned} d\omega^k &:= \sum_{i_1, \ldots, i_k = 1}^{n} da_{i_1 \ldots i_k} \wedge dx^{i_1} \wedge \ldots \wedge dx^{i_k} \\ &= \sum_{j, i_1, \ldots, i_k = 1}^{n} \frac{\partial a_{i_1 \ldots i_k}}{\partial x^j} dx^j \wedge dx^{i_1} \wedge \ldots \wedge dx^{i_k}. \end{aligned} \tag{5.83}$$

Für k = n folgt hieraus

$$d\omega^n \equiv 0. \tag{5.84}$$

Für die Operation d sind folgende Rechenregeln beweisbar:

$$d(\omega_1^p + \omega_2^p) = d\omega_1^p + d\omega_2^p, \tag{5.85}$$

$$d(\omega_1^p \wedge \omega_2^q) = d\omega_1^p \wedge \omega_2^q + (-1)^p \omega_1^p \wedge d\omega_2^q. \tag{5.86}$$

Dabei sind ω_1^p und ω_2^q Differentialformen vom Grad p bzw. q.

B e w e i s von (5.86): Sei zunächst ω_1^p ein Monom vom Grad p und ω_2^q ein Monom vom Grad q, d. h.

$$\omega_1^p = a^{(1)}(x^1, \ldots, x^n) dx^{i_1} \wedge \ldots \wedge dx^{i_p},$$
$$\omega_2^q = a^{(2)}(x^1, \ldots, x^n) dx^{j_1} \wedge \ldots \wedge dx^{j_q}.$$

Damit ist

$$\omega_1^p \wedge \omega_2^q = a^{(1)} a^{(2)} dx^{i_1} \wedge \ldots \wedge dx^{i_p} \wedge dx^{j_1} \wedge \ldots \wedge dx^{j_q}$$

und wegen $d(a^{(1)}a^{(2)}) = a^{(2)}da^{(1)} + a^{(1)}da^{(2)}$ entsteht

$$d(\omega_1^p \wedge \omega_2^q) = a^{(2)}da^{(1)} \wedge dx^{i_1} \wedge \ldots \wedge dx^{j_q} + a^{(1)}da^{(2)} \wedge dx^{i_1} \wedge \ldots \wedge dx^{j_q}$$
$$= da^{(1)} \wedge dx^{i_1} \wedge \ldots \wedge dx^{i_p} a^{(2)} dx^{j_1} \wedge \ldots \wedge dx^{j_q}$$
$$+ (-1)^p a^{(1)} dx^{i_1} \wedge \ldots \wedge dx^{i_p} \wedge da^{(2)} \wedge dx^{j_1} \wedge \ldots \wedge dx^{j_q}$$
$$= d\omega_1^p \wedge \omega_2^q + (-1)^p \omega_1^p \wedge d\omega_2^q.$$

Zusammen mit der Eigenschaft (5.85) folgt dann (5.86) für beliebige Formen ω_1^p und ω_2^q. Bei einem koordinatenfreien Aufbau der Theorie der Differentialformen beweist man die Eindeutigkeit und Existenz einer Abbildung

$$d : \mathbb{V}^k(\mathbb{M}^n) \to \mathbb{V}^{k+1}(\mathbb{M}^n)$$

mit den Eigenschaften

a) $d(\omega_1^p + \omega_2^p) = d\omega_1^p + d\omega_2^p$,

b) $d(\omega_1^p \wedge \omega_2^q) = d\omega_1^p \wedge \omega_2^q + (-1)^p \omega_1^p \wedge d\omega_2^q$,

c) $d(d\omega^p) \equiv 0$,

d) $d(f) = df \quad$ für $f \in \mathbb{V}^0(\mathbb{M}^n)$

und zeigt, daß die Abbildung d unabhängig von einem speziellen lokalen Koordinatensystem ist. Wir sind einen elementareren Weg gegangen, indem wir mit den Definitionen (5.78), (5.83) die Existenz der Operation d für beliebige lokale Koordinaten postulierten und damit die Eigenschaften a) und b) als beweisbare Sätze erhielten. In Abschn. 5.2.4 werden wir für lokale Koordinaten auch die Eigenschaft c) beweisen.

5.2.3 Transformationseigenschaften der Differentialformen

Mit der Definition (5.70) und der Forderung (5.73) hat man erreicht, daß die durch (5.74a) definierten k-Formen unabhängig von den bei ihrer Definition verwendeten Koordinaten x^k sind und damit als geometrische Objekte angesehen werden können. Führt man nämlich durch (5.3) neue lokale Koordinaten $\bar{x}^k$ ein, so gilt wegen (5.73), (5.70) und (5.5)

$$\overline{\omega^k} := \sum_{j_1, \ldots, j_k = 1}^{n} \bar{a}_{j_1, \ldots j_k}(\bar{x}^1, \ldots, \bar{x}^n) \overline{dx^{j_1} \wedge \ldots \wedge dx^{j_k}}$$
$$= \sum_{\substack{i_1, \ldots, i_k, \\ j_1, \ldots, j_k = 1}}^{n} a_{i_1 \ldots i_k}(g^1, \ldots, g^n) \frac{\partial g^{i_1}}{\partial \bar{x}^{j_1}} \cdots \frac{\partial g^{i_k}}{\partial \bar{x}^{j_k}} d\bar{x}^{j_1} \wedge \ldots \wedge d\bar{x}^{j_k}$$
$$= \sum_{i_1, \ldots, i_k = 1}^{n} a_{i_1 \ldots i_k}(x^1, \ldots, x^n) \sum_{\ell_1, \ldots, \ell_k = 1}^{n} \sum_{j_1, \ldots, j_k = 1}^{n} \frac{\partial g^{i_1}}{\partial \bar{x}^{j_1}} \cdots \frac{\partial g^{i_k}}{\partial \bar{x}^{j_k}}$$
$$\frac{\partial \bar{g}^{j_1}}{\partial x^{\ell_1}} \cdots \frac{\partial \bar{g}^{j_k}}{\partial x^{\ell_k}} dx^{\ell_1} \wedge \ldots \wedge dx^{\ell_k}$$
$$= \sum_{i_1, \ldots, i_k = 1}^{n} a_{i_1 \ldots i_k}(x^1, \ldots, x^n) dx^{i_1} \wedge \ldots \wedge dx^{i_k} = \omega^k.$$

Man kann also $\overline{\omega^k}$ als die Darstellung d e r s e l b e n k-Form ω^k in den neuen Koordinaten $\bar{x}^k$ ansehen. Entsprechende Aussagen gelten auch für die Summe, das Produkt und das Differential von Formen, denn man kann folgende Gleichheiten beweisen:

a) $\overline{\omega_1^k + \omega_2^k} = \overline{\omega_1^k} + \overline{\omega_2^k}$,

b) $\overline{\omega_1^p \wedge \omega_2^q} = \overline{\omega_1^p} \wedge \overline{\omega_2^q}$,

c) $\overline{d\omega^k} = d\overline{\omega^k}$.

Neben der eben benutzten Interpretation von (5.3) als Koordinatentransformation (p a s s i v e Transformation) ist es manchmal zweckmäßig, (5.3) als Abbildung (a k t i v e Transformation)

$$\varphi : \mathbb{M}^n \to \mathbb{M}'^n$$

der Mannigfaltigkeit $\mathbb{M}^n$ in eine andere Mannigfaltigkeit $\mathbb{M}'^n$ (oder von $\mathbb{M}^n$ in sich) aufzufassen. Wir schreiben dann (5.3b) in der Form

$$\varphi : x'^i = \bar{g}^i(x^1, \ldots, x^n) \equiv \bar{g}^i(x), \qquad i = 1, \ldots, n. \tag{5.87}$$

Diese Abbildung induziert eine Abbildung

$$\varphi^* : \mathbf{V}^k(\mathbb{M}'^n) \to \mathbf{V}^k(\mathbb{M}^n)$$

des zu $\mathbb{M}'^n$ gehörenden Vektorraums der k-Formen

$$\omega'^k := \sum_{i_1, \ldots, i_k = 1}^{n} a'_{i_1 \ldots i_k}(x'^1, \ldots, x'^n) dx'^{i_1} \wedge \ldots \wedge dx'^{i_k}$$

in den zu $\mathbb{M}^n$ gehörenden Vektorraum der k-Formen ω^k, wenn man definiert:

$$\varphi^* f(x'^1, \ldots, x'^n) := f[\bar{g}^1(x), \ldots, \bar{g}^n(x)], \tag{5.88a}$$

$$\varphi^* dx'^i := d(\varphi^* x'^i) = d\bar{g}^i = \sum_{j=1}^{n} \frac{\partial \bar{g}^i}{\partial x^j} dx^j, \tag{5.88b}$$

$$\varphi^*(dx'^{i_1} \wedge \ldots \wedge dx'^{i_k}) := \varphi^* dx'^{i_1} \wedge \ldots \wedge \varphi^* dx'^{i_k}, \tag{5.88c}$$

$$\varphi^* \omega'^k := \sum_{i_1, \ldots, i_k = 1}^{n} \varphi^* a'_{i_1 \ldots i_k} \varphi^*(dx'^{i_1} \wedge \ldots \wedge dx'^{i_k}). \tag{5.88d}$$

Wertet man (5.88d) aus, so erhält man

$$\varphi^* \omega'^k = \sum_{j_1, \ldots, j_k = 1}^{n} a_{j_1 \ldots j_k}(x^1, \ldots, x^n) dx^{j_1} \wedge \ldots \wedge dx^{j_k} \tag{5.89}$$

mit $$a_{j_1 \ldots j_k} := \sum_{i_1, \ldots, i_k = 1}^{n} a'_{i_1 \ldots i_k}[\bar{g}^\nu(x)] \frac{\partial \bar{g}^{i_1}}{\partial x^{j_1}} \cdots \frac{\partial \bar{g}^{i_k}}{\partial x^{j_k}}. \tag{5.90}$$

$\omega^k = \varphi^* \omega'^k$ und ω'^k sind also bei dieser Interpretation von (5.3b) i. allg. voneinander v e r s c h i e d e n e k-Formen.

5.2.4 Die Sätze von Poincaré

Definition Eine Differentialform $\omega^k \in \mathbb{V}^k(\mathbb{M}^n)$ heißt *geschlossen* in $\mathbb{M}^n$, wenn dort gilt $d\omega^k = 0$.

Definition Eine Differentialform $\hat{\omega}^{k+1} \in \mathbb{V}^{k+1}(\mathbb{M}^n)$, zu der es eine Differentialform $\omega^k \in \mathbb{V}^k(\mathbb{M}^n)$ mit der Eigenschaft $d\omega^k = \hat{\omega}^{k+1}$ gibt, heißt *exakt*.
Für jede k-Form ω^k gilt dann der

Satz von Poincaré Jede exakte Differentialform $\hat{\omega}^{k+1}$ ist geschlossen:

$$d(d\omega^k) = 0. \tag{5.91}$$

B e w e i s : a) Es sei ω eine 0-Form, d. h. eine Funktion $F(x^1, \ldots, x^n)$. Dann wird mit (5.2)

$$d(dF) = \sum_{j=1}^{n} d\left(\frac{\partial F}{\partial x^j}\right) \wedge dx^j = \sum_{i,j=1}^{n} \frac{\partial^2 F}{\partial x^i \partial x^j} dx^i \wedge dx^j$$

$$= \sum_{\substack{i,j=1 \\ (i<j)}}^{n} \left(\frac{\partial^2 F}{\partial x^i \partial x^j} - \frac{\partial^2 F}{\partial x^i \partial x^j}\right) dx^i \wedge dx^j \equiv 0.$$

Also gilt

$$d(dF) \equiv 0. \tag{5.92}$$

b) Sei speziell

$$\omega^k = a(x^1, \ldots, x^n) dx^{i_1} \wedge \ldots \wedge dx^{i_k}.$$

Dann ist

$$d\omega = da \wedge dx^{i_1} \wedge \ldots \wedge dx^{i_k} = \sum_{j=1}^{n} \frac{\partial a}{\partial x^j} dx^j \wedge dx^{i_1} \wedge \ldots \wedge dx^{i_k}$$

und

$$d(d\omega) = \sum_{j=1}^{n} d\left(\frac{\partial a}{\partial x^j}\right) \wedge dx^j \wedge dx^{i_1} \wedge \ldots \wedge dx^{i_k}$$

$$= \sum_{j,\ell=1}^{n} \frac{\partial^2 a}{\partial x^\ell \partial x^j} dx^\ell \wedge dx^j \wedge dx^{i_1} \wedge \ldots dx^{i_k}$$

$$= \sum_{\substack{j,\ell=1 \\ (j<\ell)}}^{n} \left(\frac{\partial^2 a}{\partial x^\ell \partial x^j} - \frac{\partial^2 a}{\partial x^\ell \partial x^j}\right) dx^\ell \wedge dx^j \wedge dx^{i_1} \wedge \ldots \wedge dx^{i_k}$$

$$\equiv 0.$$

Zusammen mit (5.85) gilt dann (5.91) für jede k-Form, was zu beweisen war.

Ist $k = n - 1$, so folgt sofort

$$d(d\omega^{n-1}) \equiv 0. \tag{5.93}$$

(5.92) stimmt mit der früheren Aussage überein, daß die bilineare Kovariante des totalen Differentials einer Funktion $\Phi(x^1, \ldots, x^n)$

$$\omega := d\Phi = \sum_{i=1}^{n} \frac{\partial \Phi}{\partial x^i} dx^i$$

identisch verschwindet. Der Satz von Poincaré ist also eine Verallgemeinerung dieses Sachverhalts für k-Formen.

Definition Ein Gebiet $G' \subset \mathbb{M}^n$ heißt *sternförmig*, wenn es einen Punkt P in G' gibt, so daß für j e d e n Punkt $Q \in G'$ die Strecke $\overline{PQ}$ ganz in G' liegt.
Dann gilt die folgende

Umkehrung des Satzes von Poincaré Es sei $G \subset \mathbb{M}^n$ ein Gebiet, das sich durch eine Transformation $x^i = x^i(y^1, \ldots, y^n)$, $i = 1, \ldots, n$ auf ein sternförmiges Gebiet $G' \subset \mathbb{M}^n$ abbilden läßt. In G sei die Differentialform $\hat{\omega}^{k+1}$ mit $k \geqslant 0$ geschlossen, d. h. es gelte in G

$$d\hat{\omega}^{k+1} = 0.$$

Dann ist $\hat{\omega}^{k+1}$ exakt in G, d. h. es gibt eine Differentialform ω^k in G vom Grade k, so daß

$$d\omega^k = \hat{\omega}^{k+1} \tag{5.94}$$

in G gilt.
Für einen Beweis dieses Satzes verweisen wir auf die Literatur [23, 31].
Die Sätze von Poincaré finden z. B. Anwendung bei der Herleitung der Bedingungen (1.117). Ist nämlich die Pfaffsche Form

$$\omega := \sum_{\nu=1}^{n} \mathbf{F}_\nu^{(i)}(\mathbf{r}_1, \ldots, \mathbf{r}_n) \cdot d\mathbf{r}_\nu$$

in einem sternförmigen Gebiet $G' \subset \mathbb{E}^{3n}$ geschlossen, d. h.

$$d\omega = \sum_{\nu,\mu=1}^{n} \frac{\partial \mathbf{F}_\nu^{(i)}}{\partial \mathbf{r}_\mu} \cdot (d\mathbf{r}_\mu \wedge d\mathbf{r}_\nu) \equiv 0,$$

so folgt aus der Umkehrung des Satzes von Poincaré die Existenz einer 0-Form $\hat{\omega} = V(\mathbf{r}_1, \ldots, \mathbf{r}_n)$ mit $dV = \omega$. Wegen

$$d\omega = -\sum_{\substack{\nu,\mu=1 \\ (\nu<\mu)}}^{n} \left(\frac{\partial \mathbf{F}_\nu^{(i)}}{\partial \mathbf{r}_\mu} - \frac{\partial \mathbf{F}_\mu^{(i)}}{\partial \mathbf{r}_\nu} \right) \cdot (d\mathbf{r}_\nu \wedge d\mathbf{r}_\mu) \equiv 0$$

folgen also aus den Sätzen von Poincaré die notwendigen und (lokal) hinreichenden Bedingungen

$$\frac{\partial \mathbf{F}_\nu^{(i)}}{\partial \mathbf{r}_\mu} - \frac{\partial \mathbf{F}_\mu^{(i)}}{\partial \mathbf{r}_\nu} \equiv 0; \qquad \nu, \mu = 1, \ldots, n; \qquad \nu < \mu$$

für die Existenz einer (eindeutigen) Potentialfunktion $V(\mathbf{r}_1, \ldots, \mathbf{r}_n)$.

5.2.5 Der Satz von Frobenius

Es gilt folgender

Satz $s < n$ linear unabhängige Pfaffsche DGn

$$\omega_i(x^1, \ldots, x^n) = 0, \qquad i = 1, \ldots, s \tag{5.95}$$

in den n unabhängigen Variablen $x^1, \ldots, x^n$ sind genau dann vollständig integrabel, wenn die s Bedingungen

$$d\omega_i \wedge \omega_1 \wedge \omega_2 \wedge \ldots \wedge \omega_s \equiv 0, \qquad i = 1, \ldots, s \tag{5.96}$$

erfüllt sind.

B e w e i s : Wir wollen beweisen, daß (5.96) s n o t w e n d i g e Bedingungen sind. Dazu gehen wir zu den Gln. (5.35) zurück und erhalten mit Hilfe des Satzes von Poincaré

$$d(d\Phi^j) = 0 = \sum_{k=1}^{s} dc^j_{(k)}\omega_k + \sum_{k=1}^{s} c^j_{(k)} d\omega_k, \qquad j = 1, \ldots, s.$$

Löst man diese Gln. nach $d\omega_m$ auf, indem man sie mit $(\alpha_j^{(m)}) := (c^j_{(m)})^{-1}$ multipliziert und über k summiert, so erhält man

$$d\omega_m = -\sum_{j,k=1}^{s} \alpha_j^{(m)} dc^j_{(k)} \wedge \omega_k, \qquad m = 1, \ldots, s.$$

Setzt man hierin

$$dc^j_{(k)}(x^1, \ldots, x^n) = \sum_{i=1}^{n} \frac{\partial c^j_{(k)}}{\partial x^i} dx^i; \qquad k, j = 1, \ldots, s$$

ein, so folgt

$$d\omega_m = -\sum_{k=1}^{s} \left(\sum_{i=1}^{n} \sum_{j=1}^{s} \alpha_j^{(m)} \frac{\partial c^j_{(k)}}{\partial x^i} dx^i \right) \wedge \omega_k.$$

Es existieren also s^2 Pfaffsche Formen

$$\omega_k^{(m)}(x^1, \ldots, x^n) := -\sum_{i=1}^{n} \sum_{j=1}^{s} \alpha_j^{(m)} \frac{\partial c^j_{(k)}}{\partial x^i} dx^i; \qquad m, k = 1, \ldots, s,$$

für die die s Gleichungen

$$d\omega_m = \sum_{k=1}^{s} \omega_k^{(m)} \wedge \omega_k, \qquad m = 1, \ldots, s \tag{5.97}$$

bestehen. Da nach Voraussetzung die s Pfaffschen Formen ω_k linear unabhängig sind, ergibt die Multiplikation von (5.97) mit $\omega_1 \wedge \ldots \wedge \omega_s$ wegen (5.72) und $\omega_i \wedge \omega_i \equiv 0$ das nicht-triviale Ergebnis

$$d\omega_m \wedge \omega_1 \wedge \ldots \wedge \omega_s = \sum_{k=1}^{s} \omega_k^{(m)} \wedge \omega_k \wedge \omega_1 \wedge \ldots \wedge \omega_s \equiv 0, \qquad m = 1, \ldots, s.$$

Diese s Bedingungen folgen also aus den s notwendigen Bedingungen (5.36). Für den Beweis, daß die Bedingungen (5.98) lokal auch hinreichend sind, verweisen wir auf die Literatur [23, 31].

Wir wollen jetzt den Satz von Frobenius auf einige Beispiele anwenden.

Beispiel 1 Es sei s = 1. Damit

$$\omega = \sum_{i=1}^{n} a_i(x^1, \ldots, x^n)dx^i = 0 \tag{5.98}$$

vollständig integrabel ist, muß nach (5.96) $d\omega \wedge \omega \equiv 0$ sein. Aus dieser Bedingung folgt zunächst

$$\sum_{i,j,k=1}^{n} a_i \frac{\partial a_k}{\partial x^j} dx^i \wedge dx^j \wedge dx^k \equiv 0.$$

Vertauscht man hierin j mit k, so gilt auch

$$\sum_{i,j,k=1}^{n} a_i \frac{\partial a_j}{\partial x^k} dx^i \wedge dx^k \wedge dx^j \equiv 0,$$

d. h. es ist auch

$$\sum_{i,j,k=1}^{n} a_i \left(\frac{\partial a_j}{\partial x^k} - \frac{\partial a_k}{\partial x^j}\right) dx^i \wedge dx^j \wedge dx^k \equiv 0.$$

Mit Hilfe von (5.15) kann man diesen Ausdruck als

$$\sum_{i,j,k=1}^{n} a_i a_{jk} dx^i \wedge dx^j \wedge dx^k \equiv 0$$

schreiben, und durch zyklische Vertauschung der Indizes entstehen hieraus

$$\sum_{j,j,k=1}^{n} a_j a_{ki} dx^i \wedge dx^j \wedge dx^k \equiv 0$$

und
$$\sum_{i,j,k=1}^{n} a_k a_{ij} dx^i \wedge dx^j \wedge dx^k \equiv 0.$$

Insgesamt erhält man also

$$\sum_{i,j,k=1}^{n} (a_i a_{jk} + a_j a_{ki} + a_k a_{ij}) dx^i \wedge dx^j \wedge dx^k \equiv 0. \tag{5.99a}$$

Diese Bedingung wird erfüllt, wenn

$$a_i a_{jk} + a_j a_{ki} + a_k a_{ij} \equiv 0; \qquad i, j, k = 1, \ldots, n \tag{5.99b}$$

ist. Von den $\binom{n}{3}$ Bedingungen (5.99b) sind $\binom{n-1}{2}$ unabhängig. Bringt man (5.99a) in die Form

$$\sum_{\substack{i,j,k=1 \\ (i<j<k)}}^{n} c_{ijk} dx^i \wedge dx^j \wedge dx^k \equiv 0, \tag{5.99c}$$

so sind die $\binom{n-1}{2}$ Bedingungen

$$c_{ijk}(x^1, \ldots, x^n) \equiv 0 \tag{5.99d}$$

notwendig und hinreichend dafür, daß (5.98) lokal vollständig integrabel ist. Ist $d\omega \equiv 0$, so folgt aus (5.81) $a_{ij} \equiv 0$.

Ist $n = 3$ und $d\omega \not\equiv 0$, so erhält man aus (5.99b) die Bedingung

$$a_1 a_{23} + a_2 a_{31} + a_3 a_{12} \equiv 0, \tag{5.100a}$$

die mit (5.28b) identisch ist. Sind x_i k a r t e s i s c h e Koordinaten, so kann man (5.100a) mit $a := (a_1, a_2, a_3)$ als

$$a \cdot \operatorname{rot} a \equiv 0 \tag{5.100b}$$

schreiben. Ist z. B. $a_1 = (x_1)^2$, $a_2 = x_1 x_2$, $a_3 = x_1 x_3$, so ist (5.100b) erfüllt, nicht jedoch für $a_1 = 0$, $a_2 = -x_1$, $a_3 = 1$.

Beispiel 2 Sei $s = 2$, $n = 3$. Es liegen also die Pfaffschen DGn

$$\begin{aligned} \omega_1 &= \sum_{i=1}^{3} a_i^{(1)}(x^1, x^2, x^3)\,dx^i = 0, \\ \omega_2 &= \sum_{j=1}^{3} a_j^{(2)}(x^1, x^2, x^3)\,dx^j = 0 \end{aligned} \tag{5.101}$$

vor. Dann ist

$$\omega_1 \wedge \omega_2 = \sum_{i,j=1}^{3} a_i^{(1)} a_j^{(2)}\,dx^i \wedge dx^j.$$

Ferner wird

$$d\omega_1 = \sum_{\nu=1}^{3} da_\nu^{(1)} \wedge dx^\nu = \sum_{\nu,k=1}^{3} \frac{\partial a_\nu^{(1)}}{\partial x^k}\,dx^k \wedge dx^\nu,$$

$$d\omega_2 = \sum_{\mu=1}^{3} da_\mu^{(2)} \wedge dx^\mu = \sum_{\mu,\ell=1}^{3} \frac{\partial a_\mu^{(2)}}{\partial x^\ell}\,dx^\ell \wedge dx^\mu.$$

Für $n = 3$ ist aber wegen (5.93)

$$dx^k \wedge dx^\nu \wedge dx^i \wedge dx^j \equiv 0,$$

was bedeutet, daß das System (5.101) der Pfaffschen Formen s t e t s vollständig integrabel ist. Gemäß (5.36) existieren also zwei Funktionen $\Phi_1(x^1, x^2, x^3)$, $\Phi_2(x^1, x^2, x^3)$ und vier Multiplikatoren $\alpha_{(k)}^{j}(x^1, x^2, x^3)$; $j, k = 1, 2$, so daß (5.101) äquivalent zu $d\Phi_1 = 0$, $d\Phi_2 = 0$ ist, wobei die sechs Funktionen $\Phi_1, \Phi_2, \alpha_{(k)}^{j}$ nicht eindeutig bestimmt sind. Allgemein erhält man für $s = n - 1$ bzw. $s = n$ das folgende Ergebnis: $n - 1$ *bzw.* n *linear unabhängige Pfaffsche DGn* $\omega_j = 0$ *sind in* $\mathbb{M}^n$ *lokal stets vollständig integrabel.*

Beispiel 3 Nun wollen wir untersuchen, ob die Pfaffschen DGn des Verfolgungsproblems (s. Abschn. 2.7.1) vollständig integrabel sind. Für eine e b e n e Verfolgungskurve gilt als NB e i n e Pfaffsche DG für die unabhängigen Variablen x_1, x_2, t, d. h. es ist $s = 1$, $n = 3$. Aus (2.288) liest man ab $a_1 = \eta(t) - x_2$, $a_2 = x_1 - \xi(t)$, $a_3 \equiv a_0 \equiv 0$. Damit entsteht

$$a_{12} = -2, \qquad a_{13} = \frac{\partial \eta}{\partial t}, \qquad a_{23} = -\frac{\partial \xi}{\partial t}.$$

Es ist also zunächst $a_{ik} \not\equiv 0$, d. h. die DG

$$\omega = (\eta - x_2)dx_1 + (x_1 - \xi)dx_2 = 0$$

läßt sich nicht als $\omega = d\Phi = 0$ darstellen. Es existiert aber auch kein integrierender Faktor $g(x_1, x_2, t)$, denn es ist

$$a_1 a_{23} + a_2 a_{31} + a_3 a_{12} = (x_2 - \eta)\frac{\partial \xi}{\partial t} - (x_1 - \xi)\frac{\partial \eta}{\partial t} \not\equiv 0.$$

Für das r ä u m l i c h e Verfolgungsproblem ist $s = 2$, $n = 3$ und es bestehen wegen (2.289) z. B. die NBn

$$\omega_1 = (\eta - x_2)dx_1 + (x_1 - \xi)dx_2 = 0,$$

$$\omega_2 = (\zeta - x_3)dx_1 + (x_1 - \xi)dx_3 = 0.$$

Es ist jetzt

$$a_1^{(1)} = \eta - x_2, \qquad a_2^{(1)} = x_1 - \xi, \qquad a_3^{(1)} = 0, \qquad a_4^{(1)} = 0,$$

$$a_1^{(2)} = \zeta - x_3, \qquad a_2^{(2)} = 0, \qquad a_3^{(2)} = x_1 - \xi, \qquad a_4^{(2)} = 0.$$

ω_1 und ω_2 sind linear unabhängig, denn es gilt

$$\omega_1 \wedge \omega_2 = (x_1 - \xi)[(x_3 - \zeta)dx_1 \wedge dx_2 + (\eta - x_2)dx_1 \wedge dx_3 + (x_1 - \xi)dx_2 \wedge dx_3] \not\equiv 0.$$

Ferner wird

$$d\omega_1 = d(\eta - x_2) \wedge dx_1 + d(x_1 - \xi) \wedge dx_2$$

$$= \frac{\partial \eta}{\partial t} dt \wedge dx_1 - dx_2 \wedge dx_1 + dx_1 \wedge dx_2 - \frac{\partial \xi}{\partial t} dt \wedge dx_2,$$

$$d\omega_2 = \frac{\partial \zeta}{\partial t} dt \wedge dx_1 - dx_3 \wedge dx_1 + dx_1 \wedge dx_3 - \frac{\partial \xi}{\partial t} dt \wedge dx_3.$$

Bildet man z. B. $d\omega_1 \wedge \omega_1 \wedge \omega_2$, so entsteht

$$d\omega_1 \wedge \omega_1 \wedge \omega_2 = \left[(x_1 - \xi)^2 \frac{\partial \eta}{\partial t} + (x_1 - \xi)(\eta - x_2)\frac{\partial \xi}{\partial t}\right] dt \wedge dx_1 \wedge dx_2 \wedge dx_3 \not\equiv 0,$$

da wie im Fall $s = 1$

$$(x_1 - \xi)\frac{\partial \eta}{\partial t} \not\equiv (x_2 - \eta)\frac{\partial \xi}{\partial t}$$

gilt. Die NBn des Verfolgungsproblems sind also nicht vollständig integrabel, d. h. es handelt sich um nichtholonome NBn.

Beispiel 4 Wendet man den Satz von Frobenius auf die kanonischen Gleichungen in der Form

$$\left.\begin{aligned} \omega_i &:= dq^i - \frac{\partial H}{\partial p_i} dt = 0 \\ \omega_{f+i} &:= dp_i + \frac{\partial H}{\partial q^i} dt = 0 \end{aligned}\right\} \quad i = 1, \ldots, f$$

an, so kann man zeigen, daß

$$\omega_1 \wedge \ldots \wedge \omega_f \wedge \omega_{f+1} \wedge \ldots \wedge \omega_{2f} \not\equiv 0,$$

$$d\omega_i \not\equiv 0, \qquad i = 1, \ldots, 2f$$

gilt, aber

$$d\omega_i \wedge \omega_1 \wedge \ldots \wedge \omega_{2f} \equiv 0, \qquad i = 1, \ldots, 2f$$

ist. Im Zustandsraum $\mathbb{R} \times T^*\mathbb{M}^f$ sind die kanonischen Gleichungen also stets vollständig integrabel. Das folgt auch schon daraus, daß $s = 2f$ linear unabhängige Formen ω_i in einem Raum der Dimension $n = s + 1$ stets vollständig integrabel sind, wie wir am Ende von Beispiel 2 feststellten.

5.2.6 Eigenschaften der Poincaré-Cartan-Form

Bildet man für

$$\hat{\omega} := \sum_{i=1}^{f} p_i dq^i - H(q^j, p_j, t) dt \tag{5.102}$$

das Differential $d\hat{\omega}$, so entsteht die spezielle 2-Form

$$\begin{aligned} \hat{\omega}^2 = d\hat{\omega} &= d\left(\sum_{i=1}^{f} p_i dq^i - H dt\right) \\ &= \sum_{i=1}^{f} \left(dp_i \wedge dq^i - \frac{\partial H}{\partial q^i} dq^i \wedge dt - \frac{\partial H}{\partial p_i} dp_i \wedge dt\right), \end{aligned} \tag{5.102a}$$

die man auch in der Gestalt

$$\hat{\omega}^2 = \sum_{i=1}^{f} \left(dp_i + \frac{\partial H}{\partial q^i} dt\right) \wedge \left(dq^i - \frac{\partial H}{\partial p_i} dt\right) \tag{5.102b}$$

schreiben kann. In den Koordinaten ξ^i des Zustandsraums $\mathbb{R} \times T^*\mathbb{M}^f$ lautet (5.102a)

$$\hat{\omega}^2 = \sum_{i,j=1}^{2f+1} A_{ij}(\xi^1, \ldots, \xi^{2f+1}) d\xi^i \wedge d\xi^j \tag{5.102c}$$

mit $\quad A_{ij} := \frac{1}{2}\left(\frac{\partial a_j}{\partial \xi_i} - \frac{\partial a_i}{\partial \xi_j}\right)$,

wobei $\quad \xi^i = q^i, \quad \xi^{f+i} = p_i, \quad \xi^{2f+1} = t$
$\quad a_i = p_i, \quad a_{f+i} = 0, \quad a_{2f+1} = -H \qquad i = 1, \ldots, f$

ist. Die antisymmetrische Koeffizientenmatrix A_{ij} hat also die Gestalt

$$(A_{ij}) = \frac{1}{2}\begin{pmatrix} O_f & -1_f & -\frac{\partial H}{\partial q^i} \\ 1_f & O_f & -\frac{\partial H}{\partial p_i} \\ \frac{\partial H}{\partial q^i} & \frac{\partial H}{\partial p_i} & 0 \end{pmatrix}. \tag{5.103}$$

Es ist $\mathrm{Rg}(A_{ij}) = 2f$, d. h. $\det(A_{ij}) \equiv 0$. Das Gleichungssystem

$$\sum_{i=1}^{2f+1} A_{ij}\frac{d\xi^i}{d\tau} = 0, \qquad j = 1, \ldots, 2f+1; \qquad \xi^{2f+1} = t = \tau \tag{5.104}$$

hat daher einen nichtverschwindenden Lösungsvektor, nämlich

$$\left(\frac{d\xi^1}{d\tau}, \ldots, \frac{d\xi^{2f+1}}{d\tau}\right) = \left(\frac{\partial H}{\partial p_1}, \ldots, \frac{\partial H}{\partial p_f}, -\frac{\partial H}{\partial q^1}, \ldots, -\frac{\partial H}{\partial q^f}, 1\right). \tag{5.105}$$

Die Gln. (5.104) sind also die kanonischen Gleichungen

$$\frac{dq^i}{dt} = \frac{\partial H}{\partial p_i}, \qquad \frac{dp_i}{dt} = -\frac{\partial H}{\partial q^i}, \qquad i = 1, \ldots, f. \tag{5.106}$$

Der 2-Form (5.102a) sind folglich die kanonischen Gleichungen (5.106) eindeutig zugeordnet. Man sagt dazu auch, $\hat{\omega}^2 = d\hat{\omega}$ „erzeugt" die kanonischen Gleichungen.
In Abschn. 3.3.6.4 haben wir bewiesen, daß für Transformationen (3.124), die die Bedingung (3.125) erfüllen, die Lagrange-Klammer-Bedingungen (3.149) gelten. Wir wollen nun diesen Satz und seine Umkehrung mit Hilfe der 2-Form (5.102a) beweisen.

Satz Für die stetig differenzierbare Transformation

$$\varphi: \begin{cases} q'^i = q'^i(q^1, \ldots, q^f, p_1, \ldots, p_f, t), \\ p'_i = p'_i(q^1, \ldots, q^f, p_1, \ldots, p_f, t), \\ t' = t \end{cases} \tag{5.107}$$

sind die Bedingungen

$$(q^\ell, q^m)' = 0, \qquad (p_\ell, p_m)' = 0, \qquad (q^\ell, p_m)' = c\delta^\ell_m \tag{5.108}$$

(wir schreiben δ^ℓ_m für $\delta_{m\ell}$) erfüllt genau dann, wenn eine Funktion $G = G_5(q^j, p_j, t)$ existiert, so daß

$$\hat{\Omega} := \varphi^*\hat{\omega}' - c\hat{\omega} = dG(q^j, p_j, t) \tag{5.109}$$

gilt mit (5.102) und

$$\hat{\omega}' := \sum_{i=1}^{f} p_i' dq'^i - H'(q'^j, p_j', t). \tag{5.110}$$

B e w e i s : Nach dem Satz von Poincaré folgt aus (5.109) mit (5.88b)

$$d\hat{\Omega} = \varphi^* d\hat{\omega}' - c d\hat{\omega} = \varphi^*\hat{\omega}'^2 - c\hat{\omega}^2 \equiv 0. \tag{5.111}$$

Berechnet man mit Hilfe der Regeln (5.88) den Ausdruck $\varphi^*\hat{\omega}'^2$, so erhält man nach längerer, aber einfacher Rechnung mit Hilfe der kanonischen Gleichungen

$$\begin{aligned}\varphi^*\hat{\omega}'^2 = &\sum_{\substack{m,\ell=1\\(m<\ell)}}^{f} [(q^\ell, q^m)' dq^m \wedge dq^\ell + (p_\ell, p_m)' dp_m \wedge dp_\ell]\\ &+ \sum_{m,\ell=1}^{f} (q^\ell, p_m)' dp_m \wedge dq^\ell\\ &+ \sum_{m,\ell=1}^{f} \left[(q^m, q^\ell)' \frac{\partial H}{\partial p_\ell} - (q^m, p_\ell)' \frac{\partial H}{\partial q^\ell}\right] dq^m \wedge dt\\ &- \sum_{m,\ell=1}^{f} \left[(p_m, p_\ell)' \frac{\partial H}{\partial q^\ell} + (q^\ell, p_m)' \frac{\partial H}{\partial p^\ell}\right] dp_m \wedge dt.\end{aligned} \tag{5.112}$$

N o t w e n d i g dafür, daß

$$\varphi^*\hat{\omega}'^2 = c\hat{\omega}^2 = c \sum_{m=1}^{f} dp_m \wedge dq^m - c \sum_{m=1}^{f} \left(\frac{\partial H}{\partial q^m} dq^m + \frac{\partial H}{\partial p_m} dp_m\right) \wedge dt \tag{5.113}$$

gilt, ist, daß die Koeffizienten $(q^\ell, q^m)'$, $(p_\ell, p_m)'$ wegen Definition 1 aus Abschn. 5.2.1 verschwinden müssen:

$$(q^\ell, q^m)' = 0, \qquad (p_\ell, p_m)' = 0. \tag{5.114a}$$

Aus demselben Grunde muß

$$(q^\ell, p_m)' = c\delta^\ell_m \tag{5.114b}$$

gelten. – Die Bedingungen (5.114) sind aber auch h i n r e i c h e n d dafür, daß (5.113) d. h. $d\hat{\Omega} \equiv 0$ gilt. Mit Hilfe der Umkehrung des Satzes von Poincaré folgt dann, daß $\hat{\Omega}$ exakt ist. Damit ist der Beweis erbracht.

Mit diesem Beweis ist zusammen mit den Ergebnissen von Abschn. 3.3.6.5 endgültig die Äquivalenz folgender Aussagen bewiesen:

a) Die Transformation φ ist kanonisch.

b) Die Form $\hat{\Omega}$ ist exakt für φ.

c) Die Lagrange-Klammer-Bedingungen gelten für φ.

6 Aufgaben und Lösungen[1])

6.1 Aufgaben zu Abschnitt 1

Aufgabe 1.1 Für einen MP sei die Beschleunigung

$$\mathbf{a} = \mathbf{a}_0 \sin(\omega t + \alpha)$$

bekannt, wobei $\mathbf{a}_0 \neq \mathbf{0}$, $\omega \neq 0$ und α Konstanten seien. Gesucht ist die Bahn $\mathbf{r}(t)$ des MP, speziell für $\alpha = 0$ und $\alpha = \pi/2$ für die Anfangsbedingungen $\mathbf{r}(0) = \mathbf{0}$, $\dot{\mathbf{r}}(0) = \mathbf{0}$.

Lösung Die DG

$$\ddot{\mathbf{r}}(t) = \mathbf{a}(t) = \mathbf{a}_0 \sin(\omega t + \alpha)$$

ist direkt in Vektorform integrierbar:

$$\dot{\mathbf{r}}(t) = -\frac{\mathbf{a}_0}{\omega} \cos(\omega t + \alpha) + \mathbf{c}_1,$$

$$\mathbf{r}(t) = -\frac{\mathbf{a}_0}{\omega^2} \sin(\omega t + \alpha) + \mathbf{c}_1 t + \mathbf{c}_2.$$

Die konstanten Vektoren $\mathbf{c}_1$, $\mathbf{c}_2$ sind durch Anfangsbedingungen zu bestimmen. Spezialfälle:

1. $\alpha = 0$, $\mathbf{r}(0) = \mathbf{0}$, $\dot{\mathbf{r}}(0) = \mathbf{0}$ ergibt

$$\mathbf{r}(0) = \mathbf{c}_2 \stackrel{!}{=} \mathbf{0}, \qquad \dot{\mathbf{r}}(0) = -\frac{\mathbf{a}_0}{\omega} + \mathbf{c}_1 \stackrel{!}{=} \mathbf{0},$$

also $\mathbf{c}_1 = \mathbf{a}_0/\omega$, $\mathbf{c}_2 = \mathbf{0}$, d. h. schließlich

$$\mathbf{r}(t) = \frac{\mathbf{a}_0}{\omega}(\omega t - \sin \omega t).$$

Diese Bewegung ist in Richtung von $\mathbf{a}_0$ fortschreitend, allerdings nicht gleichförmig, sondern überlagert von einer harmonischen Schwingung.

2. $\alpha = \pi/2$, $\mathbf{r}(0) = \mathbf{0}$, $\dot{\mathbf{r}}(0) = \mathbf{0}$ ergibt

$$\mathbf{r}(0) = -\frac{\mathbf{a}_0}{\omega} + \mathbf{c}_2 \stackrel{!}{=} \mathbf{0}, \qquad \dot{\mathbf{r}}(0) = \mathbf{c}_1 \stackrel{!}{=} \mathbf{0},$$

also $\mathbf{c}_1 = \mathbf{0}$, $\mathbf{c}_2 = \mathbf{a}_0/\omega^2$, d. h. schließlich

$$\mathbf{r}(t) = \frac{\mathbf{a}_0}{\omega^2}\left[1 - \sin\left(\omega t + \frac{\pi}{2}\right)\right] = \frac{\mathbf{a}_0}{\omega^2}(1 - \cos \omega t).$$

[1]) In diesem Abschn. beziehen sich Formelnummern nur auf die jeweilige Aufgabe

Diese Bewegung ist eine harmonische Schwingung in Richtung von $\mathbf{a}_0$ um den Punkt $\mathbf{a}_0/\omega^2$.

Aufgabe 1.2 Ein Boot steuere einen Kurs senkrecht zum Ufer eines geraden Flusses der konstanten Breite b und habe dabei die konstante Geschwindigkeit $\mathbf{v}_0$ relativ zum unmittelbar umgebenden Flußwasser. Die Strömungsgeschwindigkeit des Flusses habe ein parabolisches Profil mit der Maximalgeschwindigkeit v_m in der Flußmitte und der Geschwindigkeit Null an den Ufern. – Gesucht ist die Bahnkurve des als MP idealisierten Bootes und die Lage des Landungspunktes am anderen Ufer relativ zum Startpunkt unter der Annahme, daß das Boot bez. eines mit $\mathbf{v}_0$ relativ zum Ufer bewegten BS die Geschwindigkeit $\mathbf{v}_F$ des unmittelbar umgebenden Flußwassers relativ zum Ufer hat.

Lösung Für dieses zweidimensionale Problem führen wir in einem am Ufer fixierten BS Σ ein kartesisches KS so ein, daß eine der beiden KS-Achsen in Richtung des Flusses liegt, weil sich dann das Geschwindigkeitsfeld $\mathbf{v}_F$ des Flusses besonders einfach beschreiben läßt (s. Fig. 6.1.1a). Es lautet

$$\mathbf{v}_F(x, y) = v_m \left[1 - \left(\frac{2x}{b}\right)^2\right] \mathbf{e}_y. \tag{1}$$

Der Startpunkt zur Zeit t = 0 sei

$$x(0) = -\frac{b}{2}, \qquad y(0) = 0. \tag{2}$$

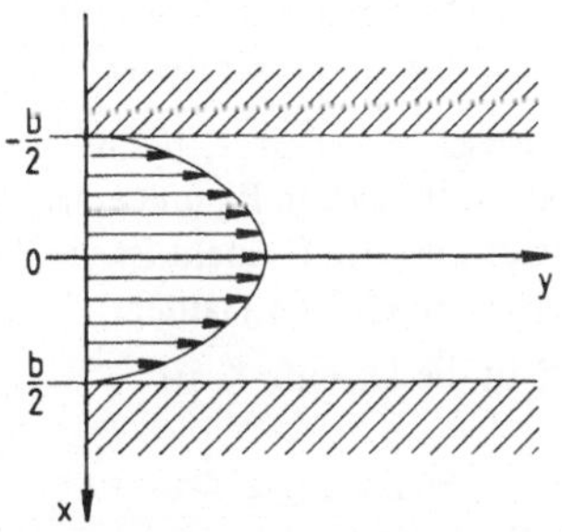

Fig. 6.1.1a

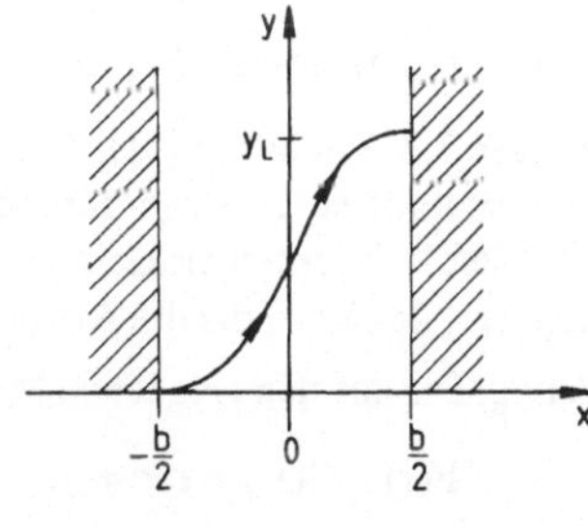

Fig. 6.1.1b

In einem mit $\mathbf{u} = \mathbf{v}_0$ relativ zu Σ bewegten BS Σ' ist die Geschwindigkeit des Bootes laut Annahme $\mathbf{v}' = \mathbf{v}_F$. Mit (1.29) ist dann die Geschwindigkeit des Bootes bez. Σ

$$\dot{\mathbf{r}} = \mathbf{v}_F + \mathbf{v}_0. \tag{3}$$

Dies in dem eingeführten KS geschrieben, ergibt wegen $\mathbf{v}_0 = v_0\mathbf{e}_x$ die zu lösenden DGn

$$\dot{x} = v_0, \tag{4a}$$

$$\dot{y} = v_m \left[1 - \left(\frac{2x}{b}\right)^2\right]. \tag{4b}$$

Sie sind gekoppelt. Man löst zuerst durch direkte Integration (4a) und erhält mit (2)

$$x(t) = v_0 t - \frac{b}{2}. \tag{5}$$

Dies in (4b) eingesetzt liefert die DG

$$\dot{y} = \frac{4 v_0 v_m}{b}\left(t - \frac{v_0}{b} t^2\right), \tag{6}$$

die wiederum direkt integrierbar ist und mit (2)

$$y(t) = \frac{2}{b} v_0 v_m t^2 \left(1 - \frac{2}{3b} v_0 t\right) \tag{7}$$

ergibt. (5) und (7) zusammen sind eine Parameterdarstellung der Bahnkurve. Im vorliegenden Fall ist die Elimination von t leicht möglich und man erhält die zeitfreie Darstellung

$$y(x) = \frac{v_m}{v_0}\frac{2}{b}\left(x + \frac{b}{2}\right)^2 \left[1 - \frac{2}{3b}\left(x + \frac{b}{2}\right)\right]. \tag{8}$$

Die Bedingung für den Landepunkt (x_L, y_L) lautet $x_L \overset{!}{=} b/2$, was auf

$$y_L = \frac{2b}{3}\frac{v_m}{v_0} \tag{9}$$

führt. Durch Bildung der 1. und 2. Ableitung von (8) kann man eine Kurvendiskussion durchführen und erhält Fig. 6.1.1b mit einem Wendepunkt in Flußmitte (x = 0).

Aufgabe 1.3 Ein MP mit der Masse m und der elektrischen Ladung Q befinde sich in einem konstanten Magnetfeld mit der magnetischen Induktion $\mathbf{B}_0$ und einem dazu parallelen konstanten elektrischen Feld mit der Feldstärke $\mathbf{E}_0$. Gesucht ist die Bahnkurve $\mathbf{r}(t)$ des MP, falls die Anfangsbedingungen $\mathbf{r}(0) = \mathbf{0}$, $\dot{\mathbf{r}}(0) = \mathbf{v}_0$ lauten.

Lösung Die auf den geladenen MP wirkende Kraft ist die Lorentz-Kraft

$$\mathbf{F}(\dot{\mathbf{r}}) = Q(\mathbf{E}_0 + \dot{\mathbf{r}} \times \mathbf{B}_0). \tag{1}$$

In der Aufgabenstellung ist zwar der Bezugspunkt für die Ortsvektoren durch $\mathbf{r}(0) = \mathbf{0}$ bereits festgelegt worden, nicht aber die Richtung von Koordinatenachsen. Schreibt man die Newtonschen Bewegungsgleichungen

$$m\ddot{\mathbf{r}} = Q(\mathbf{E}_0 + \dot{\mathbf{r}} \times \mathbf{B}_0) \tag{2}$$

in *irgendeinem* kartesischen KS auf, so erreicht man keine Vereinfachung gegenüber der vektoriellen DG (2): Man überzeugt sich nämlich leicht davon, daß i. allg. jede der drei Komponentengleichungen mit den anderen gekoppelt ist. Um zu einer Vereinfachung der DGn zu gelangen, müssen wir offenbar die Freiheit, die wir bei der Wahl des KS haben, ohne den physikalischen Aussagegehalt zu ändern, geschickt ausnutzen. Existieren physikalisch ausgezeichnete Richtungen im Raum, wie im vorliegenden Beispiel die Richtung von $\mathbf{B}_0$ und $\mathbf{E}_0$, so ist es vorteilhaft, eine der Koordinatenachsen (konventionell zeichnet man die z-Achse aus) in diese Richtung zu legen, weil dann ein so gerichteter Vektor nur e i n e von Null verschiedene Komponente hat.

Wählen wir also das KS so, daß

$$\mathbf{B}_0 = (0, 0, B_0), \qquad \mathbf{E}_0 = (0, 0, E_0), \qquad B_0, E_0 > 0 \tag{3}$$

ist. Dann lauten die Bewegungsgleichungen

$$\ddot{x} = \omega \dot{y}, \tag{4a}$$

$$\ddot{y} = -\omega \dot{x}, \tag{4b}$$

$$\ddot{z} = \alpha, \tag{4c}$$

wobei zur Abkürzung

$$\omega := \frac{QB_0}{m}, \qquad \alpha := \frac{QE_0}{m} \tag{5}$$

gesetzt wurde. Durch (3) ist das KS noch nicht festgelegt; eine Drehung um die z-Achse ist noch frei. Eine zweite physikalisch ausgezeichnete Richtung ist die von $\mathbf{v}_0$. Wir wählen das KS so, daß $\mathbf{v}_0$ in der xz-Ebene liegt, also

$$\dot{\mathbf{r}}(0) = \mathbf{v}_0 = (v_{0x}, 0, v_{0z}), \tag{6}$$

obwohl durch diese Wahl natürlich keine weitere Vereinfachung von (4) erreicht werden kann, denn $\mathbf{v}_0$ kommt in (4) nicht vor, wohl aber eine einfachere Darstellung der Bahnkurve $\mathbf{r}(t)$ zu erwarten ist.

Das DG-System (4) besteht aus zwei miteinander gekoppelten DGn (4a) und (4b) und einer abgekoppelten DG (4c), die man daher separat lösen kann: Durch direkte Integration folgt

$$\dot{z}(t) = \alpha t + A_3 \tag{7}$$

und daraus

$$z(t) = \frac{\alpha}{2} t^2 + A_3 t + B_3 \tag{8}$$

als allgemeine Lösung dieser DG. Die Bestimmung der Konstanten A_3, B_3 aus den Anfangsbedingungen

$$z(0) = 0, \qquad \dot{z}(0) = v_{0z} \tag{9}$$

führt zu

$$z(t) = \frac{\alpha}{2} t^2 + v_{0z} t. \tag{10}$$

Die Entkopplung und Lösung des Restsystems (4a), (4b) kann auf verschiedene Weisen erfolgen:

1. Durch D i f f e r e n t i a t i o n von (4a) bzw. (4b) entsteht

$$\dddot{x} = \omega \ddot{y}, \qquad \dddot{y} = -\omega \ddot{x}.$$

Hierin kann man (4b) bzw. (4a) einsetzen und erhält das entkoppelte DG-System

$$\dddot{x} + \omega^2 \dot{x} = 0, \tag{11a}$$

$$\dddot{y} + \omega^2 \dot{y} = 0. \tag{11b}$$

Das sind nach Substitution von $\dot{x} = \xi$, $\dot{y} = \eta$ Schwingungsgleichungen für ξ und η, für die

$$\xi = \dot{x} = A_1 \cos \omega t + B_1 \sin \omega t, \tag{12a}$$

$$\eta = \dot{y} = A_2 \cos \omega t + B_2 \sin \omega t \tag{12b}$$

allgemeine Lösungen sind. Die weitere Integration ergibt

$$\left.\begin{aligned} x(t) &= \frac{A_1}{\omega} \sin \omega t - \frac{B_1}{\omega} \cos \omega t + C_1, \\ y(t) &= \frac{A_2}{\omega} \sin \omega t - \frac{B_2}{\omega} \cos \omega t + C_2. \end{aligned}\right. \tag{13}$$

Das ist eine allgemeine Lösung des E r s a t z systems (11), aber nicht der physikalischen Bewegungsgleichungen (4a) und (4b), da deren allgemeine Lösungen wegen der Gesamtordnung 4 nur v i e r willkürliche Konstanten enthalten dürfen. Offenbar ist nicht jede Lösung von (11) auch Lösung des physikalischen Bewegungsproblems; zwei der sechs in (13) enthaltenen Konstanten müssen von den übrigen vier abhängig sein. Um diese Abhängigkeit zu finden, bilden wir $\ddot{x}$ und $\ddot{y}$ aus (12) und setzen das Ergebnis zusammen mit (12) in (4a) und (4b) ein. So folgt als notwendige Bedingung dafür, daß (13) auch Lösung von (4a) und (4b) ist, das Bestehen der Gleichungen

$$\left.\begin{aligned} -A_1 \sin \omega t + B_1 \cos \omega t &= A_2 \cos \omega t + B_2 \sin \omega t \\ -A_2 \sin \omega t + B_2 \cos \omega t &= -A_1 \cos \omega t - B_1 \sin \omega t \end{aligned}\right. \tag{14}$$

i d e n t i s c h in t. Für t = 0 z. B. folgt daraus

$$A_2 = B_1 \quad \text{und} \quad B_2 = -A_1. \tag{15}$$

Damit ergibt sich aus (13) die allgemeine Lösung

$$\left.\begin{aligned} x(t) &= \frac{A_1}{\omega} \sin \omega t - \frac{B_1}{\omega} \cos \omega t + C_1, \\ y(t) &= \frac{B_1}{\omega} \sin \omega t + \frac{A_1}{\omega} \cos \omega t + C_2. \end{aligned}\right. \tag{16}$$

Sie enthält genau vier unabhängige Konstanten. Aus den Anfangsbedingungen

$$x(0) = 0, \qquad y(0) = 0, \qquad \dot{x}(0) = v_{0x}, \qquad \dot{y}(0) = 0 \tag{17}$$

folgt $\quad A_1 = v_{0x}, \quad B_1 = 0, \quad C_1 = \frac{B_1}{\omega} = 0, \quad C_2 = -\frac{A_1}{\omega} = -\frac{v_{0x}}{\omega}$

und damit schließlich zusammen mit (10) die gesuchte Bahnkurve

$$x(t) = \frac{v_{0x}}{\omega} \sin \omega t,$$

$$y(t) = \frac{v_{0x}}{\omega} (\cos \omega t - 1), \tag{18}$$

$$z(t) = \frac{\alpha}{2} t^2 + v_{0z} t.$$

2. Durch I n t e g r a t i o n von (4a) und (4b) entsteht

$$\dot{x} = \omega y + \tilde{C}_2, \qquad \dot{y} = -\omega x + \tilde{C}_1. \tag{19}$$

Dies in (4a) und (4b) eingesetzt führt zum entkoppelten System

$$\begin{aligned} \ddot{x} + \omega^2 x &= \omega \tilde{C}_1 \\ \ddot{y} + \omega^2 y &= -\omega \tilde{C}_2 \end{aligned} \tag{20}$$

von inhomogenen Schwingungsgleichungen. Eine allgemeine Lösung von (20) ist

$$\begin{aligned} x(t) &= \tilde{A}_1 \sin \omega t + \tilde{B}_1 \cos \omega t + \frac{\tilde{C}_1}{\omega}, \\ y(t) &= \tilde{A}_2 \sin \omega t + \tilde{B}_2 \cos \omega t - \frac{\tilde{C}_2}{\omega}. \end{aligned} \tag{21}$$

Setzt man

$$\tilde{A}_1 = \frac{A_1}{\omega}, \quad \tilde{B}_1 = -\frac{B_1}{\omega}, \quad \tilde{C}_1 = \omega C_1, \quad \tilde{A}_2 = \frac{A_2}{\omega}, \quad \tilde{B}_2 = -\frac{B_2}{\omega}, \quad \tilde{C}_2 = -\omega C_2,$$

so ist (21) identisch mit (13) und die weitere Diskussion und Rechnung bis zur Lösung ist identisch mit dem nach (13) Gesagten.

3. Kürzer, aber weniger lehrreich ist das folgende Vorgehen: Man gewinnt z. B. (12a) aus (11a), berechnet aus (12a)

$$\ddot{x} = -A_1 \omega \sin \omega t + B_1 \omega \cos \omega t,$$

setzt dies in (4a) ein und erhält auf diese Weise anstatt (12b)

$$\dot{y} = \frac{\ddot{x}}{\omega} = -A_1 \sin \omega t + B_1 \cos \omega t. \tag{22}$$

Integration von (12a) und (22) ergibt bereits die allgemeine Lösung der Bewegungsgleichungen (4a) und (4b). Selbstverständlich kann man auch schon während der Rechnung die Anfangsbedingungen benutzen, was immer dann vorteilhaft ist, wenn dadurch frühzeitig Konstanten zu Null bestimmt werden. Zum Beispiel kann man bereits in (12b) wegen $\dot{y}(0) = 0$ $A_2 = 0$ und in (19) $\tilde{C}_1 = 0$ setzen.

4. Die für dieses Beispiel kompakteste Lösungsmethode ist die Umwandlung des Systems (4a), (4b) in eine einzige DG für die komplexe Variable

$$\zeta(t) := x + iy. \tag{23}$$

Man erhält durch Addition von (4a) zu der mit i multiplizierten Gl. (4b) die DG

$$\ddot{\zeta} + i\omega\dot{\zeta} = 0. \tag{24}$$

Diese ist für die Anfangsbedingungen

$$\zeta(0) = x(0) + iy(0) = 0, \tag{25a}$$

$$\dot{\zeta}(0) = \dot{x}(0) + i\dot{y}(0) = v_{0x} \tag{25b}$$

zu lösen. Mit dem Ansatz $\dot{\zeta} = e^{\lambda t}$ erhält man aus (24)

$$\dot{\zeta} = Ae^{-i\omega t}. \tag{26}$$

Integration von (26) ergibt als allgemeine Lösung von (24)

$$\zeta(t) = i\frac{A}{\omega}e^{-i\omega t} + C. \tag{27}$$

Aus (25a) folgt $A = v_{0x}$, aus (25b) folgt $C = -iA/\omega = -iv_{0x}/\omega$, also

$$\zeta(t) = \frac{v_{0x}}{\omega}\sin\omega t + i\frac{v_{0x}}{\omega}(\cos\omega t - 1). \tag{28}$$

Trennung von Real- und Imaginärteil liefert (18):

$$x(t) = \operatorname{Re}\zeta = \frac{v_{0x}}{\omega}\sin\omega t,$$

$$y(t) = \operatorname{Im}\zeta = \frac{v_{0x}}{\omega}(\cos\omega t - 1).$$

Diskussion der Bahnkurve (18): Denken wir uns zunächst das elektrische Feld abgeschaltet, also $E_0 = 0$, d. h. $\alpha = 0$, und sei $v_{0z} = 0$. Dann ist die Bahn ein Kreis in der xy-Ebene durch den Ursprung mit dem Radius $|v_{0x}/\omega|$, dessen Mittelpunkt längs der y-Achse um $-v_{0x}/\omega$ verschoben ist. Wenn $v_{0x} > 0$ ist, wird der Kreis $Q > 0$ mathematisch negativ, für $Q < 0$ mathematisch positiv durchlaufen. Ist $v_{0z} \neq 0$, aber noch $E_0 = 0$, so läuft der MP auf einer Schraubenlinie mit konstanter Ganghöhe. Ist $E_0 \neq 0$, so wächst die Ganghöhe der Schraubenlinie mit der Zeit.

Zusammenfassend seien noch einmal die Schritte der Rechnung aufgezählt:

1. Schritt: Aufstellen der vektoriellen Bewegungsgleichung.
2. Schritt: Geschickte Wahl eines KS.
3. Schritt: Aufstellen der Bewegungsgleichungen im gewählten KS und Berechnung einer allgemeinen Lösung.
4. Schritt: Berechnung der Bahn $\mathbf{r}(t)$ durch Bestimmung der willkürlichen Konstanten aus den Anfangsbedingungen.
5. Schritt: Diskussion der Bahnkurve.

Aufgabe 1.4 Ein MP mit der Masse m und der elektrischen Ladung Q befinde sich in einem konstanten Magnetfeld $\mathbf{B}_0$ und einem dazu senkrechten konstanten elektrischen

Feld $\mathbf{E_0}$. Gesucht ist die Bahnkurve des MP für die Anfangsbedingungen $\mathbf{r}(0) = \mathbf{0}$, $\dot{\mathbf{r}}(0) = \mathbf{0}$.

Lösung 1. Schritt: Die vektorielle Bewegungsgleichung lautet

$$m\ddot{\mathbf{r}} = Q(\mathbf{E_0} + \dot{\mathbf{r}} \times \mathbf{B_0}). \tag{1}$$

2. Schritt: $\mathbf{B_0}$ und $\mathbf{E_0}$ sind physikalisch ausgezeichnete orthogonale Richtungen. Wir können je eine Achse eines kartesischen KS in diese Richtungen legen, z. B. derart, daß gilt

$$\mathbf{B_0} = (0, 0, B_0), \qquad \mathbf{E_0} = (E_0, 0, 0), \qquad B_0, E_0 > 0. \tag{2}$$

3. Schritt: In diesem KS lauten die Bewegungsgleichungen

$$\ddot{x} = \omega\dot{y} + \alpha, \tag{3a}$$

$$\ddot{y} = -\omega\dot{x}, \tag{3b}$$

$$\ddot{z} = 0 \tag{3c}$$

mit $\omega := QB_0/m$ und $\alpha := QE_0/m$. Eine allgemeine Lösung von (3c) ist

$$z(t) = A_3 t + B_3. \tag{4}$$

Mit $\zeta := x + iy$ kann (3a), (3b) ersetzt werden durch

$$\ddot{\zeta} + i\omega\dot{\zeta} = \alpha. \tag{5}$$

Diese inhomogene DG liefert (s. Aufgabe 1.3 (26))

$$\dot{\zeta}(t) = Ae^{-i\omega t} + \frac{\alpha}{i\omega}. \tag{6}$$

Integration ergibt als allgemeine Lösung von (5)

$$\zeta(t) = i\frac{A}{\omega}e^{-i\omega t} - i\frac{\alpha}{\omega}t + C. \tag{7}$$

4. Schritt: Die Anfangsbedingungen lauten

$$x(0) = y(0) = z(0) = 0, \qquad \dot{x}(0) = \dot{y}(0) = \dot{z}(0) = 0,$$

also $\quad \zeta(0) = 0, \quad \dot{\zeta}(0) = 0.$

Damit werden die Konstanten aus (4) und (7) zu

$$A_3 = 0, \qquad B_3 = 0, \qquad A = i\frac{\alpha}{\omega}, \qquad C = -i\frac{A}{\omega} = \frac{\alpha}{\omega^2}$$

bestimmt, so daß

$$\zeta(t) = -\frac{\alpha}{\omega^2}(\cos\omega t - i\sin\omega t) - i\frac{\alpha}{\omega}t + \frac{\alpha}{\omega^2}$$

folgt. Hieraus erhält man durch Trennung von Real- und Imaginärteil die Bahnkurve

$$x(t) = \frac{\alpha}{\omega^2}(1 - \cos \omega t),$$

$$y(t) = -\frac{\alpha}{\omega^2}(\omega t - \sin \omega t), \tag{8}$$

$$z(t) \equiv 0.$$

5. Schritt: Die Bahnkurve ist eine Zykloide in der x, y-Ebene (s. Fig. 6.1.4 für $Q > 0$). Der Abstand der auf der y-Achse liegenden Umkehrpunkte der Bewegung ist $2\pi\alpha/\omega^2$. Die Zeit zwischen je zwei solchen Umkehrereignissen beträgt $2\pi/\omega$. Somit erhält der MP eine mittlere Driftgeschwindigkeit

$$\mathbf{v}_D = -\frac{2\pi\alpha}{\omega^2}\frac{\omega}{2\pi}\mathbf{e}_y = -\frac{\alpha}{\omega}\mathbf{e}_y = -\frac{E_0}{B_0}\mathbf{e}_y.$$

Sie ist interessanterweise unabhängig von der Ladung Q. Man kann sie auch unabhängig vom KS schreiben als

$$\mathbf{v}_D = \frac{\mathbf{E}_0 \times \mathbf{B}_0}{|\mathbf{B}_0|^2}.$$

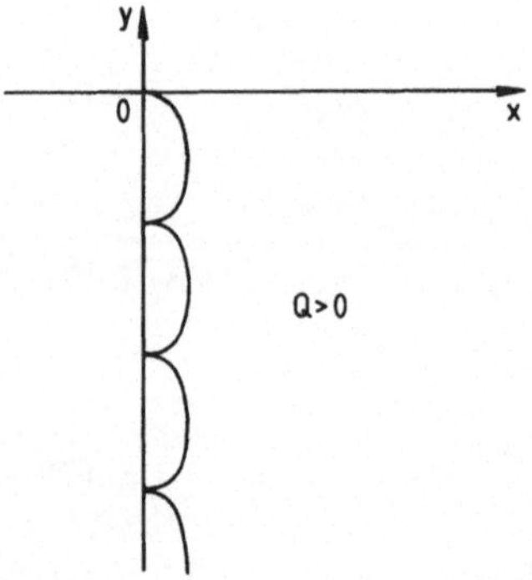

Fig. 6.1.4

Aufgabe 1.5 Für das Kraftfeld

$$\mathbf{F}(\mathbf{r}) = \begin{cases} a(r-R)\dfrac{\mathbf{r}}{r} & \text{für } r \leqslant R, \\ \mathbf{0} & \text{für } r > R \end{cases}$$

mit $a, R > 0$ soll untersucht werden, ob es Bahnen für einen MP der Masse m gibt, die ganz im Endlichen verlaufen.

Lösung Eine Potentialfunktion für das vorgegebene nichtabstoßende Zentralkraftfeld ist

$$V(r) = \begin{cases} -\dfrac{a}{2}(r-R)^2 & \text{für } r \leqslant R, \\ 0 & \text{für } r > R. \end{cases} \tag{1}$$

Für jede Bahn sind der Drehimpulsbetrag L und die Gesamtenergie E Konstanten. Nach (1.164) ist das effektive Potential

$$V_{eff}(r, L) = V(r) + \frac{L^2}{2mr^2}. \tag{2}$$

Gemäß (1.166) darf für eine Bahn **r**(t), die ganz im Endlichen verlaufen soll, die Beziehung

$$V_{eff}(r, L) \leqslant E \tag{3}$$

nur für endliche $r = |\mathbf{r}(t)|$ erfüllt sein.

1. L = 0: Es ist $V_{eff}(r, 0) = V(r) \leqslant 0$ und $V(0) = -aR^2/2$. Daher existieren Bahnen im Endlichen, falls (s. Fig. 6.1.5a)

$$-\frac{\alpha}{2} R^2 \leqslant E \leqslant 0.$$

2. L ≠ 0: (2) ist eine Kurvenschar mit dem Scharparameter L mit $V_{eff}(0, L) = +\infty$ und

$$V_{eff}(r, L) = \frac{L^2}{2mr^2} > 0 \quad \text{für } r > R.$$

Daher ist es wegen (3) für die Existenz von finiten Bahnen notwendig, diejenigen L zu bestimmen, für die die zugehörigen Kurven $V_{eff}(r, L)$ ein Minimum haben. Dieses kann nur in (0, R) liegen. Wir suchen zunächst in (0, R) Wendepunkte. Es ist

$$\frac{\partial V_{eff}}{\partial r} = -a(r - R) - \frac{L^2}{mr^3}, \tag{4}$$

$$\frac{\partial^2 V_{eff}}{\partial r^2} = -a + \frac{3L^2}{mr^4}, \tag{5}$$

$$\frac{\partial^3 V_{eff}}{\partial r^3} = -\frac{12L^2}{mr^5} \neq 0. \tag{6}$$

Setzt man (5) gleich Null, so folgt wegen (6), daß jede Kurve in (0, R) genau einen Wendepunkt bei

$$r_{wp}(L) = \sqrt[4]{\frac{3L^2}{am}} \tag{7}$$

hat. Deshalb kann jede Kurve höchstens ein Minimum in (0, R) besitzen. Dieses Minimum existiert nur für diejenigen L, für die der Anstieg der Kurve im Wendepunkt positiv ist. Wir suchen den Grenzfall $L = L_{krit}$, für den

$$\left[\frac{\partial V_{eff}}{\partial r}\right]_{r = r_{wp}(L)} = -a(r_{wp} - R) - \frac{L^2}{mr_{wp}^3} \stackrel{!}{=} 0 \tag{8}$$

ist. Setzt man (7) in (8) ein und löst nach L auf, so erhält man

$$L_{krit} = \frac{3}{16} R^2 \sqrt{3ma}. \tag{9}$$

Es ist $r_{wp}(L_{krit}) = 3R/4$. Da für jedes $L \neq 0$

$$\frac{d}{dL}\left(\left[\frac{\partial V_{eff}}{\partial r}\right]_{r_{wp}(L)}\right) = \left(-a + \frac{3L^2}{mr_{wp}^4}\right)\frac{dr_{wp}}{dL} - \frac{2L}{mr_{wp}^3} = -\frac{2L}{mr_{wp}^3} < 0$$

ist, haben wir bewiesen, daß finite Bahnen existieren, falls

$$L < L_{krit}$$

ist. Für die zugehörigen Energien muß gelten

$$V_{eff}(r_{min}, L) \leqslant E \leqslant V_{eff}(r_{max}, L),$$

wobei r_{min} und r_{max} die Stellen des Minimums bzw. Maximums von $V_{eff}(r, L)$ sind (s. Fig. 6.1.5b). Für den Grenzfall $L = L_{krit}$ existiert eine instabile Kreisbahn mit $r \equiv 3R/4$ und $E = aR^2/16$.

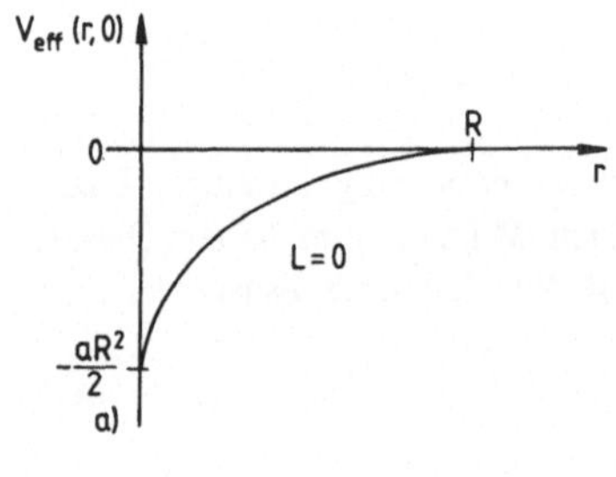

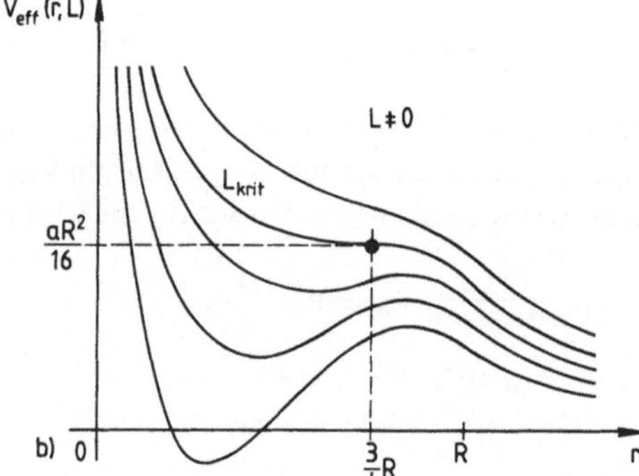

Fig. 6.1.5

Aufgabe 1.6 Erde, Mond und Sonne bilden ein Dreikörpersystem mit paarweise zentralen Zweikörper-Wechselwirkungskräften. Näherungsweise soll das System Erde-Mond als offenes Teilsystem mit der Gravitationskraft der Sonne als äußerer Kraft in demjenigen BS behandelt werden, in dem die Sonne ruht.

Lösung Das BS, in dem der Mittelpunkt der Sonne ruht, ist in guter Näherung das Newtonsche BS (s. Abschn. 1.3.6.1). Wir definieren bez. des Mittelpunkts O der Sonne die Ortsvektoren $\mathbf{r}_E$ als Ort der Erde und $\mathbf{r}_M$ als Ort des Mondes. Mit den Massen m_S der Sonne, m_E der Erde und m_M des Mondes lauten in Spezialisierung der Gln. (1.239) die Bewegungsgleichungen des offenen Systems Erde-Mond

$$m_E \ddot{\mathbf{r}}_E = -\gamma m_S m_E \frac{\mathbf{r}_E}{r_E^3} - \gamma m_E m_M \frac{\mathbf{r}_E - \mathbf{r}_M}{|\mathbf{r}_E - \mathbf{r}_M|^3}, \tag{1}$$

$$m_M \ddot{\mathbf{r}}_M = -\gamma m_S m_M \frac{\mathbf{r}_M}{r_M^3} + \gamma m_E m_M \frac{\mathbf{r}_E - \mathbf{r}_M}{|\mathbf{r}_E - \mathbf{r}_M|^3}. \tag{2}$$

Schwerpunktsvektor **R** und Relativvektor **r** des Systems Erde-Mond sind

$$\mathbf{R} := \frac{m_E \mathbf{r}_E + m_M \mathbf{r}_M}{m_E + m_M}, \qquad \mathbf{r} := \mathbf{r}_E - \mathbf{r}_M,$$

also $\quad \mathbf{r}_E = \mathbf{R} + \frac{m_M}{m_E + m_M}\mathbf{r}, \quad \mathbf{r}_M = \mathbf{R} - \frac{m_E}{m_E + m_M}\mathbf{r}.$

Durch Subtraktion bzw. Addition von (1) und (2) erhält man

$$\ddot{\mathbf{r}} = -\gamma m_S \left(\frac{\mathbf{r}_E}{r_E^3} - \frac{\mathbf{r}_M}{r_M^3}\right) - \gamma (m_E + m_M)\frac{\mathbf{r}}{r^3}, \tag{3}$$

$$(m_E + m_M)\ddot{\mathbf{R}} = -\gamma m_S \left(m_E \frac{\mathbf{r}_E}{r_E^3} + m_M \frac{\mathbf{r}_M}{r_M^3}\right). \tag{4}$$

Für $r/R \ll 1$ machen wir nun folgende Näherungen:

$$\frac{1}{r_E^3} = \left|\mathbf{R} + \frac{m_M}{m_E + m_M}\mathbf{r}\right|^{-3} = \frac{1}{R^3}\left[1 + 2\frac{m_M}{m_E + m_M}\frac{\mathbf{R}\cdot\mathbf{r}}{R^2} + \left(\frac{m_M}{m_E + m_M}\right)^2 \frac{r^2}{R^2}\right]^{-3/2}$$
$$\approx \frac{1}{R^3}\left[1 - 3\frac{m_M}{m_E + m_M}\frac{\mathbf{R}}{R}\cdot\frac{\mathbf{r}}{R} - \frac{3}{2}\left(\frac{m_M}{m_E + m_M}\right)^2\left[\frac{r^2}{R^2} - \frac{45}{4}\left(\frac{\mathbf{R}}{R}\cdot\frac{\mathbf{r}}{R}\right)^2\right]\right],$$

$$\frac{1}{r_M^3} = \left|\mathbf{R} - \frac{m_E}{m_E + m_M}\mathbf{r}\right|^{-3} = \frac{1}{R^3}\left[1 - 2\frac{m_E}{m_E + m_M}\frac{\mathbf{R}\cdot\mathbf{r}}{R^2} + \left(\frac{m_E}{m_E + m_M}\right)^2 \frac{r^2}{R^2}\right]^{-3/2}$$
$$\approx \frac{1}{R^3}\left[1 + 3\frac{m_E}{m_E + m_M}\frac{\mathbf{R}}{R}\cdot\frac{\mathbf{r}}{R} - \frac{3}{2}\left(\frac{m_E}{m_E + m_M}\right)^2\left[\frac{r^2}{R^2} - \frac{45}{4}\left(\frac{\mathbf{R}}{R}\cdot\frac{\mathbf{r}}{R}\right)^2\right]\right].$$

Daraus folgt

$$\frac{\mathbf{r}_E}{r_E^3} = \frac{1}{R^3}\left(\mathbf{R} + \frac{m_M}{m_E + m_M}\mathbf{r} - 3\frac{m_M}{m_E + m_M}\left(\frac{\mathbf{R}}{R}\cdot\frac{\mathbf{r}}{R}\right)\mathbf{R}\right) + \frac{1}{R^2}O\left(\left(\frac{r}{R}\right)^2\right),$$

$$\frac{\mathbf{r}_M}{r_M^3} = \frac{1}{R^3}\left(\mathbf{R} - \frac{m_E}{m_E + m_M}\mathbf{r} + 3\frac{m_E}{m_E + m_M}\left(\frac{\mathbf{R}}{R}\cdot\frac{\mathbf{r}}{R}\right)\mathbf{R}\right) + \frac{1}{R^2}O\left(\left(\frac{r}{R}\right)^2\right)$$

und damit

$$\frac{\mathbf{r}_E}{r_E^3} - \frac{\mathbf{r}_M}{r_M^3} = \frac{1}{R^3}\left(\mathbf{r} - 3\left(\frac{\mathbf{R}}{R}\cdot\frac{\mathbf{r}}{R}\right)\mathbf{R}\right) + \frac{1}{R^2}O\left(\left(\frac{r}{R}\right)^2\right),$$

$$m_E\frac{\mathbf{r}_E}{r_E^3} + m_M\frac{\mathbf{r}_M}{r_M^3} = \frac{1}{R^3}(m_E + m_M)\mathbf{R} + \frac{1}{R^2}O\left(\left(\frac{r}{R}\right)^2\right).$$

Setzt man dies in (3) und (4) ein, so erhält man bei Vernachlässigung von Gliedern der Ordnung $(r/R)^2$ das genäherte System von Bewegungsgleichungen

$$\ddot{\mathbf{r}} = -\gamma(m_E + m_M)\frac{\mathbf{r}}{r^3} - \frac{\gamma m_S}{R^3}\left(\mathbf{r} - 3\frac{\mathbf{R}\cdot\mathbf{r}}{R^2}\mathbf{R}\right), \tag{5}$$

$$\ddot{\mathbf{R}} = -\gamma m_S \frac{\mathbf{R}}{R^3}. \tag{6}$$

Diese DGn sind noch gekoppelt: Die Relativbewegung des Systems Erde-Mond erfolgt in dieser Näherung nicht unabhängig von der Schwerpunktsbewegung, insbesondere nicht vom augenblicklichen Winkel zwischen **r** und **R**. Erst wenn man auch Glieder der Ordnung r/R vernachlässigt, entstehen aus (5) und (6) die entkoppelten Bewegungsgleichungen

$$\ddot{\mathbf{r}} = -\gamma(m_E + m_M)\frac{\mathbf{r}}{r^3}, \tag{7}$$

$$\ddot{\mathbf{R}} = -\gamma m_S \frac{\mathbf{R}}{R^3} \tag{8}$$

eines Zweiteilchensystems mit der Struktur (1.242), dessen Schwerpunkt sich unabhängig von der Relativbewegung im Newtonschen Zentralkraftfeld der Sonne bewegt. Zur Rechtfertigung dieser Näherung, also des Fortlassens des zweiten Summanden in (5) müssen die Größenordnungen von $(m_E + m_M)/r^2$ und $m_S r/R^3$ miteinander verglichen werden: Es ist

$$\frac{m_S}{m_E + m_M}\left(\frac{r}{R}\right)^3 \approx 5{,}5 \cdot 10^{-3}.$$

Aufgabe 1.7 Man beweise, daß die Gravitationskraft a u ß e r h a l b einer Kugel K mit kontinuierlicher k u g e l s y m m e t r i s c h e r Massenverteilung zu ersetzen ist durch die Kraft eines im Kugelmittelpunkt gedachten MP, dem als Masse die Gesamtmasse der Kugel zugeordnet wird.

Lösung Nach (1.239) ist die Gravitationskraft, die von einem System von n an den Orten $\mathbf{r}_\mu$ befindlichen MP der Massen m_μ auf einen MP der Masse m am Ort **r** ausgeübt wird,

$$\mathbf{F}(\mathbf{r}) = -\gamma m \sum_{\mu=1}^{n} m_\mu \frac{\mathbf{r} - \mathbf{r}_\mu}{|\mathbf{r} - \mathbf{r}_\mu|^3} = -\frac{\partial}{\partial \mathbf{r}} V(\mathbf{r}) \tag{1}$$

mit $$V(\mathbf{r}) := -\gamma m \sum_{\mu=1}^{n} \frac{m_\mu}{|\mathbf{r} - \mathbf{r}_\mu|}. \tag{2}$$

Für sehr große n ist die Auswertung solcher Summen unpraktikabel; stattdessen verwendet man dann für die Massenverteilung im Volumen K besser ein kontinuierliches Modell, das durch die Ersetzungen

$$\sum_{\mu=1}^{n} \to \int_K, \qquad m_\mu \to \rho(\mathbf{r}')dV', \qquad \mathbf{r}_\mu \to \mathbf{r}' \tag{3}$$

entsteht, wobei $\rho(\mathbf{r}')$ *Massendichte* im Punkt $\mathbf{r}' \in K$ heißt. Aus (2) wird dann

$$V(\mathbf{r}) = -\gamma m \int_K \frac{\rho(\mathbf{r}')}{|\mathbf{r} - \mathbf{r}'|} dV'. \tag{4}$$

Im vorliegenden Fall soll K eine Kugel vom Radius R mit dem Mittelpunkt bei $\mathbf{r} = \mathbf{0}$ sein, und es ist vorausgesetzt, daß

$$\rho(\mathbf{r}') = \tilde{\rho}(r'), \qquad r' := |\mathbf{r}'| \tag{5}$$

ist. Zur Berechnung von (4) führen wir Kugelkoordinaten r', ϑ', φ' als Integrationskoordinaten ein und nutzen dabei die Freiheit bei der Wahl dieser Koordinaten dahingehend aus, daß wir die z'-Achse durch den (jeweiligen) Aufpunkt $\mathbf{r}$ legen (s. Fig. 6.1.7). Dann ist $\vartheta' = \sphericalangle(\mathbf{r}, \mathbf{r}')$ und

$$|\mathbf{r} - \mathbf{r}'| = {}_{+}\sqrt{r^2 + r'^2 - 2rr' \cos\vartheta'}$$

mit $r := |\mathbf{r}|$.

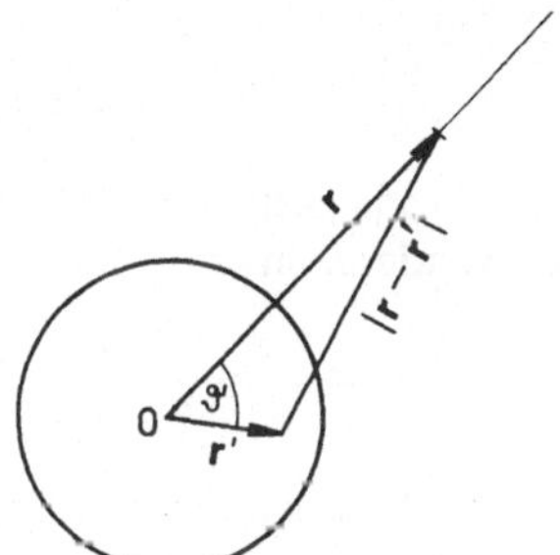

Fig. 6.1.7

Zu lösen ist also das Integral

$$V(\mathbf{r}) = -\gamma m \int_0^R \int_0^\pi \int_0^{2\pi} \frac{\tilde{\rho}(r') r'^2 \sin\vartheta'}{\sqrt{r^2 + r'^2 - 2rr' \cos\vartheta'}} \, d\varphi' d\vartheta' dr'.$$

Nach Ausführen der φ'-Integration und der Substitution $\cos\vartheta' = \zeta$ wird

$$\begin{aligned} V(\mathbf{r}) &= -\gamma m 2\pi \int_0^R dr' r'^2 \tilde{\rho}(r') \int_{-1}^{1} \frac{d\zeta}{\sqrt{r^2 + r'^2 - 2rr'\zeta}} \\ &= -\gamma m 2\pi \int_0^R dr' r'^2 \tilde{\rho}(r') \left[-\frac{1}{rr'} \sqrt{r^2 + r'^2 - 2rr'\zeta} \right]_{\zeta = -1}^{1} \\ &= 2\pi \frac{\gamma m}{r} \int_0^R r' \tilde{\rho}(r') \left(|r - r'| - (r + r') \right) dr' \end{aligned}$$

Für Aufpunkte außerhalb der Kugel, also für $r > R$, ist $|r - r'| = r - r'$, so daß man

$$V(\mathbf{r}) = -\frac{\gamma m}{r} 4\pi \int_0^R \tilde{\rho}(r') r'^2 dr' = -\frac{\gamma m}{r} \int_K \tilde{\rho}(r') dV' = -\frac{\gamma m M}{r}$$

erhält, wobei M die Gesamtmasse der Kugel ist. Mit (1) folgt daraus

$$\mathbf{F}(\mathbf{r}) = -\frac{\gamma m M}{r^2} \frac{\mathbf{r}}{r},$$

was zu beweisen war.

Aufgabe 1.8 Die Bahn eines Erdsatelliten der Masse m_1 habe im Punkt P_1 ihre minimale Entfernung $h_1 = 100$ km und im Punkt P_2 ihre maximale Entfernung $h_2 = 1000$ km von der Erdoberfläche. Im Punkt P_1, er möge über dem Nordpol liegen, stoße der Satellit zentral und total inelastisch mit einer Masse $m_2 = m_1/10$ zusammen, die in entgegengesetzter Richtung mit gleichem Geschwindigkeitsbetrag wie der Satellit fliegt. Es soll untersucht werden, ob der entstehende Schrotthaufen auf die Erdoberfläche stürzt. Dabei soll die Erde als Kugel mit dem Radius R und zentralsymmetrischer Massendichte angesehen werden und die Luftreibung außer Betracht bleiben.

Lösung Im Zentralkraftfeld der Erde durchfliegt der Satellit eine Ellipsenbahn, in deren einem Brennpunkt der Erdmittelpunkt O liegt. Die Entfernungen der Punkte P_1 und P_2 von O sind

$$r_1 = R + h_1, \qquad r_2 = R + h_2, \qquad h_1 < h_2. \tag{1}$$

Die Geschwindigkeiten des Satelliten in P_1 und P_2 seien v_1 bzw. v_2. Mit $\alpha := \gamma M$, wobei γ die Gravitationskonstante und M die Masse der Erde ist, lautet der Energieerhaltungssatz

$$\frac{E}{m_1} = \frac{v_1^2}{2} - \frac{\alpha}{r_1} = \frac{v_2^2}{2} - \frac{\alpha}{r_2}. \tag{2}$$

Ferner gilt der Erhaltungssatz für den Betrag des Drehimpulses

$$\frac{L}{m_1} = v_1 r_1 = v_2 r_2, \tag{3}$$

wobei beachtet wurde, daß Orts- und Geschwindigkeitsvektoren an den Bahnpunkten extremaler Entfernung (und nur dort) zueinander orthogonal sind. Aus (3) folgt $v_2 = v_1 r_1 / r_2$, was in (2) eingesetzt zu

$$v_1 = \sqrt{\frac{2\alpha r_2}{r_1(r_1 + r_2)}} \tag{4}$$

führt. Beim Stoß im Punkt P_1 gilt für die H o r i z o n t a l komponente des Impulses ein Erhaltungssatz, der für total inelastischen Stoß, der das Zusammenbleiben der Stoßpartner nach dem Stoß zur Folge hat, die Form

$$m_1 v_1 - \frac{m_1}{10} v_1 = \left(m_1 + \frac{m_1}{10}\right) v_1' \tag{5}$$

besitzt. Daraus folgt für die Geschwindigkeit des Schrotthaufens unmittelbar nach dem Stoß

$$v_1' = \frac{9}{11} v_1 = \frac{9}{11} \sqrt{\frac{2\alpha r_2}{r_1(r_1 + r_2)}}. \tag{6}$$

Die Energie- und Drehimpulskonstanten des Schrotthaufens mit der Masse $m' := 1{,}1 m_1$ sind

$$\frac{E'}{m'} = \frac{v_1'^2}{2} - \frac{\alpha}{r_1}, \qquad \frac{L'}{m'} = v_1' r_1. \tag{7}$$

Damit kann man die Bahnparameter ϵ' und p' des Schrotthaufens aus (1.245) berechnen. Mit $\alpha = \gamma M = 3{,}99 \cdot 10^{14}\ m^3 s^{-2}$ und $R = 6{,}37 \cdot 10^6$ m ergeben sich folgende Werte: $v_1 = 8{,}10 \cdot 10^3\ ms^{-1}$, $v_1 = 6{,}63 \cdot 10^3\ ms^{-1}$, $p = 4{,}61 \cdot 10^6$ m, $\epsilon' = 0.287$. Im vorliegenden Fall ist also die Bahn des Schrotthaufens eine Ellipse. Sie wird mit (1.249) durch

$$\cos\varphi' = \frac{1}{\epsilon'}\left(\frac{p'}{r'} - 1\right) \tag{8}$$

dargestellt. Setzt man hierin $r' = r_1$, so ist $\cos\varphi' < 0$. Zum Nordpol gehört also $\varphi' = \pi$. Falls ein Absturz stattfindet, muß (8) für $r' = R$ eine Lösung haben. In der Tat ergibt sich die Lösung $\varphi' = 164°$ so daß der Schrotthaufen bei $\theta = \varphi' - 90° = 74°$ nördlicher Breite auf die Erdoberfläche stürzt.

Aufgabe 1.9 Unter der Voraussetzung, daß die Erde als ein in einem Inertialsystem mit konstanter Winkelgeschwindigkeit ω rotierender starrer Körper mit $\omega = 7{,}3 \cdot 10^{-5}\ s^{-1}$ betrachtet werden kann, soll die Bewegung eines aus der Höhe h über der Erdoberfläche mit der Anfangsgeschwindigkeit $\mathbf{v}_0 = \mathbf{0}$ fallenden MP untersucht werden. Von der Luftreibung werde abgesehen.

Lösung Das postulierte Inertialsystem beschreiben wir durch ein KS $[O; \mathbf{e}_1, \mathbf{e}_2, \mathbf{e}_3]$, wobei O der Erdmittelpunkt ist und $\mathbf{e}_3$ zum Nordpol zeigt. Zur Lösung der Aufgabe ist es zweckmäßig, ein auf der Erdoberfläche fixiertes Nicht-Inertialsystem einzuführen, da sich in ihm die Bahn des MP einfacher beschreiben läßt als im Inertialsystem. Dafür treten im Nicht-Inertialsystem gemäß (1.197a), (1.196) und (1.195) Scheinkräfte in den Bewegungsgleichungen auf.

Der zum Startpunkt gehörende Lotpunkt auf der Erdoberfläche sei O'. Wir repräsentieren zunächst das Nicht-Inertialsystem durch das KS $[O'; \mathbf{e}_1', \mathbf{e}_2', \mathbf{e}_3']$, wobei $\mathbf{e}_3'$ in Richtung des Strahls $\overrightarrow{OO'}$, $\mathbf{e}_1'$ nach Süden und $\mathbf{e}_2'$ nach Osten zeigt (s. Fig. 6.1.9a). Dann ist

$$\boldsymbol{\omega}(t) = \omega \mathbf{e}_3, \qquad \dot{\boldsymbol{\omega}} = \mathbf{0}, \qquad \mathbf{c}(t) = \sum_{k=1}^{3} c_k' \mathbf{e}_k' = R\mathbf{e}_3', \tag{1}$$

also $$c_k' = R\delta_{k3}, \qquad \dot{c}_k' = \ddot{c}_k' = 0, \qquad k = 1, 2, 3. \tag{2}$$

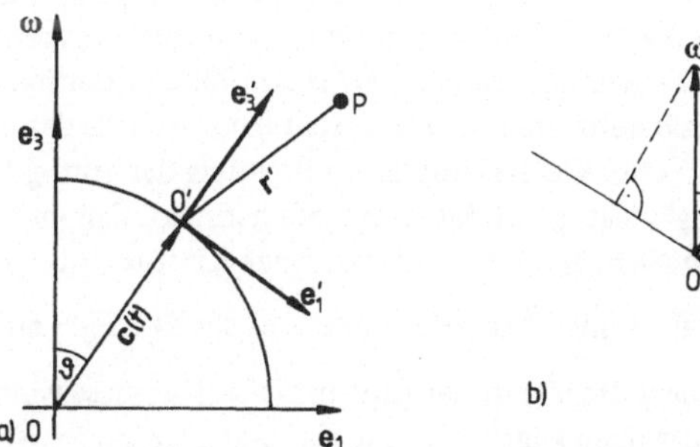

Fig. 6.1.9

Aus Fig. 6.1.9b ist ersichtlich, daß

$$\boldsymbol{\omega} = \omega(-\sin\vartheta \mathbf{e}_1' + \cos\vartheta \mathbf{e}_3') \tag{3}$$

ist, wobei ϑ der Winkelabstand von O' zum Nordpol ist. Somit lauten für einen MP der Masse m, auf den im Punkt P die eingeprägte Kraft **F** wirkt, die Bewegungsgleichungen im Nicht-Inertialsystem gemäß (1.197c)

$$\ddot{x}' = \frac{1}{m} \mathbf{e}_1' \cdot \mathbf{F} + 2\dot{y}'\omega \cos\vartheta + x'\omega^2 \cos^2\vartheta + (z' + R)\omega^2 \sin\vartheta \cos\vartheta,$$

$$\ddot{y}' = \frac{1}{m} \mathbf{e}_2' \cdot \mathbf{F} - 2\dot{x}'\omega \cos\vartheta - 2\dot{z}'\omega \sin\vartheta + \omega^2 y', \tag{4}$$

$$\ddot{z}' = \frac{1}{m} \mathbf{e}_3' \cdot \mathbf{F} + 2\dot{y}'\omega \sin\vartheta + x'\omega^2 \sin\vartheta \cos\vartheta + (z' + R)\omega^2 \sin^2\vartheta.$$

Dabei ist $\mathbf{r}' = (x', y', z')$ der Ortsvektor des MP bez. $[O'; \mathbf{e}_1', \mathbf{e}_2', \mathbf{e}_3']$. Die in ω linearen Terme rühren von der Coriolis-Kraft

$$\mathbf{F}_C := -2m\boldsymbol{\omega} \times \mathbf{v}', \tag{5}$$

die in ω quadratischen Terme von der Kraft

$$\mathbf{F}_Z := -m\boldsymbol{\omega} \times (\boldsymbol{\omega} \times \mathbf{r}) = -m\boldsymbol{\omega} \times (\boldsymbol{\omega} \times \mathbf{r}') - m\boldsymbol{\omega} \times (\boldsymbol{\omega} \times \mathbf{c}) \tag{6}$$

her, und es gilt nach (1.196) für die Gesamtkraft im Nicht-Inertialsystem

$$\mathbf{F}' = \mathbf{F} + \mathbf{F}_C + \mathbf{F}_Z. \tag{7}$$

Die einzige eingeprägte Kraft **F** auf den MP soll die Gravitationskraft der Erde sein. Würde man die Erde als eine starre Kugel vom Radius R mit kugelsymmetrischer Massenverteilung betrachten, so wäre diese Kraft

$$\mathbf{F} = -\frac{mgR^2}{r^2} \frac{\mathbf{r}}{r}, \tag{8}$$

wobei $r = |\mathbf{r}| = |\mathbf{r}' + \mathbf{c}|$ und g eine für alle Punkte der Erdoberfläche gleiche Konstante ist. Abgesehen davon, daß die Massendichte der Erde in der Nähe der Erdoberfläche örtlich verschieden ist, ist nun aber aus Messungen bekannt, daß die Erde eine ellipsoidähnliche Gestalt hat, deren Ursache im wesentlichen die Kraft $\mathbf{F}_Z$ ist. Würden wir von (8) ausgehen, dürften wir also die von (6) in (4) erzeugten Terme nicht als realistisch ansehen. Die Berechnung der Gravitationskraft eines masseerfüllten Rotationsellipsoids ist jedoch schwierig. Deshalb definieren wir die Gestalt eines Modells der Erdoberfläche dadurch, daß in jedem ihrer Punkte die Normale in Richtung der dort gemessenen Schwerebeschleunigung $\mathbf{g}^*$ liegt. $\mathbf{g}^*$ ist dabei dadurch definiert, daß $m\mathbf{g}^*$ die auf einen in O' ruhenden MP im Nicht-Inertialsystem wirkende Kraft ist. Aus (4) entnimmt man dafür

$$m\mathbf{g}^* = \mathbf{F}_0 + mR\omega^2 \sin\vartheta(\mathbf{e}_1' \cos\vartheta + \mathbf{e}_3' \sin\vartheta) = \mathbf{F}_0 - m\boldsymbol{\omega} \times (\boldsymbol{\omega} \times \mathbf{c}), \tag{9}$$

wobei $\mathbf{F}_0$ die Gravitationskraft der Erde in O' ist. Nur diese Kombination von Kräften ist also meßbar. Wir wollen annehmen, daß $\mathbf{F}_0$ rotationssymmetrisch zur Erdachse ist, d. h. $F_{02}' = \mathbf{F}_0 \cdot \mathbf{e}_2 = 0$.

Für das zu untersuchende Fallexperiment gibt die Richtung von $\mathbf{g}^*$ an, was „senkrecht nach unten" bedeutet, d. h. $\mathbf{g}^*$ ist die Richtung des Lotes vom Startpunkt. Es ist darum zweckmäßig, das Nicht-Inertialsystem durch ein um $\mathbf{e}_2'$ mit dem Winkel α gegen $[O'; \mathbf{e}_1', \mathbf{e}_2', \mathbf{e}_3']$ gedrehtes KS $[O'; \mathbf{e}_1^*, \mathbf{e}_2^*, \mathbf{e}_3^*]$ darzustellen, das so beschaffen ist, daß $\mathbf{g}^* = -g^* \mathbf{e}_3^*$ mit $g^* > 0$ ist (s. Fig. 6.1.9b). Der notwendige Drehwinkel α ergibt sich mit $\mathbf{e}_1^* \cdot \mathbf{e}_1' = \cos\alpha$, $\mathbf{e}_1^* \cdot \mathbf{e}_3' = -\sin\alpha$ und (9) aus der Bedingung

$$\mathbf{e}_1^* \cdot \mathbf{g}^* = \left(\frac{1}{m} F_{01}' + R\omega^2 \sin\vartheta \cos\vartheta\right) \cos\alpha - \left(\frac{1}{m} F_{03}' + R\omega^2 \sin^2\vartheta\right) \sin\alpha \stackrel{!}{=} 0 \tag{10}$$

zu
$$\alpha = \arctan \frac{\frac{1}{m} F_{01}' + R\omega^2 \sin\vartheta \cos\vartheta}{\frac{1}{m} F_{03}' + R\omega^2 \sin^2\vartheta}. \tag{11}$$

Setzt man $F_{01}' \approx 0$, $F_{03}' \approx -mg$, $g \approx 9{,}8\ \mathrm{ms}^{-2}$ und $R = 6{,}3 \cdot 10^6$ m, so erhält man

$$\alpha \approx \tan\alpha = -3{,}4 \cdot 10^{-3} \sin\vartheta \cos\vartheta \lesssim 0{,}1°.$$

Führt man mit

$$x^* = x' \cos\alpha - z' \sin\alpha, \qquad y^* = y', \qquad z^* = x' \sin\alpha + z' \cos\alpha \tag{12}$$

in (4) die KS-Drehung aus, so entstehen die Bewegungsgleichungen

$$\ddot{x}^* = \frac{1}{m} \tilde{F}_1 + 2\dot{y}^* \omega \cos\vartheta^* + x^* \omega^2 \cos^2\vartheta^* + z^* \omega^2 \sin\vartheta^* \cos\vartheta^*, \tag{13a}$$

$$\ddot{y}^* = \frac{1}{m} \tilde{F}_2 - 2\dot{x}^* \omega \cos\vartheta^* - 2\dot{z}^* \omega \sin\vartheta^* + \omega^2 y^*, \tag{13b}$$

$$\ddot{z}^* = \frac{1}{m} \tilde{F}_3 + 2\dot{y}^* \omega \sin\vartheta^* + \dot{x}^* \omega^2 \sin\vartheta^* \cos\vartheta^* + z^* \omega^2 \sin^2\vartheta^* \tag{13c}$$

mit
$$\vartheta^* := \vartheta + \alpha \tag{14}$$

und
$$\begin{aligned} \frac{1}{m} \tilde{F}_1 &:= \left(\frac{1}{m} F_1' + R\omega^2 \sin\vartheta \cos\vartheta\right) \cos\alpha - \left(\frac{1}{m} F_3' + R\omega^2 \sin^2\vartheta\right) \sin\alpha, \\ \frac{1}{m} \tilde{F}_2 &:= \frac{1}{m} F_2', \\ \frac{1}{m} \tilde{F}_3 &:= \left(\frac{1}{m} F_1' + R\omega^2 \sin\vartheta \cos\vartheta\right) \sin\alpha + \left(\frac{1}{m} F_3' + R\omega^2 \sin^2\vartheta\right) \cos\alpha. \end{aligned} \tag{15}$$

Für $\mathbf{F} = \mathbf{F}_0$ ist wegen (10)

$$\tilde{F}_1 = 0, \qquad \tilde{F}_2 = 0, \qquad \tilde{F}_3 = -mg^*. \tag{16}$$

Die Anfangsbedingungen für den freien Fall sind in $[O'; \mathbf{e}_1^*, \mathbf{e}_2^*, \mathbf{e}_3^*]$

$$x^*(0) = y^*(0) = 0, \qquad z^*(0) = h, \qquad \dot{x}^*(0) = \dot{y}^*(0) = \dot{z}^*(0) = 0. \tag{17}$$

Um (13) geschlossen lösen zu können, wollen wir nur den Fall betrachten, daß h so klein ist, daß sich der MP während seines ganzen Fluges näherungsweise im k o n s t a n t e n Schwerefeld (16) bewegt. Der dabei gemachte relative Fehler in der Beschleunigung hat die Größenordnung $|z^*|/R$ und ist so groß, daß wegen $|z^*|\omega^2 \ll g|z^*|/R$ die Mitnahme der in ω quadratischen Terme in (13a) und (13c) physikalisch sinnlos wäre. Deshalb behandeln wir nur das gekoppelte System[1])

$$\ddot{x}^* = 2\omega \cos \vartheta^* \dot{y}^*, \tag{18a}$$

$$\ddot{y}^* = -2\omega \cos \vartheta^* \dot{x}^* - 2\omega \sin \vartheta^* \dot{z}^*, \tag{18b}$$

$$\ddot{z}^* = -g^* + 2\omega \sin \vartheta^* \dot{y}^*. \tag{18c}$$

Mit (17) folgt aus (18a) bzw. (18c)

$$\dot{x}^* = 2\omega \cos \vartheta^* y^*, \tag{19}$$

$$\dot{z}^* = -g^* t + 2\omega \sin \vartheta^* y^*. \tag{20}$$

Dies in (18b) eingesetzt ergibt

$$\ddot{y}^* + 4\omega^2 y^* = 2\omega g^* t \sin \vartheta^*.$$

Eine allgemeine Lösung dieser inhomogenen Schwingungsgleichung ist

$$y^*(t) = A \cos 2\omega t + B \sin 2\omega t + \frac{\sin \vartheta^*}{2\omega} g^* t.$$

Mit (17) folgt

$$y^*(t) = -\frac{g^*}{4\omega^2} \sin \vartheta^* (\sin 2\omega t - 2\omega t). \tag{21}$$

Setzt man das in (19) bzw. (20) ein, so erhält man nach Integration mit (17)

$$x^*(t) = \frac{g^*}{4\omega^2} \sin \vartheta^* \cos \vartheta^* \left(\cos 2\omega t - 1 + \frac{(2\omega t)^2}{2} \right), \tag{22}$$

$$z^*(t) = -\frac{g^*}{2} t^2 + h + \frac{g^*}{4\omega^2} \sin^2 \vartheta^* \left(\cos 2\omega t - 1 + \frac{(2\omega t)^2}{2} \right). \tag{23}$$

Da die ungefähre Fallzeit $T = \sqrt{2h/g^*}$ des MP sehr viel kleiner als ein Tag ist, also $\omega T \ll 1$, kann man in (21), (22) und (23)

$$\sin 2\omega t \approx 2\omega t - \frac{(2\omega t)^3}{6} + O((\omega t)^5), \qquad \cos 2\omega t \approx 1 - \frac{(2\omega t)^2}{2} + O((\omega t)^4)$$

[1]) Für allgemeine DGn ist ein Weglassen von „kleinen" Termen i. allg. nicht erlaubt. Im vorliegenden Fall kann man (13) mit (16) und (17) auch exakt lösen, am schnellsten mit einer Laplace-Transformation, und findet, daß unsere Fortlassungen die niedrigste Näherung der Lösung nicht ändern.

einsetzen und erhält in niedrigster Näherung für die Bahnkurve

$$x^*(t) = O((\omega t)^4), \tag{24a}$$

$$y^*(t) = \frac{g^*}{3\omega^2} \sin \vartheta^* (\omega t)^3 + O((\omega t)^5), \tag{24b}$$

$$z^*(t) = -\frac{g^*}{2} t^2 + h + O((\omega t)^4). \tag{24c}$$

Mit $t = T = \sqrt{2h/g^*}$ ergibt sich der Aufschlagpunkt als

$$x_0^* \approx 0, \qquad y_0^* \approx \frac{\omega g^*}{3} \sin \vartheta^* \left(\frac{2h}{g^*}\right)^{3/2}.$$

Die Coriolis-Kraft bewirkt also eine Ostabweichung der Bahn gegenüber dem freien Fall in einem Inertialsystem. Bei $h = 300$ m und $\vartheta^* = 45^\circ$ wird $y_0^* \approx 8$ cm.

Aufgabe 1.10 Aus dem Unendlichen kommend bewege sich ein MP der Masse μ in einem Zentralkraftfeld mit der Potentialfunktion V(r). Zu bestimmen ist der Stoßparameter s (s. Fig. 6.1.10).

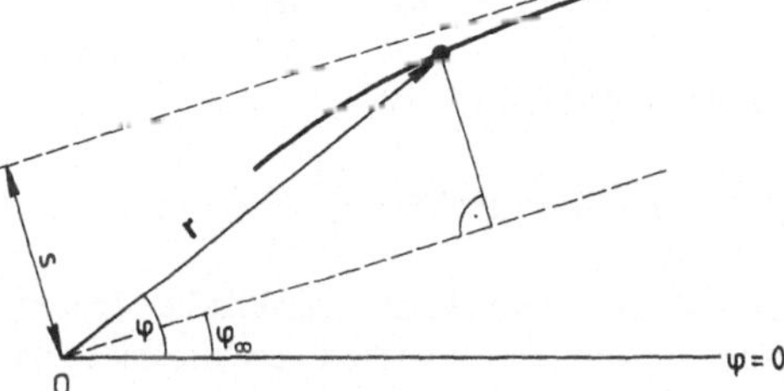

Fig. 6.1.10

Lösung Es ist (s. Fig. 6.1.10)

$$s := \lim_{\varphi \to \varphi_\infty} [r \sin(\varphi_\infty - \varphi)] = \lim_{r \to \infty} [r \sin(\varphi_\infty - \varphi(r))].$$

Mit (1.163) und (1.167) und mit der l'Hospitalschen Regel ergibt sich daraus

$$s = \lim_{r \to \infty} \frac{\sin\left[\frac{L}{\mu}\int_r^\infty \left[r'^2 \sqrt{\frac{2}{\mu}(E - V(r') - L^2/(2\mu r'^2))}\right]^{-1} dr'\right]}{r^{-1}}$$

$$= \lim_{r \to \infty} \frac{\frac{L}{\mu}\cos\left[\frac{L}{\mu}\int_r^\infty \left[r'^2 \sqrt{\frac{2}{\mu}(E - V(r') - L^2/(2\mu r'^2))}\right]^{-1} dr'\right]}{\sqrt{\frac{2}{\mu}(E - V(r) - L^2/(2\mu r^2))}}$$

$$= \frac{L}{\sqrt{2\mu(E - V(\infty))}}.$$

Wenn $V(\infty) = 0$ ist, ist dieses Ergebnis identisch mit (1.264).

Aufgabe 1.11 aus dem verallgemeinerten Potential

$$U(\mathbf{r}, \dot{\mathbf{r}}, t) = -Q\mathbf{A}(\mathbf{r}, t) \cdot \dot{\mathbf{r}} + Q\Phi(\mathbf{r}, t)$$

soll mit

$$\mathbf{E} = -\text{grad } \Phi - \frac{\partial \mathbf{A}}{\partial t}, \qquad \mathbf{B} = \text{rot } \mathbf{A}$$

die Lorentz-Kraft hergeleitet werden.

Lösung Mit (1.301) ist

$$\mathbf{F} = -\frac{\partial U}{\partial \mathbf{r}} + \frac{d}{dt}\frac{\partial U}{\partial \dot{\mathbf{r}}}. \tag{1}$$

Benutzt man Nablarechnung und Kettenregel, so ergibt sich

$$\frac{\partial U}{\partial \mathbf{r}} = Q \text{ grad } \Phi - Q(\dot{\mathbf{r}} \cdot \nabla)\mathbf{A} - Q\dot{\mathbf{r}} \times \text{rot } \mathbf{A}$$

$$\frac{d}{dt}\frac{\partial U}{\partial \dot{\mathbf{r}}} = \frac{d}{dt}(-Q\mathbf{A}) = -Q\left[(\dot{\mathbf{r}} \cdot \nabla)\mathbf{A} + \frac{\partial \mathbf{A}}{\partial t}\right].$$

Eingesetzt in (1) folgt

$$\mathbf{F} = Q\left[\left(-\text{grad } \Phi - \frac{\partial \mathbf{A}}{\partial t}\right) + \dot{\mathbf{r}} \times \text{rot } \mathbf{A}\right] = Q(\mathbf{E} + \dot{\mathbf{r}} \times \mathbf{B}).$$

Aufgabe 1.12 Das Feld der magnetischen Induktion $\mathbf{B}(\mathbf{r})$ eines von einem elektrischen Strom der konstanten Stärke I durchflossenen unendlich langen und ideal dünnen geraden Drahtes ist

$$\mathbf{B}(\mathbf{r}) = \frac{\mu_0 I}{2\pi}\frac{\mathbf{e} \times \mathbf{r}}{|\mathbf{e} \times \mathbf{r}|^2},$$

wobei $\mathbf{e}$ ein konstanter Einheitsvektor in Richtung des Stromes und μ_0 eine Maßsystemkonstante ist. Für einen MP mit Masse m und elektrischer Ladung Q sind Bewegungsgleichungen in geeigneten generalisierten Koordinaten gesucht, so daß eine Lösung bis auf Integrationen möglich ist.

Lösung Die Kraft auf die Probeladung ist

$$\mathbf{F}(\mathbf{r}, \dot{\mathbf{r}}) = Q\dot{\mathbf{r}} \times \mathbf{B} = \frac{\mu_0 IQ}{2\pi}\frac{\dot{\mathbf{r}} \times (\mathbf{e} \times \mathbf{r})}{|\mathbf{e} \times \mathbf{r}|^2}. \tag{1}$$

Wegen der Zylindersymmetrie des Feldes $\mathbf{B}(\mathbf{r})$ (die Feldlinien sind konzentrische Kreise um den Draht) führen wir Zylinderkoordinaten (1.14) ein, wobei wir $\mathbf{e}_z = \mathbf{e}$ wählen. Mit (1.16) wird dann $\mathbf{e} \times \mathbf{r} = \rho\mathbf{e}_\varphi$, was zusammen mit (1.17) in (1) eingesetzt auf

$$\mathbf{F}(\mathbf{r}, \dot{\mathbf{r}}) = m\alpha(\dot{\rho}\mathbf{e}_z - \dot{z}\mathbf{e}_\rho)/\rho \tag{2}$$

führt, wobei $\alpha := \mu_0 IQ/(2\pi m)$ gesetzt ist. Da das Kraftgesetz (1) keine Potentialfunktion

V(**r**) besitzt, stellen wir die Bewegungsgleichungen in der Form (1.291) auf. (Der Weg über ein verallgemeinertes Potential (1.307) mit $\mathbf{A} = -\mu_0 I \ln \rho \mathbf{e}_z/(2\pi)$ und $\Phi = 0$ ist auch möglich). Die generalisierten Kraftkomponenten berechnen wir aus (2):

$$\widetilde{F}_\rho := \mathbf{F} \cdot \frac{\partial \mathbf{r}}{\partial \rho} = \mathbf{F} \cdot \mathbf{e}_\rho = -m\alpha \frac{\dot{z}}{\rho},$$

$$\widetilde{F}_\varphi := \mathbf{F} \cdot \frac{\partial \mathbf{r}}{\partial \varphi} = \mathbf{F} \cdot \mathbf{e}_\varphi \rho = 0,$$

$$\widetilde{F}_z := \mathbf{F} \cdot \frac{\partial \mathbf{r}}{\partial z} = \mathbf{F} \cdot \mathbf{e}_z = m\alpha \frac{\dot{\rho}}{\rho}.$$

Die kinetische Energie in Zylinderkoordinaten ergibt sich aus (1.18) zu

$$\widetilde{T} = \frac{m}{2}(\dot{\rho}^2 + \rho^2\dot{\varphi}^2 + \dot{z}^2). \tag{3}$$

Somit lauten die Bewegungsgleichungen (1.291)

$$\frac{d}{dt}\frac{\partial \widetilde{T}}{\partial \dot{\rho}} - \frac{\partial \widetilde{T}}{\partial \rho} = m(\ddot{\rho} - \rho\dot{\varphi}^2) = -m\alpha \frac{\dot{z}}{\rho}, \tag{4a}$$

$$\frac{d}{dt}\frac{\partial \widetilde{T}}{\partial \dot{\varphi}} - \frac{\partial \widetilde{T}}{\partial \varphi} = \frac{d}{dt}(m\rho^2\dot{\varphi}) = 0, \tag{4b}$$

$$\frac{d}{dt}\frac{\partial \widetilde{T}}{\partial \dot{z}} - \frac{\partial \widetilde{T}}{\partial z} = m\ddot{z} = m\alpha \frac{\dot{\rho}}{\rho}. \tag{4c}$$

Integration von (4b) und (4c) liefert

$$\dot{\varphi} = \frac{C_1}{\rho^2}, \qquad \dot{z} = \alpha \ln \rho + C_2, \qquad C_1, C_2 = \text{const}. \tag{5}$$

Setzt man dies in (4a) ein und multipliziert mit $\dot{\rho}$, so entsteht

$$\frac{d}{dt}\left(\frac{1}{2}\dot{\rho}^2 + \frac{C_1^2}{2\rho^2} + \frac{(\alpha \ln \rho)^2}{2} + C_2\alpha \ln \rho\right) = 0,$$

woraus $\dot{\rho}^2 + \frac{C_1^2}{\rho^2} + (\alpha \ln \rho)^2 + 2C_2\, \alpha \ln \rho = C_3 = \text{const}$ (6)

folgt. Durch Trennung der Variablen erhält man aus (6) die Funktion $t(\rho)$ als Integral, das allerdings nicht elementar lösbar ist. Auch $\varphi = \varphi(\rho)$ und $z = z(\rho)$ kann man durch ähnliche Integrale darstellen, die nur numerisch gelöst werden können. Durch Einsetzen in (4) kann man bestätigen, daß die Schraubenlinie

$$\rho(t) \equiv \rho_0, \qquad \varphi(t) = \omega t + \varphi_0, \qquad z(t) = v_{0z}t + z_0$$

mit Konstanten $\rho_0, \omega_0, \varphi_0, v_{0z}, z_0$ Lösung des Bewegungsproblems ist, falls die Beziehung

$(\omega_0\rho_0)^2 = \alpha v_{0z}$ besteht. Schreibt man (6) mit (5) als

$$\dot{\rho}^2 + \rho^2\dot{\varphi}^2 + \dot{z}^2 = C_3 + C_2^2 = \text{const},$$

so erkennt man hierin den Erhaltungssatz für die kinetische Energie $\widetilde{T}$, der wegen $\mathbf{F} \cdot \dot{\mathbf{r}} = 0$ erfüllt ist (s. Abschn. 1.3.2.2).

6.2 Aufgaben zu Abschnitt 2

Aufgabe 2.1 Ein MP bewege sich reibungsfrei auf der Oberfläche eines Kreiszylinders mit Radius R, der auf der als eben angenommenen Erdoberfläche liege. Zur Zeit t = 0 befinde sich der MP auf dem Kreiszylinder in maximaler Höhe und habe dort eine tangential an den Zylinder gerichtete Anfangsgeschwindigkeit v_0, deren Richtung nicht parallel zur Zylinderachse sei: Gesucht ist die Höhe über der Erdoberfläche, aus der der MP vom Zylinder fällt.

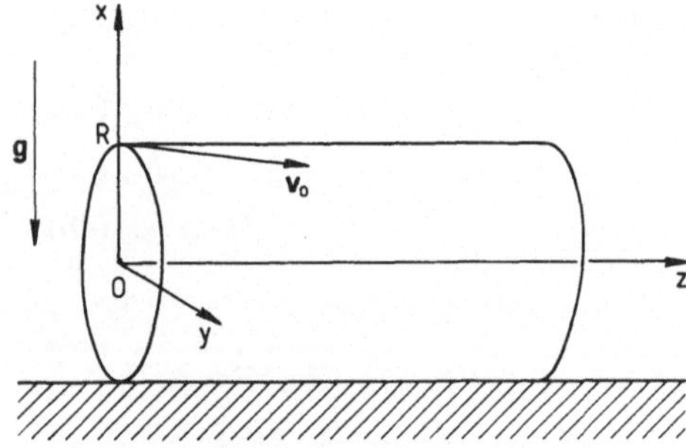

Fig. 6.2.1

Lösung Der Punkt, in dem der MP vom Zylinder fällt, ist dadurch gekennzeichnet, daß in ihm die Zwangskraft **Z** verschwindet. Wir stellen daher die Lagrange-Gleichungen 1. Art auf. Zur Wahl des KS siehe Fig. 6.2.1. Die Lagrange-Gleichungen 1. Art sind

$$m\ddot{\mathbf{r}} = m\mathbf{g} + \lambda \operatorname{grad} \Phi(\mathbf{r}). \tag{1}$$

Die NB hat bez. des gewählten KS die Gestalt

$$\Phi(\mathbf{r}) := x^2 + y^2 - R^2 = 0. \tag{2}$$

Diese NB gilt nur für Zeiten $0 \leqslant t \leqslant T$, wobei T die Zeit ist, zu der die Zwangskraft $\mathbf{Z} = \lambda \operatorname{grad} \Phi$ den Wert Null erreicht (Ablösebedingung). Die Anfangsbedingungen sind $x(0) = R$, $y(0) = 0$, $z(0) = 0$. Aus (2) folgt

$$\dot{\Phi}(\mathbf{r}) = 2(x\dot{x} + y\dot{y}) = 0.$$

Für die Anfangsgeschwindigkeit $\mathbf{v}_0 = (v_{0x}, v_{0y}, v_{0z})$ gilt also

$$\dot{x}(0) = v_{0x} = 0,$$

d. h. $\mathbf{v}_0$ darf keine x-Komponente haben. $\lambda(\mathbf{r})$ berechnen wir mit Hilfe des Substitutionsverfahrens des Abschn. 2.3.1. Aus Gl. (2.81) erhält man mit

$$\frac{\partial \Phi}{\partial \mathbf{r}} = 2(x, y, 0), \qquad \frac{\partial \dot{\Phi}}{\partial \mathbf{r}} = 2(\dot{x}, \dot{y}, 0), \qquad \mathbf{g} = (-g, 0, 0)$$

für λ den Ausdruck

$$\lambda(\mathbf{r}, \dot{\mathbf{r}}) = -\frac{1}{4R^2}[-2mgx + 2m(\dot{x}^2 + \dot{y}^2)]. \tag{3}$$

Wegen $\frac{\partial \Phi}{\partial t} = 0$ folgt aus (1) der Energiesatz

$$\frac{m}{2}(\dot{x}^2 + \dot{y}^2 + \dot{z}^2) + mgx = E = \frac{m}{2}(v_{0y}^2 + v_{0z}^2) + mgR. \tag{4}$$

Ferner erhält man aus (1) $\ddot{z} = 0$, d. h. $\dot{z} = \text{const} = v_{0z}$. Damit gewinnt man

$$2m(\dot{x}^2 + \dot{y}^2) = 2mv_{0y}^2 + 4mgR - 4mgx$$

und es entsteht für λ

$$\lambda(\mathbf{r}) = -\frac{m}{2R^2}[v_{0y}^2 + 2gR - 3gx]. \tag{5}$$

Die Zwangskraft $\mathbf{Z}$ verschwindet wegen grad $\Phi \neq \mathbf{0}$, wenn $\lambda = 0$, d. h.

$$v_{0y}^2 + 2gR = 3gx(T)$$

gilt. Hieraus folgt, daß der MP in der Höhe

$$h = R + x(t) = \frac{5}{3}R + \frac{v_{0y}^2}{3g} \leqslant 2R \tag{6}$$

über der Erdoberfläche vom Zylinder fällt. Für $v_{0y}^2 \geqslant gR$ ist $h = 2R$. Die niedrigste Höhe $5R/3$ entsteht für $v_{0y} \to +0$.

Aufgabe 2.2 **a)** Zwei MP m_1, m_2 seien durch eine Stange der Länge ℓ miteinander verbunden und können auf zwei parallelen Schienen, die den Abstand $d < \ell$ voneinander haben, gleiten. Die Führung von m_1 habe die Coulombsche Reibungszahl a, die von m_2 sei vollkommen glatt. Die Masse der Verbindungsstange zwischen m_1 und m_2 sei gegenüber m_1 bzw. m_2 vernachlässigbar klein. Auf m_1 wirke eine Kraft $\mathbf{F}_1$, die zu einem festen Punkt P der Schiene 1 hin gerichtet ist und deren Betrag proportional zum Abstand von m_1 zu P_0 sei.

b) Die Stange zwischen m_1 und m_2 werde durch eine ideale Feder mit der Federkonstanten k ersetzt. Gesucht sind in beiden Fällen die Lagrange-Multiplikatoren der auftretenden Zwangskräfte.

Lösung **a)** Wir führen ein KS ein, so daß die beiden Schienen in der x, y-Ebene liegen, die Schiene 1 die x-Achse bilde und P mit dem Ursprung des KS zusammenfalle (s. Fig. 6.2.2). Es liegen dann drei NBn vor:

$$\Phi_1^{(a)} := y_1 = 0, \qquad \Phi_2^{(a)} := y_2 - d = 0,$$
$$\Phi_{12}^{(i)} := \sqrt{(x_1 - x_2)^2 + (y_1 - y_2)^2} - \ell = 0. \tag{1}$$

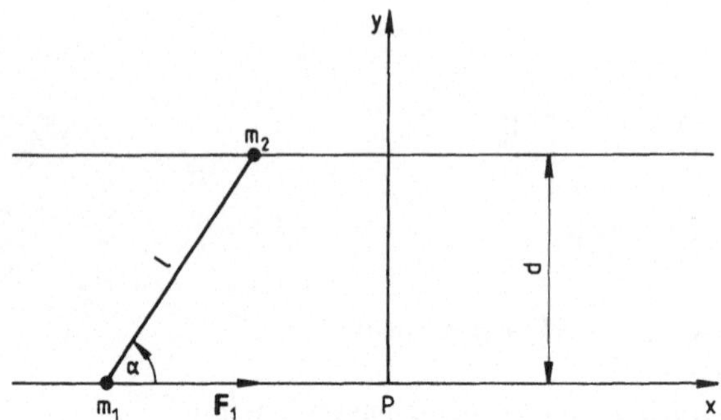

Fig. 6.2.2

Die Lagrange-Gleichungen für dieses Beispiel sind (s. Gl. (2.52) und Abschn. 2.3.1)

$$\begin{aligned}
m_1\ddot{x}_1 &= -cx_1 - a\frac{\dot{x}_1}{|\dot{\mathbf{r}}_1|}\left|\lambda_1^{(a)}\frac{\partial\Phi_1^{(a)}}{\partial\mathbf{r}_1}\right| + \lambda_1^{(a)}\frac{\partial\Phi_1^{(a)}}{\partial x_1} + \lambda_{12}^{(i)}\frac{\partial\Phi_{12}^{(i)}}{\partial x_1},\\
m_1\ddot{y}_1 &= -a\frac{\dot{y}_1}{|\dot{\mathbf{r}}_1|}\left|\lambda_1^{(a)}\frac{\partial\Phi_1^{(a)}}{\partial\mathbf{r}_1}\right| + \lambda_1^{(a)}\frac{\partial\Phi_1^{(a)}}{\partial y_1} + \lambda_{12}^{(i)}\frac{\partial\Phi_{12}^{(i)}}{\partial y_1},\\
m_2\ddot{x}_2 &= \lambda_2^{(a)}\frac{\partial\Phi_2^{(a)}}{\partial x_2} + \lambda_{12}^{(i)}\frac{\partial\Phi_{12}^{(i)}}{\partial x_2},\\
m_2\ddot{y}_2 &= \lambda_2^{(a)}\frac{\partial\Phi_2^{(a)}}{\partial y_2} + \lambda_{12}^{(i)}\frac{\partial\Phi_{12}^{(i)}}{\partial y_2}.
\end{aligned} \tag{2}$$

Setzt man hier die NBn (1) ein, so erhält man

$$\begin{aligned}
m_1\ddot{x}_1 &= -cx_1 - a\frac{\dot{x}_1}{|\dot{\mathbf{r}}_1|}|\lambda_1^{(a)}| + \lambda_{12}^{(i)}\frac{x_1 - x_2}{\ell},\\
m_1\ddot{y}_1 &= -a\frac{\dot{y}_1}{|\dot{\mathbf{r}}_1|}|\lambda_1^{(a)}| + \lambda_1^{(a)} + \lambda_{12}^{(i)}\frac{y_1 - y_2}{\ell},\\
m_2\ddot{x}_2 &= -\lambda_{12}^{(i)}\frac{x_1 - x_2}{\ell},\\
m_2\ddot{y}_2 &= \lambda_2^{(a)} - \lambda_{12}^{(i)}\frac{y_1 - y_2}{\ell}.
\end{aligned} \tag{3}$$

Anstelle von d führen wir mit

$$y_2 - y_1 = d = \ell\cos\alpha$$

den Winkel α ein. Wegen (1) entsteht schließlich aus (3) mit $x_2 - x_1 = \ell\cos\alpha$

$$m_1\ddot{x}_1 = -cx_1 - a\frac{\dot{x}_1}{|\dot{x}_1|}|\lambda_1^{(a)}| - \lambda_{12}^{(i)}\cos\alpha$$

$$m_1\ddot{y}_1 = 0 = \lambda_1^{(a)} - \lambda_{12}^{(i)}\sin\alpha \tag{4}$$

$$m_2\ddot{x}_2 = \lambda_{12}^{(i)}\cos\alpha, \qquad m_2\ddot{y}_2 = 0 = \lambda_2^{(a)} + \lambda_{12}^{(i)}\sin\alpha$$

Wir können also $\lambda_1^{(a)}$ durch $\lambda_{12}^{(i)}\sin\alpha$ ersetzen. Außerdem gilt wegen $x_2 - x_1 = \ell\cos\alpha = \text{const}$

$$\ddot{x}_2 - \ddot{x}_1 = 0 = \frac{\lambda_{12}^{(i)}}{m_2}\cos\alpha + \frac{c}{m_1}x_1 + \frac{a}{m_1}\frac{\dot{x}_1}{|\dot{x}_1|}\sin\alpha\,|\lambda_{12}^{(i)}| + \frac{\lambda_{12}^{(i)}}{m_1}\cos\alpha. \tag{5}$$

Hieraus erhalten wir

$$\left(\frac{\lambda_{12}^{(i)}}{m_1} + \frac{\lambda_{12}^{(i)}}{m_2}\right)\cos\alpha + \frac{a}{m_1}\frac{\dot{x}_1}{|\dot{x}_1|}|\lambda_{12}^{(i)}|\sin\alpha = -\frac{c}{m_1}x_1.$$

Wir wollen diese Gl. nur für den Fall $m_1 = m_2$ diskutieren. Dann entsteht

$$2\lambda_{12}^{(i)}\cos\alpha + a\frac{\dot{x}_1}{|\dot{x}_1|}|\lambda_{12}^{(i)}|\sin\alpha = -cx_1. \tag{6}$$

Ist $\dot{x}_1 > 0$, so erhält man

$$2\lambda_{12}^{(i)}\cos\alpha + a\,|\lambda_{12}^{(i)}|\sin\alpha = -cx_1 \tag{7a}$$

und für $\dot{x}_1 < 0$

$$2\lambda_{12}^{(i)}\cos\alpha - a\,|\lambda_{12}^{(i)}|\sin\alpha = -cx_1. \tag{7b}$$

In (7a) und (7b) kann nun $\lambda_{12}^{(i)}$ noch positiv und negativ sein. Das gibt für $\lambda_{12}^{(i)}$ die Lösungen ($x_1 < 0$)

$$0 < \lambda_{12}^{(i)} = \frac{-cx_1}{2\cos\alpha + a\sin\alpha} \tag{7aα}$$

$$0 > \lambda_{12}^{(i)} = \frac{-cx_1}{2\cos\alpha - a\sin\alpha}, \quad \text{d. h. } \operatorname{tg}\alpha > \frac{2}{a}, \tag{7aβ}$$

$$0 < \lambda_{12}^{(i)} = \frac{-cx_1}{2\cos\alpha - a\sin\alpha}, \quad \text{d. h. } \operatorname{tg}\alpha < \frac{2}{a}, \tag{7bα}$$

$$0 > \lambda_{12}^{(i)} = \frac{-cx_1}{2\cos\alpha + a\sin\alpha}, \quad \text{Widerspruch für } x_1 < 0, \alpha < \frac{\pi}{2} \tag{7bβ}$$

Die Lösung für $\lambda_{12}^{(i)}$ ist also nicht eindeutig. In den Fällen (7aβ), (7bα) wird für $\operatorname{tg}\alpha = 2/a$ der Wert von $\lambda_{12}^{(i)}$ und damit von $\lambda_1^{(a)}$ unendlich groß. Man spricht dann von Selbsthemmung. Wegen der fehlenden Eindeutigkeit des Wertes von $\lambda_{12}^{(i)}$ können auch keine eindeutigen Lösungen der Bewegungsgleichungen (4) existieren. Der Grund für diese Mehrdeutigkeit liegt in der Verbindung des Coulombschen Reibungskraftgesetzes mit starren inneren NBn der Form $\Phi_{12}^{(i)} = 0$. Eine ausführlichere Diskussion dieses Sachverhalts findet man in dem Artikel von Th. Pöschl im Handbuch der Physik Bd. V [13] und in [11].

b) Ersetzt man die Stange durch eine Feder mit der Federkonstante k, so sind die Lagrange-Gleichungen (2) durch die Gln.

$$m_1\ddot{x}_1 = -cx_1 - \frac{a\dot{x}_1}{|\dot{r}_1|}|\lambda_1^{(a)}| - k(x_1 - x_2),$$

$$m_1\ddot{y}_1 = -\frac{a\dot{y}_1}{|\dot{r}_1|}|\lambda_1^{(a)}| + \lambda_1^{(a)} - k(y_1 - y_2),$$

$$m_2\ddot{x}_2 = -k(x_2 - x_1), \qquad m_2\ddot{y}_2 = -k(y_2 - y_1) + \lambda_2^{(a)}$$

zu ersetzen. Wegen $y_2 - y_1 = d$ erhält man

$$\lambda_1^{(a)} = -kd = -\lambda_2^{(a)}$$

und damit entsteht das DG-System

$$m_1\ddot{x}_1 = -cx_1 - \frac{a\dot{x}_1}{|\dot{x}_1|}kd - k(x_1 - x_2)$$

$$m_2\ddot{x}_2 = -k(x_2 - x_1),$$

dessen Lösungen für $\dot{x}_1 > 0$ bzw. $\dot{x}_1 < 0$ eindeutig sind.

Aufgabe 2.3 Auf einem horizontalen Tisch stehe senkrecht ein Rohr mit Durchmesser 2R. Ein MP sei an einem („unendlich“) dünnen, nicht dehnbaren Faden der Länge ℓ befestigt, der an seinem anderen Ende auf dem Rohr in Tischhöhe befestigt ist. Der MP soll sich reibungsfrei so auf dem Tisch bewegen, daß sich der Faden dabei auf das Rohr wickelt, wobei der Faden immer straff gespannt bleibe. Zur Zeit t = 0 habe der MP eine Geschwindigkeit $\mathbf{v}_0 \neq \mathbf{0}$. Die Lage des MP für t = 0 und die Richtung von $\mathbf{v}_0$ sind aus Fig. 6.2.3 ersichtlich. Gesucht ist die Zeit t_A, zu der der MP auf das Rohr trifft.

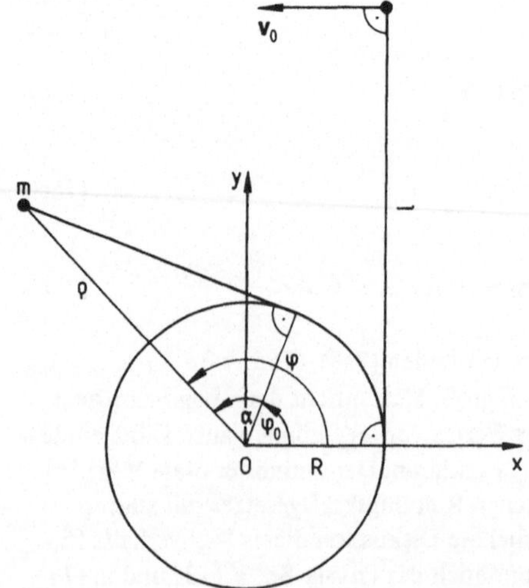

Fig. 6.2.3

Lösung Wir führen ein KS ein, bez. dessen die Tischebene, in der die Bewegung des MP stattfinden soll, durch $z \equiv 0$ beschrieben wird. Der Ursprung des KS falle mit dem Schnittpunkt der Rohrachse mit der Tischebene zusammen. Wir behandeln die Aufgabe mit den Lagrange-Gleichungen 2. Art. Die NB $z \equiv 0$ bedeutet, daß sich die potentielle Energie des MP während der Bewegung nicht ändert. Statt der kartesischen Koordinaten führen wir mit Gl. (1.14) Zylinderkoordinaten ρ, φ, z ein. Da $z \equiv 0$ und $V = \text{const}$ gilt, können wir die Lagrange-Funktion als

$$\tilde{L} = \frac{m}{2}(\dot{\rho}^2 + \rho^2\dot{\varphi}^2) \tag{1}$$

schreiben. Wegen der konstanten Länge des Fadens besteht zwischen ρ und φ eine Beziehung $\tilde{\Phi}_2(\rho, \varphi) = 0$, die neben $\tilde{\Phi}_1 = z = 0$ eine zweite NB darstellt. Der MP hat also nur einen Freiheitsgrad. Wir wählen ρ als unabhängige Koordinate. Mit den aus der Fig. 6.2.3 ersichtlichen Bezeichnungen findet man

$$\ell = R\varphi_0 + \sqrt{\rho^2 - R^2}, \qquad \varphi = \varphi_0 + \alpha, \qquad \cos\alpha = \frac{R}{\rho}.$$

Damit gewinnt man die NB

$$\varphi(\rho) = \frac{\ell - \sqrt{\rho^2 - R^2}}{R} + \arccos\frac{R}{\rho}. \tag{2}$$

Für $\dot{\varphi}$ entsteht nach kurzer Rechnung

$$\dot{\varphi} = -\frac{\dot{\rho}}{\rho R}\sqrt{\rho^2 - R^2} \tag{3}$$

und damit

$$\rho^2\dot{\varphi}^2 = \frac{\dot{\rho}^2}{R^2}(\rho^2 - R^2), \tag{4}$$

so daß, wenn man $V(x, y, z \equiv 0) = 0$ setzt, aus (1)

$$L^* = \frac{m}{2}\dot{\rho}^2\frac{\rho^2}{R^2} \tag{5}$$

folgt. Wegen $\frac{\partial L^*}{\partial t} = 0$ ist $L^* = T^* = E$, also mit (5) und $v_0 := |\mathbf{v}_0|$

$$\frac{m}{2}\dot{\rho}^2\frac{\rho^2}{R^2} = E = \frac{m}{2}v_0^2. \tag{6}$$

Nach Aufgabenstellung ist $\dot{\rho} < 0$, so daß aus (6) die DG 1. Ordnung

$$\dot{\rho} = -\frac{Rv_0}{\rho} \tag{7}$$

entsteht mit der Lösung

$$\rho(t) = \sqrt{C - 2Rv_0 t}. \tag{8}$$

Die Konstante C ist durch die Anfangsbedingung

$$\rho(0) = \sqrt{C} = \sqrt{R^2 + \ell^2} \tag{9}$$

festgelegt. Damit erhält man mit $\rho(t_A) \stackrel{!}{=} R$

$$t_A = \frac{\ell^2}{2Rv_0}. \tag{10}$$

Aufgabe 2.4 Ein zu einem Kreis mit dem Radius R gebogener Draht rotiere mit konstanter Winkelgeschwindigkeit ω um einen Durchmesser, der parallel zum homogenen Schwerefeld ist. Auf dem Draht gleite reibungsfrei eine Perle mit der Masse m. Gesucht sind die Gleichgewichtslagen der Perle.

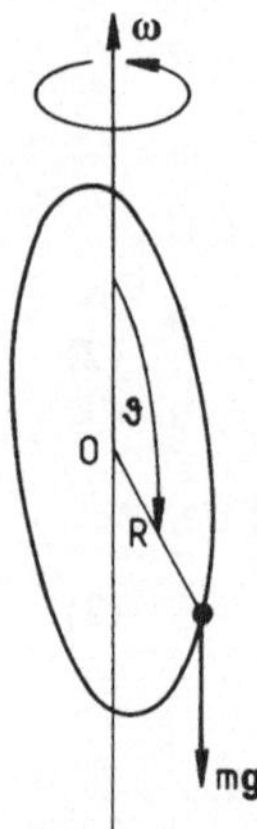

Fig. 6.2.4

Lösung Wir legen das KS so, daß die Drehachse mit der z-Achse zusammenfällt, also $\boldsymbol{\omega} = (0, 0, \omega)$, $\omega = |\boldsymbol{\omega}|$, und der Koordinatenursprung im Mittelpunkt des rotierenden Kreises liegt. In diesem KS führen wir mit (1.15) Kugelkoordinaten r, ϑ, φ ein. Die Bewegung der Perle ist dann durch die beiden NBn

$$\tilde{\Phi}_1 := r - R = 0, \qquad \tilde{\Phi}_2 := \varphi - \omega t = 0$$

eingeschränkt. ϑ ist die einzige unabhängige Koordinate. Mit $V = mgz = mgR \cos \vartheta$ erhält man für die Lagrange-Funktion

$$L^*(\vartheta, \dot{\vartheta}) = \frac{m}{2} R^2 (\dot{\vartheta}^2 + \omega^2 \sin^2 \vartheta) - mgR \cos \vartheta. \tag{1}$$

Damit entsteht für ϑ die DG 2. Ordnung

$$\ddot{\vartheta} - \omega^2 \sin \vartheta \cos \vartheta - \frac{g}{R} \sin \vartheta = 0. \tag{2}$$

Die Gleichgewichtslagen sind definiert durch $\ddot{\vartheta} = \dot{\vartheta} = 0$. Das ergibt

$$\sin \vartheta_G \cos \vartheta_G = -\frac{g}{\omega^2 R} \sin \vartheta_G \tag{3}$$

mit den Lösungen

$$\sin \vartheta_G = 0, \qquad \text{d.h. } \vartheta_1 = 0, \vartheta_2 = \pi \tag{4a}$$

und für $\vartheta \neq 0, \pi$

$$\cos \vartheta_3 = -\frac{g}{\omega^2 R}, \qquad \frac{g}{\omega^2 R} \leqslant 1. \tag{4b}$$

Es ist also für $g \leqslant \omega^2 R$

$$\pi \geqslant \vartheta_3 > \frac{\pi}{2}.$$

Um festzustellen, ob die Gleichgewichtslagen stabil[1]) oder instabil sind, setzen wir

$$\vartheta(t) = \vartheta_i + \epsilon_i(t), \qquad i = 1, 2, 3$$

und stellen für $\epsilon_i(t)$ die Bewegungsgleichung auf. Wir definieren die Gleichgewichtslage ϑ_i als stabil, wenn die Lösungen der für ϵ_i linearisierten DG für (kleine) Anfangswerte $\epsilon_i(0)$, $\dot{\epsilon}_i(0)$ beschränkt bleiben. Sonst heißt ϑ_i eine instabile Gleichgewichtslage. Im vorliegenden Fall haben wir zu setzen

$$\sin \vartheta = \sin(\vartheta_i + \epsilon_i) \approx \sin \vartheta_i + \epsilon_i \cos \vartheta_i,$$

$$\cos \vartheta = \cos(\vartheta_i + \epsilon_i) \approx \cos \vartheta_i - \epsilon_i \sin \vartheta_i,$$

$$\sin \vartheta \cos \vartheta \approx \sin \vartheta_i \cos \vartheta_i + \epsilon_i(\cos^2 \vartheta_i - \sin^2 \vartheta_i).$$

Unter Beachtung von (3) erhalten wir damit aus (2)

$$\ddot{\epsilon}_i - \left[\omega^2(2\cos^2 \vartheta_i - 1) + \frac{g}{R} \cos \vartheta_i\right] \epsilon_i = 0, \qquad i = 1, 2, 3,$$

d. h.
$$\ddot{\epsilon}_1 - \left(\omega^2 + \frac{g}{R}\right) \epsilon_1 = 0, \tag{5a}$$

$$\ddot{\epsilon}_2 - \left(\omega^2 - \frac{g}{R}\right) \epsilon_2 = 0, \tag{5b}$$

$$\ddot{\epsilon}_3 + \omega^2 \left[1 - \left(\frac{g}{\omega^2 R}\right)^2\right] \epsilon_3 = 0. \tag{5c}$$

[1]) Für eine Darstellung der Stabilitätstheorie bei gewöhnlichen DGn verweisen wir auf [34].

Aus (5) folgt:

a) Die Gleichgewichtslage $\vartheta_1 = 0$ ist instabil.

b) Die Gleichgewichtslage $\vartheta_2 = \pi$ ist stabil für $g/R > \omega^2$, instabil für $g/R \leqslant \omega^2$.

c) Die Gleichgewichtslage ϑ_3, die nur existiert, wenn $g \leqslant \omega^2 R$, ist stabil.

Für $g > \omega^2 R$ gibt es nur die beiden Gleichgewichtslagen ϑ_1, ϑ_2, von denen nach b) die Lage ϑ_2 stabil ist. Die verwendete Stabilitätsdefinition ist lokal. Es wird nichts darüber ausgesagt, wie groß der Variabilitätsbereich von $\epsilon_i(0), \dot{\epsilon}_i(0)$ ist.

Da die NB $\tilde{\Phi}_2 = 0$ zeitabhängig ist, gilt der Energiesatz in der Form $E = T + V = \text{const}$ nicht. Wegen $\dfrac{\partial \tilde{L}}{\partial t} = 0$ ist jedoch die Jacobifunktion

$$\tilde{J} = \dot{\vartheta}\frac{\partial \tilde{L}}{\partial \dot{\vartheta}} - \tilde{L} = \frac{m}{2}R^2\dot{\vartheta}^2 - \frac{m}{2}R^2\omega^2 \sin^2\vartheta + mgR\cos\vartheta$$

eine Konstante der Bewegung.

Aufgabe 2.5 In einem Inertialsystem bewege sich ein MP P_1 auf der y-Achse eines kartesischen KS mit konstanter Geschwindigkeit $v_{10} > 0$. Er werde von einem zweiten MP P_2 mit der Masse m „verfolgt", wobei die Geschwindigkeit $\dot{\mathbf{r}}_2$ von P_2 stets die Richtung zur momentanen Lage $\mathbf{r}_1$ von P_1 habe. Die Anfangsbedingungen seien

$$\mathbf{r}_1(0) = 0, \qquad \dot{\mathbf{r}}_1(0) = (0, v_{10}, 0)$$

$$\mathbf{r}_2(0) = (a, 0, 0), \qquad \dot{\mathbf{r}}_2(0) = (-v_{20}, 0, 0), \qquad v_{20} > v_{10}.$$

Eingeprägte Kräfte sollen nicht vorhanden sein. – Gesucht ist die Gestalt der Verfolgungskurve und die Zeit, die P_2 braucht, um P_1 einzuholen. Außerdem soll die Zwangskraft $\mathbf{Z}(\mathbf{r}_2)$ berechnet werden, die als Steuerungskraft interpretiert werden kann.

Lösung Das Problem ist ein ebenes Verfolgungsproblem. Mit

$$\mathbf{r}_1(t) = (\xi(t), \eta(t), \zeta(t)) = (0, v_{10}t, 0)$$

$$\mathbf{r}_2(t) = (x(t), y(t), z(t)) = (x, y, 0)$$

lautet die NB (2.288)

$$f(x, y, \dot{x}, \dot{y}, t) := \dot{x}(\eta(t) - y) + x\dot{y} = 0 \quad \text{mit } \eta(t) = v_{10}t. \tag{1}$$

Die Lagrange-Gleichungen 1. Art (2.298) für die Bewegung des MP P_2 unter der NB (1) sind dann

$$m\ddot{x} = \lambda\frac{\partial f}{\partial \dot{x}} = Z_x, \qquad m\ddot{y} = \lambda\frac{\partial f}{\partial \dot{y}} = Z_y. \tag{2}$$

Für den Lagrange-Multiplikator λ erhält man aus Gl. (2.308)

$$\lambda = -\frac{m}{\left(\dfrac{\partial f}{\partial \dot{\mathbf{r}}}\right)^2}\frac{\partial f}{\partial t} = -\frac{m\dot{x}\dot{\eta}}{x^2 + (y-\eta)^2},$$

so daß für die Zwangskraftkomponenten die Beziehungen

$$Z_x = \frac{m(y-\eta)}{x^2+(y-\eta)^2}\,\dot{x}\dot{\eta}, \qquad Z_y = -\frac{mx\dot{x}\dot{\eta}}{x^2+(y-\eta)^2} \tag{3}$$

entstehen. Bildet man aus (2) $\dot{x}\ddot{x}+\dot{y}\ddot{y}$ und integriert, so folgt mit (1)

$$\dot{x}^2+\dot{y}^2 = \text{const} = v_{20}^2. \tag{4}$$

Wegen (4) reduziert sich (1) und (2) auf das DG-System (1), (4), aus dem z. B. eine DG 2. Ordnung für x(t) hergeleitet werden kann. Da die Lösung x(t) nicht in geschlossener Form dargestellt werden kann, begnügen wir uns mit der Berechnung der Raumkurve y(x). Mit Hilfe von t = t(x) führen wir statt t die unabhängige Variable x ein. Aus (1) entsteht dann, wenn wir für $\tilde{\eta}(x) := \eta(t(x)), \tilde{y}(x) := y(t(x))$ wieder η, y schreiben

$$\eta(x)-y(x) = -x\frac{dy}{dx} \tag{5}$$

Hieraus folgt durch Differentiation

$$\frac{d\eta}{dx} = -x\frac{d^2y}{dx^2} \tag{6}$$

Aus (4) erhält man wegen $\dot{x} < 0$

$$v_{20} = |\dot{x}|\sqrt{1+\left(\frac{dy}{dx}\right)^2} = -\dot{x}\sqrt{1+\left(\frac{dy}{dx}\right)^2}, \tag{7}$$

so daß andererseits

$$\frac{d\eta}{dx} = \frac{\dot{\eta}}{\dot{x}} = -\frac{v_{10}}{v_{20}}\sqrt{1+\left(\frac{dy}{dx}\right)^2}$$

ist. Der Vergleich mit (6) ergibt die DG

$$x\frac{d^2y}{dx^2} = k\sqrt{1+\left(\frac{dy}{dx}\right)^2}, \qquad k := \frac{v_{10}}{v_{20}} \tag{8}$$

für y(x). Dabei ist $0 < k < 1$. Da in (8) y selbst nicht vorkommt, kann man diese DG zunächst mit der Substitution

$$p = \frac{dy}{dx}$$

auf die DG

$$x\frac{dp}{dx} = k\sqrt{1+p^2}$$

zurückführen, die die Lösung

$$p(x) = \left(\frac{x}{c}\right)^k - \left(\frac{c}{x}\right)^k \tag{9}$$

besitzt. Für die Integrationskonstante erhält man wegen $x(0) = a$ und $p(x(0)) = \dot{y}(0)/\dot{x}(0) = 0$ den Wert $c = x(0) = a$. Durch Integration von (9) gewinnt man schließlich mit $y(0) = 0$ und $x(0) = a$ die Verfolgungskurve

$$y(x) = \frac{ak}{1-k^2} + \frac{1}{2}\left(\frac{x}{a}\right)^k \frac{x}{1+k} - \frac{1}{2}\left(\frac{a}{x}\right)^k \frac{x}{1-k}. \tag{10}$$

Die Zeit t_0, zu der der MP P_2 den MP P_1 eingeholt hat, ist durch

$$x(t_0) \overset{!}{=} \xi(t_0) = 0, \qquad y(t_0) \overset{!}{=} \eta(t_0) = v_{10}t_0 \tag{11}$$

definiert. Man erhält aus (10) wegen $0 < k < 1$

$$y(t_0) = \frac{ak}{1-k^2},$$

d. h. $$t_0 = \frac{1}{v_{10}} \frac{ak}{1-k^2} = \frac{a}{v_{20}\left(1 - \left(\frac{v_{10}}{v_{20}}\right)^2\right)}. \tag{12}$$

Ist z. B. $k = 1/2$, so erhält man $t_0 = 4a/(3v_{20})$. Zur Berechnung von $\mathbf{Z}(x)$ ersetzen wir in (3) $y - \eta$ durch (5) und entnehmen $\dot{x}$ aus (7). Damit gewinnt man

$$Z_x(x) = -\frac{mv_{10}v_{20}\dfrac{dy}{dx}}{x\left(1 + \left(\dfrac{dy}{dx}\right)^2\right)^{\frac{3}{2}}}, \qquad Z_y(x) = \frac{mv_{10}v_{20}}{x\left(1 + \left(\dfrac{dy}{dx}\right)^2\right)^{\frac{3}{2}}}.$$

6.3 Aufgaben zu Abschnitt 3

Aufgabe 3.1 Auf einer Schraubenlinie, die durch die Parameterdarstellung (s. Beispiel 3 in Abschn. 2.5.1)

$$x_1^*(\varphi) = R\cos\varphi, \qquad x_2^*(\varphi) = R\sin\varphi, \qquad x_3^*(\varphi) = a\varphi, \qquad -\infty < \varphi < \infty$$

mit $R, a = \text{const}$ gegeben sei, gleite unter dem Einfluß des homogenen Feldes $m\mathbf{g} = -mg\mathbf{e}_3$ ein MP der Masse m. Gesucht sind die Hamilton-Gleichungen für die Bewegung des MP. Außerdem soll die zeitliche Änderung der x_3-Komponente des Drehimpulses des MP bez. des Koordinatenursprungs berechnet werden.

Lösung Die Lagrange-Funktion für die Bewegung ist nach Gl. (2.166)

$$L^*(\varphi, \dot{\varphi}) = \frac{m}{2}(R^2 + a^2)\dot{\varphi}^2 - mga\varphi. \tag{1}$$

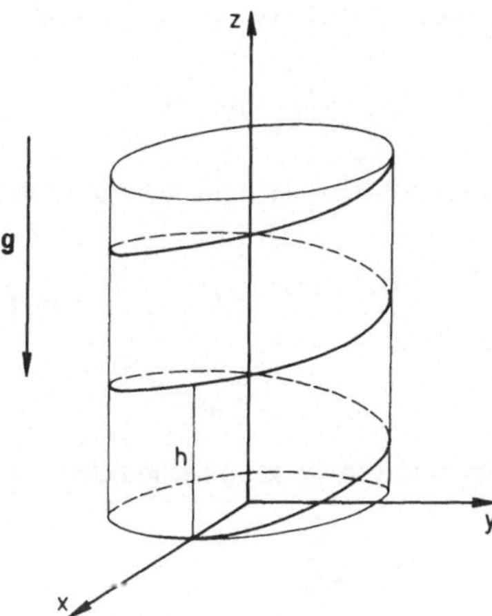

Fig. 6.3.1

Der generalisierte Impuls p_φ ist dann

$$p_\varphi = \frac{\partial L^*}{\partial \dot{\varphi}} = m(R^2 + a^2)\dot{\varphi},$$

und damit erhält man die Hamilton-Funktion

$$H(\varphi, p_\varphi) = p_\varphi \dot{\varphi}(p_\varphi) - L^*(\varphi, \dot{\varphi}(p_\varphi)) = \frac{p_\varphi^2}{2m(R^2 + a^2)} + mga\varphi.$$

Die Hamiltonschen Gleichungen sind

$$\frac{d\varphi}{dt} = \frac{\partial H}{\partial p_\varphi} = \frac{p_\varphi}{m(R^2 + a^2)}, \qquad \frac{dp_\varphi}{dt} = -\frac{\partial H}{\partial \varphi} = -mga \neq 0.$$

Die x_3-Komponente des Drehimpulses des MP bez. des Koordinatenursprungs ist

$$L_z^* = m(x_1^* \dot{x}_2^* - x_2^* \dot{x}_1^*) = mR^2 \dot{\varphi} = \frac{R^2}{R^2 + a^2} p_\varphi \neq p_\varphi,$$

und es ist

$$\frac{dL_z^*}{dt} = -\frac{mgaR^2}{R^2 + a^2} \neq 0.$$

Aufgabe 3.2 Für die Bewegung der Perle nach Aufgabe 2.5 sollen die Hamilton-Funktion berechnet und die Hamilton-Gleichungen aufgestellt werden.

Lösung Es ist

$$L^*(\vartheta, \dot{\vartheta}) = \frac{m}{2} R^2(\dot{\vartheta}^2 + \omega^2 \sin^2 \vartheta) - mgR \cos \vartheta.$$

Der generalisierte Impuls p_ϑ ist durch

$$p_\vartheta = \frac{\partial L^*}{\partial \dot\vartheta} = mR^2\dot\vartheta$$

definiert. Damit entsteht die Hamilton-Funktion

$$H(\vartheta, p_\vartheta) = \frac{p_\vartheta^2}{mR^2} - \frac{m}{2}R^2\left[\frac{p_\vartheta^2}{m^2R^4} + \omega^2 \sin^2 \vartheta\right] + mgR\cos\vartheta$$

$$= \frac{p_\vartheta^2}{2mR^2} - \frac{m}{2}\omega^2R^2 \sin^2\vartheta + mgR\cos\vartheta.$$

Daraus folgen die kanonischen Gleichungen

$$\dot\vartheta = \frac{\partial H}{\partial p_\vartheta} = \frac{p_\vartheta}{mR^2},$$

$$\dot p_\vartheta = -\frac{\partial H}{\partial \vartheta} = m\omega^2R^2 \sin\vartheta\cos\vartheta + mgR\cos\vartheta$$

Es ist

$$H \neq E = \frac{p_\vartheta^2}{2mR^2} + \frac{m}{2}R^2\omega^2\sin^2\vartheta + mgR\cos\vartheta$$

und es gilt

$$\frac{dH}{dt} = 0 \neq \frac{dE}{dt}.$$

Aufgabe 3.3 Nach (1.307) besitzt ein MP, der die Ladung Q trägt und sich in einem elektromagnetischen Feld

$$\mathbf{E}(\mathbf{r}, t) = -\operatorname{grad}\Phi(\mathbf{r}, t) - \frac{\partial \mathbf{A}(\mathbf{r}, t)}{\partial t}, \qquad \mathbf{B}(\mathbf{r}, t) = \operatorname{rot}\mathbf{A}(\mathbf{r}, t)$$

bewegt, das generalisierte Potential

$$U(\mathbf{r}, \dot{\mathbf{r}}, t) = -Q\mathbf{A}(\mathbf{r}, t)\cdot\dot{\mathbf{r}} + Q\Phi(\mathbf{r}, t).$$

Gesucht ist die Hamilton-Funktion für die Bewegung des MP in den Feldern **E** und **B**.

Lösung Es ist

$$L(\mathbf{r}, \dot{\mathbf{r}}, t) = \frac{m}{2}\dot{\mathbf{r}}^2 + Q\mathbf{A}(\mathbf{r}, t)\cdot\dot{\mathbf{r}} - Q\Phi(\mathbf{r}, t) \tag{1}$$

Mit $\quad \mathbf{p} = \dfrac{\partial L}{\partial \dot{\mathbf{r}}} = m\dot{\mathbf{r}} + Q\mathbf{A}(\mathbf{r}, t),$

d. h. $\quad \dot{\mathbf{r}} = \dfrac{\mathbf{p}}{m} - \dfrac{Q}{m}\mathbf{A}(\mathbf{r}, t)$

entsteht für

$$H(\mathbf{r}, \mathbf{p}, t) = \mathbf{p} \cdot \dot{\mathbf{r}}(\mathbf{r}, \mathbf{p}, t) - L$$

$$H(\mathbf{r}, \mathbf{p}, t) = \frac{1}{2m}(\mathbf{p} - Q\mathbf{A}(\mathbf{r}, t))^2 + Q\Phi(\mathbf{r}, t). \tag{2}$$

Aufgabe 3.4 Gegeben sei die zeitabhängige Transformation im q, p-Raum

$$\begin{aligned} q(q', p', t) &= \sqrt{\frac{2p'}{k_1}} \sin \frac{q' + t}{\sqrt{\frac{m}{k_1}}}, \\ p(q', p', t) &= \sqrt{2mp'} \cos \frac{q' + t}{\sqrt{\frac{m}{k_2}}}. \end{aligned} \tag{1}$$

In (1) sind q' und p' als unabhängige Variable aufzufassen, t ist Parameter.

a) Es soll bewiesen werden, daß die Transformation (1) für $k_1 = k_2$ kanonisch ist.

b) Für $k_1 = k_2$ soll eine Erzeugende $G_2(q, p', t)$ berechnet werden.

Lösung a) Wir wenden auf (1) die Bedingung (3.149) an. Danach muß

$$(q', p') = \frac{\partial q}{\partial q'} \frac{\partial p}{\partial p'} - \frac{\partial q}{\partial p'} \frac{\partial p}{\partial q'}$$

eine Konstante sein. Setzt man die partiellen Ableitungen ein, so erhält man

$$(q', p') = \cos \frac{q' + t}{\sqrt{\frac{m}{k_1}}} \cos \frac{q' + t}{\sqrt{\frac{m}{k_2}}} + \sqrt{\frac{k_2}{k_1}} \sin \frac{q' + t}{\sqrt{\frac{m}{k_1}}} \sin \frac{q' + t}{\sqrt{\frac{m}{k_2}}}. \tag{2}$$

Dieser Ausdruck wird genau dann konstant, und zwar gleich 1, wenn $k_1 = k_2$ ist.

b) $G_2(q, p', t)$ bestimmen wir aus den Beziehungen

$$\frac{\partial G_2}{\partial q} = p(q, p', t), \qquad \frac{\partial G_2}{\partial p'} = q'(q, p', t). \tag{3}$$

Dazu lösen wir die Transformation (1) für $k_1 = k_2 = k$ in der Form $p = p(q, p', t)$, $q' = q'(q, p', t)$ auf. Man erhält

$$p = \sqrt{mk} \sqrt{\frac{2p'}{k} - q^2}, \qquad q' = \sqrt{\frac{m}{k}} \arcsin \frac{q}{\sqrt{\frac{2p'}{k}}} - t. \tag{4}$$

Aus (3) entsteht mit (4)

$$G_2(q, p', t) = \frac{1}{2}\sqrt{mk}\left[q\sqrt{\frac{2p'}{k} - q^2} + \frac{2p'}{k} \arcsin \frac{q}{\sqrt{\frac{2p'}{k}}}\right] + f_1(p', t) \tag{5a}$$

$$G_2(q, p', t) = \sqrt{\frac{m}{k}} \int^{p'} \arcsin \frac{q}{\sqrt{\frac{2\tilde{p}'}{k}}} \, d\tilde{p}' - p't + f_2(q, t). \tag{5b}$$

Es ist

$$\int \arcsin \frac{q}{\sqrt{\frac{2u}{k}}} \, du = u \arcsin \frac{q}{\sqrt{\frac{2u}{k}}} + q \sqrt{\frac{ku}{2}} \sqrt{1 - \frac{q^2 k}{2u}}.$$

Damit erhält man für (5b)

$$G_2(q, p', t) = \frac{1}{2}\sqrt{mk}\left[q\sqrt{\frac{2p'}{k} - q^2} + \frac{2p'}{k} \arcsin \frac{q}{\sqrt{\frac{2p'}{k}}}\right] - p't + f_2(q, t). \tag{5c}$$

Es muß also

$$f_1(p', t) = -p't + f(t), \qquad f_2(q, t) = f(t)$$

sein. Wir erhalten somit das Ergebnis

$$G_2(q, p', t) = \frac{1}{2}\sqrt{mk}\left[q\sqrt{\frac{2p'}{k} - q^2} + \frac{2p'}{k} \arcsin \frac{q}{\sqrt{\frac{2p'}{k}}}\right] - p't + f(t), \tag{6}$$

das bis auf die beliebige Funktion $f(t)$ mit dem Beispiel des Abschn. 3.3.1 übereinstimmt. (6) ist ein vollständiges Integral der zu $H = p^2/(2m) + kq^2/2$ gehörenden HJ-Gleichung für G_2.

6.4 Aufgaben zu Abschnitt 4

Aufgabe 4.1 Ein Ring mit kreisförmigem Querschnitt (Torus) der Masse M mit homogener Massenverteilung soll um eine im homogenen Schwerefeld festliegende horizontale Achse drehbar sein, welche am Innenrand des Torus parallel zu dessen Symmetrieachse

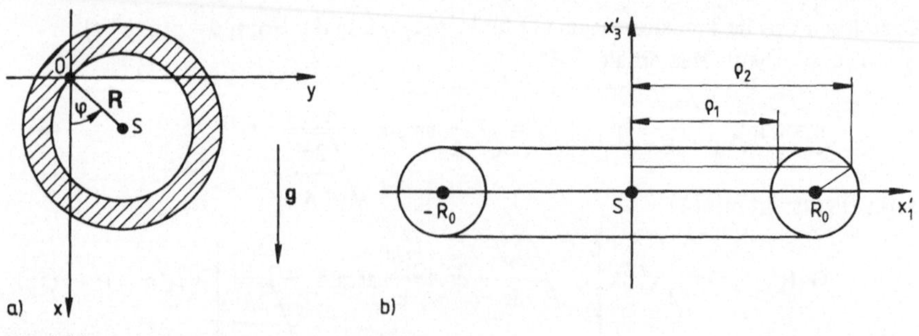

Fig. 6.4.1

angebracht ist. Das BS, in dem die Drehachse ruht, werde als Inertialsystem angesehen. Gesucht ist die Schwingungsfrequenz des Torus für kleine Auslenkungen aus seiner Ruhelage.

Lösung $\mathbf{e}$ sei ein Einheitsvektor in Richtung der festen Drehachse, φ sei der Drehwinkel um diese Achse (s. Fig. 6.4.1a) und Θ_e' das Trägheitsmoment um $\mathbf{e}$. Die Schwerkraft $M\mathbf{g}$ greift gemäß (4.78) im Schwerpunkt $\mathbf{R}$ des Körpers an, so daß das äußere Drehmoment

$$\mathbf{D}^{(a)} = \mathbf{R} \times M\mathbf{g} \tag{1}$$

ist. Nach (4.97) lautet damit die Bewegungsgleichung

$$\Theta_e'\ddot{\varphi} = \mathbf{e} \cdot (\mathbf{R} \times M\mathbf{g}) = M\mathbf{R} \cdot (\mathbf{g} \times \mathbf{e}).$$

Mit $\mathbf{e} = \mathbf{e}_z$, $\mathbf{g} = g\mathbf{e}_x$ und $\mathbf{R} = (|\mathbf{R}| \cos \varphi, |\mathbf{R}| \sin \varphi, 0)$ folgt daraus schließlich

$$\Theta_e'\ddot{\varphi} + Mg|\mathbf{R}| \sin \varphi = 0. \tag{2}$$

Die Gl. (2) kann man auch als Lagrange-Gleichung 2. Art aufstellen, wenn man beachtet, daß wegen $\mathbf{c}(t) \equiv \mathbf{0}$ aus (4.51) und (4.98)

$$T = T_{rot} = \frac{1}{2} \Theta_e'\dot{\varphi}^2 \tag{3}$$

folgt. Mit der potentiellen Energie

$$V = -M\mathbf{g} \cdot \mathbf{R} = -Mg|\mathbf{R}| \cos \varphi \tag{4}$$

ergibt sich somit für die Lagrange-Funktion

$$L = T - V = \frac{1}{2} \Theta_e'\dot{\varphi}^2 + Mg|\mathbf{R}| \cos \varphi. \tag{5}$$

Für kleine Auslenkungswinkel setzen wir in (2), da $\varphi = 0$ eine stabile Gleichgewichtslage ist, $\sin \varphi \approx \varphi$ und erhalten die Schwingungsgleichung

$$\ddot{\varphi} + \frac{Mg|\mathbf{R}|}{\Theta_e'} \varphi = 0, \tag{6}$$

aus der die Kreisfrequenz der Schwingung als

$$\omega_0 = \sqrt{\frac{Mg|\mathbf{R}|}{\Theta_e'}} \tag{7}$$

abgelesen werden kann. Zu ihrer Berechnung benötigen wir $|\mathbf{R}|$ und Θ_e'. Die im folgenden verwendeten Bezeichnungen entnehme man aus Fig. 6.4.1b. Der Schwerpunkt des Torus liegt natürlich in seinem Zentrum S, so daß

$$|\mathbf{R}| = R_0 - a \tag{8}$$

gilt. Das Trägheitsmoment Θ_e' gewinnen wir mit dem Steinerschen Satz (4.30)

$$\Theta_e' = \Theta_e^* + M(R_0 - a)^2 \tag{9}$$

aus dem Trägheitsmoment Θ_e^* um die Richtung e durch den Schwerpunkt S. Dieses berechnen wir mit (4.41) als Raumintegral

$$\Theta_e^* = \frac{M}{V_0}\int_V |r'_\perp|^2 dV' = \frac{M}{V_0}\int_V (x_1'^2 + x_2'^2)dV' \tag{10}$$

über den Torus, wobei $V_0 = 2\pi^2 a^2 R_0$ das Torusvolumen ist. In Zylinderkoordinaten $x'_1 = \rho' \cos\varphi'$, $x'_2 = \rho' \sin\varphi'$, x'_3 kann das Raumgebiet des Torus beschrieben werden durch

$$V: \begin{cases} 0 \leqslant \varphi' \leqslant 2\pi \\ \rho_1 \leqslant \rho' \leqslant \rho_2 \quad \text{mit} \begin{cases} \rho_1 := R_0 - \sqrt{a^2 - x_3'^2} \\ \rho_2 := R_0 + \sqrt{a^2 - x_3'^2} \end{cases} . \\ -a \leqslant x'_3 \leqslant a \end{cases} \tag{11}$$

Damit wird aus (10)

$$\Theta_e^* = \frac{M}{V_0}\int_V \rho'^2 dV' = \frac{M}{V_0}\int_{-a}^{a}\int_{\rho_1}^{\rho_2}\int_0^{2\pi} \rho'^3 d\varphi' d\rho' dx'_3 = \frac{\pi}{2}\frac{M}{V_0}\int_{-a}^{a}(\rho_2^4 - \rho_1^4)dx'_3$$

$$= 8\pi R_0 \frac{M}{V_0}\left[(R_0^2 + a^2)\int_0^a \sqrt{a^2 - x_3'^2}\, dx'_3 - \int_0^a x_3'^2 \sqrt{a^2 - x_3'^2}\, dx'_3\right]$$

$$= 2\pi^2 R_0^2 a^2 \frac{M}{V_0}\left(R_0^2 + \frac{3}{4}a^2\right) = M\left(R_0^2 + \frac{3}{4}a^2\right) .$$

Mit (9) folgt dann

$$\Theta'_e = M\left(2R_0^2 - 2R_0 a + \frac{7}{4}a^2\right) \tag{12}$$

und mit (7)

$$\omega_0 = \sqrt{\frac{g}{2R_0}}\left[1 + \frac{7}{8}\frac{a^2}{R_0(R_0 - a)}\right]^{-1/2} \tag{13}$$

Für $a \ll R$ entsteht aus (13)

$$\omega_0 \approx \sqrt{\frac{g}{2R_0}}\left(1 - \frac{7}{16}\frac{a^2}{R_0^2}\right).$$

Aufgabe 4.2 Ein homogen mit der Masse M erfüllter Kreiszylinder mit Radius R_0 rolle ohne zu gleiten im homogenen Schwerefeld auf einer schiefen Ebene mit Neigungswinkel α gegen die Erdoberfläche so herab, daß seine Symmetrieachse parallel zur Erdoberfläche ist. Es sollen die generalisierten Komponenten der Zwangskraft berechnet und interpretiert werden. Von nicht-konservativer Rollreibung werde abgesehen.

Lösung Wir führen zwei Rechtskoordinatensysteme $[O; \mathbf{e}_1, \mathbf{e}_2, \mathbf{e}_3]$ und $[O'; \mathbf{e}'_1, \mathbf{e}'_2, \mathbf{e}'_3]$ als raumfestes bzw. körperfestes KS wie aus Fig. 6.4.2 ersichtlich ein. Als generalisierte Koordinaten q_k, $k = 1, \ldots, 6$ wählen wir die Koordinaten des Schwerpunkts $\mathbf{R} = (X_1, X_2, X_3)$ bez. des raumfesten KS und die Euler-Winkel φ, ϑ, ψ (s. Fig. 4.1). Die Knotenlinie ist die x_1-Achse, so daß $\varphi = 0$ ist. Ferner ist der Winkel zwischen x_3- und x'_3-Achse $\vartheta = \pi/2$. Für

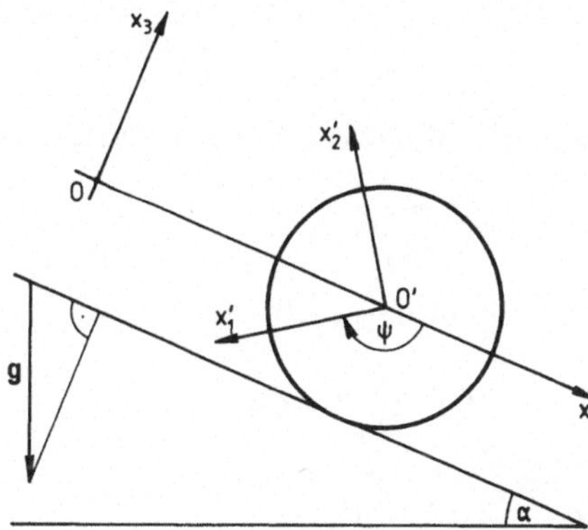

Fig. 6.4.2

den um die Symmetrieachse des Zylinders zählenden Winkel ψ seien die Anfangsbedingungen $\dot{\psi}(0) = 0$ und $\psi(0) = 0$ (d. h. $\mathbf{e}_1'(0) = \mathbf{e}_1, \mathbf{e}_2'(0) = -\mathbf{e}_3$) vorgegeben. Die NBn lauten:

$$\begin{aligned} &\tilde{\Phi}_1 = X_1 - R\psi = 0, \qquad \tilde{\Phi}_2 = X_2 = 0, \qquad \tilde{\Phi}_3 = X_3 = 0, \\ &\tilde{\Phi}_4 = \varphi = 0, \qquad \tilde{\Phi}_5 = \vartheta - \frac{\pi}{2} = 0. \end{aligned} \tag{1}$$

$\tilde{\Phi}_1 = 0$ ist die Bedingung des Rollens ohne Gleiten: Die Länge des abrollenden Kreisbogens $R_0\psi$ ist gleich der Translation des Schwerpunkts O'. Die kinetische Energie ist durch (4.131) gegeben, die potentielle Energie ist

$$V = -M\mathbf{g} \cdot \mathbf{R} = -Mg(X_1 \sin\alpha - X_3 \cos\alpha). \tag{2}$$

Die Lagrange-Gleichungen 1. Art (2.110)

$$\frac{d}{dt}\frac{\partial \tilde{L}}{\partial \dot{q}_k} - \frac{\partial \tilde{L}}{\partial q_k} = \sum_{\alpha=1}^{5} \tilde{\lambda}_\alpha \frac{\partial \tilde{\Phi}_\alpha}{\partial q_k} = \tilde{Z}_k, \qquad k = 1, \ldots, 6 \tag{3}$$

bilden zusammen mit den NBn (1) ein DG-System zur Bestimmung der 11 Funktionen $\tilde{\lambda}_\alpha(t)$ und $q_k(t)$, also auch der generalisierten Zwangskraftkomponenten $\tilde{Z}_k$. Der Kürze halber schreiben wir (3) nur in der Form auf, in der bereits die NBn $\varphi \equiv 0$ und $\vartheta \equiv \pi/2$ eingesetzt sind:

$$M\ddot{X}_1 - Mg\sin\alpha = \tilde{\lambda}_1, \tag{4a}$$

$$M\ddot{X}_2 = \tilde{\lambda}_2, \tag{4b}$$

$$M\ddot{X}_3 + Mg\cos\alpha = \tilde{\lambda}_3, \tag{4c}$$

$$0 = \tilde{\lambda}_4, \tag{4d}$$

$$0 = \tilde{\lambda}_5, \tag{4e}$$

$$\Theta_3'\ddot{\psi} = -\tilde{\lambda}_1 R_0. \tag{4f}$$

Aus (4b), (4d), (4e) folgt $\widetilde{Z}_{X_2} = \widetilde{Z}_\varphi = \widetilde{Z}_\vartheta = 0$ und

$$\widetilde{Z}_{X_3} = Mg\cos\alpha. \tag{5}$$

Wegen $\Theta_3' = MR_0^2/2$ und $X_1 = R_0\psi$ entsteht nach Elimination von $\widetilde{\lambda}_1$ aus (4a) und (4f)

$$\ddot{\psi} = \frac{2g}{3R_0}\sin\alpha, \tag{6}$$

woraus mit $\psi(0) = 0$, $\dot{\psi}(0) = 0$

$$\psi(t) = \frac{g}{3R_0}t^2\sin\alpha, \tag{7}$$

also $$X_1(t) = \frac{g}{3}t^2\sin\alpha \tag{8}$$

folgt. Der Schwerpunkt O′ des rollenden Zylinders bewegt sich also langsamer als er es als reibungsfrei gleitender MP tun würde (ein Teil der potentiellen Energie wird in Rotationsenergie umgewandelt). Mit (6) folgt aus (4f)

$$\widetilde{\lambda}_1 = \widetilde{Z}_{X_1} = -\frac{1}{3}Mg\sin\alpha, \tag{9}$$

$$\Theta_3'\ddot{\psi} = \widetilde{Z}_\psi = \frac{1}{3}R_0Mg\sin\alpha. \tag{10}$$

Denkt man sich die beschränkende schiefe Ebene fort, so erhält man folgende Interpretation der Zwangskraftkomponenten: (5) ist eine Kraft, die die Normalkomponente der Schwerkraft an der schiefen Ebene aufhebt und so die Führung des Schwerpunkts im Winkel α zur Erdoberfläche erzwingt. (9) ist eine Kraft, die die Tangentialkomponente der Schwerkraft auf die für die Translationsbewegung des Schwerpunkts wirksame Kraft reduziert, damit sich dieser nicht so schnell wie ein gleitender MP bewegt. (10) ist ein Drehmoment um die Symmetrieachse des Zylinders, das diesen in beschleunigte Rotation versetzt, wie sie dem Rollen ohne Gleiten entspricht; man kann $\widetilde{Z}_\psi$ daher als ein energieerhaltendes Reibungsmoment auffassen.

Aufgabe 4.3 Ein Kreiszylinder der Masse M mit Radius R_0 und Länge h, der aus zwei jeweils homogenen Halbzylindern der Massendichte ρ_1 bzw. ρ_2 mit $\rho_1 > \rho_2$ zusammengesetzt ist (s. Fig. 6.4.3a), rolle ohne zu gleiten unter dem Einfluß des konstanten Schwerefeldes auf einer schiefen Ebene, die mit der Horizontalen den Winkel α bildet. Die Bewegung erfolge in Richtung der stärksten Neigung. Rollreibung werde vernachlässigt.

a) Die Bewegungsgleichung und der Energieerhaltungssatz sind aufzustellen.

b) Für t = 0 ruhe der Zylinder, wobei sich sein Schwerpunkt vertikal unter seiner geometrischen Symmetrieachse befinde. Für diese Anfangsbedingung ist eine notwendige und hinreichende Bedingung dafür gesucht, daß der Zylinder die gesamte schiefe Ebene hinabrollen kann. Wie groß muß α sein, damit alle Zylinder der vorgegebenen Bauart die schiefe Ebene vollständig hinabrollen?

c) Die Bedingung für vollständiges Hinabrollen möge erfüllt sein. Gesucht ist die mittlere Beschleunigung des Zylinders längs der schiefen Ebene.

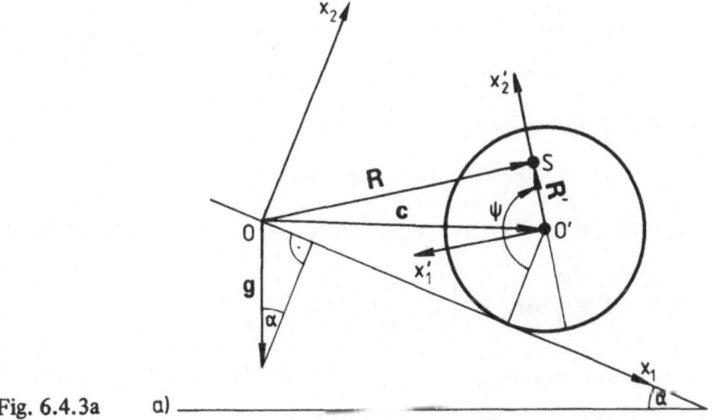

Fig. 6.4.3a

Lösung a) Wir führen ein in einem Inertialsystem als ruhend angesehenes raumfestes Rechts-KS $[0; \mathbf{e}_1, \mathbf{e}_2, \mathbf{e}_3]$ und ein körperfestes Rechts-KS $[0'; \mathbf{e}_1', \mathbf{e}_2', \mathbf{e}_3']$ ein, wie aus Fig. 6.4.3a zu ersehen ist. Zunächst berechnen wir die Lage des Schwerpunkts S im körperfesten KS. Zur Integration verwenden wir Zylinderkoordinaten ρ', φ', x_3' und erhalten mit (4.37)

$$\mathbf{R}' = \frac{1}{M}\int_0^{R_0} d\rho'\rho' \int_{-h/2}^{h/2} dx_3' \left\{ \rho_1 \int_0^{\pi} \begin{pmatrix} \rho'\cos\varphi' \\ \rho'\sin\varphi' \\ x_3' \end{pmatrix} d\varphi' + \rho_2 \int_{\pi}^{2\pi} \begin{pmatrix} \rho'\cos\varphi' \\ \rho'\sin\varphi' \\ x_3' \end{pmatrix} d\varphi' \right\}$$

$$= \frac{2h}{M}(\rho_1 - \rho_2)\int_0^{R_0} \rho'^2 d\rho' \mathbf{e}_2' = \frac{2h}{M}(\rho_1 - \rho_2)\frac{R_0^3}{3}\mathbf{e}_2'.$$

Mit $M = (\rho_1 + \rho_2)\pi R_0^2 h/2$ und

$$\tau := \frac{4}{3\pi}\frac{\rho_1 - \rho_2}{\rho_1 + \rho_2} \qquad (1)$$

wird $\quad \mathbf{R}' = \tau R_0 \mathbf{e}_2'. \qquad (2)$

Das Trägheitsmoment um die x_3'-Achse ist mit (4.41)

$$\Theta_3' = \int (x_1'^2 + x_2'^2)\rho(\mathbf{r}')dV' = \int_0^{R_0} d\rho'\rho'^3 \int_{-h/2}^{h/2} dx_3' \left\{ \rho_1 \int_0^{\pi} d\varphi' + \rho_2 \int_{\pi}^{2\pi} d\varphi' \right\}$$

$$= (\rho_1 + \rho_2)\pi h \frac{R_0^4}{4},$$

also $\quad \Theta_3' = \frac{M}{2}R_0^2. \qquad (3)$

Das System besitzt einen Freiheitsgrad, zu dessen Beschreibung wir den Winkel ψ um die x_3'-Achse wählen. Es gelte $\psi = 0$, wenn der Schwerpunkt S auf der x_2-Achse liegt

(s. Fig. 6.4.3b). Die kinetische Energie berechnen wir mit (4.51). Wegen $\mathbf{e}_3' = -\mathbf{e}_3$ und $\mathbf{e}_2' = -\mathbf{e}_1 \sin\psi - \mathbf{e}_2 \cos\psi$ ist mit (2)

$$\omega = \dot\psi \mathbf{e}_3' = -\dot\psi \mathbf{e}_3, \tag{4}$$

$$\mathbf{R}' = -\tau R_0(\mathbf{e}_1 \sin\psi + \mathbf{e}_2 \cos\psi). \tag{5}$$

Das Abrollen des Zylinders führt zu

$$\mathbf{c} = R_0\psi\mathbf{e}_1 + R_0\mathbf{e}_2, \qquad \dot{\mathbf{c}} = R_0\dot\psi\mathbf{e}_1. \tag{6}$$

Wegen (4) ist $\omega \cdot \Theta' \cdot \omega = \Theta_3'\dot\psi^2$. Mit (4), (5) und (6) folgt dann aus (4.51)

$$T = \frac{3}{4}MR_0^2\dot\psi^2\left(1 - \frac{4}{3}\tau\cos\psi\right). \tag{7}$$

Die potentielle Energie ist wegen $\mathbf{R} = \mathbf{c} + \mathbf{R}'$ und $\mathbf{g} = g(\mathbf{e}_1 \sin\alpha - \mathbf{e}_2\cos\alpha)$

$$\begin{aligned} V &= -M\mathbf{g}\cdot\mathbf{R} = -M\mathbf{g}\cdot(\mathbf{c}+\mathbf{R}') \\ &= -MgR_0[(\psi - \tau\sin\psi)\sin\alpha - (1-\tau\cos\psi)\cos\alpha]. \end{aligned} \tag{8}$$

Mit (7) und (8) können wir nun die Lagrange-Gleichung (2.140) aufstellen und erhalten die DG

$$\ddot\psi\left(1 - \frac{4}{3}\tau\cos\psi\right) + \frac{2}{3}\tau\dot\psi^2\sin\psi - \frac{2g}{3R_0}[(1-\tau\cos\psi)\sin\alpha - \tau\sin\psi\cos\alpha] = 0. \tag{9}$$

Da V und die NBn explizit zeitunabhängig sind, gilt der Energieerhaltungssatz E = T + V = const:

$$\frac{3}{4}MR_0^2\dot\psi^2\left(1 - \frac{4}{3}\tau\cos\psi\right) - MgR_0[(\psi - \tau\sin\psi)\sin\alpha - (1-\tau\cos\psi)\cos\alpha] = E. \tag{10}$$

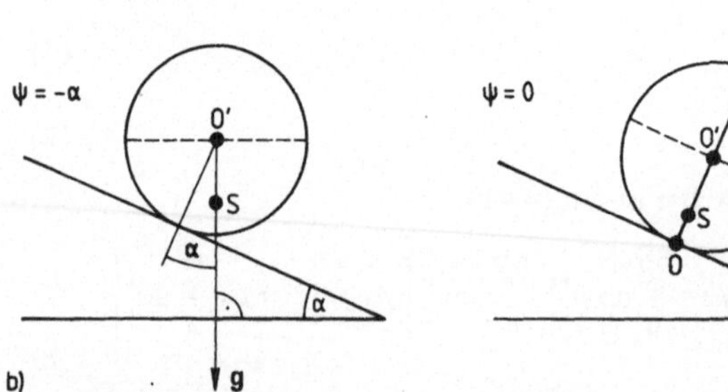

Fig. 6.4.3b

b) Die DG (10) ist nicht elementar lösbar. Um eine Bedingung für die Möglichkeit des vollständigen Hinabrollens des Zylinders zu erhalten, genügt es zu untersuchen, wann (10) überhaupt eine Lösung mit dieser Eigenschaft hat. Mit den Anfangsbedingungen (s. Fig. 6.4.3b)

$$\psi(0) = -\alpha, \qquad \dot\psi(0) = 0 \tag{11}$$

berechnen wir aus (10) die Energie und erhalten

$$E = MgR_0(\cos\alpha + \alpha\sin\alpha - \tau). \tag{12}$$

Das in (10) eingesetzt ergibt

$$\begin{aligned}\dot{\psi}^2 &= \frac{4g}{3R_0}\,\frac{(\psi - \tau\sin\psi + \alpha)\sin\alpha + \tau\cos\psi\cos\alpha - \tau}{1 - \frac{4}{3}\tau\cos\psi}\\ &= \frac{4g}{3R_0}\,\frac{(\psi + \alpha)\sin\alpha - 2\tau\sin^2\frac{\psi+\alpha}{2}}{1 - \frac{4}{3}\tau\cos\psi}\end{aligned} \tag{13}$$

Weil $0 < \tau \leqslant 4/(3\pi)$ ist, gilt $1 - (4\tau/3)\cos\psi > 0$. Daher muß wegen $\dot{\psi}^2 \overset{!}{\geqslant} 0$ für eine real stattfindende Bewegung für die betreffenden Zeiten notwendigerweise gelten

$$\frac{1}{\tau}\sin\alpha \overset{!}{\geqslant} \frac{\sin^2\frac{\psi+\alpha}{2}}{\frac{\psi+\alpha}{2}}. \tag{14}$$

Die Kurve $\eta(\xi) := (\sin^2\xi)/\xi$ mit $\xi := (\psi + \alpha)/2$ hat ihr größtes Maximum (s. Fig. 6.4.3c) an der kleinsten positiven Nullstelle der Gl. $2\xi_m = \tan\xi_m$, also bei $\xi_m = 1{,}1656$. Der zugehörige Funktionswert ist

$$\eta_m = \frac{\sin^2\xi_m}{\xi_m} = \frac{\tan^2\xi_m}{\xi_m(1 + \tan^2\xi_m)} = \frac{\xi_m}{\xi_m^2 + \frac{1}{4}} = 0{,}7246. \tag{15}$$

Die notwendige Bedingung dafür, daß der Zylinder die gesamte schiefe Ebene hinabrollen kann, lautet also

$$\sin\alpha > 0{,}7246\,\tau. \tag{16}$$

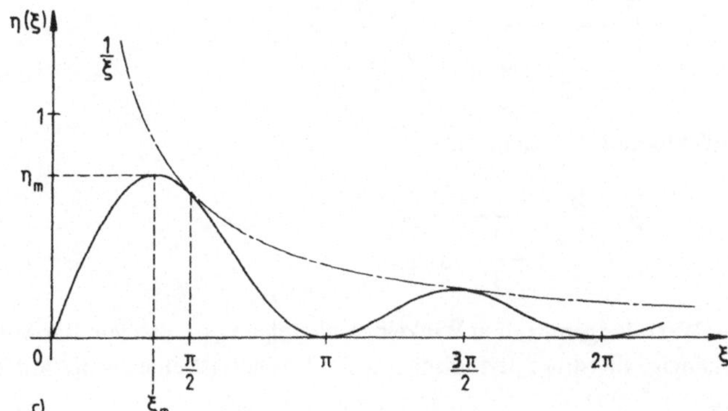

Fig. 6.4.3c

Die Bedingung (16) ist auch hinreichend, denn wenn sie erfüllt ist, folgt aus (13) die reelle Lösung

$$t(\psi) = \sqrt{\frac{3R_0}{4g}} \int_{-\alpha}^{\psi} + \sqrt{\frac{1-\frac{4}{3}\tau\cos\psi'}{(\psi'+\alpha)\sin\alpha - 2\tau\sin^2[(\psi'+\alpha)/2]}}\, d\psi'. \tag{17}$$

Dabei ist die positive Wurzel zu ziehen, weil aus (14) $\psi \geqslant -\alpha$ für eine für $t \geqslant 0$ existierende Bewegung folgt. Dann ist $\frac{dt}{d\psi} > 0$ für alle $\psi > -\alpha$, so daß eine eindeutige monoton w a c h s e n d e Umkehrfunktion $\psi(t)$ für alle $t > 0$ existiert, d. h. der Zylinder rollt die gesamte schiefe Ebene hinab. Damit a l l e Zylinder der vorgegebenen Bauart vollständig hinabrollen, ist notwendig und hinreichend, daß (16) für das größtmögliche τ gilt, also

$$\sin\alpha > 0{,}7246 \cdot \frac{4}{3\pi} = 0{,}3075, \quad \text{d. h.} \quad \alpha > 17{,}9°.$$

c) Aus (9) erhält man nach Einsetzen von $\dot\psi^2$ aus (10)

$$\ddot\psi = \frac{2g}{3R_0}\left\{\frac{(1-\tau\cos\psi)\sin\alpha - \tau\sin\psi\cos\alpha}{1-\frac{4}{3}\tau\cos\psi} - \frac{\frac{4}{3}\tau\sin\psi\left[\frac{E}{MgR_0} + (\psi-\tau\sin\psi)\sin\alpha - (1-\tau\cos\psi)\cos\alpha\right]}{\left(1-\frac{4}{3}\tau\cos\psi\right)^2}\right\}.$$

Bei der Mittelung

$$\overline{\ddot\psi} := \frac{1}{2\pi}\int_{\psi_0}^{\psi_0+2\pi} \ddot\psi(\psi)\,d\psi$$

geben alle um Null ungeraden Integranden den Beitrag Null. Die restlichen Integrale lassen sich durch partielle Integration auf

$$\int_0^{2\pi} \frac{d\psi}{1-\frac{4}{3}\tau\cos\psi} = \frac{2\pi}{\sqrt{1-\frac{16}{9}\tau^2}}$$

zurückführen. So erhält man

$$\overline{\ddot\psi} = \frac{2g}{3R_0}\,\frac{\sin\alpha}{1-\frac{4}{3}\tau\cos\psi_0}.$$

Der Wert der gemittelten Winkelbeschleunigung ist also von der Mittelungsstelle ψ_0 abhängig, allerdings periodisch mit 2π. Deshalb ist eine zweite Mittelung über ψ_0 sinnvoll:

$$\overline{\overline{\ddot{\psi}}} = \frac{1}{2\pi} \int_0^{2\pi} \overline{\ddot{\psi}}(\psi_0) d\psi_0 = \frac{2g}{3R_0} \frac{\sin\alpha}{\sqrt{1 - \frac{16}{9}\tau^2}} .$$

Die entsprechend gemittelte lineare Beschleunigung ist also

$$\overline{\overline{\ddot{x}_1}} = \frac{2}{3} \frac{g \sin\alpha}{\sqrt{1 - \frac{16}{9}\tau^2}} .$$

Literatur

[1] Ludwig, G.: Einführung in die Grundlagen der theoretischen Physik, Bd. 1. Braunschweig: Vieweg 1978

[2] Mittelstaedt, P.: Klassische Mechanik. Mannheim: Bibl. Inst. 1970

[3] Bruns, H.: Berichte der Kgl. Sächs. Ges. der Wiss. (1887), S. 1; Acta Math. XI, S. 25

[4] Landau, L. D.; Lifschitz, E. M.: Lehrbuch der theoretischen Physik, Bd. 1, Berlin: Akademie-Verlag 1973

[5] Goldstein, H.: Klassische Mechanik. Frankfurt/M: Akad. Verlagsges. 1963

[6] Stäckel, P.: Sitzungsberichte der Heidelberger Akademie, Abt. A1919, 11. Abhandlung

[7] Riccia, G. D.: Dynamical Systems and Microphysics, p. 281; edited by Avez et al.. New York: Academic Press 1982

[8] Santilli, R. M.: Foundations of Theoretical Mechanics, Vol. I, Vol. II. New York: Springer 1978/1983

[9] Bolza, O.: Vorlesungen über Variationsrechnung. Leipzig: Koehler & Amelang 1949

Funk, P.: Variationsrechnung und ihre Anwendung in Physik und Technik. Berlin/Göttingen: Springer 1962

[10] Budó, A.: Theoretische Mechanik. Berlin: VEB Deutscher Verlag der Wissenschaften 1974

[11] Hamel, G.: Theoretische Mechanik. Berlin/Heidelberg: Springer 1967

[12] Saletan, E. J.; Cromer, A. H.: Theoretische Mechanik. München: Oldenbourg 1974

[13] Fues, E.: Störungsrechnung; in H. Geiger, K. Scheel: Handbuch der Physik, Bd. V. Berlin: Springer 1927

[14] Frank, P., Mises, R. v.: Die Differentialgleichungen und Integralgleichungen der Mechanik und Physik, Bd. II. Braunschweig: Vieweg 1961

[15] Stäckel, P.: Habilitationsschrift. Halle 1891

[16] Pars, L. A.: A Treatise on Analytical Dynamics. London: Heinemann 1965

[17] Courant, R.; Hilbert, D.: Methoden der Mathematischen Physik, Bd. II. Berlin/Heidelberg: Springer 1968

[18] Carathéodory, C.: Variationsrechnung und partielle Differentialgleichungen erster Ordnung, Bd. I. Leipzig: Teubner 1956

[19] Born, M.: Optik. Berlin/Heidelberg: Springer 1972

[20] Rund, H.: The Hamilton-Jacobi theory in the calculus of variations. London: van Nostrand Company 1966

[21] Lie, S.; Engel, F.: Theorie der Transformationsgruppen, 3 Bde. Leipzig: Teubner 1930

Gilmore, R.: Lie Groups, Lie Algebras, and some of their Applications. New York: Wiley 1974

[22] von Westenholz, C.: Differential Forms in Mathematical Physics. Amsterdam: North-Holland 1978

[23] Györgyi, G.: Nuovo Cimento. 53A (1968) 717

[24] Klein, F.; Sommerfeld, A.: Über die Theorie des Kreisels, Bd. 1 bis 4. Leipzig: Teubner 1897 bis 1910

[25] Whittaker, E.: A Treatise on the Analytical Dynamics of Particles and Rigid Bodies. Cambridge: Cambridge Univ. Press, 1959

[26] Cartan, E.: Leçons sur les invariants intégraux. Paris: Hermann 1922
Goursat, E.: Leçons sur le problème de Pfaff. Paris: Hermann 1922
Kähler, E.: Einführung in die Theorie der Systeme von Differentialgleichungen. Hamburger Mathematische Einzelschriften, 16. Heft. Leipzig: Teubner 1934

[27] Grauert, H.; Lieb, I.: Differential- und Integralrechnung III. Berlin/Heidelberg: Springer 1968
Meetz, K.; Engl, W. L.: Elektromagnetische Felder. Berlin/Heidelberg: Springer 1980

[28] Abraham, R.: Foundations of Classical Mechanics. New York: Benjamin 1967

[29] Arnold, V. I.: Mathematical Methods of Classical Mechanics. New York: Springer 1978.

[30] Heil, E.: Differentialformen. Mannheim: Bibl. Inst. 1974

[31] Flanders, H.: Differential Forms. New York: Acad. Press 1963

[32] Bourne, D. E.; Kendall, P. C.: Vektoranalysis. Stuttgart: Teubner 1973
Großmann, S.: Mathematischer Einführungskurs für die Physik. Stuttgart: Teubner 1981

[33] Heuser, H.: Lehrbuch der Analysis, Teil 2. Stuttgart: Teubner 1983

[34] Knobloch, H. W.; Kappel, F.: Gewöhnliche Differentialgleichungen. Stuttgart: Teubner, 1974
Braun, M.: Differentialgleichungen und ihre Anwendungen. Berlin Heidelberg: Springer 1979

Sachverzeichnis

Teubner Studienbücher

Mechanik

Becker: **Technische Strömungslehre**
Eine Einführung in die Grundlagen und technischen Anwendungen der Strömungsmechanik. 5. Aufl. 160 Seiten. DM 21,80

Becker/Bürger: **Kontinuumsmechanik**
Eine Einführung in die Grundlagen und einfache Anwendungen
228 Seiten. DM 34,– (LAMM)

Becker/Piltz: **Übungen zur Technischen Strömungslehre**
3. Aufl. 136 Seiten. DM 18,80

Böhme: **Strömungsmechanik nicht-newtonscher Fluide**
280 Seiten. DM 34,– (LAMM)

Hahn: **Bruchmechanik**
Einführung in die theoretischen Grundlagen. 221 Seiten. DM 34,– (LAMM)

Magnus: **Schwingungen**
Eine Einführung in die theoretische Behandlung von Schwingungsproblemen. 3. Aufl. 251 Seiten. DM 28,80 (LAMM)

Magnus/Müller: **Grundlagen der Technischen Mechanik**
4. Aufl. 300 Seiten. DM 29,80 (LAMM)

Müller/Magnus: **Übungen zur Technischen Mechanik**
2. Aufl. 292 Seiten. DM 29,80 (LAMM)

Wieghardt: **Theoretische Strömungslehre**
Eine Einführung. 2. Aufl. 237 Seiten. DM 28,80 (LAMM)

Preisänderungen vorbehalten